河南黄河防汛工作实务

主　编　陈国宝　陈群珠

黄河水利出版社
·郑州·

图书在版编目(CIP)数据

河南黄河防汛工作实务 / 陈国宝, 陈群珠主编. --
郑州 : 黄河水利出版社, 2018.9
ISBN 978-7-5509-2166-5

Ⅰ. ①河… Ⅱ. ①陈… ②陈… Ⅲ. ①黄河-防洪工程-河南 Ⅳ. ①TV882.1

中国版本图书馆 CIP 数据核字(2018)第 228281 号

出 版 社:黄河水利出版社
地 址:河南省郑州市顺河路黄委会综合楼 14 层 **邮政编码**:450003
发 行 单 位:黄河水利出版社
发行部电话:0371-66026940、66020550、66028024、66022620(传真)
E-mail:hhslcbs@126.com
承 印 单 位:郑州汇通印刷有限公司
开 本:787 mm×1029 mm 1/16
总 印 张:38.25
总 字 数:960 千字 **印 数**:1-1000
版 次:2018 年 9 月第 1 版 **印 次**:2018 年 9 月第 1 次印刷
定 价:148.00 元

《河南黄河防汛工作实务》编委会

主　　　编　陈国宝　陈群珠

副　主　编　张建榜　张慧玲　李寒冰

主要编写人员　马　力　孟令勇　朱　莉　荆朝辉

卢立新　王汉忠　杨　深　董青林

陈阳阳　柴婧琦　吴庆霞　凌庆生

黄河水利委员会机构分布图

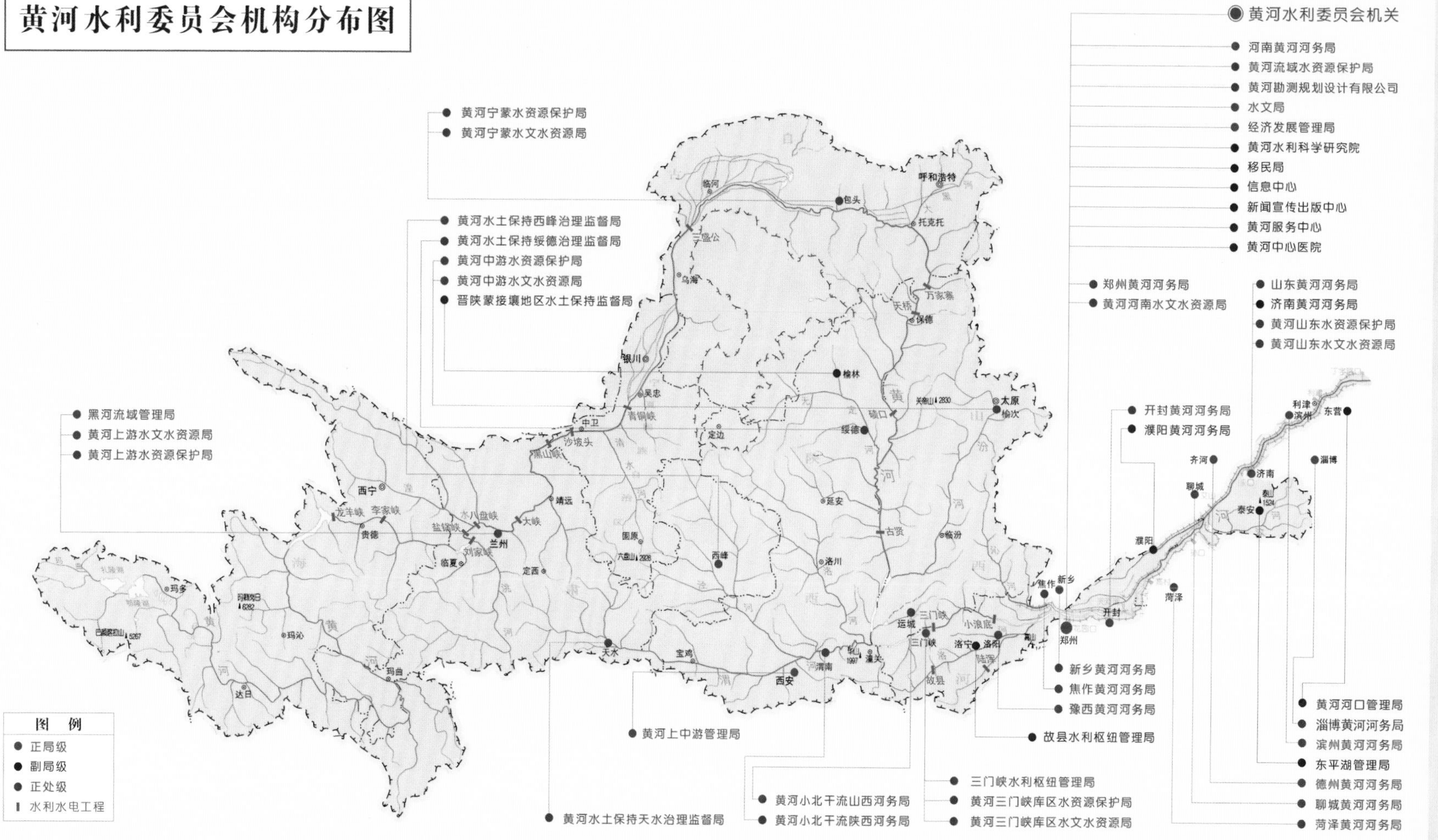

● 黄河水利委员会机关
- 河南黄河河务局
- 黄河流域水资源保护局
- 黄河勘测规划设计有限公司
- 水文局
- 经济发展管理局
- 黄河水利科学研究院
- 移民局
- 信息中心
- 新闻宣传出版中心
- 黄河服务中心
- 黄河中心医院

- 郑州黄河河务局
- 黄河河南水文水资源局

- 山东黄河河务局
- 济南黄河河务局
- 黄河山东水资源保护局
- 黄河山东水文水资源局

- 开封黄河河务局
- 濮阳黄河河务局

- 新乡黄河河务局
- 焦作黄河河务局
- 豫西黄河河务局
- 故县水利枢纽管理局

- 黄河河口管理局
- 淄博黄河河务局
- 滨州黄河河务局
- 东平湖管理局
- 德州黄河河务局
- 聊城黄河河务局
- 菏泽黄河河务局

- 三门峡水利枢纽管理局
- 黄河三门峡库区水资源保护局
- 黄河三门峡库区水文水资源局

- 黄河小北干流山西河务局
- 黄河小北干流陕西河务局

- 黄河上中游管理局

- 黄河水土保持天水治理监督局

- 黄河宁蒙水资源保护局
- 黄河宁蒙水文水资源局

- 黄河水土保持西峰治理监督局
- 黄河水土保持绥德治理监督局
- 黄河中游水资源保护局
- 黄河中游水文水资源局
- 晋陕蒙接壤地区水土保持监督局

- 黑河流域管理局
- 黄河上游水文水资源局
- 黄河上游水资源保护局

图 例
- 正局级
- 副局级
- 正处级
- 水利水电工程

呼和浩特 包头 临河 托克托 三盛公 乌海 万家寨 天桥 保德 银川 吴忠 青铜峡 中卫 沙坡头 黑山峡 榆林 太原 榆次 关帝山 2830 碛口 绥德 定边 延安 古贤 临汾 西宁 龙羊峡 李家峡 贵德 水川盘峡 盐锅峡 刘家峡 兰州 大峡 靖远 临夏 定西 固原 六盘山 2928 西峰 洛川 玛多 阿尼玛卿山 6282 巴颜喀拉山 5267 玛沁 达日 玛曲 天水 宝鸡 西安 渭南 华山 1997 潼关 运城 三门峡 小浪底 洛宁 洛阳 故县 陆浑 巩义 焦作 新乡 郑州 开封 濮阳 菏泽 聊城 齐河 济南 泰山 1524 泰安 淄博 利津 滨州 东营

河南黄河防洪形势图

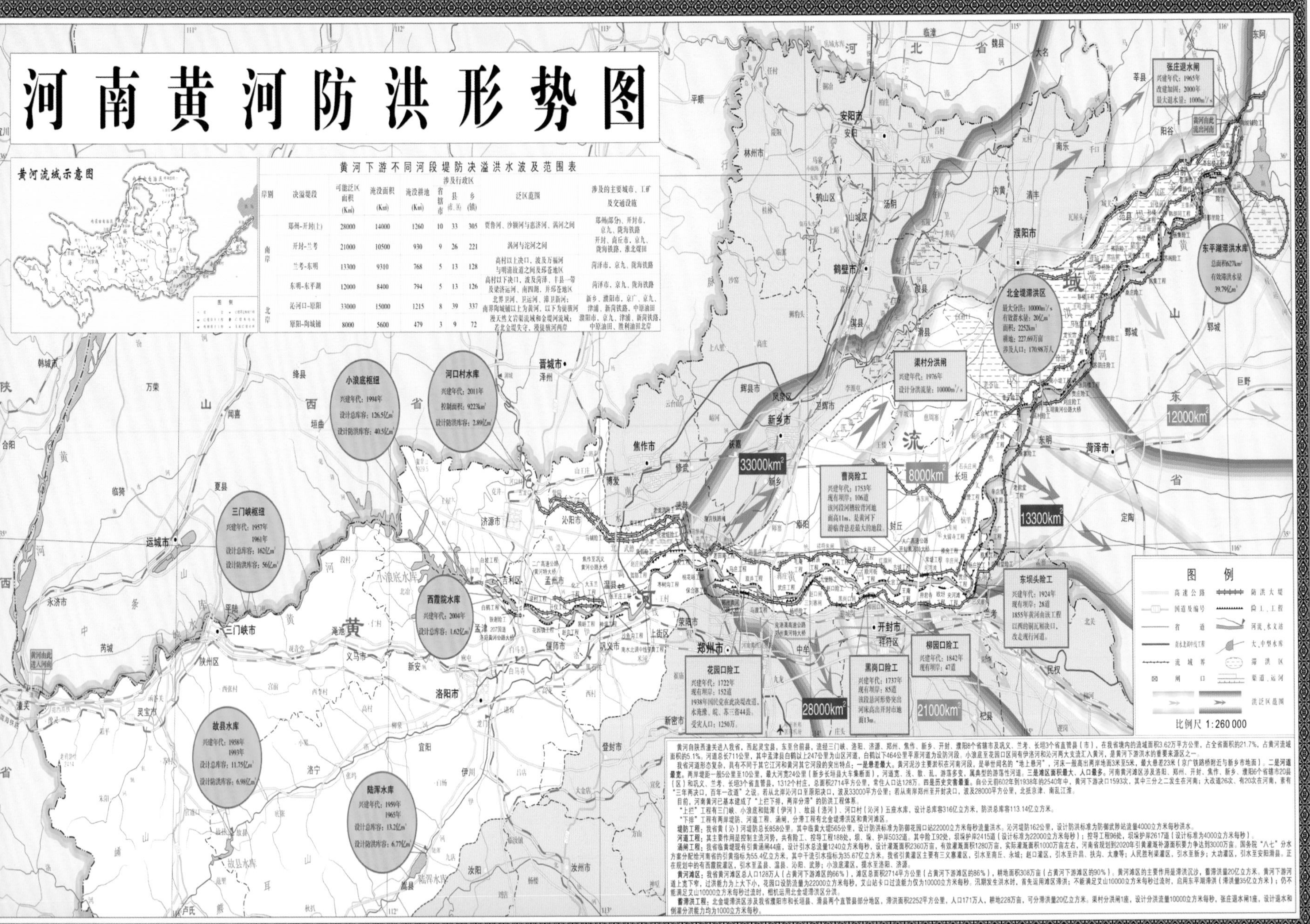

黄河下游不同河段堤防决溢洪水波及范围表

岸别	决溢堤段	可能泛区面积(Km²)	淹没面积(Km²)	淹没耕地(Km²)	涉及行政区 省辖市	县(市、区)	乡(镇)	泛区范围	涉及的主要城市、工矿及交通设施
南岸	郑州-开封(上)	28000	14000	1260	10	33	305	贾鲁河、沙颍河与惠济河、涡河之间	郑州(部分)、开封市，京九、陇海铁路
	开封-兰考	21000	10500	930	9	26	221	涡河与沱河之间	开封、商丘市，京九、陇海铁路，淮北煤田
	兰考-东明	13300	9310	768	5	13	128	高村以上决口，波及万福河与明清故道之间及邵苍地区	菏泽市，京九、陇海铁路
	东明-东平湖	12000	8400	794	5	13	126	高村以下决口，波及菏泽，丰县一带及梁济运河、南四湖，并邵苍地区	菏泽市，京九、陇海铁路
北岸	沁河口-原阳	33000	15000	1215	8	39	337	北界卫河、卫运河、漳卫新河；南界陶城铺以上为黄河，以下为徒骇河	新乡、濮阳市，京广、京九、津浦、新菏铁路，中原油田
	原阳-陶城铺	8000	5600	479	3	9	72	漫天然文岩渠流域和金堤河流域；若北金堤失守，漫徒骇河两岸	濮阳市，京九、津浦、新菏铁路，中原油田、胜利油田北岸

黄河自陕西潼关进入我省，西起灵宝县，东至台前县，流经三门峡、洛阳、济源、郑州、焦作、新乡、开封、濮阳8个省辖市及巩义、兰考、长垣3个省直管县（市），在我省境内的流域面积3.62万平方公里，占全省面积的21.7%，占黄河流域面积的5.1%。河道总长711公里，其中孟津县白鹤以上247公里为山区河道，白鹤以下464公里平原河道为设防河段。小浪底至花园口区间有伊洛河和沁河两大支流汇入黄河，是黄河下游洪水的重要来源区之一。

我省河道形态复杂，具有不同于其它江河和黄河其它河段的突出特点：**一是悬差最大。**黄河泥沙主要淤积在河南河段，是举世闻名的"地上悬河"，河床一般高出两岸地面3米至5米，最大悬差23米（京广铁路桥附近与新乡市地面）。**二是河道最宽。**两岸堤距一般5公里至10公里，最大河宽24公里（新乡长垣县大车集断面），河道宽、浅、散、乱，游荡多变，属典型的游荡性河道。**三是滩区面积最大、人口最多。**河南黄河滩区涉及洛阳、郑州、开封、焦作、新乡、濮阳6个省辖市20县（区）和巩义、兰考、长垣3个省直管县，1312个村庄，总面积2714平方公里，常住人口达128万。**四是历史灾害最重。**自公元前602年到1938年的2540年中，黄河下游决口1593次，其中三分之二发生在河南；大改道26次、有20次在河南，素有"三年两决口，百年一改道"之说。若从北岸沁河口至原阳决口，波及33000平方公里；若从南岸郑州至开封决口，波及28000平方公里，北抵京津、南乱江淮。

目前，河南黄河已基本建成了"上拦下排，两岸分滞"的防洪工程体系。

"上拦"工程有三门峡、小浪底和陆浑（伊河）、故县（洛河）、河口村（沁河）五座水库，设计总库容316亿立方米，防洪总库容113.14亿立方米。

"下排"工程有两岸堤防、河道工程、涵闸，分滞工程有北金堤滞洪区和黄河滩区。

堤防工程：我省黄（沁）河堤防总长858公里。其中临黄大堤565公里，设计防洪标准为防御花园口站22000立方米每秒流量洪水。沁河堤防162公里，设计防洪标准为防御武陟站流量4000立方米每秒洪水。

河道工程：其主要作用是控制主流河势，共有险工、控导工程188处，坝、垛、护岸5032道。其中险工92处，坝垛护岸2415道（设计标准为22000立方米每秒）；控导工程96处，坝垛护岸2617道（设计标准为4000立方米每秒）。

涵闸工程：我省临黄堤现有引黄涵闸44座，设计引水总流量1240立方米每秒，设计灌溉面积2360万亩，有效灌溉面积1280万亩，实际灌溉面积1000万亩左右，河南省规划到2020年引黄灌溉补源面积要力争达到3000万亩。国务院"八七"分水方案分配给河南省的引黄指标为55.4亿立方米，其中干流引水指标为35.67亿立方米。我省引黄灌区主要有三义寨灌区，引水至商丘、永城；赵口灌区，引水至许昌、扶沟、太康等；人民胜利渠灌区，引水至新乡；大功灌区，引水至安阳滑县。正在规划中的有西霞院灌区，引水至孟县、温县、沁阳、武陟；小浪底灌区，提水至洛阳、济源。

黄河滩区：我省黄河滩区总人口128万人（占黄河下游滩区的66%），滩区总面积2714平方公里（占黄河下游滩区的86%），耕地面积308万亩（占黄河下游滩区的90%）。黄河滩区的主要作用是滞洪沉沙，蓄滞洪量20亿立方米。黄河下游河道上宽下窄，过洪能力为上大下小，花园口设防流量为22000立方米每秒，艾山站卡口过流能力仅为10000立方米每秒。汛期发生洪水时，首先运用滩区滞洪；不能满足艾山10000立方米每秒过流时，启用东平湖滞洪（滞洪量35亿立方米）；仍不能满足艾山10000立方米每秒过流时，相机运用北金堤滞洪区分洪。

蓄滞洪工程：北金堤滞洪区涉及我省濮阳市和长垣县、滑县两个直管县部分地区，滞洪面积2252平方公里，人口171万人，耕地228万亩，可分滞洪量20亿立方米。渠村分洪闸1座，设计分洪流量10000立方米每秒，张庄退水闸1座，设计退水和倒灌分洪能力均为1000立方米每秒。

前　言

黄河洪灾自古以来就是中华民族的心腹之患，做好黄河防汛事关千百万人民生命财产安全。河南地处黄河中下游,河段内洪水突发性强,预见期短,河势游荡多变,泥沙淤积严重,防汛形势十分严峻,为此做好河南黄河防汛工作责任重大。

黄河防汛工作千头万绪,事务繁多,做好防汛工作,除却满腔热忱、认真负责的态度之外,还必须具备较为深厚的专业技能。“术业有专攻”,而这种“专攻”往往需要较长时间的磨砺和实践的积淀。近年来,市、县、乡各级地方行政负责人变动频繁,各级防汛工作机构人员变化较大,一大批青年学子加入到防汛工作阵营中来。为了帮助大家明确防汛职责,掌握防汛知识,熟悉工作流程,提高业务技能,我们组织编纂了这本《河南黄河防汛工作实务》。全书共分四篇。第一篇为防汛抗旱办公室工作实务;第二篇为防汛文书写作;第三篇为行政首长黄河防汛备要;第四篇防汛规章制度汇编。在各级领导的关心下,参编人员广泛搜集资料,精心构思,认真编纂,历经两年而成。在编纂过程中,我们立足于防汛工作实际,注重实用,力求做到通俗易懂,易学善用。对一些有不同见解的问题,紧密结合工作实际,采用主流观点的办法处理。本书既是长期从事防汛工作的经验总结,也有防汛工作的具体实例,更包括国家防汛相关法律法规制度的汇编,相信读者阅读后能够加深对防汛工作的认识,对促进工作有所裨益。

在本书编纂过程中,得到了河南河务局和诸多从事黄河防汛工作同事的大力帮助,在此表示衷心感谢。由于编写水平有限,书中不妥或疏漏之处在所难免,敬请广大读者给予批评指正。

编　者

2018 年 9 月

目　　录

第三篇　行政首长黄河防汛备要

第四篇 防汛规章制度汇编

第一篇　防汛抗旱办公室工作实务

第一章 防汛抗旱办公室的职能

第一节 防汛抗旱办公室职责和作用

黄河防汛抗旱办公室是同级人民政府的防汛抗旱职能部门，是防汛抗旱指挥部的参谋办事机构；是掌握防汛抗旱信息、贯彻防汛政策、法规，落实防汛抗旱指挥部决策，并反馈执行情况的综合协调部门；是承上启下、联系左右、协调各方的桥梁和纽带；是各级行政首长的参谋和助手，要从技术上保证黄河防汛抗旱行政首长负责制、分级分部门负责制的落实。

一、防汛抗旱办公室职责

各级黄河防汛抗旱办公室的主要职能为：

(1)负责黄河防汛抗旱行业管理、指导、协调、督查、落实黄河各项防汛抗旱工作。

(2)负责防汛抗旱日常工作，及时掌握上报防汛抗旱动态，对防汛抗旱工作中存在的问题提出处理意见。

(3)负责防汛抗旱应急突发事件的接报、上报、处理等工作。

(4)做好水情的观测和水位资料的整编工作，水情、雨情的收集传递以及辖区的水情预测分析。

(5)组织制订黄河防御洪水的各类防洪预案并督促实施。

(6)负责组织进行河势查勘，掌握河势、工情、险情；负责处理工情、险情，制定险点、险段、涵闸度汛措施；负责险情统计上报、较大和重大险情抢护方案的制订及抢险组织实施，指导组织、研制、推广和应用抢险新技术。

(7)负责滩区、滞洪区蓄滞洪运用预案的制订，负责滩区、蓄滞洪区基本情况统计，指导迁安救护预案的编制；督促检查黄河河道、蓄滞洪区内的行洪障碍物的清除，督促滩区、滞洪区安全建设和撤离转移准备工作。

(8)负责黄河专业防汛队伍的培训及机动抢险队的管理和调用，制订防汛非常时期的河务部门全员岗位责任制方案并监督、指导实施。

(9)指导社会、群众黄河防汛队伍的组建、培训和管理，指导社会、群众黄河防汛备料的管理。

(10)组织做好各项防汛工作检查,督促辖区内各级做好防汛准备工作。

(11)负责防汛费项目申报材料的编制,加强同有关部门联系,负责项目业务工作完成情况的监督和项目执行进度,配合财务部门做好项目验收和绩效评价工作。

(12)负责石料采购及石料使用管理工作;配合财务、工务部门完成维修养护项目实施方案的编制、项目执行情况总结、预算项目验收及绩效评价等。

(13)负责中央水利基金、特大防汛经费计划的申报及实施管理。

(14)组织开展防汛宣传和政策研究,总结推广防汛工作经验。

(15)负责所辖区域内黄河河道、堤防、险工、涵闸、控导等防洪工程和设施的统一管理和维护。

(16)组织、指导、审批黄河流域内涉水项目的施工度汛方案,并监督实施;负责组织涉河非防洪工程的防洪评价。

(17)负责国家储备黄河防汛料物的储存、管理和使用。

(18)承办单位领导交办的其他工作。

二、防汛抗旱办公室作用

根据防汛抗旱办公室的职责任务,其在防汛抗旱工作中的作用大致可归纳为:

(一)管理作用

防汛抗旱办公室负责防汛抗旱工作的行业管理,预案制订、队伍组织培训、料物筹备以及其他各项准备的检查落实等。

(二)参谋作用

防汛抗旱办公室是单位领导和地方防汛抗旱指挥部的参谋部，负责提出各项黄河防汛抗旱工作的建议、方案,为各级领导的防汛决策以及全社会整个防汛准备工作、抗洪抢险斗争提供准确、充分、有力的技术支持。

(三)枢纽作用

防汛抗旱办公室是全社会黄河防汛工作的枢纽机构,发布指令、下情上达、上情下达和信息处理、各单位、各部门的联系、沟通等都要经过防汛抗旱办公室进行,防汛抗旱办公室是联结上下左右、各方面共同开展防汛准备工作和抗洪斗争的纽带。

(四)信息、耳目作用

防汛抗旱办公室负责全社会各方面防汛抗旱信息的收集、核实、汇总、加工、处理,并将各种水情、工情、险情、灾情等有关防汛情况及时向单位领导、地方防指及上级报告,使各级领导及时掌握各种重要情况。

(五)综合、协调作用

防汛抗旱工作面宽事杂,有很多工作涉及多单位、多部门,防汛抗旱办公室要综合多方面的因素,协调好各种关系、各种利益,调动各方面的积极性,才能较好地完成工作任务。

(六)检查、督促作用

防汛工作重在落实,“三多一抓”(即多宣传、多检查、多督促、抓落实)是防汛工作的一个重要方面。

第二节 防汛抗旱办公室工作人员素质

一、职业道德

(一)高度的责任感

黄河安危,事关重大,防汛工作,责任重于泰山。

防汛工作无小事,来不得一丝一毫的麻痹大意,任何方面的一丁点的疏漏都有可能在洪水期造成巨大的、无可挽回的损失甚至是灾难。一旦出了防汛事故,其责任之大,是谁也承担不了也承担不起的。

责任是做好工作的关键,高度的责任感是防汛抗旱办公室工作人员最基本的职业道德,不具备这一条是无法做好防汛工作的。

(二)强烈的事业心

黄河防汛工作任务繁重、责任大,防汛抗旱办公室工作人员要热爱黄河防汛工作,要有强烈的事业心和敬业精神。只有这样,才能积极主动地做好各项黄河防汛抗旱工作,不断地把黄河防汛事业推向前进。

(三)富于团队精神

防汛抗旱办公室是一个整体,防办的全面工作需要所有工作人员团结协作、共同努力才能完成,每一位工作人员的分内工作也都离不开其他人员的支持和帮助,团结协作,富于团队精神是防汛抗旱办公室工作人员的一条可贵的职业道德。

团结协作、共同抗洪是我国防汛抗洪工作的重要经验之一。

(四)勇挑重担、冲锋在前

防汛抗洪斗争是紧急、艰苦的战斗,防办工作人员要冲锋在前、勇挑重担,做防汛抗洪斗争中的表率。

(五)工作态度和蔼诚恳

防汛抗旱办公室工作面广,在日常工作中需要接触全社会方方面面的人士。各级领导、社会各方面人士都有可能打电话或者直接到防汛抗旱办公室咨询,了解情况,工作人员办事要严谨高效,树立服务意识,接听电话、接待来访一定要和蔼可亲,解答问题一定要诚恳。

二、能力要求

(一)综合协调能力

防汛抗旱办公室是综合业务部门,日常业务工作与防指各成员单位、相关业务部门,特别是与上级黄河防汛抗旱办公室、下属各行政区域防指、下属各单位以及社会的方方面面联系很多,许多的工作事务需要多个单位、部门协作完成,这就需要防办工作人员要有较强的综合协调能力。

(二)逻辑分析能力

拟定防汛工作意见、编制防洪预案是防汛抗旱办公室基本的、极其重要的工作,需要综合研究、分析各方面的因素;防汛抗旱办公室在迎战洪水期需要根据上级或水文部门的水文预报以及上游河段的来水情况,预估洪水到达本辖区各河道工程的时间、水位表现过程,预估各类工程险情和洪灾损失,筹划各类防守对策,给单位领导甚至是地方防指领导做好参谋;洪水期还可能出现一些紧急的突发事件,防办工作人员要紧急提出应急解决的方案;每个防汛抗旱办公室的工作人员都责任重大,具备良好的逻辑分析能力是十分重要的。

(三)文字写作能力

防汛工作各种文电数量众多、种类繁杂,且时效性要求极高。工程简介、防汛汇报、防汛简报、防汛动态、各类通知等往往是随要随出,各级领导在工作中也往往需要各种事关防汛的文字材料,作为防汛抗旱办公室的工作人员,必须具备良好的文笔和快速的写作能力,而这又来源于对各项业务工作的熟悉和个人的文字素养。

(四)现代化办公能力

在当前信息化技术高速发展的时代,计算机等现代办公设备已经广泛的应用于防汛工作的各个方面,防汛抗旱办公室的各个工作人员都必须具备较高的电脑操作使用能力,熟练掌握 word、excel、PowerPoint、Frontpage 等主要应用软件和腾讯通、网络传真、河南黄河防汛决策指挥系统、工情险情会商系统、防洪工程查险管理系统、预案管理系统、河南黄河水情实时监测及洪水分析系统以及其他新开发并投入运行的防汛系统的操作技能,否则是不能满足防汛工作办公高效率的需要、不能胜任防汛抗旱办公室工作的。

随着网络的快速发展和应用,对防汛抗旱办公室工作人员的网络知识要求也越来越高。

(五)交际能力

防汛抗旱办公室工作涉及全社会方方面面,向各个系统、各个单位通报情况、会商防汛抗旱事宜等事关防汛的活动非常多;系统内外、各兄弟单位的防汛抗旱办公室之间的相互参观、交流、学习活动也很多;同时,防汛抗旱办公室自身的工作也要取得各方面、各单位的支持;这就要求防汛抗旱办公室工作人员要具有较好的交际应酬能力。

(六)创新能力

创新是一个人最可宝贵的品格,是事业发展和进步的源泉。时代在发展、社会在进步,经济社会的发展对黄河防汛提出了越来越高的要求,黄河防汛工作只有不断创新、不断进步,才能保障经济社会发展的需要。防汛抗旱办公室工作人员要不断地解放思想、实事求是、与时俱进,要富有创新精神。

三、应知应会

(1)熟悉国家有关防汛抗旱工作的方针、政策、法令、法规。

(2)了解黄河防汛基本情况、黄河下游防汛方略、黄河下游防洪工程体系等黄河防汛基本常识。

(3)熟悉辖区河道的特点、工程情况,对辖区老口门、重点工程情况详细了解,对辖区各工程的抵抗洪水能力心中有数。

(4)了解辖区洪水的来源、组成及其特点,了解各次典型历史洪水表现情况,对辖区现状条件下各级洪水的演进表现心中有数,了解辖区河势演变规律,能够详述辖区防洪形势。

(5)了解辖区(滩区、滞洪区)社会经济情况,了解黄河下游滩区蓄滞洪运用财政补偿政策,能够预估辖区各级洪水的淹没损失。

(6)了解辖区群众防汛队伍组织情况,人民解放军、武警部队的防汛部署情况,各行政事业单位防汛部署情况。

(7)了解辖区黄河防汛社会备料、群众备料情况。

(8)熟悉掌握辖区各类防洪预案,对各级洪水条件下的防守重点、防守措施、防洪调度等要烂熟于胸。

(9)熟悉各类传真文电的起草、签署、传输、处理等防汛办公室基础知识。

(10)熟悉黄河防汛组织机构及其职责,能够详述行政首长负责制及分级分部门负责制的主要内容,知道辖区防指的组成单位及防指主要领导的联系方式等。

(11)掌握河务部门自身的专业防汛队伍、机动抢险队的情况。

(12)掌握河务部门自身防汛物资、设备情况及其它防汛备料的定额标准、存储数量、更新年限、存放要求、管理调度、报废报损等情况。

(13)知道河务部门的黄河防汛职责,掌握并能够区分防汛抗旱办公室以及其他各相关部门的防汛职责,熟悉防汛抗旱办公室主任及一般工作人员岗位职责。

(14)熟悉防汛抗旱办公室各类工作制度,包括防汛值班制度、防汛会议(包括例会)制度,防汛检查制度、防汛督查制度以及非常时期防汛工作制度等。

(15)掌握防汛抗洪基本知识,能够独立编写防汛宣传标语、口号等,知道防汛抗洪方面的新动向、新思路。

(16)掌握防洪工程查险、抢险基本知识,能够提出具体的防守部署方案、各类工程险情的抢护方案(包括抢险队伍的组织调动、所需物料的筹措及数量规格时间要求等)。

(17)熟悉各类防汛工作程序,主要包括机动抢险队调动程序、人民解放军及武警部队申请出动程序、各级防汛料物动用程序等。

(18)熟悉防洪工程查险、抢险责任制,掌握河势查勘和河道工程根石探测的方法及要求、掌握险工控导工程水位观测要求及资料整编制度,掌握防汛资料上网应用管理办法。

(19)熟悉掌握防汛费项目实施方案的编制、上报,项目的管理、实施、执行情况、验收及绩效评价等工作内容。

(20)熟悉掌握河道管理范围内涉水项目的施工度汛方案和非防洪工程建设项目技术审查标准。

(21)熟悉掌握黄河应急抢险工程或水毁工程修复项目实施方案的编制、审报、管理、实施、验收等主要内容和程序。

(22)熟悉掌握现代化办公技能,了解防汛工作信息化建设的主要内容。

(23)了解水文、气象等方面与防汛密切相关的基本知识。

(24)了解黄河水利工程建设管理制度,了解工程施工以及工程管理要求等方面的一般知识。

(25)熟悉掌握黄河防汛抗旱应急或突发事件的预警等级、应急响应、信息报送和处置程序。

防汛办公室工作是社会效益的综合性工作,纷繁复杂,涉及面广,因而也就对防汛抗旱办公室工作人员提出了多方面的高素质要求。每一个防办工作人员不仅要精于自身分工业务,能够独当一面,还要最大可能的熟悉本部门的全面业务。

总的来讲,防办工作人员要具备强烈的事业心、高度的责任感、熟练的专业技能、敏捷的思维能力、精练的语言表达能力、吃苦的工作精神、精细的工作态度、连续作战的工作作风、全能的战斗素质。

第三节 防汛办公室工作制度

一、岗位责任制

(一)防汛抗旱办公室主任岗位职责

防汛抗旱办公室主任是整个防汛工作的“参谋长”,是做好黄河防汛工作的主要参谋人员,位置重要,责任重大。其职责为:

(1)精干高效的主持防办全面工作,有较强的独立工作能力。

(2)了解、熟悉、掌握本辖区黄河防汛第一手情况、技术资料。

(3)主持制订防汛的各种预(方)案,做好汛前各项准备工作,起草防汛会议文件,安排本级防汛工作会议,安排各种防汛检查的时序表及应备技术资料。

(4)及时掌握雨情、水情、工情、河势变化,对洪峰前后及较大险情能尽快提出相应实施意见,供领导决策。

(5)审核以防办名义报送发放的各种文件、简报、资料,确保准确无误,做好防汛工作阶段性的总结。

(6) 加强与系统内外防汛单位的联系, 协助做好防指领导和驻军首长各级防汛检查工作。

(7)积极努力加快防汛正规化、规范化、信息化建设进程,并不断赋予新的内容。

(8) 防办主任要率先垂范,团结同志,模范地履行防汛职责,遵守防汛的规章、制度、纪律。

(二)防汛抗旱办公室工作人员岗位职责

防汛抗旱办公室是精干高效的参谋助手式的办事机构，防办的每位工作人员必须具有思想好、责任心强、业务精、办事效率高的全面素质。黄河防汛抗旱办公室工作人员的岗位职责为:

(1)熟悉防汛抗旱办公室全面工作情况,有独立工作能力。

(2)精于个人分工业务,既出色地完成分内工作任务,又熟悉本部门的全面业务,能够独当一面。

(3)来文来电做好记录,文电资料整理条理化、规范化、档案化。

(4)及时处理防汛文电,接险报险、传递汛情及时准确无误。

(5)严格防汛岗位责任,遵守防汛工作纪律。

(6)团结配合同事积极工作。

(7)完成好领导交办的其他工作任务。

二、防汛抗旱值班制度

汛期容易出现风云骤变,突发暴雨洪水等灾害,而且防洪工程设施又多在自然环境下运行,也容易出现异常现象,为预防不测,应变及时,各级防汛机构汛期均应建立防汛值班制度,使防汛机构及时掌握和传递汛情,加强上下联系,多方协调,充分发挥枢纽作用。

(一)汛期值班起止时间

(1)正常情况下,伏秋汛期值班时间为每年的 6 月 15 日至霜降;也可根据防指要求提前或延后。

(2)防凌期值班为 12 月 1 日至翌年全部开河或淌凌消除。

(3)遇特殊情况,值班时间临时研究决定延长或增加。

(二)值班时间及值班人员

(1)实行 24 小时值班。

(2)各单位根据本单位的实际情况确定值班人数,一般情况下每班不少于 3 人,值班主任 1 人,值班人员 2 人。遇“七下八上”时期或特殊情况下,应根据实际情况适当增加值班人数。

(三)值班人员工作职责

(1)动态掌握辖区内雨情、水情、工情、灾情和防汛救灾情况,做好各类值班信息的接收、登记和处理工作,认真填写值班日志,并根据指示拟发文电、动态等。

(2)及时处理值班相关事宜,遇重大突发事件要在第一时间报告带班领导,并掌握跟踪事件动态。

(3)掌握现代化办公机具及防汛信息系统应用,熟练处理防汛业务。

(4)认真做好值班交接工作,交班人员要介绍当班情况,待办事宜接班人员要跟踪办理。

(四)值班人员主要工作内容

(1)了解掌握汛情。汛情一般指水情、工情、灾情。具体内容是:

①水情:及时了解实时雨情、水情实况和水文、气象预报信息;

②工情:了解河势及其变化情况,了解堤防、闸坝等防洪工程的运用和防守情况;

③灾情:若出现灾情,主动了解受灾地区的范围损失情况以及抢救措施。

(2)按时请示传达报告。按照报告制度,对于重大汛情都要及时向领导和上级汇报。对需要采取的防护措施要及时请示批准执行。对授权传达的指挥调度命令及意见,要及时准确传达。

(3)熟悉所辖地区的防汛基本资料和主要防洪工程的防御洪水方案和调度计划。对所发生的各种类型洪水要根据有关资料进行分析研究。

(4)及时掌握各处防洪工程设施发生的险情及处理情况。

(5)认真做好值班记录。

(6)严格执行交接班制度,认真履行交接班手续。

(7)做好保密工作,严守国家秘密。

(8)完成领导和上级交办的其他工作。

(五)值班纪律

(1)值班人员必须24小时全天候坚守岗位,不得出现空岗、漏岗、替岗、离岗现象。

(2)值班人员要及时处理来电信息,如遇解决不了的问题要及时向带班领导汇报;

(3)带班领导带班期间要确保通信工具24小时开通,能保持随时联系。

(4)值班期间严禁饮酒、酗酒。

(六)值班注意事项

(1)值班人员要注意防火、防盗,保证值班室安全卫生。

(2)值班室设施(包括微机、传真机、电话等)是防汛专用设备,严禁利用这些设备进行与防汛无关的工作。

(3)值班人员使用值班室设备应严格遵守操作规程,确保设备正常运行。

(4)无关人员不得随便进值班室,更不能留他人在值班室过夜。

三、防汛会议制度

防汛会议是防汛抗旱办公室工作十分重要的一个方面,每年各级人民政府、各级黄河河务部门围绕黄河防汛都要召开多次的、多种方式的防汛工作会议,主要有:

(一)防汛工作会议

每年省、沿黄各市、县(区)、乡镇都要召开防汛工作会议,时间一般在每年的4月下旬到5月底之间,参加人员为地方行政首长及本级防指其他领导,地方防汛抗旱办公室和黄河防汛抗旱办公室的领导,所辖各相关地区、各相关单位领导。

各级防汛工作会议一般都是对上年防汛工作进行总结，动员、安排部署当年的防汛工作,明确各级、各单位的防汛目标任务,本级防指领导要在该会议上与所辖沿黄各下级防指领导签订黄河防汛目标责任书或承诺书,黄河防汛抗旱办公室要做好会议的筹备、组织。

(二)防指成员会议

各级防指成员一般在每年3~4月召开汛前会议,主要是回顾上年防汛工作,通报当年气象会商情况,分析当年防汛形势,研究安排防汛工作,决定召开本级防汛工作会议,对当年防汛工作进行动员部署。

在防汛工作的各个阶段或发生重大防汛事件时，由各级防指领导决定召开本级防指成员会议。黄河防汛抗旱办公室应及时向本级防指领导提出会议建议。

(三)黄河防汛工作座谈会

根据黄河防汛的实际情况,黄河防汛抗旱办公室一般还要在汛前、汛后召开黄河防汛工作座谈会,总结防汛工作经验,了解黄河防汛方面存在的突出问题,并研究、协调、解决,或提出改进意见。

(四)防汛例会

防汛例会是黄河河务部门每年(尤其是在汛期)经常性的工作会议之一,汛期一般每周一次,特殊情况下的防汛例会由防办主任决定。

防汛例会会议主要内容:贯彻国家防总、黄河防总、省防指等上级有关防汛工作指示精神,分析研究防洪形势及汛情,部署有关防汛事宜,安排下一步防汛工作。一般情况下,由黄河防汛抗旱办公室通报近期防汛工作综合情况及雨情、工情、险情等情况,其他各部门通报各自掌握的防汛动态及各项防汛工作落实情况。防汛例会形成的决定除专门说明者外,均由防汛办公室负责落实催办。

各部门有防汛紧急事项须请有关部门会商时,经单位领导批准后,可临时召开防汛紧急事项专题会商会。

防汛办公室负责做好防汛例会的记录工作。

防汛例会参加会议人员为:单位领导、办公室、防汛办公室及其他各部门领导及有关人员。由单位领导或防汛办公室主任主持,各部门领导因故不能参加时,须请假并委托代表参加。

四、防汛检查制度

防汛检查是及时发现问题的有效手段,是做好防汛工作的重要前提。

(一)检查时间

一般分汛前检查、汛期检查和汛后检查,具体时间由黄河防汛抗旱办公室根据防汛工作开展情况研究决定。

(二)检查组织

防汛检查分3种类型,即综合检查、行业检查、专题检查。综合检查一般由单位领导带队,防办、建管、财务、水政、通信等部门参加;行业检查一般由本行业主管部门负责人带队,有关单位参加;专题检查根据需要,由单位领导或专家带队,有关单位参加。

(三)检查形式

采取座谈、查看、听汇报、提问等形式。

(四)检查主要内容

汛前检查主要包括:①各项防汛责任制的落实情况;②各项防洪预案的修订完善情况;③度汛准备及施工完成情况;④防汛队伍组织及防汛料物落实情况;⑤蓄滞洪区、滩区迁安救护措施落实情况等;⑥水文测报、防汛通信预警反馈系统准备等有关工作。汛期检查抗洪抢险工作开展情况。汛后检查主要是总结经验、查找问题。

(五)检查结果

检查结束后,要及时完成检查报告上报单位领导和有关部门,检查报告内容包括各项工作完成情况、检查发现的问题及处理建议等。

(六)经常性、制度性的防汛检查

这是各单位经常性工作,主要有防洪工程徒步拉网大检查、防洪预案检查、防汛料物设备准备工作检查、防汛通信检查、河道及工程管理违章(违章建筑物、违章行为)检查、群防工作检查以及每年年终的防办工作、工程管理工作检查等。

各级黄河防汛抗旱办公室要在做好自身防汛工作的检查外, 每年还要做好迎接同级或上级防指、黄河防总、国家防总甚至是国家领导人对防汛工作的检查。

第二章 防汛抗旱办公室工作

第一节 防汛抗旱工作业务流程

就每年的防汛抗旱工作而言,大体可以划分为汛前准备、汛期抗洪抢险、汛后总结、防凌汛四个阶段,各个阶段有着不同的工作内容和侧重点。抗洪抢险是各项防汛工作的核心,汛前准备、汛后总结都是为了较好地完成战胜各类洪水险情的任务而进行的工作。

一、汛前准备

主要是围绕抗洪抢险的需要,做好组织准备、工程检查与料物准备、技术准备,包括防洪预案的编制,作为迎战洪水的依据。

(一)组织准备

健全和落实各级防汛抗旱机构和各类防汛队伍;落实各级防汛责任人和防汛组织的任务与责任;召开防汛会议,并以各种方式对与防汛抗旱有关的人员和群众进行宣传发动,克服麻痹思想,树立水患意识,做好迎战洪水的思想准备。

(二)工程检查与料物准备

对各类防洪工程进行徒步拉网式的普查,对国家和社会存储的各类防汛料物进行检查核实。在对工程与料物检查的基础上,对发现的堤防、河道工程、涵闸、通信工程和料物准备所存在的问题及时总结上报,并迅速处理解决。

(三)技术准备

(1)在分析当年河道情况、河道排洪能力、工程条件以及防汛力量等方面实际状况和评估防洪形势的基础上,完成防洪预案的修订或编制。

(2)以各种方式对与防汛抗旱有关的各类人员,进行有针对性的技术培训。

(3)组织进行不同形式的防汛演练。

二、汛期抗洪工作

汛期又依河道流量的大小,分为洪水前和迎战洪水期两类不同阶段。

(一)洪水前

进入汛期,黄河防汛工作人员特别是单位领导和防汛抗旱办公室的工作人员,要昼夜值班,密切关注天气变化、上游的降雨和洪水情况及洪水预报,不断分析辖区的水情与工情。堤防河道工程一线班组,则要按照规定进行水位观测和堤防、河道工程的检查和维护,并按时上报辖区的水情、工情。

(二)迎战洪水期

当预报黄河将发生洪水时，与防汛有关的各个单位和部门应立即按照防洪预案的要求展开工作。

1. 洪水进入辖区前

防汛抗旱办公室要根据上级的洪水预报和通报或辖区的水情预报,依据各工程的水位、流量关系和前期河道流路、河道状况等做出辖区各河道工程水位、河势、流量过程预测,结合工程基本情况对可能出现的险情类别、规模、位置等做出预测,再结合防汛组织、队伍、料物等信息提出有针对性的工程防守对策。还要依据沿程水位状况,预测洪水漫滩情况,必要时拟订迁安救护方案。概括的讲,就是要在洪水进入辖区前预筹防守对策。

2. 洪水进入辖区河段

要加密各河道工程水位河势的观测次数,强化堤防、河道工程的安全检查;市县防指、与防汛有关的各单位、各部门、各类防洪守险队伍进入战时状态,按照防洪预案要求展开工作;河务部门全员岗位责任制启动。

3. 险情抢护

各河道工程班组巡查人员发现险情,首先将险情类别、部位、规模尺寸、出险河势等基本信息通过电话上报县河务局防办，县局防办根据出险情况确定抢险方案并组织抢险队实施抢护,抢护完成后由河道工程班值守人员继续进行观察,经观察确已稳定后,抢险工作全部结束,县河务局防办要对险情进行总结。

各类险情均要报告市河务局防办,对较大险情、重大险情的抢护市河务局防办要审核方案并进行抢护指导,必要时还要调用专业抢险队和机动抢险队参加抢险工作。与此同时,要将工程出险和和处理情况及时报告省河务局。

对较大险情、重大险情的出险情况的核查、抢险方案的制订、抢护过程的指导等过程均需启动异地会商系统,依据防汛组织、队伍、料物所在位置等信息,经过会商提出处理意见,拟订处理方案。指挥长根据专家意见、综合多方面因素做出决策,并下达命令,组织实施。

4. 滩区迁安

当洪水有可能漫滩时,各级防汛抗旱办公室要根据上游的水情通报或辖区水情预报,进行辖区的洪水运行表现分析,及早提出滩区迁安参谋意见,送达各级防汛抗旱指挥部。各级防指根据洪水表现及后续洪水预报,适时发布迁安令,启动滩区迁安。具体迁安工作由民政、公安、交通等部门和涉及迁移及安置的乡镇政府组织实施,按照迁安预案,有秩序的进行,对口安置。

5. 抗御大洪水

洪水漫滩后，及时启动防灾、减灾工作：

(1)洪水过程中，对失去抢护条件的控导工程，要适时安全的将防守人员及设备撤离，保证大堤防守力量的完整充实；

(2)堤防偎水后，组织巡堤查险；

(3)堤防出现险情后，主动逐级报告并拟订抢护方案，积极组织抢险；

(4)当黄河水位接近保证水位，黄河防洪工程设施发生重大险情及洪水严重漫滩，威胁堤防和滩区群众安全时，县级以上防汛抗旱指挥部可依法宣布进入黄河紧急防汛期，行政首长发布动员令，全社会党政军民全力投入抗洪抢险斗争；

(5)退水期间，继续保持严密防守，严防因退水或河势变化使工程出险，酿成大患；

(6)整个洪水过程中，对各类防汛队伍的出动情况、各方面的成灾情况等做好统计，生成洪涝灾害相关表格。

6. 洪水总结

每次洪水过后都要及时的深刻分析洪水特点，总结抗洪经验教训，表彰先进。

(三)物资管理

防汛物资管理是一项日常工作，而防汛物资的调度则主要在汛期和洪水期进行。在汛期要能够实时提供防汛物资在每一个仓库的储存情况，每一处工程、每一坝垛的储备情况；社会团体、群众备料也应纳入防汛物资管理范围，并能实时反映；在物资调运时要拟定最佳调运路线并估算距离、需要时间等，确保防洪需要。

根据库存和防洪需要，尽早提出采购计划；对照入库验收标准进行入库处理(产品名称、规格型号、入库时间、数量、金额、存放位置等)；库存管理(产品名称、规格型号、数量、入库时间、存放位置等)；做好物资出库处理。在本级储备物资和人员不能满足辖区防洪需要时，向上级防办提出物资和人员调用申请，上级部门接到申请后，对下级上报的申请进行审核和批复，并根据需要进行物资和人员调度。防汛物资调度主要包括调度申请、调度批复、调度方案等。

(四)洪水间隙

要利用洪水间隙休整防汛队伍，整修和恢复受损工程，做好再次迎战洪水的准备。

三、汛后总结

每年的汛后就是第二年汛前，仍有许多工作要做，主要有以下四个方面：

(1)全面总结当年防汛工作的得失、经验和教训；研究防汛工作中出现的新情况、新问题；探讨防汛工作的新思路、新方法提出做好下一年防汛工作的建议和意见。

(2)整理、分析本年度发生的防汛文件、技术资料。防汛工作的资料既是当年防汛工作的轨迹，也是黄河防洪治理的财富，一定要科学地整理归档。包括各水位站的水位资料，年初的工作意见，年终的工作总结，日常形成的文件、简报、文电、传真、电话记录、值班日志等等。

(3)总结、分析本年度工程出险情况,找出各类工程存在的隐患和问题,提出加固、整修防洪工程的建议档案。

(4)举行业务培训,提高防办工作人员的素质;组织业务攻关,解决防汛工作中的关键、疑难问题。

四、防凌汛

黄河下游河南、山东河段长785.6千米。河道流向自桃花峪至兰考段由西向东,位于北纬34°50′左右;河南兰考东坝头以下,河道折向东北,黄河入海口位于北纬37°47′东经119°19′左右,纬度增高30°20′,由于纬度的差异,使得河南段的气温明显高于山东河口地区的气温。位于河口地区黄河北岸的滨州市(原北镇)冬季平均气温比郑州低3.4摄氏度。历年平均气温在0摄氏度以下的持续时间,郑州是30天,济南是44天,而滨州则高达84天。滨州地区历年日平均气温稳定转为0摄氏度以下的日期比郑州早20天,使得河口地区结冰封河早于河南段。而郑州日平均气温转为0摄氏度以上的日期却早于滨州地区34天,当河南段一月下旬气温由0摄氏度以下稳定转为0摄氏度以上时,黄河尾闾河段的气温仍在-4摄氏度左右,也就是说河南河段解冻开河时,山东滨州地区河段仍处于稳定封冻状态。多年平均情况下,下游河段封冻约有80%的年份发生,其中多数年份只发生一次,当遇强寒流的连续侵袭时,也会造成二次甚至三次封河、解冻现象,造成严重的凌汛威胁。据统计,1855~1955年的100年中有29年发生冰凌决溢,在1950~1983年的33个年中,黄河下游有29年封冻,封冻河段最长可达703千米,从滨海封河一直封冻到河南省花园口以上的荥阳县汜水河口,河道最大结冰量1.42亿立方米。冰盖厚度,滨海河段一般0.3~0.5米,兰考以上0.1~0.2米。封冻日期从12月下旬到第二年的2月中旬,平均结冰期约45天。

从冰盖破裂开始流冰起,至河道内结冰全部消融为止,称为开河期,在这期间,如果气温逐渐回升,上下游同时开河,冰凌大部就地融化解体,冰盖下河槽蓄水逐渐释放,一般不致产生冰凌卡塞现象,对防洪安全威胁不大,这种开河方式称为“文开河”。如果是在流量较小的情况下封河,冰盖很低,冰下过水断面小,泄水不畅,河槽蓄水量增加,当开河时上游河槽蓄水急剧释放,形成较大凌峰,水位迅速升高,即使处于数九寒天冰质较坚硬的情况下,下游河段也可能“水鼓冰开”,造成“武开河”的严重局面。下游河道上宽下窄,河南兰考以上河道宽浅,沙滩密布,封冻后河道的槽蓄水量较大;艾山以下河道窄,泄水断面小,河道弯曲,险工对峙,冰凌流经这些河段容易堆叠、下潜,形成冰塞和冰坝,当上游河道先开河,冰水齐下,排泄不畅,往往引起河道水位急剧上涨,威胁堤防安全。历史上,黄河下游凌汛决口频繁,据不完全统计,1883~1936年53年中,就有21年凌汛发生决口。中华人民共和国成立初期1951年、1955年凌汛严重,河道封冻长分别为550千米和623千米,最大冰量多达0.53亿立方米和0.1亿立方米,加之大堤出现漏洞,抢护不及时,也曾发生凌汛决口。

随着三门峡水库小浪底水库等相继建成,利用水库进行水量调节,对减轻黄河下游凌汛威胁起到了很大作用。三门峡水库在下游河道封冻前适当泄水调节,增大封河时的河道流量，以抬高冰盖，增大冰盖下的过流能力；在封冻后水库下泄流量进行控制，维持河道稳定封河状态；在解冻前进一步减少下泄流量，控制河道槽蓄的后续水源，以利于安全开河。依靠4水库调节，并配合其他防凌措施，先后战胜了多次凌汛，保证了下游防凌安全。

河南黄河防凌阶段一般在上年的12月至下年的1~2月，要求在封冻期和解冻期进行冰凌观测，及时掌握凌情变化，严密监测封河情况和冰塞、冰坝的形成与发展，防止冰凌灾害，保障凌汛安全。

第二节　防汛工作应把握的主要方面

一、汛前做各项准备

要保证黄河安全度汛，汛前的准备工作非常重要，依照黄河防汛规范化的规定和目前的实际情况，要努力做好以下几个方面的防汛准备工作。

(一)防汛组织

1. 健全各级防汛机构

主要是各级防汛抗旱指挥部一定要在汛前建立起来，防汛抗旱指挥部的成员单位如政府办公厅(室)、民政、水利、物资、财政、发改委、交通、公安、驻军等重要单位一个不能缺少。

2. 督察组织

督察组织主要由省、沿黄各级的党委、政府主要领导任组长，防指成员为组员组成，负责督查下一级黄河责任段的各项防汛工作完成情况和汛期抗洪抢险工作。

3. 防汛队伍

黄河防汛队伍是按照专业队伍与群众队伍相结合，军民联防为原则组建的。按照形势的发展，防汛队伍在汛前就要做好准备。

(1)专业队伍。黄河系统内部机动抢险队和一线工程班组是防汛抢险的基本力量，利用机动抢险队的设备对险情抢早抢小，是工程安全的主要保证。所以专业队伍与设备一定要在汛前准备好，到岗到位。

(2)民兵抢险队。民兵抢险队是专业队伍的有力补充，也是群防队伍中的技术骨干，是参与险情抢护的重要队伍，要按照防汛抗旱指挥部的分派数量和条件要求，在汛前落实到位。

(3)解放军野战部队或武警队伍。解放军野战部队或武警队伍是防汛抢险的突击力量，在汛前按照“三位一体”军民联防原则，各沿黄部队、武警要认清各自防守的责任段，落实部署好防汛兵力。

(4)群防队伍。群防队伍是巡堤查险和料物运送的主要力量，要按照防指分配的数量落实，并要落实好带班的国家干部。

(二)防汛会议

沿黄各级政府每年汛前都要召开防汛工作会议，根据防汛抢险工作需要，还要有针对性地召开防指成员会、防汛电视电话会、视频会等，另外系统内部还要召开防办主任会。防汛会议主要是贯彻落实上级下达的防汛会议精神，分析本年度防洪形势和存在问题，提出防汛工作意见，安排部署本年度的各项防汛抗旱任务。在防汛会议上，要讨论各种防汛会议文件，主要有各种防汛预案，防汛工作意见和防汛责任书等内容，签订防汛责任书，有时在防汛工作会议上还要安排对行政首长进行培训。

（三）防汛责任制

防汛责任制的落实，是做好防汛工作的保障和关键。

1. 行政首长责任制的落实

落实好行政首长责任制，是各种防汛责任制的关键，各级行政首长在防汛会议上都要签订责任书，要求行政首长在防汛工作中做到的事情，一定要在责任书中表述清楚，各级行政首长责任制的落实情况，一定要在当地各种媒体上公布。

2. 防指成员责任制

防指成员责任制在预案中或黄河防汛工作职责若干规定中已列明，关键是怎样检查落实，这项工作应由防指检查督促。

3. 内部责任制

落实好班坝责任制、黄河防洪工程抢险责任制、全员岗位责任制，这些责任制一定要在汛前组织系统内部职工学习并进行落实，不能出现问题。

（四）宣传发动

宣传发动的主要内容是：黄河防汛抗旱是一项艰巨而又复杂的工作，小浪底水库的建成运用，防汛标准是提高了，但并没有从根本上解决防汛抗旱所面临的各种问题，各级洪水都会造成危险，要牢固树立水患意识，克服麻痹思想。宣传发动的对象是各级防汛抗旱指挥人员及防指成员、社会群众。要利用各种宣传工具进行宣传，要注重广播、电视的宣传效果。

（五）工程准备

1. 工程普查

要在规定的时间内对防洪工程进行拉网式的普查。对发现的堤防、河道工程、涵闸、通信工程等存在的度汛安全问题要及时总结报告，能处理的要及时处理，不能处理的要落实度汛措施。

2. 基本建设

在建工程要按时间要求完成，度汛工程要在汛前完成，尽量发挥工程的防洪效益。

（六）料物、工器具准备

1. 国家备料

按照储备标准进行储备，不足部分要有应对措施，要探索国家备料社会化的新路子。

2. 社会备料

要对社会备料进行检查落实，对数量和质量都要进行落实。另外，还要落实好负责运送料物的责任人。

3. 工器具落实

对系统内部的工具设备要保证完好率达到100%,保证汛期随时拉得出、用得上。对不足部分要靠社会保障,要推广大型抢险设备社会化租赁的经验。

(七)防洪预案

根据年度防洪形势修订防洪预案,预案一定要本着科学性、实用性、可操作性的原则进行编制,防洪预案一定要经过本级政府的批准并颁发。

(八)技术培训

为把抗洪抢险技术传承下去,并不断提高抢险人员的技术水平,以利于迎战发生的各类不同险情,进行抢险技术培训是非常必要的。抢险技术培训应从实际出发,因地制宜。可采用学习班、研讨会、实战演练、知识竞赛和技术比武等方式进行,也可结合实际施工、抢险、理论联系实际,有针对性地传授某一种抢险技术,还可采用挂图、模型或录像等形式进行培训。

(1)行政首长培训:重点放在让行政领导充分认清防洪形势,应担当的防汛责任及防汛指挥应注意的事项。

(2)专业队伍培训:重点放在本年度的防洪形势,所辖河段的基本情况和易发生的工程险情,险情的抢护措施及技术,指挥调度群防队伍进行险情抢护等。

(3)部队培训:重点放在黄河基本情况及工程基本情况的介绍,部队担负责任段的基本情况介绍及防汛抢险技术的培训。

(4)民兵抢险队培训:重点放在各种险情抢险技术培训及增强组织纪律观念。

(5)群防队伍培训:培训的重点是巡堤查险工作及料物工器具的准备。

(九)防汛演练

针对每年不同的防汛工作重点和要求,开展不同类型的防洪演练,一般采取现场演练、岗位练兵、模拟演练、紧急演习四种形式。

1. 现场演练

在演练现场修筑围堤,充入一定水量,抬高水位,制造人造漏洞等险情。由防汛抢险队伍实地操作,演练各种防汛抢险技术。诸如抢堵堤防漏洞,抢护险工坝岸墩蛰、崩塌、滑坡、垮坝等险情,修做柳石搂厢、捆抛柳石枕、编抛铅丝笼等抢护技术,力求熟练掌握各种常用的防汛抢险技能。

2. 岗位练兵

汛前或进入汛期,各级防汛抗旱指挥部组织有关业务人员,进行知识竞赛,或通过组织测试等手段,提高干部的业务素质,以便更好地完成防汛任务。

3. 模拟演练

通过虚拟洪水和假想的防汛战场,对各级防汛指挥人员与防汛队伍实施演习。在演习过程中,各级防汛抗旱指挥部根据模拟的水情发展,预估可能发生的险情,及时作出应变部署,确定对险情采取的抢护措施与实施步骤。防汛抢险队伍按照上级命令及部署, 根据实战要求,进行操作,以提高指挥人员应变决策能力与防汛队伍抢险战斗力。

4. 紧急演习

一般以乡镇为单位选择白天或夜间某一时间，对抢险队或基干班实行全副武装紧急集合，通过紧急抢险集合检验防汛抢险队伍是否官兵相识，抢险工具、料物携带是否齐全，组织性、纪律性是否严密，是否能够达到“招之即来，来之能战，战之能胜”的要求。对紧急演习中暴露出来的问题，有针对性地及时纠正，进一步促进组织、工具、料物和技术四落实。

(十)防汛检查

防汛检查由防汛抗旱指挥部或黄河防汛抗旱办公室组织，主要检查内容为：各项防汛责任制的落实情况；各项防洪预案的制订和落实情况；度汛准备和工程施工完成情况；防汛队伍组织及防汛料物落实情况；蓄滞洪区、滩区迁安救护措施的落实情况；河道清障工作完成情况；水文测报、防汛信息网、防汛通信准备情况等。

二、严格防汛工作人员纪律

防汛工作人员的纪律主要指的是黄河系统内部防汛工作人员应遵守的纪律及应承担的责任，作为防汛工作人员应严格遵守以下的防汛纪律或制度。

(1)防汛值班制度。在汛期领导带班、工作人员值班要坚守岗位，不得擅自离岗。要保证通信的畅通，防汛人员的手机要保证 24 小时开机。

(2)服从命令，听从指挥。做为防汛工作人员一定要做到服从命令，听从指挥，特别是上一级防指对下一级防指的命令和下达的各种文件，都要严格执行，不得马虎，不得不办，更不能违背。对防汛指挥下达的命令或指示，防汛工作人员应当雷厉风行，认认真真去执行，不得拖延或敷衍了事。

(3)严格班坝责任制度。认真按要求及时巡坝(堤)查险，做到对险情及时发现、及时上报，不得出现由于巡坝(堤)查险不及时，小险变为大险，造成抢险困难的情况。

(4)巡堤查险。出现大洪水偎堤后，严格按照已颁发的巡堤查险办法执行。由县级黄河防办通知同级防指指挥长落实巡堤查险队伍进行巡查。

(5)专业队伍汛期待命。机动抢险队和专业抢险队伍要严阵以待。机动抢险队严格按照管理办法，汛期不得脱离待命岗位和擅自离岗。大洪水期间，各单位要执行全员岗位责任制，保证黄河系统工作人员到岗到位，按照岗位职责分工运行，保证队伍根据需要随时拉得出去、上得去。

(6)黄河防洪工程抢险责任制。黄河部门要带头严格执行黄河防洪工程抢险责任制，认真落实查险、报险、抢险、奖惩部分内容，对地方行政官员的防汛指挥，要切实尽到参谋的责任和义务，要大力宣传并督促其做好防汛抢险工作。

(7)黄河防汛工作职责若干规定。规定的内容主要是对行政首长和防指成员单位或部门的，要认真加以宣传并在工作中贯彻执行。

(8)对违反防汛纪律的按照黄委下发的《关于违反有关防汛纪律处分的有关规定》进行处分。

三、汛期迎战各类大洪水

黄河防汛工作人员特别是局领导和防汛抗旱办公室工作人员，在汛期一定要密切关注天气变化情况、降雨情况和洪水预报情况，发生洪水时，重点做好以下几个方面的工作。

（一）洪水预报

根据上游洪水预报或洪水演进情况，适时预估，及时了解掌握辖区内水位表现、河势变化、漫滩情况以及工程出险情况等。

（二）情况汇报

及时向防指有关领导汇报洪水预报以及本辖区内此量级洪水可能出现的工程险情、滩区灾情以及迁安任务等详细情况，并提出处理这些问题的初步意见，以便行政领导按照防汛分工做好各部门的协调及工作安排。

（三）观测工作

洪水期间，河道观测是河务部门的一项重要工作，主要包括工程查险、河势观测、水位观测、滩唇出水高度、滩岸坍塌、生产堤偎水以及漫滩范围观测等内容，按要求及时上报。

（四）抢险工作

本照“安全第一、常备不懈、以防为主、全力抢险、抢早抢小”的方针，按照有关规定和工程抢险方案组织实施，确保工程安全。

（五）后勤保障

做好后勤保障是夺取抗洪抢险的重要保证，主要包括防汛通信保障、生活保障、物资、设备、车辆保障等方面。要注意黄河河务局与防指成员单位的分工、落实责任制，切忌所有事情黄河河务局全部承担。

（六）各种数据资料的统计上报

主要包括各种河道监测数据、工情险情、灾情数据和抢险人员、料物使用情况，要保证上报数据的准确性、及时性。各种统计数据一定要做到第一时间报出。

（七）防汛督察

洪水期间，各防汛督察组按照分级督察的原则，对黄河防汛抢险各项责任制的落实情况，各级领导按防汛岗位的到岗到位情况，黄河防洪工程抢险责任制以及巡堤查险责任制落实情况等进行督促检查。

（八）防汛宣传报道

对于防汛宣传报道要特别注意以下几个方面：一是信息的真实性、准确性；二是按照保密工作的有关规定对某些信息在解密之后才能对外发布；三是严格按照信息发布的有关程序进行，严禁以个人名义擅自向外界透露。

（九）洪水（汛后）总结

每场洪水过后，要做好基础资料的搜集和分析，对水情、工情、工程抢护、灾情等进行总结。总结取得的经验，分析存在的问题。

四、“数字防汛”确保黄河安澜的现代化屏障

“数字防汛”是“数字黄河”工程的重要组成部分，随着“数字黄河”工程建设步伐的加快，黄委依靠遥感、地理信息系统和三维数字模拟等科技手段和计算机宽带网络为支撑的“数字防汛”体系进一步健全和完善。在信息技术高速发展、迅速普及运用的今天，各级黄河防汛办公室要充分利用现代化手段做好防汛工作，实现传统治黄向现代治黄的转变，这是日常工作中十分重要的一个方面。

黄河“数字防汛”体系包括暴雨洪水预警预报、洪水水沙调度、组织指挥、洪水水沙演进、抢险减灾五大系统。目前已经使用的技术手段和应用系统包括小浪底库区物理模型、黄河下游泥沙冲淤数学模型、黄河下游工情险情会商系统、视频异地会商系统、防洪预报调度与管理耦合系统等，另外河南河务局防汛指挥平台、河南黄河防汛指挥决策系统、国家防汛抗旱指挥系统等也已经相继开发并投入运行(或试运行)。同时，依托数字微波、光缆、通信卫星、公共电信网等通信资源，初步建成了覆盖黄河下游省、市、县三级通信网络和四级网络节点的计算机广域网。黄委至七个指挥分中心以及河南、山东两省的 14 个市的异地会商系统已经建成。日臻完备的防汛专业数据库、信息服务平台和虚拟仿真平台，构建起有机结合、功能强大的数字化防汛体系。

在防汛准备阶段，利用遥感监测、水库泥沙冲淤数学模型、黄河下游河道一维和二维泥沙数学模型、小浪底库区和黄河下游河道物理模型等现代化手段和技术，可以制订科学合理的防洪预案。黄委和省、市、县各级各类黄河防洪预案统一纳入黄河防洪预案管理系统。

在情报预报环节，启用黄河雨情气象信息服务系统、热带气旋信息系统、黄河雨水情查询系统，通过卫星云图、热带气旋信息、干旱情况等对黄河流域天气、降雨、水情变化进行全天候监视，开展实时降雨预报。

当黄河流域发生降雨时，可以立即启动黄河中下游洪水预报系统，进行黄河干流主要控制站洪水预报。该系统直接连接黄河水雨情数据库，可以实时调用雨水情信息，完成降雨产流和河道洪水演进计算分析，输出三门峡以下主要控制站洪峰流量过程预报结果。

当水情预报黄河中下游将发生超过警戒流量洪水或黄河中下游主要控制站出现洪水时，黄河防总可启用“异地视频会商系统”“水情会商系统”“洪水调度方案演示系统”等应用系统进行会商决策，确定水库和蓄滞洪区运用方案，部署防汛工作。并启用黄河防洪预报调度与管理耦合等系统优化洪水调度预案，该系统将天气预报、洪水预报、防洪调度与指挥调度等系统有机地耦合，可以减少环节，节约时间，实现洪水预报与防洪调度信息的交互，生成实时洪水调度方案。在决策实施时，启动三门峡和小浪底水库调度运行信息监视系统，负责对调度指令执行情况进行跟踪监视。

作为“数字防汛”系统的首项工程，小花间暴雨洪水预警预报系统已经完成预警预报中心的建设，洪水预报系统的建成，将缩短测验历时，3~5 分钟内收齐区域内水情信息，花园口站洪水警报预报预见期将超过 30 小时，预报精度明显提高。基于 GIS 的黄河下游二维水沙

数学模型、三门峡和小浪底水库水沙联合智能调度系统的建成应用，进一步促进防汛主要环节的互联和耦合，增强防汛决策支持和快速反应能力，使防汛指挥、水沙调度、工程监测、抢险救灾更加科学、高效、合理。

当洪水演进至下游花园口站时，启动黄河下游工情险情会商系统、黄河下游二维水沙演进模型，使用移动工情采集车、下游河道实体模型放水试验、堤防隐患探测技术和遥感技术，为抗洪抢险决策提供技术支撑。黄河下游工情险情会商系统，对黄河下游抢险料物、抢险队伍、防洪工程、险情、灾情等信息的采集、传输、处理实现了信息化管理，可以进行远程抢险指挥调度。黄河下游二维水沙演进模型通过对花园口至孙口河段洪水演进和泥沙冲淤变化进行二维仿真，为下游滩区的灾情评估、迁安救护提供技术支持。

五、防汛值班工作“七字经”

汛期，防汛抗旱值班室既是防汛抢险抗灾救灾作战的参谋部，也是指挥调度室，值班室要接打电话、处理文电、上传下达、掌握情况、发布预警信息、发布汛情信息、编写防汛抗旱简报、重要汛息快报，研究下达抗洪救灾所需的经费、调拨急需短缺的防汛物资、防汛器材等；尤其重要的是要及时掌握翔实、详细、准确、可靠的水文测报预报及防洪工程出现的工情、险情，为各级党政军领导和防指提供指挥抢险、调度、处置方案决策依据和建议，同时又要将上级领导、防指决策和指令快速、准确无误地传达、落实到相关防汛单位和个人。简单概括起来，就是“收”、“传”、“报”、“谏”、“记”、“督”、“站”七个方面的内容。

（一）“收”就是要及时收集掌握信息

值班室是防汛抗旱汛息的集中地，值班人员要及时掌握气象预报预警、雨水情、工情（运行及调度情况）、险情、旱情、灾情等信息以及辖区防汛抗灾行动情况等信息。具体为：①雨水情：了解实时雨情（降雨中心、最大笼罩面积、平均雨量等）、河道、水库的水情（水位、流量、库容、水势、出库入库、洪水过程等）和水文、气象预报预警信息（短期预报、雷达回波、卫星云图及水文预报等）；②工情：当雨情、水情达到规定数值时，主动掌握河道堤防（挡水情况、超设防、警戒、保证长度、需要群防队伍、领导情况、险情情况等）、水库（水位、库容、入库出库、超汛限、泄洪、开关闸时间、值班情况等）、相关泵站（开关机、上下游水位、排涝流量、开机功率、台数、排涝水量、受涝面积、排涝面积等）、涵闸（排水流量、排涝面积等）等防洪排涝工程的运用和防守情况。③凌情（天气温度、河道流量、水库调度、流凌河段、淌凌密度、冰块厚度、封河长度、文开武开河等）。④灾情险情：及时联系统计受灾地区的经济损失和人员伤亡情况以及抢救措施（发生时间、发生地点、灾情险情类别性质、人员伤亡（到人）情况、应急处置行动情况等）。

（二）“传”就是及时传达信息

一是认真做好上级部门的指令、通知和有关领导的批示、指示的贯彻落实和传达。具体来说有党中央、国务院、国家防总、黄河防总、省委、省政府、省防指、河南河务局和相关领导部署防汛抗灾工作的通知或指示、批示精神等。二是及时传达通报调度指令。在这里特别要强调一下防洪调度命令的传达和贯彻落实，防指下达调度指令后，值班室要第一时间将调度指令传达到县级河务局、水库、涵闸、蓄滞洪区等防洪工程的水管单位,并确认调度传达到位。同时,务必要同步将调度指令传达到河道、水库上下游、涵闸和蓄滞洪区所在辖区(市县区、乡镇或街道办等)的防汛指挥机构,按照工程运用预案,及时做好洪水下泄预警、人员转移等工作。三是及时传达气象、水文、国土等部门发布的预警信息。目前,气象暴雨预警信息发布对象已基本覆盖境内各类防汛责任人,但仍有部分责任人因号码更换、通信信号故障等原因无法及时收到预警信息,因此,防汛值班工作的重要内容之一就是在收到气象部门的暴雨预警、水文部门的水情预警以及国土部门的地质灾害预警等信息后,要第一时间将信息内容向相关防汛责任人传达,并提醒做好相关防御工作。

(三)"报"就是及时报告信息

信息报送是防汛值班十分重要的工作内容。概括起来有以下几个方面:一是常规情况下,每天需在固定时段内将值班当日的雨情、水情、工情以及气象预报等防汛抗旱信息报告给带班领导和主任、单位一把手、主管领导,报告给当地党委、政府、防指领导和上级防汛值班室。每天 8 时 30 分前和 16 时 30 分前每日两次报告防汛值班情况,以全面掌握实时汛情动态。二是发生重大灾情、险情时,要严格按照国家应急管理部有关要求及时上报相关信息。结合本地实际情况,各地应采取先快报、再续报的方式报送灾情、险情信息,即在收到险情或灾情信息时,应在第一时间将灾情、险情概况上报防指领导和上级防汛值班室及相关单位领导,之后密切关注灾情、险情发展趋势,积极完善险情信息后实时报送。三是重要气象信息和水雨情,要第一时间报告值班领导,由值班领导提出处理意见,情况紧急时,应立即向有关地区和部门发布预警信息。四是定期编报汛情、旱情。四是汛情和灾情等信息,严格按照新闻发言人制度,向新闻媒体实时滚动发布。

(四)"谏"就是积极建言献策

防汛值班室是防汛指挥部的作战部和参谋部,需要为防指的各项决策提供科学及时的参谋意见。以台风、重要天气、重要水库调度为例,极端天气变化,工情、险情、汛情瞬间万变、作为防汛专职人员,必须密切关注跟踪天气、河道、水库、涵闸的汛情变化,及时提出应对洪水处置、调度和抢险的决策与建议。对超过下游河道安全泄量、超过滩区安全建设标准、超黄河花园口站 22000 立方米每秒洪水、上游重要水库与黄河下游河道同时发生超标准洪水或同时出现重大险情时,黄河防办要积极作为、主动作为,组织有关专家、学者及时分析切磋研判,秉承"两害相权择其轻""两利相权取其重"的原则,以人为本,人水和谐的原则,统筹考虑,慎重抉择处置,以对党、对国家、对人民群众高度负责任的精神,提出风险应对处置意见供领导决策部署。值班室还应在不同阶段对防汛抗旱形势进行综合分析研判,积极主动为经济社会发展提供服务。

(五)"记"就是做好工作记录

防汛值班工作内容繁多,既要收集各类信息、接听重要电话,还要收发大量的文件和材料,稍不注意就会造成遗漏和失误,因此做好值班工作记录尤为重要。一是及时做好文件的接收、发送工作,并做好登记工作。值班室应对当日形成的书面材料,包括防指(办)内部形成文件材料、上级来文和各地上报材料等,按要求整理归类,并建立收发文档记录。二是做好值班记录,值班记录有防汛、防凌值班记录、来文、来电(明传电报)、来访记录,交接班记录等,随着电脑无纸化办公的逐步实施,无论是手写值班记录还是电脑记录,都要按照各种记录的要求认真填写,完整、清楚、准确地记录本班次发生的情况,不但为后续的同志及时提供情况、尽快熟悉汛情进入角色,不发生棚架,也为汛后防汛工作总结、防汛资料整理汇编提供素材,还为落实防汛责任,查找工作纰漏提供有力支撑。三是做好电话记录,特别是重要电话,要建立电话记录档案。内容包括来电单位、来电人姓名、号码、来电内容、承办批示、办理结果等。对于值班中发生的其他事项,值班人员应在准备好的值班记录草稿本上整理好相关信息后,再抄至值班记录本上,值班记录要字迹工整、内容全面、条理清晰。另外,“记”还包括记清防汛相关法律、法规、规定等,以便及时准确地处置应急突发防汛事件。

(六)“督”就是做好督办工作

一是对防汛抗灾工作部署和领导的指示、批示精神、调度指令贯彻落实情况进行督办,确保落实到位。二是对各类防汛责任人到岗履职情况进行督查,确保各类防汛责任人到岗到位、尽职尽责,杜绝责任真空。三是对值班工作进行跟踪督办,确保无延误、无遗漏。值班室还应建立督办档案,记录经办部门、人员及办理结果等情况。

(七)“站”就是提高政治站位

洪水无情,关系到民生,关系到社会的稳定,要有灵敏的嗅觉,要有高度政治责任感,特别是流域内、辖区内发生的应急事件,都可能与黄河有关,需要多部门的通力合作,不能棚架、相互扯皮,以免给工作造成被动。

防汛值班工作纪律。防汛值班工作必须遵守“认真负责、及时主动、准确高效”的原则,严守值班制度,按照岗位责任制各就各位、各负其责。具体来说,有以下几个方面的要求:值班人员值班期间要做到“四勤”(眼勤、耳勤、手勤、脚勤)、“三清”(情况弄清、问题搞清、报告说清)、“五快”(分析快、报告快、建议快、传达快、执行快),

(1)严守岗位。当班人员必须24小时坚守岗位,严格按照工作守则,认真处置值班期间各项事务。正常工作时间,值班室除正当需求外,不得收看电视节目、网络聊天、查看股市行情等。

(2)所有值班人员随时保持待命状态,必须保持通信畅通,未经批准不允许空岗、替岗、擅自离岗。

(3)严格落实领导带班制和岗位责任制,值班主任、值班人员要按照岗位责任切实履职尽责。

(4)严格执行交接班制度,上一班没有完成的工作,要做好交接,以免耽误工作。

对违反值班纪律,造成工作失误的,将予以通报批评。造成严重后果的,要按照有关法规纪律,追究有关责任人的责任。

值班工作注意事项。防汛值班室是防汛指挥部对外服务和对内沟通的窗口,其工作质量的好坏在很大程度上代表了防汛部门的工作水平和形象。因此,防汛值班工作在对内沟通和对外交流上要特别注意以下几点:

一是要问清问题。①以河道工程险工、控导发生的险情为例，首先要问清险情发生的区域、工程名称、险情种类、出险坝号、出险部位、是上跨角、下跨角、迎水面、坝前头，是根坦石坍塌、还是猛墩猛蛰、出险的体积、长宽高、发生的时间、抢护的方法、抢险过程、抢护机械设备、用工用料、当前河道流量、主流位置、河势走向、预估险情发展趋势及下一步采取的措施打算。如果是黄河堤防险情：要问清是那种险情，是渗水、管涌、漏洞、还是堤身裂缝、滑坡，是迎水坡还是背水坡；是於背区还是堤脚，如果发生的是堤身裂缝，裂缝的方向是纵向的还是横向的，是有规则的还是没有规则的，是新堤还是老堤；如果是发生渗水，要问清是堤身渗水还是堤脚渗水、是堤身发生的漏洞还是堤脚外发生的管涌；要是水工建筑物发生的险情：首先要问清是水工建筑物基础发生的问题还是水工建筑物结构本身发生的问题，具体到引水涵闸，分洪、退水涵闸要问清是闸问土石结合部位还是闸门本身。总而言之，都要问清发生险情的部位、具体地点、发生时间，涵闸是否在运用，河势流量情况，发生险情原因，是新险情还是老险情、汛前检查时，现状是啥情况，有没有发现存在的隐患，汛前处置了没有，险情发生后，抢护采取的什么措施、什么抢护方法，险情是否控制住了、抢护现场有多少机械设备和人力，主要领导和技术负责人是谁在现场负责抢险等。②如何问清雨情、水情。要问清降雨的区域，是黄河上游、中游还是下游，还是当地降雨，是日雨量、时雨量还是几小时雨量。水情要问清发生的站点、什么时间，水位表现，是警戒水位还是超标准洪水，流量达到多少等。③如何问清灾情。要问清发生灾害位置，隶属关系、灾害发生的时间、受灾区域面积种类、受灾村庄人口、伤亡情况、倒塌民房、厂房数量、有多少群众需要救援、有多少农作物受淹、绝收，经济损失估价。要认真核查落实人口伤亡的人数和发生的原因。

二是谨慎回答问题。防汛值班室是防汛抗灾指挥的枢纽，是各方关注的焦点，因此在回答问题时要不能随意回答，一定要认真慎重、信息数据确切、对于来电，回复来电语气要温和礼貌客气，态度要诚恳，拿不准、不清楚的问题切记不能含糊其词答复，记录下来，待请示落实后再行答复。没定确定下来信息，或定下来暂不需要对外公布的事，未经授权不得向外界透露，即使确定下来需向下传达的事，也不随便随意乱说，由新闻发言人对外公布，以免形成外界不必要的误解。

三是及时登记处理防汛期间的来电和文件。重要事件、应急事件、重要汛息要及时向带班领导、主任汇报处置，更不能隐瞒、迟报，以免贻误战机。重要的电话要认真记录，问清来电单位、姓名、事项，最好要录音，填写呈阅处置单，及时交带班领导和主任阅处。

四是接待采访要规范。无论国内、国外新闻媒体的来电、来人采访，都要通过地方政府、防指或黄河防办的宣传部门或外事部门批准，通过新闻发言人对外问答。更不能随意回答，以免口径不一造成混淆。

五是做好涉外保密工作。按照我国《中华人民共和国保密法》的规定要求，黄河流域内发生的洪水、应急事件、处置措施，按照防汛管理规定，凡是涉及到需要保密的，任何人，特别是防汛值班人员，在黄河防总没有对外公布前，绝不能随便公布。

第三节 防洪预案编制

一、预案编制的基本依据

预案编制的基本依据为：

(1)《中华人民共和国水法》《中华人民共和国防洪法》《中华人民共和国防汛条例》、《河南省黄河防汛条例》等防汛法规、政策；

(2)国家防办制定的《黄河防洪预案编制提要(试行)》、黄河防总办公室制订的《黄河防洪预案编制提要(试行)》及省黄河防汛办公室制定的《河南黄河防洪预案编制细则》等；

(3)上级制订、确定的洪水调度原则、调度规程及洪水处理方案；

(4)防洪工程状况及运行条件、设计防洪标准；

(5)河道状况及排洪能力；

(6)物质基础和技术条件。

二、预案编制的工作步骤

(一)做好预案编制的准备工作

搜集整理编制预案所需要的基本资料，如辖区工程状况、河道状况、滩区情况、交通道路状况、历史洪水险情、历年防汛抢险经验及行政机构设置、社会经济情况等；学习掌握防汛有关法规、政策及有关规定、规范；了解各种防汛抢险方法、技术及适应条件等。

(二)进行计算分析

(1)分析计算河道排洪能力。由于黄河下游河道冲淤变化大，水位—流量关系很不稳定，同一水位下的过流能力相差很大，这些因素直接影响防洪部署和工程的防洪运用。每年都要在计算河道前期淤积的基础上，对当年的河道排洪能力进行计算，推算出主要站的水位—流量关系，分析各级洪水的水位、传播时间等。

(2)分析合适变化趋势。河南黄河是典型的游荡性河段，主流变化频繁，河势变化是造成工程出险的重要因素。要根据前期河势的发展状况、河道形态、历史河势及物理模型试验等来分析近期河势发展趋势，各级洪水河势，以及可能对工程造成的影响等。

(3)分析工程可能出现的问题。由于防洪工程的作用、结构、基础条件、所处位置不同、洪水及外因条件复杂，工程可能出现的问题也是多方面的，各不相同，需要根据掌握的工程资料，逐工程进行分析，针对各级洪水、各种来水条件分析工程可能出现的问题。

(4)进行滩区、滞洪区洪水风险分析。河南黄河滩区居住 100 多万人，是洪水的多灾区和重灾区。由于经过 12 年的黄河调水调沙生产运行，河槽逐年下切，按照滩区社会经济情况变化，每年各级洪水淹没范围、灾害损失也在变化，应根据河道条件、洪水演进情况、历史漫滩灾害和滩区社会经济情况、避洪工程情况等进行滩区洪水风险分析。

(5)分析非工程措施状况。如防汛队伍组织,交通、通信和物资状况,以及防汛抢险技术条件等。

(三)确定防洪预案

(1)确定防洪任务。河南黄河防汛任务是:确保花园口站22000立方米每秒洪水大堤不决口,遇超标准洪水,做到有准备,有对策,尽最大努力,采取一切措施缩小灾害。沁河防洪任务为确保小董站4000立方米每秒洪水大堤不决口,遇超标准洪水,确保丹河口以下左岸安全。具体到各个地区,要进行细化。

(2)确定防洪运用指标。如保证水位、警戒水位(警戒流量)、设计防洪水位、工程设防标准及洪水处理原则等。

(3)确定各级洪水的防守对策、措施。根据各级洪水的表现、工程可能出现的问题,滩区淹没情况和洪水风险,确定查险、抢险、防守措施、方法,以及防汛组织部署、交通、通信、物资设备和后勤供应等保障措施。

三、防洪预案的基本内容

黄河防洪预案主要有以下几个方面组成:洪水处理、突发性洪水灾害的应急处置、工程防守与抢险、滩区和滞洪区蓄滞洪运用、通信保障、物资保障、后勤保障等。为便于操作,往往把防洪预案分为一个总体预案和多个子预案。总体预案是各种防洪预案的总纲,确定各种防洪标准、指标及各级洪水处理原则,明确防洪目标任务、防守对象、保护范围,制定防守对策、防洪调度、部署原则、程序等。子预案是对总体防洪预案的支持、细化,根据总体预案确定的防洪任务、标准,按照防洪对策、调度原则、程序,进行分解、细化,分项制定具体的实施措施及各种保障措施等。

(一)防洪预案

防洪预案主要内容包括:河道基本情况、防洪工程概况、河道排洪能力、防洪存在问题、防洪任务、险情处置原则、防洪职责分工、各种保障措施及各级洪水处理方案等。

根据黄河防洪任务,当前黄河下游洪水处理原则是:充分使用水库拦蓄洪水;在确保大堤安全的条件下,尽量利用河道排泄洪水;相机运用分滞洪区分滞洪水。

根据河南黄河洪水表现情况和防洪工程的运用条件, 省黄河防汛抗旱办公室按照花园口站流量将洪水分为六级:4000立方米每秒以下、4000~6000立方米每秒、6000~10000立方米每秒、10000~15000立方米每秒、15000~22000立方米每秒、22000立方米每秒以上, 各市县黄河防汛抗旱办公室可根据各自的具体情况将洪水量级进一步细化。

洪水处理预案可分为设防标准内各级洪水处理预案、超标准洪水处理预案、突发性洪水和异常洪水处理预案:

(1)设防标准内各级洪水处理预案。根据各级洪水的洪水过程和演进情况,结合防洪工程标准、防洪能力及调度原则,确定防洪工程调度运用方案;按照防洪调度原则,确定防洪部署和防守方案;根据洪水表现和漫滩情况确定滩区、淹没区(如封丘倒灌区等)人员的迁安避洪方案。

(2)超标准洪水处理预案。在超标准情况下,现有河道的排洪能力、水库调蓄能力已经充分利用,可根据具体情况确定使用分蓄洪区及其他牺牲局部保大局的方案,或者采用其他工程措施(修子堰等);确定临时分洪运用实施方案和受洪水影响地区的人员转移、避洪安置方案。

(3)突发性洪水和异常洪水处理预案。突发性洪水和异常洪水处理预案是指防御由于防洪工程失事(如堤防决口、垮坝、涵闸失事等)突发事件所造成洪水的方案及防御高含沙等异常洪水的方案,其主要内容包括分析决堤或垮坝的洪峰流量、洪水流路、淹没范围等,分析高含沙等异常洪水的表现和对防洪工程的影响,确定应急措施,最大限度地减少损失。

(二)应急预案

应急预案主要适用于黄河干流、蓄滞洪区等范围内突发性洪水灾害的预防和应急处置。规范黄河洪水灾害防范与处置工作,保证抗洪抢险救灾工作高效有序进行,最大程度地减少人员伤亡和财产损失,为流域各省区经济社会全面、协调、可持续发展提供支撑。

主要内容包括组织指挥体系及职责、预防和预警机制、应急响应、应急保障。

1. 预警等级划分

黄河防总办负责黄河干流及重要支流洪水预警级别的确定。按照可能发生的洪水量级以及相应可能发生的洪灾和山地灾害等,划定预警量级为四级:一般(Ⅳ级)、较重(Ⅲ级)、严重(Ⅱ级)、特别严重(Ⅰ级)四个预警级别,并依次采用蓝色、黄色、橙色、红色加以表示。

(1)蓝色汛情预警(Ⅳ级)。当符合下列条件之一时可发布蓝色预警:

①预报黄河干流或重要支流可能发生或已经发生编号洪峰标准量级的洪水,黄河防洪工程出现较大险情。

②黄河干流或重要支流控制性水库水位已达到汛限水位并预报有继续上涨的趋势。

③黄河流域中型水库出现险情、小型水库存在发生溃坝的危险。

(2)黄色汛情预警(Ⅲ级)。当符合下列条件之一时可发布黄色预警:

①预报黄河干流或重要支流可能发生或已经发生较大洪水,黄河防洪工程出现重大险情。黄河宁蒙、小北干流、渭河或下游河道将出现部分漫滩。

②黄河干流或重要支流控制性水库水位已超过汛限水位并预报有继续上涨的趋势。

③黄河流域大型水库出现险情、中型水库发生较大险情。

(3)橙色汛情预警(Ⅱ级)。当符合下列条件之一时可发布橙色预警:

①预报黄河干流或重要支流可能发生或已经发生大洪水,洪水严重影响黄河防洪工程安全。

②黄河干流或重要支流控制性水库水位接近防洪运用水位并预报有继续上涨的趋势。

③黄河流域大型水库出现较大险情、中型水库出现重大险情。

④黄河宁蒙河段、小北干流河段、渭河或黄河下游河段发生大面积漫滩。

(4) 红色汛情预警(Ⅰ级)。当符合下列条件之一时可发布红色预警:

①预报干流或重要支流可能发生或已经发生特大洪水,黄河堤防工程面临决口危险。

②黄河干流或重要支流控制性水库水位达到防洪运用水位并预报有继续上涨的趋势。

③黄河流域大型水库出现重大险情、中型水库面临跨坝危险。

2. 黄河汛情预警发布

黄河干流及重要支流汛情预警信息发布或解除由黄河防总负责,其余由各省(区)防指负责。

跨省(区)支流上游省(区)发布预警信息的同时应向下游省(区)防指通报。

黄河防总办根据预警标准提出黄河汛情预警级别,Ⅰ级预警报经黄河防总总指挥批准、Ⅱ级预警和Ⅲ级预警报经黄河防总常务副总指挥批准、Ⅳ级预警报经黄河防总秘书长、黄河防总办主任批准后,由黄河防总办负责向社会发布。黄河防总办相应宣布启动Ⅰ级、Ⅱ级、Ⅲ级、Ⅳ级响应机制。

黄河干流汛情预警按照上游、中游和下游分别发布。

黄河汛情预警信息包括:预警级别、起始时间、可能影响范围、警示事项、应采取的措施和发布机关等。

黄河汛情预警信息发布途径:黄河防总办将黄河汛情预警信息电传至相关省(区)防指,由相关省(区)防指通过电视台、广播、短信息、报纸及网络等各种媒体向社会发布。

(三)工程防守与抢险预案

主要指堤防、河道工程、涵闸等防洪工程的防洪运用情况、险点分布、存在问题,以及根据各级洪水可能造成的工程险情,采取的防守部署、观测与查险报险、抢护措施及组织指挥、物资料物保障等。

(1)防洪工程基本情况。主要是工程的基本情况、所在河段的排洪能力与河势情况,河床土质状况及工程的修建、抢险、加固沿革。

(2)防洪工程存在问题。分析河道存在问题及可能出现的不利河势;工程存在的薄弱环节;不利于工程稳定和抢险的河床土质、工程基础;交通、通信及物料供应等方面的不利因素。分析防洪工程在各种洪水条件下可能出现的险情及其发展情况。

(3)工程观测和查险、报险。分工程拟定观测、查险项目(如水位、河势、坍塌、沉陷等)、方法、责任等,并确定报险制度和程序。

(4) 工程防护和抢险预案。针对各级洪水可能发生的各级险情确定防洪部署和抢险措施,逐工程、逐险情制定。

(5)防守、抢险对策相应的保障措施。包括人员组织、责任分工、交通道路、物资与通信保障等。

(四)滩区、滞洪区蓄滞洪运用预案

滩区、滞洪区蓄滞洪运用预案是指滩区、分滞洪区运用时的转移安置和临时避洪方案。

(1)区内基本情况包括自然地理特征、社会经济情况、历史运用情况、洪水风险概况、蓄滞洪工程状况及安全设施状况。

(2)运用准备包括指挥机构、抢险救生队伍、救灾物资准备、转移安置准备、宣传等。

(3)人员转移安置包括通信报警,根据现有交通网络和避洪工程现状况,分片(最好按行政区划确定)确定需转移的人员、转移路线、安置地点,具体转移措施、生活保障、治安保障、医疗救助等。

(4)工程运用分启用条件、进退洪情况、应急救护三部分内容编写。

(5)人员返迁与善后。

(五)通信预警保障预案

通信预警保障预案,包括有线、无线和移动通信保障措施,常规通信保障措施和应急通信保障措施。

(1)通信保障预案要密切结合防洪预案编制,根据各级洪水的防洪部署分别制定其通信保障措施。

(2)根据目前通信发展状况,通信保障预案编制应在黄河专用通信网的基础上,尽可能利用公用通信网和其他通信网建立防洪通信保障体系。

(3)除做好常规通信保障措施外,要建立应急保障措施。为适应防洪抢险的需要,要建立一套或多套应急保障措施，如防洪抢险临时指挥部的通信保障、紧急抢险工地的通信保障等。

(4)应制订通信设施突发故障的紧急抢修方案和备用保障方案。

(六)防汛物资保障预案

物资保障预案主要包括,常用物资的储备与管理,出现不同洪水和险情时的物资调度预案,以及物资调运的组织、运输工具、调运程序等实施预案。

(1)物资保障预案要紧密结合本辖区的防守任务和防洪抢险的需求,分析预测所需要的防汛物资,尤其要关注重点防守堤段与新修工程抢险所需的防汛物资。

(2)防汛物资储备结合辖区内的生产、经营,充分发挥社会、群众的储备能力,建立国家、社会、群众三结合的防汛物资储备保障体系。同时,根据防洪抢险的需要,要做好新材料、新机具和大型抢险设备的保障。

(3)在考虑一般性抢险物资保障的同时,要充分考虑突发情况下的物资保障;既要考虑货源储备充足、运输条件好的物资的供应,又要有货源短缺或运输条件困难情况下的应急办法;不仅做好常用防汛物资的保障,还要有不常用或稀有物资的保障措施。

(4)落实物资保障责任,要明确在不同的防洪任务情况下,物资保障工作应供应什么物料,由何处提供,是何单位、何人负责,以及调运程序等。

(七)其他防洪预案

由于黄河防洪涉及面广,各地区情况不同,所以还要根据不同地区、不同河段的具体情况,制订相关的防洪预案。除上述几个方面的预案外,还有后勤保障、夜间抢险照明预案,焦作市还有沁河防洪预案、武陟詹店铁路闸防洪调度预案,濮阳市还有渠村分洪闸运用实施方案等。有的预案可以相互融为一体,应视具体情况而定。

四、编制防洪预案应注意的几个问题

编制黄河下游防洪预案应遵循的基本原则：一是贯彻行政首长负责制，统一指挥，分级分部门负责；二是全面部署，充分准备，保证重点，以防为主，全力抢险；三是工程措施和非工程措施相结合；四是顾全大局，团结抗洪，充分调动全社会积极因素。除此之外，还应注意以下六个方面问题。

（一）内容要全面、系统、完善

防洪预案的编制从防洪总体调度、物资保障、通信保障、蓄滞洪运用和防洪抢险等方面着手，结合各地的河道、工程情况，对各级洪水的汛情及可能发生的险情都要进行详细预估；要根据预估情况制订相应防守重点、防守措施及抢险方案；划分单位、各部门职责；要明确抢险队伍、物资、通信、交通、后勤保障等方面的组织调度原则及具体工作程序。防洪预案的各个分项预案、各个方面、各个步骤，上下纵横都要相互联系、相互贯通、相互照应。

（二）要结合当年当地实际，切实可行

各项防洪预案的编制，都要立足于实现河道条件、工程基础和非工程措施现状，分析历史洪水表现和河势变化，预测各级洪水的表现及可能发生的险情、灾情，有针对性地编制。黄河下游河道情况、防洪工程和非工程措施情况在不断发生变化，有些方面的变化还比较大，防洪预案必须根据变化后的情况进行编制。

1. 确定最优的水位流量关系

水位流量关系历来是确定河道排洪能力、编制防洪预案的基础。一般都是由省局防汛抗旱办公室水情科拿出大范围的结果，下发所属各市县河务局。省河务局给定水位流量关系的河道断面往往相距较远，不能满足各市、县河务局的需要。各市河务局需要根据省河务局下发的成果进行细化，满足自身编制防洪预案的需要，并将细化了的成果下发所属各县河务局。各县河务局再根据市局下发的成果进一步细化，满足县局自身编制防洪预案的需要。

省河务局给定的各河道断面水位流量关系是按照大堤桩号推算的，过去各市、县河务局在细化的过程中也往往沿用按大堤桩号进行推演的做法。这种做法是不正确的，因为水位沿程递减演变是主流线的流程而不是大堤。就长河段而言，主流线长度和大堤长度基本相当，省河务局按大堤桩号推演水位流量关系是可以的，但在局部的短河段，主流线长度和大堤长度就很可能相差较多，市、县河务局再按照大堤桩号推演水位流量关系就很不妥当了，应该按照主流线的长度来推演。这就要求市、县河务局在推演水位流量关系之前，首先要由对河道情况、洪水规律比较，熟悉的技术人员对洪水主流线做出认真、细致、具体的预测，然后再按照预测的主流线长度来推演水位流量关系。黄河下游河道相近的多个流量级洪水的主流线一般很相近，可以用一条主流线来推演其水位流量关系。如果洪水达到一定量级以后，预计主流线将出现较大变化时，则应依据新的主流线来推演该量级的水位流量关系。

2. 注重解决工程抢险道路泥泞难行的问题

黄河上游降雨汇流，洪水到达下游时，往往雨区也同时到了下游。我国自西向东的降雨

天气系统，导致了黄河下游抗洪抢险期往往为雨期。

黄河下游防洪工程尤其是河道工程地处偏僻、交通道路设施相对滞后，遇到阴雨天气通行艰难，严重影响到抗洪抢险。防洪预案不仅要预筹正常情况下的抢险措施，还要着力研究解决通往河道工程道路和工程连坝自身泥泞难行、机械不能发挥抢险效能情况下的抢险对策，要有多手准备。一方面是如何改善抢险交通条件，另一方面是寻找道路泥泞条件下的抢险方式、方法。

3. 针对小流量、长历时、小水出大险提出相应对策

过去的防洪预案对大流量的各级洪水情况下的抗洪抢险斗争考虑很多，研究得较为详细，一般都是从4000立方米每秒开始预筹对策，而对4000立方米每秒以下的小流量级情况下的抢险估计不足。

根据小浪底水库防洪和调水调沙运用的实际情况：原本可能发生的较大流量级洪水往往通过水库调节成2500立方米每秒左右的、较长历时的小流量过程。在当前下游河道严峻的“二级悬河”形势和河道排洪能力不高的情况下，小流量、长历时、多抢险、抢大险正是我们面临较多的、新的突出情况。2003年、2013年，下游长历时的秋汛期间，河南黄河多处工程、多次出现紧张严峻的抢险局面，已经充分说明了这一问题的严重性。今后的防洪预案要加强对这方面问题的研究，充分预筹小流量、长历时、小水出大险的应对措施。

4. 慎重选择抢险方法，要考虑料物不足情况下的工程抢险

一处河道工程的防汛备料是有限的，往往是几个较大险情甚至是一个重大险情就将一处工程的备防石消耗殆尽，此时若再遇后续险情，就往往面临着严重的抢险料物不足问题。一方面要求我们加强抢险料物的储备，这包括石料等硬料，也包括柳秸料等软料；另一方面也要求我们在抢护险情时，要充分考虑工程后期抢险形势和自身的备料情况，慎重选取抢护方法。现代的机械抛石抢险速度快、强度高，但其对石料的消耗也很大；传统的埽工抢险对石料的消耗低，但速度慢、强度低。这两种抢险方法各有优缺点，如何合理选择抢险方法，要根据具体情况、具体分析。

5. 预案要加强抗洪抢险后勤保障工作预筹

抗洪抢险斗争往往是艰苦的战斗，做好后勤保障工作是取得整个抗洪斗争胜利的重要保障之一。

我们现有的物质条件是能够满足一般抗洪抢险需要的，但在抗洪前期和紧急抗洪期却往往有后勤保障跟不上的问题出现，防洪预案应针对这些方面的问题提出应对措施。

（三）责任要明确，措施要具体

在预案编制中，要把防汛职责划分放在十分重要的位置，要把以行政首长责任制为核心的防汛责任制贯穿到各项防洪工作的方方面面，从各单位和各部门的防汛职责、各工程和各堤段防守责任人、巡堤查险带班干部、抢险和蓄滞洪运用组织到物资、通信、交通道路、后勤保障责任人都要详细、具体，责任到人，并明确上岗时间、位置、职责和工作内容等。对各级洪水和可能发生的各种险情都要制定处理与防守措施，并将各项防守措施细化到各工程坝垛，

具体到工作步骤、工作方法。

各级防洪预案在明确防汛抗洪岗位职责时,可以一岗多人,尽可能避免一人多岗。在预案中要把各部门在防汛抗洪中的责任说清楚,把应说的问题说清楚。使得各单位、各部门积极主动地做好分内工作,一旦出现问题,不能够相互推脱责任,同时也使得各级黄河河务部门在抗洪抢险期间更好履行自身的参谋和技术指导职责。

(四)防洪预案要有较强的可操作性,指挥调度方案要有依据

防洪工作是一项庞大的社会工程,需要社会各界的广泛支持和参与,防洪预案是针对可能发生的各类洪水险情制定的防御对策和措施,是调动社会方方面面投入抗洪抢险的部署计划,因此,防洪预案必须使防洪所涉及的各个工作过程能够一步一步地按照预案实施。防洪预案制定的各项措施和各个环节、各个工作程序都要按照实际运行情况进行科学安排,步骤要可行,可操作性要强,拟定的每项决策、每项指令都要有科学依据,使各项防洪调度工作有条有理、井然有序。

(五)预案编制要注重新材料、新机具的运用,注重科技含量

在预案编制中,要充分利用科学手段分析预测洪水险情,要将物理模型、数学模型的分析成果同历史经验相结合。要根据近年来防汛抢险新材料、新机具、新方法的研究成果,充分考虑比较成熟的新技术的运用和大型机械设备在抢险中的使用,增加防洪预案的科技含量。在预案编制过程中还要尽可能地运用计算机技术来处理有关数据、信息,绘制有关图表,提高工作质量和效率。

(六)简明扼要,格式规范

编制防洪预案,有了对可能出现各类问题准确预测和拟采取各种对策的全面、科学预筹,还要将他们尽可能的以简明扼要、通俗、直观的方式表达出来,包括图标、模拟、视频、三维演示等技术手段。要能图则图,能表则表,图表结合,图文并茂;各种图表,要以便于查看、清楚表达用意为目的;按有关技术文件的要求,防洪预案文字和数字的用法、写法要规范,文字要简练,格式要统一。要使得预案富于操作性,使得各类防汛指挥人员对预案能一看就懂,一看就会操作,达到“傻瓜”预案的要求。

第三章 防汛工作常识

第一节 黄河防洪概述

一、黄河流域概况

(一)自然地理

黄河发源于青海省巴颜喀拉山北麓海拔4500米的约古宗列盆地，流经青海、四川、甘肃、宁夏、内蒙古、山西、陕西、河南、山东等9省(区),在山东省垦利县注入渤海。黄河流域面积794712平方千米(含鄂尔多斯内流区面积42269平方千米),全长5463.6千米,不论河道长度、流域面积,黄河在我国七大江河中都占第二位,是我国的第二大河,七大江河排名依次为长江、黄河、珠江、淮河、海河、松花江和辽河。

据地质演变历史的考证，黄河是一条相对年轻的河流。在距今115万年前的晚早更新世,流域内还只有一些互不连通的湖盆,各自形成独立的内陆水系。此后,随着西部高原的抬升,河流侵蚀、夺袭,历经105万年的中更新世,各湖盆间逐渐连通,构成黄河水系的雏形。到距今10万至1万年间的晚更新世,黄河才逐步演变成为从河源到入海口上下贯通的大河。

汇入黄河的较大支流共有76条(指流域面积1000平方千米以上的支流)。流域西部属青藏高原,海拔在3000米以上;中部地区绝大部分属黄土高原,海拔在1000~2000米;东部属黄淮海平原,海拔高程在100米以下。

黄河流域东临渤海,西居内陆,气候条件差异明显。流域内气候大致可分为干旱、半干旱和半湿润气候,西部、北部干旱,东部、南部相对湿润。全流域多年平均降水量为452毫米,总的趋势是由东南向西北递减。

黄河流域形成暴雨的天气系统,地面多为冷锋,高空多为切变线、西风槽和台风等,大暴雨多由几种系统组合形成,主要有:一是南北向切变线。三门峡以下地区维持强劲的东南风,输送大量的水汽,并且常有低涡切变线北移,再加上有利的地形,往往形成强度大、面积广的雨带。二是西南、东北向切变线。主要发生在河口镇至三门峡区间,使三门峡以上维持强劲的西南风，水汽得到充分的补给，加上冷空气和地形的作用，往往形成强度较大、笼罩面积广的西南、东北向雨带，造成黄河的大洪水和特大洪水。

黄河流域各地区的暴雨天气条件不同，三门峡以上、以下的暴雨多不同时发生。在河口镇至三门峡之间出现西南、东北向切变线暴雨时，三门峡至花园口受太平洋副热带高压控制而无雨，或处于雨区的边缘。三门峡至花园口区间出现南北向切变线暴雨时，三门峡以上中游地区受青藏高原副热带高压控制，一般不会产生大暴雨。

黄河流域暴雨多，强度大，洪水多由暴雨形成，主要来自上游兰州以上和中游河口镇至龙门、龙门至三门峡、三门峡至花园口、汶河流域五个地区。黄河流域冬季较为寒冷。宁夏和内蒙古河段都要封河，下游为不稳定封冻河段，龙门至潼关河段在少数年份也有封河现象。春季开河时形成冰凌洪水，常常造成凌汛威胁。

（二）河段特征

黄河按地理位置及河流特征划分为上、中、下游。从河源到内蒙古托克托县的河口镇为上游，干流河道长 3472 千米，流域面积 42 万平方千米，落差 3496 米，平均比降为 1.01‰，汇入的较大支流有 43 条；本河段水多沙少，蕴藏着丰富的水力资源。从河口镇到河南郑州桃花峪为中游，干流河道长 1206 千米，流域面积 34.4 万平方千米，落差 890 米，平均比降为 1/1400，汇入的较大支流有 30 条；河段内绝大部分支流地处黄土高原区，暴雨集中，水土流失严重，水少沙多，是黄河下游洪水和泥沙的主要来源区。桃花峪以下至入海口为下游，干流河道长 786 千米，流域面积 2.3 万平方千米，汇入的较大支流有 3 条；落差 94 米，平均比降约 1/8000，该河段除右岸东平湖至济南区间为低山丘陵外，其余全靠堤防挡水，是举世闻名的“地上悬河”，黄河防洪的重点河段。

（三）突出特点

黄河有着不同于其他江河的突出特点：一是水少沙多，水沙异源。黄河多年平均天然径流量 580 亿立方米，流域面积占全国国土面积的 8.3%，而年径流量只占全国河川径流量的 2%，流域内人均水量 527 立方米，为全国人均水量的 22%；耕地亩均水量 294 立方米，仅为全国耕地亩均水量的 16%。再加上流域外的供水需求，人均占有水资源量更少。多年平均输沙量 16 亿吨，多年平均含沙量 35 千克每立方米，均为世界大江大河之最。56%的水量来自兰州以上，90%的沙量来自河口镇至三门峡区间。二是水土流失严重。黄河流经世界上水土流失面积最广、侵蚀强度最大的黄土高原，因其土质疏松，地形支离破碎，暴雨频繁且强度大，水土流失极为严重，流失面积达 45.4 万平方千米，占黄土高原总面积的 71%。年侵蚀模数大于 8000 吨每千米的极强度水蚀面积 8.5 万平方千米，占全国同类面积的 64%；年侵蚀模数大于 15000 吨每千米的剧烈水蚀面积 3.67 万平方千米，占全国同类面积的 89%。使黄河成为世界上泥沙最多，含沙量最大的河流。三是河道形态独特。“水少沙多、水沙关系”不协调的自然特性，造成黄河下游持续淤积抬高，使河道高悬于两岸黄海淮平原之上，成为举世闻名的“地上悬河”，是海河流域与淮河流域的分水岭，现行河床一般高出背河地面 4~6 米，河道上宽下窄，排洪能力上大下小。河势游荡多变，主流摆动频繁。河道内滩区为行洪区，居住人口达190万人。防洪任务和迁安救护任务都十分艰巨。四是洪水灾害频繁。黄河下游洪灾多发生在7月下旬和8月上旬,“七下八上”是黄河下游防汛的最关键时期。由于黄河“高悬地上”,历史上往往形成改口改道,具有“决而不复”的特点,素以善淤、善决、善改道著称。据记载,自公元前2000年至2014年的4014年中,黄河流域发生较大的水灾有620年;黄河下游决溢频繁,自公元前602年至1949年的2551年中,黄河决口泛滥的年份达543年,甚至一场洪水多处决溢,决溢次数多达1590次,其中有26次造成夺河改道,平均“三年两决口,百年一改道”,大改道5次,灾害之惨烈,史不绝书。这五次大改道是:公元前602年(周定王五年)河决宿胥口;公元11年(王莽始建国三年)河决魏郡元城;1048年(宋仁宗庆历八年)河决濮阳商胡埽;1128年(南宋建炎二年)杜充决河以阻金兵;1855年(清文宗咸丰五年)河决兰考铜瓦厢,造成黄河北徙改道夺大清河入海。黄河下游洪水所波及的范围,西起河南洛阳孟津,向北经海河流入渤海,侵袭津沽;向南夺淮河入长江注入黄海,泛滥江淮。黄泛区涉及冀、鲁、豫、苏、皖五省的黄淮海大平原,纵横面积约25万平方千米。每次决溢、改道、洪泛所波及的范围内,工农业生产和人民生命财产都遭到惨重损失,也打乱并破坏了天然河系,加剧了旱、涝、碱、沙的危害等一连串的连锁反应,对生态环境造成严重的破坏和长远的恶劣影响。千百年来,黄河洪水给国家和人民反复造成深重灾难,成为一条举世闻名的洪灾河流,黄河洪灾被称为“中国之忧患”。

(四)人文环境

由于黄河的洪水挟带大量泥沙,进入下游平原地区后迅速沉积,主流在漫流区游荡,人们开始筑堤防洪,行洪河道不断淤积抬高,成为高出两岸的“地上河”,在一定条件下就决溢泛滥,改走新道。黄河下游河道迁徙变化的剧烈程度,在世界上是独一无二的。根据有文字记载,黄河曾经多次改道,大的改道5次。河道变迁的范围,西起郑州附近,北抵天津,南达江淮,纵横25万平方千米。周定王五年(公元前602年)至南宋建炎二年(1128年)的1700多年间,黄河的迁徙大都在现行河道以北地区,侵袭海河水系,流入渤海。自1128年至1855年的700多年间,黄河改道摆动都在现行河道以南地区,侵袭淮河水系,流入黄海。1855年黄河在河南兰考东坝头决口后,才改走现行河道,夺山东大清河入渤海。由于黄河下游河道不断变迁改道,以及海侵、海退的变动影响,黄河下游地区的河道长度及流域面积也在不断变化,这是黄河不同于其他河流的突出特点之一。

远古时期,黄河中下游地区气候温和,雨量充沛,适宜于原始人类生存。黄土高原和黄河冲积平原,土质疏松,易于垦殖,适于原始农牧业的发展。黄土的特性,利于先民们挖洞聚居。特殊的自然地理环境,为我国古代文明的发育提供了较好的条件。早在110万年前,“蓝田人”就在黄河流域生活。还有“大荔人”“丁村人”“河套人”等也在流域内生息繁衍。仰韶文化、马家窑文化、大汶口文化、龙山文化等大量古文化遗址遍布大河上下。这些古文化遗迹不仅数量多、类型全,而且是由远至近延续发展的,系统地展现了中国远古文明的发展过程。

早在6000多年前,流域内已开始出现农事活动。大约在4000多年前流域内形成了一些血缘氏族部落,其中以炎帝、黄帝两大部族最强大。后来,黄帝取得盟主地位,并融合其他部族,形成“华夏族”。后人把黄帝奉为中华民族的祖先,在黄帝出生地河南省新郑市有黄帝宫,在陕西省黄陵县有黄帝陵,世界各地的炎黄子孙,都把黄河流域认作中华民族的摇篮,称黄河为“母亲河”,为“四渎之宗”,视黄土地为自己的“根”。

从公元前 21 世纪夏朝开始,迄今 4000 多年的历史时期中,历代王朝在黄河流域建都的时间延绵 3000 多年。中国历史上的“七大古都”,在黄河流域和近邻地区的有安阳、西安、洛阳、开封四座。殷都(当时属黄河流域)遗存的大量甲骨文,开创了中国文字记载的先河。西安(含咸阳),自西周、秦、汉至隋、唐,先后有 13 个朝代建都,历史长达千年,是有名的“八水帝王都”。

东周迁都洛阳以后,东汉、魏、隋、唐、后梁、后周等朝代都曾在洛阳建都,历时也有 900 多年,被誉为“九朝古都”。位于黄河南岸的开封,古称汴梁,春秋时代魏惠王迁都大梁,北宋又在此建都,先后历时约 200 多年。在相当长的历史时期,中国的政治、经济、文化中心一直在黄河流域。黄河中下游地区是全国科学技术和文学艺术发展最早的地区。公元前 2000 年左右,流域内已出现青铜器,到商代青铜冶炼技术已达到相当高的水平,同时开始出现铁器冶炼,标志着生产力发展到一个新的阶段。在洛阳出土的经过系列处理的铁锛、铁斧,表明中国开发铸铁柔化技术的时间要比欧洲各国早 2000 多年。中国古代的“四大发明”——造纸、活字印刷、指南针、火药,都产生在黄河流域。从诗经到唐诗、宋词等大量文学经典,以及大量的文化典籍,也都产生在这里。北宋以后,全国的经济重心逐渐向南方转移,但是在中国政治、经济、文化发展的进程中,黄河流域及黄河下游平原地区仍处于重要地位,各朝代都把发展水利事业,增加农业产量,以及为运输,特别是为漕运创造条件,当作社会发展与政治斗争的重要手段和有力武器,从而促进了黄河流域经济的繁荣,使之成为我国最早的经济区。黄河流域悠久的历史,为中华民族留下了十分珍贵的遗产,留下了无数名胜古迹,是我们民族的骄傲。

(五)治理开发

人民治黄七十余年来,党和政府一直把根治黄河水害,开发黄河水利,确保黄河安全的治理工程列为国家重点建设项目,对黄河进行了卓有成效的治理。

1949 年中华人民共和国成立后,党和国家领导人都非常关心治黄事业。1952 年 10 月,毛泽东主席第一次离京外出巡视,首先就是视察黄河,作了很多重要指示,并谆谆嘱咐:“要把黄河的事情办好。”以后又多次听取治黄工作汇报,对治黄工作作了重要指示。1964 年,他已经 70 多岁高龄,还一再提出要徒步策马,上溯黄河源,进行实地考察,念念不忘治理与开发黄河。周恩来总理更是直接领导治黄工作,从 1949 年前的“反蒋治黄”斗争,到编制“黄河综合利用规划”和三门峡工程建设,以及 1958 年大洪水的抗洪斗争,等等。所有治黄工作的重大决策,几乎都是周总理亲自主持做出的。直到 1976 年,他已重病在身,还向去医院看望他的中央领导询问三门峡工程改建后的情况,真是为治黄事业鞠躬尽瘁,操尽了心。

为搞好黄河的治理与开发,1950 年 1 月 25 日,中央人民政府决定黄河水利委员会(简称“黄委会”)为流域性机构,直属中华人民共和国水利部领导,统一领导和管理黄河的治理与开发,并直接管理黄河下游河南、山东两省的河防建设和防汛工作,两省的黄河河务局和沿河地、市、县的河务部门,既是黄委会的直属单位,又是各个省、地、市、县政府的一个职能部门,这种条、块结合的独特体制,有利于组织沿河党、政、军、民团结治河,有效地加强了河防管理,对保障黄河防洪安全起到了很好的作用。

人民治黄事业,一开始就注意调查研究,全面了解黄河河情,注重应用科学技术,搞好全面规划,依靠科学技术进步,科学治黄。早在20世纪50年代初期,黄委会和有关部门就组织开展了大规模的勘测工作和科学考察,搜集和整理了大量的基础资料。1954年初由国家计划委员会(以下简称国家计委)直接领导,中央有关部门及中国科学院负责人参加,组成黄河规划委员会,聘请苏联专家组,调集国内有关专家,集中力量,着手编制黄河治理开发规划。1954年10月底提出"黄河综合利用规划",经过中共中央政治局和国务院审议通过,决定提交全国人民代表大会审查批准。1955年7月30日,第一届全国人民代表大会第二次会议通过了《关于根治黄河水害和开发黄河水利的综合规划的决议》,批准了规划的原则和基本内容,并责成有关部门按时完成治理开发的第一期工程。

与历史上众多的治黄方略相比,"黄河综合利用规划"的特点是:

(1)这个规划的编制是政府行为,批准后的规划就是指导治黄建设的依据;

(2)统筹考虑全流域的治理与开发;

(3)突出综合利用的原则;

(4)对水和沙都要加以控制和利用。

规划明确指出:"我们对于黄河所应采取的方针,就不是把水和泥沙送走,而是要对水和泥沙加以控制,加以利用。"第一,在黄河干流和支流上修建一系列的拦河坝和水库,拦洪、拦沙、调节水量、发电、灌溉。第二,主要在甘肃、陕西、山西三省,展开大规模的水土保持工作。既防治了上中游地区的水土流失,也消除了下游水害的根源。规划对干流工程、黄土高原地区的水土保持和上中下游的灌溉发展都作了全面部署,提出了修建三门峡水库拦洪拦沙,尽快解除下游水患的安排。规划的研究和编制,以及治理开发技术措施的拟定,既汲取了前人的治黄经验,又采用了当时先进的科学技术成果。全国人民代表大会批准黄河规划,是治黄事业迈向新时代的一个鲜明标志,对动员全国人民关心和支持治黄工作起到了重要作用。

随着治黄实践和科学技术的发展,治黄工作经历了实践——认识——再实践——再认识的过程,逐步深化了对黄河河情的认识。在治黄进程中,根据经济和社会发展的要求,对黄河治理开发规划和建设安排作了一些重大的调整。1984年,经国务院批准,国家计委下达了《关于黄河治理开发规划修订任务书》,要求对黄河规划进行一次系统的修订,进一步推进黄河的治理与开发。此后,黄委会会同国务院有关部门和流域内各省区相继开展了各项规划研究工作,通过反复研究和广泛征求各方面意见,于1996年初完成了《黄河治理开发规划纲要》的编制工作,并于1997年经国家计委和水利部审查上报国务院。这个"规划纲要"总结了人民治黄的实践经验,利用科学研究新成果,根据各方面情况的发展变化,提出了今后进一步治理开发黄河的方向和重大措施,以及2010年前的治黄建设安排,为治黄事业的发展绘制了一幅新的蓝图。

以往的治河历史，主要是在下游修守堤防，单纯防洪。新中国的治黄工作，比过去有了质的飞跃。一开始就是按照全面规划，统筹安排，标本兼治，除害兴利，全面开展流域的治理开发，有计划地安排重大工程建设。中央各有关部门、地方各级政府和广大人民群众，齐心协力参加治黄工作，依靠科学技术进步治理黄河，无论是关于黄河问题的勘测研究，还是治黄建设的规模，都是以往任何时代不能比拟的。经过将近半个世纪的建设，黄河上中下游都开展了不同程度的治理开发，基本形成了“上拦下排，两岸分滞”蓄泄兼筹的防洪工程体系，建成了三门峡等干支流防洪水库和北金堤、东平湖等平原蓄滞洪工程，加高加固了下游两岸堤防，开展河道整治，逐步完善了非工程防洪措施，黄河的洪水得到一定程度的控制，防洪能力比过去显著提高。在黄河上中游黄土高原地区广泛开展了水土保持建设，采取生物措施与工程措施相互配合，治坡与治沟并举的办法，治理水土流失取得明显成效。截至 1995 年底，累计兴修梯田、条田、沟坝地等基本农田 7755 万亩，造林 11802 万亩，兴建治沟骨干工程 854 座，淤地坝 10 万余座，沟道防护及小型蓄水保土工程 400 多万处，一些地区生产条件和生态环境开始有所改善，输入黄河的泥沙逐步减少。依靠这些工程措施和广大军民的严密防守，连续 70 多年黄河伏秋大汛没有发生洪水决溢的灾害，扭转了历史上黄河频繁决口改道的险恶局面，保障了黄淮海广大平原地区的安全和稳定发展。黄河的水资源在上中下游都得到了较好的开发利用。流域内已建成大中小型水库 3147 座，总库容 574 亿立方米，引水工程 4500 处，黄河流域及下游引黄灌区的灌溉面积，由 1950 年的 1200 万亩发展到 1995 年的 10700 万亩，流域内河谷川地基本实现水利化，黄河供水范围还扩展到海河、淮河平原地区。在黄河干流上于 1957 年开工兴建黄河第一坝——三门峡大坝，此后，相继建成了刘家峡、龙羊峡、盐锅峡、八盘峡、青铜峡、三盛公、天桥、小浪底和万家寨等水利枢纽和水电站。已建、在建的干流工程，总库容 566 亿立方米，发电装机容量 1113 万千瓦，年平均发电量 401 亿千瓦时，约占黄河干流可开发水力资源的 29%。这些水利水电工程，在防洪、防凌、减少河道淤积、灌溉、城市及工业供水、发电等方面，都发挥了巨大的综合效益，促进了沿黄地区经济和社会的发展。

在全国的大江大河中，黄河的治理任务最为繁重。黄河流域西北紧临干旱的戈壁荒漠，流域内大部分地区也属干旱、半干旱区，北部有大片沙漠和风沙区，西部是高寒地带，中部是世界著名的黄土高原，干旱、风沙、水土流失灾害严重，生态环境脆弱。据目前的调查研究资料，流域内风力侵蚀严重的土地面积约 11.7 万平方千米，水力侵蚀面积约 33.7 万平方千米，通称水土流失面积 45.4 万平方千米。严重的水土流失使黄河多年平均来沙量达 16 亿吨，年最大来沙量达 39 亿吨，成为世界上泥沙最多的河流。上中游地区土壤侵蚀产生的大量泥沙不断输往下游地区，在漫长的历史时期冲积塑造了黄淮海大平原。同时，黄河的频繁泛滥、改道又给下游平原地区造成巨大的灾难，黄河洪水威胁，成为中华民族的心腹之患。治理黄河，是防止荒漠化继续向东南扩张的前哨战，是改善黄土高原生态环境，再造山川秀美西北地区的重大措施，也是消除下游水患，保障广大平原地区经济、社会稳定持续发展的根本途径。

黄河流域又是资源丰富、具有巨大发展潜力的地区,治理和开发黄河,对保证全国经济、社会的可持续发展有十分重要的意义。黄河流域范围内总土地面积 11.9 亿亩(含内流区),其中耕地约 1.79 亿亩,林地 1.53 亿亩,牧草地 4.19 亿亩,宜于开垦的荒地约 3000 万亩。黄河下游现行河道洪泛可能影响范围的总土地面积 1.8 亿亩 (12 万平方千米), 其中耕地 1.1 亿亩,虽然不在流域范围以内,但仍属黄河防洪保护区。据 1991 年的资料,流域内探明的矿产有 114 种,在全国已探明的 45 种主要矿产中,黄河流域有 37 种。具有全国优势(储量占全国总储量 32%以上)的有稀土、石膏、玻璃用石英岩、铌、煤、铝土矿、钼、耐火黏土等 8 种。其中,煤炭资源在全国占有重要地位,已探明煤产地 685 处,保有储量占全国总数的 46.5%,资源遍布沿黄各省区,而且具有品种齐全、煤质优良、埋藏浅、易开采等优点。石油、天然气资源也比较丰富,加上黄河干流的水力资源,实属全国的能源富足地区,也是 21 世纪全国能源开发的重点地区。

黄河水少沙多,多年平均河川径流量约 580 亿立方米,只占全国总量的 2%,水资源贫乏,对于西北、华北缺水地区,黄河水资源尤其宝贵,是经济和社会发展的重要制约因素。

按照全国国土开发和经济发展规划,黄河上游沿黄地带和邻近地区,将进一步发展有色金属冶炼和能源建设,推进基础设施建设和环境保护,逐步建成开发西部地带的一个重要基地。黄河上中游能源富集地区,包括山西、陕西、内蒙古、宁夏、河南的广大区域,将逐步建成以煤、电、铝、化工等工业为重点的综合经济区,成为全国重要的煤炭和电力生产基地。同时要大力开展水土保持,改善生态环境。黄河下游沿黄平原,仍然是全国工农业发展的重要基地。黄河的治理开发促进了黄河经济带的发展,沿黄地区经济和社会的发展又对治理黄河提出了更高的要求。

黄河的治理与开发, 是关系国家经济和社会持续发展的一件大事。后任党和国家领导人,也都多次亲临黄河视察,听取治黄工作汇报,作了许多重要指示。2014 年 3 月 17 日下午 5 时许,习近平总书记来到黄河兰考东坝头段,这里位于黄河典型的“豆腐腰”地段。总书记伫立岸边眺望,向地方干部询问黄河防汛情况,了解黄河滩区群众生产生活情况。

黄河治理与开发虽然已经取得很大进展,除害兴利成效显著,取得了令世人瞩目的伟大成绩,充分体现了社会主义制度的优越性。但由于黄河河情特殊,治理难度大,目前还面临着许多问题,今后的治理任务还十分繁重。防治水土流失、消除下游水患、合理利用水资源等都需要进一步解决。随着《黄河近期重点治理开发规划》的实施,黄河治理开发迈入了一个新的历史阶段。

2013 年 3 月,《黄河流域综合规划(2012~2030 年)》(以下简称《规划》),获国务院正式批复,未来黄河综合治理与开发,仍将以完善黄河水沙调控、防洪减淤、水资源与水生态环境保护、流域综合管理体系为目标。该《规划》范围 79.5 万平方千米,重点对黄河干流及湟水(含大通河)、渭河、汾河、伊洛河、沁河、金堤河等重要支流,以及流域内水土流失严重、水资源短缺、生态环境脆弱、水能资源丰富、缺乏综合规划的其他重要支流进行了规划完善。

该《规划》是黄河流域开发、利用、节约、保护水资源和防治水害的重要依据。《规划》的组织实施，将进一步提速黄河流域的综合治理与开发。按照《规划》，到 2020 年，黄河水沙调控和防洪减淤体系将初步建成，以确保黄河下游在防御花园口洪峰流量达到 22000 立方米每秒时堤防不决口，重要河段和重点城市基本达到防洪标准；到 2030 年，黄河水沙调控和防洪减淤体系基本建成，洪水和泥沙得到有效控制，水资源利用效率接近全国先进水平，流域综合管理现代化基本实现。

二、洪水来源及其类型

河南黄河花园口水文站的大洪水和特大洪水主要来自黄河中游的三个来源区，即河口镇至龙门区间、龙门至三门峡区间、三门峡至花园口区间。来自上游的洪水构成黄河下游洪水的基流。

（一）上大型洪水

以河口镇至龙门区间和龙门至三门峡区间来水为主形成的大洪水称上大型洪水，如 1843 年和 1933 年洪水。这类洪水主要是由西南东北向切变线带低涡暴雨所形成，具有洪峰高、洪量大、含沙量大的特点，对河南黄河防洪安全威胁严重。

河口镇至龙门区间流域面积为 11 万平方千米，河道穿行于晋陕峡谷之间，两岸支流呈羽毛状汇入，大部分属黄土丘陵沟壑区，土质疏松、植被差、水土流失严重，加之这一区间暴雨强度大，历时短，常形成尖瘦的高含沙洪水过程。该区洪水泥沙颗粒大，是黄河下游河道淤积物的主要来源。吴堡、龙门的洪水一般发生在 7 月中旬至 8 月中旬，一次洪水历时一般为 1 天左右，连续洪水可达 5~7 天。

龙门至三门峡区间有泾、北洛、渭、汾等大支流加入，流域面积为 18.8 万平方千米，大部分属黄土源区及黄土丘陵沟壑区，一部分为石山区，该区大洪水发生时间以 8、9 月份居多，其洪水过程较河龙间洪水较矮胖，洪水含沙量也较大。

（二）下大型洪水

以三门峡至花园口区间来水为主形成的大洪水称下大型洪水，如 1761 年、1958 年和 1982 年洪水。这类洪水主要是由南北向切变线带低涡暴雨所形成，其特点是洪峰较低、历时较长、含沙量较小。

三门峡至花园口区间有伊洛河、沁河等支流加入，流域面积 41615 平方千米，大部分为土石山区。本区大洪水与特大洪水都发生于 7 月中旬至 8 月中旬之间。本区暴雨历时较三门峡以上中游地区要长，强度也大，加上主要产流区域河网密度大，有利于汇流，故形成的洪峰高洪量也较大，但含沙量小。本区一次洪水历时 3~5 天，连续洪水历时可达 12 天之久。本区洪水上涨历时短，汇流迅速，洪水预见期短，对河南黄河防洪安全威胁最大。

（三）上下较大型洪水

龙门至三门峡区间和三门峡至花园口区间共同来水组成的洪水称上下较大型洪水，如 1957 年和 1964 年 8 月洪水，这类洪水系东西向切变线带低涡暴雨所形成。这类洪水的特点是洪峰较低、历时较长、含沙量较小等，对郑州黄河防洪也有相当的威胁。

黄河下游洪水特性，不仅与洪水的地区来源有关，而且与洪水发生的季节有关，伏汛（七八月洪水）与秋汛（九十月洪水）有所不同。伏汛洪水的洪峰型式为尖瘦型，洪峰高、历时短、含沙量大。秋汛洪水的洪峰型式较为低胖；多为强连阴雨的暴雨所形成，具有洪峰低、历时长、含沙量大的特点。“上大型”洪水容易形成高含沙量洪水，使河床产生强烈冲淤，水位出现骤跌猛涨现象，这种带有突然袭击性质的水位涨落，对防洪工程威胁十分严重。

三、黄河下游防洪方略

治理黄河，兴修水利，历史悠久。中国最早的灌溉工程，首推黄河流域的滮池（在今陕西省咸阳西南），《诗经》中有“滮池北流，浸彼稻田”的记载。到了战国初期，黄河流域开始出现大型引水灌溉工程。公元前422年，西门豹为邺令，在当时黄河的支流漳河上修筑了引漳十二渠，灌溉农田。公元前246年，秦在陕西省兴建了郑国渠，引泾河水灌溉4万多顷（合今280万亩）“泽卤之地”，“于是关中为沃野，无凶年，秦以富强，卒并诸侯”。为秦统一中国发挥了重要作用。

汉朝对农田水利更为重视，修建六辅渠和白渠，扩大了郑国渠的灌溉面积，同时在渭河上修建了成国渠、灵轵渠等，关中地区成为全国开发最早的经济区。

为了巩固边陲，从秦、汉开始实行屯垦戍边政策，在湟水流域及沿黄河的宁蒙河套平原等地，开渠灌田，使大片荒漠变为绿州，赢得了“塞上江南”的赞誉。

为了保证长安、洛阳、开封等京都的供应，黄河中下游的水运开发历史也很悠久。

大禹治水的功绩，也包括治理黄河，大河上下，几乎到处都有大禹的“神工”。春秋战国以后，治河的文献记载逐渐增多，留存下来大量珍贵的史料。

早在春秋战国时期，黄河下游已普遍修筑堤防。公元前651年，春秋五霸之一的齐桓公“会诸侯于葵丘”，提出“无曲防”的禁令，解决诸侯国之间修筑堤防的纠纷。在此后漫长的历史时期，伴随着黄河频繁的决溢改道，防御黄河水患成为历代王朝的大事，投入大量人力、财力，不断堵口、修防。西汉时期，已专设有“河堤使者”“河堤谒者”等官职，沿河郡县长官都有防守河堤职责，专职防守河堤人员，约数千人，“濒河十郡，治堤岁费且万万”，河防工程已达到相当的规模。据《汉书·沟洫志》记载，淇水口（今滑县西南）上下，黄河已成“地上河”，堤身“高四五丈”（合9~11米），堤防也很高。《史记·河渠书》中记载，公元前109年，汉武帝令“汲仁、郭昌发卒数万人塞瓠子决”，并亲率臣僚到现场参加堵口，说明黄河堵口已经是相当浩大的工程。史书记载最早的一次大规模治河工程是公元69年“王景治河”“永平十二年，议修汴渠”“遂发卒数十万，遣景与王吴修渠筑堤，自荥阳东至千乘海口千里”“永平十三年夏四月，汴渠成……诏曰：‘……今既筑堤、理渠、绝水、立门，河、汴分流，复其旧迹’”“景虽节省役费，然犹以百亿计”。扼制了黄河南侵，恢复了汴渠的漕运，取得了良好的效果。

北宋建都开封，当时黄河水患严重，宋王朝对治河很重视，设置了权限较大的都水监，专管治河，沿河地方官员都重视河事，并在各州设河堤判官专管河事，朝廷重臣，多参与治河方略的争议。这个时期治河问题引起很多人的探讨,加深了对黄河河情、水情的认识,河工技术有很大进步,特别是王安石主持开展机械浚河、引黄、引汴发展淤灌等,在治黄技术上有不少创新。

明代以后,随着社会经济发展和黄河决溢灾害加重,朝廷更为重视治河,治河机构逐渐完备。明代治河,以工部为主管,总理河道直接负责,以后总理河道又加上提督军务职衔,可以直接指挥军队,沿河各省巡抚以下地方官吏也都负有治河职责,逐步加强了下游河务的统一管理。清代河道总督权限更大,直接受命于朝廷。明末清初,治河事业有很大发展,堤防修守及管理维护技术都有长足进步, 涌现了以潘季驯、靳辅为代表的一批卓有成效的治河专家。清朝末年及民国期间,战乱不断,国政衰败,治河也陷于停滞状态。近代以李仪祉、张含英为代表的水利专家,大力倡导引进西方先进技术,研究全面治理黄河的方略,但受社会经济条件制约,始终难有建树。

纵观治黄历史,在中华人民共和国建立以前,所谓治河实际上只局限于黄河下游,而且主要是被动地防御洪灾。但是,悠久的治河历史,留下了浩繁的文献典籍,为世界上其他河流所罕见,是一份珍贵的遗产,值得我们进一步研究借鉴。

从 1946 年开始,中国共产党领导人民治理黄河,治黄史册展开了新的篇章。鉴于前人治黄的经验教训,开始将黄河流域作为一个整体,统筹考虑。随着对黄河洪水、泥沙运行规律认识的不断深入,黄河防洪的指导方针也不断得到发展与完善,使治黄工作逐步由下游防洪走向全河治理,其治河思想,在下段“束水攻沙”和上段“宽河固堤”的基础上,又逐步提出“蓄水拦沙”“上拦下排”“拦、用、调、排”,对黄河的治理产生了重大影响。

(一)上段“宽河固堤”,下段“束水攻沙”

从 1950 年起,根据黄河下游水沙特点,按在陶城铺以上河段“宽河固堤”、陶城铺以下河段“窄河固堤、束水攻沙”的治河方略,采取了一系列工程措施和非工程措施,初步改变了下游的防洪形势,为保证堤防不决口奠定了基础。

人民治黄机构的第一任领导人王化云认为上宽下窄的河道基本符合黄河下游水沙的特点,宽河道有削减水势、滞洪沉沙的作用。水涨漫滩,漫滩后水流变缓,泥沙便大量淤积在两岸滩地上,“清水”归槽又能冲刷河槽,这种“淤滩刷槽”的作用,也缓解了河道的淤积。

(二)“蓄水拦沙”

1952 年 6 月,王化云在《关于治理黄河初步意见》中第一次正式提出了“除害兴利,蓄水拦沙”的治黄主张。这个治黄主张,在 1954 年编制的《黄河综合利用规划技术经济报告》(简称《黄河综合规划》)中得到了很好的体现。

1955 年 7 月 30 日,全国人大通过了《黄河综合规划》。黄河综合规划明确提出应采取的方针就是“蓄水拦沙”。主要措施有二:第一,在黄河干流和支流上修建一系列拦河坝和水库,拦蓄洪水和泥沙,防止水害;调节水量,发展灌溉和航运;开发水电,取得大量的廉价动力。第二,在黄河水土流失严重地区,开展大规模的水土保持工作,既避免了中游地区的水土流失,也消除了下游水害的根源。并编列第一期计划,其中最为关键的迫切的工程是决定修建三门峡水利枢纽工程和为保护三门峡水库在中游主要支流修建“五大五小”拦泥库工程。

三门峡工程于1957年4月开工，同时下游全面修建生产堤，在中游形成处理洪水、泥沙之势。三门峡水库于1960年9月开始蓄水拦沙。但支流拦泥库工程未能修建，水土保持工作也没有达到预期效果。由于水库淤积严重和库区移民工作困难，于1962年3月改为“滞洪排沙”运用，后又于1973年11月改为“蓄清排浑”运用。

(三)“上拦下排”

在总结三门峡水利枢纽经验教训的基础上，1963年3月，王化云在《治黄工作基本总结和今后方针任务》报告中提出了在上中游拦泥蓄水、在下游防洪排沙的“上拦下排”治黄主张，从失误和挫折中，认识到“黄河治本不再只是上中游的事，而是上中下游整体的一项长期艰巨的任务”“下游也有治本任务”。

从“蓄水拦沙”到“上拦下排”，可以说是治黄处理洪水泥沙指导思想上的一次重要发展。

(四)“上拦下排，两岸分滞”

由于修建生产堤带来的问题，国务院于1972年发了全面废除生产堤的指示。1975年8月，淮河流域发生了一场罕见的特大暴雨，给国民经济和人民生命财产事业来了严重损失。据气象资料分析，这样的暴雨完全有可能降落到三门峡以下的黄河流域，这一严重的现实，引起人们对黄河洪水的重新认识。

遵照国务院关于要严肃对待特大洪水的批示，1975年12月中旬，在郑州召开了“黄河下游防洪座谈会”。会议一致认为，黄河下游花园口站有可能发生46000立方米每秒洪水，建议采取重大工程措施，逐步提高下游防洪能力，努力保障黄、淮、海大平原的安全。会后，原水电部和河南、山东两省联名向国务院报送了《关于防御黄河下游特大洪水的报告》。《报告》提出：当前黄河下游防洪标准偏低，河道逐年淤高，远不能适应防御特大洪水的需要，“拟采取‘上拦下排，两岸分滞’的方针，即在三门峡以下兴建干、支流工程，拦蓄洪水；改造现有滞洪设施，提高分滞能力；加大下游河道泄量排洪入海。”

(五)“拦、用、调、排”

1986年，王化云在《辉煌的成就，灿烂的前景——纪念人民治黄四十年》一文中，概括提出了“拦、用、调、排”的治黄思想。

王化云认为，从黄河的特点出发，今后治理黄河主要还得靠干流。拟建的小浪底、碛口、龙门(后改为古贤)、大柳树水库，连同已建的三门峡、刘家峡、龙羊峡共七大水库。是黄河干流上对水沙调节有重要作用的骨干工程。“拦”(拦水拦沙)、“用”(用洪用沙)、“调”(调水调沙)、“排”(排洪排沙)，其中哪一项也离不开七大水库的重要作用。七大水库建成后，连同伊、洛、沁河支流水库，全河即可形成比较完整的、综合利用的工程体系，实行统一调度，调水调沙，充分利用黄河水沙资源，发挥最大综合效益。同时他认为，从长远考虑，黄河水资源不足，还要进行南水北调。

(六)“上拦下排、两岸分滞”控制洪水

“拦、排、放、调、挖”处理和利用泥沙。20世纪80年代至21世纪初，在认真回顾以往规划与治黄实践的基础上，提出了黄河治理开发应采取“拦、排、调、放、挖，综合治理”的方略，全面规划，标本兼治，远近结合，可以妥善解决泥沙问题；采取“上拦下排，两岸分滞”的方针，可以有效地控制洪水。将二者有机地结合起来，逐渐形成一个防洪减淤的工程体系，可以实现黄河的长治久安。

（七）“稳定主槽、调水调沙，宽河固堤、政策补偿”

2013年3月，国务院批复的《黄河流域综合规划（2012~2030年）》中，统筹考虑滩区及东平湖滞洪区的滞洪削峰作用，《规划》明确未来黄河下游河道治理方略为“稳定主槽、调水调沙，宽河固堤、政策补偿”，下游河道治理采用宽河固堤格局作为基本方案，未来根据古贤等水沙调控体系骨干工程的建设情况和黄土高原水土保持、滩区放淤等措施的实施效果，以及上游来水来沙条件的变化情况，研究下游河道调整“宽河”格局的可行性。

“稳定主槽、调水调沙，宽河固堤、政策补偿”具体说来，就是要在黄河下游河道塑造出一个相对窄深且能保持稳定的主河槽，一般小流量在主河槽中运行。当下游发生大洪水或特大洪水时，漫滩行洪，淤滩刷槽，洪水靠标准化堤防约束，不致决口成灾，对于滩区行洪造成的灾情，国家给予补偿。新时期黄河下游治理方略的形成，为黄河下游游荡性河道的治理实践提供了理论指导和科学依据。

四、黄河下游防洪工程体系

中华人民共和国成立以来，国家投入大量资金对黄河下游堤防工程进行了五次大规模的加高加固；石化了堤防险工工程；进行了系统的有计划的河道整治；修建了分洪、分凌水闸和引黄供水涵闸；开辟了北金堤、东平湖、大功等分滞洪区和齐河、垦利堤防展宽区；兴建了三门峡、小浪底、陆浑和故县等干支流防洪水库；初步形成了以干支流防洪水库、堤防、河道整治工程、分滞洪工程为主体的“上拦下排，两岸分滞”防洪工程体系，同时加强和逐步完善了水文水情预测预报、通信和预警系统、沿黄军民联防等非工程措施。依靠这些防洪工程和非工程措施，取得了七十余年来黄河伏秋大汛不决口，岁岁安澜的巨大成就，对保障社会稳定，促进国民经济持续发展做出了重大贡献。

（一）上拦工程

1. 三门峡水利枢纽工程

三门峡水利枢纽工程位于黄河中游下段干流上，两岸连接豫、晋两省，在河南省三门峡市与山西省平陆县交界处。坝址以上流域面积68.8万平方千米，占全流域面积的91.5%。水库大坝为混凝土重力坝，最大坝高106米，主坝场713米，坝顶宽22.6~6.5米，坝顶高程353米(大沽高程，下同)。

小浪底水库投入运用后，三门峡水库在一般洪水情况下敞开闸门泄洪，以利用水库的排沙和降低潼关高程。

三门峡水库枢纽任务是：防洪、防凌、灌溉、发电、供水。于1957年4月动工兴建，1960年9月基本建成投入运用。枢纽主体工程由苏联电站部水力发电设计院列宁格勒分院(简称苏联列院)设计，三门峡工程局施工。枢纽建筑物包括：混凝土重力坝、斜丁坝、表孔、底孔、泄洪排沙洞、泄流排水钢管、电站厂房。混凝土重力坝坝顶全长713.20米，坝顶高程353米，最大坝高106米。正常高水位350米高程时相应总库容354亿立方米。电站厂房位于电站坝段下游，设计装机116万千瓦，改建后(至1994年底)装机为32.5万千瓦，库区实际移民40.37万人，淹没耕地90万亩。工程原建和两期改建共完成土石方1871万立方米，混凝土212万立方米，共投资94357.3万元。

枢纽按正常高水位360米高程设计，为减少淹没，国务院决定初期按正常高水位350米高程施工，运用水位不超过340米高程，控制在333米高程以下，335米高程移民。1960年按"蓄水拦沙"运用后库区淤积严重，"黄河技术经济报告"所预计的三门峡以上减少泥沙的效果短期内难以达到，引发了一场以三门峡水利枢纽工程为中心的治黄方针大争论。在工程建设和运用过程中，对工程开发任务和运用方式，存在着不同的主张。为了减缓库区淤积，先后对工程进行两次改建，水库运用方式也进行了两次改变，1973年以来按"蓄清排浑"运用，库区淤积大为减缓。工程建成后，虽未达到原设计要求的效益，但仍具有防洪、防凌、灌溉、发电、供水等效益。中共中央和国务院十分重视三门峡工程的建设，曾列为苏联援建的156项工程中唯一的一项水利工程。周恩来总理曾三次深入工程现场研究解决工程建设和运用中的问题，中央其他领导人也曾多次深入现场指导。

三门峡水利枢纽，是根据治黄"除害兴利，蓄水拦沙"方针兴建的第一座高坝大库工程，是治理和开发黄河的一次重大实践。由于对泥沙淤积严重性认识不足和对水土保持及拦泥工程减沙效果估计过高，库区严重淤积，被迫对工程进行两次改建，枢纽运用方式经历了"蓄水拦沙"和"滞洪排沙"运用阶段，后改为"蓄清排浑"运用，发挥了枢纽调水调沙的重大作用。三门峡水利枢纽工程的实践，使人们对黄河水沙规律特殊性的认识得到了提高，为多沙河流开发治理提供了宝贵经验。

2. 小浪底水利枢纽工程

小浪底水利枢纽工程位于河南省洛阳市以北40千米的黄河干流上，南岸属孟津县，北岸属济源市，上距三门峡水利枢纽130千米，下距焦枝铁路桥8千米，距京广铁路郑州黄河铁桥115千米。坝址以上流域面积694155平方千米。

小浪底水利枢纽工程任务是：防洪、防凌、减淤为主，兼顾供水、灌溉和发电。枢纽正常蓄水位高程275米，死水位230米，设计洪水位272.3米，校核洪水位273米；总库容126.5亿立方米(正常蓄水位高程275米以下)，其中防洪库容40.5亿立方米，调节库容51亿立方米，死库容75.5亿立方米。汛期投入运用的泄洪建筑物有3条明流洞、3条排沙洞、3条孔板洞和正常溢洪道，最大泄洪能力17000立方米每秒。

枢纽建筑物包括大坝、泄洪洞、排沙洞、发电引水隧洞、电站厂房、电站尾水洞、溢洪道和灌溉引水洞。大坝分主坝和副坝，主坝位于河床中，为壤土斜心墙堆石坝，坝顶长1317.34米，宽15米，坝顶高程281米，最大坝高154米。副坝位于左岸分水岭垭口处，为壤土心墙堆石坝，坝顶长170米，坝顶高程280米。泄洪洞位于左岸山体内，进口位于风雨沟，分孔板泄洪洞和明流泄洪洞。孔板泄洪洞共 3 条，由导流洞改建而成，进口高程 175 米，设中间闸室，闸室前压力段设三道孔板，闸室后为明流洞，洞径 14.5 米，挑流入消力塘消能。明流泄洪洞共 3 条，自右向左编号分为 1、2、3 号，进口高程分别为 195 米、209 米、225 米，洞身为城门洞型，尺寸分别为 10.5 米×13 米(宽×高)、10 米×12 米、10 米×11.5 米，挑流入消力塘消能。排沙洞共 3 条，洞身分别位于 1~2 号、2~3 号孔板洞和 3 号孔板洞与 3 号明流洞之间，进口位于 1~2 号、3~4 号、5~6 号发电引水隧洞之间的下部，进口高程 175 米，洞径 6.5 米，为压力洞。发电引水隧洞共 6 条，1~4 号洞进口高程 195 米，5、6 号洞进口高程 190 米，洞径 7.8 米。电站位于 3 号明流洞以北为地下厂房，共装 6 台机组(单机容量 30 万千瓦)，总装机容量 180 万千瓦，厂房下游接 3 条 12 米×18 米(宽×高)断面明流尾水洞。溢洪道分正常溢洪道和非常溢洪道。正常溢洪道位于泄水洞群以北，为陡槽式溢洪道，进口闸室底板高程 258 米，闸室共 3 孔，每孔净宽 11.5 米，工作门为弧形门，尺寸为 11.5 米×17.5 米(宽×高)。非常溢洪道位于桐树岭以北宣沟与南沟分水岭处，为自溃式坝溢洪道，堰底高程 268 米，底宽 100 米，边坡 1：0.8，心墙堆石坝挡水，坝顶高程 280 米，泄水前将坝体爆一缺口，泄水入南沟。灌溉洞进口位于 3 号明流洞北侧，进口高程 223 米，洞径 3.5 m。

小浪底水利枢纽是黄河干流三门峡以下唯一能够取得较大库容的控制性工程，既可较好地控制黄河洪水，又可利用其淤沙库容拦截泥沙，进行调水调沙运用，以减缓下游河床的淤积抬高。1991 年 4 月，七届全国人大四次会议批准小浪底工程在“八五”期间动工兴建。1991 年 9 月 1 日，前期准备工程开工。主体工程于 1994 年 9 月 12 日开工。1997 年 10 月 28 日，小浪底工程顺利实现大河截流。2000 年 11 月 30 日，历时 6 年，大坝主体全部完工。2000 年 1 月 9 日，首台机组投产。2001 年 12 月 31 日，工程全部竣工，总工期 11 年。2002~2008 年，小浪底工程先后通过了安全技术鉴定、工程及移民部分竣工初步验收和水土保持、工程档案、消防设施、环境保护、劳动安全卫生等专项验收。2008 年 12 月，小浪底工程通过竣工技术预验收。2009 年 4 月 7 日，小浪底工程顺利通过由国家发展和改革委员会、水利部共同主持的竣工验收。

3. 伊河陆浑水库

陆浑水库位于河南省洛阳市嵩县田湖镇陆浑村附近，黄河二级支流伊河上，距洛阳市 67 千米，控制流域面积 3492 平方千米，占伊河流域面积 57.9%。

伊河于偃师县杨村汇入洛河，河道全长 264.8 千米，流域面积 6029 平方千米。在嵩县县里镇以上为石山区，植被较好，并有大片森林。县里镇以下顺伏牛山的走向为起伏连绵的丘陵区，除伊、洛河间的分水岭部分岩层出露外，大部分为第三纪砾岩层、红土层、第四纪红土及黄土覆盖，土壤侵蚀较严重，是伊河泥沙主要来源区。除县里镇以上有旧县、汤营、潭头、栾川等盆地外，县里镇沿河向下两岸为川地，由一级阶地和漫滩地组成，土壤肥沃，适宜灌溉耕种。

坝址处多年平均年径流量 10.25 亿立方米(1951~1968 年)，多年平均流量 32.5 立方米每秒，多年平均年输沙量约 300 万吨，平均含沙量 3.2 千克每立方米，泥沙 90%以上集中在汛期7~10月,非汛期河水清澈见底。千年一遇洪峰流量12400立方米每秒,万年一遇洪峰流量17100立方米每秒,保坝洪水(万年一遇洪峰加20%)洪峰流量20520立方米每秒。坝址位于嵩县盆地出口峡谷地段,峡谷长500米,峡谷上游盆地宽3~4千米,坝址处河床宽320米。

陆浑水库是以防洪为主,结合灌溉、发电、供水等综合利用的水库。坝高55米,总库容13.2亿立方米。水库的主要作用是配合小浪底水库削减小浪底至花园口区间的洪峰流量,以减轻黄河下游的防洪负担。

水库主要建筑物包括拦河坝(黏土斜墙砂壳坝)、输水洞、泄洪洞、灌溉发电洞、溢洪道和电站(输水洞电站装机3台,单机容量1250千瓦;灌溉洞电站装机3台,1台3000千瓦,1台3200千瓦,1台500千瓦)。电站总装机1.045万千瓦。水库千年一遇洪水设计,万年一遇洪水校核,洪水位高程分别为327.5米(黄海高程系)和331.8米,正常高水位高程319.5米,坝顶高程333米。

工程于1959年12月开始兴建,1965年8月底建成。灌溉发电洞1972年2月开始增建,1974年7月建成。1976年开始水库保坝加固工程施工,1988年一期加固工程完成。共完成土石方705.61万立方米,混凝土14.86万立方米。工程共计投资1.68亿元。

4. 洛河故县水库

故县水库位于黄河支流洛河中游洛宁县境故县镇下游,东距洛阳市165千米,控制流域面积5370平方千米,占洛河流域面积(不含支流伊河面积)的41.8%。

故县水库任务是:以防洪为主,兼有灌溉、发电、供水等。主要配合小浪底、陆浑等水库以减轻黄河下游洪水威胁,同时提高洛阳市防洪标准。

水库建筑物由拦河坝、电站厂房及附设坝体内的泄水孔道所组成。拦河坝为混凝土实体重力坝,最大坝高125米,总库容11.75亿立方米,坝顶高程553米(大沽高程系),坝顶宽9米,坝顶长315米,由挡水坝段、电站坝段、底孔坝段、溢流坝段及中孔坝段组成,共21个坝段,坝段一般长16.5米,最大19米,最小13米。

电站位于河床左岸7、8、9号坝段,坝后式厂房,安装3台机组,单机容量2万千瓦,总容量6万千瓦,年发电量1.76亿千瓦时。引水钢管为一机一管,直径3米,单机设计引水流量36立方米每秒。

底孔设于10号坝段,共两孔,孔口尺寸为3.5米×4.213米(宽×高),弧形工作门,油压启闭机。工作门前设平板滑动事故门,由200吨坝顶门机启闭。进口高程473.27米,溢流面底坡1∶1,工作门底槛高程472米,工作门最大水头79.02米,最大泄量982立方米每秒,挑流消能。

溢流表孔设于11~16号坝段,共5孔,弧形工作门,固定卷场式启闭机启闭,孔口净宽13米,门高16.5米,中墩厚3.5米,边墩厚2.5米,堰顶高程532米,最高洪水位551.02米时,最大泄量11436立方米每秒,挑流消能。

中孔设于17号坝段,一孔,孔口尺寸6米×9米(宽×高),弧形工作门,油压启闭机启闭,进口设平板事故门,固定卷扬式启闭机,进口高程494米m,溢流面为1∶8.5斜坡,工作门门底槛高程 492.26 米，闸门最大水头 58.76 米，最大泄量 1476 立方米每秒，斜鼻坎挑流消能。

故县水库工程于 1958 年开工兴建，1992 年基本建成，经历了“三下四上”的漫长过程。1958 年 10 月首次兴工“上马”，1960 年停建；1970 年春第一次复工，当年底停工缓建；1973 年第二次复工，1975 年底又停工缓建；1978 年初第三次复工。工程设计方案和施工队伍几经变动。“五定”(定规模、定效益、定工期、定协作、定投资)规定工程于 1989 年竣工，因未能按“五定”年度计划安排投资等，至 1992 年基本竣工。1993 年 10 月，水利部对故县水库工程进行竣工初步验收，提出初验工作报告。1994 年 1 月 20 日，国家验收委员会组织竣工验收。竣工验收鉴定书称：“国家验收委员会认为：故县水库工程是黄河中下游防洪体系中一项重要工程，工程设计合理，施工质量优良，投入运行以来，情况良好，工程符合设计要求，已初步发挥了防洪、灌溉、发电、养鱼等效益。国家验收委员会一致通过正式验收，并移交管理单位运用。”

5. 西霞院反调节水库

西霞院反调节水库是黄河小浪底水利枢纽的配套工程，位于小浪底坝址下游 16 千米处的黄河干流上，下距郑州市 116 千米。

西霞院工程的开发任务是以反调节为主，结合发电，兼顾灌溉、供水等综合利用。西霞院反调节水库主要建筑物有土石坝、泄洪闸、排沙闸、河床式电站厂房、王庄引水闸、坝后灌溉引水闸及电站安装间下排沙洞等，坝轴线总长 3122 米，其中(泄洪、发电、引水)混凝土坝段长 513 米。泄水、发电建筑物集中布置在右岸滩地，共设置 21 孔泄洪闸，排沙建筑物包括电站厂房左侧的排沙洞、右侧的排沙闸和机组之间的排沙底孔，王庄引水闸位于泄洪闸右侧，灌溉引水闸位于电站下游左侧岸边。左右岸滩地和河槽段为土工膜斜墙砂砾石坝，最大坝高 20.2 米，坝顶宽 8.0 米，坝顶高程 138.2 米，上游边坡 1∶2.75，下游边坡 1∶2.25。其中左岸(含河槽段)坝长 1725.5 米，右岸坝长 883.5 千米，砂砾石坝总长 2609 千米。水电站为河床式厂房，最大高度为 51.5 千米，设有 4 台单机容量为 35 兆瓦的轴流转桨式水轮发电机组，总装机容量 140 兆瓦，多年平均发电量 5.83 亿千瓦时。坝基防渗采用混凝土防渗墙。工程规模为大(2)型。水库总库容 1.62 亿立方米，正常蓄水位 134 米，汛期限制水位 131 米。

西霞院工程的建设管理单位是水利部小浪底水利枢纽建设管理局，下设西霞院项目部具体负责工程的建设管理工作。

工程概算总投资 21.97 亿元，其中由小浪底建管局筹资 5 亿元，其余部分由国家投资。前期准备工程从 2003 年元月开工，工期 1 年；主体工程于 2004 年元月开工，工期 4.5 年；2007 年 6 月 18 日，首台机组并网发电；2008 年 1 月 4 台机组全部并网发电。截至 2010 年 12 月 31 日，西霞院水电站已连续安全运行 1293 天，累计发电量 14.84 亿千瓦时。工程在反调节、发电、供水等方面取得了显著效益。2011 年 3 月 2 日，西霞院工程顺利通过国家竣工验收。

西霞院水库通过对小浪底水电站调峰发电的不稳定流进行再调节，使下泄水流均匀稳定，减少了下游河床的摆动，保护了黄河下游河道工程，减轻了对下游堤防等防护工程的冲刷。当小浪底发电流量较大时,西霞院水库按反调节流量要求发电,多余水量存于库中,或根据需要调峰发电;当小浪底水电站停机时,利用库中存水按反调节水量下泄,满足黄河下游河段的工农业用水需求。该水库可在下游发展灌溉面积 113.8 万亩,每年还可向附近城镇供水 10019 万立方米。

6. 沁河河口村水库

河口村水库位于黄河一级支流沁河最后一段峡谷出口处,下距五龙口水文站约 9 千米,地属河南省济源市克井镇,是控制沁河洪水、径流的关键工程,也是黄河下游"上拦下排、两岸分滞"防洪工程体系的重要组成部分。

河口村水库的建设任务是"以防洪、供水为主,兼顾灌溉、发电、改善河道基流等综合利用,并进一步完善黄河下游调水调沙生产运行条件"。该水库坝址控制流域面积 9223 平方千米,占沁河流域面积的 68.2%,占黄河小花间无工程控制区间面积的 34%。工程最大坝高 122.5 米,坝顶长 530 米,坝顶宽 9 米。水库正常蓄水位 275 米(黄海高程),总库容 3.17 亿立方米,调节库容 1.96 亿立方米,防洪库容 2.31 亿立方米,电站装机容量 1.16 万千瓦。该工程属于大(Ⅱ)型水库,枢纽建筑物主要包括拦河混凝土面板堆石坝、泄洪洞、溢洪道及引水发电系统等。主要建筑物大坝为 1 级建筑物,泄洪洞、溢洪道、引水发电洞进口建筑物为 2 级,发电洞、发电厂房、次要建筑物为 3 级,主要建筑物按 500 年一遇洪水设计,5000 年一遇洪水校核,校核洪水位为 286.97 米。

该水库于 2007 年 12 月 18 日正式开工建设,于 2011 年 10 月 19 日实现大河截流,2014 年 12 月完成主体工程建设任务。该工程建成后,可将沁河武陟水文站 100 年一遇洪峰流量由 7110 立方米每秒削减到 4000 立方米每秒,使沁河下游防洪标准由目前不足 25 年一遇提高到百年一遇,减轻沁河下游的洪水威胁,保障穿越该地区的南水北调中线总干渠的防洪安全;可与三门峡、小浪底、陆浑、故县水库联合调度,使黄河花园口 100 年一遇洪峰流量削减到 600~1500 立方米每秒(削减 3.82%~9.55%),从而减轻黄河下游堤防的压力,减少东平湖滞洪区分洪运用概率,进一步完善黄河防洪工程体系;每年还可向济源市、焦作沁阳市提供城市生活和工业用水 1.28 亿立方米,对缓解该地区用水紧缺状况,提高供水保障能力都将发挥重要作用。

(二)下排工程

1. 堤防工程

黄河下游堤防是防御洪水的主要屏障。人民治黄以来,黄河下游进行了四次较大规模的修堤:1950 年至 1959 年为第一次,1962 年至 1965 年为第二次,1974 年至 1985 年为第三次,目前进行的标准化堤防建设是第四次。堤防经过加高加固,大大提高了抗洪能力。

黄河下游临黄大堤一般高 7~10 米,最高在 15 米以上,临背河地面高差 3~7 米,最高达 11 米;堤防断面顶宽 8~15 米;临背边坡均为 1∶3。

目前黄河下游共有各类堤防 2290.851 千米,其中临黄堤 1371.227 千米、分滞洪区堤防 313.842 千米、支流 195.367 千米、其他堤防 264.205 千米、渔洼以下堤防 146.21 千米。共用设防堤防长度1960.206千米。不设防堤长330.645千米。

2. 黄河下游河道整治工程

主要包括险工和控导工程两类,险工依附在堤防之上,由坝、垛和护岸组成,具有控导河势和保护大堤的功能;控导工程修建在滩地前沿,修筑有坝、垛和护岸,具有控导河势和护滩保堤的作用。

截至2001年,黄河下游共有各类险工215处,坝、垛和护岸6317道,工程长419千米;控导工程231处,坝、垛和护岸4459道,工程长427千米;滚河防护工程79处,防护坝405道。

(三)分滞洪工程

1. 东平湖滞洪区

东平湖滞洪区是下游的重要分洪工程。滞洪区位于山东省境内。距黄河干流三门峡水库约585千米,总面积627平方千米。

当黄河发生洪水,需要东平湖分洪运用时,由黄河防总商山东省人民政府决定,山东省防指负责组织实施。1982年8月,花园口站出现15300立方米每秒洪峰时,东平湖老湖区滞洪运用,为当时的黄河防洪安全做出了贡献。

2. 北金堤滞洪区

黄河北金堤滞洪区于1951年开辟兴建,长垣石头庄溢洪堰分洪口距京广铁桥下游180千米,是防御黄河下游超标准洪水重要工程措施之一。涉及豫(长垣、滑县、濮阳、范县、台前)、鲁(莘县、阳谷)两省8个县(区),67个乡(镇),2154个自然村,169.2万人,15.93万公顷耕地,197.5万间房屋。滞洪区总面积2918平方千米(其中山东93平方千米),区内紧靠北金堤有一条东西长159.8千米的金堤河。原设计防御1933年陕县23000立方米每秒洪水,溢洪堰分洪流量5100立方米每秒,有效分洪水量20亿立方米,1965年黄委确定分洪总量增大为6000立方米每秒,分洪总量仍为20亿立方米。由于黄河河道不断淤积抬高,利用溢洪堰分洪很不安全。根据国务院1976〔41〕号文批示,为能适时、按量、安全可靠地分滞黄河特大洪水,对滞洪区进行改建,1977年兴建了濮阳渠村分洪闸,同时废除石头庄溢洪堰分洪口,改用渠村分洪闸(较石头庄溢洪堰下移了28千米)分洪,利用台前县张庄退水闸退水于黄河。渠村分洪闸为钢筋混凝土灌注桩基础开敞式水闸,共56孔,总宽度749米,设计分洪流量10000立方米每秒,设计有效分滞洪涝水27亿立方米,其中分滞黄河水量20亿立方米,金堤河遭遇内涝水量7亿立方米。张庄退水闸始建于1965年,改建于1998年,为钢筋混凝土灌注桩基础开敞式水闸,共6孔,总宽度60米,设计滞洪退水和倒灌分洪流量均为1000立方米每秒。同时加固加高北金堤,加高原有避水埝台。改建后的滞洪区东西长141千米,总面积2316平方千米(其中山东93平方千米),其中涉及河南省面积2252平方千米,约170万人。

当花园口站发生22000立方米每秒以上洪水,三门峡、小浪底、故县、陆浑、河口村水库拦洪,东平湖滞洪区充分运用后仍无法解决问题时,报请国务院批准,运用北金堤滞洪区滞洪。可分洪流量10000立方米每秒,洪量20亿立方米,分洪时机一般控制在高村站流量涨至20000立方米每秒时,分洪后大河流量一般控制在16000~18000立方米每秒。分洪后主流沿回木沟、三里店沟直达濮阳南关,然后顺金堤河向下演进,由台前县张庄闸和闸下游大堤预留口门相机退入黄河。

第二节 河南黄河防洪概述

一、河南黄河概况

(一)概述

黄河流至陕西潼关以后,受秦岭的阻挡,转向东流,进入河南省境内,河南黄河西起灵宝市杨家村,流经三门峡、洛阳、济源、焦作、郑州、新乡、开封、濮阳8个市,东到濮阳台前县张庄出河南省进入山东省境内,河道全长711千米。从灵宝至三门峡,属于三门峡水库库区的范围。三门峡至孟津160千米左右的河道,是黄河最后一段峡谷。峡谷出口的小浪底以下至桃花峪,河道进入低山丘陵区,是由山地进入平原的过渡河段。桃花峪以下,即进入下游冲积大平原,右岸郑州及左岸孟州以下,沿河都有堤防。河南省境内流入黄河的主要支流有:宏农河、伊洛河、沁河、蟒河、天然文岩渠、金堤河等。

河南黄河孟津县白鹤以下河道面积3214平方千米,其中河南省2672平方千米,白鹤以上267千米为山区河道,白鹤以下444千米平原河道属设防河段。两岸堤距一般为6~10千米,最宽处长垣县20千米,最窄处台前县不足2千米,呈上宽下窄的喇叭形。由于河宽流缓,河南段河道处于强烈的堆积状态,河道纵剖面上陡下缓,京广桥至青庄为0.18‰,青庄以下仅0.11‰。河道形态决定了河南黄河排洪能力上大下小。河床逐年抬高,河床一般高出堤外地面4~6米,最多达10米左右,是世界上著名的“地上悬河”,成为黄淮海大平原的脊轴。黄河以北属海河流域,以南属淮河流域。

(二)水沙特征

河南黄河水沙具有以下几个特征:

1. 水沙地区分布不均

头道拐以上和三门峡至花园口区间水多沙少,头道拐至龙门区间是沙多水少,具有水沙异源的特点。

2. 水沙时间分配不均

黄河来水、来沙量主要集中在汛期(7~10月)。汛期的水沙量分别占全年的60%和90%,年内分配不均匀。

3. 水沙年际变化大

花园口站最大年水量为1964年的861亿立方米,最小年水量为1997年的142.5亿立方米,最大年水量是最小年水量的6倍;最大年输沙量为1958年的27.8亿吨,最小年输沙量为1987年的2.48亿吨,最大年输沙量是最小年输沙量的11.2倍。

(三)河道特性

1. 灵宝杨家村至孟津白鹤河段

河道长267千米,为峡谷型河段。其中灵宝至三门峡107千米,属于三门峡水库库区的范围。三门峡至孟津白鹤160千米左右的河道,穿行于中条山与崤山、熊耳山之间,成为晋陕峡谷,是黄河最后一道峡谷。峡谷出口的小浪底以上流域面积为69万平方千米,占全河流域面积的92%,小浪底水库的建成对下游防洪具有重要的战略意义。

2. 孟津白鹤至濮阳青庄河段

该段河道长约283千米。白鹤至青庄游荡型河段是在三个不同历史时代形成的,其中白鹤至京广铁桥河段长约95千米,系古代禹王故道,距今有4000年的历史,左岸是断续的黄土低崖,高出水面10~40米,称为清风岭,自温县向下游地面逐渐降低;右岸为绵延的邙山黄土丘陵,高出水面100~150米。京广铁路桥至东坝头河段长约130千米,系明清故道,距今有500余年的历史,两岸有1855年兰考铜瓦厢决口溯源冲刷形成的高滩,此河段全靠堤防约束,两岸堤距一般10千米左右;东坝头至青庄河段长约60千米,系1855年兰考铜瓦厢决口后改道形成的河道,距今有163年的历史,两岸堤距5~20千米,水面辽阔,水流散乱、河势多变,泥沙淤积严重,部分河段主槽高于滩地,“二级悬河”形式严峻,历史上称之为“豆腐腰”,是决口最多的河段。

3. 濮阳青庄至台前张庄河段

该段河道长约161千米,两岸堤距1.4~8.5千米,大部分在5千米以上。进入该河段的水流,经过上段游荡性河段的调整,粗颗粒泥沙大部分已淤积在青庄以上的宽河段内,因此滩地黏性土的含量增加,还有一些含黏土量很高耐冲的胶泥嘴分布,水流多为一股,且具有明显的主槽。但是自然滩岸对水流的约束作用是有限的,河势的平面变形仍然很大。经过修建大量的河道整治工程后,才较好地控制了河势,水流集中归股,位置相对稳定。河道曲折系数1.33,平均比降0.148‰,属于由游荡向弯曲转变的过渡性河段。

(四)防洪工程

河南省境内临黄大堤565千米,设计防洪标准为花园口站22000立方米每秒。按堤段划分共有四段:左岸孟县中曹坡至封丘县鹅湾171千米;长垣县大车集至台前县张庄194.5千米;右岸孟津县牛庄至和家庙7.6千米,郑州市邙山跟至兰考县岳寨160.7千米;北围堤10千米;贯孟堤21.1千米。此外还有太行堤44千米,北金堤40千米。两岸大堤上建有引黄涵闸40多座,设计灌溉面积2360万亩,有效灌溉面积1280万亩,实际灌溉面积1000万亩左右。

人民治黄以来,河南黄河堤防工程已进行了4次大规模的整修加高,目前临黄堤顶宽9~12米,最大高度在15米以上,堤顶高出花园口站22000立方米每秒洪水相应水位一般为2.5~3米,部分堤段4米,大部分堤段进行了淤临淤背工程加固,个别堤防进行了截渗墙工程加固。

目前,河南省黄河共有险工37处,坝垛护岸1499道;涵闸33座,虹吸4处。已布置控导工程 96 处,2547 道坝岸;滚河防护工程 94 处,394 道坝岸。

河南黄河两岸大堤之间滩区面积 2714 平方千米,涉及洛阳、焦作、郑州、新乡、开封、濮阳 6 市 19 个县(区),滩内有 1114 个自然村,耕地 308.70 万亩,居住人口近 128 万人。分滞洪工程主要有北金堤滞洪区,170.98 万人(包括中原油田 5 万人)。

二、河南黄河防洪形势

河南黄河防汛任务是:确保花园口站 22000 立方米每秒洪水大堤不决口,遇超标准洪水做到有准备,有对策,尽最大努力,采取一切措施缩小灾害。控导工程防守要根据洪水演进情况和抢护条件,经省防指黄河防汛抗旱办公室批准后方能撤防。

由于黄河洪水泥沙尚未得到根本控制,防御措施还不完善,河南黄河防洪形势十分严峻,突出表现在:

(一)小浪底水库建成后依然存在发生大洪水的威胁,防洪依然是一项长期、艰巨的任务

近 300 年来,河南黄河花园口站发生超过 20000 立方米每秒洪峰流量的洪水四次,即 1761 年 32000 立方米每秒、1843 年 33000 立方米每秒、1933 年 20400 立方米每秒、1958 年 22300 立方米每秒。自 1946 年人民治黄以来,花园口站共发生超过 10000 立方米每秒洪峰流量的洪水十二次。

小浪底水库建成后,黄河下游防洪标准由建库前六十年一遇提高到千年一遇,但小浪底至花园口间无水库控制区的流域面积仍达 1.8 万平方千米,该区域也是黄河下游洪水的重要来源区之一,其间入黄的伊洛河、沁河在历史上都曾多次发生大洪水。据查证,1482 年沁河山西阳城九女台洪峰流量曾达 14000 立方米每秒;1982 年小董站也发生了 4130 立方米每秒超标准洪水;公元 233 年,伊河龙门镇曾发生过 20000 立方米每秒的大洪水;1958 年伊洛河黑石关站发生 9450 立方米每秒洪水;1982 年伊、洛河夹滩地区堤防溃口滞洪后黑石关站洪峰流量仍达 4110 立方米每秒。

2000 年 7 月,我省漯河、平顶山、南阳、驻马店和新乡地区相继出现两次较大的降水过程,暴雨中心分别位于禹州、延津,距伊洛河、沁河流域仅 100 余千米,如果这两次暴雨中心分别移至伊洛河及沁河流域(从气象上讲,气流移动偏差 100 余千米是完全可能的),经分析计算,伊洛河黑石关站洪峰流量可达 7000 立方米每秒左右,沁河小董站洪峰流量可达 10000 立方米每秒左右,黄河花园口站可能发生 10000~15000 立方米每秒的洪水。

小浪底水库运用后,花园口站千年一遇的洪水为 22600 立方米每秒,百年一遇的洪水为 14800 立方米每秒,10000 立方米每秒的洪峰流量仅相当于十年一遇,这个量级的洪水对河南黄河堤防工程和滩区 128 万群众生命财产安全构成严重威胁,黄河防洪仍是一项长期而艰巨的任务。

需要特别指出的是:虽然近年来黄河下游来水极枯,水资源状况十分短缺,但连续数年的枯水并不意味着这条中华民族的母亲河、这条数千年来的泱泱大河从此就不会来大水了。根据丰、枯水期交替出现的客观规律,黄河转入丰水期、出现大洪水的可能性在日益增大。

1761年花园口出现了32000立方米每秒的特大洪水，1843年花园口又出现了33000立方米每秒的特大洪水，今距1843年已经170多年，黄河下游出现特大洪水的可能性也在增大。

（二）河床淤积抬高，主河槽严重萎缩的现象没有得到明显改善，小流量、高水位、大漫滩现象突出

黄河下游河床不断淤积抬高，自1983年以来，黄河没有发生较大洪水，进入下游的水量持续减少、洪峰流量降低、造床作用减弱，又使得河南黄河主河槽严重淤积萎缩，河道排洪能力大幅度降低。小浪底水库投入运用后，虽然显著增加了对黄河下游水沙条件的调控能力，充分发挥了洪水期较大的输沙和造床作用，但受可调水量的限制，下游河道主河槽淤积萎缩的不利局面仍难以得到根本改善。且若按50年运行期计算，随着小浪底水库运用方式的改变，河南黄河河床又将逐年回淤抬高。按照《黄河中下游洪水调度方案》，为了实现小浪底水库和黄河下游河道减淤等长远目标，当三门峡以上发生4000~8000立方米每秒、含沙量大于200千克每立方米的高含沙洪水时，小浪底水库将不能拦蓄。今后若发生此类洪水，黄河下游“小流量、高水位、大漫滩”的局面将不可避免。

下游河道排洪能力的降低还表现为洪水传播时间的增长和洪峰流量沿程变化的随机性增大。其中洪水传播时间的增长主要是由于流速较高的主槽（高流速区）缩窄、过流比例减小造成的。洪峰流量沿程变化的随机性增大，主要是由于滩区生产堤的存在，使得漫滩水流进出滩区困难、随机性增大，滩区行洪能力减弱、而滞洪能力显著增强造成的。所有这些都给下游防洪和水情测报工作带来了极大的困难，大大增加了河南黄河的防洪负担。

（三）地上悬河和游荡性河道的性质没有改变，二级悬河形势加剧，堤防存在冲决和溃决的可能

河南黄河河道宽浅，主流散乱，河势游荡不定，常常对堤防安全构成重大威胁，是黄河下游河道整治的重点和难点河段。目前河南黄河河道工程还不配套，按规划还有一些工程没有布设，已布设的工程也很不完善，至今仍时有“横河”“斜河”发生，堤防还存在着被冲决的威胁。尤其是高村上下河段“二级悬河”形势已经相当严峻，一些河段的横比降远远大于纵比降，在此情况下，洪水一旦出槽，很容易形成“横河”“斜河”“滚河”，直冲大堤。“横河”堤防为沙性土，抗冲能力差，如果防守不力，抢护不及时，即便是中常洪水，也可能造成堤防的冲决。

河南黄河堤防始建于明清，距今已有500余年历史，现堤防是在历代民埝的基础上多次加修而成的，鉴于历史条件所限，普遍存在用料不当、压实度不够等问题，因此，堤身质量差，基础复杂，特别是历史堵口时大量使用透水材料及砖块、石料等，致使老口门处存在着许多隐患和薄弱环节。同时，堤身水沟浪窝、獾狐洞穴不断出现，这些都是造成渗漏、管涌、以致堤防溃决的隐患。

（四）滩区迁安难度大

保障滩区群众是生命财产安全是黄河防洪的重要任务之一。河南黄河滩区目前居住人口约128万，滩区缺少就地避洪和可固守的自然条件，难以保证人身安全，异地避洪是滩区大部分群众的选择，加之人口多，居住分散，大洪水往往措手不及。

河南黄河滩区缺乏可靠的预警设备,一旦发生大洪水,指挥人员的号令和决策难以及时准确的下达,达不到统一指挥、统一行动的目的;滩区群众自备的交通工具原始且承载能力差,行进速度慢,难以统一组织行动;大规模、短时间撤迁极易发生道路堵塞现象;近年虽陆续修建了一些迁安道路,但仍不能满足群众大规模撤退的需要。低滩区存在"小水不用迁,大水水中迁"局面,漂浮工具存在严重不足。

(五)防洪非工程措施还存在薄弱环节

黄河已经多年没有来大水,加上小浪底水库投入运用,不少人滋生了麻痹思想,防洪意识淡薄;市场经济条件下,群防工作和社会防汛备料落实困难;干部交流频繁,对黄河防汛缺乏了解;专业防汛队伍老化,群防队伍中懂抢险技术的人少,缺少抗大洪、抢大险经验,这些都可能对抗洪抢险造成不良影响。

三、沁河防洪基本情况

沁河是黄河的重要支流,发源于山西省沁源县大月山南麓,流经山西省的沁源、安泽、沁水、阳城、晋城和河南省的济源、沁阳、博爱、温县、武陟,于武陟县白马泉一带汇入黄河,河道全长 485 千米,流域面积 13532 平方千米,其中河南境内流域面积 1228 平方千米。

沁河素有"小黄河"之称,武陟小董站多年平均天然径流量 18.2 亿立方米,年均来沙量 814 万吨,平均含沙量 6.9 千克每立方米。沁河五龙口以下属设防河段,河道长 90 千米,落差 45 米,平均比降 0.5‰,本河段流经黄沁河冲积平原,水流曲折蜿蜒,有"沁无三里直"之说。沁河丹河口以下也是地上悬河,河床高出两岸地面 2~4 米,最大达 7 米。武陟老龙湾以下系沁河入黄河段,由于多年沁河泥沙淤积和黄河水倒灌,形成入黄口三角洲,致使沁河主槽流路北移且下延至秦厂附近。

沁河下游两岸堤防总长 161.6 千米,堤距一般 800~1200 米,其中左岸自济源逯村起到武陟沁河口止 76.3 千米,右岸自济源五龙口起至武陟方凌止 85.3 千米。沁河堤防工程进行了三次大复堤,1982 年新修济源右岸堤段,1981~1983 年进行了武陟木栾店卡口河段的改道,即沁河杨庄改道工程。目前,沁河堤防堤顶宽度 5~15 米,堤顶高出小董站 4000 立方米每秒,洪水相应水位 1~3 米,部分堤段培修了前后戗或进行淤临淤背加固,堤顶从三阳乡付村至沁河口 15.5 千米已全部硬化。

沁河下游共有险工 50 处,防洪坝 2 处,坝、垛、护岸 771 道,涵闸及穿堤建筑物 70 座,历史口门 80 处,这些均是沁河防洪的重点。沁河险工多属历史上大堤出险后抢修形成的,布设位置大致与大堤走向一致,不能形成平顺的导流弯道,缺乏控导河势的能力。

沁河滩区涉及沁阳市、博爱县、温县、武陟县,共有 22 个乡,137 个自然村,人口 25 万,耕地 5.5 万亩。

沁北滞洪区位于沁河与丹河夹角地带。丹河口以上左岸堤防有龙泉、阳华两个自然缺口,宽度分别为 5010 米和 1891 米,缺口背河为沁河丹河夹角地,内有安全河、白涧河、仙神河、石河排泄山洪入沁,当沁河五龙口站流量超过 2500 立方米每秒时可自然溢出分洪。该自然滞洪区面积41.2平方千米,耕地4.85万亩,4.98万人。1982年沁河发生大洪水,沁北滞洪区淹没面积18.2平方千米,水深0.5~1.9米,削减洪峰220立方米每秒,对减轻小董站洪峰压力有一定作用。

据调查,历史上沁河发生特大洪水至少有三次,公元1483年(明成化十八年),山西阳城九女台发生14000立方米每秒洪水;1761年(清乾隆二十六年),推算小董站5000立方米每秒左右;1895年(清光绪二十一年),五龙口站发生5700立方米每秒洪水。中华人民共和国成立后,沁河小董站共发生1000立方米每秒以上洪水14次,其中1954年的流量为3050立方米每秒;1982年的流量为4130立方米每秒,相应水位107.53米(黄海),是历史上沁河下游实测的最大流量。1996年流量为1630立方米每秒,属于中常洪水,相应水位106.18米(黄海),比1954年的3050立方米每秒相应水位106.03米高0.15米,水位表现高,持续时间长,沁阳以下堤防全部偎水,造成平工出险。

沁河下游的防洪任务为确保武陟小董站4000立方米每秒洪水大堤不决口,遇超标准洪水,确保丹河口以下左岸堤防安全。

由于近年来沁河下游来水偏枯,非汛期及汛期部分时段甚至整个汛期断流,河道杂草众生,河槽淤积、断面萎缩、排洪能力下降,中常洪水水位表现偏高,持续时间变长,河势变化频繁,加上防洪工程设施年久老化等,沁河下游防洪形势十分严峻。

沁河自五龙口出山谷入平原,洪水来猛去速,突发性强,预报期短,抗洪抢险缺乏周旋余地。由于河槽萎缩,河势变化较大,经常是一遇洪水,上提下挫,"斜河""横河"时有发生,造成老险工逐渐脱河,平工段出险。1988年沁河洪水造成留村、尚香、滑封等平工出险,"96·8"沁河洪水造成王曲、新村、亢村平工段出大险。

沁河下游防洪工程除险工加固力度不够,使原有工程险点未能消除,新险点又不断发生。沁河险工工程坝岸老化、大堤裂缝相当严重,对防洪安全构成严重威胁。

沁河堤防工程目前黄河防总挂号险点一处(武陟县马蓬),河南黄河河务局挂号险点五处(武陟县东小虹、滑封、北阳、朱原村、韩原村),多系残缺和设防标准不足。由于近年来气候干旱,工程失水严重,堤防多发生干裂,沁河左右新堤裂缝就是明显的例子。目前沁河尚有九座险闸,普遍存在标准低、质量差、渗径不足、年久失修等问题,是沁河防洪一大明患。

第三节　黄河防汛抗旱组织机构及其职责

防汛工作担负着发动群众、组织社会力量、从事指挥决策等重大任务,而且具有多方面的协调和联系,因此需要建立起强有力的组织机构,负责有机的配合和科学的决策,做到统一指挥、统一行动。因此建立强有力的防汛抗旱组织机构、制定严格的管理制度是做好防汛抗旱工作的重要保证。

一、防汛抗旱组织机构

自 1950 年开始,根据中央人民政府政务院(国务院前身)决定,在国家防汛总指挥部的领导下,建立了黄河防汛抗旱指挥系统。

(一)黄河防汛抗旱总指挥部

黄河防汛抗旱总指挥部由青海、甘肃、宁夏、内蒙古、山西、陕西、河南、山东以及黄委会和西部、中部、北部战区等组成。总指挥由河南省省长担任,黄委会主任任常务副总指挥。各省主管农业的副省长和战区副参谋长任副总指挥,各省的副总指挥对本省的黄河防汛负责,战区的副总指挥负责部队参加黄河防汛抢险的组织、协调、兵力部署等工作。其日常办事机构即黄河防汛抗旱总指挥部办公室设在黄河水利委员会,由黄委会主管防汛抗旱工作的副主任担任办公室主任。

沿黄有防汛抗旱任务的县级以上地方人民政府,成立防汛抗旱指挥部,由同级人民政府有关部门、当地驻军和人民武装部负责人组成,各级人民政府首长任指挥长,其办事机构设在同级水行政主管部门。黄河河务部门主要负责人担任同级防汛抗旱指挥部的副指挥长。在黄河河务部门设立黄河防汛抗旱办公室,负责同级防指的黄河防汛日常工作。

黄河下游沿河各乡镇都相应建立防汛抗旱指挥部,并通过下属村的防汛领导小组承担组织群众防汛队伍、筹措部分防汛料物以及本责任段的堤线防守、查险和抢险等具体工作。

(二)治黄专业机构

豫、鲁两省和黄河小北干流、渭河下游及潼关至三门峡河段各级防汛抗旱指挥部(除乡一级外),都有相应的治黄专业机构作为具体办事部门。水利部黄河水利委员会是黄河防汛抗旱总指挥部的办事机构,负责编制防洪规划和重大防洪工程设计,制订各级洪水的防御方案,检查了解防洪工程现状,督促检查度汛工程的施工进度,调拨主要防汛器材等;汛期掌握、了解防汛工作情况,交流防汛信息,发布洪水预报,进行防洪调度等工作。黄河水利委员会下分设河南、山东、陕西、山西四省黄河河务局和防汛直属单位。三门峡库区有关省、地市的库区管理局(属地方编制),作为省防汛抗旱指挥部的黄河防汛办事机构,负责完成辖区内的各项防汛工作。在河南、山东、陕西、山西黄河河务局领导下,沿河市、县(区)防汛抗旱指挥部的办事机构,负责黄河堤防、险工、涵闸和控导工程的修建、管理、维护和防守,并根据任务大小,设立机动抢险队和规模不等的工程维修养护队伍。各县河务局还负责群众护堤队伍的组织和技术指导。

黄河业务部门内设有水文局、通信管理局、信息中心等机构。水文局负责水文测验、洪水预报等;信息中心建立有水利系统内部微波干支线及移动通信网络,并利用邮电公用网作为传输雨情、水情、工情的辅助手段,负责防汛信息、计算机网络维护及办公自动化等。

黄河防汛抗旱组织机构见下图。

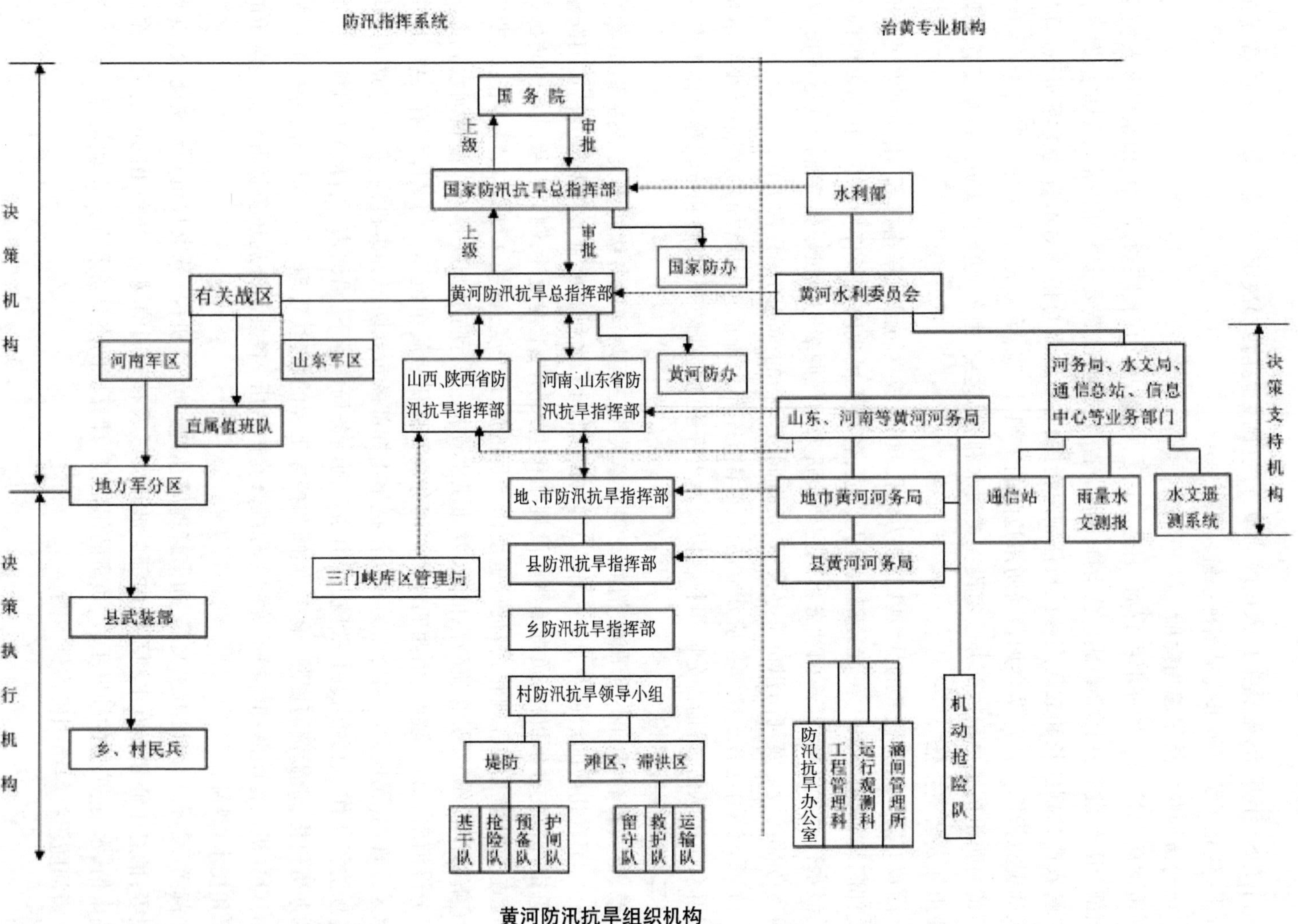
防汛指挥系统
治黄专业机构
决策机构
决策执行机构
决策支持机构
国务院
上级
审批
国家防汛抗旱总指挥部
水利部
上级
审批
国家防办
有关战区
黄河防汛抗旱总指挥部
黄河水利委员会
河南军区
山东军区
山西、陕西省防汛抗旱指挥部
河南、山东省防汛抗旱指挥部
黄河防办
河务局、水文局、通信总站、信息中心等业务部门
直属值班队
山东、河南等黄河河务局
地方军分区
地、市防汛抗旱指挥部
地市黄河河务局
通信站
雨量水文测报
水文巡测系统
三门峡库区管理局
县防汛抗旱指挥部
县黄河河务局
县武装部
乡防汛抗旱指挥部
村防汛抗旱领导小组
乡、村民兵
堤防
滩区、滞洪区
基干队
抢险队
预备队
护闸队
留守队
救护队
运输队
防汛抗旱办公室
工程管理科
运行观测科
涵闸管理所
机动抢险队
黄河防汛抗旱组织机构

二、防汛机构职责

(一)各级防汛抗旱指挥部职责

各级防汛抗旱指挥部在同级人民政府和上级防汛指挥部的领导下，是所辖地区防汛的权力机构,它具有行使政府防汛抗旱指挥权和监督防汛工作的实施权。根据统一指挥、分级分部门负责的原则,各级防汛机构要明确职责,保持工作的连续性,做到及时反映本地区的防汛情况,果断执行防汛抢险调度指令。防汛机构的职责一般是:

(1)贯彻执行国家有关防汛工作的方针、政策、法令、法规。负责向同级人民政府和上级防汛抗旱指挥部报告工作,全面做好黄河防汛安全工作。

(2)根据黄河防洪总体要求,结合当地防洪工程现状,制订和组织实施防御洪水的各种预(方)案,研究制订工程防洪抢险方案。

(3)掌握汛期雨情、水情和气象形势,及时了解降雨地区的暴雨强度,上游洪水流量、水位,长、中、短期水情和气象分析预报结果。必要时发布洪水、凌汛预报和汛情公报。

(4)组织动员社会各界投入黄河防汛抢险和迁安救灾工作。遇设防标准以内的洪水,确保堤防、水库工程防护安全;遇超标准洪水，尽最大努力,想尽一切办法缩小灾害。

(5)负责组织防汛抢险队伍,调配抢险劳力和技术力量,提高全社会的防洪减灾意识。召开防汛会议,部署防汛工作。

(6)负责有关防汛抗旱物资的储备、管理和防汛资金的计划管理。

(7)组织检查防汛准备工作,督促并协调有关部门做好防汛工作,即每年汛前做好如下检查:

①检查树立常备不懈的防汛意识,克服麻痹思想;

②检查各类防洪工程是否完好,加固工程完成情况,有无防御洪水方案;

③检查河道有无阻水障碍及清除完成情况;

④检查水文测报、预报准备工作;

⑤检查防汛料物准备情况;

⑥检查滩区、分洪区蓄滞洪运用安全建设和应急撤离准备工作;

⑦检查防汛通信准备工作;

⑧检查防汛队伍组织的落实情况;

⑨检查后勤保障和电力供应准备工作等。

(8)负责督促滩区、滞洪区安全建设和应急撤离转移工作。

(9)负责统计掌握洪涝灾害情况。

(10)组织防汛通信和报警系统的建设管理。

(11)组织汛后检查。主要检查:

①汛期防汛经验教训;

②本年度洪水特征;

③防洪工程水毁情况;

④防汛物资的使用情况;

⑤防洪工程水毁修复计划;

⑥抗洪先进事迹表彰情况等。

(12)开展防汛宣传教育和组织培训,推广先进的防汛抢险技术。

(二)各级人民政府首长职责

(1)统一指挥本辖区的防汛抗洪工作,对本辖区的防汛抗洪工作负总责。

(2)督促建立健全防汛抗旱机构,组织制定本辖区有关防洪的法规、政策,并贯彻实施。教育广大干部群众树立大局意识,以人民利益为重,服从统一指挥调度。组织做好防汛宣传,克服麻痹思想,增强干部群众的水患意识,做好防汛抗洪的组织和发动工作。

(3)贯彻防汛法规和政策,执行上级防汛抗旱指挥部的指令,根据统一指挥、分级分部门负责的原则,协调各有关部门的防汛责任,及时解决防汛抗洪经费和物资等问题,确保防汛工作的顺利开展。

(4)组织有关部门制订本辖区黄河各级洪水的防御预案和工程抢险措施,制订滩区、库区、蓄滞洪区群众迁安方案。

(5)主持防汛会议,部署黄河防汛工作,进行防汛检查。负责督促本辖区河道的清障工作。加快本地区防洪工程建设,不断提高抗御洪水的能力。

(6)根据本辖区汛情和抗洪抢险实际,认真听取河务部门参谋意见,批准管理范围内的工程防守、群众迁安、抢险救护方案,以及紧急情况下的决策方案,调度所辖地区的人力、物力有效地投入抗洪抢险斗争。

(7)洪灾发生后,迅速组织滩区、库区、蓄滞洪区群众的迁安救护,开展救灾工作,妥善安排灾区群众的生活,尽快恢复生产,重建家园,修复水毁工程,保持社会稳定。

(8)对所分管的防汛工作必须切实负起责任,确保安全度汛,防止发生重大灾害损失。按照分级管理的原则,对下级防汛指挥部的工作负有检查、监督、考核的责任。

(9)搞好其他有关防汛抗洪工作。

(三)河务部门职责

各级黄河业务部门,长期以来坚守在黄河第一线,在历次抗洪斗争中积累了较丰富的经验,对黄河水沙特点、工程建设及抗洪能力、抗洪抢险技术等有较系统的知识,有比较健全的水情传递系统和通信手段,是行政首长指挥黄河防汛的参谋和助手,各级行政首长应充分发挥他们在黄河防汛中的优势和作用。黄河业务部门要当好行政首长的参谋和助手,在技术上保证行政首长负责制的落实是义不容辞的责任。

在行政首长和防指的领导下,黄河部门主要职责如下:

(1)贯彻各级有关防汛工作的方针、政策、执行上级和本级防汛抗旱指挥部命令、指示。

(2)根据黄河防洪总体要求,结合辖区内的工程现状,制订防御各种洪水预案和抗洪抢险方案。

(3)负责辖区内的防洪工程建设、维护和管理。

(4)组织防汛宣传和工程检查。

(5)及时掌握防汛动态,随时向上级和有关部门通报气象、雨情、工情、灾情和抗洪抢险情况。分析防洪形势,预测各类洪水可能出现的问题,提出处理意见。

(6)协调并督促检查各部门防汛工作。

(7)负责国家储备的防汛物资调配和管理。

(8)做好防汛总结,推广防汛先进经验。

(9)做好其他有关防汛抗洪工作。

(四)其他有关部门防汛职责

防汛是一项社会性的防灾减灾工作,需要动员和调动各部门各行业的力量,在各级政府和防汛抗旱指挥部的统一领导下,同心协力共同完成抗御洪水灾害的任务。包括沿河各级政府、商业、交通运输业、通信、邮政、部队、城乡居民以及治黄专业部门等共同参加。各有关部门的防汛职责是:

(1)各级水行政主管部门负责所辖已建和在建堤防、险工控导、涵闸虹吸水库、水电站、蓄滞洪区等各类防洪工程的维护管理,防洪调度方案的实施以及组织防汛抢险工作。

(2)水文部门负责水文设施的检查、维修、养护和管理;负责汛期各水文站网的测验报汛;及时向防汛部门提供雨情、水情和有关洪水、冰凌洪水预报。

(3)气象部门负责暴雨、台风和异常天气的监测和预报,按时向防汛抗旱部门提供长期、中期、短期气象预报和有关公报。

(4)电力部门负责所辖水电工程的汛期防守和防洪调度计划的实施,保证防汛机构、防洪工程和防洪抢险的电力供应。

(5)邮政、通信部门汛期为防汛提供优先通话和邮发水情电报的条件,保证通信畅通。并负责本系统邮政、通信工程的防洪安全。

(6)建设部门根据江河防洪规划方案做好城区的防洪、排水规划,负责所辖防洪工程的防汛抢险,并负责检查城乡房屋建筑的抗洪、抗风安全等。

(7)物资、商业、供销部门负责提供防汛抢险物资供应和必要的储备。

(8)铁道、交通、民航部门汛期优先支援运送防汛抢险人员和抢险物料;为紧急抢险及时提供所需车辆、船舶、飞机等运输工具。并负责本系统所辖工程设施的防汛安全。

(9)民政部门负责滩区及蓄滞洪区群众的迁安救护和灾民的安置、救济。发生洪水后要立即进行抢护转移,使群众尽快脱离险区,并安排好脱险后的生活,与各工农业生产部门组织灾区群众恢复生产和重建家园。

(10)公安部门负责防汛治安管理和安全保卫工作。制止破坏防洪工程和水文、通信设施以及盗窃防汛物料的行为;维护水利工程和通信设施安全。在紧急防汛期间协助相关部门组织撤离洪水淹没区的群众。

(11)中国人民解放军及武装警察部队负有协助地方防汛抢险和营救群众的任务。汛情紧急时负有执行重大防洪措施的使命。

(12)中原油田负责所辖油田设施的防洪保安工作。

(13)新闻宣传部门负责组织防汛抢险宣传教育工作,提高全社会水患意识。

(14)其他有关部门均应根据防汛抢险的需要积极提供有利条件,完成各自承担的防汛抢险任务。

三、黄河防汛队伍

为取得抗洪抢险斗争的胜利,除发挥工程设施的防洪能力外,更重要的是组织好防汛抢险队伍。总结历史上防汛成功的经验,沿河均设有专职官员和民夫负责汛期防守。明代河督、治黄专家潘季驯非常重视堤防和人防的作用,曾提出:"河防在堤,而守堤在人,有堤不守,守堤无人,与无堤同矣"。所以每年汛前必须组织一支"招之即来,来之能战"的防汛队伍。

自 1946 年人民治黄以来,黄河防汛队伍采取专业队伍和群众队伍相结合,并实行军民联防的方针,大力依靠群众,确保黄河安全。各地防汛抗旱指挥部应根据当地实际情况,研究制定群众防汛队伍和专业防汛抢险队伍的组织方法,它关系到防汛安全与成败,必须组织严密,行动迅速,服从命令,听从指挥,并建立技术培训、抢险演习等制度,使之做到思想、组织、抢险技术、工具料物、责任制"五落实",达到"招之即来,来之能战,战之能胜"的要求。

(一)黄河防汛专业队伍

黄河防汛专业队伍是防汛抢险的技术骨干力量,它分为经常性专业抢险队伍和机动抢险队伍两类。

1. 专业队伍

由各县河务局的科室人员以及堤防、险工、涵闸等工程管理单位的管理人员、维修养护人员等组成,平时根据掌握的管理养护情况,分析工程的抗洪能力,划定险工、险段的部位,做好抢险准备。进入汛期即投入防守岗位,密切注视汛期,加强检查观测,及时分析险情。专业队伍要不断学习管理养护知识和防汛抢险技术,并做好专业培训和实战演习。

2. 专业机动抢险队

为适应黄河险情多变的特点和提高抢险效果,确保黄河防洪安全,各省、市河务部门还组建了训练有素、技术熟练、反应迅速、战斗力强的机动抢险队,承担河道、堤防、涵闸等工程重大险情的紧急抢险任务。平时结合管理养护,学习提高技术,参加培训和实践演习。各机动抢险队由省黄河防汛抗旱办公室调动,一般情况下,负责其责任范围内的险情抢护,特殊情况下,由黄河防总办公室在全河进行调动。机动抢险队每队编制 30~40 人,规定要配备各类专业技术人员及交通、通信、照明等机具设备。

(二)群众防汛队伍

群众防汛队伍是黄河防汛的基础力量,主要以沿黄县乡镇企事业单位和沿黄村庄的青壮年和民兵为主,组织青壮年和民兵汛期上堤分段防守。根据防守任务和群众居住地距堤远近情况,划分为一、二线防汛队伍。一般把紧靠黄河的乡镇列为防汛第一线,以本辖区的临黄长度为责任段,由于沿黄乡镇群众熟悉黄河情况,比较懂得防汛抢险知识,是群众防汛队伍的基本力量,一般洪水主要靠他们防守。非沿黄乡镇作为防汛第二线。组织防汛队伍,准备防汛队伍,一线基干力量不足时,由二线补充。为防御大洪水或特大洪水,沿黄地(市)都安排部分非沿黄县作为防汛后备力量,根据实际防汛需要安排防汛力量,主要任务是当发生大洪水或特大洪水时,参加抗洪抢险和运输抢险料物。

1. 基干班

防汛基干班是群众防汛队伍的基本组织形式,人数比较多,由沿河道堤防两岸和闸坝、水库工程周围的乡镇村庄中的民兵或青壮年组成,是堤线防守的主力,负责堤防防守、巡堤查险和一般险情抢护。常备防汛队伍组织要健全,汛前登记造册编成班组,要做到思想、工具、料物、抢险技术四落实。汛期达到各种防守水位时,按规定分批组织出动。临黄堤按不同河段每千米组织 12~20 个基干班,每班 15 人。

2. 群防抢险队

抢险队是为堤坝工程汛期出险专门组织的一支抢护力量。抢险队是抢护工程设施脱离危险的突击性活动,关系到防汛的成败,这项活动既要迅速及时,又要组织严密,指挥统一。所有参加人员必须服从命令听从指挥。汛前,在群众防汛队伍中选拔有抢险经验的人员组成抢险队。汛期当发生险情时立即抽调抢险队员,配合专业队投入抢险。

由沿河乡镇村庄群众组成的群防抢险队,一般每个乡镇组织 1 个或 2 个,每队 35~50 人,担负抢护一般险情,并协助专业抢险队抢险的任务。每队设正、副队长各 1 人。汛前进行一定抢险技术培训,熟知与掌握一般抢险技能。

3. 护闸队

护闸队主要承担水工建筑物(如涵闸、虹吸、穿堤管线等)的抢护任务。建筑物险情多发生在土石结合部,高水位时渗水、管涌、漏洞、塌陷、建筑物闸门关闭失灵和漏水、闸门震动、闸墩底板和护坦裂缝、倾倒等险情经常发生。建筑物一旦发生险情,抢护难度大、技术性强、险情发展快,必须加倍警惕,加强观测,严密防守。为加强防护,确保安全,一般按照涵闸、虹吸、穿堤管线的实际情况,组织专业抢护队伍,人员多少视建筑物规模大小和安全情况而定。要明确行政和技术负责人,进行水位、沉陷、位移观测,巡查建筑物各部位的险情和抢护工作。涵闸、虹吸视工程状况,一般组织护闸队 30~50 人。险闸、分洪闸要适当增加防守力量。

4. 分滞洪区、行洪区、滩区群众救护队、留守队

为把分滞洪区、行洪区、滩区群众损失减少到最低限度,必须事前将迁移救护工作组织好。当预报可能洪水漫滩或需要分滞洪、行洪时,按照迁安计划方案,先将老弱病残和妇女儿童及贵重物资迁入安全区。洪水到来时,救护队协同救护,留守队负责治安保卫。

5. 防汛预备队

防汛预备队是为防御特大洪水和抢护严重险情而组织的一支后备力量。沿河第一乡镇年龄为 18~50 岁的男劳动力,除参加基干班、抢险队者外,均编入预备队。主要任务是抢修防洪工程和运输抢险料物。此外,每年汛期还把沿河城镇、机关、工厂、学校的职工和居民组织

起来,情况危急时动员他们投入防汛抢险。

(三)中国人民解放军及武警部队抢险队伍

中国人民解放军和武警部队是防汛抢险的中坚力量,在大洪水和紧急抢险时,承担防汛抢险、救护任务。军民联防是黄河防汛的一项基本经验,解放军和武警部队情况紧急时都参加黄河防汛抢险,在历年防洪斗争中做出了重大贡献。

汛前各级防汛抗旱指挥部和黄河防汛抗旱办公室要主动与当地驻军联系，通报防御方案和防洪工程情况,明确部队防守任务和联络部署制度。

请求解放军支援的程序为:由所在地防汛抗旱指挥部提出请求,逐级上报至省防指,由省防指与省军区和各战区协商,由战区下达调动命令。紧急情况下,部队可边出动、边汇报。

四、抗洪表彰和奖励

在防汛抗洪斗争中,广大干部、群众和人民解放军指战员,为抗御洪水灾害、保障国家经济建设的顺利进行和人民生命财产安全做出了重大贡献，涌现了一大批先进集体和先进个人,有的还为此献出了宝贵的生命。国家防汛抗旱总指挥部 1985 年曾决定,每年根据各地不同情况分别由国家防汛抗旱总指挥与各省、自治区、直辖市防汛抗旱指挥部组织进行表彰。黄河防汛抗旱总指挥部规定的嘉奖表彰的事迹为:

(1)严格执行上级防指的调度指令,在防汛指挥调度上组织严密,分工合理,布置适宜,计划周到,防守得当,保证全局安澜者;

(2)坚持巡堤查险,遇到险情时不畏艰苦,不怕牺牲,不分昼夜,不顾风雨,化险为夷,有卓越成绩者;

(3)在危急关头组织抢救群众,保护国家财产,不怕牺牲,昼夜奋战,保卫人民生命安全有功者;

(4)为防汛调度、抗洪抢险等献计献策,有发明或创造,因而克服困难,转危为安者;

(5)气象、雨情、水情测报和预报准确及时,情报传递迅速且时效显著,因而减轻重大洪水灾害者;

(6)克服困难,沟通联络,确保通信线路畅通、防汛信息畅通者;

(7)为防汛提供充足的料物和工具,供应及时,爱护防汛器材,节约经费开支,对保证完成防汛抢险有显著效果者;

(8)有其他特殊贡献和成绩者。

第四节　河南黄河防洪非工程措施建设

防洪非工程措施建设是人类减少洪水灾害的主要手段之一，是防洪工程措施充分发挥效益的重要保证,工程措施与非工程措施相结合是防汛抗洪工作的基本方针。河南黄河河务局在防汛工作中积极探索,就如何在市场经济条件下做好防洪非工程措施进行了有益的尝试。

防洪非工程措施种类较多、内容繁杂、仅介绍防汛通信、机动抢险队、抢险料物保障、群防工作、军民联防、滩区迁安以及其他在防汛抢险组织等方面的一些做法。

一、防汛通信保障

(一)黄河通信网

黄河防汛通信的历史可以追溯到19世纪末,当时河防部门就用电话电报传递汛情。到20世纪30年代,黄河下游两岸已架通了1000多千米的电话线;中华人民共和国成立初期,黄河下游建成郑州至济南有线通信干线3400多千米,形成了连接河南、山东各地、县黄河修防单位的有线通信网;20世纪60年代,在架空明线的基础上开通3路和12路载波电路,改善了通信质量;20世纪70年代,建成了三门峡至花园口区间的短波报汛通信网;20世纪80年代,黄河通信开始了现代化建设,相继建成了郑州—三门峡、郑州—济南、济南—河口数字微波通信线路和黄河数字程控交换网;20世纪90年代, 黄河下游先后建成了预警反馈、一点多址、无线接入通信系统;20世纪末,黄河下游又建成了防汛抢险专业集群通信系统。目前,黄河通信基本建成了以郑州为中心,以数字微波为主干、无线通信为主体,可上联水利部、国家防总,下接黄河两岸各地(市)、县河务局和沿河各重要水文(位)、雨量站的黄河防汛专用通信网。

黄河防汛专用通信网主要由数字微波系统,短波、超短波无线通信系统,交换系统和移动通信系统组成。

多年来,黄河通信网在传递水情、工情,部署防汛工作,指挥抗洪斗争和工程建设,进行洪水调度,组织迁安救护等方面发挥了重要作用。

(二)河南黄河防汛通信保障

黄河防汛通信保障的基本原则为:实行黄河通信网、地方通信网及部队通信网的有机结合,相互支持,遵循一切服从防汛、一切服从险情的需要,确保通信畅通。

地方通信网是以光通信为主的基干传输通道,主要设备有程控交换机、光通信、微波通信、移动通信、应急电台车等;部队通信网主要由无线通信设备构成。黄委会、地方、部队三部分通信相互联网结合,其各种通信手段相互补充、相互完善,共同承担河南黄河防汛各种信息准确、快捷、及时传递任务。

二、机动抢险队

黄河下游是举世闻名的地上悬河,一旦决口失事,后果不堪设想。为了适应黄河情况多变、险情复杂、抢险任务艰巨的特点,以及农民外出务工经商,群众抢险队伍难以组织的新情况,需要建设一批机械化程度高、反应迅速、机动灵活、能打硬仗的机动抢险队伍,以保证出现紧急险情时能得到及时有效的抢护,确保黄河大堤不决口。为此,黄河水利委员会于1988年4月,根据原水电部的指示精神,决定在黄河下游试组建常设性建制的专业机动抢险队,抢险队员从各修防处段的现有职工中抽调。自此,黄河下游机动抢险队正式成立。

(一)基本情况

黄委会于 1988 年汛前在河南黄河河务局组建了郑州第一机动抢险队(中牟队)和新乡第一机动抢险队(封丘队);1991 年,河南河务局根据黄委会指示又成立了河南局焦作市第一机动抢险队(武陟队)、开封市第一机动抢险队(开封郊区队)和濮阳市第一机动抢险队(范县队);1999 年,随着黄河防汛形势和防洪工程现状的变化,黄委会又批准河南河务局成立五支机动抢险队,分别为:豫西地区机动抢险队(孟津队)、郑州市第二机动抢险队(邙金队)、新乡市第二机动抢险队(长垣队)、开封市第二机动抢险队(兰考队)和濮阳市第二机动抢险队(濮阳县队);2001 年,河南河务局又组建了焦作市第二机动抢险队(温县队)和濮阳市第三机动抢险队(台前县队)。至此,河南黄河共组建了 12 支专业机动抢险队,每队 50 人左右,共 630 人。队员平均年龄 40 岁以下,每队设队长 1 人,副队长 2 人。人员组成:①专业技术人员,包括机械、电气、治河、水工专业人员;②技师,在治河、修防、抢险方面有特长的人员;③技术人员;④汽车司机,汽车司机兼电工、发电机手和维修工。

河南黄河机动抢险队属常年建制,相对独立,人员结构基本上是以各工程队为基础,隶属于地(市)河务局,由省河务局统一调度。

(二)设备配置情况

各抢险队初建时配备了一定数量的挖、装、运、通信和照明设备,但由于设备少,吨位小,不配套,起不到机动抢险队"快速、机动、灵活、高效"的作用。为改变这种状况,1997 年汛前,在国家防总的大力支持下,安排专项资金,进行了下游机动抢险队建设。郑州中牟队、新乡封丘队两支抢险队得到了重点装备, 每队配备有 1 部挖掘机、2 部装载机、5 部自卸汽车、1 台推土机(湿地)、1 部指挥车、1 台发电机组、1 部大客车以及炊具等后勤保障设备。设备配备后,每队抢护能力达到:每小时在 1~2 千米内运石 120~150 立方米,每小时抛石 100~120 立方米,抛柳石枕 8000~10000 千克,大大提高了抢险队的抢险技术和快速应变能力。

河南黄河机动抢险队自组建以来,先后参加了数百次重大险情的抢护,在黄河防汛抢险和支援地方抗洪斗争中发挥了重要作用,节约了大量抢险费用,为确保黄河防洪安全做出了巨大贡献。但目前来看,15 支机动抢险队按定额应装备抢险及后勤保障设备 378 台(套),实有 145 台(套),现有的设备也有一半以上经过近 20 多年的运行,状况差或已经报废。2011 年上级仅配备了 14 台(套)大型抢险设备,离抢险队实际需求相距较远;同时,缺少抢险训练基地,不能满足实践操作培训需求。在以后的工作中我们要逐渐对抢险队基地进行基础设施建设与改造,进一步提高黄河机动抢险队处置重大灾情、险情和应对防汛突发事件的能力。

三、防汛抢险料物保障

(一)抢险物料的种类及定额

河南黄河防汛抢险物料主要由国家储备料物、社会团体储备料物和群众备料三部分组成。国家储备料物,是指黄河河务部门按照定额和防汛抢险需要而储备的防汛抢险物资,主要包括石料、铅丝、麻料、木桩、砂石反滤料、篷布、袋类、土工织物、发电机组、柴油、汽油、冲锋舟、橡皮船、抢险设备、查险用照明灯具及常用工器具等,分布于沿黄各市县。社会团体储备料物,是指各级行政机关、企事业单位、社会团体为黄河防汛筹集和掌握的可用于防汛抢险的物资,主要包括各种抢险设备、交通运输工具、通信工具、救生器材、发电照明设备、铅丝、麻料、袋类、篷布、木材、钢材、水泥、砂石料及燃料等,这些物资是为弥补国家储备防汛物资的不足,保证抗洪抢险需要而储备的,是河南黄河抗洪抢险物资的重要来源。群众备料,是指群众自有的可用于防汛抢险的物资,主要包括抢险工器具、各种运输车辆、树木及柳秸料等,每年河南黄河沿黄柳秸料储备都在 1 亿千克左右。

各种抢险料物均实行定额储备。国家储备的主要料物定额由黄河防汛抗旱总指挥部办公室负责制定,报国家防总办公室批准。常用工器具定额由各省黄河防汛抗旱办公室负责制定,报黄河防汛抗旱总指挥部办公室批准;社会团体储备料物和群众备料的数量,由各级人民政府根据当地的防汛任务和防洪预案的要求确定。

(二)抢险料物的采集和储备

黄河防汛储备物资按照“统一领导,归口管理,科学调度,确保需要”的原则,实施日常管理与组织供应。

国家储备防汛料物的采集实行计划管理。20 世纪 90 年代以来,随着市场经济的进一步发展和黄河防汛抢险形势的变化,黄河防总确定主要防汛料物采购面向市场实行政府采购。防汛料物的储备实行实物储备与资金储备相结合的方式。市场供应不足、采购较困难的物资,采取实物足额储备;市场供应充足并通过委托、代储等措施能保证供应的,可采取部分储备实物,部分储备资金。仓储实行分散与集中相结合的方式。对于便于调运、仓储条件要求高的大宗防汛物资,采取定点专业库相对集中储备。对于防汛抢险常用、不便调运的防汛物资,采取分散储备。

社会团体储备料物、群众备料采取汛前号料、备而不集、用后付款的办法。储备期一般是每年 6~10 月份。由当地防汛部门在汛前进行登记落实,汛期急需时加以调用。

(三)防汛抢险物资调度原则和权限划分

黄河防汛物资调度按照“满足急需、先主后次、就近调用、早进早出”原则运行。动用各级河务部门储备的国家防汛物资,一律由各市级黄河防办具体办理。黄河部门储备的国家防汛物资,紧急情况下,在本省黄河抗洪抢险中需要异地调度时,按辖区由上一级黄河防办下达调度通知。社会储备的防汛物资调度工作,由各级政府及上级防指下达调度指令。群众备料有各级黄河防汛办公室根据抗洪抢险部署的方案,指令乡、村政府备足到位。省防汛储备物资在满足不了黄河防洪抢险救灾使用时,由省防指报告黄河防总、国家防总请求支援,或由省政府报告国务院请求支持。由其他省、市调入省的防汛物资,由省防指统一调度。

国家储备的石料凡一次抢险消耗 2000 立方米、袋类凡一次消耗 10000 条以上的须报黄河防总办公室审批;抢险动用社会储备的防汛物资,事前须征得省黄河防办同意,紧急情况下可边用边请示，逐级上报，危急情况下可越级向上请示。各级防指组织部队、企事业单位和群众参加抗洪抢险，必须自带交通工具、通信设备、抢险小机具及生活用品，抢险所需国家储备料物由黄河防办负责组织供应和调度。动用社会储备物资、器材、设备用于黄河抗洪抢险的，一律由各级黄河河务局财务部门负责接收、验收，并出具收据，以此为结算依据。

四、强化群防工作检查

针对市场经济条件下群防队伍培训、防汛备料筹集等面临的新情况，沿黄各地积极探索做好群防工作的新方法、新措施，采取多种形式加强群防工作，在宣传、落实、检查方面都有一些较好的经验。

（一）检查内容

对群防工作的总体检查评价主要有五个方面的内容：①防汛宣传发动方面，检查宣传形式与效果；②防汛责任制方面，检查责任制制订落实情况、防汛责任书签定情况、主要防汛责任人公布情况、防汛督查制度建设与督查工作开展情况；③防汛方案方面，检查方案制订情况及同级政府的审定与颁布情况；④防汛队伍组织培训方面，检查各种防汛队伍的组织建立、人员分工情况，巡堤查险带班干部落实情况，防汛培训情况和防汛人员对防汛抢险基本知识、基本技术的掌握情况；⑤防汛工具料物落实方面，根据筹备任务，检查落实情况。

（二）检查组人员组成

检查组一般由防指领导带队、水利和河务部门领导、及其他部分防指成员单位有关领导、黄河河务局防汛抗旱办公室主任及其他主要工作人员等组成。

（三）群防检查采取推荐和抽查相结合的方法进行，检查方式为听取汇报、现场查看、集结队伍、提问等

检查组一般要听取各县区、乡镇、行政村负责人的防汛工作汇报；查看各乡村的防汛会议材料，各乡、村签订的防汛目标责任书，黄河防汛宣传标语、宣传栏；检查群众防汛队伍的组织、培训工作，并就巡堤查险办法、“五时”“五到”“三清”“三快”等黄河防汛基本知识对群防队员进行提问；核实群众防汛料物的落实情况。

检查组在每次检查结束后都及时分析存在问题并提出相应的解决办法，总结好的经验并进行推广。

五、“三位一体”军民联防体系

黄河防汛是大社会效益的全民行为，军民联防是防汛工作的重要经验之一。在新形势下，为进一步做好军民联防、搞好黄河防汛，河南各级地方政府、部队、黄河河务部门在1998年汛前，按行政市、县（区）、乡（镇）界在沿黄堤段联合建立了“三位一体”军民联防体系。

在“三位一体”军民联防体系内，黄河防汛专业队伍是防汛抢险的骨干力量，承担着一般时期的防汛抢险任务和水位、工情异常、险情重大时的抗洪抢险技术指导；群众防汛队伍是

黄河防汛的基础力量，承担着大洪水时或水位、工情异常、险情重大时的巡堤查险和运送抢险物料的任务，并承担着一般险情的抢护任务；中国人民解放军和武警部队是防汛抢险的中坚力量，承担风险抗洪斗争中的急、重、难、险任务。

省、市、县"三位一体"军民联防体系的指挥中心设在各级黄河河务部门，负责辖区的黄河防汛工作，在沿黄的各乡(镇)政府分别设前线指挥所，实施战时防汛指挥调度。各个指挥机构内都有三方的主要领导，行政首长担任指挥长，负责防汛抗洪的组织、协调；需要动用部队时，按程序成建制的集中使用；河务部门担任技术指导，当好参谋。

当黄河花园口站发生大洪水或水位、工情异常、险情重大时，河南黄河"三位一体"军民联防体系启动运行。

黄河河务部门在每年汛前分别到担任一线黄河防洪任务的人民解放军、武警部队、军事院校通报黄河防洪形势，商定防守方案。部队连以上干部也要到沿黄堤段实地勘察、具体落实防守任务，明确防守责任。多年来，河南各级政府、部队、黄河河务部门之间保持着良好的联系协调机制，黄河河务部门及时的向同级地方政府、防指办公室、人武部及当地驻军通报水情等有关黄河防汛情况，同级地方政府、防指办公室、人武部及当地驻军也经常的就黄河防汛事宜与黄河河务部门联系。

河南黄河"三位一体"军民联防体系的建立，达到了三方相识、配合默契、协调一致的良好效果，开创了军民联防搞好黄河防汛的好方法、好路子。

六、滩区迁安明白卡

河南黄河滩区迁安是黄河防汛工作的一项重要任务。

1998年汛前，河南黄河河务局对滩区每户居民和滩外有安置任务的每户居民都发放了"滩区迁安明白卡"(表3-1)，做到了户对户。此后河务局在每年汛期都要对"迁安明白卡"进行户对户的检查核对，有变化的更换新卡一次完成。该卡明确地登记了迁出户和安置户的基本情况、前移路线、迁出时间、安置准备时间等，使迁出户、安置户对迁出时间、迁移路线及对方的基本情况都清楚明白，确保大洪水时迁安救护工作紧张有序进行。

各县、乡、村的行政首长负责本辖区滩区群众迁安的组织、指挥、各有关单位根据自己的工作性质、负责有关工作。接到迁安令后，所有人员和车辆有计划、有组织地按先后顺序在规定的时间内按预定的路线进行撤离，不得在大堤上滞留，确保抗洪抢险大堤畅通。

滩区每户居民在平时都准备有必要的救生工具，如塑料桶、门板等。

表 3-1　河南黄河“滩区迁安明白卡”

<table>
<tr><td>迁出户主：</td><td>住址：</td><td colspan="2">安置户主：</td><td colspan="2">住址：</td></tr>
<tr><td>人口：</td><td>房屋：</td><td colspan="2">人口：</td><td colspan="2">房屋：</td></tr>
<tr><td>粮食：</td><td rowspan="2">贵重物品：</td><td colspan="4">接到安置令后于　　　小时内做好安置准备。</td></tr>
<tr><td>牲畜：</td><td colspan="4" rowspan="2">安置户主意见：

签名：　　　　　年　　月　　日</td></tr>
<tr><td colspan="2">迁移路线：</td></tr>
<tr><td colspan="2">迁移距离：</td><td colspan="4">迁入户主意见：

签名：　　　　　年　　月　　日</td></tr>
<tr><td colspan="2">接到迁移令后于　　　小时内撤离。</td><td>安置乡意见</td><td>负责人：</td><td>安置村意见</td><td>负责人：</td></tr>
<tr><td>迁移乡意见　负责人：</td><td>迁移村意见　负责人：</td><td>备注</td><td colspan="3">①迁出安置双方乡村领导汛前做好部署，成立专门机构，做好治安、卫生、防疫等方面的协调。②双方户主汛前彼此了解、做好配合，安置户要主动出接迁出户，争取时间</td></tr>
</table>

七、河务部门全员岗位责任制

为进一步做好防大汛、抗大洪、抢大险工作，确保黄河防汛万无一失，河南黄河河务局于1999年全面推广了大汛期全员岗位责任制。

大汛期全员岗位责任制明确分工、落实责任，增强了各级河务部门全体职工防汛意识，促进了黄河防汛抢险、指挥调度工作的有序开展，保证了黄河发生大洪水期间各项防汛工作的顺利进行。

局机关抗御大洪水全员岗位责任制如下：

(一)运行机制

(1)运行时机：当黄河花园口站发生4000立方米每秒流量以上洪水或水位、工情异常、险情重大时，全员岗位责任制启动运行。

(2)运行原则：抗御大洪水期间，实行24小时连续工作。根据洪水演进情况，对重大事项作出决策或提出决策意见并组织实施和防洪调度。

(3)运行机构：局机关设立指挥决策中心，下设综合组、物资保障组、通信及信息保障组、后勤保障组、水量调度与控制组、督察组、重大险情现场工作组、机动队，各工作职能组(队)分别设立工作小组(队)，按照分级负责的原则开展工作。

(4)人员组成：按照岗位职责和工作人员所从事的业务工作性质，对岗位人员进行优化组合，保证整体高效运行。

(二)工作要求

(1)各组工作要对决策指挥中心负责，服从命令，听从调遣，严格遵守防汛纪律。

(2)各组工作人员要按照岗位责任，认真履行岗位职责，高效完成岗位工作任务。

(3)防汛文电应及时处理，不得延误。各工作组对有关问题提出初步处理意见后送指挥决策中心，按照指挥决策中心指令进行落实，并向指挥决策中心和综合组反馈落实情况。

(4)各工作组要安排专人负责本组文电的收发、登记、传递和保管工作。

(三)机构职责

指挥决策中心：贯彻上级防洪指令，根据水情、工情、险情等重大事项提出处理意见，对抗洪抢险调度做出决策或提出决策建议，及时通报防汛抗洪信息，当好行政领导的参谋。

1. 综合组

收集、处理各种防汛抗洪信息；负责对内、外联络和各组之间工作协调；负责对各工作组工作进行稽查和催办。

(1)文电：负责对上下级来文、来电进行收、发登记；起草防汛抗洪指令、文电和报告等；及时收集、处理、传递防汛抗洪信息。

①处理文电：负责收集、处理防汛抗洪信息，起草防汛抗洪指令、文电和报告等。

②登记：负责对上下级文电及各组发布的文电进行登记。

③传递文电：负责登记过的文电送交决策指挥中心或对上下级传递。

④收发：负责对上下级来文进行登记并送交综合组办公室。

⑤打印：负责对下发、报送的文件进行打印。

(2)水情与灾情：严密监视雨水情变化，及时接收、传递水情，预估洪水演进趋势，发布洪水预报。负责受淹、受灾情况统计、分析、上报工作。

①水情：负责监视雨水情变化，及时接收、传递水情，预估洪水演进趋势，发布洪水预报。

②灾情：负责对滩区受淹、受灾情况进行统计、分析、上报，提出滩区群众迁安建议。

(3)河势、工情与险情：负责洪水期间河势、工情、险情信息处理；负责对省局所属专业机动抢险队进行调度。

(4)宣传：负责对洪水期间抗洪抢险工作进行现场采访、报道宣传、新闻发布。

(5)联络：负责对内、对外联络和各组之间的协调工作。

(6)稽查与催办：负责对各工作组进行稽查和催办。

2. 物资保障组

负责对全局抗洪抢险物资、设备器材进行调度；负责对全局抗洪抢险资金进行筹措与拨付；做好防汛抢险物资动态信息统计工作；做好抗洪抢险夜间抢险照明工作。

(1)物料与设备保障：负责对全局防汛主要料物进行调度，并做好全局防汛抢险物资动态信息统计、汇总与上报工作，负责对全局防汛专用设备进行调度。

(2)资金保障：负责对全局抗洪抢险资金进行筹措与拨付，保证省局机关资金满足工作运行需要。

3. 通信及信息保障组

负责对全局通信及网络设施进行管护，保证通信联络畅通，网络设施运行正常。

(1)通信保障：负责对全局通信设施进行管护及动用社会电信联络协调，保证通信联络畅通。

(2)信息保障：负责对全局防汛信息网络进行维护管理，对防汛会商系统进行协调，保证网络设施运行正常，信息畅通。

4. 后勤保障组

负责局机关防汛车辆调度、水电供应、生活及医疗保障、安全保卫等工作。

(1)生活保障：负责省局机关防汛值班人员生活安排及上级防指检查、指导工作人员食宿保障。

(2)安全保卫：负责局机关防汛安全保卫工作。

(3)医疗卫生：负责局机关职工医疗卫生保障。

(4)车辆保障：负责局机关防汛车辆调度及安全运行，保证各工作组防汛抗洪工作用车需要。

(5)水电及电梯运行保障：负责局机关防汛期间水电供应及电梯安全运行。

5. 水量调度与控制组

负责汛期全局各引黄口门引水控制，按指挥决策中心及上级指令，督促各引黄口门严格执行调度指令并做好水量调度值班，及时处理有关问题。

6. 督察组

受防指委派，赴沿黄各市、县督促、检查、指导抗洪抢险，负责发布抗洪督察工作简报和信息。

7. 重大险情现场工作组

受黄河防办指派，赴重大险情现场，协助抢险现场指挥部工作。现场工作期间，负责向指挥决策中心报告险情处理情况。

8. 机动队

在机关待命，听候指挥决策中心调令，参加防汛抗洪的有关应急工作。

各市、县(市、区)河务局汛期全员岗位责任制方案比照省河务局设置，根据基层工作特点，加强抢险队、河势水位观测、地方技术指导、料物供应、后勤保障等方面的力量。

八、固定沿黄闲散大型机械保障黄河工程抢险

随着防汛抢险技术的进步，装载机、挖掘机、大型自卸汽车等大型机械在防汛抢险中得到越来越广泛的应用，其机动、灵活、速度快、效率高的特点，最大程度的合乎了“抢早、抢小、全力以赴，一气呵成”的抢险原则；遏制了大险的发生；抢大险、大抢险时对整个抢险的成败起着重要的、关键的甚至是决定性的作用。

目前河务部门(包括专业机动抢险队)自有的大型机械设备数量是有限的，还不能满足出大险、多处工程同时出险的情况。为了确保工程安全，满足防汛抢险的需要，可采取以下措施加强保障。

(1)在市场经济条件下，组织大规模的群防队伍难度很大，同时也影响当地群众的经济发展。当前，在专业机动抢险队设备尚不能满足黄河防汛抢险需要的情况下，可利用社会闲散设备投入防汛抢险，来弥补防汛抢险设备的不足，提高抢险效率。具体操作可由用户防汛指挥部组织对辖区单位、群众的大型机械设备进行调查摸底，登记造册，并作为社会、群众物料、设备筹集的一项，备而不集，签订合同，予以落实，以便于根据防汛抢险需要对闲散设备进行调度，及时投入防汛抢险。按市场经济可对一些设备给予适当的经济补偿。

(2)目前专业机动抢险队经费不足，既要保证防汛抢险的需要，又要自我维持，自我发展，难度很大，为达到在保证防汛的前提下促进经济发展的目的，各机动抢险队可根据自己的具体情况，采用签订合同的方式，把沿黄的一些闲散设备落实下来，作为防汛抢险设备。同时，从抢险和自身生存发展的需要出发，应加快机动抢险队建设，解决专业机动抢险队伍设备不足的问题。

(3)为使参加防汛抢险的社会机械设备充分发挥作用，有条件的地区，可将机械设备同群防抢险队结合起来，进行一定的技术培训和演练，人机相互配合，提高群防抢险队的防汛抢险能力。

第五节　防汛抗洪基本知识

一、防汛抗洪的一般概念

要明确防汛防洪的概念，首先要弄清什么是汛，什么是洪，以及汛与洪的联系与区别。

所谓汛，是指江河周期性的涨水。汛，依季节不同而有桃花汛、伏汛、秋汛、凌汛。桃花汛，顾名思义，是指桃花盛开时的江河涨水，一般在三四月份，时值春季，亦称春汛。伏汛，指伏暑时的江河涨水，一般在七八月份。秋汛，指秋季的江河涨水，一般在八九月份。凌汛，指江河开冻时由于冰凌对水流产生阻力而引起的水位明显上涨的现象，一般在一二月份。四汛中以伏汛和秋汛最大，这两个汛期互相连接，一般称“伏秋大汛”，或简称“大汛”。这种“大汛”极为普遍，所谓汛期，一般就是指伏秋大汛而言。我国各江河的汛期不尽相同，黄河等北方地区河流的汛期在 7~9 月。

防汛，是指人类为了充分发挥已建成的防洪体系的作用，保障其保护区的安全，汛期对堤防、闸、坝、铁路、桥梁等建设设施进行的防护和险情抢护工作。

所谓洪，是指河流、海洋、湖泊等水体上游超过一定水位，威胁有关地区的安全，甚至造成灾害的水流。洪水的形成原因往往受气垫面等自然因素与人类活动因素的影响。洪水按出现地区的不同，大体可分为河流洪水、海岸洪水和湖泊洪水等。而根据其形成的直接原因，则又可分为暴雨洪水、融雪洪水、冰凌洪水、冰川洪水、溃坝洪水和山体坍塌洪水等。

防洪，是指研究洪水规律与洪灾特点，并采取各种对策，减轻或防止洪水危害的一项水利工作。而抗洪则着重强调了洪水到来之时的抢险救灾。

汛与洪，既有联系又有区别，在一般情况下汛是指潜在的、有规律的洪，而洪则是显露的、突发的汛。汛是相对稳定地、经常发生，而洪则是相对不稳定的，偶然的出现。人类通过长期的摸索，积累了丰富的经验，逐步认识到，汛是定期发生的，而汛又往往是洪水的先兆，于是便紧紧地抓住了汛，因为抓住了汛，便抓住了大部分洪水的潜在表现形式，便有可能通过疏导，浅消等形式，把大部分洪水消灭在低潮阶段或潮隆之时，尽可能地减少围追堵截等被动的对抗形式，以达到最大限度地减少损失的目的。

防汛是为了抗洪，抗洪是防汛的目的，保证人民生命财产的安全和国家经济建设的顺利发展是防汛抗洪工作的根本任务。

二、防汛工作方针

“安全第一，常备不懈，以防为主，全力抢险”的防汛工作方针，是国务院 1991 年颁布的《中华人民共和国防汛条例》中提出来的。这是鉴于洪水灾害仍然是我国的心腹之患，在总结了中华人民共和国成立以后数十年防洪斗争的经验教训的基础上提出来的，是一个全面的、积极的方针。强调保证人民生命财产的安全和国家经济建设的顺利发展是防汛工作的根本任务。指出做好防汛工作的关键在于平时切实做好各项准备工作(思想准备、组织准备、工程准备、技术准备、物资准备等),改变等水来了才开展防汛工作的被动局面。强调对于可能发生的洪水灾害始终保持高度的戒备,不可以有丝毫的疏忽懈怠。只有这样,才能保证工程的安全,才能保证人民生命财产的安全,才有可能把洪水灾害的损失减少到最低的程度。

防汛工作是全社会公益性工作,全社会必须参与防汛斗争。任何单位和个人都有保护防洪工程和参加抗洪抢险的义务。

三、防汛抗洪工作基本原则

(一)统筹兼顾是防汛抗洪工作的最基本原则

《中华人民共和国防洪法》第二条规定"防洪工作实行全面规划、统筹兼顾、预防为主、综合治理、局部利益服从全局利益的原则"。坚持全面规划、统筹兼顾是对我国长期防汛抗洪斗争经验的科学总结,是防汛抗洪工作最基本的原则。不能只顾防,不顾其他;不能只强调防洪安全,不管社会经济效益;也不能只顾开发利用,不顾防洪安全。离开了安全讲开发利用、讲经济效益是危险的。

所谓全面规划,统筹兼顾,就是要从全局的利益出发,充分照顾好各方面的利益和要求。为了体现统筹兼顾的原则,在防汛抗洪工作中要正确处理好以下关系:①防汛抗洪设施建设与其他基本建设和国土整治的关系;②上下游、左右岸、各地区、各部门的关系;③需要与可能、近期安排与长远规划的关系;④干支流治理与全面治理的关系;⑤主体工程与配套工程的关系;⑥局部利益与全局利益的关系;⑦蓄与泄的关系;⑧保护区域的防洪标准、汛情洪水的特点规律和生产力合理布局的关系等。

(二)统一指挥的原则

防洪工作是一个整体,必须统一管理。河道水系是一个连贯的系统,江河洪水有其客观的规律,无论是上下游的洪水传递,还是干支流的洪水汇集,都是相互关联的。这就在客观上决定了防洪工作是一个整体,需要建立统一的管理制度。

《中华人民共和国防洪法》第三十八条规定:防汛抗洪工作实行各级人民政府行政首长责任制,统一指挥、分级分部门负责。做好防汛抗洪工作是各级人民政府的重要职能,实现这一职能必须加强领导,建立健全统一的防汛指挥机构,统一指挥、统一调度。

《中华人民共和国防洪法》把我国人民长期与洪水作斗争的这一成熟经验用法律形式固定下来。

防汛抗洪工作实行统一指挥的原则,主要体现在以下四方面。

(1)从上到下,有一个常设的、统一的、严密的防汛抗旱指挥系统,由行政首长负责,水利、河务部门办理日常事务。

(2)汛期有一支随时准备听候命令、服从调动、组织严密的防洪抢险队伍。

(3)防洪物资管理工作实行"集中统一,全面管理",保证及时供应。防汛所需物资,按照统一领导,分级负责的原则,在统一计划、统一制度的前提下,基本上依隶属关系申请储备,作为防汛抗洪的重要物质保证,防汛物资实行“专料专用”,不得挪用。

(4)有一只囊括铁路、公路、水路、航空在内的强大运输力量和信息灵通、及时准确的通信网络,以保证汛期运输及时,通信畅通。做到要人有人,要物有物,保证防汛抗洪任务的顺利完成。

(三)确保重点兼顾一般的原则

确保重点、兼顾一般的原则是局部利益服从全局利益的体现,其基点在于如何把有限的防汛抗洪基金合理的、充分有效的用到无限的防汛抗洪事业中去,从而发挥尽可能大的防洪效益,造福于人民。

所谓确保重点、兼顾一般,是指防洪工作中,凡属国家重要经济命脉、铁路陆路重要交通枢纽、国防军事要地、重要工矿企业、重要经济作业区,在可能的条件下,要坚决保住。而对其他非重点经济地区,可适当兼顾,一旦发生特大洪水,则应根据全局需要,做出必要牺牲。

(四)立足于防大汛的原则

我国人民在和洪水进行长期的斗争中,积累了极其丰富的经验,立足于防大汛是其中重要的一条。

汛往往是洪水到来的先兆,而大汛期间洪水暴发的概率甚高。掌握了这个规律,立足于防大汛,就有可能把大部分洪水消灭在未竟之时,从而把洪水造成的损失减少到最小的程度。

由于时间、地点、气象、水文等客观条件的种种差异,汛情千变万化,各不相同。但是,立足于防大汛,就抓住了防汛抗洪的在主要矛盾,从而取得了斗争的主动权。

立足于防大汛,就是要兼具坚决克服一切麻痹思想,本着宁可信其有,不可信其无,宁可备而不用,不可用而无备的思想,充分做好防汛工作。要从最坏处打算,争取最好的结果。

立足于防大汛,必须从组织落实,建立健全各级防汛机构,强化各级防汛抗旱指挥机构的职能,落实以行政首长负责制为核心的各项责任制。

立足防大汛,还要注重防汛物资的日常储备;技术力量的加紧培训;预警报、通信设施的维修保养;堤防、水库的巡查、抢护、整修加固。上述每一个环节都不容疏漏,每一个步骤都必须十分慎密,才有可能取得防汛抗洪斗争的胜利。

从经济合理的角度来看,江河防洪标准不可能定的很高,超标准洪水还会发生。因此,立足于防大汛将是防汛抗洪工作长期的重要原则。

四、行政首长负责制与分级分部门负责制

防汛是一项责任重大的工作,必须建立健全各种防汛责任制度,实现正规化、规范化,做到各项工作有章可循、各司其职。加强组织和制度建设,明确职责,强化管理,是搞好防汛抗洪工作的重要措施。防汛责任制度包括行政首长负责制、分级责任制、岗位责任制、分部门负责制、技术人员责任制等方面,其中行政首长负责制是各项防汛工作责任制的核心。

(一)行政首长负责制

1. 行政首长负责制是法定的防汛工作责任制

为战胜洪水灾害,不仅平时要组织、动员广大干部和群众,使其在思想上、组织上做好充分准备,克服各种麻痹思想。而且一旦发生抗洪抢险时,一个地方、一个区域应将其作为压倒一切的大事,尽快动员和调动各部门各方面的力量,发挥各自的职能优势,同心协力共同完成。特别是在发生特大洪水时,抗洪抢险和救灾不只是政府的事,党、政、军、民都要全力以赴投入抗洪抢险救灾,甚至在紧急情况下,要当机立断作出牺牲局部、保护全局的重大决策。因此,需要各级政府的主要负责人亲自主持,全面领导和指挥防汛抢险工作。

1987 年 4 月 11 日,国务院听取防汛工作汇报后,在会议纪要中明确指出:“要进一步明确各级防汛责任制”,并规定“地方的省(区、市)长、地区专员、县长要在防汛工作中负主要责任,并责成一名副职主抓防汛工作”。以后统称为“防汛行政首长负责制”。

《中华人民共和国防洪法》第三十八条规定:“防汛抗洪工作实行各级政府行政首长负责制,统一指挥、分级分部门负责”。各级人民政府和各部门必须按照以上规定落实防汛抗洪工作行政首长负责制,加强领导,采取有力措施,扎扎实实地开展防汛抗洪工作。

根据这一精神,全国范围内的防汛由国务院负责,国家防汛指挥部负责具体工作,对一个省、一个地区来说,防汛的总责就落在省长、市长、专员、县长身上。当地行政一把手是辖区防汛的第一负责人。行政首长负责制的主要内容归纳起来有以下几个方面。

(1)贯彻落实有关防汛的方针政策。督促建立健全防汛机构,配备专职人员。教育广大干部服从统一指挥、统一调度,树立以大局为重、以人民利益为重的思想,防止本位主义。克服麻痹思想,树立有备无患意识。宣传动员群众积极参加防汛抢险工作。

(2)根据统一指挥、分级分部门负责的原则,协调各有关部门的防汛责任,建立防汛抗旱指挥系统,部署有关防洪措施和各项防汛准备工作。

(3)督促检查重大防御洪水措施方案、调度计划、度汛工程措施和各种非工程措施的落实。

(4)批准管辖权限内的洪水调度方案、分蓄滞洪区运用以及采取紧急抢救措施等重大决策。对关系重大的抗洪抢险,应亲临第一线,坐镇指挥,调动所辖地区的人力、物力有效地投入抗洪抢险斗争。

2. 防汛抗洪行政首长负责制是各项防汛工作责任制的核心

防汛抗洪工作实行行政首长负责制,就是要求各级人民政府行政首长对本地区的防汛抗洪工作总负责,如果由于工作失误而造成严重损失,首先要追究行政首长的责任。实行行政首长负责制,这是由防汛抗洪工作的重要性及客观规律所决定的,也是长期实践经验的总结和升华。就重要性而言,防汛抗洪工作事关大局,关系到人民群众生命财产安全和社会、经济的持续稳定发展;就客观规律而言,防汛抗洪工作又是一项社会性、综合性很强的工作,涉及全社会各行各业。实行行政首长负责制的目的,就在于加强对防汛抗洪工作的组织和领导,统筹协调各方面关系,使各有关部门密切配合、分工负责,从而做好防汛抗洪工作。

防汛抗洪行政首长负责制是各项防汛抗洪工作责任制的核心,在实际工作中,要采取措施,全面落实防汛抗洪行政首长负责制。特别要指出的是,行政首长负责制是贯穿全年的要求,并不局限于汛期,要狠抓落实,强化监督。各级政府行政首长要切实负起责任,上级政府要对下级政府行政首长履行防汛抗洪职责情况进行监督和检查,建立一些行之有效的考核标准和办法。要严格执法,严肃法纪,对违反《中华人民共和国防洪法》和有关规定,不履行或不认真履行职责,造成重大灾害后果的,要依法查处,追究法律责任。

3. 落实行政首长负责制,要真正做到"四到位"

一是职责到位。要把黄河各个河段、部位的防汛责任落实到每一个行政首长。汛前要逐级上报和公布辖区内河段、水库、城市、蓄滞洪区等的防汛责任人名单。防汛责任人要对防汛工作进行经常性督促检查,深入调查研究并解决防汛工作中存在的突出问题,把防汛责任制真正落到实处,贯穿于防汛工作全过程。

二是思想到位。黄河沿岸有防汛抢险任务的各级行政首长,尤其是新任的行政首长,一定要把黄河防汛当作天大的责任,从思想上真正重视起来,有很强的责任感和使命感。

三是指挥到位。要坚持统一指挥、协调配合、团结抗洪。要努力做到科学决策、正确指挥,关键时刻要果断决策、大胆指挥。

四是措施到位。要把黄河滩区群众的安全建设和迁安救护工作作为重点来抓,加大黄河低滩区避水连台、撤退道路等避洪设施的建设力度,做好群众迁安救护措施的检查落实。汛前要抓好防汛料物储备、防汛队伍组织、防汛工程建设和修订完善防汛预案、组织汛前检查等各项工作,汛期落实好以行政首长负责制为核心的各项防汛责任制。

(二)分级分部门负责制

防汛是一项社会性防灾抗灾工作,需要动员和调动各部门和行业的力量,在政府和防汛抗旱指挥部的统一领导下,同心协力共同完成抗御洪水灾害的任务。根据各司其职,分工负责的原则,省、地、县、乡机关部门,结合各自特点分项承包防汛任务,实行分级分部门负责制。

分级分部门负责是我国行政管理工作的一项基本制度。防汛抗洪工作实行分级负责,即各级人民政府负责本行政区域内的防汛抗洪工作。

防汛抗洪工作是一项涉及面广、需要各部门乃至全社会共同努力才能做好的社会公益性工作。《中华人民共和国防洪法》第三十八条规定:防汛抗洪工作实行统一指挥、分级分部门负责;第四十条规定:各级防汛指挥机构和承担防汛抗洪任务的部门和单位必须根据防御洪水方案做好防汛抗洪工作;第四十三条规定:在汛期,气象、水文、海洋等有关部门应当按照各自的职责,及时向防汛指挥机构提供天气、水文等实时信息和风暴潮预报;电信部门应当优先提供防汛抗洪通信服务;运输、电力、物资材料供应等有关部门应当优先为防汛抗洪服务;中国人民解放军、中国人民武装警察部队和民兵应当执行国家赋予的抗洪抢险任务。

各级人民政府应当加强对防汛抗洪工作的领导,采取措施,做好防汛抗洪工作,确保防洪安全,减轻洪水灾害损失。各有关部门应当在本级人民政府的领导下,服从本级人民政府防汛指挥机构的统一指挥,按照统一部署,根据分工,各司其职,各负其责,密切配合,切实履行本部门的职责。

为确保重点地区和主要防洪工程的汛期安全，各级政府行政负责人和防汛抗旱指挥部领导成员实行分包工程责任制。例如分包水库、分包河道堤段、分包蓄滞洪区、分包地区等。为了“平战”结合，全面熟悉工程情况，将同一河段的清障、防汛、维修，实行三位一体纳入分包工程责任内，做到一包到底。对于分部门承担的防汛任务和所辖防洪工程实行分部门防汛责任制。

（三）岗位责任制

汛期管好用好水利工程，特别防洪工程，对搞好防汛、减少灾害是至关重要的。工程管理单位的业务处室和管理人员，以及维修养护、防汛人员、抢险队员都要制订岗位责任制，明确任务和要求，定岗定责，落实到人。对岗位责任制的范围、项目、安全程度、责任时间等，要作出条文，要有几包几定，一目了然。要规定评比和检查制度，发现问题及时纠正，以期圆满完成岗位任务。在实行岗位责任制的同时要加强政治思想教育，调动职工的积极性，强调严格遵守纪律。

（四）技术责任制

在防汛抢险中为充分发挥技术人员的技术专长，实现优化调度，科学抢险，提高防汛指挥的准确性和可行性，凡是有关预报数据、评价工程抗洪能力、制订调度方案、采取抢险措施等技术问题，应由各专业技术人员负责，建立技术责任制。关系重大的技术决策，要组织相当技术级别的人员进行咨询，博采众议，以防失误。

（五）值班工作制度

汛期容易出现风云骤变，突然发生暴雨洪水、台风等灾害，而且防洪工程设施又多在自然环境下运行，也容易出现异常现象。为预防不测、应变及时，各级防汛抗旱指挥机构均应建立防汛值班制度，使防汛机构及时掌握和传递汛情，加强上下联系，多方协调，充分发挥枢纽作用。汛期值班主要责任事项如下：

(1)了解掌握汛情。汛情一般指水情、工情、灾情。具体内容是：①水情。按时了解雨情、水情实况和水文、气象预报。②工情。当雨情、水情达到某一数值时，要主动向所辖单位了解河道堤防、水库、闸坝等防洪工程的运用和防守情况。③灾情。主动了解受灾地区的范围和人员伤亡情况有及抢救措施。

(2)按时请示、传达、报告。按照报告制度，对于汛情及灾情一定要及时向上级。对需要采取的防洪措施要及时请示批准执行。对授权传达的指挥调度命令及意见，要及时准确传达。

(3)熟悉所辖地区的防汛基本资料和主要防洪工程的防御洪水方案及调度计划。对所发生的各种类型洪水要根据有关资料进行分析研究。

(4)了解掌握各地防洪工程设施发生的险情及其处理情况。

(5)对发生的重大汛期要整理好值班记录，以备查阅，并归档保存。

(6)严格执行交接班制度，认真履行交接班手续。

(7)做好保密工作，严守国家机密。

(六)班坝责任制

班坝责任制一般指专业防守险工坝岸的工程班组和个人分工管理与防守险工和控导工程的责任制度。根据工程长度现坝垛多少及防守力量等情况,把管理和防守任务落实到班组或个人,并提出明确任务要求,由班组制订实施计划,认真落到实处,确保工程完整与安全。

(七)防汛工作制度

针对防汛工作的全过程,从工作项目、工作方法、工作步骤、工作要求、工作时间等方面,建立各项工作制度。根据各地经验和防汛工作的需要,应重点建立健全请示汇报、值班、检查、防洪和水资源运用计划的编报、防御水旱灾害方案及其实施步骤的修订、总结及评比考核等制度,并建立健全气象、雨情、水情、旱情预报测报和会商,水旱灾情统计报告,工程防守和运用,通信管理,河道清障,人员的安全转移,经费、物资管理等方面的制度,以及防汛联系汇报、巡堤查险、险工坝岸探摸、河势观测、险情抢护制度等,并逐项落实,使防汛工作有条不紊地进行。

五、防洪系统工程的“工程措施”与“非工程措施”

洪水是一种自然现象,它的发生是不以人的意志为转移的客观规律,完全控制洪水是不可能的,人类所能尽的一切努力,只是把洪水所造成的损失减少到许可的程度,或者说人类可以承受的程度,并不能制止所有的洪水泛滥或杜绝一切洪灾损失。

防洪措施虽不能保证全部免除洪水的危害,但可以限制或减少洪水所造成的损失。换句话说,一个地区如果不加强防洪措施的建设,洪灾损失就只会加重。

人类为防御洪水灾害而采取的各种手段和方法,以对洪水的处理方法不同,分为防洪工程措施和防洪非工程措施两大类。

工程措施是用各种工程来改变洪水特性,改变洪水时空分布状况,以避免防洪范围内受灾的办法。工程措施包括一切防洪的工程建筑,它们可以单独或者与其他工程配合共同承担防洪任务,它包括修筑堤防、整治河道、防洪墙、分滞洪区、水库、水土保持工程等。

非工程措施是通过法律、行政、经济手段和直接运用防洪工程以外的其他手段以减少灾害损失的措施。主要包括:①建立各级防汛指挥机构;②建设防汛专业队伍及由人民解放军、武警部队、广大群众组成的联防体系;③培训、普及、提高抢险技术;④加强防洪意识的宣传;⑤加强洪水预报并科学调度;⑥完善通信手段、报警系统;⑦强化河道管理;⑧制订和贯彻一系列体现非工程措施的政策法规;⑨严格控制滩区和分滞洪区内人口的增长和集镇建设的规模,调整产业结构,推行防洪保险,制订人畜安全转移计划等;⑩全社会分担风险并承担减灾责任。

工程措施和非工程措施两者的目标是一致的,是相辅相成的。工程措施着眼于洪水本身,是设法利用各种防洪工程控制或约束洪水;非工程措施并不改变洪水的存在状态;工程措施基本是一个工程技术问题;非工程措施在很大程度上是一个管理问题,它涉及技术、经济、行政、法律等各个方面,政策性较强,关系到全社会。

洪水灾害作为一种自然灾害,要求通过工程措施完全避免是不现实的,也是难以做到的,为了更好的发挥防洪工程的效益,需要搞好洪水预报、制订优化的防洪调度方案,把各项防洪工程措施有机的联系起来,取得最佳的防洪效果,因此必须重视并大力搞好防洪非工程措施,贯彻工程措施与非工程措施相结合的方针,提高防洪效益,减少洪灾损失。

六、编制好防洪预案是防止和减轻洪水灾害的重要措施

黄河洪水灾害历来是中华民族的心腹之患。中华人民共和国成立以来,黄河下游防洪工程体系不断完善,为抗御各级洪水打下了良好的物质基础。但由于黄河的复杂性,洪水尚未彻底控制,泥沙问题还未有效解决,河南黄河防洪仍然是一项长期、艰巨、复杂的工作。

防洪斗争的实践证明,编制好防汛预案是防止和减轻洪水灾害的重要措施。防洪预案就是防洪斗争的作战方案。

防洪预案是防洪非工程体系的重要组成部分,是防汛决策和防洪调度的依据,是未雨绸缪、变被动防洪为主动防洪的重要举措。黄河防洪涉及方方面面,如果没有预案、方案,遇洪水临时仓促决策,就会有很多问题想不到,指挥调度就会杂乱无章,将影响防洪减灾,甚至出现严重后果。有了好的防洪预案,遇洪水险情就可临危不乱,从容不迫地进行防洪指挥调度,从而最大限度的控制险情发展,降低灾害损失,确保防洪安全。因此,编制防洪预案,对做好防汛工作非常重要。国家经济建设发展对黄河防汛工作的要求不断提高,防洪形式也在不断变化,防洪预案也需要不断完善。防洪预案应具有实用性和操作性,必须在主要的方面对重大问题的处置等事先提出方案。

防洪预案在实施过程中,要根据已经变化的情况认真进行总结,不断修订完善。认为有了防洪预案,就什么问题都解决了,在汛期可以"照本宣科"是错误的,汛期还可能出现意外事件,发生突发性问题,需要采取临时处理措施。

七、全社会都有责任参与和承担防洪工作

《中华人民共和国防洪法》第六条规定:任何单位和个人都有保护防洪工程设施和依法参加防汛抗洪的义务。

我国大部分国土面积存在着不同程度和不同类型的洪水灾害, 洪水灾害的广泛性和严重性决定了防洪工作无法由某一个部门承担,需要全社会的共同努力,全社会都有责任参与和承担防洪工作。

洪水灾害不仅造成巨大的经济损失,影响国民经济的持续、快速发展,而且危机人民群众生命安全和社会的稳定。我国目前的防洪形势仍然十分严峻,只有依靠党和政府的领导和全社会广泛参与,才能战胜今后可能出现的洪水灾害。

(一)各级政府应组织和领导好全社会的防洪力量

由于防洪工程是一项时效性强、任务繁重、涉及面广的系统工程,必须动员和调动各部门、各方面的力量,齐心协力才能完成,政府在动员和组织全社会的防洪力量方面主要责任为:①做好宣传和思想工作,增强各级干部和广大群众的水患意识;②动员全社会的

力量,广泛筹集资金,加快本地区防洪工程建设,不断提高防御洪水的能力;③组织有关部门制订本地区主要江河、重要防洪工程、城镇及居民点防御洪水和台风的各项预案,并督促各项措施的落实;④洪水发生后,组织各方面力量迅速开展抢险救灾工作,力保防洪工程的安全,将灾害损失减少到最低限度。

(二)各部门应认真履行各自的防洪职责

防洪工作是社会公益性事业,各有关部门应按照政府确定的分工,各负其责,密切配合,同搞好防洪工作,包括:①协调安排好防洪建设的资金;②协调安排救灾资金和物资;③落实、拨付防汛经费并监督使用;④维护防汛抢险秩序和社会治安工作;⑤搞好灾民的生活救济工作;⑥保障防汛抢险、排涝、救灾的电力供应;⑦保证传递防汛通信信息;⑧组织灾区卫生防疫和医疗救护工作;⑨检测天气形势,及时提供天气预报;⑩企业的主管部门要抓好本行业的防洪工作,修建必要的防洪设施,立足与自己保护自己。

(三)各单位和每个公民必须做到保护工程设施和依法参加防汛抗洪

主要体现在:①要自觉爱护防洪工程设施,发现破坏防洪工程设施的行为要制止并报告主管部门;②依法缴纳防洪保安的有关费用,支持防洪工程建设;③汛期发生洪水灾害时,要按照当地防汛指挥部的统一安排,及时参加抗洪抢险,提供防汛抢险所急需的料物、机械、车辆等;④当受灾地区的群众急需救灾援助时,要在可能的条件下给予帮助。

(四)人民解放军和武警部队是防汛抗洪的重要力量

在抗洪抢险救灾斗争中,广大官兵总是承担急难险重的任务,哪里最艰苦,哪里最危险,就奋斗在哪里。依靠军民联防是我国防洪工作取得伟大成就的一条重要经验,各地防汛指挥部要主动与部队联系,但要十分珍惜兵力,认真做好参加抗洪抢险部队的有关后勤保障工作。

要全社会都来参与和承担防洪工作必须加强宣传教育:①宣传防洪抢险成就,梳理抗洪必胜的信心;②教育广大人民群众克服麻痹思想和侥幸心理,立足于防大汛、抢大险、抗大灾;③讴歌在防汛抗洪工作中涌现出来的英雄模范人物,大力弘扬社会主义精神文明;④对违反《中华人民共和国防洪法》的行为进行曝光,加大执法力度。

八、麻痹大意是防洪斗争的大敌

麻痹大意是防洪斗争的大敌。有麻痹大意思想的人,由于没有真正在思想上认识到防洪斗争的严重性及其困难,往往对于可能发生的比较严重的洪水灾难估计不足,缺乏应有的分析,失去应有的警惕。对防洪斗争,只有一般号召,没有从思想、组织、工程、物资、通信等方面做好准备工作,对于已经暴露出来的问题(包括险情)没有及时抓紧处理,而是马虎了事。之所以产生麻痹大意思想,主要是认为防汛工作是老一套,对于可能发生的洪水灾害,心存侥幸,看不到防洪工程如同其他事物一样,是在不断的发生变化。因此,对防洪工程自身出现的新情况、新问题心中没数,或着知之甚少;没有做经常的、细致的调查研究,只看到一些表面现象;把防洪工作简单化,没有实实在在的对策,往往是凭经验办事,及至汛期,措手不及,造成不应有的损失。

没有一劳永逸的防洪工程,而且现有的防洪工程还存在一些没有处理好的隐患,新的险情年年都可能发生。任何类型的洪水绝不是简单的重现,对于过去防洪斗争的经验教训只能借鉴,而不能生搬硬套。如果看不到这一点,就会产生麻痹思想,就可能犯错误。

麻痹大意,小水也会出问题。小心谨慎,水虽大,也能安全度汛。

把过去防洪斗争的经验教训加以总结就是:“平时多准备,小水不麻痹,大水不惊慌,遇事有对策”。这样就可以夺取防洪斗争的胜利。

九、提高人民群众的防洪意识是防汛工作的重要内容

防洪意识是指人们对于洪水的客观存在及其防治的主观认识。

防洪是关系到广大人民群众生命财产安危的大事。没有广大人民群众的自觉参与和大力支持是无法展开防洪斗争的。人民需要靠我们去宣传、去动员、去组织,使他们认识到同洪水灾害作斗争是不可避免的,洪水斗争不是短期行为,年年都要准备好,年年都有可能同洪水灾害作斗争。使人民群众认识到只有战胜洪水、减少损失,才能更好地生存和发展,才可能充分发挥人民群众的主动性和积极性,是他们把防洪斗争当作自己应尽的责任和义务,主动投入防洪斗争,关心防洪斗争,并尽自己的可能支持防洪斗争。

防洪如同打仗一样,最深厚之伟力存在于民众之中。人民群众具有高度的防洪意识,动员起来了,一旦发生洪水,就会增强整体的应急反应功能和承受能力,无论防洪环境如何险恶,条件如何艰苦,也能应付,在关键时刻,就是要付出生命,也在所不惜,这已被数十年的防洪斗争时间所证明。

加强防洪意识,必须向广大干部群众反复宣传本地区在防洪斗争中所处的位置。除了作好各种同洪水作斗争的准备,没别的选择;讲明防洪斗争的有利条件,使人民群众建立起同洪水作斗争的信心;讲明存在的困难和问题,使人民群众知道如何去努力,共同克服这些困难,争取胜利,减少损失。要宣传各类洪水的特性及防御方法、防御标准;及时通报水雨情况;告诉人民群众对于险情的查治方法和一般的抢护方法。要反复宣传滩区迁安的条件和如何安全转移等。

只有人民群众充分认识同洪水作斗争是自己的事情, 知道如何在指挥机关的指挥下做好防洪工作,才能把防洪工作变成自觉的行动,而不是完全依赖政府去防汛。这是做好防汛工作的一个极其重要的问题。

了解防洪斗争,支持防洪斗争,参与防洪斗争,这便是人民群众防洪意识强弱的具体表现。

不断提高人民群众的防洪意识,是防汛部门的重要职责,也是加强防汛非工程措施建设的主要内容之一。

十、从思想、工程、组织、物资、通信方面做好准备

从思想、工程、组织、物资、通信五个方面做好准备,才能安全度汛。

防汛抗灾是天大的事,关系到人民生命财产的安全和国民经济的顺利发展。必须切实做好各项准备工作,才能保证安全度汛。

防汛抗灾如同战争一样,强调不打无准备之仗,要有把握。把握就是能掌握、能控制、能把事情办成功的根据或信心,这来源于周到缜密的准备工作。有了准备就能恰当地应付各种可能出现的事件,相反"见其久安,便谓无事",便是十分危险的。

(一)思想准备

加强防洪宣传、增强全民的防洪意识是搞好防洪工作的一项长期重要的任务。各级政府、各个部门要将防洪工作作为一件大事来抓,防洪主管部门更要常抓不懈;年年都要做好防大洪、抗大灾的准备;洪水的发生是不以人们的意志为转移的,要牢固树立抗大灾、抗多种灾害和长期抗灾的思想,不能有丝毫的轻敌和麻痹;防洪工作要从难、从严做好准备,宁可备而无水,不可有水而不备;防汛工作要立足于防,抗灾工作要立足于抗。

(二)工程准备

首先要对现有防洪工程(堤防、水库、涵闸以及堤身的附属建筑物)不断加固,提高抗洪能力,这是防洪抗灾的基础。要年年抓,不能大水过后抓得紧,没有来大水就放松。要高标准、严要求,尽快达到国家规定的防御标准。平时多出一分力,能抵汛期十分功。其次,防洪管理部门平时要加强对防洪工程的管理养护,保持工程完好,如经常的维修保养,定期对堤身查找隐患,汛前、汛后进行徒步检查,汛后对防洪工程进行鉴定,制止破坏活动,清除行洪障碍等。

(三)组织准备

主要是建立和健全各级防汛指挥机构,做好各种应急对策(预案)、建立一、二线防守队伍。平时要进行组织纪律和抢险技术训练,做到"招之即来,来之能战,战之能胜"。严格实行以行政首长负责制为核心的各项防汛责任制,分工明确,责任要落实,奖罚要分明。

(四)物资准备

准备好防汛抢险的各种物资器材,一部分是定点到位的,如块石、小石、沙、麻袋、草包、编织袋、土工布、木桩、雨具救生设备、照明设备以及油料,等等;一部分民筹器材如稻草等则视情况定点到位;还有一部分是登记备用的,如芦苇、麻袋、油布、船只、车辆、油料等储备在什么地方,数量有多少,一旦需要运用,用什么方法送到险段,事先都要有周密的计划,要有一本清清楚楚的账。有迁安转移和安置任务的地方,还要按要求做好准备工作,包括食品供应、临时搭棚材料、卫生防疫准备的等。

(五)通信准备

要做到凡有防洪任务的地方,通信畅通,保证及时准确,并全天候。使上级指挥机构的意见能及时下达,下级反映的情况、问题能及时上传;尤其是发生重大险情或执行重大任务时,必须绝对保证通信畅通;通信中断或者通话质量不好都有可能误事,甚至酿成大灾;通信设备要做到有线无线并举,有了畅通的通信设备,处在第一线的防汛指挥人员,虽远离指挥中心,也及时反映情况并得到上级的指示,近在咫尺;上级指挥机关对于所辖防区虽相距甚远,却在掌握之中。

认真做好以上五个方面的准备工作,充分发动群众、依靠人民群众、实施正确的指挥,我们就可以做到安全度汛,即使遇到了较大的洪水,也可以把损失减少到最低的程度。

十一、加强防洪工程管理工作是"以防为主"的关键措施

建是基础,管是关键,只建不管,等于不建,甚至可能遭致不应发生的灾害,无数的事例已经证明了这一点。一个工程建成后,能否按设计要求安全运行并充分发挥效益,主要在于管理工作的好坏,管理工作做得好,有些险情就不会发生,即使发生了,也可以得到及时妥善处理。如果疏忽大意,不认真管理,平时该处理的问题不及时处理,拖到汛期,不但劳民伤财,而且有可能小险变成大险。防洪工程就像人一样,需要定期检查身体,有病早治,无病早防。任何防洪工程,不管它是什么结构,无一不是在不断地发生变化,只不过是我们缺乏观测手段,看不到罢了。这些变化有工程自身的也有外力作用的,管理者的责任就是如何观测并掌握这些变化,发现问题,及时处理,不断地化消极因素为积极因素,是防洪工程始终保持在良好状态。观测的主要内容包括工程(堤身)的沉陷、运行、维修情况,坡脚及内外平台完好情况等。此外,防洪工程周边环境的变化也是需要注意的,如修建道路、人口变迁、集镇建设等。

防洪工程是我们同洪水灾害作斗争的武器。如果防洪工程本身存在很多问题,自然就会影响抗洪能力,扩大灾情。保持和提高防洪工程抗洪能力的关键在于平时做工作、平时把工程管好,不要等汛期来了,才想到该做的事情没有做好,这就可能出乱子。平时舍得投劳投资,对工程不断加固培修,不断提高抗洪能力,这才是根本的措施。防是主动,抢是被动。衡量管理工作的标准不应以汛期抢险的少或多来比高低,并不是看抢了多少险,而要以在相同的河势条件下防御相同水位时不出险或少出险论英雄。平时不重视防洪工程的建设,不重视管理,汛期险情迭出,这实际是失职行为。

做好管理工作的根本在于不断完善工程管理办法和不断提高人员的管理水平, 实施科学的管理。

管理工作包括工程技术管理、经营管理和执法管理等。

十二、防汛抗旱工作新思路

在我国在新时期治水新思路的范畴内,防汛抗旱工作的新思路为:坚持防汛抗旱并举,实现由控制洪水向洪水管理转变,由以农业抗旱为主向城乡生活、生产和生态全面主动抗旱转变,促进人与自然的和谐。

实现由控制洪水向洪水管理转变,就是要切实增强系统意识、风险意识和资源意识,加强防洪区、堤防保护区和洪泛区的社会化管理,规范人类社会活动,从试图完全消除洪水灾害、入海为安、人定胜天,转变为承受适度的风险,制订合理可行的防洪标准、防御洪水方案和洪水调度方案,综合运用各种措施,确保标准内防洪安全,遇超标洪水把损失减少到最低限度。同时尽最大可能变害为利,充分利用洪水资源,注重维系良好的生态系统,实现可持续

发展。

由以农业抗旱为主向城乡生活、生产和生态全面抗旱转变，就是要根据经济社会发展的需要扩大抗旱的服务领域和内容，从被动抗旱向主动抗旱转变，从主要为农业和农村经济服务转变为为整个国民经济服务，从主要注重农业效益转变为注重社会、经济和生态效益的统一。

今后一个时期防汛抗旱工作的目标是：实现工程标准化、管理规范化、洪水资源化、技术现代化和保障社会化，确保人民生命安全，减少财产损失和最大限度地满足人民生活、生产和生态用水的需要。

一是促进工程标准化。工程措施是防汛抗旱的基础，防汛抗旱主要是利用现有水系和工程，科学调度、合理配置水资源，并采取必要的应急措施，最大限度地避免或减轻洪涝和干旱造成的损失。各级防办作为工程的使用者，①要充分发挥现有工程的防汛抗旱能力，准确掌握工程的现状，对防洪抗旱工程抗御水旱灾害的能力有一个科学的认识，并能够科学调度和运用这些工程；②要在防汛抗旱的实践中检验工程的效果和质量，对工程的防洪抗旱能力及存在的问题做出客观评价，并据此提出有关工程规划、建设和管理方面的建议；三是努力促进防洪抗旱工程早日实现标准化。

二是推动管理规范化。防汛抗旱在一定意义上讲，是对江河湖泊和与之相关的人类社会行为进行有效管理。如果管理不善，对江河湖泊进行无序的开发，在保护区内进行盲目的建设，人与自然不和谐相处，防汛抗旱任务就无法完成。同样，如果各级防汛抗旱部门内部的管理不规范，运转不协调，就会给整个防汛抗旱工作造成被动。实现管理规范化，①要继续加强防汛抗旱法制建设，制订和完善法律法规，加强执法和监督，以法律手段规范防汛抗旱行为；②加快防汛抗旱正规化、规范化建设，进一步建立健全各级防汛抗旱指挥及其办事机构，加强各级机构的能力建设，真正实现“一流的组织机构、一流的专业队伍、一流的技术装备和一流的业务管理”的目标；③进一步健全和完善以行政首长负责制为核心的各项责任制，依法明确和细化社会各部门的防汛抗旱责任，做到统一指挥、各负其责；④加强基础工作，为规范化管理提供依据。要进行洪水和干旱风险分析，制订科学的、具有丰富内涵的洪水和干旱风险图，作为开展风险管理的基本依据，制订和不断完善包括江河防御洪水方案、洪水调度方案、防台风预案、抗旱预案等的各种防汛抗旱预案，规范防洪抗旱的调度和指挥；⑤要加强防洪区、堤防保护区、洪泛区的社会化管理，规范人类社会活动，增强风险意识，对社会发展过程中所出现的各种不合理的行为和趋势加以控制。要按照《中华人民共和国防洪法》和新《中华人民共和国水法》的规定，实施防洪保留区制度和项目建设的洪水评价制度，制止河道设障、围垦湖泊、乱占乱建，给洪水以出路，调整产业结构，根据水资源的承载能力和可持续利用的要求，调整工农业布局和城市发展规模，增强抗御水旱灾害的能力。

三是实现洪水资源化。我国不仅水资源短缺，而且时空分布不均，全国大部分地区降雨量的70%主要集中在汛期，甚至是汛期当中几场洪水，且年际风枯变化很大，容易形成非涝即旱、旱涝交替发生的局面。开发利用洪水资源，将洪水资源化是新时期防洪保安全、抗旱保供水、生态保良好的必然选择。实现洪水资源化，要采取工程、预报和调度等综合措施。在工程上，要促进我国“四横三纵”江河网络体系建设，提高跨流域调配洪水资源的能力，形成水资源优化配置的格局；要促进地下水回灌工程、雨洪资源利用工程、洼淀蓄滞洪工程及其配套设施的建设；要加快病险水库的出险加固，通过对现有工程的改造挖潜，增加对洪水的调节能力。在预报上，要想方设法延长预见期，提高预报精度，为洪水资源化提供准确的决策信息，并积极探索人工影响天气的可能性。在调度上，要完善防洪和抗旱调度方案，加强防洪抗旱的统一科学调度，统筹考虑防汛抗旱两个方面的需求；要科学调度运用河道、洼淀滞洪洪水，回灌地下水；要加快水库汛限水位的研究，对汛限水位实施动态管理，在确保防洪安全的前提下，增加调节水量。总之，要切实转变观念，把防汛抗旱工作有机结合起来，通过科学评价，合理调配，从根本上解决一方面干旱缺水，一方面洪水资源白白流失的局面。

四是加速技术现代化。科学技术是第一生产力。技术现代化是提高防汛抗旱工作水平，推动防汛抗旱事业不断前进的动力。要运用高科技的手段，采用先进的技术和装备，减轻抵御水旱灾害的人力投入和劳动强度，提高防汛抗旱的效率。要下决心提高水旱灾害的预测预报、信息处理、调度指挥决策、抗洪抢险、抗旱减灾和防汛抗旱后评价等防汛抗旱方方面面的科技水平，早日实现防汛抗旱技术现代化。在预测预报上，要应用卫星遥感技术，雷达探测技术，不断丰富预报手段，完善预报模型，提高预报精度，延长预见期；在信息处理上要应用计算机网络技术，数据仓库技术，GIS 技术，开发先进实用的应用软件，实现信息资源共享，提高信息化水平；在调度指挥上，要运用现代化的通信传输手段，建立和完善异地会商系统，开发决策支持系统和智能化专家系统，提高调度指挥的科学性；在抗洪抢险上，要研究应用机械化抢险堵口技术、电子化险情探测技术、数字化远程监控技术等，保证一旦出现险情，能及时有效进行抢护；在水旱灾害评价上，要运用航测、遥感和模拟技术，制订水旱灾害评价指标体系和制度，对洪水和干旱的影响进行科学的评价。按照以上目标，实现技术现代化，一是要引进和应用国际上防汛抗旱领域的最新技术和科研成果，结合我国的实际，创造出有中国特色的防汛抗旱实用技术；二是大力研究推广防汛抗旱新技术、新材料和先进技术设备，努力实现汛情旱情监测预报、查险除险、灾情检测和抢险减灾手段现代化。

五是推进保障社会化。防汛抗旱是社会公益事业，是一项社会化很强的工作，在为社会服务、保障社会发展的同时也受到社会发展的影响和制约。抗御水旱灾害需要工程设施和非工程设施的不断完善，同时也需要全社会的广泛参与，共同承担防洪抗旱责任和风险。保障社会化要求我们必须完善体制、理顺机制、强化法治。在体制上，要明确和落实政府及各部门、社会各行业承担的防汛抗旱任务，广泛发动群众，坚持军民联防；要推进防汛机动抢险队和抗旱服务组织建设；建立防御山洪、泥石流、滑坡等灾害的群测群防体系等，走专群结合的道路。在机制上，要研究建立防汛抗旱的社会化投入保障机制，出台相关的政策，保障资金投入；要逐步适应市场化机制，按照社会主义市场经济的要求，在建立水旱灾害评价制度的基础上，推行洪水保险和旱灾保险，最大限度地化解水旱灾害风险，增强抗灾救灾能力。在法制上，要出台社会化保障体系相关的法规和制度，明确责任和义务，为防汛抗旱保障社会化的实施提供法律和制度保障。

十三、防洪调度

加强防洪工程调度，统筹雨情、水情、汛情、工情的会商研判，按照“防洪优先于抗旱、保安优先于发电、抢险优先于救灾”的原则科学调度，同时统筹安排"拦、分、蓄、滞、排"等措施，发挥水利工程兴利除害作用。

十四、河长制

1. 什么是河长制？

河长制是各地依据现行法律法规，坚持问题导向，落实地方党政领导河湖管理保护主体责任的一项制度创新。河长制以保护水资源、防治水污染、改善水环境、修复水生态为主要任务，通过构建责任明确、协调有序、监管严格、保护有力的河湖管理保护机制，为维护河湖健康生命、实现河湖功能永续利用提供制度保障。

2. 河长制有什么意义、作用和目的？

(1)意义：落实发展绿色理念、推进生态文明建设的必然要求；解决中国复杂水问题、维护河湖健康生命的有效举措；推行河长制是完善水治理体系、保障国家水安全的制度创新。

(2)作用：有效调动地方政府履行河湖管理、保护主体责任，促进河湖管理有人、管得住、管得好，河湖功能逐步恢复，有利推进水资源保护、水域岸线管理、水污染防治和水环境治理。

(3)目的：保护江河湖泊事关人民群众福祉，事关中华民族长远发展。全面推行河长制，目的是贯彻新发展理念，以保护水资源、防治水污染、改善水环境、修复水生态为主要任务，构建责任明确、协调有序、监管严格、保护有力的河湖管理保护机制，为维护河湖健康生命、实现河湖功能永续利用提供制度保障；要加强对河长的绩效考核和责任追究，对造成生态环境损害的，严格按照有关规定追究责任。

3. 实行河长制要解决什么问题？

实行河长制，可进一步落实地方党委、政府对河湖管理保护的主体责任，做到守土有责。以河长制为平台加强部门联动，可有效解决涉水管理职能分散、交叉的不足，形成河湖管理保护的合力。同时，积极吸纳社会群众参与，有利于建立全民关注河湖、保护河湖的良好局面，着力解决侵占河道、围垦湖泊、非法采砂、污染水体、电鱼毒鱼等制约河湖保护的突出问题。

4. 河长制的主要任务是什么？

(1)加强水资源保护。落实最严格水资源管理制度。严守水资源开发利用控制、用水效率控制、水功能区限制纳污三条红线，强化政府责任，严格考核评估和监督。

(2)加强河湖水域岸线管理保护。制订河道岸线规划，明确河道岸线和河道保护范围并向社会公布。划定河岸生态保护蓝线，在河岸划定一定区域作为河流生态空间管制界限。

(3)加强水污染防治。明确河湖水污染防治目标和任务，统筹水上、岸上污染治理，严格入河湖排污管控机制和考核体系。

(4)加强水环境治理。强化饮用水水源安全保护，开展饮用水水源规范化建设，依法清理饮用水水源保护区内违法建筑和排污口。加大黑臭水体治理力度,以生活污水处理、生活垃圾处理为重点,综合整治农村水环境,推进美丽乡村建设。

(5)加强水生态修复。推进河湖生态修复和保护,禁止侵占自然河湖、湿地等水源涵养空间。

(6)是加强执法监管,严厉打击涉河湖违法行为。

5. 河长制工作职责是什么?

(1)总河长职责。负责领导本行政区域内河长制工作,分别承担总督导、总调度职责。

(2)市、县级河长职责。负责牵头协调推进河库(湖)突出问题整治、水污染综合防治、河库(湖)巡查保洁、河库(湖)生态修复和河库(湖)保护管理,协调解决实际问题,检查督导下级河长、库长和相关部门履行职责。

(3)乡镇(街道)河长职责。负责本辖区内河库(湖)管理工作,制订落实河库(湖)管理方案,组织开展河库(湖)整治工作,按照属地管理原则配合执法部门打击涉水违法行为。

(4)村级河长职责。负责本村范围内河库(湖)整治工作,落实专管员职责,确保河库(湖)监管到位、保洁到位、整治到位。

第六节 防洪工程抢险基础知识

一、工程出险的概念及抢险三要素

工程出险可分为三种情况:①工程断面遭到破坏,这是实际工作中常见的、一般意义上的出险,此类险情的抢护就是恢复工程断面;②工程内部结构遭到破坏,这样的出险是隐性的,往往难以及时发现,等破坏到一定程度才综合表现出来,如土工布长管袋的布老化劈裂,此类险情的抢护是采取必要的补救措施;③河势严重威胁到工程安全,继续发展必然造成工程严重破坏的情况,也应视为出险,此类险情抢护的提前是积极采取防御措施,如1993年修建开封高朱庄防洪坝。

“人力、料物、技术”俗称抢险的三大要素,在抗洪抢险斗争中缺一不可。黄河上有不成文的规定,即有人有料,发生问题是河务部门的责任,缺人无料发生问题是地方政府的责任,这充分体现了责任制的重要性。

目前,防洪工程抢险实行行政首长负责制,行政首长的抢险指挥也成为抢险的要素之一,有人、有料、有技术,缺了行政首长的现场正确指挥也将造成抢险的失败。

二、险情抢护的五个环节

处理险情要掌握五个环节,就是查险——定性——决策——抢护——观察。

第一是查险。这是处理险情的关键,出险并不可怕,就怕有了险不能及时查出来,任其发展,等到查出来,险情已经扩大、恶化,增加了处理险情的难度,甚至酿成大灾。在汛期尽管工作千头万绪,但第一位的工作就是组织好巡堤巡坝查险,要紧紧抓住不放,涨水是这样抓,退水也不能半点马虎,抓住了这个环节就是抓住了防汛工作的要害。

第二是确定险情的性质。险情查出来了,要赶快准确判断是什么险情,并分析清楚,如果险情的性质定不下来,或者定的不准确,就会给抢护带来困难,难以下决心,延误战机,以致使险情恶化,甚至造成堤防(或其他防洪工程)失事。如果把险情的性质搞错了,就必然导致抢护方法的错误。

第三是决策。险情性质确定之后,应当如何抢护,先干什么,后干什么,要迅速作出决断,提出明确的具体抢护方案,还要准备好对付可能发生意外的应急措施。

第四是抢护。要把决策变成具体行动,按照抢护的方案,在统一指挥下组织劳力、器材以及运输工具、照明设备、通信设备,高质量、高速度完成抢护任务,控制险情发展。抢护的速度一定要快,决不可拖拖拉拉。方法虽然正确,但抢护的速度太慢,也有可能误事,甚至溃口。

第五就是加强对险情的观测监护。险情抢护完成只是控制了险情的发展,并没有从根本上完全消除险情,险情依然存在。管涌险情在处理之后,要派专人观测监护,看有什么变化;重大险情在处理之后,更要注意观测它的变化,要随时准备进行第二次、第三次的抢护。这就好比病人动了手术,要加强观测护理度过危险期,其道理是一样的。认为险情已经处理了、太平无事了的思想是极端错误的,险情处理后放松观测的做法很有可能造成严重后果。

抢护险情的五个环节是相互联系的,但最关键的是查险,许多溃口的事例都是因险情发现太迟,无法组织起有效的抢护而造成的。所以,在汛期务必把查险工作当作是关系到能否安全度汛的头等大事来对待。

三、巡堤查险基本常识

巡堤查险是一项十分重要和艰苦细致的工作。根据历史经验,巡堤查险要做到"五时""五到""三清""三快"。

(一)"五时"是指在五个关键时刻注意查险。五时是:黎明时(人最疲乏)、吃饭换班时(防止间断)、天黑时(看不清)、风雨时(易出险情和放松巡查)、落水时(防麻痹大意)。

(二)"五到"是:眼到(细心查看)、手到(探摸根石走失情况和水深)、耳到(听水流、风浪和坝岸等声响)、脚到(注意脚下湿软和渗水)、工具料物随人到(遇险及时抢护)。

(三)"三清"是:险情要查清,报告险情要说清,报警信号要记清。

(四)"三快"是:发现险情快,报告快,抢护快。

四、堤防主要险情识别与抢护

堤防是防御洪水的重要屏障,是战胜洪水的物质基础。汛期洪水偎堤时,在水流的作用下会遭到破坏,有些堤段由于各种原因存在薄弱环节或隐患,遇水后更易出现险情,如不及时抢护,将会决口成灾。堤防发生的险情主要有:漏洞、渗水、脱坡、管涌、风浪淘刷、坍塌、陷坑、裂缝等。

(一)漏洞

在临河或高水位情况下,堤防背水坡及坡脚附近出现横贯堤身或堤基的流水孔洞,称为漏洞。

1. 抢护原则

一般漏洞险情发展很快,特别是浑水漏洞,更易危及堤防安全。抢护的原则是:前堵后导,临背并举,抢早抢小,一气呵成。在抢护时应首先在临水侧找到漏洞进水口及时堵塞,截断水源;同时在背水侧漏洞出水口处采用反滤围井等设施,制止土壤流失,防止险情扩大。切忌在背水侧用不透水材料强塞硬堵,以防造成更大险情。

2. 抢护方法

(1)临河侧截堵。

又大致可分为塞堵法、盖堵法、戗堤法三种。

(2)背河侧反滤导渗。

由于在临河侧堵住漏洞口的难度大,因此在临水截堵的漏洞同时,还应在背水漏洞出口抢做滤水工程,以制止泥沙外流,防止险情扩大。背水抢护漏洞险情采用平压围井法。

(二)渗水

在高水位的情况下,由于渗流压力的作用,堤基和堤身的一部分土体空隙含水饱和,背水坡出逸点以下及堤脚附近出现土体湿润或发软、有水渗出的现象,称为“渗水”,又叫“洇水”或“散浸”,是堤防较常见的险情之一。

1. 抢护原则

以“临水截渗,背水导渗”为原则。在临水堤坡用黏性土壤修筑前戗,也可用篷布、土工膜隔渗,可以减少进入低渗的入渗水量;在背水堤坡用透水性较大的砂石、土工织物或柴草等反滤,把渗入堤身的水,通过反滤,有控制地让清水流出,避免土粒流失,从而防止形成集中渗流,保持堤身稳定。

切忌在堤背用黏性土压渗,这样会阻碍堤内浸流逸出,抬高渗润线,导致渗水范围扩大和险情恶化。

在抢护渗水之前,应先查明发生渗水的原因和险情的程度,如堤身因渗水时间长而且渗出的是清水,水情预报水位不再上涨,要加强观察,注意险情变化,可作一般处理。若遇堤身渗水严重或已开始渗出浑水,必须迅速处理,防止险情扩大。

2. 抢护方法

(1)临河截渗法。

主要由黏性土前戗截渗法、土袋或桩柳前戗截渗法、土工膜截渗法等。

(2)导渗沟法。

按照导渗材料不同,其方法有:沙石导渗沟、梢料导渗沟、土工织物导渗沟等。

(3)反滤层法。

根据所用反滤材料不同,有沙石反滤层、梢料反滤层、土工布反滤层等方法。

(4)透水后戗法。

主要方法有沙土后戗、梢土后戗两种。

(三)脱坡

大堤脱坡是严重的险情之一,主要是边坡失稳下滑造成的险情。对于滑坡险情,应及时抢护,以防继续发展。严重的滑坡险情有导致堤防决口的可能。

1. 抢护原则

背水坡滑坡的抢护原则是导渗还坡,恢复堤坡完整。如临水条件好时,可同时采取临水帮戗措施,以减少堤身中的渗流,进一步稳定堤身。临水坡滑坡的抢护原则是护脚、削坡减载。如堤身单薄、质量差,为补救削坡后造成的堤身消弱,应采取加筑后戗的措施,予以加固。如基础不好,或靠近背水坡脚有水塘,在采用固基或填塘措施后,再行还坡。

2. 抢护方法

主要由渗水土撑法、滤水后戗法、滤水还坡法、前戗截渗法、固脚阻滑法等五种。

(四)管涌

堤防附近堤基的渗透破坏常表现为沙沸(或称土沸)、泡泉(或称地泉)、浮动、土层隆起(或称"牛皮包")、鼓胀、断裂等,这些通常统称为管涌。

1. 抢护原则

管涌险情是由于入渗水流带走土颗粒造成的。抢护管涌按照"反滤导渗,减缓渗流,制止泥沙流出,留有渗水出路"的原则。通过反滤导渗设施,防指地基泥沙被水流带出,或通过抬高背河侧水位,减缓渗透比降,使渗流不能把泥沙带出,但是堤基渗水要及时排走。对于出浑水的管涌,不论大小,必须迅速抢护。

2. 抢护方法

(1)反滤围井法。根据所用导渗材料的不同,有沙石反滤围井、梢料反滤围井、土工织物围井等方法。

(2)减压围井法。减压围井法又称养水盆法。主要有无滤围井、无滤水桶、背水月堤等方法。

(3)反滤铺盖法。根据所用反滤材料不同,主要有沙石反滤铺盖、梢料反滤铺盖、土工织物反滤铺盖等方法。

(4)透水后戗法。

(五)风浪淘刷

风浪轻者把临水堤坡冲刷成浪坎,重者造成堤坡坍塌、滑坡等险情,使堤身遭受严重破坏,甚至溃决成灾。

1. 抢护原则

按消减风浪冲力,加强堤坡抗冲能力的原则进行。一般是利用漂浮物来消减风浪冲力,在堤坡受冲刷的范围内做防浪护坡工程,以加强堤坡的抗冲能力。一是利用漂浮物防浪,拒波浪于堤防临水坡以外的水面上,以消减波浪的高度和冲击力。二是增强堤防临水坡抗冲能力，即利用防汛料物，经过加工铺压，增强抵抗水流冲淘的能力，保护堤身安全。

2. 抢护方法

有挂柳防浪、挂枕防浪、土袋防浪、桩柳防浪、土工织物防浪等。

(六)坍塌

坍塌险情是指堤防成块土体失去稳定而发生墩蛰所造成的险情。

1. 抢护原则

(1)鉴于严重的坍塌险情会很快影响整个堤防的稳定性，所以对可能发生坍塌险情的堤段，要尽早采取预防措施，防止坍塌险情的发生。

(2)护基、护脚、护坡，防止险情扩大。

(3)缓流，减少水流作用力。

(4)减载加帮，维持尚未坍塌堤防的稳定性。

2. 抢护方法

常用的有护脚防冲法、沉柳护脚法、桩柳护坡等，还可采用黄河埽工中常用的柳石软搂法、柳石搂厢等方法。

(七)陷坑

陷坑又称跌窝，这种险情即破坏堤防的完整性，又常缩短渗径，有时伴随渗水、管涌或漏洞同时发生，严重时有导致堤防突然失事的危险。

1. 抢护原则

根据险情出险部位，采取不同措施，抓紧反筑抢护，防指险情扩大。条件允许的情况下，尽量采用分层填土夯实的办法处理。条件不允许时，可作临时性的填土处理。如陷坑处伴有渗水、管涌、漏洞等险情，也可采用填筑反滤导渗材料的方法处理。

2. 抢护方法

主要有翻填夯实法、填塞封堵法、填筑滤料法等。

(八)裂缝

按走向可分为横向裂缝、纵向裂缝、龟纹裂缝；按其成因可分为沉陷裂缝、滑坡裂缝、干缩裂缝、冰冻裂缝、振动裂缝。

1. 抢护原则

处理裂缝要先判明成因，属于滑动性或坍塌性裂缝，应先从处理滑动和坍塌着手，否则达不到预期效果。

横向裂缝是最危险的裂缝。如已横贯堤身，水流易于穿越，冲刷扩宽，甚至形成决口。如部分横穿堤身，也因缩短了渗径，浸润线抬高，使渗水加重，引起堤身破坏。因此，对于横向裂缝，不论是否贯穿堤身，均应迅速处理。

纵向裂缝如系表面裂缝可暂不处理，但应注意观察其变化和发展，并应堵塞缝口，以免雨水进入。较宽较深的纵缝，则应及时处理。

龟裂裂缝一般不宽不深，可不进行处理；较宽较深时可用较干的细土予以填缝，用水洇实。

2. 抢护方法

主要有开挖回填法、横墙隔断法、裂缝灌浆等。

五、河道整治工程险情抢护

河道整治工程主要由险工和控导工程组成，坝垛险情一般有四种，即坍塌、滑动、漫溢、溃膛塌陷等。

（一）坝垛坍塌抢险

坍塌险情有护根坍塌、护坡坍塌、护坡与护根同时坍塌及部分坝基与护根护坡整体坍塌等。坍塌的速度取决于工程根基强弱，老工程一般是以平墩慢蛰的形式出现；新修工程则多以猛墩猛蛰的形式出现，即突然发生大体积的坍塌险情。

坍塌险情是坝垛最常见的一种较危险的险情。坍塌险情又可分为塌陷、滑塌和墩蛰三种。塌陷是坝垛坡面局部发生轻微下沉的现象；滑坡是护坡在一定长度范围内局部或全部失稳发生坍塌下落的现象；墩蛰是坝垛护坡连同部分土坝基突然蛰入水中，是最为严重的一种险情，如抢护不及时就会产生断坝、垮坝等险情。

一旦发现险情，应本着“抢早、抢小快速加固”的原则进行抢护，坝垛坍塌险情常用的抢护方法有抛块石或铅丝笼、抛土袋、抛柳(秸)石枕、抛土袋枕、柳石搂(混)厢等。

（二）坝垛滑动抢险

滑动险情主要发生在险工上，当坝高较大、坡度较陡、基础较差时，有可能发生“圆弧滑动”式险情，护坡、护根及坝基(部分)整体向下滑塌。

坝垛在自重和外力作用下失去稳定，护坡连同部分土胎从坝垛顶部沿弧形破裂面向河内滑动的险情称为“滑动险情”。坝垛滑动分骤滑和缓滑两种。骤滑险情突发性强，易发生在水流集中冲刷处，故抢护困难，对防洪安全威胁也大，这种险情看似与坍塌险情中的猛墩猛蛰相似，但其出险机制不同，抢护方法也不同，应注意区分。

坝垛整体滑动出险在坝垛险情中所占的比例较少，不同的滑动类别采用的抢护方法也不同。对“缓滑”应以“减载止滑”为原则，可采用抛石固根等方法进行抢护；对“骤滑”应以搂厢或土工布软体排等方法保护土胎，防止水流进一步冲刷坝岸。

（三）坝垛漫溢抢护

漫溢险情主要发生在控导工程上。由于坝顶允许漫溢且又无抗冲材料防护，当过坝水流速较大时，对土坝基顶部就造成冲刷破坏。

当确定对坝垛漫溢进行抢护时，采取的原则是：“加高止漫，护顶防冲”。即根据预报和工程实际情况抓紧一切时机，尽全力在坝岸顶部抢筑子堤，力争在洪水到来以前完成，防止漫溢发生；也可采取措施在坝顶铺置防冲材料，保护顶部免受冲刷。

抢护方法主要有修筑子堤、护顶防漫两种。

（四）坝垛溃膛险情抢护

溃膛塌陷险情发生在护坡与坝基结合部。坝垛溃膛，也叫淘膛后溃(或串塘后溃)，是坝胎土被水流冲刷,形成较大的沟槽,导致坦石陷落的险情。

抢护坝垛溃膛险情的原则是"翻修补强",即发现险情后拆除水上护坡,用抗冲材料补充被冲蚀土料,加修后膛,然后恢复石护坡。

六、穿堤建筑物险情抢护

为控制水流、防治水害、开发利用水资源而在堤防上修建的分洪闸、引(退)水闸、灌排站、虹吸以及其他管道建筑物,在水流影响下,这些建筑物本身和建筑物与堤防土石结合部,可能产生滑动、倾覆、渗漏等险情。

(一)涵闸渗水及漏洞抢险

在涵闸、管道等建筑物的某些部位,如边墩、岸墙、刺墙、护坡、管壁等与土基或土堤结合部,易产生裂缝或空洞,在高水位渗压作用下,沿结合部形成渗流或绕渗,充蚀填土,在闸背水侧坡面、坡脚发生渗透破坏,出现管涌、漏洞等险情,导致涵闸、管道建筑物的破坏,从而造成洪水灾害。

抢护漏洞、渗水的原则是"上截下排",即临水堵塞漏洞进水口,背水反滤导渗。在上游加强或增设防护体,首先应寻找漏洞、渗水进水口加以封堵,以切断漏水通道;在下游抢修反滤排水,以降低出水口处水压或浸润线,并导出渗水。

抢护方法主要有临河堵塞漏洞进口、背河导渗反滤、中间添堵截渗等。

(二)水闸滑动抢险

修建在软基上的开敞式水闸,在高水位挡水时,水平方向推力过大,闸基扬压力也相应增大,从而出现抗滑阻力不能平衡水平推力而产生建筑物向闸下游侧移动失稳的险情,如抢护不及,将导致水闸失事。滑动可分为 3 种类型:①平面滑动;②圆弧滑动;③混合滑动。其共同特点是基础已受剪切力破坏,发展迅速。当基础发生滑动时,抢护是十分困难的,须在发生滑动征兆时采取紧急抢护措施。

抢险原则是增加阻滑力,减小水平推力,以提高抗滑安全系数,预防滑动。

(三)闸基渗水或管涌抢险

涵闸闸基在高水位渗压作用下,局部渗透坡降增大,集中渗流可能引起管涌和流土。当止水防渗系统破坏或原设计渗径不足,渗流比降超过地基土允许的安全比降时,非黏性土中的较细颗粒随水浮动或流失,在闸后或止水破坏处发生冒水冒沙现象,亦称"翻沙"或"地泉"。险情继续发展扩大,可形成贯通临背水的管涌或漏洞险情,若不及时抢护,地基土将大量流失出现严重塌陷,从而造成闸体剧烈下沉、断裂或倒塌失事。

因此,对涵闸本身及闸基产生的异常渗水甚至管涌、流土,要及时进行处理,以确保涵闸的渗透稳定,保证其安全度汛。

抢护的原则是:上游截渗、下游导渗,或蓄水平压减小水位差。条件许可时,应以上截为主,下排为辅。上截即是在上游侧或迎水面封堵进水口,以截断进水通道,防止入渗;下排(导)是在下游采取导渗和滤水措施将渗水排走,以降低基础扬压力。

(四)建筑物上下游坍塌险情抢护

在汛期高水位时,水闸关门挡水或分洪闸开闸分洪,时常会出现下游防冲槽、消力池、海漫、岸墙及翼墙等建筑物受闸基渗流冲蚀、泄流冲刷,引起坍塌;或地基压实不够,在建筑物自重或外力作用下,地基发生变形,局部出现冲刷、蛰陷或坍塌等险情,如不及时抢护,必将危及水闸安全。

抢护原则是加强抗冲能力,填塘固基以降低水流冲刷能力。

(五)穿堤管道险情抢护

埋设与堤身的各种管道,如虹吸管、扬水站出水管、输油管、输气管等,一般为铸铁管、钢管或钢筋混凝土管。管道工作条件差,容易出现断裂、锈蚀;回填土体夯压不实,易引起充蚀渗漏等险情,若遇大洪水,抢护非常困难,应予高度重视。

抢护原则是临河封堵、中间截渗和背河反滤导渗。对于虹吸管等输水管道,发现险情应立即关闭进口阀门,排除管内积水,以利检查监视险情;对于没有安全阀门装置的,洪水前要拆除活动管节,用同管径的钢盖板加橡皮垫圈和螺栓严密封堵管的进口。

七、大型机械在防洪工程抢险中的应用

随着我国社会经济的发展,综合国力不断壮大,国家在黄河上配备了机械化机动抢险队,同时社会在发展、科学在进步,所以为适应黄河防洪形势发展,黄河防汛抢险必须跟上时代的步伐,逐步实现机械化。

装载机、挖掘机、推土机、大型自卸汽车等大型机械在黄河防洪工程抢险中广泛应用,使得抢险技术得到了质的提高,体现着社会生产力的发展。

(一)大型机械在抢险中的应用

1. 装载机、挖掘机抛石

在险工、控导工程抢险或根石加固工程中,常利用装载机直接从坝面上抛石,一部WA380装载机,在坝面上每次可抛下3立方米左右的石料,每小时可抛200立方米块石,相当于100个民工工日的劳动量。采用装载机抛石抢险加固工程可快速、有效的遏制险情。

利用挖掘机从坝面上抛石更为方便。挖掘机可直接抛石到距坝肩较远部位,更准确到位。

2. 挖掘机整修坝坡

装载机完成抛石任务后,可利用挖掘机用来整修坝坡,挖掘机可以向上部拉,也可以向下部推,尤其是对整修铅丝笼更为理想,对于铅丝笼用人工整理是非常困难的,需要将铅丝卡断,然后将石料一块一块向外抛,而挖掘机则轻轻向外一拨,干净利索的完成任务。

3. 大型自卸汽车的应用

(1)直接卸石入水抢险、进占。

当工程出险处距抢险石料的距离超出50米时,宜用大型自卸汽车运石,直接将石料放至出险部位,恢复工程断面,达到抢护险情的目的。

大型自卸汽车运石、直接卸石入水还用于修工程时的水中进占，由于卸石速度快、强度大，所占体的体积较传统埽工占体小得多，从而使得经济上也合理可行。石料占体的位置较传统埽工占体靠外，居于工程根石部位，这样的工程自修成就有了一定的基础，比较稳定。

(2)大型钢筋笼、大型土工包。

有了大型自卸汽车在抢险中的运用，大型钢筋笼、大型土工包就在抢险中应运而生了。大型钢筋笼、大型土工包比照车的大小制作，敞口放置于车斗内。钢筋笼装石，装满后用同样钢筋焊接封口，土工包装土，装满后用封袋机封口。遇到根坦石严重坍塌、走失的极重险情时，自卸汽车直接将大型钢筋笼、大型土工包卸放置出险部位，往往能起到控制险情的显著效果，多部大型自卸汽车同时运用，威力更大。

大型钢筋笼于“96·8”洪水中在南裹头抢险中应用过，大型土工包于 2001 年 4 月 29 日在枣树沟工程抢险时进行了实验，2004 年 4 月，在封丘顺河街抢修 13 号坝时首次使用土工包进占，2004 年 5 月，在兰考蔡集 54 号坝工程续建中，也是柳秸料征集困难，采用土工包水中进占筑坝。它们都是成功的，不仅可以应用于抢险，而且还能应用于进占等，其潜在的多项用途还有待开发。

(3)运输、还土压埽。

新修工程由于基础较差，靠溜极易出现大险，往往造成土胎坍塌，甚至断坝的极重险情，这时需用柳石工抢护，埽体需要大量的土方回填，这在过去多由人工操作，现在则利用装载机或挖掘机装土，大型自卸汽车运土，迅速将坝基恢复。1998 年，古城 16 坝出险丁坝坝基溃退，封丘机动抢险队采用人力和机械及时恢复原状。

(4)推土机推土、修路。

推土机推土早已得到广泛运用，在抢险斗争中，推土机还可以及时修复、拓宽道路，遇有故障车辆挡道时，将其拖放至闲散地方，具有保证路况、维护交通的作用。

虽然装载机、挖掘机抛石可以有效提高抛散石抢险的速度，但在大溜顶冲、工程基础浅造成大体积出险时，单靠抛散石极易形成根石严重冲失的险恶形势，且用石量大，如何利用大型机械设备，实现铅丝笼的机械化作业，快速、高效地抛投铅丝石笼，减少石料消耗、提高抢险效率，通过我们近年来在抢险中的实践演练，逐渐推广应用了自卸汽车、挖掘机、装载机装抛铅丝石笼技术、挖掘机配合自卸汽车装抛铅丝石笼抢险技术、挖掘机配合自卸汽车装抛厢枕抢险技术、机械化柳石搂厢进占技术、机械化柳石筑埽技术，结束了人海战术抢险的时代。但是用发展的眼光看，机械化抢险技术人机配合仍有进一步研究和改进的空间，仍是我们防汛抢险工作努力的方向，使其更加完善，充分发挥机械化快速抢险的性能。

(二)大型机械带来抢险技术进步

1. 最大程度合乎抢险原则

大型抢险机械如装载机、挖掘机、大型自卸汽车等在各县河务局、各机动抢险队都有配备，汛期放置在靠河的、容易出现的工程守险班，一旦发现险情，机械很快赶到，进而消灭险情。

大型机械抢险机动、灵活、速度、效率的特点，最大程度合乎了“抢早、强小、全力以赴，一气呵成”的抢险原则。

2. 遏制了大险的发生

黄河防洪工程在历史上频频出现大险，动辄数百人、上千人，连续数十天、甚至长达1至2个月抢一个险，抢险技术落后应该是造成这种现象的主要原因。历史上用传统柳石工抢险，从发现出险到组织人力、料物再到开始抢险往往耗费了相当长的时间，有时甚至一天也不能到位，在这一段时间里，险情已经发展，往往由小险发展成大险，使得抢险斗争面临着极其险恶的局面。以1983年武陟北围堤抢险为例，动员军民6000余人，抢险历时53天，最终抢修工程长度1772米，完成裹护体积11.4万立方米，其中消耗柳秸料1500万千克、石料3万立方米、铅丝44吨、麻绳333吨。2003年秋汛，仅黄河河南段出现的重大险情就有13处，是前20年重大险情的总和。传统的、依靠人海战术抢险方式已远远满足不了黄河防汛抢险的需要，而且随着改革开发和市场经济的发展，沿黄乡村青壮年劳力外出打工，能够直接参加抢险的人力资源相当匮乏，一旦出现重大险情，很难在较短时间内抢护。现在用大型机械抢险就大大缩短了从发现出险到开始抢险的时间，将险情消灭在较小状态，从而遏制了大险的发生。

3. 带来了抢险材料的新组合方式

大型钢筋笼、大型土工包抢险在没有大型自卸汽车的条件下是难以做到的，有了大型自卸汽车则变得轻而易举。

4. 抢大险、大抢险时起到关键作用

当多处出险、大范围出险、平工段全线出险时，往往首先需要在一些关键的、突出的点上重点抢护，采取以点护线的方法，届时大型抢险机械就在这样的点上，对整个抢险的成败起着重要的、关键的、甚至是决定性的作用。

5. 带来了水中进占的新方法

用大型机械快速高效的石料进占或土工包进占，速度快、占体小，经济上可行合理，这在没有大型机械时是不能做到的。

6. 经济上更合理、更节约

历史上黄河下游防洪工程抢险石料稀缺，需要长途运输，道路条件差、运输工具落后，现在高等级公路畅通，有大型汽车或火车运送，运输石料条件远较历史上便利；历史上生产力落后，人工费用低，而现在的人工费用虽然比历史上费用高，采用大型机械抢险与传统柳石工抢险相比，虽然用石较多，但节约了大量的人工，此长彼消，在经济上也是合理可行的。

大型机械抢险将险情消灭在较小状态，大大减小了抢险的体积，这一方面产生的经济效益是难以估量的。

(三)与传统柳石工的关系

大型机械抢险较传统柳石工抢险有着明显的优点，但在目前工程、技术、料物条件下，尚不能取代柳石工抢险。柳石工抢险对保护工程土胎，阻止土坝(堤)基受冲，快速恢复坝(堤)

体有着独特的作用，当受险情、场地、料物等条件约束，不适合机械抢险时，也需要柳石工抢险。机械抛石抢险和柳石工抢险二者互为补充，随着抢险技术得发展，现代化机械也可在柳石工抢险作业上得以应用，传统抢险方法与现代抢险技术将会得到更大范围的结合。

(四)机械作用的充分发挥基于机械手的高水平操作

大型机械在抢险中作用的充分发挥基于对机械的快速、熟练、精巧、准确操作，机械驾驶员技术的优劣至关重要，在关键的时候甚至决定着抢险的成败。一个优秀大型推土机手的工作效率往往会超出劣手的一倍甚至数倍，装载机、挖掘机抛石，自卸汽车直接卸石入水，都有石料到位、机械安全的问题，这就要求驾驶员既要将石料卸放到恰当位置，又要保证机械设备安全，否则将会给抢险造成困难，严重的还会酿成大祸。

第四章 防汛常用名词解释

(1)流域:地面径流分水线所包围的集水区域。流域按河流归宿的不同,分为外流流域和内流流域。直接或间接流人海洋的叫外流流域;排入内陆湖泊或消失于沙漠中的叫内流流域。黄河水直接流入海洋,是外流流域。黄河流域涉及青海、四川、甘肃、宁夏、内蒙古、山西、陕西、河南、山东九省(区),流域面积 75.2 万平方千米。黄河流域西高东低,绝大部分为干旱、半干旱大陆性气候,洪水多由暴雨形成,水旱灾害频繁。黄河流域是中华民族古文明的摇篮,中国历史兴衰与黄河有密切的关系,因而历代都很重视黄河的治理与开发。

(2)水域:陆地水面占有的面积和水利工程设施用地,通常称为“水域”。

(3)水系:由河流的干流和各级支流,以及流域内的湖泊、沼泽或地下暗河形成的彼此相联的集合体。由于地形、地质构造的不同,常见的有树枝状、扇状、羽状、平行状、格状等,黄河支流多为树枝状或扇状。水系的形状影响着洪水集中的快慢、汇合的先后及流量的大小,因而形成干流各河段及各级支流独特的水文情势。干流:由两条以上大小不等的河流以不同形式汇合,构成一个河道体系。干流是此河道体系中级别最高的河流,它从河口一直向上延伸到河源。黄河干流全长 5464 千米,分为上游、中游及下游三个河段。

(4)支流:河道体系中,最终汇入干流的河流。支流的分布形式常见的有树枝状、辐射状、平行状、格子状、羽毛状、紊乱状等,这些形状的形成和岩石、地质有关。通常把直接汇入干流的支流称一级支流,汇入一级支流的支流称二级支流……依次类推。

(5)河道:河流的线路,通常是指能通航的河流。《中华人民共和国河道管理条例》规定,河道管理范围,除两堤之间外,还包括护堤地、行洪区、蓄洪区、滞洪区、无堤河段洪水可能淹及的地域等。

(6)河道演变:河床受自然因素或人工建筑物的影响而发生的变化。河床演变是水流与河床相互作用的结果。水流作用于河床使河床发生变化;变化了的河床又反过来作用于水流,影响水流的结构,这种相互作用表现为泥沙的冲刷、搬移和堆积,从而导致河床形态的不断变化。在自然条件下,河床总是处在不停的变化之中,当在河床上修筑水工建筑物以后,河床的变化才受到一定程度的改变或制约。黄河下游河床演变剧烈而复杂,由于来水量及其过程、来沙量及其组成、河床泥沙组成的不同,河床的纵向变形常表现为强烈的冲刷和淤积,横向变形常表现为大幅度的平面摆动。

(7)河道断面:沿河流某一方向垂直剖切后的平面图形。河道断面一般分为纵断面和横断面。

(8)河段横断面:垂直于主流线方向的河槽断面。山区河流在水流侵蚀作用下常呈V形或U形横断面;平原河流的河道横断面变化较多,而且与河流的特性有关。黄河下游弯曲性河道横断面呈不对称的三角形,游荡性河道横断面则很不规则。

(9)河段纵断面:沿河流深泓线垂直剖切的河道断面。深泓线指河流沿程各横断面上最深点的连线。河道纵断面由水面线和深泓河床线所组成,它是河底和水面高程沿程变化的曲线,常以纵坡或比降(参见“水面比降”)加以概括。一般河流上游比降陡,下游比降缓,因而流速与水流输沙能力自上而下逐渐减小。黄河上游平均比降约为1/1000;中游为1/1400;下游为1/8000~1/10000。

(10)河道排洪能力:河道能够安全地宣泄洪水的数量。黄河下游是一条强烈堆积性河流,其排洪能力随着河床的淤积而下降。为了争取防洪主动,黄河防汛指挥部门通常每年都要进行河道排洪能力分析。目前,这种分析多以水文测验资料为基础,采用半经验半理论的方法进行。排洪能力分析通常以最不利的情况作为前提,给防汛指挥留有适当的安全余地。

(11)水流挟沙能力:在一定的河床边界及水流条件下,推移质和悬移质在输移过程中,与河床中泥沙不断交换,因此,水流挟带床沙质的数量,经过一定距离后即达到饱和,这个饱和含沙量就是水流挟沙能力,常用单位为每立方米千克。

(12)游荡性河段:河槽宽浅、主流位置迁徙不定,河心沙滩较多,水流散乱的河道。游荡性河道具有变化速度快,变动幅度大的特点。游荡性河道形成的主要原因是,两岸土质疏松易于冲刷;水流含沙量大易于淤积,洪水暴涨暴落,流量变幅大。游荡性河道对防洪极为不利,易于发生险情,危及堤防安全。黄河下游孟津县白鹤镇至东明县高村河段是典型的游荡性河段,这段河道长299千米,宽度一般在10千米左右,最大超过20千米,而水面宽一般2~4千米。主流变化无常,有的一昼夜内主流左右摆动达6千米。河道宽浅,溜势散乱,常发生“斜河”“横河”,顶冲堤防、险工,造成重大险情。若抢护不及,就有冲溃堤防的危险。

(13)弯曲性河段:由正反相间的弯河段和介于二者之间的过渡段连接而成的河道。弯曲性河道的外形与河流两岸的土质组成密切相关。在抗冲性较强的河段多形成弯曲半径较大的缓弯;在易冲刷土质的河段弯道可以自由发展成蜿蜒形。弯曲性河道在变形过程中河宽和水深的比例关系变化不太大。整个河道呈向下游蠕动的趋势。黄河下游阳谷县陶城铺至利津县宁海河段,长322千米,为弯曲性河道。

(14)过渡性河段:河道外形及其变化特性介于游荡性、弯曲性之间的河道。过渡性河道在不同的河段、不同的时间表现为游荡性或弯曲性,其游荡的强度和幅度一般较游荡性河道小,河势也比游荡性河道稳定。黄河下游东明县高村至阳谷县陶城铺河段,长165千米,为过渡性河道。

(15)淤积:水流挟沙能力小于含沙量时泥沙从水中沉降到河底的过程。河流的不同河段,在一定的水流和泥沙条件下具有一定的输沙能力。如果上游来沙量大于河段的输沙能力时,部分泥沙甚至全都来沙将沉降到河床上,发生淤积。多年平均进入黄河下游的泥沙为16

亿吨左右,除有12亿吨在河口区堆积外,有1/4淤积在河床中。

(16)缓流落淤:泥沙的沉降与流速有关,水缓则沙停。黄河下游常在串沟、堤河部分修筑透水柳坝、活柳坝、挂柳、抛柳树头等工程。以降低流速,促使落淤,均取得良好效果。

(17)主流外移:河势变化时,主溜离开工程或河岸线的现象。

(18)大溜顶冲:大溜垂直或近似垂直冲向河岸、坝头或堤坝的迎水面。

(19)回溜淘刷:回溜引起的局部冲刷。水流为丁坝所阻,部分主溜绕过丁坝下泄,上回溜沿坝体迎水面逆流,下回溜进入坝后。因坝轴线与主流线构成的交角不同,回溜的严重程度也不一样。靠近回溜区的地方,工程结构往往为土坦或根基很浅的护坡,回溜淘刷容易形成根基下切、坦坡坍塌。

(20)顺堤行洪:洪水漫滩或串沟走溜引起堤河通过较大流量的现象。堤河附近的堤防或无防护工程,或虽有防护工程但未经过洪水考验,因而顺堤行洪往往严重威胁防洪安全,应加强防护。

(21)河槽:河流流经的长条状的凹地或由堤防构成的水流通道。也称"河床"或"河身"。通常将枯水所淹没的部分称为枯水河槽或枯水河床; 中水才淹没的部分称为中水河槽或中水河床;仅在洪水时淹没的部分称为洪水河槽或洪水河床,包括滩地。黄河下游河槽为复式断面,在深槽的一侧或两侧,常有二级滩地甚至三级滩地存在。

(22)主槽:即中水河槽或中水河床,也称"基本河槽"或"基本河床"。径流汇集到河流中,一方面将挟带的大量泥沙堆积在河槽中,一方面又不断冲蚀,维持一个深槽。由于中水较洪水持续的时间长,中水又较枯水的流速大,所以在中水时能推持一个较明显的深槽。黄河下游高村以上河段,洪水时水面宽度可达数千米乃至10千米以上,但实测资料表明,洪水时主槽宽度在数百米至1500米,主槽通过的流量常常占总流量的80%左右。

(23)悬河:河床高出两岸地面的河,又称"地上河"。流域来沙量很大的河流,在河谷开阔,比降平缓的中、下游,泥沙大量堆积,河床不断抬高,水位相应上升。为了防止水害,两岸大堤随之不断加高,日积月累,河床高出两岸地面,成为"悬河"。黄河下游是世界上著名的"悬河",河床滩面高出背河地面一般3~5米,部分堤段达10米。

(24)流路:主流经过的位置。黄河下游游荡性河段,当年和次年的主流线位置虽然经常发生变化,但从长期看水流仍有一定的基本流路,一般基本流路有两条,这两条基本流路往往如麻花的两股。

(25)洪水总量:一次洪水通过某一断面的总水量。

(26)泄洪能力:在设计条件下,闸坝工程或河道能够(允许)通过洪水流量的最大值。对河道,义同行洪流量;对工程,义同设计流量、校核流量或泄洪流量。

(27)行洪流量:从安全和河床状况等因素综合研究确定的,河段允许通过洪水流量的能力指标。如黄河下游艾山以下河段行洪流量为1万立方米每秒,预报超过此流量则要采取分洪措施。

(28)校核流量:用大于设计流量的某一流量,对已设计的工程重新进行计算,检验工程承受这一较大流量的能力(这时安全系数可能变小,但仍是安全的),这个检验流量称为校核流量。如"百年设计,千年校核"就是指,用百年一遇的洪水流量进行工程设计,而用千年一遇的洪水流量重新计算,以检验工程对于后者的承受能力,要求其仍是安全的。

(29)洪水预报:根据洪水形成和运动的规律,利用过去和现时的水文气象资料,对一定时段内洪水情况的预报。

(30)重现期:指某水文变量的取值(大于最大值)在很长时期内平均多少年出现一次。

(31)特大洪水:洪水流量频率分析中,累频小于2%、重现期大于50年一遇的洪水。

(32)大洪水:洪水流量频率分析中,累频为5%~2%、重现期为20~50年一遇的洪水。

(33)中常洪水:洪水流量频率分析中,累频为10%~5%、重现期为10~20年一遇的洪水。

(34)水文要素:描述某一地点(区)在某一时刻(段)水文状况的各种水文变量和水文现象的统称。降水、蒸发和径流是水文循环的三要素;水位、流量、含沙量、水温、冰凌和水质等是江河水文测验的水文要素。定量的水文要素通过水文测验和观测取得数据。

(35)流量:单位时间内通过河渠或其他输水通路某一断面的水体体积或质量。常用单位为立方米每秒。

(36)流速:单位时间内水流沿某一特定方向流动的距离。常用单位为米每秒。在水文测验中,把在断面某一点测得的流速称测点流速,把垂线上若干点测得的流速接一定方法计算的平均值称为垂线平均流速或垂线流速,把断面流量与过水断面面积的比值称断面平均流速或断面流速。在一点测相当长时间消除了脉动影响而得出的流速称时均流速。

(37)水位:河流或其他水体的自由水面相对于某一基面的高程。用观读水尺方法测得的水位值等于水尺读数加上水尺零点高程。一般以米为单位。

(38)洪峰:某一断面某一时段的水位、流量(包括含沙量)过程线呈现两头低中间高形似山峰的实际洪水过程称洪峰。

(39)含沙量:单位体积浑水中所含悬移质干沙的质量或体积。常用单位为千克每立方米或体积百分数。

(40)输沙量:一定时段通过河渠某断面的泥沙质量或体积。如日(月、年)输沙量等。

(41)径流:一般指由降水形成的,沿着流域的不同路径流入河流、湖泊或海洋的水流。有时也指径流的量,即把一定时段内通过某一河流断面(上游无引、输水时且忽略蒸发下渗)的水量称为径流量,常用体积或质量的单位计量。

(42)悬移质:简称"悬沙"。指在重力作用和水流紊动作用下而悬浮于水中随水流前进的泥沙。黄河下游的泥沙主要是悬移质。

(43)设防水位:防讯部门根据历史资料和实际情况确定的,河库堤坝进入防汛阶段需要设防的特征水位。

(44)警戒水位:防汛部门根据河库堤坝具体情况确定的,要求防汛值班人员日夜守护堤防,密切观察险工险段的特征水位。黄河下游多指河道洪水普遍漫滩或重要堤段漫滩的水位。超过警戒水位后,堤防险情明显增多。

(45)保证水位：①系指防洪工程所能保证安全的最高洪水位。它是根据河流特性、工程状况及历史洪水等情况综合研究确定的。黄河下游河床不断淤积抬高，保证水位随着河床淤积抬高亦不断上升。②在枯水期，水利机构根据有关需要确定的旨在保证生产正常进行的特征水位。河、库等水体的水位若低于保证水位，将对正常生产产生不利影响。

(46)汛限水位：汛期洪水到来前，防汛工程运用的限制水位。在汛期不同时段或不同情况可采用不同的汛限水位值。

(47)高程基面：测量高程的起算面。大地测量的高程起算面是指与平均海水面重合并延伸到大陆以下的水准面。黄河下游多采用从黄海青岛观测站平均海平面起算的黄海基面，也采用从渤海大沽观测站平均海平面起算的大沽基面。未从国家水准点引测，无法和国家选定的高程基面联系的地方，用低于河床最低点的假定水准面作为假设基面。

(48)水准点：用水准测量方法测定的高程控制点。该点相对于某一采用基面的高程数值是已知的。水准点常按测算方法划分为不同的精度等级，以供选择使用。大地水准点的高程是由高程基面的海平面引测传递过来的，工程水准点的高程是从大地水准点或其他已知水准点引测过来的。

(49)水尺零点高程：水尺的零刻度线相对于某一高程基面的高程数值。

(50)调水调沙：指应用控水工程对河流的流量、含沙量过程进行调节，以改善河道水流条件，达到防洪减淤、充分兴利的目的。

(51)天气形势：大范围环流和高、低空气压及锋面等天气系统的分布概貌。天气形势描述了天气系统发生、发展的演变过程，是做好天气预报的主要依据。

(52)副热带高压：指副热带上空的高气压，简称副高。由于受海陆分布的影响，“副高”常在该纬度带的内陆上空中断而分裂为若干个高压单体。这种高压是控制热带、副热带地区持久的大型天气系统，其位置和强度随季节而有变动。在高气压中心控制地区，因气流下沉，一般云雨少见，在其边缘则多降水天气系统活动。北太平洋“副高”位置和强弱变化对中国影响极大。

(53)气压：又称大气压强。某点单位面积上承受的空气柱总质量。对地面某点位来说，高度愈高，气压愈低。气压常用的度量单位有毫巴、毫米水银柱等。

(54)低压槽：简称槽。大气中气压比同高度两侧低，天气图上等压线不闭合的狭长区域。槽一般顺地球从北向南伸展。从南向北伸展的槽，称为“倒槽”。若槽顺纬度分布则称“横槽”。槽内往往是较强的辐合区，多云雨天气。

(55)高压脊：简称脊，又称高压楔。大气中气压比同高度两侧偏高，天气图上等压线不闭合的狭长区域。高压脊一般为气流辐散区，天气主晴。

(56)黄河气旋：也称黄河低压。生成于河套及黄河下游地区的锋面气旋。全年均可出现，以6~9月为最多。其形成过程是：在黄河中、上游先有倒槽产生，然后有冷锋入槽。与之相对应的高空形势特点是，在北纬35°~40°间有一近似东西向锋区，其上有低槽东移，不断发展加深，槽前后冷暖平流加强形成气旋。其路径大体沿黄河东移进入渤海湾或黄海北部，再向东北进入朝鲜和日本海，或偏北移动进入松辽平原。黄河气旋对华北和东北南部天气影响很大,夏季与南方“副高”输来的水汽交绥,常出现大雨或暴雨,有时产生强烈大风。

(57)季风:通常指近地面层冬、夏盛行风向接近相反且气候特征迥异的现象。

(58)降雨量:在一定时段内,从大气中降落到地面的液态和固态水体所折算的水层深度。

(59)汛期:江河等水域季节性或周期性的涨水时期。黄河汛期指:桃、伏、秋、凌四汛。

(60)防汛:为防御洪水,预防或减轻洪水灾害所进行的各项工作。其内容主要包括:河势查勘,防洪工程检查,修建防洪工程,组织防汛指挥机构和防汛队伍,准备防汛料物,大力加强“人防”,以及通过法令、政策、经济和防洪工程以外的其他手段大力加强非工程防洪措施等。

(61)凌汛:黄河下游河道一般冬季结冰封河,春初解冻开河,冰水齐下,冰凌壅塞,水位上涨,形成凌汛洪水,此时期为黄河凌汛期。

(62)封冻期:在河道流凌期间,随着气温降低,流凌密度增大,冰凌逐渐聚积冻结,遂自下而上逐段封冻,为黄河“封冻期”,俗称“封河期”。黄河下游据观测资料统计,河道封冻最早在 12 月份,最晚在 2 月中旬。

(63)开河期:春初,气温升至 0 摄氏度以上,封河冰开始融解;气温继续升高,冰盖脱边、滑动,封冰解冻开河。据观测资料统计,黄河下游解冻开河最早在 1 月上旬,最晚在 3 月中旬。

(64)流凌:河水开始结冰并形成冰块,随水漂流而下,俗称“淌凌”。

(65)流凌密度:河道流凌期间,在某一河道断面内,水面冰块密集的面积占水面面积的比率。流凌密度随着气温、水温的继续降低而逐渐加大,首先在狭窄,弯曲河段冻结封河。

(66)封冻:冬季河面流凌密度增大,流速减慢,气温继续降低,或遇北风顶托,河道流冰即自下而上逐渐封冻形成冰盖,俗称封河。因受气温、水温、流量、河道形态诸因素影响,河道封冻分全封、段封、平封、立封(插封)等形态。

(67)平封:在河道封冻时,某一河段冰凌冻结形成平面封河的形势。平封多发生在插封河段之间,由于受低气温的影响,两岸边凌逐渐增宽增厚,与河面冰凌相互冻结成平面封冻的冰盖。

(68)立封:也称插封。河道流凌封冻期间,大量冰凌首先在狭窄弯曲河段卡冰后,冰块自下而上节节插排上延,部分冰块在水流动力作用下上爬下插,形成冰块互相重叠竖立插塞的封冻形势。

(69)岸冰:河道岸边冻结成的冰带。冬初,气温在 0 摄氏度以下,河流水体失热,靠河道岸边的水流因阻力较大,流速较小,失热较多,岸边水面先行结成宽窄不等的冰带。俗称边凌。由于受气温、水温变化、水位涨落等影响,可区别为初生岸冰、固定岸冰、再生岸冰、残余岸冰等。

(70)冰塞:河道封冻初期,冰盖下面堆积大量冰花冰块,阻塞部分过水断面,造成上游水位壅高的现象。

(71)冰坝:河道封冻开河时,大量流冰在狭窄、弯曲河段或浅滩处受阻,冰块上爬下插,大量堆积起来,形成“冰坝”,严重堵塞河道过水断面,使来水来冰不能下泄,上游水位急剧涨高,造成漫滩偎堤的严重凌情。

(72)开河:包括文开河和武开河。文开河是指以热力作用为主形成的融冰开河。武开河以水力作用为主的强制开河现象。

(73)冰凌观测:为了掌握冰凌发展变化情况,收集气象、水文、冰凌资料,研究分析凌情变化规律而进行的各项观测工作。

(74)防洪:人们防御洪水危害的对策、措施和方法。主要包括:研究制订防洪规划;进行防洪工程建设、管理、运用;组织防守与抢险,做好洪水预报、递报、警报以及洪水善后处理、救灾等工作。

(75)防洪标准:根据需要与可能,按照规范选定,体现某时期、某河段或某地区防御一定洪水的目标和具体要求。一般以河道某一控制站的设计洪水流量或相应水位作为标准。设计洪水,一般采用某一实测洪水或历史洪水,也有通过频率计算分析,选定某一重现期的设计洪水(如 10 年一遇、100 年一遇等)作为标准。对特别重要的防洪对象,可采用经过调查分析,设计计算的最大可能洪水作标准。

(76)防洪任务:为防御洪水在汛前所需完成的各项工作和必须达到的目标与要求。如对防御标准以内洪水防御系统的调度运用和对防护对象的安全保障措施以及对超设计防御洪水采取的对策、措施等。

(77)防洪能力:江河通过拦洪,调洪与排洪等工程措施以及采取各种防洪非工程措施,可以安全泄洪的实际能力。

(78)防洪工程:为控制和防御洪水,确保防洪安全而建设的工程。黄河下游的防洪工程,主要有三门峡水利枢纽工程、伊河陆浑水库、洛河故县水库、北金堤滞洪区、东平湖水库以及两岸堤防、险工、河道整治等系统工程。黄河下游已形成了“上拦、下排,两岸分滞”的防洪工程体系。

(79)度汛工程:为确保防洪安全,经检查确定必须于汛前抢修完成的工程。如堤防工程除险加固、涵闸维修和保证滞洪区安全运用的工程设施等。

(80)防洪非工程措施:通过法令、政策、经济手段和防洪工程以外的其他手段,如利用自然和社会条件去适应洪水特性,减轻洪水造成的灾害,扩大防洪效果的措施等。

(81)防汛五落实:指群众防汛准备工作要达到的思想落实、队伍(组织)落实、措施(责任制)落实、技术培训落实、物料落实。

(82)防汛六到位:指群众防汛准备工作要达到的思想到位、组织到位、责任到位、技术到位、物料到位、预警迁安到位。

(83)防汛责任制:加强防汛管理,保证防汛工作顺利进行的重要规章制度。主要有行政首长负责制、分级分段承包责任制、部门负责制、技术责任制、岗位责任制、班坝责任制等。具体做法是明确划分责任段,明确职责范围及工作要求,并签订承包任务书,严格实行奖惩制度,做到事有专责,赏罚严明。

(84)行政首长负责制:由各级政府主要领导人对防汛工作负总责的制度。

(85)分级分段承包责任制:按省、市、县、乡镇等行政区划分级分段划分责任段,实行层层承包的责任制度。各指挥成员明确分工,各负其责,采取包堤段、包险工、包涵闸、包控导工程、包河道清障、包群众迁安救护等方法,把各项工程防守和各项防汛任务都落实到单位或个人。

(86)部门负责制:各级政府直属部门,根据业务不同承担一定防汛任务的制度。如气象、水文部门负责气象、水文测报和预报工作;铁路、交通、粮食、物资、商业、供销等部门,负责防汛粮食、物资储备、调运和供应工作;民政、卫生等部门负责群众迁安救护和生产救灾工作;广播、电视、通信、报社等部门负责宣传报道工作;公安、人武部门负责防汛治安、保卫工作等。

(87)岗位责任制:各级防汛办事机构,为调动工作人员积极性、认真负起责任而建立的严格在岗工作责任制度。它把各项任务具体落实到单位和个人,明确提出职责和工作要求,做到事有专责,赏罚分明。

(88)技术责任制:各级防汛指挥部都选配一名主要技术人员担任技术负责人,建立技术责任制。制订防洪方案、发布洪水预报、优化洪水调度方案和重大险情抢护方案等关系重大的技术决策,须经过技术负责人组织有关人员审慎研究,然后做出决策,以免失误。

(89)国家备料:由国家负责投资储备的防汛料物,又称常备料物。如石料、铅丝、桩、绳、各种油料、照明机具、机械设备、篷布、土工织物等。这些料物由黄河部门设专库统一保管,防汛需要时可随时调用。

(90)社会备料:由机关、团体、企事业单位负责储备的防汛物资。这些单位凡是能用于防汛的设备和物资,如各种油料、发电机组、电线、铅丝、麻袋、竹竿、苇席、篷布等,都在汛前登记落实,汛期急需时加以调用。

(91)群众备料:由沿黄群众储备的防汛料物,如柳枝、麦秸、苇子、草捆、网兜、麻布袋、木桩、棉衣、棉被等。由于品种多,需要数量大,且料源主要在群众家中,适合依靠群众储备。储备方法是:汛前进行登记号料,落实存料数量、地点,采取定而不集的办法。汛期一旦调用,由防汛部门作价付款。

(92)河道观测:定期或不定期地对河道形态和水沙运动状态进行观察和测量。观测的目的是研究水流泥沙运动、分析河床演变的规律,为治河防洪提供科学依据,并验证已建工程的作用和效益。河道观测包括水文观测、河道地形测量和河势观测、工情观测等。

(93)河势查勘:对河势进行现场勘察工作。查勘内容主要是观测河势、分析河势演变状况、了解工程险情及管理状况等。其主要目的是为来年河道整治及其他建设项目提供依据。黄河下游河道查勘,每年汛前汛后各进行一次。查勘方法是乘船顺流而下,在河湾、塌岸、控导工程、险工等重点地方,上岸徒步查勘,利用望远镜、激光测距仪,在宽阔的河道里观察河道的汊流、沙洲等分布情况,绘制出 1 : 50000 的河势图。汛期水情变化较大或发生重大险情时,随时组织查勘,预估河势发展趋势,为防汛抢险决策提供依据。

(94)河势观测:对河床平面形态、水流状态的观测。河势观测通常采取仪器测量和目估相结合的办法,并绘制河势图,在图上标出河道水边线、滩岸线、主流线的位置,各股水流的流量比例,工程靠流情况等。用以分析河势变化规律,开展河势预估,为河道整治和防汛抢险提供依据。

(95)横河:在未整治或整治工程不得力的游荡性河段,主溜以大体垂直于河道的方向顶冲滩岸或直冲大堤的河势。

(96)斜河:大溜以与河道有较大的夹角的方向顶冲堤岸的河势。这种不正常河势,与河道工程设计构思往往有较大的差别,给工程防守带来极大困难。

(97)滚河:河流主槽在演变的过程中,发生大体平行于原主槽的位置迁移,即洪水期主溜在两堤之间突然发生长距离摆动的现象。黄河下游河道在中小水时,主槽发生淤积。在洪水漫滩后,颗粒较大的泥沙首先在滩唇沉积,淤积的速度快且量大,而远离滩唇的部位沉沙逐渐减少,再因培堤在临河滩面上取土,降低了堤根的地面高程,形成槽高、滩低、堤根洼的"二级悬河"。在这样的河床形态下,偶遇大水,则因滩面横比降较主槽纵比降陡,水流直冲堤河,顺堤行洪,使主槽位置发生迁移形成滚河。

(98)上提:大溜顶冲或靠溜的位置向岸线或工程上游发展。

(99)下挫;也称下滑、下延,指工程或岸线的靠溜部位向下游发展。

(100)溜:河水中流速较大的流线带。在某一横断面上可能有一股溜,也可能出现几股溜。由于水流结构、形态和所处位置的不同,又有顺溜、正溜、主溜、边溜、回溜、分溜、翻花溜、绞边溜等区别。

(101)主流线:河流沿程各横断面中最大垂线平均流速所在点的连线。主流线反映了水流最大动量所在的位置,主流线的位置,随流量的变化而异,具有"低水傍岸,高水居中"的特点。

(102)大溜:主流线带,居水流动力轴线主导地位的溜。即河流中流速最大,流动态势凶猛,并常伴有波浪的水流现象。亦称正溜或主溜。

(103)边溜:①挨靠主溜的流带。②靠近岸边流速较缓的溜。

(104)回溜:水在前进中受阻时,发生回旋的水流现象。水流遇坝受阻后,在坝前坝后发生偏向岸边的回旋流,其局部流向往往与正溜相反,故又称"倒溜"。水流一般一分为三股,一股向前下泄(顺坝流);一股沿坝体逆流向上游(即回流);另一股则垂直坝体下切。

(105)漫溜:浅水水域内流速缓慢的水流。

(106)治导线:河道整治设计中,接整治后通过整治流量所设定的平面轮廓线。在进行河道整治规划设计时,权衡防洪、供水、航运等各方面的需要,设计一系列的的正反相对应的弯道,弯道间以直线过渡段相连接。治导线的平面形态参数可用河湾间距(D)、弯曲幅度(P)、河湾跨度(T)、整治河宽(B)、直河段长度(L)、弯曲半径(R)及河湾夹角(a)等来表示。治导线是在分析河道基本流路的基础上经多方面权衡确定的。主要的依据有河势演变规律及发展趋势的研究成果,现有工程及天然节点靠河概率与控导作用的分析成果,国民经济各部门对河道整治的要求。

(107)整治河宽:河道经过整治后与整治流量相应的直河段的河槽宽度,即河道通过整治流量时,理想的水面宽度。由于河道整治工程仅在凹岸布置,凸岸为可冲的滩嘴,当大洪水通过时,主流走中泓,流线趋直,凸岸受冲,主槽扩宽,洪水能顺利通过。因此,整治河宽小于洪水时主槽宽度。同时由于整治工程高程均低于设计防洪水位,因而,整治河宽并不是河道行洪宽度。黄河下游高村以上河段,设计整治河宽为1200米,洪水时河道实际水面宽度一般为2500~3000米,大洪水的行洪宽度可达5000米以上,最宽处超过20千米。

(108)整治流量:整治河道的设计流量。它分为洪水河槽整治流量、中水河槽整治流量和枯水河槽整治流量。黄河下游多年测验成果表明,中水河槽水深大,糙率小,排洪量占全断面的70%~90%,造床作用较强。因此,采用中水河槽的平滩流量作为河道整治的设计流量。由于河床冲淤变化大,平滩流量也在不断地改变,黄河下游一般在4000~6000立方米每秒之间,经过多方面的分析论证,选取5000立方米每秒作为整治流量。

(109)河道整治:为稳定河槽,或缩小主槽游荡范围,改善河流边界条件与水流流态采取的工程措施。黄河下游河道整治以防洪为主,兼顾保滩、引水、航运;以整治中水河槽,控制中水流路为目标,确定规划治导线,作为工程布设的依据。除加固原有的堤防险工外,在滩岸上修建了护滩控导工程170多处,坝垛3000多道。高村以下500多千米河段水流已基本得到控制;高村以上河段的河势也在逐步改善。

(110)整治工程位置线:一处河道整治工程设定的坝、垛头部的连线。简称工程线或工程位置线。它是依照治导线轮廓经过调整而确定的复合圆弧线。工程布设往往将中下段与治导线吻合,上段向后偏离治导线,以利接溜入湾,以湾导溜,防止水流抄工程后路。

(111)控导工程:为约束主流摆动范围、护滩保堤,引导主流沿设计治导线下泄,在凹岸一侧的滩岸上按设计的工程位置线修建的丁坝、垛、护岸工程。黄河下游仅在治导线的一岸修筑控导工程,另一岸为滩地,以利洪水期排洪。

(112)滩地:河道中水流一侧或两侧的陆地。通常将枯水河槽和低滩称为主槽,将中滩和高滩能耕种的地方叫滩地。黄河下游通过河道整治,缩小了游荡范围,使大片的滩地得以稳定,为经济开发创造了条件。

(113)高滩:形成历史较久,稳定而不易上水的滩地,也称老滩。高滩的稳定性通常取决于滩槽高差。黄河明清故道,滩槽高差较小,滩地上水的机会较多,稳定性比较差;1855年铜瓦厢决口改道,因口门处水位落差大,在东坝头以上河段发生强烈的溯源冲刷,滩槽高差达3~5 m,以至于一百多年来没有上过水,滩地有较大的稳定性;随着主槽淤积加重,滩槽高差逐渐缩小,“高滩不高”,将给防洪带来潜在的威胁。

(114)低滩:洪水时被淹没,枯水期露出水面的滩地。低滩是极不稳定的滩地,无时无刻不在消长变化之中。在游荡性河道中,由于低滩的普遍存在,构成了宽浅乱的河床特色。在土地资源较少的地区,通常种植小麦,多数年份可取得较好的收成。

(115)嫩滩:在河槽内,经常上水,时冲时淤,杂草又难以生存的滩地。

(116)蓄滞洪区:为防御异常洪水,利用沿河湖泊、洼地或特别划定的地区,修筑围堤及附属建筑物,作为蓄滞洪水的区域。洪峰到来时,把过量洪水暂时蓄存,洪峰过后,根据下游河道泄洪能力,再有计划地向下游河道排放的称蓄洪区;采取“上吞下吐”的运用方式,使一部分洪峰水量在滞洪区内边停留、边排出,借以摊平洪峰过程,削减下游洪峰。

(117)堤河:靠近堤脚的低洼狭长地带。堤河形成原因有二:一是洪水漫滩时,泥沙首先在滩唇沉积,形成河槽两边滩唇高,滩面向堤根倾斜的地势;二是培修堤防时,在临河取土,降低了地面高程。由于堤河的存在,洪水漫滩后,水流顺堤河而下,形成顺堤行洪,对堤防防守极为不利。

(118)堤防:沿江、河、湖、海、渠岸所修筑的水工建筑物。具有挡水、束水、输水等功能。一般用土料填筑。

(119)临黄堤:黄河下游现今的设防大堤,左岸自河南孟县中曹坡起,至山东省利津县四段至,长 710.66 千米;右岸自河南孟津县牛庄起,至山东省垦利县二十一户止,长 612.19 千米。

(120)戗堤:为加大堤防御水断面,在临河或背河堤坡加帮的补强性堤体。在背河一侧加帮的戗堤,堤顶高于堤身出逸点一定高度,低于正堤堤顶,称“后戗”;加帮在临河一侧的称“前戗”,戗顶必须超出设防水位一定高度。

(121)险工:大堤平时即靠河,经常受水流冲击,容易贴溜出险的堤段,或历史上往往发生冲刷险情的堤段。如“××险工”。在险工段一般修有丁坝、堆垛、护岸等挑流御水建筑物。

(122)平工:也称“背工”。大堤临河有较宽滩地,河泓距堤较远,平时不靠水,仅大水漫滩偎堤时临水的堤段。

(123)放淤固堤:在黄河下游利用水流含沙量较大的特点,将浑水或人工拌制的泥浆引至沿堤洼地或人工围堤内,降低流速,沉沙落淤,加固堤防的工程措施。放淤的方法有:自流放淤、提水放淤、吸泥船放淤、泥浆泵放淤等。

(124)截渗墙:在堤(坝)中部或略偏临水一侧,修筑的黏性土料截渗工程。又称“黏土心墙”。顶部高程一般高出设防水位 0.5~1.0 米,顶宽(为兼顾施工需要)一般在 2 米以上,墙身自顶向底逐渐加厚,墙坡多为 1∶0.15~1∶0.2。墙底部做截渗嵌槽深入堤(坝)基。心墙所用土料含黏量以大于 30%、含水量以 15%~25%为宜。堤(坝)身背水坡脚力求修做反滤设施,以策安全排渗。

(125)干容重:土壤的全部空隙为空气充满时,测得的单位体积重量。又称“干幺重”。通常以克每立方厘米表示。

(126)坡度:堤防或其他建筑物体所具有的斜坡。通常以斜坡的垂直高度 1 米,与相对应水平距离之比表示。如 1∶3 的坡度,即垂直高 1 米与相对应水平距 3 米之比的斜坡。

(127)堤身隐患:大堤内由于害堤动物如獾、狐、鼠、鼹等掏洞筑窝,或人为遗留于堤内的窑洞、墓穴、战沟、藏物洞、废弃建筑物以及堤防本身的裂缝、腐烂树根、空洞、施工薄弱环节、土质疏松处等潜在的、危害堤防安全的堤内隐患。

(128)水沟浪窝:当大堤为雨水冲淋,在堤顶、堤坡生成的狭长沟壑及坎潭坑穴,“水沟”又称雨淋沟。

(129)堤防险情:大堤可能发生而且较为严重的八类险情。包括严重渗水、管涌、裂缝、滑坡、漏洞、堤岸坍塌、风浪淘刷、漫溢等。

(130)滚河防护坝:又称防洪坝或防滚河坝。为预防“滚河”后顺堤行洪,冲刷堤身、堤根,在堤上生根所修的丁坝。一般为下挑丁坝,且坝轴线与堤线下游侧夹角较大,一般为30°~60°,坝长100~300米不等,坝顶高程低于堤顶1.0米,顶宽10~12米,边坡1:2,散抛乱石裹护。

(131)坝:以石为主要材料修筑,用以抵御水溜的一种水工建筑物,如修在堤防或河岸上具有顺溜、托溜、挑溜等作用的建筑物。

(132)垛:短的丁坝。轴线长度一般10~20米,个别为30米,间距30~80米。平面外形除丁字形外,尚有人字形、磨盘形、鱼鳞形等多种。对来溜方向适应性广,对水流干扰小,适用于工程上段、高滩岸防护或长坝坝裆间和长坝迎水面后尾等处。山东艾山以下常称垛为堆,如“石堆”“柳石堆”。

(133)护岸:简称“岸”。顺堤线或河岸所修的防护工程。裹护断面结构与坝垛相同,按其修筑方式主要有乱石、扣石、砌石三种。一般修在两坝(垛)之间,用以防御正溜、回溜冲刷。单位为“段”,可连续数段修筑。

(134)联坝:也写作连坝。在控导、护滩工程中联结各丁坝坝根的上堤。通常顶宽6~10m,边坡1:2,高与丁坝平,黏土盖顶,草皮护坡,具有挡水、交通、存放抢险科物等作用。

(135)裹护:也叫围护、砌护等,指坝、垛、护岸工程的护坡护根工程。有秸、柳、石等结构形式,是指坝(垛)岸的主体部分之一,也是用石料最多的地方,具有抵御水流冲刷土坡,维持坝岸安全的作用。

(136)坝前头:坝(垛)前头部分。包括上跨角、前头、下跨角等,是坝(垛)吃溜最重部位,常坍塌出险,是防守加固的重点。上跨角是指坝的迎水面与前头之间的拐角处;前头是坝靠河一端的最前部;下跨角是指坝的背水面与前头之间的拐角处。

(137)根石:也叫护根石。坝的下部保护石。分有根石台、无根石台两种。无根石台时,以设计枯水位划分,枯水位以上为坦石,以下为根石;有根石台时,以根石台顶划分,以上为坦石,以下为根石。根石是坦石乃至整个坝身安全稳定的基础,坡度1:1.1~1:1.5,以坝前头及上跨角为最深,一般达8~15米,最大23.5米。承受大溜剧烈冲刷,易坍塌走失,坡度或深度不足时,能导致坝岸出险。

(138)根石台:根石顶部的平台。顶宽1~1.5米,高依设计水位定。根石台多用于险工坝岸。作用是便于上部坦石护坡埋脚,防止破坏;及早发现根石出险,便于迅速抢修加固;提供装抛铅丝笼场地和增加坦石的整体稳定性。

(139)坦石:①丁坝根石台以上的护坡石。按结构分乱石、扣石、砌石等,用以保护土坝基不受水流冲刷破坏。②专指沿子石。如说经常保持“口齐、坦平、坡顺”。

(140)迎水面:坝上游侧裹护部分的迎水坡面。

(141)背水面:坝下游侧裹护部分的顺直形坡面。

(142)根石探测:也叫根石探摸。在坝岸靠溜严重部位,选择若干断面,测量根石各点的深度和位置,计算平均坡度,分析稳定状况,作为加固维修及汛期防守的依据。旱滩或浅滩处用钢锥探测。经过探测绘制出根石断面图。每年汛前或汛末统测一次,汛中加测。

(143)根石加固:根石坡度小于稳定坡度或规定值时,抛投乱石、大块石或铅丝石笼,予以补足加强。抛投量根据探测的平均坡度,设计的稳定坡度及河底所围成的面积乘断面控制长度计算。实测根石坡度陡于 1 : 1.0 时即须抛石加固。

(144)根石走失:根石被水流冲刷揭走。一般发生在坝前头及上跨角水面以下 1/3 水深附近,使坦坡上陡下缓,是出险重要原因之一。多采用抛大块石或铅丝笼防护。

(145)根石下蛰:根石出现较大范围的沉陷现象。下蛰长度由数米至数十米,高度由不足 1 米至数米,根石台可沉入水中,为常见的一种险情。可抛石加高加固。

(146)根石坍塌:根石坦坡或连同根石台顶部发生坍塌的现象。尺度大小不一,坍塌严重时,直接影响坝岸稳定,应及时抢护。多采用抛石作补根处理。

(147)坦石下蛰:即坦石蛰陷。为常见险情之一。多发生在乱石坝。视情况作抛石补坦或翻修处理。

(148)坝裆后溃:坝裆内回溜或正溜淘刷,滩岸坍塌后退,危及坝基及连坝安全的险情。处理措施:在迎水面及坝裆前增修柳石垛或柳石护岸,防止溜势扩大,托溜外移。

(149)猛墩猛蛰:坝的根、坦石甚至部分土坝基发生大体积的快速墩蛰现象。属严重险情。坍塌长 10~30 米,墩蛰至接近水面或水面以下。原因有根基浅,淘刷深或格子底等。宜作搂厢或抛柳石枕护土防冲,抛石或抛铅丝笼固根。

(150)抄后路:由于河势变化或河道整治工程上首位置布设不当,河在工程以上滩地淘刷坐弯,各坝自上而下逐一被大溜冲垮或置于大河中间的现象。

(151)抛石固根:抛石加固坝岸根基。因受水流冲刷,根石大量走失,于陡坡或溜急处,抛投块石,防止继续走失出险。

(152)柳石枕:用柳包裹石块,用绳或铅丝每隔 0.6~1.0 米捆一道而成直径 1 米以上的圆柱体的结构物。

(153)柳石搂厢:是以柳石为主、以桩绳联结修建河工建筑物的施工方法。

(154)涵闸:是一种控制水位调节流量,具有挡水、泄水双重作用的低水头水工建筑物。

(155)进水闸:位于引水口或渠首,控制入渠流量的水闸。黄河下游修建的进水闸多数是“引黄闸”,另有“分洪闸”“泄水闸”等。结构形式一般为“开敞式”或“涵洞式”。

(156)分洪闸:分泄河道洪水的水闸。对蓄洪区或分洪道来说,又称进洪闸。分洪闸常建于河道一侧或蓄洪区、分洪道的首部,当河道上游出现超过下游河道安全泄量的洪水时,通过分洪闸将超量的洪水分入蓄洪区或分洪道,以保下游河道堤防安全。如黄河北金堤滞洪区渠村分洪闸等。

(157)退水闸:建在排水渠道末端或江河堤防上用以排泄洪涝渍水等多余水量的水闸。又称排涝闸、排水闸或泄水闸。多为涵洞式或带有胸墙的开敞式。

(158)闸底板:闸身、闸室的基底。承受闸室上部结构(包括闸墩、闸门、工作桥、交通桥等)的荷载,以及底板上的水重,它与基底接面的摩擦力、地基反力等维持闸室的稳定,且具有防冲、防渗等作用。

(159)止水:为防止沉陷缝渗水或漏水,在缝间设置的阻水构件。

(160)伸缩缝:也称温度缝。长度较大的构造物或建筑物,在基础以上设置的竖直结构缝。它将构筑物分隔成段、成块,借以适应因温度变化所引起的伸缩变形,避免产生应力裂缝。

(161)沉陷缝:也称“沉降缝”。在土基上建水闸,为避免闸室原地基不均匀沉陷及因温度变化产生温度应力而导致的危害性裂缝,特为预留的人工结构缝。

(162)闸墩:多孔闸室用于分隔闸孔和支承闸门、胸墙、桥梁等结构的墩台建筑物。

(163)闸门:设置于紧贴水闸孔口,可以启闭,用以控制过水流量的挡水设备。它的作用是按运行要求启闭孔口开度以调节过流及上下游水位, 或排放泥沙、 冰块以及其他漂浮物等。

(164)启闭机:启闭闸门的机械设备。它借助电动机或手动变速机、液压升降机,通过传动系统进行闸门启闭操作。固定式启闭机专供启闭一个闸门; 活动式启闭机可以沿轨道移动,轮换启闭几个闸门。

(165)决口:堤埝被洪水冲决、漫溢或人为以及害堤动物破坏,造成横断过流的现象也叫开口。包括冲决、溃决、漫决。水流冲塌堤身所造成的决口。冲决是当大溜冲击堤身,发生坍塌,因抢护不及造成的决口;溃决是指水流穿越堤身所造成的决口;漫决指水流漫溢堤顶所造成的决口。

(166)堵口:即堵塞决口。每当决口之后,务须及早堵复,减少和消除溃水漫流的灾害。堵口方法分立堵、平堵、混合堵三种。平堵是在堵口前,先平行于口门架设便桥,由桥上沿口门均匀地投抛块石等重料,使口门河底平行逐层填高,直至高出水面截堵水流;立堵是从决口口门两头用埽占向水中进堵,使口门逐渐缩窄,最后留一定宽度的缺口,再进行封堵截流。混合堵是根据口门具体情况,立堵、平堵结合使用。采用何种堵口方法,要依据口门土质、宽度、深度、流量、水头差,以及堵口材料等因素决定。

(167)裹头:堵口之前,先将口门两边的断堤头用料物修筑工程裹护起来,防止继续冲宽、扩大口门。是堵口前的一项重要工程。

(168)进占:堵口筑坝时,以桩绳拴系薪柴,其上压土石沉入水中,向预定方位节节前进,也叫出占。

(169)合龙:凡堵塞口门垂合中间一埽为合龙,或叫合龙门。

(170)养水盆:合龙后,口门外的跌塘,用堤围圈,称为养水盆,以减正坝的水压力。

(171)闭气:堵口合龙后,呈滴水不漏的现象。正边坝合龙后,占体埽缝还会透水,应赶紧浇土填筑土柜和后戗,使之尽快断绝漏水。

第二篇　防汛文书写作

第五章 防汛工作文书写作基本知识

文书是一个概括性的名词,指的是一种记录信息、表达意图的文字材料。古往今来,人们通过书写和制作文书来记录信息,利用传递文书来彼此相互交流信息,利用公布文书对公众发布信息等。由此可见文书是人们用来记录信息、交流信息和发布信息的一种工具。

从广义上来讲,文书是机关、团体、企事业单位以及个人在社会活动中,为了某种需要,按照一定的体式和要求形成的书面文字材料。文书作为承载信息传递的载体,在黄河防汛工作中,有着极其广泛的运用,对于促进防汛工作的开展发挥着重要作用。在具体防汛工作中,可将防汛工作文书大致分为防汛公务文书和防汛事务性文书两大类。每一位防汛工作者都应当熟练掌握一定的公文知识,具备一定的公文写作能力,并能熟练按照程序运用公文,这既是胜任工作的要求,也是必备的工作技能。

第一节 公文概述

公文,即公务文书。

按照中共中央办公厅、国务院办公厅颁发的《党政机关公文处理工作条例》,党政机关公文的定义是:党政机关实施领导、履行职能、处理公务的具有特定效力和规范体式的文书,是传达贯彻党和国家的方针政策,公布法规和规章,指导、布置和商洽工作,请示和答复问题,报告、通报和交流情况等的重要工具。

防汛公文是各级防汛指挥机构、办事机构根据法律赋予的职权和职责制订、发布的实施领导、履职职能、处理公务所使用的文书。这种公文既具有国家行政机关公文的一般性特点,同时在公文使用上又具有防汛工作的自身特点。

公文体现了公文制作单位的法定权威和意志,具有合法效用和行政效力,公文行文下发后,受文单位和部门必须遵照执行。各级防汛机构通过公文公布法规和规章,传达上级的方针政策,指导、布置、商洽工作,请示或答复问题,报告、通报和交流情况。

在工作中,防汛公文的制发和办理应当严格按照《党政机关公文处理工作条例》规定执行。公文制作必须严格遵照规范的体式,公文处理必须按照严格的程序在特定范围内使用。

在工作中,防汛公文的作用主要表现在六个方面:

一是指导工作,传达意图。

公文是传达贯彻党和国家方针政策及指令的有效形式，是上级机关或部门实施领导与指导的重要工具。譬如:《河南省防汛抗旱指挥部关于宣传贯彻落实〈河南省黄河防汛条例〉的意见》,就是河南省防汛抗旱指挥部对此项工作的部署安排,河南省防汛抗旱指挥部以此为依据,监督检查下级机关对上级机关指示精神的贯彻执行情况。

二是联系工作,交流情况。

在防汛工作中,一个防汛机关需要和他的上下级机关、同级机关、各级政府及其各职能部门以及其他不相隶属的机关、部门或者社会团体法人之间就某项工作或某些工作进行书面交流,公文就是最常用的载体和手段。通过这一载体,能够使上情得以下达,下情得以上报,充分发挥交流思想、沟通情况、接洽工作的作用,有效确保机关之间联系畅通,运转有序。

三是请示工作,答复问题。

根据法定管理权限,下级机关工作中的有些工作事项需经上级机关批准方可办理时,多以公文形式向上级机关请求指示或批准;向上级机关汇报工作、反映情况、回复询问,也多以公文形式报告上级机关。上级机关在掌握下级机关的工作情况和存在的问题后,可以进行及时指导,也可以通过公文的形式答复下级机关的请示事项。

四是总结工作,推广经验。

公文不仅是传达政策意图的重要工具,还是推广典型经验做法的有效载体。按照要求,各级防汛机关需要对某些专项工作,或对一定时段的综合工作进行总结,以便于总结经验掌握规律,通过公文形式转发给其他地区和部门学习借鉴,推动有关工作的深入开展。

五是有据可依,协调行动。

各级防汛机关,是根据严密的组织原则构成的组织系统。公文则是各级防汛机关按照党和国家的统一意志,协调行动的依据和凭证,起着"立此存照"的作用。下级机关根据上级的命令、指示、决议、批复、计划开展工作;上级机关凭借下级的报告、请示,有针对性地处理回复、解决问题;平行机关之间也根据来文机关的公函、通知,协调配合,统一行动。

六是记载工作,积累史料。

防汛公文是防汛机关从事防汛公务活动的真实记录,记载着许多重大决策、法规和重要公务活动事项的产生过程。任何公文在其形成的同时,也成为一个单位的档案材料,既是见证历史的权威凭证,也是今后工作的重要参考。

公文是为了解决工作中的实际问题而写的,公文所用语言文字应当庄重、准确、朴实、精炼、严谨、规范。庄重是指语言端庄,格调郑重严肃。准确是指语言真实确切,符合实际,褒贬得当,语意明确。朴实是指语言平直自然,条理清楚,明白流畅,通俗易懂。精炼是指语言简明扼要,精当不繁,详略得当。严谨是指语言含义确切,文句严谨,细致周密,分寸得当。规范是指语句符合现代汉语语法规则,合乎语法及逻辑原则,而且要合乎公务活动的特殊规范性要求。

第二节 公文的种类

一、法定公文的种类

公文种类，即根据公文功能属性进行的分类，简称文种。《党政机关公文处理工作条例》规定，党政机关公文主要文种有15个，即决议、决定、命令(令)、公报、公告、通告、意见、通知、通报、报告、请示、批复、议案、函、纪要。具体名称及用途见下表。

序号	种类	用途
1	决议	适用于会议讨论通过的重大决策事项
2	决定	适用于对重要事项及重大行动做出决策和部署、奖惩有关单位和人员、变更或者撤销下级机关不适当的决定事项
3	命令(令)	适用于公布行政法规和规章、宣布施行重大强制性措施、批准授予和晋升衔级、嘉奖有关单位和人员
4	公报	适用于公布重要决定或者重大事项
5	公告	适用于向国内外宣布重要事项或者法定事项
6	通告	适用于在一定范围内公布应当遵守或者周知的事项
7	意见	适用于对重要问题提出见解和处理办法
8	通知	适用于发布、传达要求下级机关执行和有关单位周知或者执行的事项，批转、转发公文
9	通报	适用于表彰先进、批评错误、传达重要精神和告知重要情况
10	报告	适用于向上级机关汇报工作、反映情况，回复上级机关的询问
11	请示	适用于向上级机关请求指示、批准
12	批复	适用于答复下级机关请示事项
13	议案	适用于各级人民政府按照法律程序向同级人民代表大会或者人民代表大会常务委员会提请审议事项
14	函	适用于不相隶属机关之间商洽工作、询问和答复问题、请求批准和答复审批事项
15	纪要	适用于记载会议主要情况和议定事项

在15个法定文种中，其中通用文种有10个：决定、公报、意见、通知、通报、报告、请示、批复、函、纪要；党的机关一般不使用命令(令)、公告、通告、议案这4个文种；行政机关一般不使用决议这个文种。

根据对河南河务局防汛办公室以及下属六个市局防办近年来制发的近1300件公文进行统计分析，防汛部门最常用的公文文种有四个，依次是通知、请示、批复、报告，非常用文种有纪要、决定、意见、函，决议、命令(令)、公报、公告、通告等文种已多年未制发此类别公文。

二、公文的分类

公文从不同角度,按照不同标准,可以划分出不同的类型。

(一)按行文方向,可分为上行文、下行文、平行文

防汛公文的上行文是指下级机关向上级机关报送的公文,主要文种是请示和报告,特殊情况下也使用意见文种,但非常少见。譬如《河南河务局关于花园口险工、欧坦控导工程等应急度汛项目实施方案的请示》《河南河务局关于报送 2015 年河南黄河河道观测成果的报告》。

下行文是指上级机关向所属下级机关的行文,主要文种如决议、决定、命令(令)、公报、公告、通告、意见、通知、通报、批复、纪要。防汛公文常见的下行文主要是通知、批复、意见、决定等。譬如《河南省防汛抗旱指挥部关于印发 2016~2017 年度河南省黄河防凌预案的通知》《河南省防汛抗旱指挥部关于 2016 年三门峡水库防汛抢险应急预案的批复》《河南省防汛抗旱指挥部关于〈河南省黄河防汛条例〉的宣传贯彻落实意见》等。

平行文是指同级机关或不相隶属机关之间的行文,如议案、意见、函等。譬如《关于尽快建设完成孤柏嘴控导工程的函》《关于加强和规范黄河防汛抗旱新闻宣传工作的函》等文件。涉及防汛工作的议案一般情况下由相互没有隶属关系的机关综合协调部门按照机关文号行文。

防汛机关同相互之间没有隶属关系的地方政府、党委宣传部门之间,行文既不能用上行文,更不能用下行文,只能用平行文。

值得注意的是,意见根据其内容,既可作为上行文、下行文,也可作为平行文。

(二)按时限要求,可分为特急公文、加急公文、常规公文

公文内容有时限要求,需迅速传递办理的,称紧急公文。紧急文件可分为特急和加急两种。紧急公文应随到随办,时限要求越高,传递、办理的速度也就要求越快。有些紧急公文对办理的事项有明确的时限要求,受文单位部门应当按照要求按时办结。随着社会的发展,对公文的时效要求越来越高,即使常规公文,也应随到随办,以提高办文效率。

(三)按是否涉及国家机密可分为保密公文和普通公文

保密文件根据保密级别程度的不同,又分为绝密文件、机密文件和秘密文件三种类型。保密公文的办理应按照《中华人民共和国保密法》规定程序办理。公文的密级越高,传达、阅办、保管的要求也越严。

普通公文也称非保密文件。但普通公文也不同于面向社会公众的公告等材料,并非任何人都可以传阅,因此也要防止随意扩大公文发文范围。即使有些需要通过传播工具向社会公布周知的,也应注意内外有别,把握传播的时机。

需要注意的是,在制发公文的时候,如涉及秘密事项,应当按照《中华人民共和国保密法》和《水利工作国家秘密及其密级具体范围的规定》有关要求,准确恰当地划定公文密级和保密时限。既要防止不应定密的文件定为秘密文件,由此造成文件一旦丢失,就会按失密事件来对待,给工作带来不必要的麻烦;另一方面也要防止该定密的却不定密,或者没有严格按照相关规定定密,造成定密程度错误,一旦泄密,给党和国家的事业造成损失。

第三节　正确使用公文种类

在防汛工作中,正确使用文种应当注意把握以下八个方面的问题。

(一)严格依据《党政机关公文处理工作条例》正确选用文种

在拟写公文选取文种时,应当选取使用《党政机关公文处理工作条例》中规定的法定文种,除法定文种外,其他如"方案、计划、要点、总结、纲要、建议、答复"等均不符合公文文种使用要求。

(二)依据发文机关的职能权限正确选用文种

制发公文所选用的文种,要同发文机关的地位、职能和权限相符。有的文种适用范围虽然没有明确规定由哪一级使用,但有一个使用层级问题。如公报的种类有会议公报、联合公报、统计公报、环境公报等。会议公报的发布机关属于党的全国代表大会及其中央委员会,规格高,党的其他机关和组织都不宜使用这个文种;统计公报、环境公报等一般由国家或省(区、市)有关职能部门发布,层级也较高。

在《党政机关公文处理工作条例》规定的15个文种中,其中通用的文种有10个:决定、公报、意见、通知、通报、报告、请示、批复、函、纪要;党的机关一般不使用命令(令)、公告、通告、议案这4个文种;行政机关一般不使用决议这个文种。从长期的防汛工作实践来看,各级防汛部门常用的文种主要是通知、请示、批复、报告,非常用文种有纪要、决定、意见、函,命令(令)、公报、公告、通告、议案等文种极少使用。

(三)依据行文隶属关系或业务指导关系正确选用文种

制发公文选取文种是首先要搞清楚由谁发文,向谁发文,制发公文的机关和受文机关之间的关系。行文关系决定着行文方向,行文方向决定着文种选择和使用。

制发公文与受文机关一般分为三种关系。一是同一系统中的上下级关系,如河南河务局同下属市级河务局之间的关系。二是同一组织系统中的上级业务主管部门与下级业务主管部门之间的业务指导与被指导关系,如河南省防汛抗旱指挥部同各市、县防汛抗旱指挥部之间的关系;各级防汛抗旱指挥部同各成员单位之间的关系。三是其他非同一系统不相隶属关系。如河南河务局与河南省交通厅、水利厅之间的关系。明确了行文关系和行文走向,才能正确选择文种。如下级向上级行文,应选择请示、报告、意见等文种,上级向下级行文应当选择通知、意见、决定、决议、通报等文种。不相隶属的机关之间行文,主要选用"函"这一文种。

(四)依据行文的目的、要求正确选用文种

根据行文的目的、要求来选择文种,就是在同类的公文种类中,选取有助于实现行文目的、要求的文种。具体而言,譬如下级机关向上级机关行文的目的是向上级机关汇报工作,如每年需按时上报的防凌工作总结、汛前防汛准备情况、全年工作总结或者反映某项工作进展情况或完成情况等,均应选用报告文种;行文目的是请求上级机关给予指示、批准帮助和支持等事项的应选用请示。上级机关向下级机关行文目的是为了推动、指导下级机关工作的,应选用意见或通知;行文目的是就某一重要问题提出见解或处理办法的,应选用意见。

(五)按照文种的适用对象正确选用文种

公文文种,既有党政机关通用的,也有属于各自专用的。《党政机关公文处理工作条例》中所列的公文文种有 15 个,其中通用的文种有 10 个:决定、公报、意见、通知、通报、报告、请示、批复、函、纪要;党的机关一般不使用命令(令)、公告、通告、议案这 4 个文种;行政机关一般不使用决议这个文种。针对河务局而言,选用的文种主要是意见、通知、通报、报告、请示、批复、函、纪要。所以应当按照文种适用对象加以正确选择。

(六)按照公文内容的差异正确选用文种

拟制公文选择文种时,应当根据公文内容的差异来正确选择文种。要注重区分相似文种之间的差异,避免出现混用现象。如注意区分决议同决定之间的差别,报告同请示之间的差别。要根据情况和行文的目的,综合区别运用。

(七)按照约定俗成的文种使用习惯、做法来选用文种

有时应用以上几点依据、要求还不能最后确定文种,就要按照以往约定俗成的文种使用习惯、做法来选用文种。例如,某单位拟表彰某些集体和个人,《党政机关公文处理工作条例》规定中的命令(令)、决定、通报这 3 个文种都可用于嘉奖、表彰,到底选用哪个文种?在这种情况下,应着眼表彰对象的性质、种类、级别、公示范围及社会影响度等具体情况来做决定,同时结合长期以来本机关、本系统、本单位文种使用的习惯,恰当地选用相应的文种。例如,在全局范围内表彰劳模,一般都选用决定这个文种行文;表彰年度业务工作先进单位和工作者,一般应使用通报这个文种。

总之,选用文种应慎重,不可随意而为。只有熟悉各个文种的性质、适用范围,切实把握各个文种的内涵与外延,按照发文机关的职能权限、隶属关系和行文目的、要求,才能准确无误地选好用好文种,充分发挥公文效用。

第四节　文种使用常见错误及存在的主要问题

近年来,各级防汛机关部门每年制发各类公文达数百件之多,绝大多数公文符合公文条例的规定,但部分公文存在文种使用错误,常见错误及存在的问题主要表现在以下七个方面。

一、缺少文种

公文标题由发文机关、发文事由、公文种类三部分组成,称为公文标题“三要素”。如《河南河务局关于杨楼控导工程上首应急抢护实施方案的请示》这一文件标题中,“河南河务局”是发文机关,“关于杨楼控导工程上首应急抢护实施方案”是发文事由,“请示”是公文种类。公文标题应当准确、简要地概括公文的主要内容。但是一些公文标题三要素不全,有的公文标题只有事由一个要素。

如将该标题修改为《河南河务局杨楼控导工程上首应急抢护实施方案》,则为缺少文种,就不能准确表达行为的目的。

二、使用非法定文种

不选用《党政机关公文处理工作条例》法规中规定的文种,而是将总结、要点、方案、计划、安排、纲要、规划、建议、答复等作为文种使用。譬如《××河务局关于2011年调水调沙演习的总结》,就犯了这样的错误。凡以“总结”“方案”等为主要内容名称的公文材料在上报或下发时,应从正式文种中选取一个正式法定文种作为它的载体,承载其行文。作为上行文一般选择报告,作为下行文时一般选用通知。此例的正确写法应是:《××河务局关于2011年调水调沙演习总结的报告》,其后则应附该单位的《2011年调水调沙演习的总结》,作为该报告的附件部分上报。

三、文种重叠

如请示报告、意见报告、请示函等,又如转发通知类公文,因转发环节多,而出现“通知的通知的通知”。正确的做法是选取主要内容,突出主体,最后加上通知文种即可。

四、生造文种

如情况报告、总结报告、申请报告、汇报等。

五、文种作为公文标题

如将函、通知(会议通知或开会通知)、请示、报告等直接作为公文标题,缺少其他要素,违背法规中有关标题拟制的原则要求。

六、文种混用

日常行文的实践中此类问题比较多见,主要表现为请示与报告不分、决定与决议相混、公告与通告乱用、决议与会议纪要等同。

七、错用文种

错用文种主要有三种情况:

一是拿着“请示”当“函”用,即该用“函”申请批准的却错误地使用了“请示”。

二是把“报告”当“请示”用。

报告是向上级汇报工作、反映情况时使用的文种,拟写报告不能夹杂请示事项,因为按照行文规则,上级机关对报告一般不作批示,更不需要批复。而请示是需要给予批复或回复的。更不能将请示、报告两个不同文种合并为“请示报告”使用,这种用法不仅不符合行文规则,更会给受文机关处理公文带来困难,给想办理的事项带来不必要的麻烦,达不到行文目的。

三是把“公告”当“通告”用。

“公告”的“公”有着特殊的政治含义，与“公文”的“公”意义相同，在某种意义上讲是专指党和国家。公告一般是面向社会公众发布事项时采用的文种类别。而相对于公告，通告的受文接收面则相对狭窄，是局部的，某一系统的或者针对某些特定人群的。因此，一般机关或地方行政主管部门发布需要周知和应当遵守的事项时，应使用“通告”而不能使用“公告”。

第六章 防汛常用法定公文写作要点

根据多年来防汛工作实际,可依据文种的应用情况分为常用文种、不常用文种和基本不用文种三类。在15种法定公文中,应用最广泛的有以下几种:意见、通知、请示、报告、批复等,不常用的文种有以下几种:公告、通告,一般不用的文种有公报、决定等。在实际工作中,防汛工作人员应熟练掌握常用文种的概念,并能做到正确熟练运用,从而有效促进和推动防汛工作的正常开展。

第一节 意　见

意见是对重大问题提出见解,对重要事项提出解决办法,或上级机关对重要问题、重要工作提出意见和建议时使用的公文文种。

在实践中,有些内容的公文,经过再三斟酌和反复琢磨,只有用意见才合适。譬如《中共中央关于坚持和完善中国共产党领导的多党合作和政治协商制度的意见》,用决定不行,用通知不妥,只有用意见最合适。从这个意义上讲,是实践创造文种。

意见作为文种,其行文方向较为灵活,即可以用于下行文、也可以用于上行文或平行文。意见作为下行文,一般是上级机关对重大问题、重要事项、重要工作提出指导性、指示性的意见,对重要工作做出的部署安排。譬如《国家防汛抗旱总指挥部关于进一步加强台风灾害防御工作的意见》。作为下行文的"意见",在写作上一般情况下要就某重大问题进行真实准确的阐述,并进行客观分析,在此基础上提出指导性意见。指导性意见的语言表述应有一定理论高度,提出解决办法的措施要切实可行,操作性尽可能贴近实际情况。

意见作为上行文,一般是下级机关对重大问题提出的见解、解决问题的办法作为建议请求上级机关批转、转发。在文字写作上应把重点放在解决问题的办法和具体措施上。另外应当特别注意凡是本部门职权能解决、能办到的事项,一般不应在意见中出现。只有自身无法解决,本部门或者单位的工作涉及其他部门或单位,超出自己职权范围的事项,才在意见中表达清楚,本部门本单位的自己的见解主张及解决问题的办法,争取上级机关予以认可并以上级机关名义批准、同意、批转、转发,达到促进工作的目的。意见作为上行文,在文尾应加一句"以上意见如无不妥,建议批转各地各部门执行"的字样,以便作办件运转。

意见作为平行文,一般适用于涉及多个系统或单位部门之间需要协调解决的事项,相互之间表达自己对某一问题的意见、见解。譬如《河南河务局关于加强黄河下游豫鲁交叉河段防汛管理工作的意见》,这类意见一是提出见解,带有商榷的意思;二是提出解决的办法,带有建议的性质。使用意见作文种就比函更加灵活。

实施意见作为意见一种特殊形式的下行文在防汛工作中经常使用,一般是为了贯彻上级机关颁布、下发、施行的重要法律、法规、规章和重大政策而行文。在2000年《国务院机关公文处理办法》实施前,这类实施意见在行政机关一般以印发通知的名义下发。在印发本机关的工作意见、实施意见时,如果有不便在文件中表述的内容,可以使用关于印发意见的通知这一形式下发,以便在印发通知的导语中予以表达。随着新的公文处理办法的实施,上述情况应逐步被直接用"意见"发文所代替。

拟写实施意见要求主题明确,要围绕上级机关制订的某一重大问题、重大政策,结合本地本单位情况提出具体的贯彻意见和解决办法。行文中应将上级来文精神穿插其中。重点是做好上级文件精神与本地本单位实际的紧密结合,落到实处,切忌照抄照搬。

意见常见的行文格式:一是上、下行文均有抬头,有受文单位。上行文作为建议报上一级机关,抬头可直书上级机关名称;下行文下发指导性意见,与通知一样,受文单位为直属下一级机关、单位。凡有抬头的"意见",行文中落款与其他上下行文相同,一般应放在文尾。二是意见没有抬头,与公报、公告同。一般应将制发机关、制发时间放在标题之下,也有的把落款时间放在文尾。

意见基本结构一般由标题、正文、落款组成。标题由发文机关名称、事由和文种三要素构成,根据具体情况,可在文种前加上"若干""处理""实施"等字样。

正文由意见的缘由、意见的内容和结尾三部分构成。

拟写意见的缘由应注重写明提出意见的目的、背景、依据或缘由,即针对何种情况及为何提出意见,以利于受文者理解和贯彻执行。意见的缘由一般要求写得简明扼要,概括力强。一般以"现提出以下意见""特制订本实施意见"等语句承上启下,引入意见内容。在意见的内容上应着重写明对解决问题的具体意见,既要全面系统,又要准确具体,所提出的措施和办法,用语要准确,表述要具体,以便于受文单位理解与执行。结尾部分可以进一步强调工作或提出希望和要求。

意见用语应注意表达的语气,特别是要求上级批转或转发的待批性意见尤其要注意表达语气,这种意见虽然是写给上级的,但目的是经上级批转后交有关部门执行,因此仍应用下行文语气写作,而不能作一般上行文处理。供平行或不隶属机关参考的建议性意见,应根据单位的职能,注意用语准确,合乎身份,表现出平等协商、互相理解、互相支持的作风。切忌粗暴冷硬,使人难以接受,从而导致行文目的落空。

范例

河南省防汛抗旱指挥部
关于加强黄河群众防汛队伍建设的意见

豫防汛〔2016〕3 号

沿黄各省辖市防汛抗旱指挥部,巩义、兰考、长垣、滑县省直管县防汛抗旱指挥部,省防指成员单位:

黄河安危,事关全局。群众防汛队伍是黄河防汛的基础力量,担负着堤线防守、巡堤查险、工程抢险、迁安救护及群众备料的筹集等任务。在人民治黄以来的历次防御黄河大洪水中发挥了重要作用。随着市场经济的发展和农村产业结构的调整,沿黄农村大部分青壮年外出务工,群众防汛队伍出现组织难、培训难等现象,群众防汛队伍建设急需加强。为更好的落实群防队伍,保障黄河防汛安全,现就我省群众防汛队伍建设提出如下意见:

一、指导思想及工作原则

(一)指导思想

以满足防汛巡堤查险和防洪抢险需要为目的,以转变工作思路、创新组织形式为手段,以优化队伍结构、提高队伍素质为主线,完善体制,理顺机制,健全制度,切实落实群众防汛队伍,全面提升群众防汛队伍抗洪抢险能力。建立职责明晰、运转高效、监管有力的群防队伍体系,为黄河防洪安全提供坚强的队伍保障。

(二)工作原则

群众防汛队伍建设实行行政首长负责制,坚持政府主导、行政事业单位牵头、群众参与的原则;坚持队伍组成多元化、组织形式及培训方式多样化,着力建设一支综合素质高、业务能力强、反应迅速的群众防汛队伍。

二、群防队伍组建

(一)群防队伍组成

群众防汛队伍由一、二线组成,一线队伍由沿黄县(市、区)政府负责组建,二线队伍由沿黄市的非沿黄县(市、区)政府负责组建,作为后备队,重点加强一线队伍建设。一线群众防汛队伍主要分巡堤查险队、抢险队、护闸队、滩区迁安救护队。

(二)巡堤查险队伍的组建

各级要充分发挥政府机关、事业单位、街道办事处或社区居委会人员素质高、组织纪律性强、人员较稳定的特点,组建由沿黄县(区)政府机关和事业单位牵头、群众参与的多种形式巡堤查险队伍,明确国家干部为责任领导和责任人,按工程或堤段划分责任段。有迁安任务的群众原则上不参与巡堤查险任务。

(三)黄河防汛抢险队的组建

依靠当地武装部管理的民兵组织,在每个沿黄县(区)的乡镇组织民兵抢险队。同时,各级防指可充分发挥辖区内大中型企业青年员工多、文化素质高、人员较稳定的优势,在企业中组建企业抢险队。并组织落实挖掘机、装载机、运输车等抢险设备。民兵抢险队和企业抢险队作为一线防汛队伍,接受县防指的调用。

(四)护闸队的组建

参照黄河防汛抢险队组建模式组建。

(五)滩区迁安救护队的组建

沿黄乡(镇)滩区有村庄的,要以滩内群众为基础组建滩区迁安救护队。

(六)测算群众防汛队伍组织数量

巡堤查险队:各级防指要根据《关于颁发河南省黄河巡堤查险办法(试行)的通知》(豫防汛〔2016〕22号),结合工程现状,测算本辖区所需巡堤查险群众防汛队伍数量,并分成若干个基干班,每班15人。

抢险队:每个沿黄县(市、区)视本辖区防洪任务情况,组建民兵或企业抢险队2~5支,每队50~100人。

护闸队:小型涵闸组建1支护闸队,每队50人;中型及以上引黄闸、分洪闸、退水闸按2~4个队配备,每队50人,病险涵闸视情况增加护闸队数量,队员由辖区民兵或企业人员组成。

滩区迁安救护队:滩区内村庄每村组织1~2支迁安救护队,每队30~50人。

二线队伍作为后备队伍,由沿黄市防指负责组织落实,人数与一线队伍数量一致(不包含滩区迁安救护队)。

一、二线队伍务必于每年6月15日之前落实到位。沁河群众防汛队伍建设参照本意见执行。

三、群防队伍职责及调用

按照《关于颁发河南省黄河巡堤查险办法(试行)的通知》要求,巡堤查险队要做好本辖区堤线巡查,发现险情及时上报;抢险队负责辖区一般险情的抢护;护闸队负责辖区涵闸巡查、围堰围堵及险情抢护;滩区迁安救护队负责滩内群众的安全转移。

群众防汛队伍受各级防指的调用,原则上以所在辖区为主,按照"先上一线、后上二线"原则就近调用。

四、保障措施

(一)加强组织领导

黄河群众防汛队伍建设坚持行政首长负责制。沿黄各级政府及其防汛指挥部要高度重视群众防汛队伍建设,成立黄河群众防汛队伍建设领导小组,加强领导,统一指挥,完善部门沟通协调机制,形成责权明确、分工协作、齐抓共管的工作格局,及时研究解决群众防汛队伍建设中的突出矛盾和重大问题,把群众防汛队伍建设作为防汛任务的一项重要工作来抓,动员社会力量参与支持群众防汛队伍建设,切实把群众防汛队伍落到实处。

(二)强化培训、演练

各级防指负责本级并指导下级开展群众防汛队伍组织培训和演练。要加强群众防汛队伍业务培训,制订中长期和年度培训计划,创新培训机制,改进培训方法,采取分级、分批次培训,实行岗前培训、定期轮训等制度,重点培训骨干成员;培训内容以黄河基本知识、巡堤查险常识和一般常见险情抢险技术为主。强化防汛演练,汛前,各级防指结合培训情况,重点从人员组织管理、演练项目设定、实施方案制订及演练程序等环节组织开展防汛演练。当地河务部门负责做好技术指导。

(三)加强制度建设

完善的法律法规体系是保障群众防汛队伍建设的前提。各级要结合本地实际,依据《中华人民共和国防洪法》《中华人民共和国防汛条例》等法律法规,坚持依法防汛,制订相关的组织管理、培训演练、上堤防守等方面规章制度,明确各级各部门的职责及承担的任务等,推动我省黄河群众防汛队伍建设。

(四)加强检查督查

为确保群众防汛队伍落实到位,各级防指要协调相关部门,开展联合检查,采取跟踪督查、突击抽查等形式,严格核实沿黄乡镇群众防汛队伍人员到位率、培训情况等,确保满足抗洪抢险需要。

(五)落实经费保障

《中华人民共和国防洪法》规定,任何单位和个人都有依法参加防汛抗洪的义务。各级政府要多渠道筹措资金,落实群众防汛队伍组建和培训费用,确保我省黄河群众防汛队伍落到实处。

请沿黄各级政府、防指按照本意见加强群众防汛队伍建设,认真做好组织、培训等工作,把群众防汛队伍真正建设成为一支指挥顺畅、纪律严明、作风顽强、能征善战的黄河防汛抢险主力军。

河南省防汛抗旱指挥部

2016 年 2 月 19 日

第二节　通　知

通知是在防汛工作中使用最为广泛,是使用频率最高的公文文种。通知属于指令性公文文种,主要用于布置工作、传达指示、晓谕事项、发布规章、转发文件等。通知的目的性、指导性和规定性很强,需要受文单位贯彻执行和认真办理。在写作上方便灵活,形式多样,它所办理的事项,一般都有比较明确的时限要求,受文机关要在规定时间内办理完成。

按照通知的用途可以将通知大致分为:

(1)指示性通知。用于发布指示、布置工作。

(2)发布性通知。用于发布规章制度。

(3)事项性通知。要求下级机关办理某些事项,除交代任务外,通常还提出工作原则和要求,让受文单位贯彻执行,具有强制性和约束力。

(4)转发性通知。一是用于批转下级机关公文,称"批转性通知";二是用于转发上级机关、同级机关和不相隶属机关的公文,称"转发性通知";三是作为向下级机关行文时使用《党政机关公文处理工作条例》中规定的15个主要文种以外的其他文种的载体使用,如准则、条例、规定、办法、细则、要点、规划、纲要、计划、方案等,以及印发有关文件材料,如领导人讲话、本机关的工作总结等,称"印发性通知"。

(5)晓谕性通知。一般只有告知性,没有指导性。其用途较广泛,如机构和人事调整、启用和作废公章、机构名称变更、机关隶属关系变更、迁移办公地址、安排假期等,都可使用这种通知。

通知与通告都是告知性公文。但告知范围不同。通告是普遍告知的意思,而通知所告知的范围是由通知本身所确定的。具体使用时,凡是向社会上公开告知要求公众遵守某一事项时,应使用通告;内部行文告知下级、平级机关办理某一事项,应使用通知,而不能用通告。

通知一般由标题、主送机关、正文、落款组成。通知的标题由发文机关、事由、文种三部分组成,譬如《河南河务局关于印发2017年防汛重点工作任务的通知》。一个通知的主送机关根据通知内容和行文的目的确定,有多个主送机关时要注意排列的规范性。

通知的正文一般可分为开头、事项、结尾三部分。开头部分用来表述有关背景、根据、目的和意义等。事项部分应阐明需要受文单位完成的任务或应当办理的事项,以及在执行过程中应把握的原则、重点、政策界限、注意事项等。既让受文单位知道"要求干什么",又清楚"应当怎么办",并明确"办成什么样"。发布指示、安排工作的通知,可以在结尾处提出贯彻执行的有关要求,行文时应力求简短有力。篇幅短小的通知,一般不需要专门的结尾部分。

拟写通知首先要明确为什么写这个通知,通知的主要内容是什么,然后确定怎么写。其次要确定写作的范围和对象,针对什么问题,解决什么问题。在内容上要将相关情况、缘由,以及时间、地点、任务、要求等交代清楚。提出的措施要切实可行,既讲任务、要求,又要讲方法、步骤、措施，语言不能空泛，以免下级机关难以理解执行。

范例

河南省防汛抗旱指挥部黄河防汛抗旱办公室关于开展黄河防汛抢险保障预案编制的通知

豫防黄办〔2017〕1号

省交通运输厅、省公安厅、省民政厅、省卫生计生委、郑州铁路局、省通信管理局、省电力公司、省供销社、省机场集团公司：

根据《河南省黄河防汛条例》《河南省2016年黄（沁）河防汛抗旱工作方案》(豫政办〔2016〕8号)要求，请你单位结合防汛抗旱指挥部成员单位职责和工作实际，参照《河南黄河防汛应急预案》(豫防汛〔2014〕14号)，从“基本情况、工作任务、组织机构、指挥调度、保障措施”等方面编制相应的黄河防汛抢险保障预案。

请于3月20日前将预案编制联系人名单报省防指黄河防办，4月30日前完成预案编制报省防指黄河防办。

联系人：××× 0371-××××××××

河南省防汛抗旱指挥部黄河防汛抗旱办公室

2017年3月9日

第三节 报 告

报告是下级机关向上级机关汇报工作、反映情况、回复上级机关询问、提出建议等使用的公文文种。报告不需要上级机关给予批复，上级机关收文后，一般只作为阅件或参考件。行文的主要目的是为了让上级了解掌握基本情况。

按照行文时所在工作过程的时间节点，可将报告分为事前报告、事中报告、事后报告三类。事前报告通常是向上级汇报拟开展工作的主要打算，意在取得领导支持。事中报告主要用于向领导或上级反映某项工作的准备、部署和进展情况。事后报告用于工作结束之后向上级写出总结报告。按表现形式分，可将报告分为专题报告、综合报告、答询报告、检讨报告等四类。

作为公文文种,报告同意见相比,报告侧重于汇报工作,反映情况,答复上级询问,无需上级回复,因此在起草报告时不可以夹带请示事项;而意见侧重于阐述对重要问题提出见解和处理办法,作为上行文时,一般需要上级机关按办件的程序和要求办理。

报告与通报相比,二者虽均以陈述客观事实为主要内容,但报告是上行文,用于向上级陈述情况,很少直接论理。通报则是下行文,用于向下级进行典型教育,需要直接论理。

报告一般由标题、主送机关、正文、落款四部分构成。

报告的标题由发文机关、主要内容、文种组成。如《濮阳河务局关于2014年黄河调水调沙工作总结的报告》。

报告一般只送一个上级机关,受双重领导的机关可根据情况同时报送,或者分别报送。报告一般情况下不允许越级行文。

拟写报道时,开头通常要直接交代行文目的、依据、主旨或基本情况。一般都比较简短,然后用过渡语"现将有关情况报告如下","为此,特作如下报告"等开启下文。

报告主体部分作为核心内容要准确简要、条理明晰、表述清楚,撰写时要紧紧围绕行文目的和主旨进行陈述。如果是汇报工作,应将工作开展的基本情况,主要做法和成绩,采取的办法措施表述清楚。如果是反映问题,则应简要概述所反映的问题,具体分析产生问题的原因,并提出解决问题的意见和办法。如果是答复上级机关的询问,则应首先简明扼要叙述上级机关交办的事项或任务;其次写明处理的大致过程,包括采取的办法或措施和办理结果。

报告的结尾一般情况下可以用"特此报告"或"现将××予以呈报,请审阅"收结全文。

根据行文目的和报告主题的需要,拟写报告要抓住重点,做到分清主次轻重,简要不繁,详略得当。

范例1

河南黄河河务局
关于我省2017年引黄工作情况的报告

豫黄〔2018〕1号

河南省人民政府:

黄河是河南省最大的客水资源,在我省沿黄地区经济社会发展和生态文明建设中发挥着不可替代的作用。认真落实习近平总书记对河南的嘱托,持续深入打好"四张牌",实现更高质量、更好效益发展,为决胜全面小康、建设现代化新河南、让中原更加出彩奠定坚实基础,对黄河水资源开发利用提出了更高要求,进一步做好黄河水资源的开发利用和管理保护意义重大。

2017年,我省引黄供水工作在省委、省政府正确领导下,在沿黄各级党委、政府和相关部门的共同努力下,面对上一年度来水严重偏枯和水库蓄水少的严峻形势,河南黄河河务局党组高度重视,多措并举,科学调度,最大限度地满足沿黄灌区用水需求。截至12月31日,我省黄(沁)河引水量36.70亿立方米,比去年多引水6亿立方米,增长19.50%,其中:黄河干流引水量33.66亿立方米,接近国家分配给我省用水指标,创近三年引水新高,为全省沿黄区域经济社会发展和生态文明建设提供了有力的水资源支撑。

一、优化配置水资源,保障沿黄用水需求。利用雨情、墒情、水情、农情、河情等信息,根据不同时段不同用水户的用水需求,科学编制年、月、旬用水计划。统筹全局,强化水量实时调度,科学调整引水订单,保障农业抗旱和应急供水。特别是上半年在沿黄灌区农作物灌溉关键期,濮阳、新乡、开封等地出现旱情,商丘等城市用水紧张,郑州、开封应急生态用水出现危机,我局认真分析研判水资源情况,综合多种措施,对黄河水资源进行精准调度,并及时向黄委申请加大小浪底水库下泄流量,最大限度解决了沿黄用水需求,有效缓解了旱情和应急生态用水。

二、加强引黄渠系清淤工作,提高引水能力。由于黄河含沙量高和河势多变的特性,经常造成部分引水口脱河或涵闸引不出水。针对这一问题,各级河务部门年初就制订了防淤减淤方案,组织实施了引黄工程防淤减淤工作,督促各供水单位、灌区管理单位开挖引渠、疏浚渠系或改造引水渠、建设移动泵站等措施改善引水条件,提高了引黄供水能力,确保了“引得出”。

三、充分利用洪水资源,为用水关键期提供水源。汛期,加强洪水资源化调度和充分利用,各级河务部门积极指导沿黄地区利用调节水库实现“丰蓄枯用”,或利用非灌溉季节加大引黄水量,在内河河道、坑塘、沟渠储蓄黄河水,多途径开辟供水水源,挖掘供水潜力,通过有效利用和储备洪水资源,供水保证率得到进一步提升。

四、优先满足居民生活用水,统筹农业、工业和生态环境用水需求。今年以来,各级河务部门在优先满足居民生活用水的前提下,统筹协调沿黄各类用水,密切关注沿黄生态用水,强化协调和调度,为我省生态文明建设稳步推进提供了保障;积极利用黄河上中游水库的调蓄作用,有效应对和解决农业、工业用水需要,充分发挥了黄河水资源的支撑保障作用。

五、积极开发黄河水利,一批供水工程陆续开工建设。引黄入冀补淀工程建成并进行了试通水,郑州牛口峪引水工程进入了实施阶段,引黄四大灌区的小浪底南、北岸灌区以及兰考东方红提灌站等工程的水资源论证前期工作已经完成,濮阳引黄入鲁彭楼闸已经开工建设。

2017年,通过沿黄各级党委、政府和相关部门的共同努力,在实现黄河干流连续18年不断流,连续12年未预警的情况下,保障了黄河供水安全。

2018年,根据报汛资料统计和水文部门长期径流预报,黄河上游来水较正常年份减少30亿立方米,水量调度形势仍不容乐观,特别是灌溉用水高峰期水资源供需形势比较突出。我局将认真贯彻落实党的十九大精神,全力做好新时期河南黄河水资源管理工作,进一步强化水资源优化配置和科学调度,积极应对可能出现的旱情,及时启动抗旱应急机制,保障黄河供水安全,全力支持和服务我省经济社会发展和生态文明建设。

2018 年 1 月 5 日

范例 2

河南黄河河务局关于 2016 年汛前根石探测情况的报告

豫黄防〔2016〕13 号

黄委:

为做好 2016 年汛前准备工作,掌握所辖河道整治工程根石分布状况,为工程防洪提供科学决策依据,按照《黄河河道整治工程根石探测管理规定》(黄建管〔2014〕396 号)和《关于开展 2016 年黄河河道整治工程根石探测工作的通知》(黄建管管便〔2016〕1 号)精神,我局统一安排了 2016 年汛前根石探测工作,开展了外业实地探测,并进行了内业资料整理分析。今年全局共探测 82 处工程、1175 道坝垛、3524 个断面。现将探测情况报告如下:

一、探测组织

河道整治工程根石探测工作是黄河防汛的一项重要基础工作,为做好这项工作,根据黄委通知要求,河南河务局以《关于做好 2016 年河南黄河河道工程根石探测工作的通知》(豫防黄办电〔2016〕4 号)下发局属各河务局,对全局根石探测工作进行了统一部署。探测期间,我局对其进行了现场检查。

二、断面布设

按照《黄河河道整治工程根石探测管理规定》,探测断面布设要求:坝垛的上、下跨角各一个,圆弧段、迎水面按间距 20 米布设,长度不足 20 米的可布设一个断面,断面以坦石顶部内沿为起点,探测断面方向应与裹护面垂直。

三、探测方法

本次根石探测主要由黄委物探院采用浅地层剖面探测方法进行探测。

四、探测成果分析

今年全局共探测靠河工程 82 处、坝垛 1175 道、探测断面 3524 个。根石坡度小于 1:1.0

的，缺石量 4.41 万立方米；根石坡度小于 1:1.3 的，缺石量 21.66 万立方米；根石坡度小于 1:1.5 的，缺石量 82.07 万立方米。

（一）根石深度

黄河险工本次探测根石深度不足 8 米的断面数占险工根石探测断面数的 9.82%，根石深度在 8~12 米的断面数占险工根石探测断面数的 38.69%，根石深度在 12~15 米的断面数占险工根石探测断面数的 37.20%，根石深度大于 15 米的断面数只占险工根石探测断面数的 14.29%。

沁河险工本次探测根石深度不足 6 米的断面数占险工根石探测断面数的 59.46%，根石深度在 6~10 米的断面数占险工根石探测断面数的 36.13%，根石深度大于 10 米的断面数只占险工根石探测断面数的 4.41%。

本次探测黄河控导工程根石深度不足 8 米的断面数占控导工程根石探测断面数的 7.69%，根石深度在 8~12 米的断面数占控导根石探测断面数的 47.89%，根石深度在 12~15 米的断面数占控导根石探测断面数的 29.46%，根石深度大于 15 米的断面数占控导根石探测断面数的 14.97%。

从根石探测的深度看，无论是险工还是控导，根石深度大多数都小于稳定深度 15 米，工程基础还远未达到稳定状态，需要进行根石加固。

（二）根石坡度

黄河险工根石坡度陡于 1:1.0 的占 0.55%，介于 1:1.0~1:1.3 的占 9.82%，介于 1:1.3~1:1.5 的占 36.01%，坡度达到 1:1.5 以上的占 53.87%。

沁河险工根石坡度陡于 1:1.0 的占 2.13%，介于 1:1.0~1:1.3 的占 17.21%，介于 1:1.3~1:1.5 的占 37.27%，坡度达到 1:1.5 以上的占 43.39%。

黄河控导工程根石坡度陡于 1:1.0 的占 0.76%，介于 1:1.0~1:1.3 的占 14.97%，介于 1:1.3~1:1.5 的占 43.67%，坡度达到 1:1.5 以上的占 40.60%。

从以上数据可以看出，黄河险工坡度小于 1:1.3 的不足 11%，坡度大于 1:1.3 的约占 89%，说明险工大部分坝垛基本稳定。黄河控导和沁河险工坡度介于 1:1.0~1:1.3 的分别占 14.97%、17.21%，说明大部分的断面仍处于不稳定状态，需要进行根石加固；根石坡度在 1:1.3~1:1.5 达到基本稳定状态的断面数量占 40%左右，这些工程在大洪水时或受洪水长时间冲刷下，很容易转变为不稳定状态，也会导致工程出险，因此也应适当进行根石加固；根石坡度大于 1:1.5 的断面数量，坝垛根石基础较为稳定，暂不需要根石加固。

（三）缺石量统计

本次探测的 82 处工程，垛 1175 道，根石坡度不同，缺石量也不同。按根石坡度达到 1:1.0 所需要的加固工程量计算，共缺石 4.41 万立方米，其中黄河险工缺石 0.13 万立方米，黄河控导工程缺石 4.22 万立方米，沁河险工缺石 0.06 万立方米；按根石坡度达到基本稳定坡度 1:1.3 所需要的加固工程量计算，共缺石 21.67 万立方米，其中黄河险工缺石 0.96 万立方米，黄河控导工程缺石 20.27 万立方米，沁河险工缺石 0.43 万立方米；按根石坡度达到较稳定坡度 1:1.5 计算,则缺石 82.07 万立方米,其中黄河险工缺石 5.38 万立方米,黄河控导工程缺石 74.68 万立方米,沁河险工缺石 2.01 万立方米。

五、问题与建议

(1) 从今年汛前根石探测的成果来看,我局险工、控导工程根石缺石量较大,建议继续加大根石加固力度,对缺石严重的坝垛进行重点加固,以确保工程安全,发挥其抗洪能力。

(2)采用根石探测新技术浅地层剖面探测,改变了以往落后的探测模式,减轻了劳动强度,但该技术仅能探测靠河工程,常年不靠河的工程坝岸无法探测,不能全面了解工程根石状况,建议进一步完善根石探测方法。

河南黄河河务局

2016 年 5 月 26 日

第四节　请　示

请示是向上级机关请求指示、批准时使用的一种上行文文种。请示的行文方向单一,只有下级机关向上级机关行文时才能使用该文种, 平行或不相隶属机关之间行文不能使用请示文种:请示必须遵循“一文一事”的原则,一份请示只能有一个请示事项,不得就若干事项请求指示和批准。

收到下级机关的请示后,上级机关应当作出答复或批准。请示必须在事前行文,不允许“先斩后奏”或“边斩边奏”。

根据请示的目的、性质和功能,可将请示大致分为请求指示、请求批准、请求解决以及请求批转四种类型:

请示与报告是比较常用的两种公文,也是性质不同的两种公文,要注重区分二者之间的差别。在拟写防汛文公时,要根据行文的主要目的、文件的性质和应用的范围来选择运用文种, 如果行文的目的是向上级请示某一事项,需要上级给予答复,则必须用请示。如果行文的目的是向上级反映情况,无需上级答复批准则可用报告。

请示一般由标题、主送机关、正文、落款四部分组成。请示的标题通常由发文机关、事由、文种三要素组成,拟写请示标题,必须明确“事由”,清晰表达请示事项。譬如《河南河务局关于花园口险工、欧坦控导工程等应急度汛项目实施方案的请示》。

一般情况下, 请示只能有一个主送机关。请示的正文部分要写清楚所请示的事项和问题、阐述请示事项的缘由、原因或者请示问题的依据。要讲清楚行文的主要目的,需要上级做什么,有无依据等,这些问题必须明确无误地向上级机关提出,以便上级机关给予答复。

请示的结束语一般有较为固定的模式，以示对上级机关的尊重。通常写法是："当否，请审批"。在具体工作中，在遇到有些内容不宜全部写进请示正文等情况时，可用加 "附件"的办法处理。

在拟写请示时，首先要明确请示的事项和目的，充分表述请示事项的依据和理由。语言写作要符合逻辑，论证有力，提出请示事项语气要符合身份，态度谦敬和蔼，把握好分寸。

在制发请示公文时应当注意以下几点：一是一般不能越级发文，特殊情况下必须越级时行文时，则应同时抄送被越级的机关。二是除领导直接交办的事项外，请示一般不得送领导个人。三是如果几个单位联合请示，则主办单位应主动与其他部门协商，统一意见，搞好会签，联合行文。四是请示在未获批准前，不得对下属单位发送。

范例

河南黄河河务局关于将詹店闸拆除及缺口堵复工程列为应急防汛工程的请示

豫黄防〔2016〕17号

黄委：

武陟詹店铁路闸位于黄河左堤 K84+012 处，一直是黄河防汛的重中之重。新建铁路郑州至焦作线郑州黄河特大桥通车后，既有京广铁路穿越大堤的詹店铁路闸已停止使用，该闸口成为堤防缺口，严重影响防洪安全。根据黄委在审查新建铁路郑州至焦作线郑州黄河特大桥时提出的要求，为尽早堵复该闸口，经多方努力，2016 年 6 月 27 日，焦作河务局与河南城际铁路有限公司签订了 "新建铁路郑州至焦作线黄河特大桥黄河北岸大堤詹店闸拆除及缺口堵复工程"委托协议。当前，堵复工程时间紧、任务重，为尽快堵复堤防缺口，消除隐患，确保防洪安全，特请求将詹店闸拆除及缺口堵复工程列为应急防汛工程，抓紧实施。

当否，请批示。

附件：焦作河务局关于詹店闸拆除及缺口堵复工程列为应急防汛工程的请示(附件略)

河南黄河河务局

2016 年 7 月 13 日

(联系人：××× 联系电话：0371-××××××××)

第五节 批 复

批复是上级机关答复下级机关请示事项的公文文种。

先有请示，后有答复，批复是以下级的请示为前提，针对请示的事项和问题而写的，回答的问题是请示中的具体事项，属被动行文。批复和请示一一对应，请示遵循一事一议的原则，而批复同样是一事一批复。批复的态度和观点必须十分明确，内容应简明扼要。对于请求指示的请示，批复要给以明确的指示；对于请求批准的请示，批复或者同意、批准，或者不同意、不批准。如果请示事项本身十分复杂，上级机关也可以“原则上同意”给予批复，并就具体问题提出要求。

批复从内容上可以分为三类。

(1) 阐释性批复。针对下级机关对有关方针、政策、规定等提出的不甚明白的问题予以阐释或指示。

(2)批准性批复。对下级机关因其无权自行决定的某个问题或某种事项而行文的请示给予同意与否的答复。

(3) 指示性批复。不但同意下级机关的请示，而且就请示事项的落实、执行或就事项重要性、意义讲几点指示性意见，对下级有指示作用。

批复是要求下级遵照办理的批示性文件。在起草批复文件之前，要搞清下级机关请示问题的全部情况，必要时要进行调查研究，根据有关政策法令和办事准则及掌握的情况给予答复，切忌简单回复。在表达意见时，措辞应庄重、准确，防止产生歧义。批复意见要考虑周密，一个请示事项也可能包含几个方面，应避免出现只批复一个方面而遗漏其他方面，顾此失彼现象的发生。

批复一般由标题、主送机关、正文、落款四部分构成。

批复的标题与一般公文的标题有所区别，一般有三种写作方式。

(1)由批复机关、原请示题目或请示事项(问题)和文种组成。如《河南河务局关于东坝头、府君寺控导工程应急修复实施方案的批复》《河南河务局关于濮阳县 S212 南关桥至金堤河桥道路拓宽穿越北金堤有关问题的批复》。

(2)由批复机关、请示事项、请示单位名称和文种组成。如《中共濮阳河务局直属机关委员会关于同意机关第四支部委员会选举结果的批复》。

(3)转发性批复，一般由发文机关、转发机关名称、转发事项及文种组成。譬如《河南河务局转发黄河防总办公室关于将詹店闸拆除及缺口堵复工程列为应急防汛工程的批复》。

批复的主送机关只有一个，即提出请示的下级机关。

批复的正文一般由引语、主体和结尾三部分组成。

(1)引语。批复开始的第一段或第一句话是为引语，引语要写清楚下级机关请示的问题或文号,表示已经知道下级请示的问题,从而引出答复性的文字。一般情况下,引语只要说明下级有关请示已经“收到”“收悉”即可。但也可以在引述来文的事项之后,表明批复者的态度。如“经研究,同意”或“经研究,批复如下”,成为由引语到主体的过渡语。

(2)主体。根据党和国家的方针政策、法律法令、规章制度和实际情况,对请示中提出的问题,给予明确答复。同意就是同意,不同意就是不同意,缓办就是缓办,绝不能模棱两可,含糊其辞。拟写同意请示事项的批复时,可以只给予答复意见,不必说明理由,也可以表明肯定的意见的同时,提出具体的指示和要求。拟写完全不同意请示事项的批复时,需要说明不同意的理由依据,避免生硬否决,以使下级机关易于接受,并从中受到教育。针对部分同意和部分不同意的批复,要阐述清楚,同意那些意见,不同意那些意见,并说明依据和理由,必要时可对不同意部分提出修正意见或补充意见。

批复结尾部分一般以“特此批复”“此复”“特此函复”等习惯用语的固定模式结束全文。

范例

关于对新建铁路郑州至焦作线郑州黄河大桥2011年度汛方案的批复

豫防黄办〔2011〕3号

郑州、焦作市防汛抗旱指挥部:

你部《关于新建铁路郑州至焦作线郑州黄河大桥度汛方案的请示》(郑防指〔2011〕11号)、《关于转报〈新建铁路郑州至焦作线郑州黄河大桥度汛方案〉的请示》(焦防汛〔2011〕13号)收悉,根据《黄河流域河道管理范围内非防洪建设项目施工度汛方案审查管理规定(试行)》,经审查,原则同意你部所报度汛方案。请你部按照方案要求,监管施工单位严格落实各项度汛措施,确保防洪安全,同时提出如下要求:

一、南岸部分栈桥实际梁底高程与6000立方米每秒时对应栈桥梁底高程仅差0.5米,为安全起见,当预报花园口站流量超过6000立方米每秒时,施工单位接到当地防汛指挥部拆除命令后48小时内全部拆除完毕。郑州市防指负责栈桥拆除的监督管理工作。

二、根据目前河势流路情况,施工单位应抓紧将施工栈桥向北延伸100米,确保河道自然流势不变。焦作市防指负责栈桥接长的监督管理工作。

三、鉴于本工程需要跨年度施工,每年4月底前,施工单位需要编制年度施工度汛方案,由你部初审后报我办审查。

特此批复。

河南省防汛抗旱指挥部黄河防汛抗旱办公室
二○一一年六月二十日

第六节 通 报

通报是适用于表彰先进、批评错误、传达重要精神和告知重要情况的公文文种。

通报具有典型性、周知性、教育性等特点。

所谓典型性是指通报中的事件、人物无论是正面的还是反面的,必须具有一定的典型意义。在运用通报形式时要选择具有代表性的典型事例、新鲜事物以及重要情况予以表扬、批评、倡导与宣传。

周知性是指通报的内容,常常是把现实生活中一些典型事例或带有倾向性的重要问题告诉人们,让大家知晓、了解。

教育性是通报所要达到的目的所在,它以典型事例教育人们,可以激励人们学习先进,寻找差距,也可以帮助人们从反面的事例中吸取教训,保持警惕。通报重在叙述事实,让事实说话,寓理于事,以事明理,对人们起到示范、指导、教育和警戒作用。从这个意义上讲,通报具有其他文种不能替代的功用。

根据不同的用途,可将通报可分为四类。

(1)表彰性通报。用于通报先进、介绍与推广典型经验,以弘扬正气,树立榜样,使广大干部群众得到启发和激励,受到教育。

(2)批评性通报。用于通报反面典型,批评错误,揭露矛盾,揭示不良倾向,同时有针对性地提出纠正错误的办法、要求,达到警示和教育的作用。

(3)情况通报。用于传达重要情况,互通信息和沟通情况,增加工作的透明度,以便人们能相互了解,相互协助,促进工作的顺利进行。

(4)事故通报。用于通报重大事故,对事故的来龙去脉和前因后果作综合评析,并着重找出原因、讲清危害,使更多的人引以为戒,防止此类事故的再次发生。

通报与决定、命令(令)这三个文种均适用于表彰先进,命令(令)适用于国家行政机关嘉奖有关单位和人员,被嘉奖的对象必须具有突出成就或作出重大贡献,制发命令(令)的机关层级规格高。决定主要用于命名性表彰譬如黄委、河南黄河河务局等表彰劳动模范、先进单位、先进集体、示范单位等。通报用于表彰一般性典型,常用于基层机关对先进事迹、先进人物的表彰。

用于批评、惩戒错误时,决定与通报在程度上有所区分。决定适用于惩戒错误或过失比较严重、造成严重影响的有关单位和个人,具有一定的普遍教育作用;通报适用于批评错误,其错误或过失有一定影响但有程度有限,主要目的是引起警惕,吸取教训。

通报由标题、正文、落款组成。标题一般由发文机关、事由和文种组成。如《国务院办公厅关于江西省上栗县"3·11"特大爆炸事故情况的通报》。通报正文应包含通报缘由、通报事项、处理意见、原因分析、希望或要求等内容。通报缘由是通报正文的"引言",应以简明扼要的语言概括出通报的核心内容,使受文单位准确地了解和把握发文机关的行文意图以及通报内容的精神实质。具体而言,批评性通报一般应写明时间、有关单位和人员、主要事项、结果等要素,同时还要准确表述发文机关的基本观点或态度。

有的表彰性通报,可以直接叙述交代通报的目的,即开篇就进入通报事项的叙述。传达重要精神的,应着重写明其来源和基本内容。传达重要情况的情况通报,应写明该情况发生的时间、地点、涉及的范围、问题的性质及影响等方面内容。

通报事项应将所通报事件(事故)发生的时间、地点、涉及的单位和人员、大致过程、主要情节、结果和影响等基本内容如实交代清楚,务求准确、具体、完整。尤其是和表达通报意图有直接关系的过程和情节,应当详写。

拟写表彰性通报一般应写明经哪级组织批准,决定授予什么荣誉称号,给予怎样的物质奖励等;批评性通报应写明给予何种惩处以及给予惩处的依据。

"原因分析"是表彰性和批评性通报不可缺少的重要组成部分。在通报事项及处理决定的基础上,进一步做出分析和评价,从中总结出可资借鉴的经验或应当吸取的教训。批评性通报要深入查找发生问题的根本原因,力求找准症结,切中要害,一针见血。最后对有关单位和人员提出希望与要求,使通报具有较强的鼓动性和号召力。

第七节　函

函是在不相隶属机关之间商洽工作、询问和答复问题、请求批准和答复审批事项时使用的文种。譬如《关于尽快建设完成孤柏嘴控导工程的函》(豫黄防〔2012〕19号)文件,就是河南黄河河务局致南水北调中线干线工程建设管理局的函件。

使用函这一文种,关键要把握住"不相隶属机关"这一概念。只要两个机关在行政或组织上没有领导与被领导关系、业务上没有指导与被指导关系的,都属于不相隶属的机关,无须考虑双方的级别大小。这种不相隶属的关系可能是一个系统内部的平级机关,如濮阳河务局同开封河务局之间,也可能是风马牛不相及的两个机关之间,譬如河南黄河河务局同河南省地震局。不相隶属机关之间,有事项需要协商或请求批准,统一使用"函"这种平行文种。

函在使用上,除作为不相隶属机关之间的平行文之外,有时也作为下行文,适用于上级机关向有隶属关系的下级机关询问情况或催办有关事宜,下级在办理此类文件的回复时需要用报告，而不应用复函等形式。上级机关的办公部门得到授权后也可对下级机关的请示以函的形式给予回复。

使用函这一文种时，不论发文机关和收文机关级别的高低，双方是平等关系。因此写作上要体现平等和沟通的姿态，注重写作语言的措辞、语气。

函的内容必须单纯，一份函件只能写一件事项。作为正式公文，公函代表使用单位的意志与权威，传达机关的决策和意图，具有法定效用。即使是向主管部门请求批准的函，也必须认真遵守、办理或配合。

按发文目的分，可分为发函和复函；主动制发的函为发函，回复对方来函为复函。按内容和用途分，公函可分为商洽函、询问函、请批函和告知函等类别。

函由标题、发文字号、主送机关、正文、落款组成。

和一般公文的写法一样，函的标题由发文机关名称、主要内容（事由）、文种组成。函的发文字号与一般公文相同，由机关代字、年号、顺序号组成。函的主送机关大多数是明确、单一的，但有时涉及部门较多时，也可排列多个主送机关。

函件的正文部分应首先说明发函的根据、目的、原因、缘由。复函则先引用对方来函的标题、发文字号，然后再交代根据，说明缘由。其次要将发函的主要内容写清楚，或商洽工作、提出询问或作出答复、提请批准等；最后说明自己的希望和请求。复函则要明确说出自己的意见。结尾部分一般另起一行以“特此函商”“特此函询”“请即复函”“特此函告”“特此函复”等习惯性结语结束全文。

拟写公函时要做到叙事清楚，说理有节，语气恳切谦和，行文简洁明确，用语把握分寸，体现平等、商议的原则，切不可使用“你们要”等指令性语言强加对方。

函作为一个正式文种，在使用中要采用正式文件格式，注意同工作中的便函（即公务便信）区分开来。同时也要注意区分函同请示在使用上的分别，不能因对方机关级别高、有求于对方而出现该用函而误用请示的现象。

范例

关于加强和规范黄河防汛抗旱新闻宣传工作的函

（豫防汛〔2010〕1号）

河南省委宣传部：

黄河汛情信息对领导决策和防汛指挥至关重要。黄河水情、险情、灾情等信息发布对群众情绪和社会安定也有重大影响。因此,各新闻单位在公开报道黄河汛情信息,一定要搞准确,不能错报,要采用权威部门提供的信息,并按照程序严格审查后方可向外发布。为进一步规范黄河防汛信息发布程序,切实做好黄河防汛抗旱新闻宣传工作,按照省防指副指挥长、河南省副省长刘满仓批示,黄河防办已与河南省防汛抗旱办公室进行了沟通,现将代拟稿《关于加强和规范黄河防汛抗旱新闻宣传工作的通知》附上,请审议,如无不妥,建议以河南省防汛抗旱指挥部与省委宣传部名义联合印发,请我省各新闻单位遵照执行。

附件:1. 刘满仓副省长批示

2. 对黄河防办关于加强和规范黄河防汛抗旱新闻宣传工作的复函

3. 关于加强和规范黄河防汛抗旱新闻宣传工作的通知

(附件略)

河南省防汛抗旱指挥部

二〇一〇年一月十一日

第八节 纪 要

纪要是适用于记载会议主要情况和议定事项的公文文种。

纪要,作为记述会议要点的文字,必须忠实反映会议的基本情况,传达会议议定的事项和形成的决议,内容必须真实。既不允许离开会议实际搞“再创作”,也不允许搞人为拔高、深化,撰写者也不能对会议内容进行评论或者更改会议议定的事项,更不能随意改动会议上达成的共识和形成的决定。撰写纪要,要在综合概括会议所有内容的基础上,抓住中心和要点,进行归纳整理,从而正确反映与会者的共同认识和意见,统一认识,指导工作。纪要常以“会议”作为表述主体,如“会议认为”“会议指出”“会议决定”等。

常见的会议纪要按其内容大体分为三类。一是指导性会议纪要,这类纪要不仅是记录会议主要精神和决定事项的载体,其本身就可以作为政策依据来执行,纪要一经下发,与会单位和相关部门必须依据纪要展开工作,贯彻落实会议的议定事项。二是通报性纪要,对会议讨论决定的一些问题和事项以纪要的形式发到一定的范围,使之了解会议精神和决定的事项。三是消息性纪要,主要是为了将会议讨论的情况和问题传达给大家,目的是让有关人员了解会议的相关情况,写作此类纪要时要如实反映会议讨论的情况,即使是不同意见,也可以整理进去,但必须交待清楚语境,避免断章取义。

按照纪要会议的性质范围来分,可将会议纪要分为例会和办公会议纪要、专业性或专题性大型会议纪要和工作会议纪要三类。

纪要在使用中,要注意同决议、决定相区别。同“决议”相比,纪要的内容可轻可重,而“决议”的内容则多为重要问题或重大事件。纪要是根据会议情况写的要点,可以反映会议上的不同观点;决议则是经过与会者表决通过后形成的统一观点和决定,因此比纪要有更强的权威性。同决定相比较,纪要所记载的是会议的主要情况和议定事项,而决定更侧重于针对重要或重大事项做出完全确定的决策。

纪要由标题和正文两部分组成。

拟制纪要标题常用的方法有两种。一是由会议名称及文种组成, 如《全国农村工作纪要》。二是会议主持单位、会议名称、文种组成,如《河南河务局 2016 年改革工作推进会纪要》。

纪要正文部分开头应简明扼要地概括会议的情况,包括召开会议的背景、原因、目的、过程、时间、地点、人员、规模、议题、中心、主要成果等。然后逐一列出会议的主要内容、会议决定的主要事项,会议取得的成果,提出今后的任务、完成任务的措施和办法、贯彻会议的要求等主题内容。在写作方法上可采取条款式、综合式或摘要式等形式。工作纪要一般采取条款式写法,将会议研究的问题和决定的事项分条列项地表述,此写法的优点是条理清楚,井然有序,便于理解、执行。大型重要的会议多采用综合式写法,即把会议内容进行综合整理,归纳概括为几个部分,再逐一准确阐述和表达,有时还用小标题标出要点。这种写法需要站在全局的高度,对会议事项给予整体上把握,这种写法更有利于概括会议内容,把问题说深讲透。座谈会、学术会会议一般采取摘要式写法。

纪要的写作技法。起草纪要时要认真领会会议精神,注重梳理出纪要的基本框架, 要抓住会议集中解决的几个主要问题,形成纪要的中心。根据纪要的用途,正确妥善处理会议讨论中出现的不同意见。纪要应如实反映会议精神,不得以偏概全,要忠实地反映会议情况,如实体现会议的决策、决定和领导的思想、意图,完整表达会议思想和要求。

要按照纪要的不同用途,恰当地使用不同的用语。上报的纪要,就应使用对上的语气,如“会议讨论了以下几个问题”“会议考虑”等。下发的纪要,则可用“会议决定”“会议要求”“会议强调”等。纪要写作用语应当简练、准确、精当,阐述问题和意见应当条理清晰、层次清楚、把握适度、主次分明、逻辑性强。要善于归纳和概括不同的意见建议。

范例

河南河务局工程建设办公例会会议纪要

(2017)第 7 号

会议时间：2017 年 3 月 2 日
会议地点：机关 9 楼会议室
会议内容：研究解决工程建设存在的问题
主 持 人：×××
参加人员：×××　×××　×××　×××　×××　×××等
纪要内容：

会议听取了防洪工程建设领导小组办公室关于当前工程建设进展以及上次例会问题处理情况，并就有关问题进行了研究讨论，纪要如下：

一、当前工程进展概况。2017 年在建项目 6 个，计划投资 10.61 亿元，已到位 6.62 亿元。目前，黄河下游防洪工程、沁河下游防洪治理工程和渠村分洪闸除险加固三项工程 23 个标段中，5 个标段主体完工，11 个标段正在施工，7 个新标段正在组织进场。黄河下游防洪工程正在放淤、筑新堤施工的 51 个单元中，已完工 14 个单元，正在施工 15 个单元，暂停施工 11 个单元，正在架设管线 6 个单元，5 个单元因拆迁未完施工设备暂未进场。目前濮阳县 1 标、长垣 6 标、7 标施工进度较快，封丘 5 标、原阳 4 标进度较慢。沁河下游防洪治理工程武陟 4 标施工进度较快，济源 1 标、沁阳 3 标进度较慢。

二、问题清单落实情况。1 月份例会提出的 4 大类 41 个台账问题中，已解决或已明确意见正按有关程序办理的 33 个，剩余 8 个问题正在解决。本月新增问题 2 个，一是黄河下游防洪工程防浪林项目实施问题，二是向国土厅上报永久用地组件问题。当前省局台账挂牌问题 10 个。

三、3 月份工作安排。

1. 2017 年建设目标已定，各有关单位与部门要以负责、担当的态度，抓好工作落实，强力推进工程建设，确保完成年度建设目标任务。

2.坚持工程建设例会和问题清单制度，局属各河务局务必于每月 15 日前，将需要上级研究解决的问题报送至建设中心，相关部门按照职责提出解决意见或建议并反馈至问题提出单位。难以解决的问题提交防洪工程建设专题会议研究。

3.当前是工程施工的黄金季节，各市局要积极协调当地政府和移民征迁机构为施工创造良好环境，督促各施工单位尽快复工。濮阳、郑州、开封、新乡、焦作要督促新中标企业尽快进场施工,为完成年度建设目标打好基础。

4.本次例会议定的具体事项

(1)规计处牵头、建设中心配合,向黄委汇报黄河下游防洪工程防浪林项目建设问题,争取3月底前有明确意见。

(2)濮阳、新乡、焦作、豫西局要积极协调地方政府和国土、林业和征迁机构等有关部门,尽快完成地籍测绘、林业可研和压覆矿评估等前置手续的办理,在土地预审有效期内向省国土厅上报用地组件。

(3)新乡河务局要结合防汛抢险工作的实际,做好机动抢险队建设项目2部多功能抢险车的选型工作,6月底前采购到位。

(4)各河务局协调征迁机构,3月10日前按要求上报本年度移民征迁资金支付手续,财务处、建设中心做好财政专员办相关协调工作,确保3月底前资金到位,为征迁工作的顺利实施提供资金保障。

(5)上月例会未解决的8个问题,相关责任单位(部门)务必按照时限完成。新乡复耕费问题要尽快和市移民机构达成一致意见,并保证能够顺利验收;沁阳征地问题要积极推进相关用地手续工作;济源沁河治理项目永久性征地相关税费问题,由豫西河务局协调济源市政府、国土等部门在3月底前解决,规计处积极做好相关配合工作;濮阳河务局要进一步加强与范县征迁机构的协调力度,督促征迁实施机构加快征迁进度,为堤防加固2标提供施工用地;新乡6标东截渗墙段施工方案变更加快审核审批;新乡6标、7标土料场变更资料和范县2标盖顶土降低黏粒含量报告抓紧上报。

附件:河南黄河防洪工程建设存在问题及处理意见清单(略)

河南黄河河务局办公室

2017年3月9日

第七章 防汛事务性工作常用文书写作要点

黄河防汛涉及各个方面,事务繁多,在防汛工作中,常用的事务性文书主要有总结、会议报告、汇报提纲、调查报告、讲话稿、述职报告、会议记录、慰问信及介绍信等,是有效保证推进防汛工作的重要载体,发挥重要作用。

第一节 总 结

一、总结概述

总结是对过去一定时期的工作、学习或思想进行回顾、分析,找出成绩与问题、经验与教训,并作出指导性结论的一种事务文书,在防汛工作中应用十分广泛。

在防汛工作中, 一般情况下我们要对一个阶段的中心重点工作开展情况或全年性工作开展情况进行一次全面系统的回顾,既记录这一段时期我们所做的工作,更是为了从中总结规律,查找问题,以利于今后工作的开展,因此对所开展的工作及时进行总结是非常必要的。

总结多以本单位本部门为总结对象和总结范围,在写作时均使用第一人称。在内容上,总结必须以过去真实发生过的客观事实为依据,在进行真实客观地分析情况的基础上,进行总结,分析研究其规律性,从实践提炼升华为理论,完成从感性认识到理性认识的飞跃。

二、总结的分类

按时间节点来划分,可将总结分为阶段性总结、系统性总结。按照总结性质来分,可将总结分为专题总结、综合性总结。

对正在开展但尚未全面完成的工作进行的总结称为阶段性总结。《河南河务局 2016 年上半年工作防汛工作总结》。在工作已结束或全部完成时,对工作开展情况进行的全面系统回顾总结称为系统性总结。如《河南河务局 2016 年防汛工作总结》。 对某一专项工作所进行的总结称为专题总结,如《濮阳河务局 2015 年调水调沙工作总结》《新乡河务局 2016 年物资管理工作总结》等,均属于专题总结。对多项工作或全局整体工作开展情况所进行的总结称为综合性总结,如《河南河务局 2016 年工作总结》。这两种分类方法在内涵上相互交叉,综合性总结往往也是系统性总结。

总结一般由标题、正文、落款组成。总结一般有三种结构。

第一,纵式结构。就是按照事物或实践活动的过程安排内容。写作时,把总结所包括的时间划分为几个阶段,按时间顺序分别叙述每个阶段的成绩、做法、经验、体会。这种写法的好处是事物发展或社会活动的全过程清楚明白。

第二,横式结构。按事实性质和规律的不同分门别类地依次展开内容,使各层之间呈现相互并列的态势。这种写法的优点是各层次的内容鲜明集中。

第三,纵横式结构。安排内容时,既考虑到时间的先后顺序,体现事物的发展过程,又注意事物内容内在的逻辑联系,从几个方面总结出经验教训。

标题是总结的“眉目”,要写得简明、确切。拟写总结标题一般采用三种形式,一是公文式标题,这种标题比较常见,譬如《河南河务局 2016 年防汛工作总结》。二是文章式标题,这类标题要求突出反映总结的核心内容,起到画龙点睛的作用。譬如《抢抓转制机遇 实现强劲发展》。三是双标题。用主标题点明文章的主旨或重心,副标题为公文是标题形式,此类标题形式,往往用于理论性比较强的总结,如《团结奋进 再创佳绩——濮阳河务局 2010 年工作总结》。

总结的正文分为开头、主体和结尾三部分。

总结的开头部分如同 “凤头”,要求用高度概括和浓缩的写作语言,抓住关键,突出主题,简明扼要,对整个总结起到一个提纲挈领的作用,使人对整个总结有一个大致的了解,对总结主题提供一个清晰的脉络。总结的开头多为一个自然段,一般有三种写法。一是概述式写法:即将需要总结的工作从整体上进行高度概括,简要概述工作基本情况、工作成效与成果以及基本评价等。二是结论式写法,即将工作总结得出的经验和得出的结论写在前面,然后引出工作是如何开展的正文部分。三是提示式写法:即对总结的内容先做提示,点名总结属于哪一个工作范畴等。 四是对比式写法:即将所开展的工作同过去进行比较,写出取得了那些新的突出成绩或发生了那些新的变化,然后引发总结主体部分。

主体部分是总结写作的重点,要求内容丰富充实,要详细叙述整个工作的开展情况,包括所采取的措施、方法、步骤;在工作中遇到了哪些情况和问题,是如何加以解决的;通过工作,取得了哪些成绩等。

主体部分篇幅大、内容多,在写作上要围绕中心,抓住重点和关键,做到详略得当,叙述要条理清楚,层次分明。在结构安排上,一般按照工作内在的联系安排层次,如将各项工作按照范围大项进行归纳分类分别叙述;或者按照整个工作开展进程的时间顺序,将其划分为几个阶段,分别表述。在系统性总结和综合性总结中,这两种方法一般结合使用。在主体部分的具体写作过程中,一般可按照“做法成绩、经验体会、存在问题、今后打算”将主体部分分为四大块依次撰写,这是综合性工作总结常见的一种基本形态。

做法成绩这一块要将 ”做了什么工作,怎么做的,做到了什么程度,取得了什么成绩”等情况交代清楚。经验体会是总结的“精华”部分,也是对工作开展情况的综合归纳、分析提升,查找规律、提炼观点的过程,要从中挖掘出的能够反映事物本质的具有规律性的经验和教训,以供今后工作中借鉴。经验体会要符合实际,要有新意,避免出现雷同感觉。一般情况下,总结成绩和经验是一个总结的主要部分,而存在的问题不是主要和关键,但是从辩证的角度看,对工作开展中出现的失误、前进中的曲折查找出来并进行认真分析,以便在今后的工作中避免出现类似的错误,却是对工作开展总结的意义所在。因此应该实事求是地找准问题,并深入客观地分析产生问题的原因,并提出需要吸取的教训。因此存在问题部分是总结写作不可或缺的内容。任何机关或单位的工作不可能尽善尽美,它总是受到主客观条件的限制而使某项工作或某一方面工作存在缺点,因此撰写总结时也应实事求是地如实写明,如此以来,今后的工作就会目标明确,有的放矢。在写作上,这部分文字不宜过多,要简洁概括,以免冲淡主旨。最后结尾部分为今后打算,一般针对问题和有关要求,提出下一步干什么、怎么办,简要叙述今后的打算、努力方向和设想,起到明确方向、激励斗志的作用。

除以上写法外主体部分还可按照"条款并列""层层递进"等形式进行撰写。

总结写作应当注意做到以下四点:一是总结要"全"。要全面反映所要总结工作的全部内容和整个过程。但"全"不能是没有重点地贪多求全、主次不分,应当围绕总结目的和中心,做到详略得当。二是情况要"实"。总结工作应当客观真实,不能夸张、缩小事实,更不能随意杜撰、歪曲事实。列举的事例和数据都必须完全可靠,确凿无误。要经得起实践的检验。三是评价要"准"。在评价工作取得成绩或工作失误时,要把握分寸,力求准确适度、留有余地,避免"太满""太过"现象。四是逻辑要"严"。严密的逻辑才能使人信服,一篇总结从头至尾应当做到题目和内容一致,观点和事例一致,叙述和结论一致,开头和结尾一致。

此外在拟写总结时,应当首先明确总结的目的,确定总结所要突出的中心和重点,在全面掌握材料的基础上,可以先列出总结的提纲,然后逐一填充内容,初稿完成后再进行详细修改润色,最后请领导审阅定稿。

总结在结构上应当全面、紧凑、精炼,材料剪裁得体,详略适宜,段落层次清楚;语言要力求做到文字朴实,简洁准确、要言不烦,切忌笼统、累赘。

范例

河南黄河2013年抢险工作总结

在黄河防总及省防指的正确领导下,河南沿黄各地汛前落实了防汛责任制,培训了各类防汛队伍,准备了防汛物资、抢险设备,制订细化了防洪工程抢险预案,完善了查险、报险、抢险制度。发生险情后及时采取有效措施,以"早发现、早处理、抢早抢小"为原则,确保了防洪工程安全以及今年调水调沙、防洪运行工作的顺利实施。工作总结如下:

一、水情

今年汛前,河南河段流量一直持续在1000立方米每秒左右。进入汛期,为确保小浪底水库安全运行,小浪底水库进行了调水调沙和防洪运行。6月19日至7月9日为调水调沙期,期间小浪底与西霞院水库联合调度,最大下泄流量4580立方米每秒,花园口站最大流量4310立方米每秒,下游河道流量一般在4000~3000立方米每秒,7月3日开始,小浪底水库转入人工塑造异重流排沙阶段。7月9日调水调沙水库调度结束。

7月22日至8月5日为防洪运行期,小浪底水库7月22日按控制花园口3500立方米每秒流量级泄洪运用,最大不超4000立方米每秒;7月23日,小浪底水库按3300立方米每秒控泄;7月24日小浪底水库按3500立方米每秒控泄;7月25日小浪底水库按3600立方米每秒控泄;7月27日小浪底水库出库流量按3200立方米每秒均匀下泄;7月29日小浪底水库出库流量按2500立方米每秒均匀下泄;8月5日结束防洪运用。期间,小浪底站最大流量3830立方米每秒,花园口站最大流3880立方米每秒,夹河滩站最大流量4080立方米每秒,高村站最大流量4020立方米每秒,孙口站最大流量4100立方米每秒。

二、河势、工情

汛前,为支援沿黄地区小麦春灌和稻田育苗等工农业用水,3~5月份河道流量一直持续在1000立方米每秒左右,河南黄河有71处工程靠河,靠河坝、垛及护岸1356道,靠河长度135253米。河势变化较大有:

(1)开仪至赵沟河段,赵沟工程河势自去年汛后河势逐渐上提,由上延1坝上提到上延15坝,靠河长度增加1987米;

(2)枣树沟至东安河段,河道主溜外移,畸形河势有效得到改善,东安工程靠河长度达4000米,较2012年汛后新增加靠河长度500米;

(3)九堡至黑石河段,主流出九堡工程后沿三官庙、韦滩工程中间行进,三官庙42坝下游卡口虽然扩大,但河势持续上提坐湾黑石护滩工程;

(4)曹岗至贯台河段,由于曹岗控导工程河势下挫,送溜至欧坦工程上首,且主流有在欧坦工程上首继续上提坐湾趋势。其他河段河势基本无变化。

汛期、调水调沙期和防洪运行期,河道主河槽泄流量加大,有78处工程靠河,靠河坝、垛及护岸1654道,靠河长度约181950米,与2013年汛前相比增加7处工程靠河工程(南裹头、马庄、九堡险工、三官庙、曹岗险工、三合村、南小堤),靠河坝垛及护岸数比汛前增加18%,靠河长度增加26%。河势变化较大的有:

(1)开仪至赵沟河段,主流顶冲赵沟上延15坝至上延8坝;

(2)九堡至黑石河段,九堡控导工程送流能力增强,对岸三官庙工程前滩地坍塌约800米,主流逐渐北移,河势向好的方向发展,目前主流线距1坝仅300米;

(3)曹岗至贯台河段,因曹岗控导工程续建19~23坝和受大溜顶冲影响,送溜能力进一步增强,欧坦工程上首500米范围内河势持续上提坐湾;

(4)吴老家至杨楼河段,杨楼控导工程上首河势上提坐湾,大溜顶冲杨楼工程1坝上首滩地。其他工程河势流路基本无变化,流量加大时仅河面展宽,靠河工程数量相应增加。

汛后,河道流量一般在500~1000立方米每秒之间,与汛前相比,河势流路基本相同,仅新增加靠河工程 1 处(九堡险工)和新减少脱河工程 1 处(夹河滩护滩工程),有 71 处工程靠河,靠河坝、垛及护岸 1328 道,靠河长度 135704 米,部分工程河势有上提或下挫现象,其他河段河势流路基本无变化。

三、险情及抢护情况

(一)基本情况

由于调水调沙及防洪运行时间长,大溜顶冲或回流淘刷工程坝岸时间长、主河槽下切、新修工程及未靠过河的坝垛根基浅等原因,2013 年河南黄(沁)河工程险情频发,截至 2013 年 12 月 31 日,河南黄河累计 58 处工程 376 道坝出险 1503 次,其中,赵沟、九堡、枣树沟、金沟、欧坦、柳园口、大玉兰、化工,曹岗、古城、周营、龙长治、青庄等 13 处工程发生较大险情 34 次。累计出险体积 26.34 万立方米,抢险用石 21.59 万立方米,铅丝 173.36 吨,柳料 2270.9 万吨,麻绳 31.46 吨,装载机 10767 台时,挖掘机 3926 台时,自卸车 16256 台时,民工 41603 工日,技工 18025 工日,总投资 4781.06 万元。

(二)较大险情抢护

1. 曹岗控导发生较大险情 6 次

6 月 27 日至 7 月 2 日,曹岗控导工程 14 坝、15 坝、16 坝、19 坝发生较大险情 6 次,其中 15 坝、16 坝发生 2 次较大险情。因大溜顶冲、回流淘刷,致使迎水面、坝前头和下跨角等部位,发生根坦石、土坝基坍塌,采用抛石笼固根、抛散石还坦,搂厢或抛柳石枕护胎等方法进行抢护。出险体积 10940 立方米,抢险用石 3490 立方米、柳料 75.99 万千克、铅丝 6.5 吨、麻料 11.88 吨,土方 3490 立方米,装载机 263 台时,自卸车 915 台时,投入人工 4378 工日,总投资 178.18 万元。

2. 古城控导发生较大险情 5 次

7 月 1 日至 7 月 4 日,古城控导工程 15 坝、16 坝、17 坝、18 坝发生较大险情 5 次,其中 17 坝发生 2 次较大险情。因边溜、回溜淘刷,致使坝前头、迎水面及联坝未裹护段发生坦石、坝基坍塌,采用柳石搂厢护胎、抛铅丝石笼固根,抛散石还坦等方法进行抢护。出险体积 9468 立方米,抢险用石 3775 立方米、柳料 41.44 万千克、铅丝 1.86 吨,麻料 6.96 吨、土方 3509 立方米,装载机 550 台时,自卸车 1100 台时,投入人工 3850 工日,总投资 163.62 万元。

3. 赵沟控导工程上延发生较大险情 5 次

7 月 20 日至 8 月 26 日赵沟控导工程上延 10 坝、11 坝、13 坝、14 坝发生较大险情 5 次,其中 11 坝发生 2 次较大险情。因大溜顶冲、回溜淘刷,致使迎水面、坝前头和下跨角部位发生根石走失、坦石坍塌,采用抛铅丝石笼固根和抛散石还坦的方法进行抢护。出险体积 4182 立方米,抢险用石 3952 立方米、铅丝 11.43 吨、土方 230 立方米,装载机 227 台时,挖掘机 89 台时,自卸车 640 台时,投入人工 1552 工日,总投资 107.51 万元。

4. 欧坦控导工程发生较大险情 4 次

7 月 4 日至 7 月 11 日欧坦控导工程 12 坝、14 垛、14 护岸发生较大险情 5 次,其中 12

坝、14 护岸发生 2 次较大险情。因大溜顶冲致使坝前头、迎水面、下跨角及护岸部位发生坦石、坝基坍塌，采用抛铅丝石笼固根和抛散石还坦等方法进行抢护。出险体积 5025 立方米，抢险用石 2846 立方米、铅丝 4.71 吨、麻料 2.09 吨、土方 714 立方米，装载机 114 台时，挖掘机 95 台时，自卸车 161 台时，投入人工 1526 工日，总投资 92.93 万元。

5. 九堡控导工程发生较大险情 4 次

6 月 27 日至 7 月 13 日欧坦控导工程 124 坝、136 坝、140 坝、142 坝发生较大险情 4 次。因大溜顶冲和回溜淘刷，致使坝前头、迎水面用下跨角部位发生坝基坍塌，采用抛柳石枕护胎、抛铅丝石笼固根和抛散石还坦等方法进行抢护。出险体积 4237 立方米，抢险用石 2444 立方米、柳料 5.68 万千克、铅丝 2.20 吨、麻绳 0.90 吨、土方 1477 立方米，装载机 150 台时，挖掘机 69 台时，自卸车 354 台时，推土机 115 台时，投入人工 916 工日，总投资 53.41 万元。

6. 青庄险工 18 坝较大险情 2 次

6 月 9 日、7 月 3 日及 7 月 6 日，青庄险工 10 坝、18 坝发生较大险情 3 次，其中 18 坝发生 2 次较大险情。因大溜冲刷致使迎水面部位发生根坦石墩蛰，采用抛柳石枕、土袋护胎，抛铅丝笼固根，抛散石恢复根坦石的方法进行抢护。出险体积 2549 立方米，抢险用石 2105 立方米、柳料 7.10 万千克、铅丝 3.08 吨、麻绳 0.56 吨，装载机 140 台时、挖掘机 53 台时、自卸车 343 台时、推土机 2 台时，投入人工 586 工日，总投资 61.68 万元。

7. 柳园口险工较大险情 2 次

7 月 7 日、7 月 19 日，柳园口险工 39-3 坝、39-1 坝发生较大险情 2 次。因大溜冲刷致使坝前头、迎水面部位发生根坦石坍塌、土坝基墩蛰，采用抛铅丝笼、散石、填土恢复坝体原貌的方法进行抢护。计出险体积 1304 立方米，抢险用石 994 立方米、铅丝 0.68 吨、土方 310 立方米，装载机 32 台时，挖掘机 23 台时，自卸车 52 台时，投入人工 300 工日，总投资 19.74 万元。

8. 周营控导较大险情 1 次

7 月 9 日，周营控导工程 2 坝迎水面部位受大溜冲刷影响，发生坦石坍塌较大险情，采用抛铅丝笼、土袋固根，后抛散石恢复坝体原貌的方法进行抢护。计出险体积 2835 立方米，抢险用石 1435 立方米、铅丝 2.56 吨、土方 1400 立方米，装载机 60 台时，挖掘机 60 台时，自卸车 80 台时，投入人工 150 工日，共计投资 38.47 万元。

9. 龙长治控导较大险情 1 次

7 月 10 日，龙长治控导工程 6 坝迎水面部位受大溜冲刷影响，发生根坦石下蛰较大险情，采用抛铅丝笼固根、抛散石恢复根坦石的方法进行抢护。计出险体积 1080 立方米，抢险用石 1080 立方米、铅丝 1.61 吨、装载机 72 台时、自卸车 216 台时，投入人工 360 工日，总投资 30.66 万元。

10. 大玉兰控导较大险情 1 次

6 月 28 日，大玉兰控导工程 6 坝迎水面部位受回溜淘刷影响，发生土坝基坍塌较大险情，采用抛柳石枕护胎、填土、抛散石恢复的方法进行抢护。计出险体积 1120 立方米，抢险用石 67 立方米、铅丝 0.21 吨、麻绳 0.21 吨、土方 1120 立方米,装载机 12 台时,自卸车 150 台时,挖掘机 11 台时,投入人工 140 工日,总投资 9.71 万元。

11. 化工控导较大险情 1 次

2 月 21 日,化工控导工程 30 坝迎水面部位受回溜淘刷影响,发生土坝基坍塌较大险情,采用抛散石、填土恢复的方法进行抢护。计出险体积 861 立方米,抢险用石 399 立方米、土方 861 立方米,装载机 13 台时,自卸车 5 台时,投入人工 146 工日,总投资 7.16 万元。

12. 枣树沟控导较大险情 1 次

7 月 19 日,枣树沟控导工程 13 坝坝前头部位受大溜冲刷影响,发生根坦石走失、土胎坍塌较大险情,采用回填土方护胎、抛铅丝笼固根、散抛石还坦的方法进行抢护。计出险体积 810 立方米,抢险用石 360 立方米、铅丝 0.40 吨、土方 450 立方米,装载机 14 台时,自卸车 107 台时,推土机 15 台时,投入人工 113 工日,共计投资 6.77 万元。

13. 金沟控导较大险情 1 次

4 月 27 日,金沟控导工程 10 坝迎水面距坝根位置受回溜淘刷影响,发生根石走失,坦石下蛰、土胎外露较大险情,采用抛散石、填土恢复的方法进行抢护。计出险体积 810 立方米,抢险用石 200 立方米、土方 610 立方米,装载机 17 台时,挖掘机 8 台时,自卸车 85 台时,投入人工 16 工日,总投资 5.22 万元。

14. 欧坦控导工程上首应急抢修

为避免不利河势发展和确保欧坦工程安全运行,7 月 15 日各参建单位人员全部到位,成立了欧坦工程上首护岸应急抢修工程指挥部,采取重复组装式导流桩坝进行应急抢修,参与施工的主要设备包括移动平台 1 组、移动板房 8 个,发电机组 2 台、吊车 3 台,拖船 2 艘、浮桥舟体 1 节。现场施工及管理人员近 190 人。截至 8 月 5 日,滩岸平面插桩长度 100 米,其中旱地插桩 30 米,完成投资 350 万元。有效的减缓了欧坦工程上首约 500 米范围内的滩岸坍塌,遏制了不利河势的发展。

较大险情发生后,各县均及时成立了较大险情抢险指挥部,由县政府领导任指挥长,县河务、水利、交通、电力、公安等有关单位负责同志任成员,并迅速制订抢护方案,全力组织人员、设备及料物进行抢护。各级领导高度重视较大险情抢护,黄委、河南局有关领导及抢险专家多次赴现场检查、指导抢险工作。

(三)险情特点及原因分析

(1) 河道工程长期受大溜顶冲、坝岸发生猛墩猛蛰或滑塌险情。

当工程上首发生斜河或横河时,大溜顶冲坝岸,工程多次发生猛墩猛蛰或根坦石滑塌险情,如九堡控导、周营上延等发生的较大险情均属于这类险情。

(2)未受大水考验的工程易发生较大险情。

由于前些年新修传统柳石结构坝或工程修建后未靠过河,工程本身基础浅,建成后未经大洪水考验,受大溜顶冲或回溜淘刷等原因,根坦石蛰动移位走失,多次发生较大险情,如曹岗控导较大险情、欧坦控导、赵沟控导上延等发生的较大险情均属这类险情。

(3)工程未裹护段受回流淘刷易发生较大险情。

工程的未裹护段、下跨角至背水面等部位，一旦靠河着溜极易发生较大险情，如古城控导工程、大玉兰控导工程发生的土坝基坍塌较大险情均属于这类险情。

四、经验与体会

(一)各项防汛责任制和各项预案的落实为及时控制险情提供了可靠保障

汛前，河南黄河及早部署各项防汛准备工作，落实了以“行政首长负责制”为核心的各项防汛责任制(班坝责任制、分级负责制、技术负责制等)；汛期，各单位在执行防洪预案的基础上，同时还严格执行调水调沙、防洪运行、工程抢险等预案，工程抢险工作做到有条不紊，确保了工程安全。

(二)注重防汛抢险新技术培训，提升应急抢险水平

近年来，河南黄河在防汛抢险新技术、新工艺、新方法、新材料研究及应用等方面取得了丰硕成果，为更好的推广应用现代防洪抢险新技术，以实战代培训，进一步提高抢险队员机械化抢险技能，锻炼队伍的同时，保障了工程安全，降低抢险成本。

(三)适应抢险需要，防汛应急抢险队汛期集中待命

为适应新形势下防洪抢险需求，解决现有机动抢险队管理体制不顺、人员老化、抢险设备落后等现状，河南河务局 2013 年 6 月至 9 月份在郑州、新乡河务局成立了两支防汛应急抢险队，并要求汛期在驻地集中培训、集结待命。

五、问题及建议

(一)新修工程根基浅抢险任务大

2013 年工程出险的特点看，新修工程和未靠过河的工程坝垛险情频发，如巩义赵沟控导工程、封丘曹岗控导工程等。主要原因是黄河下游河道建设工程一般多采用旱地挖槽施工，结构多为柳石土结构或石笼沉排，工程基础浅、抗冲能力差。近年来，新修工程虽然采用挖槽抛石或水中堆石进占施工，但是工程根基还远远不能达到工程安全要求。建议优化工程结构，增加工程基础，加大工程基本建设投入，解决被动抢险局面。

(二)防汛抢险道路不能满足抢险需要

目前河南河务局多处工程防汛抢险道路路况差，路面损坏严重，部分工程只有一条通往工程的防汛道路，无迂回路，不能满足防汛抢险的需要。建议修复防汛道路，增加工程抢险迂回道路。

(三)机动抢险队建设亟待加强

我省 15 支机动抢险队均存在着装备不足、设备老化等问题，已经严重影响抢险任务的执行。建议进一步加大机动抢险队建设投资力度，更新和配齐抢险设备，提高抢险队处置重大险情的能力。

附表：2013 年河南黄河河道工程险情统计表(略)

第二节 会议报告

会议报告是指在重要会议和群众集会上，主要领导人或相关代表人物发表的指导性讲话,具有宣传、鼓动、教育作用,它是会议文件的重要组成部分和贯彻会议精神的依据。

会议报告一般可分为政治报告、工作报告、动员报告、总结报告、典型发言、开幕词、闭幕词等类别。其中工作报告在防汛工作领域应用最为广泛,每年召开防汛会议、防汛工作动员会、防汛办公室主任会议、防洪运行动员会议、以及发生重大险情时的紧急会议等,均需要工作报告。会议报告是指在会议上就有关工作、形势与任务或问题做出介绍、分析、评价或总结而写成的报告。

会议报告具有以下特点。

(1)理论性和逻辑性。会议报告是领导人在会议上或重要场合作以领导身份站在决策集团角度上所发表的讲话。报告主要目的是总结工作、分析问题,提出要求,部署任务等,因此会议报告既要注重事实分析,又要从理论高度上进行归纳概括,进而指导实践,因此必须有较强的理论性和逻辑性。

(2)双向性和交流性。会议报告直面听众公开发表讲话,具有直接性、当众性的特点,正是由于这种面对面的宣讲形式,就使主体和客体之间具有双向性和交流性。报告能否吸引听众,不仅取决于报告的文采或领导的演讲口才,更关键的还取决于报告内容是否为听众认可接受。

(3)切实性和针对性。会议报告的核心是分析和解决具体的实际问题,具有很强的针对性。它一般要总结成绩经验、说明现状和存在问题,部署工作,规划未来等。

(4)集中性和灵活性。集中性是指会议报告应该紧紧围绕会议主题,灵活性指形式上无固定的格式和要求。

(5)通俗性和清晰性。会议报告主要靠口头语言来传达,报告声过即逝,具有“一次性”的特点,因此要根据听众对象的不同采用不同的语言风格,使听众容易理解和接受。一篇好的会议报告应当语言生动,文采打动人心,撰写报告时应尽量避免过多使用书面语言。

会议报告虽然以领导成员个人名义出现,但并非个人意见,而是领导班子集体的意向。会议报告下发后就同其他公文一样就具有指示性质和重要的约束力。下属部门和机关必须贯彻落实。

会议报告由标题、称谓、正文三部分组成。会议报告的标题一般由会议名称和文种构成,譬如:“××在××会议上的报告(或讲话)”。或者由正、副标题构成,正题揭示报告的主旨,副题则标明报告人、会议名称、时间和文种。譬如:《创新时取,真抓实干,全面完成各项年度目标任务——在 2017 年局务会议上的讲话》,并在标题下面分别标注姓名和日期。称谓一般用“各位代表”或“同志们”来称呼。会议报告的正文部分一般先概述前一阶段的工作概况,内容包括对工作的总体评价，任务完成情况，取得成绩的依据、条件等。或者直接阐明召开会议的意义和主题。其次是对具体工作从不同方面提出意见和要求，进行部署和安排等。结尾多数是发出号召。

起草会议报告要紧紧围绕报告的主题，把握重点，总结工作要简明扼要，分析形势和问题要抓住主要矛盾，制订措施切实可行，部署安排要清晰明了，鼓动工作要铿锵有力。要注重报告内在的逻辑性，内容丰富充满张力，语言要通俗生动、论述清楚，生活活泼，富有文采。

范例

规范管理　狠抓落实
全力做好2017年河南黄河防汛工作

——×××在河南黄河河务局2017年防汛工作会议上的报告

同志们：

这次会议的主要任务是贯彻落实2017年上级防汛工作部署和全局工作会议精神，回顾总结2016年河南黄河防汛工作，分析当前面临的形势，安排部署2017年防汛重点工作。

下面，我讲两个方面的内容。

一、2016年防汛工作简要回顾

2016年，在国家防总、黄河防总的关心支持下，在省委、省政府的领导下，各级河务部门全力以赴、密切配合、通力协作，紧紧围绕黄委和省局确定的防汛工作重点，立足于防大汛、抢大险、救大灾，全面落实以行政首长负责制为核心的各项防汛责任制，稳步推进依法防汛，梳理职责82项120条，厘清了各级防指成员单位、河务局内部及防办防汛职责，组织开展了4级行政首长培训，责任制体系得到进一步完善。修订完善11个方面的方案预案，并进行了逐级审查，开展了滩区迁安演练，提高了预案的可操作性。创新群防队伍组建形式，落实以“政府主导、行政事业单位牵头、群众参与”的群防队伍57万人。汛期6支应急抢险队集结待命，圆满完成了黄河防总会议期间抢险演练、省军区军民联合演习任务，受到上级领导的充分肯定和表扬。编制了《河南黄河河道视频监控系统实施方案》，新建视频监控点2处、整合13处，河道视频监控平台得到进一步完善。开展了防洪风险隐患排查，出色完成了国家防总安排的防汛督查任务。强化涉水安全管理，开展了危险源排查，更新补充了安全标志标牌，确保了滩区群众生命财产安全。战胜了2015~2016年度本世纪以来最强低温寒潮造成的黄河凌汛，确保了防凌安全。全力应对沁河6次洪水过程，保障了沁河下游滩区安全。全年共有

31处河道工程138道坝(垛)累计出险285次,均得到及时抢护,确保了河南黄(沁)河安全度汛。

2016年,各单位在工作中结合自身特点,创新工作思路,取得了显著成效,值得借鉴和学习。濮阳河务局创新防汛抢险技能人才培养奖惩激励机制,举办技能骨干培训班,着力培养高技能人才;开展群防队伍摸底调查,从人员务工距离、年龄结构、文化层次等方面建立数据库,确保群防队伍有名有实。郑州河务局积极作为,力促政府投资55万元建成视频监控,有效提升防汛巡查手段和应急快速反应能力;加强河道管理,以郑州市防指名义印发《郑州市黄河河道综合治理工作方案》,沿黄各县(市)区政府组织建立由河务、国土、交通、林业、公安等为成员单位的黄河河道联合执法机制,确保了河道行洪安全。兰考河务局推行了由地方政府牵头、有关部门参与的预案编制模式;建立了以民兵骨干为主的应急防汛抢险队,并在16个乡镇设立分队,完善了群防队伍建设。新乡河务局成功承办河南河务局大型机械操作手培训班,35名队员取得从业资格证书,为抢险队机械安全运行奠定了基础;积极应对新乡特大暴雨,圆满完成市区排涝、卫河渠堤防守等任务,受到市防指领导的高度赞扬。焦作河务局积极应对沁河6次洪水过程,确保了沁河工程和滩区安全;组织开展了冲锋舟驾驶员培训,为防汛抢险及水上救援提供了专业人才保障。豫西河务局与洛阳市军分区联合开展防汛演练,倾力打造"三位一体"军民联防体系;加强防汛机动抢险队员培训演练,定期开展集中训练,使训练常态化。信息中心在视频监控点建设、通信管理与维护中提供了技术支撑,确保了防汛通信畅通;物资中心加强物资管理,进行防汛物资社会化储备调研,为防洪抢险提供了物资保障;服务中心为防汛工作提供了车辆及后勤服务;供水局在引水泵站建设、提高供水保证率方面做了大量工作。机关各有关部门在防汛宣传、河道清障、洪水资源化管理、工程巡查、防汛督查、机动抢险队建设、安全生产等工作中结合各自特点,做了大量卓有成效的工作。在此,我代表省局防办对大家一年来对防汛工作的支持和辛勤工作表示感谢!

我们在看到成绩的同时,也要清醒地认识到防汛工作中存在的问题和不足,归纳起来主要有以下几个方面:一是思想认识需要进一步提高。近年来黄河一直没来大水,加上小浪底水库的运用,使部分人员滋生了麻痹松懈思想和侥幸心理。二是依法防汛工作水平有待进一步提高。《河南省黄河防汛条例》的出台将黄河防汛从行政措施上升到法律手段,标志着河南黄河防汛工作进入了新阶段。要实现从传统经验管理到依法规范管理的转变,需要从认识上、能力上不断提高,以适应依法防汛的要求。三是机动抢险队建设亟需加强。随着水管体制改革,专业机动抢险队"一岗双责"不适应防汛抢险需要,一定程度上削弱了防汛抢险队能力,整合后的6支抢险队机构和人员都尚未正式到位,如何组建和管理需要我们认真思考和探索。四是防汛信息化建设和应用水平仍需进一步提高,目前从省局到市局,开发的防汛信息系统存在各自为战、分散建设和应用水平不高现象,需进行整合,并加强应用,满足决策指挥需要。五是滩区防洪存在"最后一公里"现象。目前河南黄河防洪工程体系基本完善,工程防洪能力有效提高,保障滩区防洪安全是摆在日常防汛管理面前的一个难题,如何把责任制、防洪预警、涉水安全、迁安救护、河道管理等各项工作落到乡、村、户,做到不留死角、全覆盖,还有大量细致工作要做。六是抢险新技术、新材料应用需要进一步加强。抢险过度依赖石料,需要在石料替代技术和抢险方法上进一步加强研究。

这些问题的存在对防汛工作的影响不容忽视,希望各单位进行全面检查,查找不足,在今后的工作中要认真研究并加以解决和完善,努力提升防汛管理工作水平。

二、2017 年重点工作安排

2017 年是党的十九大召开之年,是贯彻落实《条例》的开局之年,也是加快治黄改革发展、“维护黄河健康生命,促进流域人水和谐”“规范管理、加快发展”的关键一年,做好防汛工作意义重大。各级要充分认识防汛工作面临的新形势、新任务、新要求,深入贯彻习近平总书记系列重要讲话精神,积极践行中央新时期水利工作方针,认真落实全国防汛抗旱会议、全河工作会议及全局工作会议决策部署,创新观念、开拓进取,把思想和行动统一到河南黄河防汛改革发展上来。

2017 年河南黄河防汛工作思路是:以党的十八大、十八届三中、四中、五中、六中全会精神为指导,牢固树立防大汛、抗大旱、抢大险、救大灾的思想,把确保滩区群众生命安全和工程安全放在第一位,以贯彻《河南省黄河防汛条例》为契机,强化依法防汛,规范管理,切实提高防汛抢险应急保障能力,确保河南黄(沁)河防洪安全。

按照这一思路,2017 年防汛及规范管理重点做好以下工作:

(一)加强防汛条例宣传贯彻,切实提升依法防汛能力

一是按照省防指下发的关于《条例》的宣传贯彻落实意见,结合实际,制订本地区宣传贯彻实施方案,2 月底前报省防指黄河防办。二是广泛宣传,协调广播、电视、报刊和网络等媒体加强对《条例》颁布实施的宣传,3 月 10 日前完成;汛前结合“七五”普法、“世界水日”“中国水周”等活动,采取固定标牌、宣传册等方式,全方位、多渠道地开展《条例》“六进”普法宣传活动。三是加强培训,汛前通过知识竞赛、举办培训班、座谈会等方式,组织防汛管理人员、沿黄四级行政首长、防指成员单位和涉河单位相关领导学习培训。四是抓好建章立制,10 月底前依据《条例》对现行的防汛制度、办法等进行梳理,修订完善防汛制度。五是做好协调,各级河务部门要积极向政府汇报,当好参谋,解决《条例》实施过程中遇到的实际问题,提高宣传贯彻工作的实效。

(二)加强责任落实,全面做好防汛组织准备

一是要全面落实以行政首长负责制为核心的各项防汛责任制,并贯彻防汛工作全过程。5 月底前,根据领导变动情况,调整防汛抗旱指挥机构和防汛抗旱责任分工,依据《条例》修订完善防指成员单位职责,并做好防汛责任制公示,接受社会监督。二是要继续强化岗位责任制、班坝责任制等内部责任制,依据责任清单细化责任分工,形成“事事有人管、人人有事做、纵向到底、横向到边”的责任制体系和工作格局。三是汛前各级要采取多种形式开展行政首长业务培训,培训重点是《条例》的贯彻落实,切实提高各级防汛责任人的依法指挥决策能力。四是各级要按照《条例》要求,完善黄河防汛督察制度,对本级和下级黄河防汛工作进行

监督、检查,确保各项责任制落实到位。

(三)规范预案修订,切实提高预案可操作性

一是各级要对河道、工程和滩区状况进行认真普查,以指挥调度、滩区迁安、工程抢险、应急保障为重点,4 月 15 日前完成各类防洪预案修订。二是推行保障预案的分类分部门编制,协调公安、卫生、交通、通信、电力、石油等部门结合自身实际,编制防汛抢险保障预案,并报当地防指黄河防办备案。三是有转移安置救护任务的市、县政府要组织民政、河务、公安、交通运输、卫生计生、国土资源等部门制订转移安置救护方案,落实转移安置救护措施,6 月 30 日前完成滩区迁安救护演练,郑州市局要组织一次河道内建设项目迁安演习。四是要按照下管一级的要求,4 月底前开展预案会审,市局审查县级预案,省局审查市级预案,逐级审查把关,切实提高预案的科学性。五是对于跨汛期施工的在建项目,督促施工单位编制完善相应的度汛方案,并落实度汛措施。

(四)强化队伍落实,着力提高抢险实战能力

一是加强河南黄河应急抢险队建设,6 月 15 日前应急抢险队组织到位, 开展防汛抢险培训及演练,汛期集中待命。二是探索新形势下抢险队组建模式,3 月底前郑州、新乡河务局从抢险队机构设置、人员组成、经费支撑、抢险能力等方面提出切实可行的组建方案,6 月 15 日前组建到位,10 月底前提交研究报告。三是加强群防队伍建设。各级要按照"政府主导、行政事业单位牵头、群众参与"的组建模式于 5 月底前完成组建,6 月底前开展培训、演练,确保汛前群防队伍落到实处。四是焦作河务局举办一期全局冲锋舟操作手培训班,郑州河务局举办一期全局大型机械操作手培训班;省局防办建立防汛抢险人才库,对抢险技能人才实行动态管理,满足防汛抢险需要。五是要加强与驻豫部队的联系,及时通报汛情,强化"三位一体"军民联防体系。

(五)加强物资管理,切实做好防汛应急保障

一是认真做好清仓查库工作,3 月 20 日前县局完成清仓查库,3 月底前省局开展物资检查,落实中央防汛物资储备。二是抓好物资补充工作,各县局按照防汛费"二上"实施方案,抓紧组织采购,汛前保质保量补充到位,市局做好督促、检查。三是加强防汛仓储物资日常管护工作,严格防汛物资出入库管理,做到出入库手续齐全,按规定权限报批动用物资,按程序报废报损物资。四是新乡市局做好新建仓库管理工作,按照管理智能化、装卸机械化要求,3 月底前完成搬迁,4 月底投入正常运行。五是汛前要按照责任书要求落实社会团体大型机械及群众储备,强化防汛物资储备社会化保障。

(六)加强险情管理,确保石料调度合理合规

一是严格按照《黄河河道整治工程根石探测管理规定》进行根石探测,并加强监督检查,确保探测成果真实、可靠、准确,4 月 18 日前提交报告。二是做好汛前石料采运及根石加固工作,全局汛前需采运石料近 15 万立方米,任务量大,县局要采取措施提前组织实施,5 月 30 日前完成相关工作,市局加强监督,确保按时完成。三是严格按照班坝责任制进行工程巡查,发现险情做到抢早抢小;报险要及时,严禁瞒报、虚报;抢险严格实行监理制,加强监督,杜绝弄虚作假;科学拟定抢险方案,较大险情铅丝笼占比达到20%,提高抢险效率。四是加强抢险新材料、新技术研究应用,省局防办、郑州、焦作河务局负责开展土料充填技术研究,在嘉应观应急修复工程中应用试验,检验设备和充填技术效果。五是重点加强嘉应观、韦滩至黑石、青庄下首等畸形河势和滩岸观测,及时掌握河势变化及险情发展,汛前提出抢护方案并上报黄委;省局防办、设计院开展小流量下河道适应性研究,并提出相应对策,10月底前提交技术报告。六是焦作河务局要按照《条例》要求,探索嘉应观滩岸抢护由国家、地方、受益者共同合理承担费用模式,将建成的应急修复项目交地方管理,由地方负责守护及抢险费用。

(七)强化涉水安全管理,切实提高应急处置能力

一是继续强化防洪避险宣传,4月底前制订防汛宣传方案,明确宣传内容、宣传形式和具体要求,特别是《条例》的相关内容,6月10日前完成警示标志标牌增补和更新,并按照省局要求印发各类宣传材料。二是协调有关单位部门4月底前完成辖区内涉水物体普查,按照《关于排查黄沁河河道内防洪安全隐患的通知》逐项落实责任主体和监管责任,并书面通知有关责任单位和责任人,对监管单位、责任单位、责任人进行公示,公布监督电话,接受社会监督,5月底将落实情况上报省局防办备案。三是强化防汛应急管理,加强工程巡查,对防汛突发事件各级要做到边报告、边核实、边处理。各单位向当地政府报告防汛突发事件信息的同时,需向上级相关部门报告;接到当地政府处置有关防汛突发事件的信息时,也要及时向上级相关部门报告。四是加强舆论引导,主动与媒体沟通,正面宣传,严格按照中共河南省委宣传部、河南省防汛抗旱指挥部联合下发的《进一步加强和规范防汛抗旱新闻宣传报道工作的通知》要求,规范信息发布程序,为防汛抗洪营造良好的舆论氛围。

(八)加强信息化建设,不断提高防汛现代化管理水平

一是防办、信息中心、瑞达公司汛前要对现有的信息系统进行普查,以应用为牵引进行整合;加大应用力度,对预案管理、工情险情会商、物资管理等系统进行更新、维护,满足防汛需要。二是继续完善河道视频监控平台建设,4月底前完成花园镇、东坝头等7处视频监控点建设;信息中心做好已布设监控点的运行、维护,确保系统正常运行。三是信息中心汛前对现有通信设施及一线工程班、涵闸管理处、抢险队等通信设备进行全面检修,确保通信畅通;科技处组织对全局网络进行全面检查维护,确保网络畅通和安全。四是信息中心汛前要对无人机、卫星转播车、3G移动传输等进行升级、维护,确保汛期正常运用。五是开封河务局4月底前完成滩区预警微信平台,汛期投入使用。

(九)加强项目和经费管理,确保资金使用规范高效

一是做好2017年应急度汛项目的建设管理工作,4月30日前主体工程完工,5月30日前完成投入使用验收,9月底前完成竣工验收。二是做好2016年特大费项目验收工作,3月底前完成项目竣工验收。三是做好应急度汛和特大费项目经费申报的前期工作,各单位要本着实事求是的原则,统筹兼顾、及早动手,增加项目储备,各单位不少于1000万,信息中心不少于500万,重点是工程根石坡度较陡及非工程措施项目。四是做好防汛费项目管理工作。

防汛费支出严格按照财务管理有关规定执行，各单位要科学、合理编制项目实施方案，分别于7月、11月底前完成防汛费一上、二上申报工作；3月底前完成2016年防汛费验收、绩效评价工作，9月底前完成2017年防汛费中期绩效评价工作。

（十）加强河道防洪管理，切实保障行洪畅通

一是加强浮桥安全管理。浮桥运营过程中，禁止在浮桥两岸设置固定的桥头建筑物，禁止对桥头及滩岸进行防护和加固，当预报花园口流量3000立方米每秒以上时，浮桥管理单位必须在规定时限内拆除浮桥。二是加强采砂管理，按照《条例》和黄（沁）河河道采砂管理规划，依法规范禁采区、禁采期的采砂作业，禁止加固砂场滩岸。三是按照“谁设障、谁清除”的原则，汛前各单位要清除妨碍行洪的建筑物、构筑物及阻水片林，同时加强河道巡查，及时阻止倾倒垃圾、渣土等行为，确保黄河行洪安全。四是加强河道建设项目监督，各县局要对所辖范围内建设项目的防洪影响、施工度汛方案实施情况进行稽查，省、市局要做好稽查工作的层级监督。

（十一）加强水情管理，全面提高水文监测能力

各级要切实加强水情管理，2月底前完成河南黄河水位资料整编，4月底前完成河道排洪能力分析，5月底前完成汛前水尺校测及维护，根据靠河情况增加临时水尺。汛期实时关注水、雨情及气象情况，尤其是沁河、伊洛河水情，进行水、雨情分析预测，为防汛提供基础数据支撑。11月底前完成汛后水尺校测及维护，12月底前完成河南黄河河道大断面资料数据的计算机录入、整理及成果编印。焦作市局10月底前完成河口村水库运用后沁河下游河道冲淤分析报告，为沁河防洪打下基础。凌汛期间，根据凌情发展，做好黄河下游凌情查勘、观测工作。

（十二）强化关键环节，做好调水调沙生产运行相关工作

一是6月15日前要编制完成调水调沙运行预案，预筹应对措施。二是6月10日前制订调水调沙责任制，落实岗位责任。三是做好调水调沙期间涉水安全管理。认真排查生产堤及可能造成滩区进水的串沟、堤河，采取切实可行措施，确保调水调沙期间滩区不进水；调水调沙期及时向地方政府行政首长及乡、村和群众通报信息，严禁在河道内从事采砂、旅游、摆渡、航行、养殖、捕鱼、游泳、过河种地等涉水生产活动，确保人民群众生命财产安全。四是做好工程防守，各级要加强值守，做好巡坝查险，做到险情早发现、早抢护，要把防守重点放在易出险的畸形河段、新修工程和基础较薄弱的靠河工程，落实抢险措施和抢险料物，确保工程安全。五是焦作、豫西市局汛前要做好河口村水库预泄运行相关工作，确保预泄期间沁河下游防洪安全。

（十三）强化责任落实，狠抓业务范围内安全生产

一是要认真贯彻落实《河南河务局安全生产网格化管理实施方案》（试行）要求，强化安全生产责任，按照一岗双责的要求，各级防汛业务主管既是防汛业务负责人，又是业务范围内安全生产责任人，要做到业务和安全同责。二是加强重点环节、关键时段的安全生产管理，各级要切实做好调水调沙生产运行、防汛抢险、应急度汛项目、防汛物资管理等重点环节的安全生产工作,严格执行操作规程。三是落实安全生产保障措施,各单位要进一步做好防汛物资仓库监控设施建设和消防设备器具保养更新工作,落实防汛物资财产保险措施,配齐一线查险、抢险人员的救生器具,给安全生产提供保障。四是强化督促检查及责任追究,汛前各级各单位在检查布置工作的同时检查安全生产工作,发现隐患要及时整改消除;如发生安全事故,要严格追究相关人员责任。

(十四)强化抗旱服务,切实保障灌区农业生产

各级防办作为综合协调部门,要强化服务意识,与相关部门加强联系,密切关注沿黄旱情和用水需求,及时提供水情信息,切实为抗旱工作提供好服务。供水局5月底前完成引黄入冀补淀渠首闸的闸室、涵洞,闸门安装等主体工程,大堤回填高程达到现状堤顶高程;濮阳河务局汛前对引黄入冀补淀渠首闸施工度汛方案进行审查,并督促建设单位落实度汛措施,确保渠首闸安全度汛。

2017年防汛工作任务已明确,各单位要强化责任、规范管理、狠抓落实,将任务分解到每个部门每个人。省局防办要建立工作台账和通报制度,定期通报进展情况,同时要加强监督检查和防汛考核,确保各项工作不折不扣落实到位,使我局防汛管理水平再上一个新台阶。

同志们!2017年各项防汛工作已经全面展开,让我们在局党组的正确领导下,以强烈的事业心和责任感,撸起袖子加油干、狠抓落实促发展,凝心聚力、履职尽责,确保河南黄河防汛安全,为河南黄河流域经济社会可持续发展做出新的贡献!

第三节　汇报提纲

汇报提纲是下级机关向上级机关或者其他特定人员汇报工作、介绍情况时所使用的一种纲要性文书。一般适用于正式会议的简要汇报以及非正式会议或较为宽松的场合的介绍情况。

撰写汇报提纲的主要目是为了增强发言时的条理性,为口头发言起到辅助提醒的作用。一般情况下,发言人可以按照提纲所列出的脉络展开发言,汇报内容较提纲更为丰富,有提纲作为辅助来保证口头汇报不至于出现离题万里,不知所云或者出现汇报内容重复、遗漏等状况。

汇报提纲的标题一般由汇报主体名称、主要内容和文种三个要素构成,譬如《濮阳河务局综合政务工作汇报提纲》。

汇报提纲在写法上应力求简练概括,择"要"叙写。一般应先用简明扼要的文字交代出有关问题的基本情况,提出总的看法和基本观点,然后采用分条的形式,将为了完成某项工作任务所采取的措施及取得的效果、存在的问题以及下一步工作的意见、最终实现的目标等,逐一列述。

撰写汇报提纲首先清楚汇报所要达到的目的，要为围绕汇报主旨和要求准备汇报材料，要突出主要的问题和大的方面来撰写，切忌偏离主题。写作时要围绕听取汇报的对象最想了解的情况，抓住重点来撰写汇报提纲，做到层次清晰，结构合理、突出特色，文章对路。

汇报提纲有详略之分，提纲的详略应当根据会议或问题的性质、内容的重要程度酌情确定，其中简略的提纲比较概括，一般只列明每个问题的要点，列出粗线条的“框框”即可；详细的提纲内容相对较为具体，一般既有“纲”，又有“目”，内容较为丰富，等同于“瘦身版”的汇报材料。

范例：

办公室工作汇报提纲

办公室承担工作主要有两大项，行政管理和文秘信息。

一、行政管理工作

（一）工作情况

行政管理主要有车辆管理、机要保密档案管理、机关办公信息化自动化建设、办公用具用品的购置配备、文印管理、会务、接待、机关家属楼管理、对外协调和领导、上有临时交办的督查督办工作任务。

（二）存在问题及原因

工作还不周密细致，服务的质量和效率还不够高，一些疏漏时常发生，出现顾此失彼的问题，其原因虽然与人员少有关，但主要的是我们的工作能力、工作作风还没有跟上工作要求。

二、文秘信息工作

（一）工作情况

文秘工作主要有全会工作报告起草、领导部分讲话稿起草、部分文件起草、机关工作总结及部分汇报材料起草和其他室起草的有关文稿的修改和把关等。信息工作除抓好机关自身信息编发外，还做了对县(市、区)纪委和市直各单位纪检监察信息的指导、督导工作。截至目前，共向省纪委上报信息 593 期，下发县(市、区)纪委、市直各单位纪检监察部门 20 期。截至 9 月底，共被中纪委采用 8 条，省纪委采用 17 条，全省综合排名第 8 名。我们今年的目标是保 9 争 6。

（二）存在的主要问题

一是人员少，整体素质不高，文稿和信息的质量还没有达到上级和领导的要求，二是协助领导抓全员动手写文稿、写信息方面做得还不够,干得多,有深度的总结、宣传少。

三、下步工作思路及打算

办公室的主要工作任务就是服务领导、机关和基层,同时,也是机关对外的主要窗口。做好办公室工作任务艰巨,意义重大。下一步,我们主要在以下几方面努力:一是加强自身学习,不断提高和丰富自己,夯实素质基础;二是牢固树立不怕吃苦、求真务实的工作作风,把加班加点当作家常便饭,静下心,无怨气,努力干好工作,为领导服好务,为同志们服好务;三是工作上要有周密计划,考虑好每个细节,不给领导捅娄子,不给机关丢面子;四是要提高工作效率,常委会和领导交办的工作要按时完成,并及时报告完成情况;五是加大协商、指导、督导力度,为机关整体工作健康开展做出更大贡献;六是配合会同有关室进一步做好机关学习、纪律作风检查等队伍建设工作。

第四节　调查报告

调查报告是就某一事件、某一情况或问题进行深入细致的实地调查后,经过科学归纳整理和分析研究所写成的文书。调查报告内容必须真实,必须用事实说话,在对确凿的事实材料进行分析、研究的基础上,揭示出事物的本质,查找阐明事物发展规律,从而得出正确的结论,为制订政策与方针奠定基础。

从内容性质、作用及写作侧重点分类,一般将调查报告分为三类:一是情况调查报告。此类调查报告内容具体,观点明确,通过对调查对象进行深入系统的调查研究,从中得出科学的结论。此类调查报告的目的是供上级机关或有关部门参考,作为贯彻政策、采取措施的依据。二是经验调查报告。一般是对成绩较为突出、做法较为先进且具有典型示范带动意义的特定工作或特定单位的具体做法进行深入调查得出的报告。主要目的是为了介绍先进经验,促进和带动工作开展。三是问题调查报告。此类报告主要是针对某一方面的问题而进行专题调查报告。主要目的在于澄清事实真相,判明问题产生的原因和性质,确定造成的危害,提出解决问题的途径和建议,为问题的最后处理提供依据。

调查报告由标题、正文构成。

制作调查报告标题一般采取两种形式,一是采用公文标题或近似公文标题的形式。譬如《关于基层河务局班子建设和作风建设的调查报告》《2017 年度商务环境调查报告》。第二种是采取文章式标题。这类文章式标题式样较多,有的将调查报告的主题进行高度概括拟成标题,譬如《黄河水土保持生态工程示范区韭园沟、齐家川建设调查报告》;有的以调查报告的结论作为标题,譬如《实行计件工资好》;有的以提出问题的方式作为标题,譬如《××单位领导班子为什么涣散无力》;有的使用复合式标题,正题陈述调查报告的主要结论或提出中心问题,副题标明调查的对象、范围、问题,譬如《优化群防队伍结构　提升防汛应急能力——濮阳市推进群防队伍组建改革调查报告》。

调查报告的正文部分一般由开头、主体、结尾三部分组成。调查报告的开头,要用简洁凝练的文字将调查的基本情况包括背景、目的、对象、范围、核心内容等交代清楚,同时对全文内容具有提纲挈领作用。在主体部分要详细介绍调查对象的具体情况,如事情产生的前因后果、发展经过、具体做法等;在此基础上要对所调查的内容进行认真的分析研究,找出规律,最后得出明确的结论。

根据调查报告的类型、内容和调查的目的,主体部分一般采取纵式结构、横式结构和纵横结合三种结构形式。

纵式结构。按事情发生、发展、变化的过程或时间的先后顺序安排材料,或者以调查过程的不同阶段自然形成层次。写作时,可分成几个阶段,然后逐段说明情况,分析综合,找出每个阶段的经验教训,这种结构形式层次清楚、重点突出,便于读者对事物发展的全过程有清晰的了解。横式结构是按事物的逻辑关系从不同的方面或角度叙述,用观点串联材料,以材料的性质归类分层,即把调查材料或要突出的问题按性质分成几个部分,每个部分加序号表示或加小标题提示、概括,优点是便于把经验和问题阐述清楚。交叉式结构。即将两种结构形式结合起来剪裁写作。

调查报告常在结尾部分显示作者的观点,并用以概括全文,明确主旨,指出问题,启发思考,针对问题,提出解决的措施、意见或建议,这是对主体部分的内容进行概括、升华,更是开展调查撰写调查报告的目的所在。

撰写一篇合格的调查报告,首先是要做深入的调查,只有深入的调查,全面掌握客观真实的第一手材料,只有充分占有材料才能在撰写报告时得心应手,左右逢源。其次是要透过材料找出带有规律性、具有最普遍指导意义的东西,并概括提炼成观点,从感性认识升华到理性认识,并最终指导实践。最后要叙议结合,要将叙述事实同议论观点有机地结合起来。写作上要合理安排结构,做到层次清楚,语言运用准确简练,文风朴实。

范例

关于新形势下河南黄河群防队伍组织形式的调研报告

河南黄河河务局防汛办公室

为全面掌握全省黄河防汛群防队伍的组织落实情况，我办于 2013 年 11 月 19 日至 24 日对局属河务局群防队伍落实情况进行了调研,现将调研情况汇报如下:

一、基本情况

多年来，我省一二三线群防队伍共101万人，担负着堤线防守、巡堤查险、工程抢险及群众备料的筹集等任务。但是随着市场经济的发展和农村产业结构的调整，加之沿黄部分群众耕地较少，经济不发达，富余劳动力逐步流向城市，流动规模大，滞留时间长，从而使群众防汛队伍的组织仅仅停留在数量和名单上，大部分群防队伍在册不在位，有名无实。一旦黄河发生重大险情，由群防队伍担负的巡堤查险、工程抢险和群众备料的筹集等任务将无法完成，群防队伍落实遇到前所未有的困难，严重影响抗洪抢险工作的顺利开展。为此，防办开展了新形势下河南黄河群防队伍组织形式调研，全面掌握沿黄群防队伍的组织和落实情况。

二、调研情况

本次调研采取一个市局选取一个有代表性的县局作为调研对象，对沿黄濮阳县、中牟、兰考、原阳、武陟、孟津六个县群防队伍的组织和落实情况进行了调研。

（一）各级领导重视程度不同，群防队伍落实程度也不尽相同

在调研过程中，发现各地领导重视程度不同，群防队伍的组织和落实程度也存在着差异。在濮阳县、中牟和孟津县发现从地方领导到普通群众对黄河的认识上有偏差，认为小浪底水库建成后，黄河不会来大水了，使一些领导和沿黄群众的水患意识淡薄，群防队伍在黄河抗洪抢险中的重要性弱化，对群防队伍的建设重视程度不够。且当前沿黄青壮年外出打工较多，70%~80%留守的大多为妇女、儿童和老人，群防队伍组织仅仅停留在纸上、口头上，加剧了群防队伍的落实难度。加之，随着大型机械在抢险中的应用，也给大家造成群防队伍可有可无的认识，致使群防队伍落实不到位，给黄河抗洪抢险带来重大隐患。

（二）群防队伍培训流于形式

群众防汛队伍培训是每年汛前准备工作的一项重要内容，但由于群众防汛队伍涉及面广、人员多，又恰逢收麦季节，加之各级领导的重视程度和经费缺少及人员流动性大的原因，本该由政府主导、县乡防指组织、河务部门技术指导的群防队伍培训，在调研中发现在大多数地方变成是河务部门的事情，造成组织困难，使每年的群众防汛队伍培训流于形式，培训效果不理想，难以达到预期的培训目的。

（三）补偿机制不健全，群众参与抗洪抢险积极性较低

随着市场经济的发展，人们的经济意识逐步增强，虽然防汛是全民应尽的义务，但只靠宣传和做思想政治工作，不能从根本上解决群防队伍的稳定。在调研中发现，各级对建立抗洪抢险补偿机制呼声较高，使沿黄群众在汛期参与抗洪抢险时也有一定的经济收入，提高群众参与抗洪抢险积极性，在一定程度上起到稳定群防队伍的作用。

三、结论和建议

（一）群防队伍组织形式

(1)随着工业化进程的逐步深入，沿黄县、乡具有一定规模的大中型企业较多，企业员工大多为青壮年，文化素质高，接受各种防汛抢险技术要快，且人员较稳定，组织起来相对容易，可以作为群防队伍的有效组织形式之一。沿黄各地可根据本地区实际，可通过地方政府与县乡大中型企业签订协议书，建立企业青年职工档案，对每个在册人员的性别、年龄、身体状况等进行详细登记，并实行动态管理，当地河务部门对企业登记造册人员进行必要的抢险技术培训，确保企业人员具备一定的抢险技术。

(2)充分发挥转业退伍军人的余热。沿黄各县乡可充分利用本地区近年来的青壮年转业退伍兵，进行登记造册，组成一支强有力的群防队伍组织。配合各民兵连，进行抢险技能培训，让他们掌握相关黄河知识和抢险技能，退伍军人素质较硬，能吃苦耐劳，可以成为群防队伍里比较可靠的骨干力量。

(3)建立以沿黄县乡村为主、沿黄附近县乡村为辅的群防队伍基地，按照防汛要求，组成基干班、抢险队和护闸队，确保群防队员的数量和素质。结合当地实际，采取适当措施，将防汛压力向沿黄附近的县乡村或企业转移，扩大群防队伍组建的覆盖面，减轻沿黄县乡村防汛的部分压力，缓解群防队伍组建困难的局面。

(4)建立以街道社区为主的抢险小分队。随着城镇化建设推进，社区实行网格化管理模式，更有利于公共管理。沿黄各县乡可将工程抢险任务按段分配给各网格区域，由网格负责人负总责，做到“人员、责任、任务”三落实，缓解群防队伍组建困难的局面。

（二）采取有效措施，稳定群防队伍

(1)加大宣传力度。在进行黄河防汛宣传工作中，除利用各种渠道、各类媒体、宣传车、标语口号广泛宣传防洪法规和防汛知识外，汛前到沿黄村庄张贴黄河防汛宣传材料，介绍黄河防汛形势、防汛任务、防汛要求，向当地群众宣传黄河防汛与国家经济建设、人民生命财产安全的直接关系，使当地群众真正从思想上认识到黄河防汛与之息息相关，提高群众主动参与的积极性。

(2)加强培训力度。近几年，各级开展了多种形式的培训，但大多以专业队伍为主，对群防队伍培训大多以会代训形式，虽然培训人员多，面广，但培训质量不高，致使不少群防队员连起码的防汛常识都不知道。因此，急需开展专业化的群防队伍培训，各级可通过分层次、分批次、专业知识和抢险实践相结合的培训形式，让群防队员熟悉基本的防汛知识，掌握巡堤查险方法和要领，能够鉴别一般险情，熟练抗洪抢险基本技能，达到一般险情能应对，复杂险情在专业技术人员的指导下能快速完成，做到培训一批，带动一批，通过培训，切实提高群防队伍的基本抢险技能。

(3)在政策上给予优惠。对长期从事抗洪抢险的群防队员，建议在黄河防洪工程建设、工程管理和经济工作中，尽量把一些技术要求不太强，并有一定收入的工程，优先承包给群防队伍,为沿黄群防队员提供务工的机会,减少他们外出打工的数量。同时,让群防队员参加防洪工程施工,还可以强化群防队伍的防汛意识,并使之熟悉防洪工程情况,有利于提高防汛抢险能力。

(4)采取补偿措施。在市场经济条件下,要保持群防队伍的到位率和战斗力,就要给予群防队伍适当的抢险补助,来提高群众参与抗洪抢险的积极性,保障群防队伍相对稳定。通过不断完善补偿机制、建立应急抢险基金等多种措施解决群防队伍的经费,保障群防队伍的稳定性,增强全民参与防汛抗洪的积极性。

第五节 讲话稿

讲话稿是在各种会议或集会上,为表达讲话者的见解、主张,交流思想、进行宣传或者开展工作而经常使用的一种文书。

同一般公文多以书面文字传递信息来实现行文意图不同,讲话稿是讲话者靠以声音为媒介传递见解、主张、感受,使受众接收信息的一种文书。讲话一般有其特定的受众对象,讲话稿的写作要根据讲话主体和受众客体以及所在场合等来确定讲话的方式、角度、态度以及程度。讲话稿在表述上应当口语化,要带有一定的感情色彩,尽可能运用口语化的语言,来调动听众的情绪,从而增强讲话的鼓动性、号召力和感染力。

常用的讲话稿主要有两类。一是公文式的讲话稿亦即各种会议上的工作报告,在会议报告中已经叙述。二是专题灵活式的讲话稿。譬如,领导同志在会议上的专题性讲话、大会发言以及针对紧急事项的临时发言(此类讲话会后一般由文秘人员进行整理后发布)等。

讲话稿的标题一般以××同志在××讲话为标题。

写好讲话稿要注重开头部分,要用简要生动的语言吸引住观众,从而达到活跃气氛,控制和掌握听众情绪的目的。讲话稿主体部分的写法虽然因人、因事在写法上有所不同,但总的来说,应当做到观点正确,层次清晰,逻辑性强,富有节奏。结尾部分以画龙点睛之笔概括整个文稿主题,提出要求和号召,起到鼓舞斗志,振奋精神的作用。

一篇好的讲话稿不仅可以提神鼓劲、促进工作,而且还能释疑解惑、达成共识。撰写一篇高品位、高水准的领导讲话稿,不仅要符合领导人的口味和习惯,还需要富有文采,活泼生动,富有激情和鼓动作用,这就需要写作者具备比较深厚的文字功底和丰富的实践经验。讲话稿在写作中应该注重把握以下几点。

一是意图要准。领导讲话稿必须充分表达领导的思想和主张,体现领导的个性和特点,反映领导的能力和水平。所以准确领会、充分体现领导意图是写好领导讲话稿的关键环节,同时要善于站在"领导"的高度和角度来看待问题进行写作。

二是起点要高。领导讲话通常是由主要领导同志代表单位讲的,这就决定了其所讲的问题要有理论政策依据,要体现领导同志的政策理论水平。

三是落点要实。领导讲话通常要求下级联系实际去贯彻落实，因此内容必须有的放矢，实实在在。讲话的主要目的，在于贯彻上级的精神，解决实际问题，一定要和本单位的实际相结合，不能空对空，或上下一般粗。

四是观点要新。所谓新，就是要创新、要发挥，使之具有独自的特色个性。讲话稿，只有创新才能打动听众，才能发人深省，才能更好地传达意旨。

五是层次要清。因为讲话稿是讲给人“听”的，因此讲话既要易于“讲”，又要便于“听”，这就要求做到层次结构分明、条理清晰、言之有序。

六是语言要活。讲话要想让听众坐得住、听得进、记得牢，入心入脑，除了有新意，还必须新鲜活泼、深入浅出、富于变化。

七是感情要真。“感人心者，莫先乎情”。许多成功的讲话稿，都是把真挚的情感流露于字里行间，讲问题要推心置腹，使人心悦诚服；提要求要讲清道理，使人感到合情合理。要富于真情实感，做到情与事并联，情与理交融。

范例

在2016年全局防汛动员会上的讲话

司毅铭

2016年6月20日

同志们：

今天，我们召开全局防汛动员会，传达国家防总、黄河防总及全省防汛会议精神，安排部署今年防汛和调水调沙有关工作，动员全局上下进一步统一思想，落实责任，迅速行动，全力以赴做好今年各项防汛工作，确保河南黄河安全度汛。今天这个动员会也标志着河南河务局全员进入防汛度汛临战状态，一切按防汛保安全的要求去落实。前一阶段，各有关单位和部门做了大量防汛准备工作，为迎战洪水奠定了基础。对于下一步工作，我讲三点意见：

一、认清形势，提高认识，切实增强做好防汛工作的责任感和紧迫感

今年是全面贯彻落实十八届五中全会精神的起步之年，是实施“十三五”规划的开局之年，做好今年河南黄河防汛工作，确保安全度汛，事关大局，意义重大。党中央高度重视今年的防汛抗旱工作，习近平总书记作出重要批示，强调今年汛情突显，要及早抓紧防洪设施建设。李克强总理批示，要求高度重视厄尔尼诺可能带来的影响，切实落实防汛责任和相关措施，排除隐患，确保群众生命财产安全。汪洋副总理对贯彻落实提出明确要求。国家防总副总指挥、水利部部长陈雷迅速作出安排部署，要求各地认真贯彻落实国务院领导重要批示精

神,坚持从最不利情况出发,向最好方向努力,毫不放松地抓紧抓实抓好防汛抗洪减灾各项工作,全力夺取今年防汛抗洪工作的全面胜利。5月19日,陈雷部长致信黄委和长委,就做好今年的防汛抗旱工作提出明确要求。河南省省委省政府高度重视黄河防汛抗旱工作,陈润儿省长4月25日专门到黄委调研黄河防汛工作,4月29日又主持召开全省防汛抗旱工作会议,对河南防汛抗旱工作进行全面部署,明确了"一个确保、三个不发生"目标,即确保人民群众的生命安全,不发生江河决堤、不发生水库垮坝、不发生城市受淹。这些都对今年防汛工作提出了更高要求,我们要认真领会,提高认识,切实抓好贯彻落实。

据气象预报,2014年9月以来发生的厄尔尼诺事件, 在累计强度和峰值强度等关键指标上均超过历史记录,成为20世纪以来最强的厄尔尼诺事件。6月3日,国家气象局发布通知,厄尔尼诺事件已经结束,但考虑到大气环流对海洋变化响应的滞后性,其对我国的影响仍将持续。黄河海河流域水文气象长期预报会商最新意见显示,今年汛期(6~9月)黄河泾渭洛河来水偏多2成左右,中游局部地区7~8月可能出现较强暴雨洪水过程,三花区间正常略偏多,黄河下游偏多1~2成。进入6月份,影响我国的冷空气较为活跃,副高偏西偏强,江淮、黄淮南部等地降水量偏多,部分中小河流可能发生超警戒水位。当前,南方地区江河水位明显偏高,长江中下游干流及洞庭湖、鄱阳湖水位较常年偏高2.25~3.18米,较1998年同期偏高2.34~3.63米,6月3日,太湖出现今年第1号洪水。从我国南方出现的洪涝灾情来看,今年气候反常多变,极端灾害性天气频发、多发、重发,汛情来势凶猛、超警河流多、洪灾范围广、灾害损失大,极端天气的不确定性更趋明显,黄河流域也不例外,各级要引起高度警惕。

同时,我们也应看到,在防汛形势越来越复杂,任务越来越艰巨,要求越来越高的形势下,河南黄河防汛工作还存在一些薄弱环节,仍有一些不利因素尚未消除。如河南黄河防洪工程体系、非工程措施仍不完善,一旦发生大的洪水,128万滩区群众迁安救护任务将异常艰巨,特别是近年来滩区各类经济活动和流动人口日渐增多,畸形河势又不断发生,等等,这些都增加了做好黄河防汛工作的难度;加之黄河已30多年没有发生大的洪水,黄河中下游发生大洪水的可能性越来越大。

面对今年严峻的防汛形势,各级各部门要清醒认识,不得有丝毫懈怠和半点马虎,要进一步增强政治意识、大局意识和责任意识,牢记使命、履职尽责,以更加坚定的态度、更加负责的精神、更加务实的作风,履行好各自的职责,切实增强做好防汛工作的使命感和责任感,确保沿黄群众生命安全、确保防洪工程安全。

二、突出重点,狠抓落实,全力做好各项防汛工作

为全力应对今年严峻的防汛形势,6月7日,黄河防总提前启动了防汛运行机制,局属各河务局及相关部门也启动了24小时防汛值班, 今年黄河调水调沙初步定于6月29日开始。从今天开始,各级各部门要把防汛工作作为当前和今后一段时期压倒一切的中心任务,把确保人民群众生命安全放在首位,以防御历史大洪水为目标,统一思想,提高认识,加强领导,突出抓好以下几个方面的工作。

(一)突出抓好组织领导,确保责任落实到位

洪水猛于虎,责任重于山。各级各部门要把以行政首长负责制为核心的各项防汛抗旱责任制贯穿到防汛工作全过程,加强组织领导,健全责任体系,进一步细化防汛责任制,逐级分解落实到单位、部门和个人;要进一步完善全员岗位责任制和调水调沙责任制,加强班坝责任制、抢险责任制等各项责任制的落实,做到纵到底、横到边;要进一步强化24小时领导带班和值班制度,所有防汛单位、部门的责任人都要全部上岗到位,密切关注雨情、水情、汛情和工情变化,切实把工程查险、报险、抢险工作抓实、抓细,随时做好应对汛情和突发紧急情况的各项准备。防办和监察部门要加强督查检查,确保各项责任落到实处。

(二)突出抓好查险抢险,确保工程安全

要抓好巡堤和巡坝查险工作,对易出险的工程要明确一名领导带班,做到查险及时、报险准确、人员及设备到位,一旦发生险情,做到抢早、抢小;要加强近几年新修工程和未靠河工程的巡查、防守,尤其是今年新修的26处河道工程,要及时完工,重点防守;要加强对武陟嘉应观、原阳仁村堤、开封欧坦和府君寺、濮阳焦集等畸形河势河段的巡查,发现险情及时抢护,确保工程安全。

(三)突出抓好迁安演练,确保滩区群众生命安全

6月底前,局属各河务局要督促各市县(区)防指完成滩区迁安救护演练,针对薄弱环节进一步完善迁安方案和救护措施,并督促滩区有关企业制订撤退方案,对人员迁移路线、安置地点、救生工具、通信预警及卫生防疫等各个环节都要做到周密考虑,精心安排。大水来临前,各级要加强洪水预警预报,指导、督促地方政府做好清滩工作,要将处于嫩滩区和危险区域的流动人员全部撤离。另外,焦作、豫西河务局要密切关注沁河河口村水库调度运用情况,加强与相关单位和部门沟通联系,确保沁河滩区群众生命安全。

(四)突出抓好涉水安全管理,确保调水调沙顺利开展

要进一步优化完善调水调沙预案,对生产堤以及可能造成滩区进水的串沟、堤河进行认真排查,拟定切实可行的方案和措施;要加强汛期、调水调沙期间涉水生产安全管理,对警示标牌设置不到位的、不醒目的要抓紧设置完善,对防洪避险宣传没有到村、到户的要抓紧进行,要将调水调沙期间涉河安全要求通知到每个乡、村和群众,严禁调水调沙期间在河道内从事采砂、旅游、摆渡、航行、养殖、捕鱼、游泳、漂流、过河种地等涉水生产活动,要彻底将船只、人员和有关设施撤至安全地带,确保涉水生产安全。

(五)突出抓好队伍料物落实,确保应急保障到位

要强化防汛应急抢险队伍的落实,按照黄委要求,从6月15日开始,6支防汛应急抢险队要集结待命,并开展技术培训和抢险演练,确保召之即来、来之能战、战之能胜;6月底前,各县(区)要按照《关于加强黄河群众防汛队伍建设的意见》落实群防队伍,完成培训和演练工作。各有关单位要尽快完成抢险设备检修,并广泛联系社会抢险设备资源,以备抢大险需要。要强化各类防汛物资的落实,对今年新采购的防汛物资要抓紧验收到位,同时落实好群众及社会储备料物,特别是对于新修工程和易发生险情的河道工程,从现在开始就储备一些必须的抢险软料，确保抢险急需。要强化通信和网络管理，信息中心和网络管理部门要加强对通信设施和网络的检查维修，特别是对今年应急修复的一线班组网络和通信设施进行再检测、再调试，确保汛期全局通信和网络畅通。

（六）突出抓好依法防汛，保障行洪安全

各级各部门要认真贯彻落实省政府办公厅印发的《关于进一步加强黄河河道内开发建设管理工作的通知》和《关于严禁向黄河河道倾倒建筑垃圾的通知》要求，依法查处和打击违法违规行为，对影响行洪的违章设施坚决予以清除。一是加强对河道内船只、浮舟等水上设施的监督管理，落实监管责任单位和责任人；二是加强在建工程的管理，督促各参建单位落实切实可行的度汛措施，确保工程安全和人员安全。三是严厉打击向河道内倾倒建筑垃圾等违法行为；四是严厉打击非法采砂行为，加强 7~8 月份禁采期和调水调沙期的禁采工作，坚决查处和取缔非法采砂活动，凡是不能按省局河道采砂专项整治要求完成任务或弄虚作假的，要严肃追责；五是当预报花园口水文站出现 3000 立方米每秒以上洪水时，要按照浮桥防洪预案做好舟体的锚固和监管，确保不发生安全事故。

（七）突出抓好防汛宣传，确保良好的舆论氛围

一是加强舆论引导，做好与新闻媒体的沟通协调，坚持正面引导、主动宣传；二是严格防汛信息发布和报送工作，各级各部门要严格按照省委宣传部和省防指联合下发的《关于进一步加强和规范防汛抗旱新闻宣传报道工作的通知》要求，加强辖区内各项防汛信息的收集整理，逐级上报，坚决避免出现互不通气、有情不报或越级上报等情况的发生；加强舆情监测，一旦发生不实舆情，适时启动舆情应急处置预案，及时有效化解不良影响。三是强化防汛应急信息报送，一旦发生突发事件，要在第一时间配合当地政府积极处置，做到边处理、边报告、边核实；接到当地政府有关处置突发事件的信息时，也要及时向上级主管部门报告；突发事件处置要在各级政府的统一领导下，与各有关部门通力协作，主动应对。

（八）突出防汛抗旱两手抓，确保供水安全

各级各部门要坚持防汛抗旱两手抓、两不误，要密切关注天气、汛情、旱情的变化和发展趋势，及时掌握供水需求，加强洪水资源化管理，抓住调水调沙和洪水期间大水的有利时机，科学调度黄河水量，加大引黄供水力度，最大限度满足沿黄区域经济社会发展对黄河水资源的需求。

三、加强协作，严格纪律，确保各项工作落到实处

防汛事关人民群众切身利益和生命财产安全，事关经济社会发展全局，防汛工作不能有一丝一毫的懈怠。各级各部门要紧密配合，团结协作，充分发扬“大防办”思想，按照调水调沙和全员岗位防洪运行机制，履行好各自职责，加强沟通联系，强化信息共享，形成防汛工作合力。要强化防汛纪律意识，坚决执行各项防汛指令，严格领导同志外出请示报告和防汛带班值班等制度；密切监视雨情、水情、汛情和灾情，迅速传递和处理重要信息和领导批办的事项。严格落实责任追究机制，对那些推诿扯皮、作风平庸懒散，不执行或故意拖延、阻挠上级

工作部署、调度指令的,以及擅离职守、脱岗、离岗的,巡查不到位造成工作失误或产生负面影响的,要坚决按照《黄河防汛抗旱工作责任追究办法》,严格追究责任。

同志们,黄河已经进入汛期,防汛工作也到了关键阶段,各单位各部门要以对党和人民负责的态度,坚持防大汛、抗大旱、抢大险、救大灾的指导思想,对各项准备工作再安排、再检查、再落实,做到"大汛不来,备汛不止"。目前,全局正在开展"两学一做"学习教育,各级各单位要把开展学习教育与做好当前防汛抗旱工作紧密结合起来,充分发挥共产党员的先锋模范带头作用,把推动防汛抗旱工作开展作为重要抓手,把确保度汛安全作为检验学习教育成果的重要标准,做到两手抓、两促进,确保今年黄(沁)河安全度汛。

谢谢大家!

第六节　述职报告

述职报告是指担任领导职务的干部,根据制度规定或工作需要,定期或不定期向任命机构、上级机关、主管部门以及本单位的干部职工,陈述本人或单位在一定时间内履行岗位职责情况的自我评述文书。

述职报告是对自身工作完成情况和绩效作自我评价,一般情况下是在上级对报告者所在单位或报告者本人进行考核时使用。述职报告的听众一般是本单位的广大干部职工,因此述职报告应该通俗易懂,让大家听得清楚明白。

述职报告按时间阶段可分为任期述职报告、年度述职报告、阶段述职报告三类。按报告内容可分为综合性述职报告和专题性述职报告两类。按报告的主体分为代表单位所做的述职报告和个人述职报告两类。

在实际工作中,要注意区别述职报告同单位的工作报告、工作汇报及工作总结之间的差异。工作报告、工作汇报以及工作总结均是以单位作为主体,着眼于工作,以事为主。而述职报告则是以报告者为主体,见人见事,因此应着重陈述述职者本人任现职期间主要做了什么工作,做的怎么样,既要写明履行职责的有关情况,又可以说明履行职责的出发点和思路,以及工作中还有哪些需要改进的方面等。在撰写述职报告时还应当注意把握分寸,应当准确客观地评价自己的工作和取得的成绩和贡献,既不要把别人的贡献记在自己账上,也不必过于谦虚,埋没自身取得的工作成绩,这是写好述职报告的先决条件。

述职报告由标题、称谓、正文、落款等四部分组成。

标题一般直接写为《述职报告》,下面一行写上述职人的名字和述职时间。

报告抬头的称谓根据实际情况来确定,譬如,"黄委年度目标管理考核组""河南河务局"等。述职报告开头部分一般要先写明自己的职务,何时任职、以及所分管的工作,然后简要概述基本情况,然后可用"现将履行职责情况报告如下"过渡性语句引发下文。述职报告的主体部分应当较详细具体地叙述自己所负责分管工作的开展情况,取得的成效,以及在在完成工作中发挥的作用和效果。在充分阐述工作取得成绩之后,根据情况和要求一般还要将工作中存在的主要问题及下一步需要努力的方向简要写出。

在最后结尾部分,述职者要向考核者和群众表明自己的愿望和态度,或对今后工作的设想,并请求与会同志评议、批评、帮助,以期取得考核者和群众的了解、理解及帮助。

撰写述职报告时要以诚恳谦虚的态度,正确认识自己的长处和不足、成绩与失误。报告内容务必求实,要注重写出事实,让事实显示自己的工作实绩。对本人任职期间的实绩、评估要尽可能用事例、数据来说明,既肯定成绩,也不回避问题。既不宜使用“成绩优异”“贡献突出”等结论性措辞,但也不必过于谦虚。行文文笔要语言朴实、简洁流畅,主次分明,详略得当。

范例

濮阳河务局防汛滞洪办公室
2016 年述职述廉报告

2016 年,防办全体人员深入贯彻市局党组部署,精诚团结,严格履职,圆满完成了市局下达的目标任务,在技术培训、群防队伍组建、创新防汛宣传等方面亮点突出,在年终省局防汛综合考评中获得较好成绩,实现了局领导提出的为业务立局发挥旗帜作用的目标。

根据考核工作通知精神,现将我办 2016 年度工作完成情况及党风廉政建设工作汇报如下。

一、主要业务工作完成情况

(一) 严格落实防汛责任制

汛前我办对防汛责任清单和职责清单进行了梳理,协助市政府召开了防汛会议,签订了防汛责任书,调整了指挥部领导成员单位,印发了防汛抗旱责任分工,细化了防指成员单位的防汛职责,并通过媒体进行公示。

(二)扎实开展汛前准备,夯实防汛基础

2016 年的汛前准备,我办动手早力度大。自三月份开始先后组织督促开展了工程普查,物资清仓查库、汛前河势查勘、根石探测、水位站点水准校测等汛前准备工作。对 13 个防汛预案进行了全面修订,并组织召开了下属单位预案评审会议。开展了多种形式的防洪宣传,制作了防汛抢险折扇一万把。完成了抢险物资购置储备,督促落实了群众备料及社会大型工程抢险机械。汛前,我办协同水政、建管等部门开展了汛前联合执法检查,清除了防汛障碍。

(三)攻坚克难,圆满完成河道应急度汛项目建设

2016 年,我办督促协助濮阳一局、台前局分别完成了焦集至马海河段滩岸坍塌应急抢

护及梁路口控导—7至—1坝应急修复项目施工任务，改善了两处河段工程不利局面。同时为实现局领导提出的防汛经济而努力，全年共争取防汛特大费，应急修复资金近400万元，有力缓解了养护经费的压力。

（四）狠抓专业队伍技术培训，提高抢险实战能力

今年，我办在全局继续组织开展了防汛抢险技能培训月活动，全局共组织培训班10余期，培训职工600余人。组织机关人员开展了抢险知识答题，举办了一期抢险骨干培训班及黄河抢险综合技能竞赛。

（五）推进群防队伍组建改革，开展滩区迁安救护演练

2016年，我办开展了专项调研，督促三县局编制了群防队伍组建工作方案，落实群防队伍20.12万人，并开展了技术培训和实战演练。指导三县河务局督促地方组建观测队伍16支，落实群防队员317人。6月下旬，我办督促沿黄三县开展了滩区迁安救护演练。

（六）密切关注汛情变化，全力确保黄河安全度汛

汛期，我办印发了全员责任制和调水调沙运行责任制，编写了运行预案，组织召开了防汛动员会。汛期，我办加强了防汛值守，密切关注水情、工情变化。督促开展河道巡查、水位观测等工作；组织编制了孙楼控导等六处新修工程应急预案，做好了抢险准备。加强了险情管理，及时有效抢护险情140坝次，确保了黄河安澜度汛。

（七）其他重点工作完成情况

我办强化防凌值班和凌情监测，确保了凌汛安全。全年采运石料2.89万立方米。完成了2015年水位资料整编。协助财务部门做好了防汛费项目的预算编制实施工作。全年共发表新闻稿件25篇，在省局电子政务发表信息13条。同人劳处共同起草了《关于加快技能人才培养工作的意见》。积极参与了人民治黄70年纪念系列活动。严格贯彻落实安全生产措施，全年没有发生任何安全生产事故。

二、队伍建设及党建工作

我办加强了干部队伍自身建设，强化业务培训，明确落实责任，保证了防汛工作的高效运转。我办党小组积极参加了全局组织的"两学一做"等活动，按时缴纳了党费，党建工作得到加强。按照市局部署，我办严格遵守八项规定，积极参与了机关组织的学习参观等活动。严格履行了党风廉政建设主体责任和监督责任，全年没有发生任何违法、违纪违规现象。

三、2017年重点工作打算

2017年，我办将围绕确保黄河防汛安全这个中心，全面贯彻市局党组部署，以落实防汛责任制为抓手，深入贯彻落实《河南省黄河防汛条例》，稳步推进群防队伍组建改革，全面抓好修订防洪预案、根石探测、清仓查库等基础工作。加强防汛抢险队伍技能培训，全力迎战黄河洪水及调水调沙，狠抓查险、报险、抢险关键环节，确保工程安全，滩区安全，供水安全。为推动治黄事业发挥业务立局的旗帜引领作用。

第七节 会议记录

会议记录是把会议的基本情况和会上的报告、讨论的问题、发言、决议、决定等内容当场记录下来的书面材料。会议记录是整个会议真实情况的文字记录,是写作会议简报、形成纪要的重要素材,也是会后进一步分析、研究、总结工作和写文章的重要文书档案,具有纪实性、客观性和原始资料性的特点。

对研究重大问题及事项的会议,应当详细记录,要按照次序尽可能地将每一位发言人员所讲的"原话"一句不漏地详细加以记录,有些情况下甚至应将讲话时加重的语气和体态在原话后用括号加以注明。对研究部署不太重要的具体事项和问题的会议可以采取摘要记录的办法,记录发言的要点和重要内容。对发言可以做必要的分析和归纳,但应准确表达发言人的意见和建议,注意避免"加工太过"背离发言人原意的现象。经常性召开的工作例会或者简单的一般会议可以简易记录,只需记录发言中的实质性意见即可。

会议记录的标题一般由会议名称和文种组成。譬如:"河南河务局 2017 年第一次防汛办公例会记录"。

会议记录正文一般要首先将会议的时间、地点、会议的议题以及会议主持人、出席人、列席人、缺席人等交代清楚。其次要将会议进行情况包括商议事项的情况汇报、与会人员的讨论发言等真实地加以记录,对需要印发的记录材料,在整理记录稿时要找发言人予以核对。最后要详细记录会议研究讨论形成的决定、决议事项。这部分是会议成果的综合反映,是与会者贯彻会议精神的根据,也是备查材料中最重要的文件,既要记录全面,又要记录准确。

会议记录最后应写明"散会"注明散会时间。重要的会议记录,为避免日后许多难以预料的麻烦,与会人员在核对会议记录后应在予以签名以示负责。

对于会议发言的内容,究竟是作详细记录,还是作摘要记录,应根据会议的性质、讨论的问题、发言内容的重要程度来定。会议记录应当准确、真实、清楚、完整。记录人应以严肃认真的态度忠实记录发言的原意。关键的地方应当"一字不差"地记录原话。会议的主要情况、发言的主要内容和意见,必须记录完整、不能有遗漏。记录的字体不能过于潦草,不要使用自己创造的简笔字、简称或代号,免得其他人以后查考时无法辨认和阅读。在对发言人的口语,逐字逐句全部记录比较困难的情况下,可以去掉口语的虚字和重复话语,适当予以精练和概括,但要保持原意和原话的特点、原有的语气。发言中有其他的重要插话,应当加括号记明。对会议作出的决议,必须准确无误地记录。对于会议上通过的决议,应记明赞成、反对与弃权的票数。与主题关系不大的话可以概括记录甚至不记。

会议结束后,要对记录稿中的错、漏、别字或字迹不清、语意不完整的句子加以补正。重要的发言记录要请发言者核对,以保证符合原意。重要的会议记录,在经过检查整理后,应送会议主持人审阅签字。在记录中凡涉及人名的,要写全姓名及职务,不应以"李局长、张书记"

做好会议记录要要讲求技巧,可以使用简称、缩写及简化符号,如“世界贸易组织”可写为“WTO”“亚太经合组织”可写为“APEC”等,以提高记录效率,必要时以录音设备、录像设备做以辅助。

第八节 慰问信(电)、贺信(电)及介绍信

一、慰问信(电)

慰问信是向有关方面或个人表示安慰、问候、鼓励和致意的一种公务书信。

在抗洪抢险救灾以及应对台风、暴雨、地震等突发事件中,广大参与人员承受了巨大的压力,承担了繁重艰巨的任务,付出了艰辛的努力,在这样的关键时刻,上级对做出贡献的集体或个人发出慰问信(电),对其英勇行为和先进事迹予以肯定和表彰,可以起到鼓舞士气,激励继续前进的巨大作用。在对遭受困难或蒙受损失的单位或个人进行慰问,表示同情和安抚,可以起到鼓励战胜困难,迅速改变现状的作用。

慰问信由标题、称谓、正文、落款构成。

慰问信的标题可直接以文种“慰问信”为标题,也可由发信单位或受文对象、文种组成标题,譬如:《河南河务局致参加四川抗震救灾职工的慰问信》。

称谓写被慰问的单位名称、群体称谓或个人姓名。

在正文中要写明慰问的原因、背景及表示慰问、致意、祝贺的话语。针对不同的慰问对象或侧重赞扬对方的工作成绩、高尚品德,慰问对方的辛苦;或侧重对其不幸表示同情和安慰,对其克服困难的勇气、行为表示钦佩,或进行节日慰问。最后提出希望和勉励,指出前途。结尾写祝颂语,表达良好的祝愿。在慰问信最后落款署名,注明慰问信的时间。

撰写慰问信(电)要把握好感情基调,要切合双方的关系和身份、文字语言要富有真挚感情,力求字字含情谊,句句暖人心。无论是对其成绩的欣慰、褒奖,还是对其不幸的同情、安慰,都要恰当得体,使被慰问者从中得到慰藉与鼓励。行文力求突出重点,简洁明快,不宜篇幅太长。

二、贺信

贺信是向对方表示祝贺的专用礼仪文书。

贺信通常用于对方在某一领域取得重大成就和突出成绩,举行重要庆祝活动,召开重大会议,完成某项重要工作或任务等诸种情况。一般由标题、称谓、正文、结尾四部分构成。

标题一般可直写“贺信”“贺电”;对某些内容特别重大的贺信(电),可采取致辞者的名称加致送对象再加文种,并以“给……”的特定语法结构形式,如《×××给×××的贺信(电)》。

贺信称谓要根据祝贺对象的不同情况,写明受文单位全称或者规范化简称。

在贺信正文中要用简明扼要的语句写明祝贺的原因和内容。譬如盛赞对方所取得的成

绩,或者简略交代问题的缘起;对于祝贺的内容要依适用对象、场合、身份等具体情况而有所侧重。例如祝贺重要会议的召开,则应着重阐明会议的内容及重要性。祝贺重大工程项目开工或者竣工,则应侧重叙述工程项目的重大意义和发挥效益的前景;要注意对祝贺的内容进行适当的分析和评价,并在此基础上进一步提出希望,表示祝愿。贺信结尾写明表示祝愿或祝福的言辞,如"祝大会圆满成功""祝愿今后取得更大的胜利"等。然后署上单位名称和日期,并加盖公章。

撰写贺信,应弄清发信方与受信方之间的关系,注意措辞和语气,语言运用上要诚恳谦逊,简要得体。贺信内容要实事求是,不宜过于夸大事实或取得的成效,应当对被祝贺者取得的成绩,或者对有关会议的意义、重要性等做出恰如其分评价。有时过分的赞誉,可能会使对方不安,因此要把握分寸。

三、介绍信

介绍信是用来介绍联系接洽事宜的一种应用文体。它具有介绍、证明的双重作用。使用介绍信,可以使对方了解来人的身份和目的,以便得到对方的信任和支持。

介绍信分为普通介绍信和带有存根的专用介绍信两种。

普通介绍信,也叫便函式介绍信,它是用来介绍联系接洽事宜的一种应用文体。

普通介绍信,用一般的公文信纸书写。包括标题、称谓、正文、结尾、单位名称和日期、附注几部分。

标题一般是在公文信纸的第一行居中写"介绍信"三个字。下面另起一行顶格写称谓,即收信单位名称或个人姓名,姓名后加"同志""先生""女士"等称呼,再加冒号。

介绍信正文在称谓下面另起一行,开头空两格书写,一般不分段,正文要写清楚派遣人员的姓名、人数、身份、职务、职称以及所要联系的工作、接洽的事项等。交代完事项后另起一行书写"请接洽""请予接洽为盼""惠予接洽是荷"等用语,对收信单位或个人提出希望要求等。

结尾写上"此致敬礼"等表示致敬或者祝愿的话。

最后,签署单位或个人名称及写信的日期。

签署单位名称时应加盖单位公章,日期写在单位名称下方。

附注是注明介绍信的有效期限,具体天数用大写。

专用介绍信有固定的格式,一般由存根、间缝、正文三部分组成。

存根部分由标题(介绍信)、介绍信编号、正文、开出时间等组成。存根由出具单位留存备查。

间缝部分写介绍编号,应与存根部分的编号一致。还要加盖出具单位的公章。

正文部分基本与便函式介绍人相同,只是有的要标题下再注明介绍信编号。

范例

介 绍 信

××××：

兹介绍我单位×××(身份证号：××)、×××(身份证号：××)、×××(身份证号××) 等×名同志(系我单位×××),前往贵处联系×××××××××事宜,请接洽为盼。

此致

敬礼!

×××

××××年××月××日

(有限期×天)

第八章　河南黄河防汛内部明传电报

电报是利用电流(有线)或电磁波(无线)作载体,通过编码和相应的电处理技术实现人类远距离传输与交换信息的通信方式。电报对某些电文的传递,不是直接拍发和接收的,尤其是汉字书写的电文,需将文字译成可用电信号传达的电码后才能用发报机向外拍发。全社会共同约定的电码供公众公开使用,叫明码。电报主要是用作传递文字信息,使用电报技术用来传送图片称为传真。

因此,内部发布和传阅的明码电报简称为内部明电,内部明电的内容不具有保密性。由于明传电报具有适应性强、传递快速的特点,目前许多黄河防汛工作都以“明传电报”形式安排部署,加快了防汛工作安排调度速度,大大提高了单位工作效率。随着互联网信息化进程的加快,这种具有正式公文性质且较正式公文更加高效快捷的方式在防汛工作中得到了广泛应用。

第一节　防汛内部明电的种类、版式及适用范围

一、种类

河南黄河现行防汛明电分为四类:即河南省防汛抗旱指挥部内部明电、河南省防汛抗旱指挥部黄河防汛抗旱办公室明传电报、河南黄河河务局内部明电、河南黄河河务局防汛办公室明传电报。

二、版式

(一)河南省防汛抗旱指挥部内部明电

河南省防汛抗旱指挥部内部明电具体版式如下:

内部明电

发往：见报头　　　　签批：×××

等级：	豫防指电〔××××〕×号	总页数×页

标　题

××××××：(发文单位名称)

正文内容

××××年××月××日

(二)河南省防指黄河防汛抗旱办公室明传电报

河南省防指黄河防汛抗旱办公室明传电报具体版式如下：

河南省防汛抗旱指挥部
黄河防汛抗旱办公室 **明传电报**

发 往：见报头

签 发：	核 稿：×××
	拟 稿：×××
等 级：	编 号：豫防黄办电〔××××〕××号
抄 送：	

标 题

××××××：(发文单位名称)

正文内容

附件：××××

××××年××月××日

(加盖公章)

(三)河南黄河河务局内部明电

河南黄河河务局内部明电具体格式如下：

内部明电

签批：×××

发往：见报头　　　　盖章：

<table>
<tr><td>等级：　　　　　　　　　　　　豫黄电〔××××〕××号</td></tr>
<tr><td>
标　题
××××××：(发文单位名称)
　　正文内容
　　附件：××××
××××年××月××日
(加盖公章)
</td></tr>
</table>

(四)河南黄河河务局防汛办公室明传电报

河南黄河河务局防汛办公室明传电报版式如下：

河南黄河河务局 防汛办公室明传电报

签 发：	核 稿： ×××
	拟 稿： ×××
等 级：	编 号：豫黄防办电〔××××〕××号

标 题

××××××：(发文单位名称)

正文内容

附件：××××

××××年××月××日

(加盖公章)

三、适用范围

(一)河南省防汛抗旱指挥部内部明电

向沿黄各省辖市、省直管县防指通报重要水情、重大汛情、防指抢险部署等,或者要求沿黄各市紧急做好辖区内河道清障、人员撤离、涉河事件处置等重要防汛工作时使用。

(二)河南省防汛抗旱指挥部黄河防汛抗旱办公室明传电报

向沿黄各省辖市、省直管县防指黄河防办安排部署防汛工作时使用。

(三)河南黄河河务局内部明电

向局属各单位下达涉及全局性的重要防汛事项或安排部署涉及多个部门的防汛工作时使用。

(四)河南黄河河务局防汛办公室明传电报

向局属各河务局安排部署一般性的防汛工作时使用。

在具体工作中,有些工作可以适用2种以上的明电格式,在这种情况下,具体选择哪一种格式可以根据明电内容和发电的主要目的择优确定。

第二节　河南黄河防汛明传电报撰写要求

明传电报一般由紧急程度(等级)、发电单位标识、发电字(编)号、拟稿人、核稿人、签发人、标题、主送单位、正文、附件、成文日期、附注、抄送单位等部分组成。

一、紧急程度(等级)

电报应在紧急程度(等级)后面标明“特提”“特急”“加急”“平急”。

“特提”适用于极少数需要当日办理十分紧急的事项,注明“特提”等级的电报,发电单位可提前将内容通知收文单位以便受文单位有所准备。收到特提明电后,应当按明传要求立即办理,按时完成。“特急”是指内容重要并特别紧急,已临近规定的办结时限,需特别优先传递处理的电报,适用于3日内要办的紧急事项;“加急”适用于5日内要办的较急事项;“平急”适用于10日内要办的稍缓事项。

二、发电单位标识

发电单位标识是指电报的文头,应当使用发电单位全称,如“河南省防汛抗旱指挥部黄河防汛抗旱办公室明传电报”;也有不写发电单位名称的,如河南省防汛抗旱指挥部和河南河务局使用的“内部明电”。

三、发电字(编)号

包括发文机关代字、年份、序号。

发文机关代字应准确，并尽量减少字数。防汛工作中常用的四类防指明电发电字(编)号分别为：

河南省防汛抗旱指挥部内部明电代字为“豫防指电”。

河南省防汛抗旱指挥部黄河防汛抗旱办公室明传电报代字为“豫防黄办电”。

河南黄河河务局内部明电代字为“豫黄电”。

河南黄河河务局防汛办公室明传电报代字为“豫黄防办电”。

年份应用阿拉伯数字写全称，如“2010”，不得写成“10”，并用六角括号“〔〕”括起来，不能用圆括号。

序号是发文的流水号，序号不编虚位(如“1”不能编为“001”)，不加“第”字。

例如：豫黄防办电〔2010〕1号。

四、拟稿核稿签发

拟稿一般由防办工作人员或承办事项的工作人员负责。

签发核稿一般要求如下：

(一)河南省防汛抗旱指挥部内部明电：由省防汛抗旱指挥部指挥长或副指挥长签批，河南河务局以省防指名义签发的内部明电可由省防汛抗旱指挥部黄河防办有关领导核稿。

(二)河南省防汛抗旱指挥部黄河防汛抗旱办公室明传电报：由省防汛抗旱指挥部黄河防办主任或副主任签批，省防指黄河防办有关部门领导核稿。

(三)河南黄河河务局内部明电：由局长或分管领导签发，处室领导核稿。

(四)河南黄河河务局防汛办公室明传电报：由局防汛办公室主任或副主任签发，防办副主任或各科科长核稿。

(五)防汛值班期间或紧急情况下，除省防汛抗旱指挥部内部明电外，签发人、核稿人可以根据实际情况确定，由带班局领导、副主任予以签发。

(六)签发、核稿一般由签发人、核稿人签字确认，签发人、核稿人审阅明电内容并同意后，也可以根据要求将签发人、核稿人的名字打印到相应位置。

五、标题

内部明电电文标题和制发公文标题相同，一般由发文单位、关联词、发文事由及文种组成。标题中除法规、规章制度和规范性文件名称加书名号外，一般不用标点符号。

六、主送单位

主送单位指电报的受文单位，应当使用单位全称或者规范化简称、统称。可标注于“发往(单位)”之后，或者顶格书写在正文标题下一行。

七、正文

同正式公文一样，电报的正文要将行文的目的交代清楚，内容要求简明扼要，结构严谨，条理清楚,用词规范。

八、附件

明电附件是指附属于电报正文的其他材料,对电报正文起补充说明或提供相关资料的作用,是电报的重要组成部分。

电报如有附件,应在正文结束时下空 1 行左空 2 字用 3 号仿宋字标识“附件”两字,后标全角冒号及附件名称;如有两个及其以上附件的,应使用阿拉伯数码注明附件顺序号,如“附件:1.*******”,附件名称后不加标点符号。

如果附件内容较多或者不方便与正文合订在一起,可单独装订成册,但需在附件首页右上角标明电报的发文字号和附件序号。

九、成文日期

以签发人签发的日期为准,一般位于正文或附件下三行处。成文日期应当用汉字将年、月、日标全,“零”写成“〇”,不得写成“0”,成文日期右空四字。

十、附注

电报附注指需要说明的其他事项。如有附注,应在成文日期下一行,左空两字,在括号内书写附注内容。

十一、抄送单位

指除主送单位外,需要执行或知晓电报内容的其他单位,应当使用全称或者规范化简称、统称。

如需抄送其他单位,而公文中没有标注“抄送”的位置,或抄送机关较多时,应在公文的最后一页下端,用 3 号仿宋字左空 1 字标识“抄送”,后标全角冒号;抄送机关间用逗号隔开,回行时与冒号后的抄送机关对齐;抄送单位按上级、平级、下级单位次序排列;在最后一个抄送机关后标句号。

十二、明电排版及字体字号

(一)紧急程度(等级)如“特提”采用 3 号黑体字;

(二)签发人、核稿人的姓名,一般情况下应由签发人、核稿人手签。如需打印签发人姓名采用 3 号楷体字加粗,拟稿人姓名采用 3 号仿宋字;

(三)电报标题采用 2 号小标宋字体,行距采用固定值 36 磅;标题回行时要注意做到词义完整,排列对称,数字、年份不能分开回行;

(四)正文及其他字体均使用 3 号仿宋字,行距一般采用单倍行距或固定值 29.5 磅;

(五)正文中的结构层次序号,第一层为“一、”,第二层为“(二)”,第三层为“1.”,第四层为“(1)”。第一、二层标题可采用 3 号小标宋或黑体字,第三、四层标题字体可加粗。

(六)电报中的数字、年份不能分开回行;

(七)电报中的单位必须使用国家法定计量单位;

(八)成文日期不能单独一页,必须同正文共处一页,如排版后出现成文日期与正文不在同一页的情况时,应采取调整行距、字距或减少成文日期与正文间空行等措施加以解决,务使成文日期与正文同处一页,不得采取标识“此页无正文”后使成文日期单处一页的方法解决。

第三节　防汛明传电报收、发电程序及保管要求

一、收电管理程序

当接收到一份防汛明电后,接收人应及时予以登记,并打印“收电处理签”,交处室相关领导(或带班领导)签批处理意见。由接电人或承办科室按照签批的处理意见将明电提交给有关局领导阅示、阅知,然后由承办科室按照局领导和处室领导的批示及时对明电进行处置,并按要求做好督促落实工作。

二、发电管理程序

(一)拟稿:具体经办人根据领导交代的行文要求,及时拟定明电初稿。

(二)核稿:拟好的明电初稿交由承办科室负责人或部门负责人核稿并修改完善。

(三)签发:经部门负责人审核通过的明电,按照不同明电签发要求及时提交相关局领导签发。

(四)发送:经领导签发、盖章后的明电,由经办人将明电通过(网络)传真发送给主送单位和抄送单位。

三、明电保管要求

明传电报按照程序办理完毕后,应及时将明电原件(含纸质和电子版)分类保存,以备查询。每年3月底前应将上一年度办理的明电装订成册后统一保管。

第九章 河南黄河防汛工作公文写作实务

第一节 防汛物资管理工作

防汛物资是黄河防汛抢险的重要物质基础,是确保黄河安澜的重要保障,在防汛抢险三要素中占有重要地位。黄河防汛物资管理贯彻"安全第一,常备不懈,以防为主,全力抢险"的防汛方针,遵循国家储备、社会团体储备和群众备料相结合的原则。本节所阐述的防汛物资管理工作特指由各级黄河河务系统承担的国家储备物资的管理。

黄河防汛物资管理主要任务是贯彻执行国家防汛物资管理工作的方针政策,制订本级防汛物资的管理规章制度,指导、监督下属单位贯彻执行;制订防汛物资调度预案并负责组织实施;根据抢险需要,保证物资供应;负责防汛物资年度补充采运计划的编报、实施;防汛物资管理人员的岗位培训。

各级防汛指挥部黄河防汛办公室负责其辖区内防汛物资的调度;各级黄河防汛物资主管部门负责防汛物资的日常管理工作。

国家储备物资是指黄河河务部门按照定额和防汛需要而储备的防汛抢险物资。主要包括石料、铅丝、麻料、袋类、土工织物、篷布、活动房、发电机组、沙石反滤料、木桩、柴油、汽油、冲锋舟、橡皮船、抢险设备、查险用照明灯具及常用工器具。

防汛物资管理工作主要有以下几个方面:清仓查库、防汛物资补充、防汛物资使用与调配,物资报表,防汛物资的日常管理,防汛抢险设施的维护与管理,防汛物资的报废。

在防汛物资管理工作中公文使用较为广泛,主要使用公文种类及其写作要点如下。

一、汛前物资准备

做好汛前物资准备是确保黄河安全度汛的重要保障,为督促市、县河务部门及物资储备管理单位做好准备工作,一般情况下,省级河务局防办向下属单位下发通知,就汛前物资准备工作提出要求。由于汛前物资准备工作还涉及社会团体及群众物资储备,因此建议以×××防指黄河防办的名义下发通知。譬如以河南省防指黄河防办的名义下发的明传电报:《关于做好××××年汛前防汛物资准备工作的通知》。此公文拟写的要点是首先写明此项工作的重要性,然后就汛前物资准备的清仓查库、料物整理工作、专用设备与器材维修工作、防汛料物补充工作、社会备料工作、“防汛物资保障预案”“夜间抢险照明保障预案”等保障预案修订与完善等具体工作逐条进行具体安排。最后就完成工作提出“加强领导,明确责任,强化督导检查”等具体措施和工作要求等。

二、清仓查库

清仓查库工作一般情况下安排在汛前进行,如果本年度汛期发生大的洪水,在抗洪抢险消耗物资较多时,汛后可根据情况安排开展清仓查库。

汛前防汛物资清仓查库作为一项防汛常规工作,一般情况下由上级向下级印发一个《关于做好××××年汛前防汛物资清仓查库工作的通知》。此类通知由于仅涉及内部管理的国家物资储备,一般以“××局防办”名义制发明传即可。其写作要点如下:先简要阐述下发通知的主要目的,譬如,为澄清防汛物资储备状况,掌握防汛物资储备动态,做好防汛抢险物资保障工作。然后就汛前防汛物资清仓查库工作提出具体工作部署及工作要求,同时还应明确具体事项的完成时限及工作标准,以及需要上报总结等内容。

清仓查库完成后,下级单位应当向上级部门汇报完成情况。如果以正式公文汇报多以报告行上行文,文号以“×× 黄防〔××××〕×号”。

但一般情况下则是以××局防办的名义制发明传向上级防办行文,行文标题多以《关于上报××××年汛前防汛物资清仓查库工作总结的报告》或《关于××××年汛前防汛物资清仓查库工作完成情况的报告》,第一种情况总结作为附件附在报告的后面,第二种情况直接汇报即可。

无论是第一种情况还是第二种情况,其拟写要点是均为清仓查库工作的开展情况,主要储备物资的变动情况,清查工作中查出的问题以及工作建议等写作应做到条理清楚,数据准确,力求促进工作开展。

三、国有物资的调配及接收工作

根据防汛抢险工作需要,国有防汛物资可在不同单位之间进行调配,或者物资统一采购后由上级统一进行分配,国有防汛物资分配及接收如不涉及系统外的单位,均以“××局黄防办明传电报”进行发文为宜。其写作重点应将分配物资的种类、型号、数量、接收的方式、物资管理的要求以及需要履行的手续等叙述清楚。

第二节　防汛石料管理

防汛抢险石料是重要的国家储备防汛物资,其在防汛抢险中发挥着重要作用,防汛石料管理有严格的管理制度和管理办法。在石料管理的各个环节上,公文的应用十分广泛。

根石加固是石料管理中的一项重要工作,也是河南黄河下游基层单位的一项常规性工作,其主要目的在于消除河道工程隐患,提高工程抗洪能力。针对不同情况,上级河务部门每年中就此项工作进行部署,此时一般以“豫黄防办电”文种下发《关于做好××××年维修养护根石加固项目有关工作的通知》对此项工作进行部署。基层防汛单位应按照通知要求,结合本单位实际编制相应的根石加固实施方案。由于根石加固不涉及系统外部单位,属于河务系统内部的部门职责,因此上报实施方案应以“××局关于上报××××年度维修养护根石加固实施方案的请示”行文。编制根石加固方案应紧密结合本辖区工程实际,要以切实提高河道工程抗洪能力为前提,综合考虑工程实施、项目投资等问题。

根石加固实施方案批复后,在实施前,基层单位应按照规定就汛前石料采运向市级河务局上报开工报告,开工报告应重点写明具体实施方案,明确责任人,采运石料所放置位置等。项目实施完成后,省局一般下发《关于对××××年维修养护根石加固项目进行验收的通知》,就项目验收提出要求。

在防汛抢险中,有时会出现借用备防石料的情况,基层单位应当向上级写出请示,请示写作应重点写明借用备石的理由,借用数量,何时归还或作何处理等。每一年度下半年,基层防汛单位应对该年度的防汛石料管理工作进行总结,撰写总结时应将本单位石料储备情况、采运情况、石料抢险消耗使用、调配等变化情况叙述清楚,同时对管理工作取得的成绩、存在的问题及解决的意见建议也应一并提出。总结以报告的形式行文,以内部明电行文的一般应以××局黄河防办的名义发文,使用××黄防〔××××〕××号发文代码。

第三节　水情管理

水情管理工作涉及的公文写作主要有水位资料整编工作,水位观测工作,水尺水准点校测、水尺信息化建设等方面的工作。此类工作主要是事务性通知,事项一般简单并不复杂,应当注意的是将工作安排全面,做到具体明了。譬如水位资料整编的通知应将参加人员、整编安排及要求等阐述清楚。此类公文一般使用“××黄防办电”文种发文。

第四节　抗洪抢险

黄河洪水按照发生的时间段可以分为桃汛洪水、伏汛洪水、秋汛洪水和凌汛洪水。按照洪水成因可分为冰凌洪水和暴雨洪水。按照洪水来源可以分为上大型洪水、下大型洪水及上下较大型洪水。洪水发生后,各级要按照防洪预案迅速行动,为了高效组织抗洪抢险,各种文电在抗洪抢险中发挥了及其广泛和重要的作用,成为联系上下,沟通内外动员组织抗洪抢险的重要载体。

抗洪抢险文电主要应用列举如下。

一、抗洪部署

洪水发生后,要根据洪水的来源、性质以及对洪水演进过程的预估,对防御洪水进行全面周密的部署。

譬如春季发生桃汛洪水后，省防指黄河防办针对防御桃汛洪水向沿黄市及省直管县防指下发《关于做好防御桃汛洪水的紧急通知》,写作时应首先阐述该次洪水的基本情况,然后就防御该次洪水提出具体工作要求,如启动防汛运行机制、落实防汛责任制、加强工程巡查,做好防漫滩工作、加强河势观测,加强险情抢护等。

伏秋大汛期间,降雨频繁,是暴雨洪水的多发期。根据天气预报及实际观测,一般情况下是省防指或气象部门首先通报下发有关降雨预报情况。根据区域降雨及河道水情变化情况分析预测,一旦形成洪水,就应及时就防御洪水做出部署,如洪水量级较小,可能造成的危害较小,在不需要地方防指指挥参与的情况下,一般可以省河务局防办的名义下发《关于加强洪水防御做好河南黄河防汛工作的通知》，拟写此类通知应首先将该次洪水情况简要说明,然后就防御洪水提出具体要求,具体内容包括落实防汛责任制、加强巡查和观测、强化防汛值班、加强涉水生产安全的宣传引导和管理、防汛料物和抢险设备准备、浮桥拆除管理、确保通信畅通、加强防汛督查、严肃防汛纪律等内容。如洪水量级较大,可以按照防汛预案启动相应的运行机制,以省防指、省防指黄河办等名义下发通知,对防汛抗洪抢险工作做出相应部署。

二、迎战洪水

洪水发生后,除下发抗洪抢险部署通知外,还应根据实际情况下发《关于迎战洪水的紧急通知》。迎战洪水涉及面广,需要引起各级防指及其成员单位的重视,迎战洪水的工作部署、抗洪抢险的组织实施同样也需要各级防指及成员单位贯彻落实,因此此类电文均应以省防指及黄河防办的名义制发。起草写作此类通知时应将洪水基本情况阐述清楚,并对洪水演进过程及其危害进行分析预估,在此基础上提出迎战洪水的目标和要求。其主要内容同防御洪水工作部署基本相同,但应该更为细致具体。对一些如浮桥拆除、机动抢险队待命等具体事项的安排上应当更为具体,明确时限要求及完成标准。根据不同量级洪水,在其迎战洪水的安排上程度有所不同,总体上可以按照预先制订的预案进行部署。洪水量级越大,迎战洪水的安排应该越细致,涉及面越宽,特别是对重点堤段和重点工程提出防守措施。如当预计花园口站出现 6000~10000 立方米每秒洪水时，就应当预估黄河下游滩区漫滩进水情况,督促沿黄市防指组织群众开展迁安救护。当发生 15000 立方米每秒洪水时,除宣布黄河防汛进入“紧急防汛期”。根据预案安排涵闸围堵,加强看守,组织动员社会各界紧急动员投入抗洪抢险。当发生特大超标准洪水时除以上部署外,宣布黄河防汛进入“紧急防汛期”,同时就重点保护地段、重要工程提出具体防守措施。此类文电根据情况,多使用省防指、省防指黄河防办的文电。

三、险情抢护报告

洪水期间,当河道工程发生较大或重大险情时,应当及时向上级报告。报告多以××局防办名义行文上报,拟写报告是应重点写清楚发生险情的工程名称、坝号部位,出险尺寸、险情发生的具体原因。同时将险情发生后采取的抢护处置措施,抢险进展情况予以说明。上级接到下级的险情抢护报告后,一方面应当按照程序进行转报,另一方面应根据险情状况采取一定的措施,如选派人员深入现场进行现场指导,帮助基层组织抢护,加强抢险协调等。险情抢护过程中可根据情况多次进行报告。

四、防汛物资设备及抢险队伍调度

抗洪抢险中,各种情况都可能发生,为保障抢险需要,常需要调度抢险物资及抢险队伍。调度防汛抢险物资或调度抢险队伍, 应当以正式书面公文为准。紧急状况下可预先电话通知,以便提前做好准备,然后再下书面文电通知。

拟写调用防汛物资通知应将调用防汛物资的名称、规格、数量以及送达的地点、时间、接收单位及人员联系方式、以及相关手续,办理费用的支付等内容写清楚,以便与实施。跨市局调用国有防汛物资储备多以“豫黄防办电”文种发文,本市局内部可以“××局黄防办”名义行文。

调动防汛抢险队伍应明确写明调动队员的主要任务,调动队员人数及工种,是否携带机械设备以及需要携带机械设备的型号规格,后勤保障供应要求,调动队伍的出发时间,抵到时间和地点以及联络人员,参与抢险的指挥调度组织安排等情况。

第五节　防汛应急抢护项目管理

黄河下游河势多变,时常发生畸形河势,突发各类险情,为确保防洪安全,工程安全,需对突发险情进行应急抢护,或者根据某些可能发生重大险情变化的险工险段,有意识地安排一些施工项目,采取预防性措施,以提高工程抗洪能力,完善工程布防。这些应急项目的管理都是通过公文来传递完成的。

一、上报《工程实施方案》的请示

工作实施方案应重点写清项目立项缘由,项目的基本情况,工程量及投资,具体实施步骤及技术标准,施工质量控制措施,安全生产措施等。编制施工方案应符合工程实际,满足投资要求,便于施工。

二、项目实施情况报告

在项目实施过程中,根据需要应向上级报告项目施工进展情况。写作报告应将项目施工的具体情况,工程施工进度,是否存在困难等详细具体地加以报告。

三、项目的验收

对一批或者年度应急项目进行验收，可以豫黄防名义行文下发《关于××××年应急度汛项目验收的通知》，在下发的通知中应明确验收程序和组织单位，明确合同完工验收，投入使用验收，竣工验收组织单位，验收所需要的资料，及验收对内业、外业的有关要求。是否存在问题需要整改，以及整改要求。

基层单位向上级提出验收申请时，可以“××防指黄河防办”的名义向上级行《关于××××应急项目验收的请示》，拟写请示中应重点将项目的施工完成情况，完成的工程量，完成的投资，完成过程，项目施工质量检测情况，初步验收情况，请示事项要求阐述清楚。

第六节　防汛应急事件处置

在工作中，有时会遇到涉及防汛或者黄河部门的应急事件，譬如，浮桥突发车辆人员落水、浮桥承载舟断裂冲跑、黄河水体突遭污染、洪水期间人员牲畜被水围困、堤防交通突发较大交通安全事件、河势变化引发引黄涵闸引水断流危及城市供水及农田灌溉，某地某工程发生特大自然灾害急需救援等突发情况。突发应急事件，往往事情紧急，初期情况不明难以判断和决策。为此，作为防汛值班人员，在突发应急事件的处理上，应当重点把握以下几个方面：一是要增强政治意识和责任意识，要以高度的责任心正确对待，不能对所得到的信息简单地判断和下结论，或以“和我没有关系或者和本单位没有关系”的心态放置一旁，不理不睬。而应对所得到的信息从多渠道多途径做进一步地深入了解，然后再做出判断，进而妥善处置。二是要对突发事件立即进行落实，详细了解具体情况，在难以通过信息进行落实的情况下应及时派人深入现场进行调查落实，在了解落实情况的同时，及时向本单位领导及上级进行报告。三是针对突发事件，要及时启动应急预案和运作机制，采取针对性的措施，确保突发事件得到妥善处置。

突发应急事件处置中，可以以值班报告的形式将有关情况及时上报上级。值班报告应当简短，可先将突发事件基本情况及处置采取的措施及进展叙述清楚即可。

譬如浮桥安全事故值班报告：

7 月 27 日 16 时，山东管理的黄河××生产浮桥允许装有小麦的 1 辆超载货车通行，在货车行使至浮桥中段时，由于超载，导致浮桥五节浮厢及超载货车沉入河底。此次事故无人员伤亡，但已对下游河道建筑物构成安全隐患。目前，浮桥北岸的××河务局已通知浮桥管理单位采取必要措施尽快对浮厢和货车进行打捞。××生产浮桥两岸已设置禁止通行标志，并有专人把守路口，严格禁止一切车辆通行。

再如河道工程出现较大险情的值班报告：

2011 年 9 月 12 日 20 时 40 分，濮阳市范县杨楼控导工程受上游对岸苏阁工程挑流作用影响,河势明显上提,工程坝垛全部靠河,主流紧靠1~13坝,由于坝前主溜、回溜较大,冲刷严重,致使1坝坝根0+000至迎水面0+035土坝体出现墩蛰较大险情,出险尺寸长35米,均宽5米,水下7米,水上坍塌4米,出险体积1925立方米。

险情发生后,濮阳市局党组成员、总工程师×××连夜赶赴抢险现场指导险情抢护。县、乡主要防汛责任人也亲临现场,协调有关工作,迅速组织人员和物料对险情进行抢护。现场成立了由×××任组长,×××、×××任副组长的抢险指挥机构,工管、运行观测、抢险队、财务科长及抢险专家按照分工,各负其责,各项抢险工作有条不紊地开展。

险情抢护时,首先在1坝迎水面出险部位裹护体的后部(0+050位置)抛散石墩,使水流外移,减少回溜淘刷;其次在出险的迎水面制作柳石搂厢,搂厢长11米,宽3.5米,高6米,搂厢沉底后抛散石固根还坦,依次由下层向上层抛投,并向两边展开,随时探测,掌握坡度。截至9月13日6时,险情基本得到控制,此次险情共投入抢险队员60名、自卸翻斗车4辆、挖掘机2台、装载机2台、制作抛投搂厢3个、抛石300立方米。

目前,杨楼工程坝垛全部靠河,主流紧靠1~13坝。1坝是2008年汛前新修坝道,时间较短,根基不牢,未经过大洪水的考验,且坝前无工程,受上游苏阁挑流影响,河势不断上提,自今年6月份以来上游滩地坍塌后退约30米,坝前头、迎水面受大溜冲刷不断出险,累计出险12次,其中较大险情1次。目前1坝上游水边线已接近联坝轴线,受河势不断上提影响,未裹护段受主(回)溜冲刷,致使1坝坝根至迎水面0+035土坝体出现墩蛰较大险情。

此外,由于在杨楼控导1坝上首约1.5千米处河岸存在"胶泥嘴",在一定程度上阻碍了大溜的走向,河岸凸出位置若坍塌,大溜将直接威胁1坝及联坝,甚至有抄工程后路的可能,届时抢险局面将更为被动。鉴于目前杨楼工程控制长度不足,建议紧急抢修上延杨楼工程-5~-1坝,以进一步控制该段河势。

在防汛应急事件处置中,要做到问清情况,准确判断,依法依规迅速行动,积极稳妥。

第七节 防汛综合管理工作的公文处理

除具体防汛业务工作外,防汛工作中涉及的目标管理、安全生产、新闻宣传等综合管理工作也广泛应用到公文。

一、会议通知

如汛前防办主任会议,调水调沙动员会,年度防凌工作会议、年终综合考评会议等会议召开前均下发明电通知。拟写此类会议性通知应当将会议召开的时间、会议地点、会议议程、参加人员以及会务安排等交代清楚,以便按时参加会议,领会会议精神。需要会议发言时应提前做好安排。

二、安全生产

一般情况下在全国两会、五一国庆等重要节假日前夕下发通知,就安全生产工作进行安排。通知一般为加强防汛值守,落实安全生产责任、组织开展节前安全生产检查、强化涉水安全管理,及时沟通信息等内容。

三、新闻宣传

新闻宣传多为配合新闻媒体记者做好新闻采访,新闻媒体采访前一般有采访提纲,或者围绕某一主题有针对性地进行采访,可根据媒体新闻采访提纲下发通知,提前做好有关准备工作。另一方面应注意做好防汛新闻信息稿件把关,避免出现消息失实,以免造成负面不利影响。

四、目标运行和考核

年初制订年度重点工作目标后,可就制订的目标下发征求意见的通知,定稿后行正式文件。年中及年末基层单位应就目标完成情况进行报告,拟写此类报告时应围绕目标组织实施过程及完成情况进行如实报告。

第八节　防汛公文使用常见错误举例及分析

在防汛公文写作应用中,最常见的错误有以下几种。

一、文种使用错误

譬如,《关于焦集—马海河段滩岸坍塌应急抢护工程项目验收请示的回复》,此文标题中以回复作为文种,但是法定文种中没有回复这一文种,故而不应以回复当做文种使用。下级有请示,上级一般情况下应该以批复作为回文,但在有些情况下对下级的请示不能予以批复,在这种情况下可以使用“函”作为文种予以回复,就相关情况做以说明。

再譬如,《关于××××抢险情况的说明》,说明不是文种,如果是向上级反映汇报问题,当以报告的形式行文,如果向不相隶属的单位说明情况,当用函的形式行文。

二、行文无文种

譬如,《××局 2017 年维修养护根石加固实施方案》,标题中明显缺乏文种,当修改为《××局关于 2017 年维修养护根石加固实施方案的请示》。

三、文种前加修饰词

譬如,《关于××局 2017 年维修养护根石加固实施方案的审核意见》,此文标题中,文种是意见,而在意见这一文种前加上了审核二字,仿佛审核意见成为文种词,不符合行文规则。当修改为《关于××局 2017 年维修养护根石加固实施方案的意见》,因为审核意见也是意见的一种，可在文内予以标明。

四、明传电报报头同发文编号不符

譬如明传电报报头是××防指黄河防办，而文件的编号却使用××局黄防××号，反之亦然。另外，还有明传电报发选单位名称同下面文件的抬头名称不符等常见错误。

五、标题冗长拖沓

譬如，《关于×××控导工程 29、43、48~49 坝水毁修复借用防汛备石的批复》。标题冗长拖沓，可修改为《关于×××控导工程水毁修复借用防汛备石的批复》，只需在正文中将 29、43、48~49 坝的有关情况阐述清楚即可。

六、关于明传电报报头的使用

在日常工作中，常常出现同级防指黄河防办明传电报报头与同级局防办电报报头混用的情况。此两类明传电报报头分别代表着不同身份定位，在制发明传电报时应注重区分。如果仅仅是我们系统内部的日常防汛工作，不涉及外部系统和单位的，一般情况下应以××局防办制发明传电报为宜。如果涉及外单位外部门外系统或者是涉及如防汛准备、迁安救护、抗洪抢险等黄河防汛主要方面的工作，当以防指黄河防办名义制发明传电报较为妥当。有些工作在用这两个报头均可的情况下，可由具体制发公文人员根据具体情况斟酌办理。

第三篇　行政首长黄河防汛备要

第十章 防汛抗旱指挥机构职责和权限

第一节 防汛抗旱指挥机构的职责

各级防汛抗旱指挥部在同级人民政府和上级防汛抗旱指挥部的领导下，具有行使政府防汛抗旱指挥和监督防汛抗旱工作的职能。根据统一指挥，分级分部门负责的原则，各级防汛抗旱指挥机构的职责是：

(1)贯彻执行国家有关防汛抗旱工作的方针、政策、法规和法令。

(2)组织制订并监督实施各类防御洪水方案、洪水调度方案和抗旱工作预案。

(3)及时掌握汛期雨情、水情、险情、旱情、灾情和气象信息，了解长短期水情和气象分析预报；必要时启动应急防御机制。

(4)组织开展防汛抗旱检查。

(5)负责防汛抗旱物资的储备、管理和防汛抗旱资金的计划管理。资金包括列入各级财政年度预算的防汛抗旱岁修费、特大防汛抗旱补助费以及受益单位缴纳的河道工程修建维护管理费、防洪抗旱基金等。防汛抗旱物资要制订国家储备、社会团体和群众筹备计划，建立保管和调拨使用制度。

(6)负责统计掌握洪涝和干旱灾害情况。

(7)负责组织抗洪抢险，调配抢险队伍和技术力量。

(8)督促落实蓄滞洪区安全建设和应急撤离转移准备工作。

(9)负责组织防汛抗旱通信和报警系统的建设管理。

(10)组织汛后检查、防汛工程水毁修复。

(11)开展防汛抗旱宣传教育和组织培训、推广先进的防汛抢险和抗旱新技术、新产品。

第二节 防汛抗旱指挥机构的权限

防汛工作具有战线长、任务重、突发性强、情况变化复杂等特点，为了任何情况下都能确保国家和人民生命财产的安全，必须确立防汛指挥机构的权威性。

《中华人民共和国水法》和《中华人民共和国防洪法》赋予防汛指挥机构在紧急防汛期的权力，主要有以下内容：

一是在紧急防汛期，防汛指挥机构有权在其管辖范围内调用所需的物资、设备和交通运输车辆,事后应当及时归还或者给予适当补偿。

防汛指挥机构的管辖范围是指有防汛任务的地区。在该范围内的党政机关、企事业单位、部队、学校、乡村都必须服从防汛指挥机构的统一指挥,统一调动。在汛情紧急情况下,按照法律规定,防汛指挥机构根据需要调用上述单位的物资、设备和人员时,应对借用物资、设备和人员情况进行统计、登记。汛期结束时,防汛指挥机构对防汛中调用的物资、设备不能长期占用或挪作他用,应及时向原单位退还剩余物资、调用的交通运输工具和机械设备。对物资的消耗、设备的破坏、人员的劳动定额,防汛指挥机构应按照实际情况和国家有关规定适当给予经济补偿或赔偿。

二是在紧急防汛期,各级防汛指挥机构可以在其管辖范围内,根据经批准的分洪、滞洪方案采取分洪、蓄滞洪措施。

在河流上的适当地点,建造分洪闸、分洪道等,将洪水期间河槽不能容纳的水量,由此分往其他河流、湖泊,以减轻洪水对原河道下游的威胁,不致漫溢成灾,称为分洪。滞洪是指利用河流附近的湖泊、洼地或规定的蓄滞洪区,通过节制闸,暂时停蓄洪水,当河槽中的水的流量减少到一定程度后,再经过泄水闸将水放归原河槽。这种过程称为滞洪。河流上的水库蓄水也有滞洪作用。通过滞洪,可以降低河道洪峰水位高度,减少洪水对堤防的威胁。

分洪和滞洪是抗御洪水的重要手段。但是,由于采用分洪和滞洪手段,洪水将淹没一部分地区,危及该地区人民生命的安全,造成行蓄洪区内国家和人民财产的损失。因此,各级防汛指挥机构应根据气象、水文资料及历史上的洪水情况,在其管辖范围内,必须先制订分洪、滞洪方案。分洪、滞洪方案的重要内容之一是在确保能够做好分洪、滞洪的前提下,以把经济损失减到最低程度。分洪、滞洪方案必须报请上级主管部门审核批准后,方可纳入防汛抗洪计划,并依方案实施。实施运用蓄滞洪区分蓄洪水,必须由有管辖权的防汛抗旱指挥部下达命令,并提前做好蓄滞洪区内居民的转移安置工作。

在紧急防汛期,各级防汛指挥机构认为有必要采取分洪、滞洪措施减缓洪水威胁时,防汛指挥机构根据法律规定的程序,可以当机立断,在其管辖范围内,按照经批准制订的分洪、滞洪方案,或根据实际情况制订的临时分滞洪措施,采取分洪、滞洪措施。

如果采取的分洪、滞洪措施在某种情况下有可能使洪水漫出分洪、滞洪方案中规定的区域,波及其他地区,分洪、滞洪措施应采取慎重态度。《中华人民共和国水法》规定,采取分洪、滞洪措施对毗邻地区有危害的,必须报经上一级防汛指挥机构批准,并事先通知有关地区。按照法律规定,各级防汛指挥机构应该严格执行分洪、滞洪方案,如果采取的分洪、滞洪措施对周邻地区产生威胁时,应立即把采取分洪、滞洪措施的情况及影响报告上一级防汛指挥机构,上报的分洪、滞洪措施经批准后才可实施。在实施批准的分洪、滞洪措施时,防汛指挥机构必须将采取分洪、滞洪措施的时间、地点等情况通报有关地区,以便这些地区做好各方面准备,组织群众撤离,采取措施重点保护被淹地区的国家财产,避免或减轻损失。

蓄滞洪区分洪运用后,应按照《蓄滞洪区运用补偿暂行办法》的规定,及时对区内居民的财产损失给予补偿。

第三节 防汛抗旱指挥部成员单位的职责

防汛抗旱工作是社会公益性事业,任何单位和个人都有参加防汛抗旱的义务。防汛抗旱指挥部各成员单位应按照《中华人民共和国防洪法》和《中华人民共和国防汛条例》的有关规定和各个阶段的工作部署,在各级政府和防汛抗旱指挥部的统一领导下,共同搞好防汛抗旱工作。根据有关法律法规,防汛抗旱指挥部各成员单位的职责分工一般如下。

宣传部门:正确把握防汛抗旱宣传工作导向,及时协调、指导新闻宣传单位做好防汛抗旱新闻宣传报道工作。

发展和改革部门:指导防汛抗旱规划和建设工作。负责防汛抗旱设施、重点工程除险加固建设、计划的协调安排和监督管理。

公安部门:维护社会治安秩序,依法打击造谣惑众和盗窃、哄抢防汛抗旱物资以及破坏防汛抗旱设施的违法犯罪活动,协助有关部门妥善处置因防汛抗旱引发的群体性治安事件,协助组织群众从危险地区安全撤离或转移。

民政部门:组织、协调防汛抗旱救灾工作。组织灾情核查,及时向防汛抗旱指挥部提供灾情信息。负责组织、协调水旱灾区救灾和受灾群众的生活救助。管理、分配救助受灾群众的款物,并监督使用。组织、指导和开展救灾捐赠等工作。滩区、滞洪区运用时,负责其区域范围内人民群众的安全转移及安置工作。

财政部门:组织实施防汛抗旱和救灾经费预算,及时下拨并监督使用。

国土资源部门:组织监测、预防地质灾害。组织对山体滑坡、崩塌、地面塌陷、泥石流等地质灾害勘察、监测、防治等工作。

住建部门:协助做好城市防汛抗旱规划制订工作的指导,配合有关部门组织、指导城市市政设施和民用设施的防洪保安工作。

铁道部门:组织铁路防洪保安工程建设和维护。负责所辖铁路工程及设施的防洪安全工作,组织清除铁路建设中的碍洪设施。组织运力运送防汛抗旱和防疫的人员、物资及设备。

交通部门:协调组织交通主管部门做好公路、水运交通设施的防洪安全工作;做好公路、水运设施的防洪安全工作;做好公路(桥梁)在建工程安全度汛防汛工作,在紧急情况下责成项目业主(建设单位)清除碍洪设施。配合水利部门做好通航河道的堤岸保护。协调组织地方交通主管部门组织运力,做好防汛抗旱和防疫人员、物资及设备的运输工作。

信息产业部门:负责指导协调公共通信设施的防洪建设和维护,做好汛期防汛抗旱的通信保障工作。根据汛情需要,协调调度应急通信设施。

水利部门:负责组织、协调、监督、指导防汛抗旱的日常工作。归口管理防汛抗旱工程。负责组织、指导防洪排涝和抗旱工程的建设与管理,督促完成水毁水利工程的修复。负责组织江河洪水的监测、预报和旱情的监测、管理。负责防汛抗旱工程安全的监督管理。

农业部门:及时收集、整理和反映农业旱、涝等灾情信息。指导农业防汛抗旱和灾后农业救灾、生产恢复及农垦系统、乡镇企业、渔业的防洪安全。指导灾区调整农业结构、推广应用旱作农业节水技术和动物疫病防治工作。负责救灾化肥、救灾柴油等专项补贴资金的分配和管理,救灾备荒种子、饲草、动物防疫物资储备、调剂和管理。

商务部门:加强对灾区重要商品市场运行和供求形势的监控,负责协调防汛抗旱救灾和灾后恢复重建物资的组织、供应。

卫生部门:负责水旱灾区疾病预防控制和医疗救护工作。灾害发生后,及时向防汛抗旱指挥部提供水旱灾区疫情与防治信息,组织卫生部门和医疗卫生人员赶赴灾区,开展防病治病,预防和控制疫情的发生和流行。

民航部门:负责监督检查各民用机场及设施的防洪安全;负责协调运力,保障防汛抗旱和防疫人员、物资及设备的运输工作,为紧急抢险和危险地区人员救助及时提供所需航空运输保障。

广播电影电视部门:负责组织指导各级电台、电视台开展防汛抗旱宣传工作。及时准确报道经防汛抗旱指挥部办公室审定的汛情、旱情、灾情和防汛抗旱动态。

安全生产监督管理部门:负责监督、指导汛期安全生产工作,在汛期特别要加强对水电站、矿山、尾矿坝及其他重要工程设施安全度汛工作的督察检查。

气象部门:负责天气气候监测和预测预报工作。从气象角度对汛情、旱情形势作出分析和预测。汛期,及时对重要天气形势和灾害性天气作出滚动预报,并向防汛抗旱指挥部及有关成员单位提供气象信息。

部队、武警、人武部门:负责组织部队、武警、人武部门实施抗洪抢险和抗旱救灾,参加重要工程和重大险情的抢险救灾工作。协助当地公安部门维护抢险救灾秩序和灾区社会治安,协助当地政府转移危险地区的群众。

由于辖区内自然地理与行政管理等情况不同, 成立的防汛抗旱指挥部的组成单位可有所不同。防汛抗旱指挥部成员单位除法定职责外,也可由各级人民政府按照实际情况,因地制宜地对各成员单位的职责进行规定和调整。

第四节　防汛抗旱责任制

防汛抗旱工作责任重大,必须建立健全各项责任制度。防汛抗旱责任制主要包括各级人民政府防汛抗旱行政首长负责制、分级负责制、分包责任制、岗位责任制、技术责任制等。按照《中华人民共和国防洪法》规定,各级政府要加强防汛抗旱工作的领导,必须实行地方行政首长负责制。行政首长负责制是各种防汛抗旱责任制的核心,不断健全及深化防汛抗旱工作行政首长负责制,对夺取防汛抗旱胜利起着决定性的作用。行政首长负责制要落实到防汛抗旱全过程,即汛期的抗洪抢险救灾和非汛期的组织动员、工作部署、检查督促、队伍建设、预案制订、物资储备等工作中,都要落实行政首长负责制。同时,各地可根据实际情况和工程项目,落实单项防汛抗旱责任制,确保防汛抗旱工作各个环节有人抓、落得实。

一、防汛抗旱行政首长负责制

根据《中华人民共和国防洪法》和《中华人民共和国防汛条例》的有关规定以及实际工作需要,我国的防汛抗旱工作实行各级人民政府行政首长负责制。为战胜洪水和干旱灾害,平时各级政府就要落实各项备水措施,组织动员广大干部群众,克服麻痹思想,在思想和组织上为防汛抗旱做好各项准备。一旦发生洪涝和干旱,当人民生命财产遭受严重威胁时,各级政府必须充分履行政府职能,加强有效管理,动员和调动各部门各方面的力量,发挥各自的职能优势,同心协力共同完成。特别是在发生特大洪水时,抗洪救灾不只是政府的事,党、政、军、民都要全力以赴投入抗洪抢险救灾,政府发挥领导核心作用。紧急情况时,要当机立断做出牺牲局部、保护全局的重大决策。因此,需要各级政府的主要负责人亲自主持,全面领导和指挥防汛抢险救灾工作,保障防汛抗洪统一领导、统一指挥、统一调度的方针得以实施。

1987 年 4 月 11 日，国务院领导在听取防汛抗旱工作汇报的会议纪要指出,“要进一步明确各级防汛抗旱责任制”,并规定“地方的省(市、区)长、地区专员、县长在防汛抗旱工作中负主要责任。并责成一名副职主抓防汛抗旱工作。但如果发生工作上的失误,造成严重失职,首先要追究省长、市长、专员、县长的责任”。以后统称之为“防汛抗旱行政首长负责制”。1991 年 7 月 2 日,国务院发布的《中华人民共和国防汛条例》和 1997 年 8 月 29 日全国人大常委会通过的《中华人民共和国防洪法》都明确防汛抗洪工作实行各级人民政府行政首长负责制。

作为各级政府的行政首长,为保障人民生命财产的安全和国民经济持续、快速、健康发展和社会稳定,对本地区的防汛抗旱工作负总责,责无旁贷。

(一)防汛抗旱行政首长工作职责

为进一步加强防汛抗旱工作，全面落实各级地方人民政府行政首长防汛抗旱工作负责制,经国务院领导同意,国家防汛抗旱总指挥部 2003 年印发了《各级地方人民政府行政首长防汛抗旱工作职责》(国汛〔2003〕1 号),规定地方各级行政首长防汛抗旱主要职责有:

(1)负责组织制订本地区有关防汛抗旱的法规、政策。组织做好防汛抗旱宣传和思想动员工作,增强各级干部和广大群众水的忧患意识。

(2)根据流域总体规划,动员全社会的力量,广泛筹集资金,加快本地区防汛抗旱工程建设,不断提高抗御洪水和干旱灾害的能力;负责督促本地区重大清障项目的完成;负责督促本地区加强水资源管理,厉行节约用水。

(3)负责组建本地区常设防汛抗旱办事机构,协调解决防汛抗旱经费和物资等问题,确保防汛抗旱工作顺利开展。

(4)组织有关部门制订本地区的防御江河洪水、山洪和台风灾害的各项预案(包括蓄滞洪区运用方案等),制订本地区抗旱预案和旱情紧急情况下的水量调度预案,并督促落实各项措施。

(5)根据本地区汛情、旱情,及时作出防汛抗旱工作部署,组织指挥当地群众参加抗洪抢险和抗旱减灾，坚决贯彻执行上级的防汛调度命令和水量调度指令。在防御洪水设计标准内,要确保防洪工程的安全;遇超标准洪水,要采取一切必要措施,尽量减少洪水灾害,切实防止因洪水而造成人员伤亡事故;尽最大努力减轻旱灾对城乡人民生活、工农业生产和生态环境的影响。重大情况及时向上级报告。

(6)水旱灾害发生后,要立即组织各方面力量迅速开展救灾工作,安排好群众生活,尽快恢复生产,修复水毁防洪和抗旱工程,保持社会稳定。

(7)各级行政首长对本地区的防汛抗旱工作必须切实负起责任,确保安全度汛和有效抗旱,防止发生重大灾害损失。如因思想麻痹、工作疏忽或处置失当而造成重大灾害后果的,要追究领导责任,情节严重的要依法依规、严肃处理。

(二)在防汛抗旱工作方面行政首长应该重点抓好的主要工作

1. 汛前工作

(1)抓好防汛抗灾措施的全面落实。具体讲,要抓好防汛责任制的落实、防汛抗灾资金的落实、防汛抢险队伍的落实、防汛通信指挥设施的落实、防汛抗灾物资的落实、城市和行业防洪措施的落实、蓄滞洪区群众转移措施的落实等。

(2)组织汛前检查。检查的主要内容有:在思想方面,干部、群众对防汛工作的认识,是否存在麻痹、松懈思想和畏难情绪。防汛动员、宣传、教育工作是否得力。在组织方面,以行政首长负责制为核心的各项防汛责任制,包括分级、分部门和技术岗位责任制的落实情况;防洪工程管理和防汛抢险组织是否健全,队伍是否落实到位。需当地驻军、武警部队协助抢险救灾的,是否已经汇报或联系。在机构方面,防汛指挥和办事机构的建立健全情况、工作条件、指挥手段以及存在的问题。在物资方面,防汛抢险物资、机械设备的购置、储备、使用情况;防洪工程抢险物料的到位情况。在经费方面,国家预算内防汛经费、地方或部门配套经费、群众自筹等经费的筹集使用情况及存在问题。在度汛方案方面,分级洪水调度方案、不同险工抢险预案、蓄滞洪区人员转移、安置方案、水库度汛计划、在建工程度汛方案及重要国民经济设施度汛保安措施等的制订、落实情况及存在的问题。在防洪工程方面,河道、水库、堤防、蓄滞洪区、闸坝、排涝站等防洪工程状况及存在的问题。河道湖泊水面是否被盲目围垦,清障任务是否完成,行洪通道是否畅通。在通信预警方面,防汛指挥调度、通信预报警报系统工作状况和存在的问题。在防洪信息系统和预报方面, 水文和气象资料采集传输和处理系统工作状况,洪水预报情况及存在的问题。

2. 汛期工作

(1)密切关注雨情、汛情变化,分析研究防汛形势,指导防汛工作的正常开展。

(2)当江河、湖泊、水库的水情接近或达到警戒水位或者安全流量,或者防洪工程设施发生重大险情,情况紧急时,组织动员本区各有关单位和群众投入抗洪抢险。

(3)根据汛情灾情发展,及时召开指挥部成员会或紧急办公会,及时对形势做出判断,提出对策,对抗洪、抢险、救灾工作做出部署。

(4)当洪水威胁群众安全时,及时组织群众撤离至安全地带,安排好群众的生活。

(5)当河道水位或者流量达到规定的分洪、蓄洪标准时,根据已审批的分洪、滞洪方案,组织实施分洪、滞洪措施。

3. 汛后工作

(1)组织汛后检查,总结防汛工作。要组织有关部门对当年发生的洪水特性、洪涝灾害情况、形成原因、发生与发展过程,洪水调度和防汛抢险救灾中的经验教训、洪水调度方案的执行情况、防洪工程水毁状况等组织深入的调查研究,进行全面系统的总结。

(2)部署防汛准备工作。要按照当年汛期结束之日就是下个汛期准备工作开始之时的精神,抓好水毁工程的修复、江河水位防洪调度方案和应急度汛方案的修订、防洪工程建设和除险加固、防汛物资的补充、防汛通信和洪水警报系统的完善等工作。

(三)防汛抗旱安全事故责任追究

为认真落实防汛抗旱行政首长负责制,严肃防汛抗旱纪律,依法追究防汛抗旱安全事故行政责任人的责任,2004 年国家防汛抗旱总指挥部办公室根据《中华人民共和国防洪法》

《中华人民共和国行政监察法》《中华人民共和国防汛条例》《国务院关于特大安全事故行政责任追究的规定》等法律、法规和国家防汛抗旱总指挥部《关于各级地方人民政府行政首长防汛抗旱工作职责》的有关规定，组织制订了《防汛抗旱安全事故责任追究暂行办法》。

该《办法》规定：各级地方人民政府防汛抗旱行政责任人以及按照防汛抗旱责任制要求明确的具体区域或工程的有关行政责任人，对所管辖范围内发生的防汛抗旱安全事故，因失职、渎职或工作不力，造成重大经济损失、人员伤亡或者对社会稳定造成不良影响的，要依法追究其责任并按照有关规定给予行政处分；构成犯罪的，依法追究其刑事责任。

二、其他防汛责任制

（一）分级责任制

根据河系以及水库、堤防、闸坝、水闸等防洪工程所处的行政区域、工程等级和重要程度以及防洪标准等，确定省(自治区、直辖市)、地(市)、县各级管理运用、指挥调度的权限责任。在统一领导下实行分级管理、分级调度、分级负责，落实分级责任制。

（二）分包责任制

为确保重点地区和主要防洪工程的汛期安全，各级政府行政负责人和防汛指挥部领导成员实行分包责任制。对于分部门承担的防汛任务和所辖防洪工程实行部门责任制。例如分包水库、分包堤段、分包蓄滞洪区、分包地区等。为了“平战”结合，全面熟悉工程情况，把同一河段的岁修、清障、防汛三项任务，实行“三位一体”纳入分包责任内，做到一包到底。分包责任制主要内容是：

(1)常年负责检查、督促责任区，贯彻落实省委、省政府、省防汛抗旱指挥部关于防汛、抗洪、抢险、救灾工作各项决策的情况。

(2)协同地方政府抓好汛前准备工作，及时处理工程隐患，完善调度方案。

(3)发生暴雨、洪水、险情和灾情，及时上岗到位，与地方政府一起组织好防汛抢险和救灾工作。

(4)督促执行防御特大洪水方案，发生特大洪水需要分蓄洪或溃垸时，做好安全转移工作。

(5)灾后要千方百计帮助灾区恢复生产，妥善安置灾民，修复水毁工程。

(6)及时协调处理有关防汛抗旱方面的问题，认真总结和交流防汛抗旱的经验教训。

（三）岗位责任制

汛期管理好水利工程特别是防洪工程，对做好防汛工作、减少灾害损失至关重要。工程管理单位和管理人员、抢险队等要制订岗位责任制。明确任务和要求，定岗定责，落实到人。岗位责任制的范围、项目、责任时间等，要做出条文规定，要有几包几定，一目了然。要制订评比、检查制度，发现问题及时纠正，以期圆满完成岗位任务。在实行岗位责任制的同时要加强政治思想教育，调动职工的积极性，强调严格遵守纪律。

（四）技术责任制

在防汛抢险中为充分发挥工程技术人员的技术专长，实现优化调度，科学抢险，提高防汛指挥调度，增强科学决策能力。凡是有关预报数值、评价工程抗洪能力、制订调度方案、采取抢险措施等技术问题，应由各专业技术人员负责，建立技术责任制。关系重大的技术决策，要组织相当技术级别的人员进行咨询，认真听取各方面意见，杜绝盲目决策，减少灾害损失。

第十一章 防汛工作程序

在长期抗御洪水灾害的过程中，我国人民积累了丰富的抗洪抢险经验。进入新时代以来，各级全面贯彻落实中央新的治水方针，加强防汛工作正规化、规范化建设，形成了一系列规范运作、行之有效的防汛工作程序。

第一节 汛前准备

洪水灾害的发生有一定的规律性，防汛工作就是根据掌握的洪水特征，有针对性地做好预防工作，采取积极预防措施，减少洪水灾害损失。对汛期洪水，首先是立足于防。每年汛期到来之前，要对可能发生的各级别洪水进行充分的预估，充分做好各项防汛抢险准备，通过周密安排部署，完善组织机构，组建抢险队伍，储备防汛物料，修订防洪预案，开展汛前检查、度汛工程建设等，落实思想、组织、工程、物质、通信、水文预报和防御方案等方面的准备工作，做到有备无患，为战胜洪水打下可靠的基础。

一、汛前准备和部署

防汛工作涉及面广，需要各有关部门共同参与。每年汛前，各级政府和防汛抗旱指挥部要组织召开专门的防汛工作会议，对防汛工作进行全面部署。防汛准备在各项准备工作中占有首要的地位。准备工作是否充分，将直接影响到各项防汛工作的落实。各级防汛机构要结合部署防汛工作，大力宣传防汛抗灾的重要意义。通过认真总结历年防汛抢险的经验教训和抗洪减灾的成就，使广大干部和群众，切实克服麻痹思想和侥幸心理，坚定抗灾保安全、抗灾夺丰收的信心，增强防洪减灾意识，树立起顾全大局、团结协作的思想。同时要加强法治宣传，张贴印发有关防汛工作的法规、办法，增强人们的法治观念，坚持依法防汛，自觉履行法律赋予的防汛抢险义务，抵制一切有碍防汛工作的不法行为。

二、防汛组织机构完善

防汛是动员组织全社会的人力和物力防止和抗御洪涝灾害，必须要有健全而严密的组织系统。防汛指挥机构是一个综合协调的具有决策指挥、调度、参谋等综合于一体的常设机构，按照《中华人民共和国防洪法》《中华人民共和国防汛条例》的规定，有防汛任务的县级以上地方人民政府必须设立由有关部门、当地驻军、人民武装部负责人等组成的防汛指挥机构，领导指挥本地的防汛抗洪工作。

每年汛前，各地要根据防汛指挥机构部门人员的变化情况，对防汛指挥机构进行调整，以政府文件印发落实。同时,各级防汛指挥机构还要根据防汛工作的实际需要,对防汛指挥机构中的各部门职责任务进行明确,下发文件执行。每年汛前要做好的各项组织准备工作主要有以下几方面:

(1)建立健全防汛机构。各级政府由有关部门和单位组成防汛指挥机构。各级政府在年初及时明确或调整防汛指挥长和指挥部组成人员,完善指挥机构,汛前召开指挥长会议,充实防汛抗旱办公室力量。

(2)做好水情测报传输组织准备,黄河的水情测报由黄河水文部门承担。

(3)做好各部门协作配合的组织准备,完善汛期互通信息网络。

(4)各级有防汛岗位责任的人员,要做好汛期上岗到位的组织准备。

(5)各级防汛部门要做好防汛队伍的组织准备。

(6)做好当地驻军和武警部队投入防汛工作的部署准备。

三、防汛队伍组建及培训

防洪工程是抗御洪水的屏障和基础,在此基础上为了取得防汛抢险斗争的胜利,还必须要有坚强有力的防汛抢险队伍。长期与洪水灾害斗争的经验教训告诉人们,每年汛前必须组织好人员精干、组织严密、责任分明的防汛抢险队伍。

(一)防汛队伍组建

防汛抢险队伍的组建,要坚持专业队伍与群众队伍相结合,实行军民联防。做到组织严密,调度灵活,听从指挥,服从命令,行动迅速,并建立技术培训、抢险演练制度。真正做到思想、组织、技术、物资、责任“五落实”,达到“招之即来,来之能战,战之能胜”的目的。各地防汛队伍名称不同,基本上可以分为专业队、常备队、预备队、群众抢险队、机动抢险队等。

1. 专业队

专业队是防汛抢险的技术骨干力量,由水利、防汛专家和河道堤防、水库、闸坝等工程管理单位的管理人员、护堤员、护闸员等组成。平时根据管理养护掌握的情况,分析工程的抗洪能力,划定险工、险段的部位,做好出险时抢险的准备。进入汛期即投入防守岗位,密切注视汛情,加强观测,及时分析险情。专业队要不断学习管理养护知识和防汛抢险技术,并做好专业培训和实战演习。

2. 常备队

常备队又称防汛基干班,是群众性防汛队伍的基本组织形式,人数比较多。由沿河道堤防两岸和闸堤、水库工程周围的乡、村、城镇街道居民中的民兵或青壮年组成。常备防汛队伍汛前登记造册编成班组,做到思想、工具、料物、抢险技术“四落实”。汛期按规定达到防守水位时,分批组织出动。在蓄滞洪区、库区以及水库下游影响区也要成立群众性的转移救护队伍,如救护组、转移组、留守组等。

3. 预备队

预备队是防汛的后备力量,当防御较大洪水或紧急抢险时,为补充加强一线防守力量而组建的,人员条件和范围更宽一些。必要时可以扩大到距河道堤防、水闸、闸坝较远的县、乡和城镇,并落实到户到人。

4. 群众抢险队

抢险是抢护工程设施脱离危险的突击性活动,关系到防汛的成败,这项活动既要迅速及时,又要组织严密,统一指挥。汛前,可从群众防汛队伍中选拔有抢险经验的人员组成群众抢险队,汛期当发生险情时可立即抽调群众抢险队,配合专业队投入抢险。

5. 机动抢险队

为了提高抢险效果,在一些主要江河堤段和重点工程可建立训练有素、技术熟练、反应迅速、战斗力强的机动抢险队,承担重大险情的紧急抢护任务。机动抢险队要与管理单位结合,人员相对稳定。平时结合工程的管理养护,提高技术,参加培训和实践演习。机动抢险队应配备必要的交通运输和施工机械设备。

除上述防汛队伍外,还要建立军民联防体制,充分发挥人民解放军、人民武装警察在防汛抢险的突出力量,和夺取防汛抗洪胜利的主力军作用。每当发生大洪水的紧急抢险时,人民解放军、人民武装警察不怕艰难,勇敢地承担重大的防汛抢险和抢救任务。汛前防汛指挥部要主动与当地驻军联系,通报防御方案和防洪工程情况,明确部队防守任务和联络部署情况。

(二)防汛队伍培训

防汛抢险工作技术性强,各级防汛领导和各类防汛抢险专业队伍在汛前要扎实开展学习和培训,讲授抢险知识,举行必要的实战演习,提高专业技能。各级防汛指挥部要根据职责范围分级培训,特别注重专业培训和基层队伍培训,提高技术水平。

四、防汛抢险物资储备

防汛物料是防汛抢险的重要物质条件,是防汛准备工作的重要内容。汛期在防洪工程发生险情时,要根据险情的种类和性质尽快选定合适的抢险材料进行抢护。这就要求抢险物料品种必须齐全,保证足够的数量,并且迅速运送到出险地点,保证供应才能化险为夷。

每年汛前,各级防汛部门要核查防汛物料库存情况,根据防汛任务的大小,下达防汛物料储备计划,落实采购任务。常用的防汛物料主要有:块石、砂料、碎石、木桩、竹干、草袋、麻袋、编织袋、土工布、铅丝、绳索、油料、照明器材、救生设备、运输工具等。汛前还要对防汛砂石堆场、防汛木材、铅丝等器材仓库逐个盘查。检查所备防汛物料品种是否齐全,数量定额是否达标,储放分布是否合理,调运计划是否落实,料堆、库房是否安全等。汛前要对照明、救生、机械设备等进行检修和测试。堤防应备好预备土料和划定取土区。对于用量多的防汛物料应采取依靠群众就地取材的办法进行筹集和储备,或者是所辖区内的工商企业等单位筹集,可于汛前预估料物数量,向有关单位下达储备计划。运送抢险物料的交通道路要保持畅通。

由于防汛抢险物料一般需求数量大,品种繁多,常用的防汛物料除由防汛部门储备外,还有相当的大宗物料需要因地制宜,就地定点储存。国家防总制订了《中央级防汛物资储备及其经费管理办法》,对不同地区防汛抢险物料的储备品种和数量做出规定。近年来,各地采取地方定点储备、社会团体储备和群众储备相结合,实物储备和资金储备相结合的方式,形成了行之有效的防汛物资储备管理体制,满足了防汛抗洪抢险需要。

五、防汛预案修订

防洪预案是指防御江河洪水灾害、山地灾害、风暴潮灾害、冰凌洪水灾害和水库溃坝洪水灾害等灾害的具体措施和实施步骤，是在现有工程设施条件下，针对可能发生的各类洪水灾害而预先制订的防御方案、对策和措施，是各级防汛指挥部门实施决策和防洪调度、抢险救灾的依据。主要的预案：大江大河流域防御洪水方案和洪水调度方案、流域度汛方案和蓄滞洪区洪水调度预案、水库汛期调度运用计划、城市和围(圩)垸度汛方案、内湖防洪排涝调度方案、蓄滞洪区救生和转移安置方案、特大洪涝灾害应急预案等。

《中华人民共和国防汛条例》规定，国家防总办公室于 1996 年印发了《防洪预案编制要点(试点)》，对防汛预案的编制原则、基本内容提出了具体要求，规范了防洪预案编制工作。防洪预案主要包括：汛情传递、人员撤离安置、工程调度、通信联络、物料调用、抢险队伍调度、后勤保障等方面的内容。各级防汛指挥部门根据流域规划和防汛实际情况，按照确保重点，兼顾一般的原则，制订所辖范围内的防御洪水方案，并报上级审批后颁布实施。防洪预案制订后，可根据实际情况变化，定期进行修订完善。

对防御洪水方案要做好宣传教育工作，做到统一思想、统一认识。要善于总结上年度防洪方案执行情况，不断改进措施。有防洪任务的水库和蓄滞洪区要根据政府批准的江河防洪方案制订汛限水位和运行调度计划，加强河道岸线管理，清除河道阻水障碍，提高防汛抗洪效益。只有制订详尽全面、可操作性强的防洪预案，才能保证抗洪抢险工作有条不紊、忙而不乱。各级防汛指挥部门要把防汛预案编制作为防汛工作的一项重要内容，抓好落实。汛前，要根据流域内经济社会状况、工程变化等因素，对防御洪水预案进行全面修订完善。江河、水库、蓄滞洪区等单项工程的防洪运用方案，要随情况的变化予以补充完善，并按照有关规定分级审批执行。防洪预案制订后，要按照《中华人民共和国防洪法》规定的权限审批，一经审批，就具有权威性和法律性，一般不得随意改变。如有重大改变，则要上报原审批部门重新审批。

六、汛前检查及查险除险

汛前检查是消除安全度汛隐患的有效手段，其目的就是发现和解决安全度汛方面存在的薄弱环节，为汛期安全度汛创造条件。汛前，各级防汛指挥部门要提早发出通知，对各级、各部门汛前大检查工作提出具体要求，自下而上组织汛前大检查，发现影响防洪安全的问题，责成责任单位在规定的期限内处理，不得贻误防汛抗洪工作。

在汛前检查过程中，要制订检查工作制度，实行检查工作登记表制度，落实检查人和被检查人的责任。对检查中发现的问题，将任务和责任落实到有关单位和个人，明确责任分工，限汛前完成任务，堵塞漏洞，消除安全度汛隐患。

各有关部门和单位要按照防汛指挥部的统一部署，对所管辖的防洪工程设施进行汛前检查后，必须将影响防洪安全的问题和处理措施报有管辖权的防汛指挥部和上级主管部门，并按照防汛指挥部门的要求予以处理。

(一)汛前检查

每年汛前各级防汛抗旱指挥部要组织工作组对辖区防汛准备工作进行检查，检查的主要内容如下：

1. 水利防洪工程建设情况。
2. 重点水利防洪工程及水毁工程修复的质量和进度情况。
3. 防汛组织机构，城市、水库、堤防防汛责任制的落实情况。
4. 防汛抢险队伍的组建与抢险技术培训情况。
5. 防汛思想准备及防汛工作部署情况。
6. 防汛信息系统、防汛通信、水文设施的运行状况。
7. 堤防、水库除险加固情况。
8. 各类防汛物资器材储备及防汛除险资金落实情况。
9. 各类防汛预案的修订及蓄滞洪区蓄洪安全转移预案的修改完善情况
10. 在建水利工程的安全度汛预案制订情况。
11. 防汛工作中存在的突出问题和困难。

(二)查险除险

汛前江河水库水位低、雨水少、施工条件较好、汛前处理隐患有事半功倍之效，应抓住时机处理完险工。汛前水位较低时发现的塌陷、裂缝等隐患要及时处理；枯水期开堤破口的工程要在汛前堵复；各类阻碍行洪的物体在汛前及时清除。对汛前不能完工的除险项目，要制订安全度汛措施，确保度汛安全。

第二节 防汛会商与决策

由于气象、水文等自然现象随机性很大，在现有技术条件下我们还不可能准确地预报降水和洪水，所以给防汛指挥带来了很大的困难。因此，在防汛指挥决策过程中，必须召集涉及防汛气象、水利等有关方面专家，对指挥调度方案进行会商分析，作出准确的决策。防汛会商是防汛指挥机构集体分析研究决定重要洪水调度和防汛抢险措施的过程，这是科学调度指挥防汛工作的重要保障手段。

一、防汛值班

防汛值班是防汛抗洪工作的一项最基本的工作。做好防汛值班工作，时刻掌握汛情信息，及时传递反馈处置，是取得防汛抗洪工作胜利的先决条件。防汛值班工作责任重大，一定要严明防汛值班纪律，建立健全制度，落实防汛值班工作责任制。为了使防汛抗旱指挥部办公室的工作进一步规范化、制度化，更好地满足防汛抗旱工作的需要，各级防汛抗旱办公室制订颁布了有关工作制度，作为日常工作的准则。

(一)防汛抗旱指挥部值班制度

1. 防汛指挥长值班制度

(1)汛期主持防汛日常指挥，保持24小时与防汛值班联系。

(2)及时召开防汛会商会，对紧急抢险及时作出决策。

(3)及时向上级首长汇报重大事宜。

(4)及时督促职责范围内各级行政首长执行国家防总的决议。

2. 防汛办公室值班制度

(1)汛期,各级防汛抗旱办公室和有防汛任务的指挥部成员单位要实行昼夜值班,值班室24小时不离人。

(2)值班人员必须坚守岗位,忠于职守,熟悉业务,及时处理日常防汛工作中的问题。要严格执行领导带班制度,汛情紧急时,有关领导要亲自值班。

(3)积极主动抓好情况搜集和整理,及时了解和掌握气象、水文、灾情、工险情信息,认真做好值班记录。

(4)重要情况及时向有关领导和部门报告,做到不迟报、不误报、不漏报,并详细登记处理结果。

(5)值班人员应在班内处理完本班日常事务,特殊情况需要下一班继续办理时,应交接清楚,做到签名交接。

(二)雨、水、工、灾情的监视制度

气象、水文是防汛抗洪的耳目。及时准确掌握雨水情和工情、险情、灾情信息,是防汛指挥决策和组织抗洪抢险救灾的关键条件。各级防汛指挥部门要落实雨水情监测责任体系,确保汛情信息畅通。

气象部门每天要定时向当地防汛指挥部门传递天气预报和雨情信息,定期提供中、长期天气趋势预测。遇有重要天气,要及时加密测报,紧急情况下可组织进行分析会商。

水文部门完善水文预报方案,做到及时、准确、安全地测报洪水,按照水文预报规定向防汛部门发布洪水预报和水情报汛。当江河洪水达到设防标准时,加密测报,每1h测报一次。

建立严格的洪涝灾情和工情报告制度。洪涝灾害发生后,各级防汛部门必须在第一时间逐级迅速上报洪涝灾情和工程险情报告。同时,按照规定在灾害发生24小时内,把洪涝灾情统计简表逐级报告。

1. 气象和雨水情收集,汇报制度

(1)及时了解并准确掌握雨情、水情,定时定点收集,做好统计分析工作。做好中短期雨情、水情预报和每天雨水情汇报。

(2)对灾害性气象、水文信息,应加强纵、横向联系,主动通报。

(3)发生暴雨洪水或出现其他灾害性天气,应立即收集雨情、水情和灾情并及时上报。

(4)堤防进入警戒水位,逐日填报堤防水情表等。

2. 险情汇报、登记制度

(1)及时做好各类水利工程的查险工作,发现险情及时分类登记造册,按要求时限逐级上报。

(2)水利工程发生较大险情,应及时报告并迅速组织抢险。重大险情和工程事故应查明原因,并写出专题报告。

(3)水利工程发生险情需要上级派潜水员和专家抢险时,按有关规定办理。

(4)汛后提出险情处理意见。根据先急后缓的原则,分项列出当年急需处理的病险工程,对暂时无力解决的工程,督促当地防汛部门落实临时度汛方案和抢险措施。

3. 洪涝灾害汇报登记制度

(1)洪涝灾害发生后,应及时汇报灾害情况,并密切注视灾情发展变化,随时上报灾情和抗灾动态。

(2)洪涝灾害统计上报时间分为时报、月报和年报。时报在发生灾害后及时核实上报。

(3)发生洪涝灾害时,要及时填报抗洪情况统计表、排渍情况表。

(4)及时用电话、传真、网络、简报,专题报告、照片、录像等方式反映情况。

二、会商形式和类型

在多年防汛工作实践中,各级防汛指挥机构逐渐形成了一套会商制度。进入汛期后,各地根据天气和水情变化,不定期地召集水文、河务、气象等部门举行会商会议。进入主汛期后,如果汛情严峻,各级防汛抗旱指挥部应定期召开防汛会商会议,特殊情况下,可随时召开会商会议,通报汛情形势和防汛工作情况,对一些重大问题进行会商决策。

防汛会商一般采用会议方式,多数在防汛会商室召开,特别情况下也有现场会商,随着信息化的建设和发展,电视电话会商、远程异地会商也得到广泛应用。

会商类型,按研究内容可分为:一般汛情会商、较大汛情会商、特大(非常)汛情会商和防汛专题会商。

1. 一般汛情会商

一般汛情会商是指汛期日常会商,一般量级洪水、凌汛发生时,对堤防和防洪设施尚未造成较大威胁时,防汛工作处于正常状态。但沿堤涵闸、引水闸要注意关闭,发生漫滩时,要组织滩区人员及时转移,防汛队员要上堤巡查,防止意外事故发生。

2. 较大汛情会商

较大汛情会商是指较大量级洪水、凌汛时会商,此种情况洪峰流量达河道安全泄量,洪水达到堤防设计高程。抗洪抢险将处于紧张状态,需加强防守,科学调度。

3. 特大(非常)汛情会商

特大(非常)汛情会商是指特大(非常)洪水、凌汛发生时,洪峰流量和洪峰水位超过现有安全泄量或保证水位的情况下的会商。此时,防汛指挥部要宣布辖区内进入紧急防汛期,为确保人民生命财产安全,将灾害损失降到最低程度。要加强洪水调度,充分发挥各类防洪工程设施的作用,及时研究蓄滞洪区分洪运用和抢险救生方案。

4. 防汛专题会商

防汛专题会商研究防汛中突出的专题问题,如:

(1)工程抢险会商,重点决定抢险措施。

(2)洪水调度会商,重点研究决定水库、蓄滞洪区的实时调度方式。

(3)避险救生会商,重点研究救生救灾措施。

根据所需决策的内容,汇报和讨论发言侧重不同。汛情分析重点汇报气候、水情方面;抢险措施研究,重点汇报工情和技术;洪水调度重点研究水库、洪道、蓄洪滞洪情况及迁安救护情况。

三、会商程序

(一)一般汛情会商

1. 会商会议内容

(1)听取气象、水文、防汛、水利业务部门关于雨水情和气象形势、工程运行情况汇报。

(2)研究讨论有关洪水调度问题。

(3)部署防汛工作和对策。

(4)研究处理其他重要问题。

2. 参加会商的单位和人员

(1)会议主持人:防汛抗旱指挥部副指挥长或防汛抗旱指挥部办公室主任。

(2)参加单位和人员:水行政主管部门,水文、气象部门负责人和测报人员,防汛技术专家组组员,其他有关单位和人员可另行通知。

3. 各部门需办理的事项和责任界定

(1)水文部门:及时采集雨情、水情,做出实时水文预报;按规定及时向防汛抗旱指挥部办公室及有关单位、领导报送水情日报和雨水情分析资料;并密切关注天气发展趋势和水情变化。

(2)气象部门:负责监视天气形势发展趋势,及时做出实时天气预报,并报送防汛抗旱指挥部办公室;提供未来天气形势分析资料。

(3)防汛抗旱指挥部办公室:负责全面了解各地抗洪抢险动态,及时掌握雨水情、险情、灾情,以及上级防汛工作指示的落实情况;保证防汛信息网络的正常运行;处理防汛日常工作的其他问题。

(4)其他部门按需要界定其责任。

4. 会商结果

会商结果由会议主持人向党委、政府和有关部门和领导报告,需要办理事项由防汛抗旱指挥部下达并督办落实。

(二)较大汛情会商

1. 会商会议内容

(1)听取雨水情、气象、险情、灾情和防洪工程运行情况汇报,分析未来天气趋势及雨水情变化动态。

(2)研究部署本辖区抗洪抢险工作,研究决策重点险工及应采取的紧急工程措施,指挥调度重大险情抢护的物资器材,及时组织调配抢险队伍,有必要时可申请调用部队投入抗洪抢险。

(3)研究决策各类水库及其他防洪工程的调度运用方案。

(4)向同级政府领导和上级有关部门报告汛情和抗洪抢险情况。

(5)研究处理其他有关问题。

2. 参加会商的单位和人员

(1)会议主持人:防汛抗旱指挥部指挥长或副指挥长。

(2)参加单位和人员:正副指挥长、调度专家、防汛人员、水文部门、水情预报专家、气象部门、气象预报专家、防汛抗旱指挥部成员单位,其他有关单位和人员可视汛情通知。

3. 各部门需办理的事项和界定的责任

(1)水文部门:要根据降雨实况及时做出水文预报,依据汛情、雨情和调度情况的变化做出修正预报,按规定向防汛指挥部办公室和有关单位、领导报送水文预报、水情日报、雨水情加报及雨水情分析资料。

(2)气象部门:要按照防汛指挥部和有关领导的要求,及时做出短期天气预报以及未来1、3、5日天气预报,并及时向防汛指挥部办公室和有关领导、单位提供日天气预报或时段天气预报、天气形势及实时雨情分析资料。

(3)水利部门:要全面掌握,并及时提供堤防、水闸、河道工程等防洪工程运行状况及险情、排涝及蓄洪区准备情况,并要求做好24小时值班工作,密切监视水利工程运行状况。

(4)防汛指挥部办公室:要加强值班力量,做好情况综合、后勤服务等,及时组织收集雨水情、工情、险情、灾情和各地抗洪抢险救灾情况,随时准备好汇报材料,密切监视重点防汛工程的运行状况,提供各种洪水实时调度方案;做好抗洪抢险物资、器材、抗洪救灾人员等组织调配工作,发布汛情通报,及时编发防汛快讯、简报或情况综合。

(5)防汛抗旱指挥部各成员单位:按照各自的职责做好防汛救灾工作;同时视汛情迅速增派人员分赴各自的防汛责任区,指导、协助当地的防汛抗洪、抢险救灾工作。

4. 会商结果

会商结果由指挥长或副指挥长向政府、党委和上级部门及领导汇报。需要办理的事项由防汛抗旱指挥部下达并督办落实。

5. 防汛紧急会议

除召开上述常规防汛会商会议外,指挥长可视汛情决定是否召开指挥部紧急会议。防汛紧急会议由指挥长、副指挥长、技术专家和有关的防汛抗旱指挥部成员单位负责人参加,就当前抗洪抢险工作的指导思想、方针、政策、措施等问题进行研究部署,对重大险情、重大事项进行安排布置。

(三)特大(非常)汛情会商

1. 会商会议内容

(1)听取雨情、水情、气象、工情、险情、灾情等情况汇报,分析洪水发展趋势及未来天气变化情况。

(2)研究、决策抗洪抢险中的重大问题。

(3)研究抗洪抢险救灾人、物、财的调度问题。

(4)研究决策有关防洪工程拦洪和蓄洪的问题。

(5)协调各部门抗洪抢险救灾行动。

(6)传达贯彻上级部门和领导关于抗洪抢险的指示精神。

(7)发布洪水和物资调度命令及全力以赴投入抗洪抢险动员令。

(8)向党委、政府和上级部门和领导报告抗洪抢险工作。

2. 参加会商的单位和人员

(1)会议主持人:正指挥长或党委、政府主要领导。

(2)参加单位和人员:正副指挥长、调度专家、防汛指挥部各成员、水文部门负责人、气象部门负责人、水情预报专家、气象预报专家、防汛指挥部办公室负责人,其他单位可根据需要另行通知。

3. 各部门和单位需办理的事项和责任界定

(1)水文部门:负责洪水过程预报;做雨情、水情和洪水特性分析,及时完成有关的分析任务;要及时了解天气变化形势,密切监视雨水情变化动态,并及时作出修正预报。

(2)气象部门:负责时段气象预报、天气形势和天气系统分析,及时完成有关的其他气象分析任务,密切监视天气演变过程,并将有关情况及时报防汛指挥部办公室及有关领导,做好24小时值班工作。

(3)水利部门:要全面掌握堤防、水库、涵闸及河道工程等防洪工程的运行防守情况,及时提供各类险情、分蓄洪区的准备情况,重大险情要及时报告防汛指挥部领导,并提出防洪抢险措施。

(4)防汛指挥部办公室:进一步加强值班力量,负责收集综合雨情、水情、工情、险情、灾情、堤防、水库等防洪工程运行状况以及抗洪情况,组织、协调各部门防洪抢险工作,及时提出抗洪抢险人员、物资器材调配方案及采取的应急办法,提出利用水库、蓄洪垸等防洪工程的拦洪或分蓄洪的各种方案,通过宣传媒体及时发布汛情紧急通报,及时编发防汛快讯、简报或情况综合等。

(5)防汛抗旱指挥部各成员单位:要派主要负责人及时到各自的防汛责任区指导、协助当地的防汛抗洪和抢险救灾工作,并组织好本行业抗洪抢险工作。

(6)社会团体和其他单位要严阵以待,听候防汛指挥部的调遣。

4. 会商结果

会商结果责成有关部门组织落实,由会议主持人决定以何种方式向上级有关部门和领导报告。

四、指挥决策

防汛抗洪指挥决策包含防汛指挥调度决策和抗洪抢险指挥决策两个方面。

(一)防汛指挥调度决策

防汛指挥调度决策主要是各级防汛指挥部门的主要领导召集防汛指挥机构各成员和技术人员会商,听取水文、气象情况和工情、险情汇报,研究汛情、险情的发展趋势,对水库防洪调度、江河干流洪水调度、分洪蓄滞洪区运用、重点防洪目标防守、洪水威胁区人员撤离等重大问题进行研究决策。

在防汛指挥调度决策中,各级指挥长负有重大责任和使命。必须把握好以下几点:

一是要正确决策。正确的决策是夺取抗洪抢险斗争胜利的根本保证。决策失误,一着不慎,全盘皆输。要做到正确决策,必须要全面掌握雨情、水情、工情、险情,广泛听取专家意见,权衡利弊,顾全大局,遵循一定的行政程序,并在一定的法律约束保障下作出决策。

二是科学调度。根据情况的变化,及时对洪水、人力、财力调度方案进行补充完善,使其更加科学、合理。

三是果断指挥。站在全局的高度,快速反应,敢于负责,当机立断。特别是在黄河滩区漫滩和蓄滞洪区运用等关键时刻不得优柔寡断,举棋不定,贻误战机。

防汛指挥调度决策主要有洪水调度决策、防汛抢险队伍调度决策及防汛物资调度决策,其中洪水调度决策程序技术性强、决策难度大。

(二)抗洪抢险指挥决策

抗洪抢险指挥决策主要是江河库坝在发生险情后,抗洪一线指挥人员为迅速控制险情发展,减轻洪水灾害损失,而采取的抗洪抢险指挥决策工作。主要是针对险情特点,制订险情抢护、调动抢险队伍、保障物资供应、抢险后勤保障等总体方案。具体要做好以下几项具体工作：

(1)建立一个强有力的前线指挥班子。抗洪抢险工作担负着发动群众,组织社会力量,指挥决策等重大任务,而且要进行多方面的协调联系,因此要建立一个强有力的指挥机构。这个指挥机构要精干、高效,具有权威性,必要时可实行军事化工作方式。在人员组成上,要有当地党政军主要领导,并吸收业务专家组成;成员要明确分工,各负其责,重要问题要随时研究决策;做到能指挥一切,调动一切,令必行,行必果;对紧急问题要有处置权。

(2)制订一个科学、切合实际的抢险方案。科学的抢险方案是夺取抗洪斗争胜利的前提。险情发生后,要迅速全面了解雨情、水情、工情、险情,掌握险情发生的范围、程度、险点和难点,制订出抢险方案。

(3)紧急动员,积极抢险。抗洪抢险非常时期,要由当地人民政府下达命令,实行全社会总动员,一切工作都要服从于、服务于抢险工作。必要时要组建群众抢险突击队,申请部队支援,实行军民联合奋战。

(4)可靠的后勤保障能力。抗洪抢险能否顺利实施,能否尽快见到成效,关键是要有可靠的后勤保障。后勤保障的关键是防汛物料的及时组织到位,能够迅速投入抗洪抢险。要做好抢险人员生活保障,为抗洪抢险提供后勤支持。

第三节　防汛调度与抢险指挥

进入汛期,防汛工作到了临战状态,汛期防汛机构加强日常值班和及时通报综合情况进行是防汛工作的关键，各类防汛机构必须全面扎实做好防汛值班的各项准备工作，坚守岗位,严阵以待。密切关注天气、雨情、水情的发展变化,及时掌握工程运行状况,随时做好防汛信息的上报下达工作,提出防汛抢险的工作意见,为政府和分管防汛抗旱的行政首长防汛决策提供依据。各级防汛办事机构要规范值班程序,严格值班纪律,提高工作质量和工作效率,严防因疏忽大意造成工作失误。

一、洪水调度

(一)洪水调度工作制度

鉴于汛期洪水调度是一项时间性较强的工作,要求及时、准确、安全,所以对有关防洪调度的工作必须作出精密安排,并形成一定制度。

1. 批准的年度防洪调度计划

防汛指挥机构可根据需要在适当的时候邀请防汛指挥机构成员单位和有关部门，通报防汛工作部署和有关防洪调度要求,制订防汛内容和要求,做好防汛准备,根据防洪调度工作的需要制订完善有关工作制度。

2. 水情气象预报制度

参照有关资料,结合实践经验,不断补充、修订洪水预报方案;按照规定程序负责水情、雨情情报的收集、处理,洪水预报发布,提出实时洪水调度意见,密切注视水雨情变化,根据情况及时提出修正预报。

3. 制订工程运用程序和操作规程

制订闸门等工程启闭运用程序和操作规程，明确专人负责维修、保养、操作。

4. 严格值班制度

在汛期，各级防汛指挥机构及相关单位均应配备人员实行昼夜值班。值班人员应做到：

(1)水文情报的收集、处理，根据雨水情进行洪水预报，提出预报成果和洪水调度意见。

(2)密切注视河道的水雨情变化和堤防、河道工程的安全状况，当水雨情发生突变或工程出现异常，立即向防汛负责人和有关领导汇报。

(3)河道工程情况出现异常，可能危及防洪安全时，把情况和上级主管部门领导的决定及时向有关部门联系传达。

(4)做好调度值班记录。对重要的调度命令和上级批示应进行文字传真或录音。在交接班时把本班发生的问题、处理情况以及需要留待下班解决的问题，向下一班值班人员交代清楚，并做好交接班记录。

5. 会商决策制度

需要集体研究时，指挥长及时召集有关单位成员分析，形成决策意见。

6. 联系制度

当预报将发生特大洪水(超设计标准洪水)或工程出现严重险情、泄洪设施发生故障将危及黄河防洪安全时，应及时通知下游有关防汛指挥机构等部门，做好防汛抢险准备；当预报将发生超设计标准洪水和在极端恶劣的天气条件下，通信手段中断无法与上级取得联系时，各级防汛指挥机构应根据批准的防洪调度计划，采取一切可能的手段或事先约定的其他警报系统、信号等，通知下游有关防汛部门、地方政府做好组织群众安全转移工作。

7. 资料保管制度

对每年调度运用中所有水文气象、河道流量、调度指挥、请示总结、批复等资料均应经过认真校核，按照有关规定分别整理汇编、刊印归档。

(二)洪水调度原则

洪水调度一般遵循以下原则：

(1)确保重要地区和重点防洪工程安全，确保主要交通干线安全，确保人民群众生命安全，最大限度地减轻洪涝灾害损失。

(2)江、河、湖、库的水位达警戒水位或汛限水位以上时，水库蓄滞洪区调度运用必须服从有管辖权的人民政府防汛指挥部的统一调度指挥；地方各级防汛指挥部门服从国家防汛抗旱总指挥部的调度。

(3)处理好重点与一般、局部与全局的关系。江河防洪保护对象往往具有不同的重点，首先要把确保人民的生命安全放在第一位，其次是重要经济设施，重要交通、铁路干线等，如沿河的大城市是保护的重点，农田和滩地属一般保护对象。出现特大洪水，按照防洪预案，及时启用分蓄洪区分洪。

(4)妥善处理防洪与兴利的关系。水库汛期调度往往存在防洪与兴利的矛盾。具有防洪库容与兴利库容结合使用的水库，汛末必须掌握收水时机为兴利蓄水。汛末日期并不稳定，要密切注视天气形势，加强气象预测预报，提高预报水平。既要不失时机地抓住汛末蓄水，又要避免突然降暴雨而产生洪水，造成水库洪水位过高，被迫大流量泄洪而造成下游洪灾损失,更要确保水库的自身安全。

(5)防洪调度应考虑可能发生的意外或失误,留有一定的余地。防洪调度运行方案是按正常情况编制的,而实际运用中却可能发生一些异常情况。如水情、雨情预报失误,工程发生意外险情,闸门启闭出现故障,河道由于淤积或人为设障而不能通过预计的安全泄量,分蓄洪区进洪口门不能分进预计的分洪流量,分蓄洪区群众转移超出计划时间等。因此在编制防洪调度方案时,应适当考虑到上述不利情况,例如在利用水雨情预报数据时,应根据预报方案的可能误差范围而采用偏于安全的预报值。

二、物资与队伍调度

在抗御洪涝灾害的斗争中,抢险物料和抢险人员是否能够及时到位,做到抢早抢小是决定抗洪抢险成败的关键。因此,险情发生后,必须按照既定的程序调集抢险物料和抢险人员迅速到达抗洪现场。

(一)防汛抢险物资调度

防汛抢险物资调度,必须根据险情大小和抢险物料储存分布实际,坚持"先近处后远处""先库存后外购"和"先本级后上级"的原则,由各级防汛指挥部门按照管理权限,首先有计划地调集本级防汛物料,统一调度到险工险段,用于抗洪抢险。也可以根据险情预估提前做好,将抗洪抢险物资储备到一线。当本级防汛物料不足时,再逐级申报上级防汛部门支援。防汛抢险物资调度的主要工作内容:

(1)落实防汛物资调拨预案。对防汛物资储备单位,可调数量,已备好的车、船及载量,行驶路线,人员配备,联系方式等,制订调拨预案并上报备案。

(2)制订防汛物资实行分级储备、分级管理、分级调度和分级补充原则。

(3)需动用储备物资,事先书面报告防汛指挥部,由防汛指挥部领导审批后再办理调用手续。

(4)紧急抢险情况下经防汛指挥部批准,可紧急调用或借用临近物料,事后应当及时归还或者给予适当补偿。

(5)在紧急防汛期,为了防汛抢险需要,防汛指挥部有权在其管辖范围内,调用物资、设备和交通运输工具。

(6)因抢险需要可以就近取土占地、砍伐林木,并清除任何阻水障碍物。

(二)防汛抢险队伍调度

防汛抢险队伍由各防汛指挥部门负责调动。根据汛情、工情发展情况,县级防汛指挥部门要及时通知各有关单位和乡镇,做好抢险专业队和群众抢险队伍的调动准备。当险情发生后,要立即调集到位。如辖区内抢险力量不足时,可向上级防汛指挥部申报从外地调集。当出现重大险情时,防汛指挥部门可立即向人武部门报告,和当地驻军联系,请求支援。驻地部队和武警部队是抗洪抢险救灾的中坚力量,负责承担抗洪抢险急难险重的任务,在关键时刻发挥关键作用。同时,各级政府要注意爱惜兵力,把兵力用在真正需要的时刻。防汛抢险队伍调动的主要工作内容:

(1)在紧急防汛期,由防汛指挥部组织动员本地区各有关单位和个人,承担人民政府防汛指挥部分配的抗洪抢险任务。

(2)各防汛单位所需队伍和劳力以本辖区或防洪受益区筹集安排为主,发生重大险情需要外援,需向上级防汛指挥部提出申请。

(3)协调沿途有关单位帮助疏通道路,确保防汛抢险队伍顺利到达抢险目的地,并协调安排抢险任务。

(4)协调安排好抢险队伍的生活及补助。

三、抢险指挥

险情,特别是主汛期的险情往往发展很快,必须贯彻“以防为主,防重于抢”的方针。平时对水工建筑物进行经常和定期的检查、观测、养护修理和除险加固,消除隐患和各种缺陷损坏。为了争取抢险主动,汛前要做好思想、组织、物质和工程技术方面的准备,切实避免出现险情时措手不及。组织上要严格建立责任制,成立各级防汛抢险机构和组织,人员要落实,责任要明确,纪律要严明。防汛抢险应备足必要的料物,可按险工情况和以往经验准备。常用的材料一定要充足并有富余,以应急需。汛期风大浪急,尤其是夜晚抢险,一定要准备好通信联络、交通工具和可靠的照明。汛前要对工程,特别是堤防及其险工段,进行必要的维修,使之达到一定的防洪标准和防御能力。如有的工程或局部段落汛前无法达到相应的要求标准,则更应具有应付险情发生的各项准备;对所有闸、阀门事先应进行启用操作,避免失灵或临时出现故障。

堤防工程一旦在汛期出险,各级防汛指挥部门必须立即组织抢险。在抢险过程中,必须有坚强的领导,抢险负责人应做到现场指挥。指挥一场防洪抢险活动,无异于指挥一场战争,要精心组织,争分夺秒。在防汛抢险的关键时刻,各级领导要按照分片分段包干的防汛岗位责任制,按时到岗到位,深入抗洪抢险第一线,现场指挥。指挥员应做好以下几方面的工作。

(1)熟悉当地当时雨情、水情、地情、工情(工程)、人情(抢险队伍)、物情(抢险物资)以及溃堤后淹没范围,影响大小,转移道路,避灾措施。

(2)集思广益,果断决策抢险方案。指挥者要善于观测险情,倾听当地管理和技术人员的意见,现场研究指挥措施。识别险情是抢险的首要工作。发生险情,要立即进行观察、调查和分析,作出正确的判断,制订出有效的抢护方案和措施,组织力量快速排险。抢险属于一种紧急的措施,所用的方法既要科学,又要适用。当几种意见不统一时,既不能主观臆断,又不能犹豫不决。以“说得有理,行之有效”为原则,及时决策,切勿延误时机。

(3)分工负责,多方配合,打整体战。一场抢险战斗,在总指挥调度之下分为:第一线为施工队(如堵洞、压管涌),这部分人员要有领导、技术人员现场指挥和参战,要有身强力壮、勇于苦干的抢险突击队;第二线为物料运输队;第三线为通信、照明和生活安置后勤队;第四线为后备抢险人员,一旦险情在抢护中发生恶化需要大量、快速投入时,即可随时调用;第五线为后方转移组,当出现危急情况有可能溃堤、溃坝时,要及时组织群众撤离到安全地带。

(4)组织抢险物料及时到位。按照汛前防汛物料储备分布,合理使用或临时组织力量应急调用。

(5)特大洪水时,河槽、水库已蓄满,有超额洪水漫溢,指挥者应明确保护重点,对人口集中、影响范围大的地方的堤坝要加强防守观察,抢修加固堤坝,备足抢险物料,不能因小失大。

(6)做两手准备，当大水将来临或险情已发生，一方面全力抢治，化险为夷；另一方面应视危险程度及时适度地做好可能淹没区的人员和物资转移，以防万一。

第四节 人员安置和灾后重建

灾害发生后，它给人民的生命财产带来严重损失，抢救灾民和灾后重建家园成为各级政府和有关部门的头等大事。做好人员安置和灾后重建工作，是直接关系到灾区社会稳定的大事，必须放在相当重要的位置切实抓好，采取一系列行之有效的救灾和安置措施。

一、安全转移人员

在帮助受洪水威胁区(包括可能运用的黄河滩区、蓄滞洪区)的人员安全转移过程中，为了避免事到临头杂乱无序的局面，各级应预先做好安全转移方案，本着就近、迅速、安全、有序的原则进行。先人员，后财产；先老幼病残人员，后其他人员；先转移危险区人员，后转移警戒区人员；各部门各司其职，协调配合，确保安全转移群众。

(一) 安全转移方案

安全转移方案一般应包括以下工作内容。

(1)预警程序及信号传递方式。为让群众躲灾、避灾及时，减少洪水灾害损失，在一般情况下，应按县→乡(镇)→村→组的次序进行预警，紧急情况下按组→村→县的次序进行预警。

(2)预警、报警信号设置。预警信号为电视、电话短信、微信、广播等。各级防汛抗旱指挥部在接到雨情、水情信息后，通过县电视台及电话通知到各乡(镇)，乡(镇)及时通知各村、组。报警信号一般为口哨、警报器、乡村广播喇叭等。如有险情出现，由各报警点和信息员发出警报信号，警报信号的设置因地而异。

(3)信号发送。在6~10月份汛期，县、乡(镇)、村三级必须实行24小时值班，相互之间均用手机电话联系。村组必须明确1~2名责任心强的信号发送责任人，在接到紧急避灾转移命令或获得严重的监测信息后，信号发送人必须立即按预定信号发布报警信号。

(4)转移安置的原则和责任人。其原则是先人员后财产，先老幼病残，后一般人员，先危险区后警戒区。信号发送和转移责任人必须最后离开洪水灾害发生区，并有权对不服从转移命令的人员采取强制转移措施。

(5)人员转移。各区居民接到转移信号后，必须在转移责任人的组织指挥下迅速按预定路线进行安全、有序转移。转移工作采取乡(镇)、村、组干部包片负责的办法，统一指挥，有序转移，安全第一。

(6)安置方法、地点及人数。洪水灾害发生后，人员安置的方法应本着就近、安全的原则，黄河滩区除投亲靠友外，一般均按预先安排的迁安救护明白卡，进行户对户的安排。也可以集中安置到广场、体育场馆、学校等安全场所。

(7)转移安置纪律。洪水灾害一旦发生，转移安置必须服从指挥机构的统一安排，统一指挥，并按预先制订好的安全转移路线，公安部门维持好秩序，使灾民井然有序地进行安全转移，确保人民生命安全。

(二)部门职责

安全转移工作要求各级领导必须把它作为一项重大事件来抓。市、县、乡、村都必须成立专门的组织指挥机构,积极开展各项工作。由于安全转移工作是社会的一项系统工程,各有关部门必须各负其责,密切配合,协同作战。总的要求是:在遇到需要转移的时候,务必做到组织指挥有力,通信报警准确,转移道路畅通,安置地点落实,物资供应及时。同时,转移后的防病、治病、防火、社会治安、管理设施等都要逐项落实。各有关部门的职责是:

(1)防汛部门要编制详细具体、操作性强的紧急救生和安全转移的滩区、滞洪区技术方案。

(2)交通部门负责并落实转移交通工具和交通主干线的维护,确保转移主干线和支干线等交通道路的畅通。

(3)粮食、商业、供销等部门要合理布设生活物资供应网点,定点储备,保证安排好转移群众生活必需的物资供应。

(4)卫生防疫部门要合理布设医疗网点,安排好转移群众的防病、治病工作。

(5)广电、邮电、通信部门要加强广电、通信、报警设施的管理,保证广播电视、通信、报警信息畅通无阻。

(6)公安部门要维护好转移交通秩序。负责防火和社会治安工作,严厉打击犯罪活动。

(7)民政部门要摸清救生和转移的人数及贵重财物,特别是要摸清需提前转移安置的老、弱、病、残人数。按照就近转移安置的原则,协同政府做好迁安救护工作,合理规划安置地点,务必做到各项救生和转移措施落实到户、到人,使之家喻户晓,人人明白。搞好救灾安置工作,使灾民早日重建家园。

二、人员安置

人员安置必须始终坚持“以人为本”的指导思想,千方百计确保人民群众生命财产安全。面对暴雨洪水灾害,各级党委、政府必须高度重视,建立严格的责任制和责任分工,有条不紊地做好人员救护。要坚持救生第一的原则,把暴雨洪水威胁区的群众转移到安全地带。对老、弱、病、残、幼等弱势群体要予以重点保护。公安部门要组织警力,对撤离区实行交通管制和治安戒严,维护灾区社会秩序。

第十二章 黄河防汛形势

黄河的安全直接关系到千百万人民群众的生命安全、关系经济的平稳发展、关系社会稳定，我们必须以高度的责任感和使命感，切实落实各项防汛措施，确保黄河安全。

众所周知，黄河是一条多泥沙河流，是一条复杂难治的河流，黄河的河情特殊，始终面临着“两面作战”的艰巨任务：既要防洪水，又要防泥沙；既要保堤外安全，又要保堤内安全；既要防汛，又要防旱。虽然黄河防洪工程正在逐步完善，但黄河防汛抗旱面临的形势依然更加严峻。

一是气候变化导致极端天气气候事件频发。近年来由于受气候变化的影响，我国局部地区强暴雨、极端高温干旱以及超强台风等事件呈现突发、多发、并发的趋势。气候变化可能进一步增加洪涝灾害发生的概率，特别是汛期天气形势复杂多变，极端天气事件时有发生，局部暴雨洪水往往造成严重损失。

二是根据国家气象局预报，2018 年黄河中、下游地区降水比往年偏多 2~5 成。这一地区恰好覆盖黄河龙口镇至花园口区间暴雨区，2018 年黄河发生大洪水的可能性增大。黄河下游自 1982 年以来已连续 30 多年没有发生大洪水。按照水文统计规律，没有发生大洪水的连续时间越长，发生大洪水的几率就越大，使得 2018 年黄河的防汛形势异常严峻。中华人民共和国成立后黄河流域共发生的三次洪峰流量大于 15000 立方米每秒的洪水均来自于这一区域。

三是小浪底水库拦沙后期运用，对滩区群众迁安救护提出更高要求。根据国家防总批复的《黄河中下游近期洪水调度方案》和水库调度规程，当黄河发生 4000~8000 立方米每秒流量高含沙洪水时，小浪底水库必须敞泄运用。目前，当黄河下游发生大于 4000 立方米每秒流量的洪水时，就有可能发生漫滩，河道工程可能会集中出险。若下泄 4000~8000 立方米每秒流量高含沙洪水，滩区群众的迁安救护任务将十分繁重，防洪工程的防守压力也将增大。

四是黄河下游“二级悬河”的河道形态尚未得到根本改变，虽然近几年通过大力加强黄河标准化堤防建设，黄河堤防工程防洪标准大为提高，但是黄河堤基情况复杂，新修建的工程没有经过大洪水的考验，不确定因素很多，部分河段畸形河势时有发生，大洪水时间，极有可能发生“横河”、“斜河”、“滚河”等重大变化，存在顺堤行洪及冲决堤防的可能。黄河下游人口密集，目前有的地方河床高出地面几米到十几米，大堤一旦决口，洪水居高而下，将给黄淮海平原广大地区带来灭顶之灾。因此，保障黄河大堤的安全，责任重于泰山。

第十三章 黄河防汛概况

第一节 黄河流域概况

一、自然地理

黄河发源于青藏高原巴颜喀拉山北麓海拔 4500 m 的约古宗列盆地，流经青海、四川、甘肃、宁夏、内蒙古、山西、陕西、河南、山东等 9 个省(自治区)，在山东省垦利县注入渤海。黄河干流全长 5464 千米，总流域面积 79.5 万平方千米（含鄂尔多斯内流区面积 4.2 万平方千米)，是我国的第二条大河。

汇入黄河的流域面积 1000 平方千米以上较大支流共有 76 条。流域西部属青藏高原，海拔在 3000 米以上；中部地区绝大部分属黄土高原，海拔在 1000~2000 米；东部属黄淮海平原，海拔在 100 米以下。

黄河流域东临渤海，西居内陆，气候条件差异明显。流域内气候大致可分为干旱、半干旱和半湿润气候，西部、北部干旱，东部、南部相对湿润。全流域多年平均降水量为 452 毫米，总的趋势是由东南向西北递减。

黄河流域形成暴雨的天气系统，地面多为冷锋，高空多为切变线、西风槽和台风等，大暴雨多由几种系统组合形成，主要有：一是南北向切变线。三门峡以下地区维持强劲的东南风，输送大量的水汽，并且常有低涡切变线北移，再加上有利的地形，往往形成强度大、面积广的雨带；二是西南、东北向切变线。主要发生在河口镇至三门峡区间，使三门峡以上维护强劲的西南风，水汽得到充分的补给，加上冷空气和地形的作用，往往形成强度较大、笼罩面积广的西南、东北向雨带，造成黄河的大洪水和特大洪水。

黄河流域各地区的暴雨天气条件不同，三门峡以上、以下的暴雨多不同时发生。在河口镇至三门峡之间出现西南、东北向切变线暴雨时，三门峡至花园口受太平洋副热带高压控制而无雨，或处于雨区的边缘。三门峡至花园口区间出现南北向切变线暴雨时，三门峡以上中游地区受青藏高原副热带高压控制，一般不会产生大暴雨。

黄河流域暴雨多、强度大，洪水多由暴雨形成，主要来自上游兰州以上和中游河口镇至龙门、龙门至三门峡、三门峡至花园口、汶河流域 5 个地区。黄河流域冬季较为寒冷，宁夏和内蒙古河段都要封河，下游为不稳定封冻河段，龙门至潼关河段在少数年份也有封河现象。春季开河时形成冰凌洪水，常常造成凌汛威胁。

二、河段特征

按地理位置及河流特征，将黄河划分为上、中、下游。河源至内蒙古自治区托克托县的河口镇为上游，干流河道长 3 471.6 千米，流域面积 42.8 万平方千米，落差 3 496 米，平均比降 1.01‰，汇入的较大支流有 43 条；本河段水多沙少，蕴藏着丰富的水力资源。河口镇至河南省郑州市的桃花峪为黄河中游，干流河道长 1206.4 千米，流域面积 34.4 万平方千米，汇入的较大支流有 30 条，河段内绝大部分支流地处黄土高原区，暴雨集中，水土流失严重，是黄河洪水和泥沙的主要来源区。桃花峪至入海口为黄河下游，干流河道长 786 千米，流域面积 2.3 万平方千米，汇入的较大支流有天然文岩渠、金堤河及大汶河，该河段除右岸东平湖至济南区间为低山丘陵外，其余全靠堤防挡水，是举世闻名的“地上悬河”。

三、突出特点

黄河有着不同于其他江河的突出特点：一是水少沙多，水沙异源。黄河多年平均天然径流量 580 亿立方米，占全国河川径流量的 2%。流域内人均水量 527 立方米，为全国人均水量的 22%；耕地亩均水量 294 立方米，仅为全国耕地亩均水量的 16%。再加上流域外的供水需求，人均占有水资源更少。多年平均输沙量 16 亿吨，多年平均含沙量 35 千克每立方米，均为世界大江大河之最。黄河 56%的水量来自兰州以上，90%的沙量来自河口镇至三门峡区间；二是河道形态独特。黄河下游河道为著名的“地上悬河”，现行河床一般高出背河地面 4~6 米，河道上宽下窄，排洪能力上大下小。河势游荡多变，主流摆动频繁。黄河下游滩区既是洪水的行洪区，也是滩区群众生产生活的家园，居住人口达 180 多万人。因此，防洪任务和迁安救护任务都十分艰巨；三是洪水灾害频繁。据记载，从先秦时期到民国年间的 2540 多年中，黄河共决溢 1590 多次，改道 26 次，平均三年两决口，百年一改道。决溢范围北至天津，南达江淮，纵横 25 万平方千米。每次决口，水沙俱下，淤塞河渠，良田沙化，生态环境长期难以恢复；四是水土流失严重。黄河流经世界上水土流失面积最广、侵蚀强度最大的黄土高原，水土流失面积达 45.4 万平方千米，占黄土高原总面积的 71%。

四、治理开发

1946 年人民治黄以来，特别是新中国成立后，党和国家对黄河治理开发十分重视，随着我国大江大河的第一部综合治理规划——《黄河综合利用规划技术经济报告》的实施，全面开展了黄河的治理开发。黄河干流已建、在建 15 座水利枢纽，总库容 566 亿立方米，发电装机容量 1113 万千瓦，年平均发电量 401 亿千瓦时。水土保持改善了部分地区农业生产条件和生态环境，减少了入黄泥沙。20 世纪 70 年代以来，水利水保措施年均减少入黄泥沙 3 亿吨左右。在中下游修建了三门峡、小浪底(含西霞院)、陆浑、故县等干支流水库。先后 4 次加高培厚了黄河下游 1400 千米的临黄大堤，开展了放淤固堤和大规模的河道整治，开辟了北金堤、东平湖等滞洪区，对河口进行了治理，形成了较为完善的“上拦下排，两岸分滞”的下游防洪工程体系，加强了防洪非工程措施建设，提高了黄河下游抗御洪水灾害的能力，彻底扭转了历史上频繁决口改道的险恶局面。

经过 70 多年坚持不懈的努力，黄河治理开发取得了巨大的成效，但由于黄河河情特殊，治理难度大,目前还面临着许多问题。突出表现在:洪水威胁依然是心腹之患,水资源供需矛盾日益突出,水土流失尚未得到有效控制,水污染越来越严重。随着《黄河近期重点治理开发规划》的实施,黄河治理开发将步入一个新的历史阶段。

2013年3月《黄河流域综合规划(2012~2030年)》(简称《规划》),获国务院正式批复,按照规划黄河综合治理与开发,仍将以完善黄河水沙调控、防洪减淤、水资源合理配置与高效利用、水土流失综合防治、水资源与水生态环境保护、流域综合管理体系为目标。该《规划》范围79.5万平方千米,重点对黄河干流及湟水(含大通河)、渭河、汾河、伊洛河、沁河、金堤河等重要支流,以及流域内水土流失严重、水资源短缺、生态环境脆弱、水能资源丰富、缺乏综合规划的其他重要支流进行了规划完善。

该《规划》是黄河流域开发、利用、节约、保护水资源和防治水害的重要依据。《规划》的组织实施,将进一步提速黄河流域的综合治理与开发。按照《规划》,到2020年,黄河水沙调控和防洪减淤体系将初步建成,以确保下游在防御花园口洪峰流量达到22000立方米每秒时堤防不决口,重要河段和重点城市基本达到防洪标准;到2030年,黄河水沙调控和防洪减淤体系基本建成,洪水和泥沙得到有效控制,水资源利用效率接近全国先进水平,流域综合管理现代化基本实现。

五、黄河洪水来源及其类型

黄河花园口水文站的大洪水和特大洪水主要来自黄河中游,有3个来源区,即河口镇至龙门区间、龙门至三门峡区间、三门峡至花园口区间。

黄河上游地区来水组成花园口洪水的基流。

(一)上大型洪水

以河口镇至龙门区间和龙门至三门峡区间来水为主形成的大洪水称为上大型洪水。该类洪水具有洪峰高、洪量大、含沙量大的特点,对河南黄河防洪安全威胁严重。

河口镇至龙门区间流域面积为11万平方千米,河道穿行于晋陕峡谷之间,两岸支流呈羽毛状汇入,大部分属黄土丘陵沟壑区,土质疏松,植被差,水土流失严重,加之这一地区暴雨强度大、历时短,常形成尖瘦的高含沙洪水过程。该区洪水泥沙颗粒大,是黄河下游河道淤积物的主要来源。吴堡、龙门的洪水一般发生在7月中旬至8月中旬,一次洪水历时一般为1天左右,持续洪水可达5~7天。

龙门至三门峡区间有泾、北洛、渭、汾等大支流加入,流域面积18.8万平方千米,大部分属黄土源区及黄土丘陵沟壑区,一部分为石山区。该区大洪水发生时间以8、9月份居多,其洪水过程较河龙间洪水稍矮胖,洪水含沙量也较大。

(二)下大型洪水

以三门峡至花园口区间来水为主形成的大洪水称为下大型洪水。该类洪水具有上涨历时短、汇流迅速及洪水预见期短的特点,对河南黄河防洪安全威胁最大。

三门峡至花园口区间有伊洛河、沁河等支流加入,流域面积为41615平方千米,大部分为土石山区,本区大洪水和特大洪水都发生于7月中旬至8月中旬之间。该区暴雨历时较三门峡以上中游地区要长,强度也大,加上主要产流地区河网密度大,有利于汇流,故形成的洪峰高,洪量也大,但含沙量小。本区一次洪水历时为3~5天,连续洪水历时可达12天之久。

(三)上下较大型洪水

龙门至三门峡区间和三门峡至花园口区间共同来水组成的洪水称为上下较大型洪水。该类洪水具有洪峰较低、历时较长、含沙量较小等特点,对河南黄河防洪也有相当大的威胁。

第二节 河南黄河概况

一、概述

黄河流至陕西潼关以后,受秦岭的阻挡,转向东流,进入河南省境内。河南黄河西起灵宝市杨家村,流经三门峡、洛阳、济源、焦作、郑州、新乡、开封、濮阳 8 个市,东到台前县张庄村流入山东省境内,河道全长 711 km。从灵宝至三门峡,属于三门峡水库库区的范围。三门峡至孟津 160 km 左右的河道,是黄河最后一段峡谷。峡谷出口的小浪底以下至郑州桃花峪,河道进入低山丘陵区,是由山地进入平原的过渡河段。桃花峪以下,即进入下游冲积大平原,右岸郑州及左岸孟州以下,沿河都有堤防。河南境内流入黄河的主要支流有:弘农涧、伊洛河、沁河、蟒河、天然文岩渠、金堤河等。

河南黄河孟津县白鹤以下河道面积 3214 平方千米,其中河南省 2672 平方千米。白鹤以上 267 千米为山区河道,白鹤以下 444 千米平原河道属设防河段。两岸堤距一般为 6~10 千米,最宽处长垣县 20 千米,最窄处台前县不足 2 千米,呈上宽下窄的喇叭形。由于河宽流缓,河南段河道处于强烈的堆积状态。河床逐年抬高,河床一般高出堤外地面 4~6 米,最多达 10 米左右,是世界上著名的“地上悬河”,成为黄、淮、海大平原的脊轴。黄河以北属海河流域,以南属淮河流域。

二、水沙特征

河南黄河水沙具有以下几个特征。

(一)水沙地区分布不均

黄河上游头道拐以上和三门峡至花园口区间水多沙少,头道拐至龙门区间是沙多水少,具有水沙异源的特点。

(二)水沙时间分配不均

黄河来水、来沙量主要集中在汛期(7~10 月)。汛期的水沙量分别占全年的 60%和 90%,年内分配不均匀。

(三)水沙年际变化大

花园口站最大年水量为 1964 年的 861 亿立方米,最小年水量为 1997 年的 142.5 亿立方米,最大为最小的 6 倍;最大年输沙量为 1958 年的 27.8 亿吨,最小为 1987 年的 2.48 亿吨,最大为最小的 11.2 倍。

三、河道特性

(一)灵宝杨家村至孟津白鹤河段

河道长 267 千米,为峡谷型河段。其中灵宝至三门峡 107 千米,属于三门峡水库库区的范围。三门峡至孟津白鹤 160 千米左右的河道,穿行于中条山与崤山、熊耳山之间,晋陕峡谷中,是黄河最后一道峡谷。峡谷出口的小浪底以上流域面积为 69 万平方千米,占全河流域面积的 92%,小浪底水库的建成对下游防洪具有重要的战略意义。

(二)孟津白鹤至濮阳青庄河段

该段河道长 283 千米。京广铁桥以上,左岸是断续的黄土低崖,高出水面 10~40 米,称为清风岭,自温县向下游地面逐渐降低;右岸为绵延的邙山黄土丘陵,高出水面 100~150 米。京广铁桥以下为广阔的大平原,两岸均修有堤防。本河段滩地广、河面宽、河道较浅,泥沙淤积严重,河势变化频繁,主流摆动不定。堤距一般为 5~10 千米,最宽达 20 千米。河道曲折系数 1.15,河面比降 0.265‰~0.17‰,属于游荡性河型。

(三)濮阳青庄至台前张庄河段

该段河道长 161 千米。两岸堤距 1.4~8.5 千米,大部分在 5 千米以上。进入该河段的水流,经过上段游荡性河段的调整,粗颗粒泥沙大部分已淤积在青庄以上的宽河段内,因此滩地黏性土的含量增加,还有一些含黏量很高、耐冲的胶泥嘴分布,水流多为一股,且具有明显的主槽。但是自然滩岸对水流的约束作用是有限的,河势的平面变形仍然很大。经修建大量的河道整治工程后,才较好地控制了河势,水流集中归股,位置相对稳定。河道曲折系数 1.33,平均比降 0.148‰,属于由游荡向弯曲转变的过渡性河型。

四、自然灾害

黄河有桃、伏、秋、凌四汛,按成因分暴雨洪水和冰凌洪水两类。暴雨发生在 7、8 月份成“伏汛”,发生在 9、10 月份称“秋汛”,二者合称“伏秋大汛”;冰凌洪水称“凌汛”,黄河下游一般发生在 2 月份,黄河凌洪的特点是流量一般沿程递增,且流量小,水位高;由于内蒙古河段解冻开河,槽蓄水量下泄,往往形成 2000~3000 立方米每秒洪峰流至下游,适时桃花季节,故称“桃汛”。

根据历史文献记载,自公元前 602 年至 1938 年黄河决口 1590 次,大的改道 26 次,素有“三年两决口,百年一改道”之说,波及范围北抵天津,南达江淮,纵横 25 万平方千米。根据历史上决口后洪水泛滥的情况,结合现在地形地物情况分析,向北决溢,洪灾影响范围包括漳河、卫运河及漳卫新河以南的广大地区;向南决溢,洪灾的影响范围包括淮河以北、颍河以东的广大平原地区。洪灾影响范围的总面积达 12 万平方千米,耕地 730 万公顷,人口约 8000 万人。就一次决溢而言,最大影响范围向北达 3.3 万平方千米,向南达 2.8 万平方千米。

黄河下游凌汛在历史上曾以决口频繁,危害严重,难以防治而闻名。据历史上不完全统计,自 1855~1938 年的 84 年之中,有 27 年在凌汛期决口,平均两年半一决口。中华人民共和国成立后的 1951 年、1955 年亦因凌情严重,堤防薄弱,缺乏经验,分别在山东省利津王庄、五庄发生决口。

五、防洪工程

河南省境内临黄大堤 565 千米,设计防洪标准为花园口站 22000 立方米每秒。按堤段划分共有 4 段,即左岸孟县中曹坡至封丘县鹅湾 171 千米;长垣县大车集至台前县张庄 194.5 千米;右岸孟津县牛庄至和家庙 7.6 千米;郑州市邙山根至兰考县岳寨 160.7 千米;北围堤 10 千米,贯孟堤 21.1 千米。此外,还有太行堤 44 千米,北金堤 75.214 千米,温孟滩防护堤 47 千米。两岸大堤上建有引黄(涵)闸 40 多座,设计灌溉面积 2360 万亩(1 亩=0.067 公顷,下同),有效灌溉面积 1280 万亩,实际灌溉面积 1000 万亩左右。

人民治黄以来,河南黄河堤防工程已进行了 4 次大规模的整修加高,目前临黄堤大堤顶宽度为 9~12 米,堤身高度为 6~12 米,最大高度在 15 米以上,堤顶高出花园口站 22000 立方米每秒流量洪水相应水位一般为 2.5~3 米,部分堤段 4 米。对部分堤防进行了淤临淤背工程加固,对部分堤段进行了截渗墙工程加固。

截至目前,河南省共有黄河险工、控导(护滩)工程 180 多处,共计坝、垛、护岸 4824 道(座、段)。

第三节 河南黄河防汛存在的主要问题

(1)黄河大堤为历史旧堤,隐患多,防守任务重。由于标准化堤防即将完成,没有经过大洪水考验,而现有黄河大堤是在民堰的基础上经过多次加高培厚修成的,多为沙质土,由于受历史条件的限制,施工机械化程度低,工程质量差,抗洪能力低,特别是在高水位,长时间浸泡下,易发生渗水、管涌、滑坡等险情,防守十分困难。

(2)滩区迁安救护任务重。重点在黄河低滩区,滩区安全建设标准低,设施不完善,迁安救护工具少。当花园口站预报出现 6000 立方米每秒以上洪水时,超过护滩工程的防守标准,就有 9.6 万人迁移任务。

(3)北金堤滞洪区迁安压力大。北金堤滞洪区加濮阳黄河滩区需要安置的 26 万人,共有 107.7 万人需迁安到金堤以北,因滞洪区路少、桥稀、船只少,迁移压力非常大。

(4)“二级悬河”威胁堤防安全。濮阳是“二级悬河”发育最严重的地区,潜在的危害性极大。一旦发生洪水漫滩,将可能出现“横河”、“斜河”直冲黄河大堤的不利局面,将可能发生溃堤决口的重大险情,因此堤防防守的任务更加严重。

(5)群防队伍落实难。受市场经济的影响,青壮年群众出去务工的多,防汛队伍存在组织困难,一旦发生洪水,很难有效的组织群众按照预案到位。

以上问题的存在,对黄河防汛工作带来一定的影响,关键时刻还需要人民解放军和武警官兵给予大力的支持,共同战胜洪水。

第十四章 黄河防汛组织指挥体系和责任制

第一节 防汛组织机构

按照《中华人民共和国防洪法》防汛抗洪工作实行各级人民政府行政首长负责制，统一指挥、分级分部门负责。防汛工作实行行政首长负责制，按照统一领导，分级分部门负责的原则，建立健全各级、各部门的防汛机构，发挥有效的协作配合，形成完整的防汛组织体系。

一、国家防总

国务院设立国家防汛抗旱总指挥部，是全国防汛抗旱的议事、协调、指挥机构，负责领导、组织、指挥全国的防汛抗旱工作。国家防汛总指挥部总指挥由副总理兼任，成员单位由中央军委总参谋部和国务院有关部门组成。其日常办事机构为国家防汛抗旱总指挥部办公室，设在水利部。

二、黄河防总

黄河防汛抗旱总指挥部由流域内各有关省、自治区和黄河水利委员会、东部、西部、北部战区等组成。总指挥由河南省省长担任，黄委会主任任常务副总指挥，流域内各有关省、自治区的副省长和涉及战区副参谋长任副总指挥，各省的副总指挥对本省的黄河防汛负责，涉及战区的副总指挥负责部队参加黄河防汛抢险的组织、协调、兵力部署等工作。其日常办事机构即黄河防汛抗旱总指挥部办公室设在黄河水利委员会，由黄河水利委员会主管防汛工作的副主任担任办公室主任。

三、地方防汛机构

有防汛任务的县级以上各级人民政府，成立防汛抗旱指挥部，由同级人民政府有关部门、当地驻军和人民武装部负责人组成。各级人民政府首长任指挥长，分管防汛工作，副职任常务副指挥长，黄河河务部门主要负责人担任同级防汛抗旱指挥部的副指挥长。在黄河部门设立黄河防汛抗旱办公室，负责同级防指的黄河防汛日常工作。

黄河下游沿河各乡、镇都建立了防汛抗旱指挥部，并通过下属村的防汛领导小组承担组织群众防汛队伍、筹措部分防汛料物以及本责任段的堤线防守、查险和抢险等具体工作。

四、行业防汛机构

有水文、雨量、气象测报任务的部门，向上级和同级防汛指挥部门提供水文、气象信息和预报。

城建、石油、电力、铁道、交通、航运、邮电、煤矿以及所有有防汛任务的部门和单位，均应建立相应的防汛机构，在当地政府防汛指挥部和上级主管部门的领导下，负责做好本行业的防汛工作。具体见黄河防汛指挥组织机构框架图。

第二节　黄河防汛责任制度

一、行政首长责任制

行政首长负责制是防汛责任制的核心，是取得防汛抢险胜利的重要保证，也是历来防汛抗洪抢险中行之有效的措施。防汛抢险需要动员和调动各部门各方面的力量，党、政、军、民全力以赴，发挥各自的职能优势，同心协力共同完成。因此，防汛抗旱指挥机构需要各级政府主要负责人亲自主持，全面领导和指挥防汛抢险工作，实行防汛行政首长负责制。

二、分级责任制

根据水系以及堤防、闸坝、水库等防洪工程所处的行政区域、工程等级和重要程度以及防洪标准等，确定省（自治区、直辖市）、地（市）、县各级管理运用、指挥调度的权限责任，在同一领导下实行分级管理、分级负责、分级调度。

三、分包责任制

为确保重点地区和主要防洪工程的度汛安全，各级政府行政负责人和防汛指挥部领导成员实行分包工程责任制。例如分包堤防堤段、分包河道堤段、分包蓄滞洪区、分包地区等。

对于分部门承担的防汛任务和所辖防洪工程实行分部门防汛责任制。

四、岗位责任制

汛期管好用好水利工程，特别是防洪工程，对减少灾害损失至关重要。工程管理单位的业务部门和管理人员以及工程班的巡查人员、抢险人员等要制订岗位责任制，明确任务和要求，定岗定责，落实到人。岗位责任制的范围、内容、责任等，都要做出明文规定，严格考核。

五、技术责任制

在防汛抢险中要充分发挥技术人员的技术专长，实现优化调度，科学抢险，提高防汛指挥的准确性和可行性。预测预报、制订调度方案、评价工程抗洪能力、采取抢险措施等有关防汛技术问题,应由各专业技术人员负责,建立技术责任制。关系重大的技术决策,要组织相当技术级别的人员进行咨询,听取各方面专家意见,以防失误。

六、值班制度

汛期容易突然发生暴雨洪水等灾害,而且防洪工程设施在自然环境下运行,也会出现异常现象。为预防不测,各级防汛机构均应建立防汛值班制度,使防汛机构及时掌握和传递汛情,加强上下联系,多方协调,充分发挥枢纽作用。

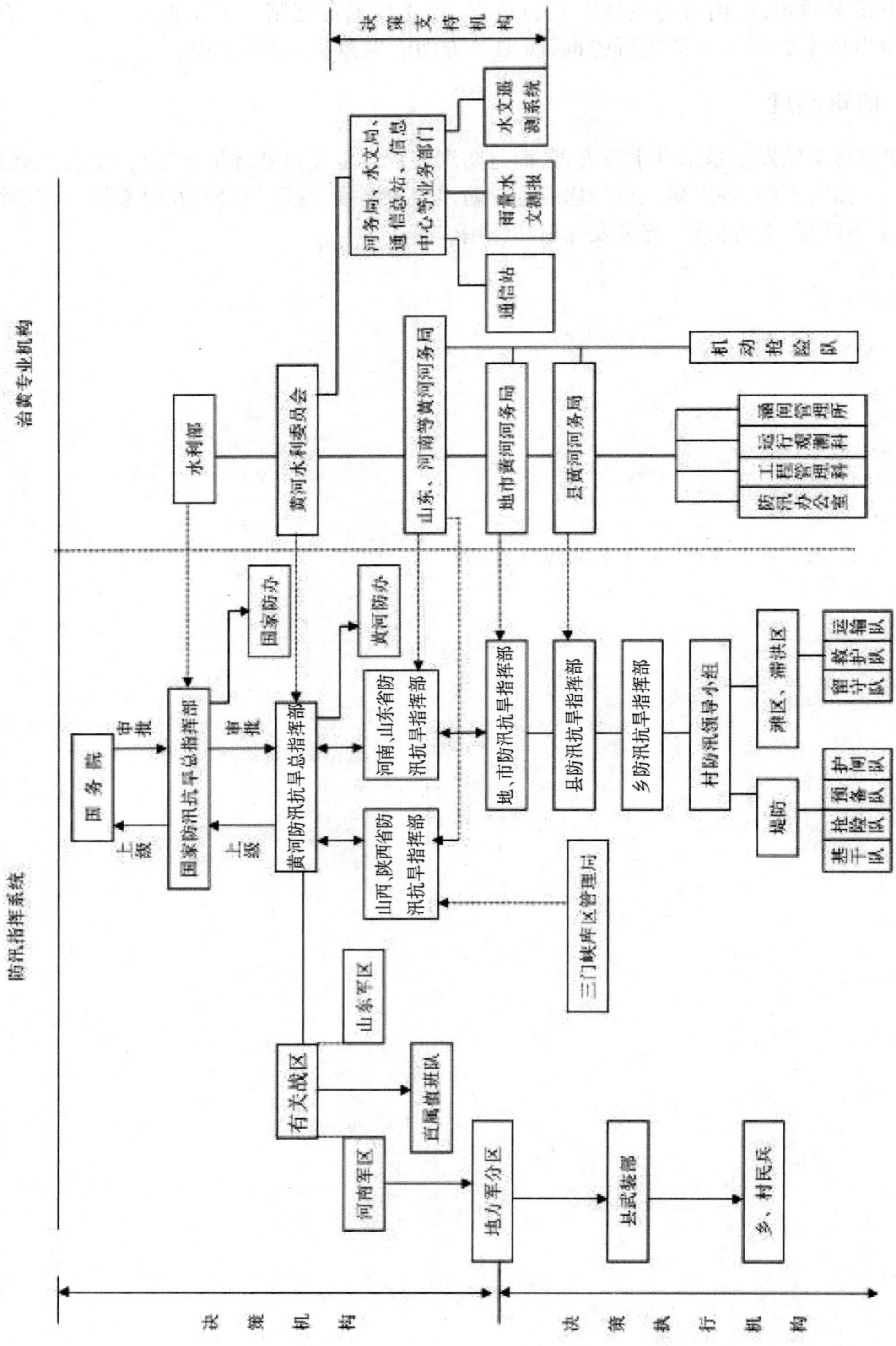

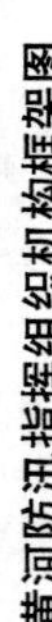

黄河防汛指挥组织机构框架图

第十五章　黄河防洪指挥调度规程

黄河下游防洪任务：确保花园口站发生22000立方米每秒洪水大堤不决口；遇超标准洪水，尽最大努力，采取一切办法缩小灾害。

黄河下游洪水处理原则：合理使用水库拦蓄洪水；在确保大堤安全的前提下，尽量利用河道排泄洪水；相机运用分滞洪区分滞洪水。

黄河防洪指挥调度：包括水库、蓄滞洪区的工程调度；防守力量调度；防汛物资调度等。滩区和滞洪区群众的迁移安置、灾民救济、卫生防疫的指挥调度由各省防指另行规定。

黄河防洪指挥调度遵循各类防洪预案原则：按照三级洪水预报（警报预报、参考预报、正式预报）、汛期三种工作机制（黄河防汛抗旱总指挥部办公室成员单位工作机制、调水调沙工作组机制、洪水期职能组工作机制）、中下游两个河段不同洪水级别分级进行指挥调度。

第一节　指挥调度权限与组织实施

一、防洪工程

（1）三门峡水库由黄河防总负责调度，三门峡水利枢纽管理局负责组织实施。

（2）小浪底水库由黄河防总负责调度，小浪底水利枢纽建设管理局负责组织实施。

（3）故县水库由黄河防总负责调度，故县水利枢纽管理局组织实施。

（4）陆浑水库由黄河防总负责调度，陆浑水库灌区管理局负责组织实施。

（5）东平湖滞洪区分洪运用由黄河防汛总指挥部商山东省人民政府确定，山东省防汛抗旱指挥部组织实施。

（6）北金堤滞洪区的运用，由黄河防总提出运用意见，报请国家防总呈国务院批准后，通知河南省防汛抗旱指挥部（简称河南省防指）组织实施。

二、防汛队伍

（1）黄河防汛队伍主要包括黄河防汛专业队伍（含机动抢险队）、群众防汛队伍、解放军和武警部队三支力量组成。

（2）黄河防汛专业队伍调度：各防指黄河防办负责本辖区黄河防汛专业队伍的调度，跨行政区划调度由上一级黄河防办负责。黄委所属机动抢险队由所在省的省级黄河防办负责辖区内的抢险调度,跨省抢险由黄防总办负责。

(3) 群众防汛队伍由企事业干部职工及沿黄人民群众组成,按与黄河的相对位置分为一、二线。各级防指根据《黄河防汛管理工作规定》和《黄河防洪工程抢险责任制》负责本辖区内群众防汛队伍调度,跨乡、县、市群众队伍的调度由上一级防指负责调度。

(4)解放军和武警部队主要承担急、难、险、重的防汛抢险任务。解放军参加抗洪抢险调度由所在地防指提出请求,逐级报至省防指,由省防指向部队请调,按部队调动程序办理。紧急情况下由所在地防指直接向当地驻军求援,按部队紧急调动程序办理,并边行动、边报告。

武警部队参加抗洪抢险调度由险情所在地防指向当地县级以上政府行政首长提出请求,当地政府行政首长报上一级行政首长批准后,按武警部队调动程序办理。

三、防汛料物

(1)黄河防汛料物包括国家储备料物、社会团体储备料物和群众备料三部分。

(2)国家储备料物包括中央防汛物资储备和黄河防汛物资储备。国家防总储存在黄河上的中央防汛物资,由国家防办负责调度。黄河防汛储备物资由各级黄河防办负责调度,跨地区调度由上一级黄河防办负责。

(3)社会团体储备料物指企业、商业和政府机关、社会团体所生产、经营及所能掌握的可用于防汛的物资。县级及以上防指根据抢险需要,负责本辖区的料物调度。

(4)群众备料指沿黄群众根据防汛部署储备的防汛物资。县、乡防指根据抢险需要,负责本辖区的料物调度。

四、滩区、蓄滞洪区群众迁安救护

各级河务部门负责提供水情信息,各级防指民政等相关部门负责制订滩区、蓄滞洪区群众迁安救护方案,并负责组织实施。

第二节 黄河下游防洪指挥调度

(1)三级洪水预报:①花园口站警报预报,预见期不少于30小时;②花园口站参考预报,预见期不少于14~18小时;③花园口站正式预报,预见期不少于8~10小时。

(2)三种工作机制:①警戒水位以下,按黄防总办成员单位工作机制运行,由黄委防办负责;②警戒水位以上,且不进行调水调沙运用,按汛期各职能组工作机制运行,由黄防总办负责;③需要进行调水调沙时,按调水调沙各工作组工作机制运行。

(3)黄河下游洪水分为四级:①花园口站4000立方米每秒以下;②花园口站4000~8000立方米每秒;③花园口站8000~15000立方米每秒;④花园口站15000~22000立方米每秒。每级洪水按上限流量部署防汛工作。

(一)花园口站发生 4000 立方米每秒以下洪水

此级洪水,黄河防汛处于戒备工作状态。

指挥调度重点是:防汛工作部署、河道整治工程抢险、河势观测等。

(二)花园口站发生 4000~8000 立方米每秒洪水

此级洪水,防汛处于严重状态。

指挥调度重点是:确定按防洪运用或按调水调沙运用,小浪底水库运用决策、堤防与河道整治工程的查险和抢险部署决策、滩区迁安救护等。

(三)花园口站发生 8000~15000 立方米每秒洪水

此级洪水黄河防汛处于紧急状态。

指挥调度重点是:防汛工作部署、水库防洪调度、东平湖滞洪区分洪调度;防洪工程抢险;滞洪区、滩区迁安救护。

(四)花园口站发生 15000~22000 立方米每秒洪水

此级洪水黄河防汛处于十分紧急状态。各省要进行区域性全民动员,军民联防,全力抗洪抢险,确保防洪安全。

指挥调度重点是:防汛工作部署、黄河大堤防守;水库防洪调度、东平湖滞洪区分洪调度;滩区、蓄滞洪区迁安救护工作。

第三节 黄河中游防洪指挥调度

黄河中游洪水分为三级:

①龙门站 5000 立方米每秒以下;②龙门站 5000~10000 立方米每秒;③龙门站 10000~20000 立方米每秒;每级洪水按上限流量部署防汛工作。

(一)龙门站发生 5000 立方米每秒以下洪水

此级洪水黄河防汛处于戒备状态。

指挥调度重点是:防汛工作部署、巡坝查险和抢险等。

(二)龙门站发生 5000~10000 立方米每秒洪水

此级洪水黄河防汛处于严重状态。

指挥调度重点是:防汛工作部署、防洪工程抢险、滩区迁安救护、三门峡水库调度等。

(三)龙门站发生 10000~20000 立方米每秒洪水

此级洪水黄河防汛处于紧急状态。

指挥调度重点是:防汛工作部署、防洪工程抢险、滩区迁安救护、三门峡水库调度等。

第四节 黄河调水调沙调度

黄防总办根据实际河道来水、未来几天来水预报和水库蓄水情况，研究是否进行调水调沙运用，开展或实施小浪底水库汛限水位动态控制实验。若满足即进行调水调沙，按以下调水调沙工作程序运行：

(1)接到花园口站4000立方米每秒以下或4000~8000立方米每秒的参考预报时，黄委防办主任提请防总办主任召开会商会议，根据来水和水库蓄水情况，确定调水调沙时机、部署调水调沙工作。

(2)黄防总办向调水调沙各工作组及有关单位发出通知，进入调水调沙工作运行机制，各工作组负责人及相关人员立即上岗到位。

(3)下达小浪底水库调水调沙命令。

(4)小浪底建管局根据调令要求下泄流量和出库含沙量，进行孔洞组合配水配沙。

(5)每天定时召开会商会议，听取各工作组汇报，根据每天的水、沙变化情况，研究调整意见。

(6)预测小浪底库区产生异重流或浑水水库等重大情况时，提请调水调沙总指挥部召开临时会商会议，对异重流或浑水水库等重大问题进行决策。

(7)做好调水调沙观测、分析和后评估工作。

第十六章 行政首长在防汛指挥中应把握的几个方面

黄河防汛历来受到党和国家以及省委、省政府的高度重视。从“三江”大水的抗洪抢险和黄河防汛实践来看,行政首长在防汛抗洪中起到不可替代的作用。1996年以来,由于黄河未出现大水,加上地方各级领导变动较大,对黄河防汛还不够熟悉,在抗洪抢险救灾的指挥调度中还存在一些问题。根据河南省政府《关于加强河南黄河防汛抗洪责任制的通知》要求和近年来黄河防洪的形势,各级行政首长在防汛指挥中要注意把握的几个方面的问题。

(1)认清形势,克服麻痹思想,做好汛前准备工作。河南黄河防汛的特点是:小浪底水库投入运用,水沙条件变化较大,河道工程出险增多,工程抢护困难增加;经分析计算,小浪底投入运用后,黄河下游仍有发生大洪水的可能。因此,作为防汛指挥者,要宣传教育干部群众克服麻痹思想,于每年汛前做好防汛队伍的组织发动、防汛料物的筹集落实、防洪工程的建设、防汛技术的培训及滩区群众撤迁的各项准备,以临战的姿态进入黄河汛期。

(2)要总揽全局,把握重点,果断决策,协调各方。作为防汛指挥者,首先要了解全面情况,在黄河花园口发生4000立方米每秒以上的洪水时,主要指挥者一般应在防汛指挥中心实施指挥,要掌握已经发生的雨情、水情及其演变趋势,了解洪水到来后可能发生的险情、灾情及相应的预案,总揽全局做出相应的部署。既不能麻痹松懈,也不能惊慌失措。防汛和防火不同,千里之堤溃于蚁穴,千里大堤到处都有溃堤、酿成大祸的可能。因此要总揽全局,不可局限于一点,黄河险情有先后大小轻重缓急之分,因此在关键时刻、重大险情面前,行政首长要高度关注,抓着重点,必要时亲临现场指挥。应根据来水的量级及其特点,把握防汛抗洪工作的重点。

在发生较大或特大洪水时,防汛任务十分繁重,各指挥成员要明确分工,分兵把守,各负其责。非常情况下要有所为有所不为,必要时牺牲局部,保全大局。黄河洪水预见期较短,突发性强,缺乏回旋余地,各个环节都必须高效运转,决策要果断、及时,执行要坚决,不能贻误战机。防汛指令必须不折不扣地贯彻执行,不能讨价还价,更不能各行其是。指挥者要统筹考虑,协调各方,动员各方面力量投入防汛抗洪工作。

(3)要注重防洪预案的制订与实施。防洪预案是防汛决策和防洪调度的依据,是未雨绸缪、变被动防洪为主动防洪的重要举措。黄河防洪涉及许多方面,如果没有防洪预案、方案,遇洪水时就会束手无策,或临时仓促决策,这样以来,难免会使工作出现疏漏、不相衔接现象,指挥调度可能会出现杂乱无章、缺乏秩序。将影响防洪减灾,甚至出现严重后果。有了好的防洪预案,遇洪水险情就可临危不乱,从容不迫地进行防洪指挥调度,从而最大限度的控制险情发展，降低灾害损失，确保防洪安全。《中华人民共和国防洪法》和《中华人民共和国防汛条例》规定："有防汛任务的县级以上人民政府根据流域综合规划、防洪工程实际状况和国家规定的防洪标准，制订防御洪水方案。"市、县政府要对各地的防洪预案进行认真审定，并根据防洪预案在汛前做好队伍、物料等方面的落实。汛期，发生洪水险情后，应依据防洪预案进行指挥调度，保证抗洪抢险有序开展。

(4)要认真做好防汛信息的收集、整理、传递和发布工作。洪水水情、险情、灾情等防汛信息的上报和发布，对领导决策、社会安定和群众情绪具有较大的影响，对此要十分慎重，认真对待，要通过正常的渠道进行。防指办事机构负责雨情、水情、险情、灾情等防汛信息的收集、整理、汇总、传递和上报，防汛指令要由黄河防办负责下达。各地、各单位有关防汛情况要向黄河防办反映。需要发布防汛信息时，要授权黄河防办公布。总之，黄河防办要成为信息收集、整理、传递、发布的枢纽，避免出现互不通气、"令出多门"的情况。

(5)要切实抓好巡堤查险工作。黄河防汛的首要任务是确保堤防安全，及时发现险情对确保工程安全至关重要。出现洪水偎堤时，应按照《河南省黄河巡堤查险办法》，及时组织群众防汛队伍，日夜巡堤查险，并按要求组织配足带班干部。对需要重点防守的堤防险点、涵闸等应根据预案增加防守人数，明确防守责任人。

(6)确保工程险情得到有效抢护。洪水期间，各类防洪工程出现险情在所难免。特别是小浪底水库清水下泄，工程出险概率增多。险情发展快，且情况复杂，要本着抢早抢小的原则，及时有效地组织抢护。一般险情由专业队伍组织抢护；出现重大险情时，应以河务部门制订的抢护方案作为主要依据，根据实际情况提出实施方案，经指挥部同意后组织实施。行政首长要有效地组织有关部门保证抢险所用人力和料物供应，维持良好的抢险秩序。

(7)全力做好黄河滩区群众迁安救护工作。迁安救护涉及千家万户，工作头绪多，根据省政府下发的《关于加强河南黄河防汛抗洪责任制的通知》要求，由黄河河务部门按照预案提出具体意见，县、乡政府具体组织实施。其中民政部门、乡镇党委政府负责灾民转移、安置救济工作，卫生部门负责卫生防疫工作，公安部门负责维持秩序，特别要保障防汛抢险迁安撤退道路的畅通，必要时公安部门要对主要道路实行交通管制。要严格实行对口安置，做到有领导，有组织，有秩序，防止出现混乱，绝不允许群众滞留在黄河大堤上，这样既不安全，又影响防汛抗洪工作。

(8)加强与驻豫部队的沟通与联系。人民解放军主要承担"急、重、险、难"的抗洪抢险任务，要作为一支突击力量来使用。各级防指要主动与驻防部队联系，根据黄河防汛抢险特点，部队应尽可能与行政区域相对应，便于地方、部队、河务部门组成联合指挥部，形成三位一体军民联防体系。联防体系最好建至乡级，至少建至县级。需要请部队投入黄河抗洪抢险时，要由县防指提出请求，经市防指审核后，再报省防指黄河防汛办公室，转请有关军事机关统一协调，按部队调动的规定程序办理。如遇紧急情况，也可直接向当地驻军求援，但要边调动边报告。

第十七章 黄河防汛指挥调度范例

为了使行政领导熟悉掌握黄河防汛指挥调度程序，检验各有关单位(部门)之间协调作战能力，现将黄河花园口某流量级洪水发生时，指挥调度的程序，以范例形式供大家参考。

2018年濮阳市黄河防汛指挥调度综合演习方案

黄河自1982年以来36年没有发生过大洪水，各级行政首长、防指成员单位负责人、黄河河务局局长及防汛工作人员普遍未经历过大洪水的历练与考验，在决策指挥、洪水应对、应急保障等方面存在薄弱环节，为提高综合指挥调度能力，经市防指研究决定，开展2018年濮阳市黄河防汛指挥调度综合演习。

一、演习指导思想及原则

为认真贯彻2018年国家防汛抗旱工作指示精神，全面检验预案、应对洪水的处置能力、信息化应用水平和单位(部门)之间的协同作战能力，发现和解决存在的问题与不足，切实提高各级领导防汛指挥调度水平。

本次综合演习采取模拟与实战相结合，按照上下联动、防指成员参与的原则进行组织。即在全市沿黄县区范围内，模拟一次洪水过程，启动相应的运行机制，以实战的状态迎战洪水。

二、演习时间

定于7月26日下午开展综合演习。

三、参加单位

濮阳县、范县、台前县、华龙区、开发区、工业园区、城乡一体化示范区防指；市委组织部、市委宣传部、濮阳黄河河务局、市发改委、市水利局、市城市管理局、市财政局、市民政局、市公安局、市交通运输局、市农牧局、市林业局、卫河河务局、市卫生计生委、市气象局、濮阳水文局、濮阳供电公司等防指成员单位及市工信委。

四、演习内容

(一)模拟洪水过程

受副高压影响,黄河三门峡至花园口区间普降大到暴雨,局部特大暴雨,黄河防总对小浪底、陆浑、故县、河口村水库联调,小浪底水库按1000立方米每秒控泄,伊洛河黑石关站将发生7500立方米每秒洪水,沁河武陟站将发生2000立方米每秒洪水,花园口站将发生接近10000立方米每秒洪水。

此级洪水预见期短、来势猛,对河南黄河下游防洪最为不利。本次综合演习模拟下大型洪水花园口站9800立方米每秒洪水涨落过程,演习时间半天。

(二)演习内容

演习主要内容包括汛情发布及会商、决策指挥、迁安救护、巡堤查险、工程抢险、队伍调度、应急保障、信息传递等防汛指挥调度全过程。

市、县设立演习指挥中心。

全程通过视频会议系统实时图像传输。

文电信息处理通过网络传真、腾讯通等信息化手段实施。

五、演习组织

市防指成立2018年濮阳市黄河防汛指挥调度综合演习指挥中心，指挥中心下设综合组、水情灾情组、工情组、宣传报道组、通信信息保障组、后勤保障组。演习指挥中心设在濮阳黄河河务局北五楼防汛会商室,沿黄各县设立演习指挥分中心。

2018年濮阳市黄河防汛指挥调度综合演习指挥中心:

常务副指挥长:常务副市长　王载文

副指挥长:市政府副秘书长　吕宝岭

　　　　濮阳黄河河务局局长　刘同凯

　　　　濮阳市水利局局长　孙文标

执行指挥:吕宝岭

指挥中心各职能组:

(一)综合组

职责:全面协调各职能组开展演习工作,负责各地防洪部署,发布各类命令、明传电报等指令。负责做好机动抢险队和料物调度、防汛抢险物资动态信息统计工作。

组长:艾广章

副组长:靳玉平　王忠义　卢立新

成员:高　超　刘婷婷　王天昊

(二)水情灾情组

职责:发布相关流量站信息,汇总预估、观测数据,负责黄河滩区受淹、受灾情况统计、分析、汇总、上报工作。

组长:柴青春

副组长:陈国宝 王汉忠 王进

成员:董桂青 张建榜 李昂

(三)工情组

职责:实时跟踪工程重大险情发展,掌握重大险情的发展和抢护动态,并对抢护措施进行指导,分析河势、工情变化情况,预估可能出现的重大河势变化、工程险情情况,并提出相应措施,负责抢险请示的批复,提出防汛料物的调配意见,负责抢险的统计和核查工作。

组长:柴青春

副组长:张学义 鲁学玺 王百斋

成员:杨红凯 李帅玲 张素娜

(四)宣传报道组

职责:负责对外宣传、摄像和宣传稿件的起草工作。

组长:艾广章

副组长:陆相臣

成员:谷长风

(五)通信信息保障组

职责:保证通信信息网络的畅通,负责维护维修通信线路、设备等,负责防汛演习指挥中心通信的正常运转,负责各类数字防汛系统、办公自动化系统的运行维护。

组长:艾广章

副组长:韩美增 杨深

成员:谷朝阳 郑剑

(六)后勤保障组

职责:负责后勤保障和车辆调度工作。

组长:张怀柱

副组长:张振江 张留军

成员:丁国庆 王爱民 吴 磊 黄忠华 于士军 李由斌

六、演习要求

(1)本次演习所有文电均加注“演习专用”字样。

(2)演习所有文件、文电、报告均按照发生实际洪水要求注明签发人、时间并加盖公章。

(3)市防指对上级发文均以签代发,演而不发。

(4)演习期间,各单位要严格按照安排的时间进行演习,不得提前或延迟。

(5)演习结束后,参演各单位演习总结必须在演习结束3日内以书面和电子形式上报市防指黄河防办。

(6)会标要求:各参演单位演习指挥中心为参演单位名。

七、演习工作安排

(1)7月24日前,信息中心做好防汛演习视频调试、河道监控系统及网络、通信保障工作,确保演习期间通信网络畅通。

(2)7月24日前,各单位依照综合演习方案,完善各自的演习脚本,做好演习前培训,有针对性地开展预演。

(3)定于7月26日下午进行综合演习。

2018年濮阳市黄河防汛指挥调度综合演习脚本

一、演习准备　2:00~3:08

2:00~3:00　系统调试、演习人员准备。

3:00~3:05　演习执行指挥吕宝岭点到,并向指挥长汇报准备情况。

[显示:大屏幕显示三个演习分中心会场]

执行指挥吕宝岭:现在各县防指报告演习准备情况,首先请濮阳县防指报告。

[显示:濮阳县分中心]

濮阳县:濮阳县防指准备工作已经就绪,人员全部到位,报告完毕。

执行指挥吕宝岭:请范县防指报告。

[显示:范县分中心]

范县:范县防指准备工作已经就绪,人员全部到位,报告完毕。

执行指挥吕宝岭:请台前县防指报告。

[显示:台前县分中心]

台前县:台前县防指准备工作已经就绪,人员全部到位,报告完毕。

执行指挥吕宝岭:请综合组报告。

综合组:综合组准备工作已经就绪,人员全部到位,报告完毕。

执行指挥吕宝岭:请工情组报告。

工情组:工情组准备工作已经就绪,人员全部到位,报告完毕。

执行指挥吕宝岭:请水情灾情组报告。

水情灾情组:水情灾情组准备工作已经就绪,人员全部到位,报告完毕。

执行指挥吕宝岭:请宣传报道组报告。

宣传报道组:宣传报道组准备工作已经就绪,人员全部到位,报告完毕。

执行指挥吕宝岭:请通信信息保障组报告。

通信信息保障组:通信信息保障组准备工作已经就绪,人员全部到位,报告完毕。

执行指挥吕宝岭:请后勤保障组报告。

后勤保障组:后勤保障组准备工作已经就绪,人员全部到位,报告完毕。

执行指挥吕宝岭:报告指挥长,根据市防指工作安排,按照2018年度濮阳市黄河防汛指挥调度综合演习方案,各有关单位及工作组进行了精心准备,各系统调试运行正常,演习人员全部到位,各项演习准备工作就绪,请指示。

3:05~3:08 演习动员

[显示:大屏幕显示三个分中心会场]

常务副指挥长王载文:

同志们,据水文气象部门预测,今年汛期黄河流域中游地区降水偏多2~5成,黄河发生暴雨洪水的可能性较大;黄河自1982年以来未发生过大洪水,枯水时间越长,潜伏的洪水威胁就越大;加之,今年各级行政首长、防指成员单位负责人、黄河河务局局长变动较多,普遍未经历过大洪水的历练和考验。为此,经市防指研究,决定在“七下八上”黄河防汛关键期,举办濮阳市黄河防汛指挥调度综合演习,旨在提高大家对今年防汛工作重要性的认识,熟悉抗洪抢险指挥调度程序,提高各级指挥决策和应对突发灾害事件的能力。

本次演习模拟花园口发生9800立方米每秒洪水涨落过程,演习内容包括汛情发布及会商、决策指挥、迁安救护、巡堤查险、工程抢险、队伍调度、应急保障、信息传递等。本次演习指挥中心设在濮阳黄河河务局北五楼防汛会商室,沿黄各县设分中心,华龙区、开发区、工业园区、城乡一体化示范区防指,市防指相关成员单位以及市工信委等在市演习指挥中心参加演习。请参与演习的各单位高度重视,团结协作,切实履行好各自职责,确保演习顺利开展。

3:08 指挥长宣布演习开始

常务副指挥长王载文:我宣布,2018年濮阳市黄河防汛指挥调度综合演习正式开始!

二、综合演习 3:08~4:50

(一)6000~10000立方米每秒流量级洪水

1.市防指组织黄河防汛会商 3:08~3:40

(市防指常务副指挥长、常务副市长王载文主持,市防指领导参加,参加范围:市防指相关成员单位、市防指办公室、市防指黄河防办等)

市防指黄河防办通报水情、气象、雨情及迎战洪水工作部署情况,王载文常务副指挥长指示并签发文件。

(市防指副指挥长吕宝岭签发水情通报)

执行指挥吕宝岭：接黄河防总洪水预报，从7月28日12时开始，伊洛河、沁河流域开始降大到暴雨，7月29日14时前后花园口站将发生洪峰流量9800立方米每秒左右的洪水，按照黄河防洪预案，下面请市防指常务副指挥长、市政府常务副市长王载文同志主持会商，市防指各成员单位参加。

3:10~3:30

王载文常务副指挥长：下面开始黄河防汛会商，首先请市气象局汇报天气、雨情等有关情况。

市气象局：

报告指挥长：

根据黄河流域气象中心预报，从7月28日12时开始，三花间逐渐形成副热带高压天气，高温高湿能量开始积聚，与南下的冷空气交汇，中心区域位于卢氏、洛宁县山区，伊洛河流域开始降特大暴雨，一部分暖湿气流北移到沁河流域，沁河流域也开始降大到暴雨，雨区主要集中在晋城山区附近，沁河中上游山区降雨范围也在增大。

这场降雨的特点是持续时间长，雨量大，范围广，暴雨主要集中在黄河和伊洛河流域中北部地区，日降雨量超过200毫米的区域超过1500平方千米，个别站点日降雨量达400毫米，最大站点一小时降雨量达70毫米，降雨在伊洛河流域很快形成汇流。沁河流域多个区域的日降雨量在300毫米以上。

（由市气象局增加濮阳地区气象情况相关内容）

王载文常务副指挥长：请市防指黄河防办汇报防洪调度、汛情预估、防守重点、防守措施等情况。

市防指黄河防办：

报告指挥长：

接黄河防汛抗旱总指挥部洪水预报，经小浪底、陆浑、故县、河口村水库四库联调，7月29日14时前后花园口站将出现洪峰流量9800立方米每秒左右的洪水。其中小浪底水库按1000立方米每秒控泄，河口村水库按控制武陟站2000立方米每秒洪水控泄，伊洛河黑石关站流量达7500立方米每秒。

目前，小浪底水库已超过汛限水位20米，河口村水库已超过汛限水位15米，故县水库已超过汛限水位4米，陆浑水库已超过汛限水位2米，根据水文站实测流量，4座水库入库流量继续加大，水库水位仍在上涨。

汛情预估：

根据濮阳市黄河防洪预案，此流量级洪水到达我市需24~32小时，预估高村站流量8900立方米每秒，预估孙口站流量8300立方米每秒，此级洪水将在我市运行16小时左右，我市黄河滩区将全部进水，淹没面积443平方千米，滩区水深1.0~3.0米；需转移安置村庄272个，迁移人口19.53万人。我市临黄大堤全线偎水，偎堤水深2.3~4.3米。堤防工程薄弱堤段可能出现渗水、管涌、裂缝、陷坑等一般或较大险情，涵闸（虹吸）工程可能出现渗水、管涌等一般或较大险情，主流长时间顶冲险工部位易出现根坦石坍塌、坝基坍塌等较大、重大险情。

防守重点：

濮阳县：渠村乡临黄大堤桩号 42+764~47+000 顺堤行洪段，青庄险工、南小堤险工，引黄入冀补淀渠首闸以及渠村、南小堤、梨园、王称堌、陈屯引黄闸和王窑虹吸。

范县：高码头镇临黄大堤桩号 142+150~142+650 堤段(历史上曾发生 5 次决口，堤基存在隐患)，彭楼险工、李桥险工、邢庙险工，彭楼、邢庙、于庄引黄闸。

台前县：清水河乡临黄大堤桩号 145+486~164+000 顺堤行洪段，尤其是孙口镇 162+870~163+020 回溜淘刷段，影唐险工、张堂险工，刘楼、王集、影唐引黄闸。

此流量级洪水易形成“横河”、“斜河”，沿黄三县要密切注视河势变化，做好洪水顶冲堤防、偎堤下埽抢大险的准备，尤其加强标准化堤防建设迁移新堤及引黄入冀补淀渠首闸的防守。

防守措施：

各级要加强河势水位观测，重点加强对靠河工程、重点防守工程的巡查和防守；全部涵闸按要求关闸停水，加强防守；市、县人民政府组织有关部门做好滩区进水村庄的迁安救护、卫生防疫及生活保障工作；控导工程根据洪水演进情况和抢护条件，经省防指黄河防办批准后撤防。

建议工作部署：

(1) 召开沿黄有关县防指参加的视频会商会，市防指常务副指挥长王载文副市长主持，对抗洪救灾工作做出部署；市防指各成员单位按照防汛职责分工和工作安排，做好相应职责工作，组织开展黄河滩区迁安救护工作；市防指向市政府和省防指专题报告黄河汛情；市防指派出工作组、专家组赴抗洪救灾一线指导抗洪救灾工作和技术指导；市防指发布橙色预警，宣布启动Ⅱ级应急响应，召开新闻发布会，发布相关信息。

(2) 根据抗洪抢险需要，结合物资资源状况，申请调用中央防汛储备物资支援抗洪抢险。

(3) 根据抗洪抢险需要，按照有关程序请求驻豫部队或武警部队参加抗洪救灾工作。

(4) 向沿黄各县下发《关于做好迎战花园口站 9800 立方米每秒洪水的通知》，做好河势观测、巡堤查险，及时抢护险情；加强河道涉水安全管理，河道范围内的漂浮物都要采取锚固和固定措施，明确责任主体，落实责任人，并将有毒、有害、易燃、易爆物体、设施撤至安全地带，按照浮桥防洪预案对浮桥舟体进行处置，所有采砂浮体及附属设备全部撤离河道，确保防洪工程安全和涉水安全，每日将抗洪救灾工作开展情况报市防指黄河防办。

(5) 市防指黄河防办监视跟踪雨情、水情、工情、灾情发展变化，掌握防汛动态，每日向市委、市政府和省防指黄河防办报告汛情，并通报市防指成员单位。

报告完毕！

王载文常务副指挥长：黄河花园口站将要出现 9800 立方米每秒洪水，我市黄河滩区将会发生漫滩,滩区群众需要进行转移安置,请市民政局负责同志汇报滩区群众转移、安置、灾民救助工作安排情况。

市民政局:………

王载文常务副指挥长:请市卫生计生委汇报应对此级洪水卫生防疫工作部署情况?

市卫生计生委:………

王载文常务副指挥长:请市交通运输局汇报如何保障抗洪抢险水陆路交通的需求?

市交通运输局:………

王载文常务副指挥长:请市城市管理局汇报城市防汛排涝部署情况?

市城市管理局:………

王载文常务副指挥长:由于时间关系,其他防指成员单位不再一一汇报,请各单位按承担的防汛职责,进一步修订完善保障预案,确保我市今年防汛工作各项措施落到实处。

3:30~3:35

王载文常务副指挥长:刚才气象局、市黄河防办通报了气象、雨情、水情、汛情预估等情况,提出了迎战洪水的部署建议,我都同意。请市防指立即向市委、市政府和省防指专题报告黄河汛情;派工作组、专家组赴抗洪救灾一线指导抗洪救灾工作和技术指导;发布橙色洪水预警,宣布启动Ⅱ级应急响应,召开新闻发布会,发布汛情信息。请相关单位和部门按照职责分工,抓紧落实。

执行指挥吕宝岭:请王载文常务副指挥长签发:

(1)市防指向市政府、省防指报告《关于迎战黄河花园口 9800 立方米每秒洪水的专题报告》,抄送市委、市防指成员单位。(现场签发)

(2)市防指向沿黄县防指下发《关于发布橙色预警、启动Ⅱ级响应机制的通知》。(现场签发)

(3) 市防指向沿黄各县防指下发《关于做好迎战花园口站 9800 立方米每秒洪水的通知》。(现场签发)

(4)市防指向沿黄各县防指下发《关于派出工作组指导抗洪抢险的通知》。(现场签发)

3:35~3:40

执行指挥吕宝岭:根据市防指黄河防办报告,濮阳县南小堤险工出现重大险情,濮阳县防指发出物资及部队支援的请求,请王载文常务副指挥长签发:

(1) 市防指向省防指上报《关于申请调用防汛储备物资支援的请示》。(现场签发)

(2) 市防指向濮阳军分区发送《关于调用驻豫部队支援抗洪救灾的函》。(现场签发)

王载文常务副指挥长:鉴于当前防汛形势,我提议立即召开视频会商会,沿黄各县防指及市防指成员单位参加,听取各地部署,会商有关汛情。

2. 抗洪抢险工作部署会商 3:40~4:40

(1)濮阳县防指 3:40~4:00

王载文常务副指挥长:请濮阳县防指汇报迎战本次洪水部署情况。

[显示:濮阳县分中心]

濮阳县防指:报告指挥长,我是濮阳县防指指挥长……汇报完毕!

王载文常务副指挥长:濮阳县河段河道内有餐饮船,如何保障船只和人员的安全?

濮阳县防指:………

王载文常务副指挥长:在洪水没有到来前,滩区迁安救护是重中之重的工作,你县迁安工作开展情况如何?

濮阳县防指:………

王载文常务副指挥长:此级洪水滩区漫滩已不可避免,你县考虑自然漫滩还是有计划漫滩?

濮阳县防指:………

王载文常务副指挥长:现在连线濮阳县王称堌镇后拐村负责人,汇报滩区迁移村情况?

王称堌镇后拐村负责人:………

王载文常务副指挥长:现在连线濮阳县王称堌镇小屯村负责人,汇报安置村安置情况?

王称堌镇小屯村负责人:………

王载文常务副指挥长:现在连线濮阳县王称堌镇负责人汇报迁移安置情况?

王称堌镇负责人:………

(2)范县防指 4:00~4:15。

王载文常务副指挥长:请范县防指汇报迎战本次洪水部署情况。

[显示:范县分中心]

范县防指:报告指挥长,我是范县防指指挥长……汇报完毕!

王载文常务副指挥长:毛楼旅游区的游客如何组织撤离?

范县防指:………

王载文常务副指挥长:你县滩区内有山东省村庄,对岸滩区也有范县村庄,这些村庄的迁安救护是怎么考虑的?

范县防指:………

王载文常务副指挥长:社会团体和群众备料以及社会大型机械是怎样落实的?

范县防指:………

王载文副指挥长:请你报告一下你县辖区内控导工程撤守情况?

范县防指:………

(3)台前县防指 4:15~4:30。

王载文常务副指挥长:请台前县防指汇报迎战本次洪水部署情况。

[显示:台前县分中心]

台前县防指:报告指挥长,我是台前县防指指挥长……汇报完毕!

王载文常务副指挥长:现在河道内在建工程比较多,其中范台梁高速目前处在施工阶段,请问台前县防指,对于正在施工的高速公路大桥,你们采取了什么措施来确保防洪安全?

台前县防指：………

王载文常务副指挥长：台前县境内黄河浮桥比较多，有9座，涉及河南、山东两省，拆除锚固情况怎样？是否会造成次生灾害？

台前县防指：………

王载文常务副指挥长：刘楼顺堤行洪段的防守部署是怎样落实的？

台前县防指：………

王载文常务副指挥长：受灾群众的卫生防疫、医疗救助和生活保障工作是怎么安排的，如何保障大灾无大疫？

台前县防指：………

王载文常务副指挥长：4:30~4:40。

同志们：

根据洪水预报，黄河花园口站即将发生9800立方米每秒的洪水，濮阳黄河防洪形势异常严峻，市防指已宣布进入非常时期，刚才，沿黄各县就迎战洪水的准备及部署情况进行了详细汇报，从汇报来看，各地都高度重视，反应十分迅速、部署非常周密，我都同意。

下面，我强调五个方面的工作：

一要高度重视此次洪水，务必确保各项责任落实到位。各级要充分认识这场大洪水的严峻性，要站在群众利益高于一切的高度，把黄河抗洪抢险工作作为当前压倒一切的重点工作抓细、抓实，不惜一切代价确保黄河大堤不决口，尽最大努力减少灾害损失。要务必落实好以行政首长负责制为核心的各项防汛责任制，各级主要领导和防汛责任人要立即上岗到位，动员全社会力量，从严、从细、从快，做好各项防汛工作；各级督察组要深入一线加强督促指导，切实将各项责任制落到实处；黄河河务部门要落实全员岗位责任制，做到人人有岗、人人有责，气象部门要密切监视天气形势和水雨情变化，全力做好迎战洪水的各项工作。

二要全力做好滩区迁安救护工作，务必确保群众生命安全。这场洪水，我市黄河滩区将全部漫滩，需转移安置滩区群众19.53万余人，任务十分艰巨。各级各部门要切实把保障群众生命安全放在首位，根据预案，按照“分级负责、分部门落实”的原则，做好预警预报，移动、联通、电信等部门和乡(镇)政府以及各村负责人密切配合，采取一切措施，把迁安预警信息传达到每一户、每一人，落实滩区预警最后一公里，确保将群众全部安全转移至既定地点，按照“村对村、户对户”的方式，安置好外迁群众，落实生活保障，加强医疗救助和卫生防疫工作，保证大灾无大疫。

三要加强巡堤查险，务必做好险情抢护。各地要及时组织一线群防队伍上堤巡查，增加带队干部，充实巡查力量，二线队伍视情况适时组织上堤，实行24小时不间断巡查，对薄弱堤段、顺堤行洪段，要增加力量，加强防守，严格查险、报险制度，切实做到抢早抢小。调集当地能为抢险使用的设备，投入抗洪抢险；落实防汛物资，对可能发生重大险情的堤段、工程按照预案将物资预先运送到现场，保证抢险使用。驻豫部队及武警部队按照防汛责任段进驻各险点、险段、涵闸等防守区域，全力投入抗洪抢险。黄河专业机动抢险队要进入重要堤段和险点，做好抗大洪、抢大险的准备。

四要加强团结协作，形成抗洪合力。各级各部门要树立一盘棋思想，密切配合，协同作战，按照职责分工，切实履行好各自的职责。黄河河务部门要加强防汛值班、带班，及时掌握雨水情信息，为各级行政首长指挥抗洪抢险当好参谋；气象部门要做好暴雨和异常天气的监测预报；电力部门要保障防汛机构、防洪工程、以及抗洪抢险的电力供应和夜间照明；通信部门要确保通信畅通；民政部门要做好滩区群众安置及救济工作；卫生部门要做好卫生防疫和医疗救护工作；交通运输部门要保证优先运送防汛抢险料物，为紧急抢险和撤离人员及时提供所需车辆、船只，保障抢险人员和抢险物资的运输畅通；公安部门要负责做好抗洪抢险的治安管理和安全保卫工作，维护防汛抗洪秩序。各单位、各部门要团结协作、整体联动、形成合力，确保黄河防汛安全。

五要加强信息传送，务必确保汛情畅通。各级防办要安排专人，收集、整理各类汛情信息，做好信息的核实和筛选，及时传递和处理每一条汛情、险情，重要信息要及时送达各级领导。

同志们，黄河安危，事关全局，责任重于泰山。我们要以对党对人民高度负责的态度，认真履行好各项防汛职责，全力以赴，以铁的纪律保证各项抗洪指令和措施的顺利实施，积极迎战即将到来的大洪水，确保我市黄河安全。

(二)退水期 4:40~4:50

(市防指黄河防办通报气象、雨情、水情及退水期工作部署情况，王载文常务副指挥长指示并签发文件)

(吕宝岭副指挥长签发水情通报)

执行指挥吕宝岭：

接黄河防总水情通报，从7月31日18时开始，黄河中游地区降雨基本停止，下游洪峰已通过孙口水文站，我市进入退水期。请市防指黄河防办汇报有关情况。

市防指黄河防办：

(市防指黄河防办主任柴青春)报告指挥长：

据气象部门预报，三花区间副热带高压天气基本消除，北方的冷空气不再南下，黄河中游地区天气也开始好转。

受此影响，伊洛河、沁河、渭河流域和山陕区间降雨基本停止，仅个别区域存在小范围降雨。

由于中上游地区降雨停止，目前，小浪底、陆浑、故县、河口村水库水位明显回落，水位均已低于汛限水位，入库流量也较小，水库进入正常运行状态。

目前，小浪底流量为1000立方米每秒，黑石关流量为600立方米每秒，武陟流量为300立方米每秒，且上游无后续来水，花园口最大洪峰流量9800立方米每秒洪水已通过濮阳境内，花园口水文站流量已回落到3200立方米每秒，夹河滩站流量已回落到3500立方米每秒，高村站流量已回落到4000立方米每秒，孙口站流量已回落到5000立方米每秒，本次洪水过程已出濮阳市辖区。

黄河防总对中上游地区天气情况进行了会商,决定停止对陆浑、故县、小浪底、河口村四库联调,水库恢复正常调度状态。

目前正处退水期,受河势、水位变化影响,易发生堤身坍塌、坝岸基础坍塌等工程险情。险工坝岸、临河堤坡等为防守重点。

建议工作部署如下:

(1)继续做好河势、水位观测,发现异情,立即报告;做好靠河工程的查险工作,发现险情,立即组织抢护。

(2)根据《河南省黄河巡堤查险办法》,继续做好巡堤查险工作,发现险情,立即组织抢护。

(3)在未接到省防指的通知之前,要继续坚持岗位,严格防汛纪律,做到水退防汛警惕性不能退,思想不能麻痹,领导精力不能分散,防汛劳动力不能减少,巡堤查险不能放松,抢险突击队不能解散,直到夺取抗洪斗争的最后胜利。

报告完毕!

市防指常务副指挥长王载文:刚才市防指黄河防办介绍了退水期的气象、雨情、水情及迎战洪水情况,提出了退水期的工作部署,我都同意,请相关单位和部门抓紧安排部署。希望大家克服麻痹思想,戒骄戒躁,严守抗洪纪律,确保取得最后的胜利。

执行指挥吕宝岭:请市防指常务副指挥长王载文签发:

市防指向沿黄各县防指下发《关于做好退水期防洪工作的通知》。(现场签发)

三、演习总结,宣布演习结束　4:50~4:55

执行指挥吕宝岭:

同志们,2018 年濮阳市黄河防汛指挥调度综合演习到目前已完成各项任务,将圆满结束!在演习过程中,各级各部门精心组织,周密部署,团结协作,全力以赴投入演习。在此,我代表市防指对大家的辛勤工作表示感谢!

这次演习锻炼了队伍,检验了预案,考验了各级应对能力,取得了丰硕成果,主要表现在以下几方面:

一是各级高度重视。演习期间,精心部署,市、县积极响应,各级各单位领导高度重视,成立了演习组织机构及相关工作组,防指主要领导亲自坐镇指挥,组织会商,各职能组人员到岗到位,履职尽责,各级、各职能组之间密切协作,全力投入到演习中。通过演习,弥补了我们由于多年没来大洪水在指挥调度和协同作战方面的不足,提高了各单位各部门之间的协同抗洪能力,达到了锻炼队伍的目的。

二是精心组织,制订了演习方案,检验了预案,明确了洪水处置程序。各级提前制订了《防洪预案》《应急预案》等各类预案、方案,明确了各量级洪水的应对措施和处置程序,为此次演习提供了技术支撑。市防指制订了《2018 年濮阳市黄河防汛指挥调度综合演习方案》,

保障了演习工作的顺利进行。各级在演习前进行了充分准备,保证了演习的有序进行。通过演习,对各类预案、方案的科学性、可操作性进行了进一步的检验。

三是防汛信息系统应用效果显著。在此次演习中,异地会商系统和远程实时图像传输系统等防汛信息系统发挥了重要作用,大大提高了防汛会商的效率。各级建成的计算机网络及信息上报平台,有效缩短了信息传输的时间。

同志们! 目前,正值黄河“七下八上”防汛关键期,如果说此次演习是对我们汛前准备工作的一次检验,那么接下来我们将要面对的可能是实战的考验。各级要对此次演习进行认真总结、查找不足,针对问题抓紧进行整改,对各项防汛准备工作进行再检查再落实,为确保今年濮阳黄河安全度汛奠定坚实基础。

下面,我宣布 2018 年濮阳市黄河防汛指挥调度综合演习圆满结束。

第四篇　防汛规章制度汇编

第十八章　防汛制度

国家防汛总指挥部
关于防汛抗旱工作正规化、规范化建设的意见

国汛〔1991〕5号

我国水旱灾害频繁,防汛抗旱工作是关系到我国社会经济持续、稳定、协调发展的一项长期艰巨的任务。为了做好防汛抗旱工作,把水旱灾害损失减少到最低限度,防汛抗旱工作必须实现正规化、规范化。

防汛抗旱工作正规化,要建立健全保证防汛抗旱工作正常进行的指挥决策系统、调度系统和实施系统;把防汛抗旱工作纳入到各级政府的重要议事日程,有计划有步骤的进行;并针对防汛抗旱工作的各个方面、各个环节,建立健全各项责任制,把工作落到实处,做到常年抓,常备不懈。防汛抗旱工作正规化,就是把多年积累的一套行之有效的防汛抗旱工作经验、办法、制度加以总结提高,形成法律、法规和工作制度,使防汛抗旱工作有章可循,有法可依。

要实现防汛抗旱工作正规化、规范化,就必须面对整个防汛抗旱工作,建立健全组织机构、责任制和工作制度,加强基础设施的建设管理,加强队伍建设和法律法规建设。为此,特提出以下建议:

一、组织机构及其职责

有防汛抗旱任务的县级以上地方人民政府必须建立防汛抗旱指挥机构,并由各级人民政府首长担任指挥。各级防汛抗旱指挥机构和同级人民政府的领导下,贯彻执行上级防汛抗旱指挥指令,制订各级防汛抗旱措施,落实防汛抗旱物资经费,组织动员社会各界投入防汛抗旱斗争,统一指挥本地区的防汛抗旱工作。

各级防汛、抗旱指挥机构须有常设办事机构。并根据防汛抗旱任务的大小确定人员编制,由责任心强、精通防汛抗旱业务的人员组成。各级有关部门也可设立相应的办事机构,做好指挥部赋予的防汛抗旱工作。

防汛抗旱办公室的主要任务和职责是:执行国家有关防汛抗旱的方针政策;总结推广防汛抗旱先进经验;组织防汛抗旱检查;检查督促险工险段的处理及水毁工程的修复;做好防

汛抗旱宣传、组织制订防御洪水方案、抗洪抢险方案、抗旱对策方案和各类防洪工程、水资源的控制运用计划;负责有关防汛抗旱经费、物资的计划、调配与管理;掌握和分析气象、雨情、水情、险情、旱情、灾情变化情况;了解掌握防洪、水源工程运用情况;提出防御水旱灾害的措施,及时供指挥机构决策;下达指挥机构的决策命令,搞好调度;及时向上级防汛抗旱办公室报告防汛抗旱情况;搞好防汛抗旱工作总结等。

二、责任制

防汛抗旱工作要建立健全以行政首长负责制为核心的五个方面的责任制。即地方行政首长负责制、分级责任制、分部门责任制、技术人员责任制和岗位责任制,并贯穿到防汛抗旱工作中的各个方面、各个环节。

(一) 地方行政首长负责制

省(自治区、直辖市)、市、县(区)各级政府的首长,要加强对防汛抗旱工作的领导,政府的第一把手对该管辖区的防汛抗旱工作负总责,并明确一名副职专管。

(二)分级责任制

根据防洪灌溉工程所处的行业区域、工程等级和重要程度、以及洪水和旱情的状况等,确定省(自治区、直辖市)、市、县(区)各级管理运用、指挥调度的权限和责任。实行分级管理、分级调度、分级指挥、分级负责。

(三)分部门责任制

明确规定各级防汛抗旱指挥机构的各个组成单位和部门承担的防汛抗旱任务和责任。

(四)技术人员责任制

各级防汛抗旱部门以及各项工程都要明确技术负责人,并对参加防汛抗旱工作的工程技术人员建立责任制,对有关技术问题提出处理意见,当好领导的参谋。

(五)岗位责任制

在实行领导干部包区域、包河段、包工程的岗位责任制的同时,应明确各类防汛抗旱工作人员的任务和要求,普遍建立岗位责任制。做到人人身上有担子,有责任。

三、工作制度

针对防汛抗旱工作的全过程,从工作的方法、工作步骤、工作要求、工作时间等方面,建立各项工作制度。根据各地的经验和防汛抗旱工作的需要,应重点建立健全请示汇报、值班、检查、防洪和水资源运用计划的编报、防御水旱灾害方案及其实施步骤的修订、总结及评比考核等制度。并建立健全气象、水情、雨情、旱情预测报和会商、水旱灾情统计报告、工程防守和运用、通信管理、河道清碍、人员的安全转移、经费物资管理等方面的制度。并逐项落实,使防汛抗旱工作有条不紊地进行。

四、基础设施的建设与管理

必须组织和推动有关主管部门加强防汛抗旱基础设施的建设和管理,尽量采取先进的技术,改善水情测报设施和手段,大力加强通信网络的建设,逐步建成现代化的防汛抗旱信息系统。

五、队伍建设

防汛队伍的组织,要坚持专业队伍和群众队伍相结合,实行军警民联防。各地防汛指挥部要根据当地实际情况,研究制订群众防汛队伍的组织方法,建立技术培训,抢险演习等制度,使之做到思想、组织、抢险技术、工具物料、责任制"五落实"。

防汛专业队伍要进行系统的防汛知识学习和抢险技术培训,掌握各种险情的抢护知识和实际操作方法。各地要根据当地的实际情况编写不同人员使用的抢险防汛手册,并制订专业防汛队伍工作制度。对重点防守河段、重点防守工程,应配备精干力量和比较先进的装备,组成机动抢险队,并制订组织和工作制度,以适应重大险情的紧急抢护需要。

各级防汛指挥部应主动向参加防汛的部队武警介绍防御洪水方案和工程情况,并建立水情、汛情通报制度。

建立健全抗旱服务体系,是增强抗旱能力的有力措施,各地在管好用好现有抗旱设施的基础上,利用抗旱经费购置一定的抗旱设备,形成固定资产,由区、乡水利站管理。实行租赁使用,有偿服务,保证抗旱急需。

六、法律法规建设

国家已经颁布了《水法》《河道管理条例》《大型水库安全条例》等法律法规,并颁布了大江大河防御特大洪水方案、蓄滞洪区安全建设指导纲要。各级防汛抗旱指挥机构要以《水法》为依据,进一步推动有关配套法规的建设和实施细则的制订,使防汛抗旱工作逐步走上法制轨道。

各级防汛抗旱指挥机构要根据上述意见,结合本地的实际情况,总结经验,找出差距,做出规划,分步实施,力争在二三年内抓出成效,把防汛抗旱工作正规化、规范化建设提高到新的水平。

一九九一年五月二十六日

国家防汛抗旱总指挥部印发《各级地方人民政府行政首长防汛抗旱工作职责》

1995 年,国家防汛抗旱总指挥部印发的《各级地方人民政府行政首长防汛工作职责》,为保障防汛工作的顺利开展,夺取抗洪抢险斗争的胜利发挥了重要作用。1998 年,我国颁布的《中华人民共和国防洪法》,对防汛工作实行行政首长负责制作了明确规定。国家防汛抗旱总指挥部根据国务院领导的指示和新时期防汛抗旱工作的要求,对原各级地方人民政府行政首长防汛职责进行了补充修订,增加了抗旱工作职责,2003 年 4 月 24 日印发各地执行。

附:各级地方人民政府行政首长防汛抗旱工作职责

根据《中华人民共和国防洪法》《中华人民共和国防汛条例》的有关规定和实际工作需要,我国的防汛抗旱工作实行各级人民政府行政首长负责制。地方各级行政首长在防汛抗旱工作方面的主要职责是:

一、负责组织制订本地区有关防汛抗旱的法规、政策。组织做好防汛抗旱宣传和思想动员工作,增强各级干部和广大群众水的忧患意识。

二、根据流域总体规划,动员全社会的力量,广泛筹集资金,加快本地区防汛抗旱工程建设,不断提高抗御洪水和干旱灾害的能力。负责督促本地区重大清障项目的完成。负责督促本地区加强水资源管理,厉行节约用水。

三、负责组建本地区常设防汛抗旱办事机构,协调解决防汛抗旱经费和物资等问题,确保防汛抗旱工作顺利开展。

四、组织有关部门制订本地区的防御江河洪水、山洪和台风灾害的各项预案(包括运用蓄滞洪区方案等),制订本地区抗旱预案和旱情紧急情况下的水量调度预案,并督促各项措施的落实。

五、根据本地区汛情、旱情,及时做出防汛抗旱工作部署,组织指挥当地群众参加抗洪抢险和抗旱减灾,坚决贯彻执行上级的防汛调度命令和水量调度指令。在防御洪水设计标准内,要确保防洪工程的安全;遇超标准洪水,要采取一切必要措施,尽量减少洪水灾害,切实防止因洪水而造成人员伤亡事故;尽最大努力减轻旱灾对城乡人民生活、工农业生产和生态环境的影响。重大情况及时向上级报告。

六、水旱灾害发生后,要立即组织各方面力量迅速开展救灾工作,安排好群众生活,尽快恢复生产,修复水毁防洪和抗旱工程,保持社会稳定。

七、各级行政首长对本地区的防汛抗旱工作必须切实负起责任,确保安全度汛和有效抗旱,防止发生重大灾害损失。如因思想麻痹、工作疏忽或处置失当而造成重大灾害后果的,要追究领导责任,情节严重的要绳之以法。

国家防汛抗旱总指挥部

2003 年 4 月 24 日

国家防总关于防汛抗旱值班规定

国汛〔2009〕6号

第一条 为加强全国防汛抗旱值班管理，做好防汛抗旱工作，依据《中华人民共和国防洪法》《中华人民共和国防汛条例》和《中华人民共和国抗旱条例》，制订本规定。

第二条 本规定适用于全国各级防汛抗旱指挥机构的防汛抗旱值班管理。

第三条 值班工作必须遵守"认真负责、及时主动、准确高效"的原则。值班实行领导带班和工作人员值班相结合的全天24小时值班制度。

第四条 值班起止时间由流域、省级防汛抗旱指挥机构决定。

第五条 流域、省级防汛抗旱指挥机构带班领导由流域、省级防汛抗旱指挥机构办公室负责同志担任，必要时可由流域机构、省级水行政主管部门负责同志担任。省级以下防汛抗旱指挥机构带班领导由同级水行政主管部门负责同志担任。值班工作人员由防汛抗旱部门工作人员担任，必要时流域机构、水行政主管部门的其他职能部门工作人员参与值班。

第六条 主汛期和江河湖泊超警戒水位或发生较大险情、灾情等防汛抗旱突发事件时，带班领导应驻值班室或办公室（含办公区）带班，其他值班时间带班领导应保证全天24小时联系畅通，并能在水旱灾害发生后第一时间赶到值班室处理应急事务。

第七条 值班工作人员必须保证24小时在值班室，不得擅离职守，不得从事与值班无关的工作。

第八条 值班人员（含带班领导和值班工作人员）应接受必要的培训，熟悉防汛抗旱业务，掌握水旱灾害应急处置程序，胜任防汛抗旱值班工作。

第九条 值班职责及要求：

（一）及时了解本地区实时雨情、水情、工情、旱情、灾情和防汛抗旱、抢险救灾情况。堤防、水库出险和发生山洪灾害、城市进水受淹后，要立即了解相关情况（具体内容见附件）。

（二）及时掌握本地区防汛抗旱工程运行及调度情况。

（三）认真做好各类值班信息的接收、登记和处理工作。重要信息要立即向领导报告。

（四）对重大水旱突发事件，要密切跟踪了解，及时做好续报工作。

（五）做好与上下级防汛抗旱指挥机构办公室、各有关部门的信息沟通，确保不漏报、不错报、不迟报。

（六）带班领导和值班工作人员应在电话铃响五声之内接听电话。接打电话、收发文件要礼貌到位，简洁高效。对群众来电来函要耐心答复处置，不能马上答复的，要做好记录。

（七）认真填写值班日志，逐项注明办理情况。

（八）认真做好交接班，交班人员要介绍值班情况，指出关注重点，交待待办事宜，接班人员要跟踪办理。

第十条 值班人员必须强化值班信息管理，遵守保密规定。

第十一条 对值班信息处理不及时、不规范造成失误的,应予以批评教育,直至追究责任。

第十二条 严禁无关人员擅自进入值班室。

第十三条 各级防汛抗旱指挥机构必须设置专用的防汛抗旱值班室,应当配备必要的值班设施和值班人员休息室。

第十四条 按照国家有关规定,值班人员应享受值班补助。

第十五条 各级防汛抗旱指挥机构应根据本规定并结合本地区实际情况制订实施细则。流域、省级防汛抗旱指挥机构制订的实施细则报国家防汛抗旱指挥部备案。

第十六条 本规定自印发之日起施行。

附件

险情灾情主要内容

一、堤防险情

(一)堤防险情

险情类型:堤防管涌、渗水、漏洞、脱坡、跌窝、裂缝、坍塌、崩岸、漫溢、决口等险情,穿堤建筑物险情。

险情发生时间、位置、范围及相关指标。

发生险情时气象、水情情况及发展趋势。

堤防决口影响的范围、人口、重要设施情况,受威胁地区人员转移情况。

(二)堤防基本情况

堤防名称,级别,所在江河,位置(具体到乡镇),警戒水位,保证水位,堤顶高程,堤防高度及断面情况。

(三)堤防抢险情况

抢险组织、指挥,抢险物资、器材、人员情况,已采取的措施及抢险方案,险情现状及发展趋势。

二、水库险情

(一)水库险情

水库名称、所在位置(具体到乡镇)和所在流域;险情发生时间、位置、类型;水库出险时及最新库水位、蓄水位、入库流量、出库流量等;水库出险对下游影响及人员转移情况。

(二)水库基本情况

水库防汛行政责任人、防汛指挥调度权限、汛期调度运用计划、防洪抢险应急预案等情况,水库集雨面积、总库容,大坝及主要泄洪设施情况,建设时间,是否为病险水库,水库有关特征值。

（三）水库抢险情况

抢险组织、指挥，抢险物资、器材、人员情况，已采取的措施及抢险方案，险情现状及发展趋势。

三、山洪灾害

（一）山洪灾害基本情况

灾害发生时间、地点、种类（山丘区洪水、泥石流或滑坡）及规模，影响程度和范围，预警情况。

人员伤亡情况及伤亡原因分类，人员围困情况，主要水利工程（尤其是水库）、重要基础设施损毁及财产损失情况。

（二）山洪灾害发生地雨、水情

包括降雨范围、强度和时间及预报情况，洪水水情。

（三）采取的主要措施

山洪灾害防御预案执行情况及人员转移安置情况。

四、城市受淹

（一）城市进水基本情况

城市进水时间及持续时间。城区淹没面积及占城区面积比例，最大水深；进水城市当前情况；进水城市地理、地形特征，防洪工程概况（堤防名称，级别，堤顶高程，防御标准及所在江河的警戒水位、保证水位等）。

（二）城市受淹的主要原因

包括降雨范围、强度、历时；以及导致城市进水的河流控制站水情（洪峰水位、相应流量和洪水量级），城市受淹原因（内涝、山洪、堤防决口、漫堤等）。

（三）基础设施运行及损毁情况

洪水对城市电力、供水、交通、通信等正常运行所造成的不利影响，以及基础设施损毁和财产损失等情况。

（四）人员被洪水围困情况

被洪水围困人员的人数、围困的地点、围困时间、有无生命危险、是否需要转移安置，被围困人员现状及转移安置、卫生防御等情况。

二〇〇九年五月七日

国家防总巡堤查险工作规定

国汛〔2011〕14 号

第一章　总　则

第一条　为规范和落实江河巡堤查险工作,根据《中华人民共和国防洪法》《中华人民共和国防汛条例》等有关法律法规,制订本规定。

第二条　本规定适用于全国江河湖泊 4 级及以上堤防(含穿堤建筑物,下同),其他堤防可参照执行。

第三条　巡堤查险工作实行各级人民政府行政首长负责制,统一指挥,分级分部门负责。各级防汛指挥机构要加强巡堤查险工作的监督检查。

第四条　堤防保护区内的任何单位和个人均有承担巡堤查险的义务。

第二章　队伍组织

第五条　堤防工程管理部门负责划分巡堤查险任务和区段,报同级防汛指挥机构确定。地方防汛指挥机构应按照管理权限组织巡堤查险队伍,并责成有关部门按照划定的任务和区段将巡堤查险队伍分组登记造册,明确责任人和责任区段,每年汛前予以公示,并报上级防汛指挥机构备案。每个责任区段应至少配备一名专业技术人员,并在汛前对巡堤查险责任人和专业技术人员进行上岗培训。

第三章　巡查抢护

第六条　巡堤查险内容包括堤防(含防洪墙)及穿堤建筑物(构筑物)。堤防巡查范围包括堤顶、堤坡、平台、堤脚、背水侧堤防工程管理和安全保护范围的区域及临水侧堤防附近水域。穿堤建筑物巡查范围包括建筑物本身及其管理范围区域等。

第七条　堤防工程日常巡堤查险工作由管理单位负责。当江河湖泊达到警戒水位(流量)时,按照管理权限由相应的防汛指挥机构组织巡堤查险队伍实施巡堤查险。

第八条　巡堤查险要进行拉网式巡查,采用按责任堤段分组次、昼夜轮流的方式进行,相邻队组要越界巡查。对险工险段、砂基堤段、穿堤建筑物、堤防附近洼地、水塘等易出险区域,要扩大查险范围,加强巡查力量。要按照险情早发现、不遗漏的要求,根据水位(流量)、堤防质量、堤防等级等,确定巡堤查险人员的数量和查险方式,遇较大洪水或特殊情况,要加派巡查人员、加密巡查频次,必要时应 24 小时不间断巡查。

第九条　巡堤查险应建立严格的交接班制度,交接班人员要共同巡查一遍,当面签写交接班记录。

第十条　巡堤查险人员发现险情后要立即上报,及时进行应急抢护处理,并派专人盯守,密切监视险情发展变化情况。险情报告内容主要包括险情位置、类型、程度、出险时间、堤防状况、水位、抢险措施等。

第四章 保障措施

第十一条 巡堤查险所需的常用工具、器材原则上由承担巡堤查险任务的部门、单位筹措。

第十二条 各级防汛指挥机构应组织有关部门和单位成立巡堤查险督察组,开展巡堤查险督察工作。

第十三条 对巡堤查险认真负责、成绩突出的单位及个人,要给予表彰奖励。对巡堤查险不力造成严重后果的单位及个人,要追究责任。

第五章 附 则

第十四条 流域防总、省级防汛指挥机构应根据本规定,结合各地的实际情况制订巡堤查险实施办法或细则,报国家防总备案。

第十五条 本规定自印发之日起执行。

2011 年 6 月 20 日

国家防汛抗旱督察办法(试行)

国汛〔2012〕3 号

第一条 为规范防汛抗旱督察工作,建立完善防汛抗旱督察体系,提高防汛抗旱工作成效,按照中央关于加强国家防汛抗旱督察工作制度化建设的要求,制订本办法。

第二条 本办法适用于上级防汛抗旱指挥机构检查督促指导下级防汛抗旱工作,组织开展防汛抗旱重大事故调查处置等。

第三条 防汛抗旱督察坚持预防为主、平战结合、客观公正、依法依规的原则。

第四条 国家防总各成员单位和地方各级人民政府应当支持、配合防汛抗旱督察工作。

第五条 防汛抗旱督察工作实行分级负责制。国家、流域和地方防汛抗旱指挥机构应建立防汛抗旱督察体系,完善防汛抗旱督察工作制度。

国家防汛抗旱总指挥部办公室负责组织、指导全国防汛抗旱督察工作。

流域和地方防汛抗旱指挥机构办公室负责辖区内的防汛抗旱督察工作。

第六条 督察职责包括:

(一)防汛抗旱法律、法规、政策执行落实情况;

(二)防汛抗旱责任制落实情况;

(三)防汛抗旱队伍、物资及各项预案的准备情况;

(四)防御洪水方案、洪水调度方案、抗旱预案、水量应急调度方案执行情况;台风防御、山洪灾害防御、城市防洪、水库安全度汛等专项预案执行情况;

(五)江河洪水、渍涝灾害、山洪灾害、台风暴潮灾害、蓄滞洪区运用、严重干旱、应急调水等调度决策指令执行情况;

(六)水库(水电站)垮坝,堤防决口;洪水、山洪、台风灾害造成严重人员伤亡;城市受淹造成基础设施损毁、严重影响城市正常运行;严重干旱和重大水污染影响城乡供水等灾害处置情况;

(七)防汛抗旱专项工作情况,如山洪灾害防御、城市防洪、国家防汛抗旱指挥系统建设等;

(八)其他需要督察的事项。

第七条 防汛抗旱督察有权采取下列措施:

(一)要求被督察对象提供与督察事项有关的文件、资料等;

(二)对督察事项进行现场查勘,调阅、复制与督察事项有关的文件、资料等;

(三)要求被督察对象就督察事项作出解释、说明、提交书面报告;

(四)对督察事项提出处理意见或建议。

第八条 防汛抗旱督察根据工作需要采取例行督察、专项督察、应急督察等方式进行。

例行督察是指对防汛抗旱工作的常规性督察。

专项督察是指就防汛抗旱某一专项工作的督察。

应急督察是指对水旱灾害应急事件处置情况的督察。

第九条 督察工作一般遵循以下程序:

(一)根据工作需要由防汛抗旱指挥机构决定成立督察组,确定督察组负责人。涉及跨行业督察事项的要有相关行业人员参加;

(二)根据督察事项,采取书面、约谈或现场督察的方式开展督察工作。需要技术论证的,应当组织相关技术人员或单位开展技术论证并提交论证报告;

(三)督察组向防汛抗旱指挥机构提交督察报告,应当包括督察过程、认定事实、结论及建议等内容;

(四)防汛抗旱指挥机构向被督察对象下达督察意见书,必要时对督察事项进行通报;

(五)对重点督察事项需要进行现场督办的,由防汛抗旱指挥机构派出督办组,进行现场督办。

第十条 被督察对象应当按照督察意见书提出的整改要求,采取有效措施,按时完成整改任务,并书面报告整改落实情况。

第十一条 对被督察对象不配合督察工作、拒不履行督察意见造成严重后果的,对直接责任人依法依规进行处理。

第十二条 对督察中涉及公民、法人和其他组织违反防汛抗旱法律法规规章和其他规定的,应当移交有关部门依法进行查处。

第十三条 督察人员应依法开展督察工作,严守工作纪律,不得擅自透露或发布督察结果。

第十四条 需要进行技术论证的督察事项,技术论证费用由被督察对象承担。

第十五条 各级防汛抗旱指挥部办公室应当配备必要的督察装备和设备,定期开展督察人员培训。

第十六条 流域和省级防汛抗旱指挥机构应依照本办法的相关规定制订实施细则。

第十七条 本办法自发布之日起执行。

二〇一二年四月二十八日

国家防总关于加强防汛抗旱宣传工作的指导意见

国汛〔2012〕7号

我国水旱灾害频繁,防汛抗旱任务艰巨。做好防汛抗旱宣传工作,及时发布汛情、旱情、灾情,通报防汛抗旱工作,宣传防汛抗旱成效,对于引导和把握舆论导向,营造良好的社会环境和舆论氛围,回应社会对防汛抗旱工作的关切,普及防汛抗旱减灾知识,提高全社会的防灾减灾能力十分重要。

一、充分认识防汛抗旱宣传工作的重要性

防汛抗旱宣传是防汛抗旱工作的重要组成部分。在全球气候变暖趋势加剧,极端天气事件频发的情况下,防汛抗旱工作在保障经济社会发展、应对气候变化和改善民生等方面承担着越来越艰巨的任务。随着数字技术、网络技术、新兴媒体的快速发展,社会舆论传播方式的深刻变革,防汛抗旱宣传不仅面临许多新挑战、新任务和新要求,而且责任更加重大,作用更加突出,地位更加重要。

当前,我国正处于改革开放和全面建设小康社会的重要时期。大力宣传防汛抗旱减灾法律法规、工作方针、政策和重大决策部署;及时通报水旱灾害突发事件,把握正确舆论导向,维护社会稳定;加强基本水情和防灾减灾自救互救知识的宣传普及,增强全社会的水忧患和保护意识,牢固树立防大汛、抢大险、抗大旱的思想;大力宣传防汛抗旱减灾工作的成功经验,以及防汛抗旱先进人物和典型事迹,弘扬"献身、负责、求实"的水利行业精神,对凝聚共识、促进社会各界关心、理解、重视、支持和参与防汛抗旱工作,推动防汛抗旱减灾事业的新发展具有十分重要的意义。

二、准确把握防汛抗旱宣传指导思想和基本原则

(一)指导思想

以邓小平理论和"三个代表"重要思想为指导,深入贯彻落实科学发展观,全面贯彻落实2011年中央1号文件和中央水利工作会议精神,按照中宣部等八部门《关于切实加强水利公益性宣传的意见》要求,围绕防汛抗旱中心工作,坚持团结稳定鼓劲、正面宣传为主的方针,加强能力建设,提高工作水平,增强传播效果,为促进防汛抗旱减灾工作又好又快发展提供强有力的思想保障、精神动力和舆论支持。

(二)基本原则

——围绕中心,服务大局。坚持正确的政治方向和舆论导向,紧紧围绕防汛抗旱中心工作和重点任务,牢固树立政治意识、大局意识、服务意识,充分发挥宣传工作的导向功能、信息功能、解释功能和渗透功能,促进防汛抗旱减灾工作有力有序有效开展。

——准确及时,把握导向。基于事实真相,全面、客观、准确、及时发布防汛抗旱权威信息,把握防汛抗旱宣传的主导权和话语权,抢占舆论引导的制高点。

——以人为本,关注民生。牢固树立群众观念,主动回应社会关切。大力反映基层和群众对防汛抗旱减灾工作的新要求、新期待,有效传播防灾减灾和自救互救知识。

——与时俱进,开拓创新。以改革精神推动防汛抗旱宣传工作,积极创新宣传内容形式、方法手段、体制机制,提高防汛抗旱宣传的针对性和有效性,增强吸引力和感染力。

三、扎实做好防汛抗旱宣传工作

(一)加强防汛抗旱宣传组织策划。结合防汛抗旱不同时期的中心工作,紧密跟踪社会关注的热点、敏感问题,提前制订防汛抗旱宣传工作计划和实施方案,有针对性地组织开展宣传活动。通过主动设置宣传议题,突出宣传主题,精心组织策划,综合运用电视、广播、网络、报刊等多种媒体,有力有序有效开展防汛抗旱宣传工作。

(二)强化重大水旱灾害事件应对。制订重大水旱灾害事件应急宣传预案,明确职责分工,细化工作流程,强化协同配合,在第一时间准确及时发布灾情信息,及时通报事件处置进展情况,主动把握话语权,占据舆论引导制高点,切实提高突发重大水旱灾害事件的舆论引导能力。

(三)加强防汛抗旱减灾舆情研判。加强舆情监测,及时了解掌握各类媒体防汛抗旱新闻报道情况,特别是在发生重特大突发水旱灾害事件后,密切关注社会各界反应情况,及时采取措施,科学释疑解惑,回应社会关切,消除负面影响,保障防汛抗旱工作的有序开展。

(四)加强审核管理,统一宣传口径。主动加强与同级党委、政府宣传主管部门的联系,寻求工作指导和支持。上下级防办之间要及时加强沟通和协作,统一防汛抗旱宣传口径。要加强与当地新闻媒体的沟通,对重要防汛抗旱信息的登载播报要建立审核机制,确保信息准确无误。省级和流域防办对外发布的新闻稿,召开新闻发布会的发布辞、背景材料等新闻材料,在新闻发布后要第一时间上传到国家防办电子政务信息交换系统备案。

(五)加强防洪抗旱减灾知识普及。结合重大防汛抗旱政策出台、重点工作宣传、世界水日、中国水周、防灾减灾日活动和突发事件处置等工作,加强与当地媒体和宣传部门的合作,通过公益展板、公益广告、报纸、杂志、广播、电视、网络、手机报、微博等方式,普及防汛抗旱防灾减灾知识。

四、切实强化防汛抗旱宣传保障措施

(一)加强防汛抗旱宣传的组织领导。要把防汛抗旱宣传工作纳入议事日程,与防汛抗旱其他工作一同计划、部署和落实。上级防办要把防汛抗旱宣传工作纳入对下级防办防汛抗旱工作年终考评的重要内容。各级防办主要负责同志是本单位宣传工作的第一责任人,对本单位宣传工作负总责,分管负责同志要具体负责、亲自抓。

(二)加强防汛抗旱宣传队伍的建设。要明确专人负责防汛抗旱宣传工作,选择德才兼备的优秀人才充实到防汛抗旱宣传岗位,并为其提供必要的工作条件。要加强对防汛抗旱新闻发言人的培训,加强对宣传骨干的培养,通过上岗培训、定期轮训和专项培训,不断提高宣传队伍人员素质、工作能力和水平。

(三)加强防汛抗旱宣传经费的投入。根据防汛抗旱工作的实际需要,各级防办要积极争取财政支持,把防汛抗旱宣传经费列入财政预算,切实保障防汛抗旱重点工作、专项工作及重特大水旱灾害突发事件的宣传经费,推动防汛抗旱工作的顺利开展。

(四)加强防汛抗旱宣传的制度建设。建立健全新闻发布制度,各级防办要设立防汛抗旱指挥部和防办新闻发言人,明确新闻发布权限、发布程序、发布内容和发布方式等,实现新闻发布工作规范化、制度化。要建立健全突发事件发布、重点活动报道、媒体集中采访、失实信息澄清、风险沟通等工作制度或机制,确保新闻宣传工作有章可循。要建立宣传工作考评制度,将考评结果作为评选先进的重要依据。

二〇一二年六月二十日

全国主要江河洪水编号规定

国汛〔2013〕6 号

第一章 总 则

第一条 为规范全国主要江河洪水编号工作,依据《中华人民共和国防洪法》《中华人民共和国防汛条例》及《中华人民共和国水文条例》,制订本规定。

第二条 本规定采用警戒水位(流量)、3~5 年一遇洪水量级或影响当地防洪安全的水位(流量)作为洪水编号标准。

第三条 本规定适用于全国大江大河大湖以及跨省独流入海的主要江河。

第二章 长江洪水编号

第四条 编号范围为长江干流寸滩至大通江段。

第五条 编号标准

(一)当长江洪水满足下列条件之一时,进行洪水编号。

1. 上游寸滩水文站流量或三峡水库入库流量达到 50000 立方米每秒;

2. 中游莲花塘水位站水位达到警戒水位(32.50 米)或汉口水文站水位达到警戒水位(27.30 米);

3. 下游九江水文站水位达到警戒水位(20.00 米)或大通水文站水位达到警戒水位(14.40 米)。

(二)对于复式洪水,当洪水再次达到编号标准且时间间隔达到 48 小时,另行编号。

第三章 黄河洪水编号

第六条 编号范围为黄河干流唐乃亥至花园口河段。

第七条 编号标准

(一)当黄河洪水满足下列条件之一时,进行洪水编号。

1. 上游唐乃亥水文站流量达到2500立方米每秒或兰州水文站流量达到2000立方米每秒;

2. 中游龙门水文站或潼关水文站流量达到5000立方米每秒;

3. 下游花园口水文站流量达到4000立方米每秒。

(二)对于复式洪水,当洪水再次达到编号标准,且满足下列条件之一时,另行编号。

1. 上游洪水时间间隔达到48小时;

2. 中下游洪水时间间隔达到24小时。

第四章 淮河流域主要江河洪水编号

第八条 编号范围为淮河干流王家坝至正阳关河段、沂河干流及沭河干流。

第九条 编号标准

(一)当淮河上游王家坝水文站水位达到警戒水位(27.50米)或中游正阳关水位站水位达到警戒水位(24.00米)时,进行洪水编号。

(二)当沂河临沂水文站流量达到4000立方米每秒时,进行洪水编号。

(三)当沭河重沟水文站流量达到2000立方米每秒时,进行洪水编号。

(四)对于复式洪水,当洪水再次达到编号标准且时间间隔达到24小时,另行编号。

第五章 海河流域主要江河洪水编号

第十条 编号范围为滦河、永定河、大清河、子牙河及漳卫河干流。

第十一条 编号标准

(一) 当滦河潘家口水库入库流量达到2000立方米每秒或滦县水文站水位达到警戒水位(26.00米)时,进行洪水编号。

(二)当永定河官厅水库入库流量达到1000立方米每秒或三家店水文站流量达到500立方米每秒时,进行洪水编号。

(三) 当大清河张坊水文站流量达到1700立方米每秒或十方院水位站水位达到警戒水位(7.60米)时,进行洪水编号。

(四)当子牙河黄壁庄水库入库流量达到3000立方米每秒或献县水文站流量达到400立方米每秒时,进行洪水编号。

(五)当漳卫河岳城水库入库流量达到2200立方米每秒或南陶水文站水位达到40.66米时,进行洪水编号。

(六)对于复式洪水,当洪水再次达到编号标准且时间间隔达到24小时,另行编号。

第六章 珠江流域主要江河洪水编号

第十二条 编号范围为西江、北江、东江及韩江干流。

第十三条 编号标准

(一)当西江武宣水文站水位达到警戒水位(55.70米)或梧州水文站水位达到警戒水位(18.50米)时,进行洪水编号。

(二)当北江石角水文站流量达到12000立方米每秒时,进行洪水编号。

(三)当东江博罗水文站流量达到7000立方米每秒时,进行洪水编号。

(四)当韩江棉花滩水库入库流量达到4700立方米每秒或潮安水文站流量达到9000立

方米每秒时,进行洪水编号。

(五)对于复式洪水,当洪水再次达到编号标准且时间间隔达到 48 小时,另行编号。

第七章 松花江洪水编号

第十四条 编号范围为嫩江、第二松花江及松花江干流。

第十五条 编号标准

(一)当满足下列条件之一时,进行松花江洪水编号。

1. 嫩江尼尔基水库入库流量达到 3500 立方米每秒,或齐齐哈尔水位站水位达到警戒水位(147.00 米),或江桥水文站水位达到警戒水位(139.70 米);

2. 第二松花江白山水库入库流量达到 5000 立方米每秒, 或丰满水库入库流量达到 8000 立方米每秒,或扶余水文站水位达到警戒水位(133.56 米);

3. 松花江干流哈尔滨水文站水位达到警戒水位(118.10 米)或佳木斯水文站水位达到警戒水位(79.00 米)。

(二)对于复式洪水,当洪水再次达到编号标准且时间间隔达到 72 小时,另行编号。

第八章 辽河洪水编号

第十六条 编号范围为辽河干流。

第十七条 编号标准

(一)当辽河铁岭水文站水位达到警戒水位(58.00 米)时,进行洪水编号。

(二)对于复式洪水,当洪水再次达到编号标准且时间间隔达到 48 小时,另行编号。

第九章 太湖洪水编号

第十八条 编号范围为太湖湖区。

第十九条 编号标准

(一)当太湖平均水位达到 3.80 米时,进行洪水编号。

(二)对于复式洪水,当洪水再次达到编号标准,水位回涨幅度达到 0.20 米,并且前次洪水消退时间达到 120 小时,水位降幅达到 0.15 米时,另行编号。

第十章 洪水编号管理

第二十条 各流域水文机构依据本规定对上述江河湖泊进行洪水编号,确定和发布洪水编号应商相关省、自治区、直辖市水文机构,并报水利部水文局备案。

第二十一条 全国其他跨省主要江河由相关流域水文机构会同有关省、自治区、直辖市水文机构参照本规定制订洪水编号规定;非跨省主要江河洪水编号工作由所属省、自治区、直辖市水文机构负责。

第二十二条 洪水编号由江河(湖泊)名称、发生洪水年份和洪水序号三部分顺序组成。

如:长江三峡水库 2012 年 7 月 12 日入库流量达到 50000 立方米每秒,为长江 2012 年第二次达到编号标准的洪水,此次洪水编号为“长江 2012 年第 2 号洪水”。

第二十三条 其他规定

(一)当下游洪水由上游洪水演进形成时,沿用上游洪水编号;当上下游发生洪水并已分别编号,且上下游洪水汇合时,沿用后编号洪水编号。

(二)非天然洪水不进行编号。

第十一章　附　则

第二十四条　本规定由水利部水文局负责解释。

第二十五条　本规定自公布之日起执行。

2013 年 4 月 19 日

我国入汛日期确定办法(试行)

国汛〔2014〕2 号

第一章　总　则

第一条　为规范我国入汛日期的确定工作,及时部署防汛抗洪工作,提高社会公众防洪意识,特制订本办法。

第二条　本办法综合考虑现行相关标准,入汛判别指标力求科学合理,操作简便易行。

第二章　入汛指标

第三条　入汛日期是指当年进入汛期的开始日期。

第四条　考虑暴雨、洪水两方面因素,入汛日期采用雨量和水位两个入汛指标之一确定。雨量指标以连续 3 日累积雨量 50 毫米以上雨区的覆盖面积表征。

水位指标以入汛代表站发生超警戒水位表征。入汛代表站是指位于防洪任务江(河)段、具有一定区域代表性、通常较早发生洪水的水文(位)站(见附表)。

第三章　入汛标准

第五条　确定原则

综合考虑我国暴雨洪水规律，依据入汛标准确定的多年平均入汛日期应与现行防汛工作相协调。

第六条　入汛标准

每年自 3 月 1 日起,当入汛指标率先满足下列条件之一时,当日确定为入汛日期。

1. 连续 3 日累积雨量 50 毫米以上雨区的覆盖面积达到 15 万平方公里;

2. 任一入汛代表站发生超过警戒水位的洪水。

第四章　职　责

第七条　水利部水文局会同有关省(市、区)水文部门负责确定我国入汛日期。

第八条　国家防汛抗旱总指挥部办公室负责对外发布。

第五章　附　则

第九条　本办法由水利部水文局负责解释。

第十条　本办法自发布之日起试行。

2014 年 1 月 21 日

附表

我国入汛代表站一览表

序号	水系	河名	站名	站号	警戒水位(米)	站　址
1		湘江	全州	61100700	149.00	广西壮族自治区桂林市全州县
2		湘江	老埠头	61100900	102.00	湖南省永州市零陵区
3		湘江	祁阳	61101000	83.00	湖南省永州市祁阳县
4		湘江	归阳	61101200	44.00	湖南省衡阳市祁东县
5		湘江	衡阳	61101400	56.50	湖南省衡阳市石鼓区
6		湘江	衡山	61101600	49.00	湖南省衡阳市衡山县
7	湘江	湘江	株洲	61101900	40.00	浙江省株洲市芦淞区
8		湘江	湘潭	61102000	38.00	湖南省湘潭市雨湖区
9		潇水	道县	61103400	45.00	湖南省永州市道县
10		潇水	双牌	61103500	129.60	湖南省永州市双牌县
11		洣水	甘溪	61110800	51.50	湖南省衡阳市衡东县
12		洣水	衡东	61110850	50.50	湖南省衡阳市衡东县
13		涟水	湘乡	61113800	47.00	湖南省湘潭市湘乡市
14	资水	资水	桃江	61202100	39.20	湖南省益阳市桃江县
15	沅水	沅江	沅陵	61301900	109.29	湖南省怀化市沅陵县
16		酉水	石堤	61312200	79.93	重庆市秀山县
17	澧水	澧水	石门	61400900	58.50	湖南省常德市石门县
18	赣江	赣江	栋背	62301300	68.30	江西省吉安市万安县
19		赣江	泰和	62301350	60.50	江西省吉安市泰和县
20		赣江	吉安	62301500	50.50	江西省吉安市吉州区
21		赣江	峡江	62301800	41.50	江西省吉安市峡江县

续表

序号	水系	河名	站名	站号	警戒水位(米)	站　址
22		贡水	葫芦阁	62302550	140.00	江西省赣州市会昌县
23		贡水	峡山	62302700	109.00	江西省赣州市于都县
24		贡水	赣州	62302750	99.00	江西省赣州市章贡区
25		梅川	汾坑	62303500	130.00	江西省赣州市于都县
26		桃江	居龙滩	62304750	109.00	江西省赣州市赣县
27		章水	坝上	62305550	99.00	江西省赣州市黄金区
28		禾水	上沙兰	62308950	59.00	江西省吉安市吉安县
29	信江	信江	贵溪	62412400	34.00	江西省贵溪市雄石镇
30		信江	梅港	62413000	26.00	江西省上饶市余干县
31	饶河	乐安河	虎山	62505000	26.00	江西省乐平市鸬鹚乡
32	钱塘江	衢江	龙游	70100600	42.69	浙江省衢州市龙游县
33		衢江	洋港	70100700	33.13	浙江省金华市兰溪市
34		兰江	兰溪	70100900	27.64	浙江省金华市兰溪市
35		富春江	桐庐	70101700	10.67	浙江省杭州市桐庐县
36		富春江	富阳	70102000	7.65	浙江省杭州市富阳市
37		钱塘江	闻家堰	70102100	7.06	浙江省杭州市萧山区
38		钱塘江	之江	70102150	7.00	浙江省杭州市萧山区
39		金华江	金华	70108400	34.67	浙江省金华市婺城区
40	沙溪	沙溪	沙县	70900900	106.50	福建省三明市沙县
41	富屯溪	富屯溪	洋口	71000900	109.30	福建省南平市顺昌县
42		金溪	将乐	71010600	147.00	福建省三明市将乐县
43	建溪	建溪	七里街	71100900	95.00	福建省南平市建瓯市
44	闽江	闽江	竹岐	71200500	9.80	福建省福州市闽侯县
45	九龙江	北溪	浦南	71400600	12.00	福建省漳州市芗城区
46	西江	北流河	金鸡	80614000	31.20	广西壮族自治区梧州市藤县
47		桂江	平乐	80804500	99.00	广西壮族自治区桂林市平乐县
48		桂江	京南	80805555	22.00	广西壮族自治区梧州市苍梧县
49		贺江	信都	80900300	50.70	广西壮族自治区贺州市八步区
50		贺江	南丰	80900350	35.00	广东省肇庆市封开县
51	北江	北江	韶关	81000500	53.00	广东省韶关市武江区
52		北江	英德	81000650	26.00	广东省清远市英德市
53		北江	清远	81001100	12.00	广东省清远市清城区
54		北江	三水	81303000	7.50	广东省佛山市三水区
55	梅江	梅江	横山	81500360	50.00	广东省梅州市梅县
56	汀江	汀江	上杭	81502840	180.00	福建省龙岩市上杭县
57		汀江	溪口	81503050	11.00	广东省梅州市大埔县

黄河防汛责任制检查监督办法(试行)

黄防办〔1998〕38号

第一条 为检查督促黄河防汛各项责任制的落实,特制订本办法。

第二条 检查监督采取本单位自查、上级检查与群众监督相结合的办法。

第三条 检查监督的内容为黄河防汛各项责任制的落实情况,主要是各级领导防汛岗位责任制、黄河防汛工程抢险责任制和巡堤查险责任制等落实情况。

第四条 县以上河务部门成立防汛责任制检查监督小组,负责本单位各项防汛责任制的落实,并对所属单位防汛责任制执行情况检查监督。

第五条 进入汛期后,各单位对各项责任制落实情况先行自查,上一级主管部门对所辖单位抽查,抽查情况逐级上报。

第六条 洪水期间,上级检查组对所属单位不定期巡回检查。黄委会机关由办公室牵头,组织成立由机关各部门及委属驻郑单位组成的检查监督组若干个,每组3~4人。对委属单位进行不定期的巡回检查。

第七条 检查人员应熟悉各项防汛责任制的内容要求,检查工作要认真负责,求真务实。

第八条 对于发现的失职、渎职行为,要及时上报,并根据情节轻重,对有关责任人给予批评、通报、警告、记过、撤职等处分。

第九条 各级领导要接受职工群众监督。各级纪检监察部门会同有关部门对职工群众反映的问题及时进行查处。

第十条 本办法自颁发之日起执行。

1998年8月5日

黄河防汛工作奖惩办法(试行)

黄防总〔1999〕10号

第一章 总 则

第一条 为了确保黄河防洪安全,严肃防汛纪律,维护正常的防汛工作秩序,依据《中华人民共和国防洪法》(以下简称《防洪法》),特制订本办法。

第二条 本办法防汛工作指防洪、防凌工作中的准备、抗洪抗凌抢险、指挥调度、救灾、善后等全过程。

第二章 奖惩原则

第三条 防汛工作奖惩注重实效，实行重奖重罚，有功者奖，有过者罚。

第四条 奖励实行物质奖励与精神鼓励相结合的原则。

第三章 奖 励

第五条 严格执行上级防指的调度指令，在执行抗洪抢险任务时，组织严密，指挥得当，防守得力，奋力抢险，出色完成任务者；

第六条 为防汛调度、抗洪抢险提出重要参谋意见，效益显著者；

第七条 坚持巡堤查险，发现险情报告及时，积极组织抢护，奋力抗洪抢险，成绩显著者；

第八条 在危险关头，组织群众保护、抢救国家和人民群众生命财产有功者；

第九条 气象、雨情、水情测报和预报准确及时，信息传递迅速，克服困难，抢测洪水，减轻洪水灾害者；

第十条 克服困难，沟通联络，确保通信线路畅通、防汛信息畅通传递者；

第十一条 及时供应防汛物料和工具，爱护防汛器材，节约经费开支，完成任务成绩显著者；

第十二条 在防汛工作中，做出其他特殊贡献，成绩显著者。

第十三条 符合以上任一条规定者，由各级防汛指挥部按以上有关规定分别给予嘉奖、记功、授予“荣誉称号”等奖励。

第十四条 凡获得黄河防汛总指挥部奖励的人员，各级防指、人事部门应作为本人晋升职务、职称、提前晋升工资的依据，存入本人档案。

第四章 罚 则

第十五条 对利用职权，玩忽职守，徇私舞弊者，应给予行政处分；对公共财产、国家和人民利益造成重大损失的，要依照刑法规定，追究其刑事责任。

第十六条 对拒不执行防御洪水方案、防汛抢险指令、防汛调度命令等造成损失者，构成犯罪的依法追究刑事责任；尚不构成犯罪的，给予行政处分或处罚。

第十七条 阻碍、威胁防汛指挥机构工作人员依法执行公务，构成犯罪的，依法追究刑事责任；尚不构成犯罪的，给予行政处分或处罚。

第十八条 截留、挪用防洪、救灾资金和物资构成犯罪的，依法追究刑事责任；尚不构成犯罪的，给予行政处分或处罚。

第十九条 对拒不履行防汛抗洪义务的单位和个人，依照《防洪法》规定，追究其刑事责任。

第二十条 对违反河道和水库大坝安全管理者，依照《中华人民共和国河道管理条例》和《水库大坝安全管理条例》的有关规定处理。

第二十一条 对虚报、瞒报洪涝灾情，或伪造、篡改洪涝灾害统计资料的，依照《中华人民共和国统计法》及其实施细则的有关规定处理。

第二十二条 各单位、各部门要按照其防汛职责分工，密切配合，不得以任何理由拖延、推倭，由此导致或者加重毗邻地区或其他单位洪灾损失而构成犯罪的，依法追究刑事责任；

尚不构成犯罪的，给予行政处分或处罚。

第二十三条 影响防洪安全，有令不行，有禁不止，顶风违纪者要追究当事人的刑事责任。

第二十四条 破坏防汛工作，严重影响河道行洪安全，对当事人应依法予以刑事拘留或处分。

第二十五条 在抗洪抢险关键时刻，撤离职守、失职、渎职、临阵脱逃者、视情节予以警告处分、行政记过或撤消职务处分，构成犯罪的依法追究刑事责任。

第二十六条 阻塞防汛道路，阻挡抢险场地使用，破坏防汛设施，给工程抢险造成较大损失者，构成犯罪的，依法追究刑事责任；尚不构成犯罪的，给予行政处分或处罚。

第二十七条 有重大指挥失误者，要予以行政记过处分，造成严重损失构成犯罪的，依法追究刑事责任。

第二十八条 在巡堤查险、抢险救灾工作中，由于麻痹大意，疏于防守，造成漏查、误报和抢险工作被动，贻误战机造成重大损失的要依法追究当事人的刑事责任；尚不构成犯罪的，给予行政处分或处罚。

第二十九条 盗窃、哄抢、毁坏防汛物资和水利工程、水文、通信设施及防汛物资的，依照法律规定追究责任。

第五章 附 则

第三十条 本办法自颁发之日起试行。

第三十一条 本办法由黄河防汛总指挥部办公室负责解释。

1999年6月9日

黄河防汛工作督查办法(试行)

黄防总〔1999〕11号

第一章 总 则

第一条 为监督、检查各项防汛责任制及调度指令的贯彻执行，保障防洪安全，依据《中华人民共和国防洪法》，特制订本办法。

第二条 本办法适用范围为晋、陕、豫、鲁四省沿黄地区。

第三条 本办法中防汛工作指防洪、防凌工作中的准备、查险、抢险、救灾、善后等全过程。

第二章 督查组织

第四条 督查组织分四级。依次为黄河防汛总指挥部防汛督查组、省级防汛指挥部黄河防汛督查组、地(市)级防汛指挥部黄河防汛督查组、县级防汛指挥部黄河防汛督查组。督查组织为非常设机构,各级防汛指挥部可根据防汛任务或险情需要随时成立专项督查组。

第五条 督查组由防办、监察、纪检、人事等部门政治素质高、工作负责的同志组成。组长由相当一级的党政领导担任。每个督查组一般 3~5 人。

第六条 督查组成员要佩戴专用标志,配备必需的工具设备。

第三章 督查工作

第七条 督查对象为:同级防指成员单位、负责防汛工作的下级行政首长、承担防汛任务的下级单位和个人。

第八条 工作原则:全方位、全过程开展防汛项目督查工作,突出重点,兼顾一般,以点促面,全面落实。

监督与帮助相结合,检查与促进相结合,确保各项防汛工作保质保量完成。

第九条 督查工作内容:在防汛准备阶段、汛期及汛后与防洪、防凌有关的主要工作:

国家防汛法规及国家防总、黄河防总、各级防指的防汛指令执行情况;各项防汛责任制特别是行政首长负责制落实情况;各类防洪预案的制订、完善情况。

防洪基建工程和度汛工程建设施工情况;滩区、蓄滞洪区安全建设及河道清障情况;各类防汛队伍组织落实、技术培训情况;水文、通信、防汛准备情况;国家常备料物、群众及社会团体备料储备情况。

洪水期领导上岗到位、防汛队伍上堤防守和巡堤查险情况;汛期洪水调度情况;汛后赈灾、救灾等善后工作。

其他各项防洪、防凌工作开展情况。

第十条 督查方式:采用现场检查、调查、走访等方式开展工作,并接受群众举报。

第十一条 督查组要建立督查报告制度。对发现的重大问题要随时向本级防汛指挥部报告。

第四章 督查职责及权限

第十二条 督查组对本级防汛指挥部负责。按照下级服从上级、一级抓一级、层层抓落实的原则,督查组有权对辖区范围内所有参加防汛工作的单位和个人进行监督和检查;有权对防汛工作不力的单位和个人进行批评并提出处理建议;有权要求防汛工作不合格单位提出整改措施并限期整改。

第十三条 在大洪水期间,对违反防汛有关规定和上级防汛指挥部指令,情节严重者,督查组有直接处置权,事后向本级防汛指挥部写出书面报告。

第五章 督查纪律

第十四条 督查组在执行任务期间,不得向督查对象提出不合理要求,不得接受被检查对象的宴请、招待及任何礼物。

第十五条 督查组对工作中发现的问题,不得隐情不报,徇私舞弊。不得借工作之机对督查对象打击报复。

第十六条 督查组工作不认真负责,致使防汛工作遭受损失的,由本级防汛指挥部对督查组组长和直接责任人做出严肃处理。

第六章 附 则

第十七条 本办法自颁发之日起试行。

第十八条 本办法由黄河防汛总指挥部办公室负责解释。

1999年6月9日

黄河防汛准备工作正规化、规范化规定

黄防总〔2001〕6号

第一条 为使黄河防汛准备工作进一步正规化、规范化,本着防汛工作早动手、早安排的原则,特制订本规定。

第二条 本规定适用于山西、陕西、河南、山东四省及其所辖的与黄河防汛有关的各级防汛指挥部(包括其成员单位)、济南军区作战部、万家寨水利枢纽有限公司、小浪底建设管理局、陆浑水库管理局、三门峡库区各管理局及黄委所属有关单位和部门。

第三条 本规定所附的《黄河防汛单位汛前防汛准备工作明细表》所列各项工作为各单位每年经常性的基本工作,除新增任务或特殊情况外,今后每年不再另行安排。

第四条 各有关单位要根据《黄河防汛单位汛前防汛准备工作明细表》所列工作内容和完成时间制订具体的落实计划、认真按时完成。

第五条 《黄河防汛单位汛前防汛准备工作明细表》所列工作的落实,各单位第一负责人为责任人,单位防办主任为联系人。

第六条 黄河防汛总指挥部办公室为工作的督促、检查单位。

第七条 本规定中所列完成时间,为该项工作最后完成时间,只许提前,不得推迟。遇特殊情况不能按时完成的,必须事先报黄河防总办公室予以说明。

第八条 对于要求报送专项完成成果的,应经责任人签字后按时上报,并同时采用网络传送。各单位每年7月5日前应报送防汛准备工作的综合总结材料。

第九条 黄河防总办公室将不定期对有关单位防汛准备工作完成情况进行检查,检查结果将作为单位和单位责任人奖惩的依据。

第十条 本规定自下发之日起开始执行。

第十一条 本规定由黄河防汛总指挥部办公室负责解释。

2001年5月30日

关于进一步明确黄河防汛管理工作职责的通知

黄汛〔2008〕5号

河南、山东河务局，陕西、山西小北干流河务局，三门峡库区各管理局，机关有关部门：

黄委水管体制改革全面实施后，黄河防汛队伍、防汛抢险管理、机动抢险队管理等情况发生了较大的变化，对黄河防汛管理提出了新的工作要求。对于新形势下的防汛管理工作，各防总成员单位及各级防办需进一步明确以下防汛职责，共同做好防汛管理工作。

一、县级河务局仍为防汛责任主体

水管体制改革前县河务局为防汛责任主体，水管体制改革后县河务局作为防汛责任主体保持不变。各县河务局在与维修养护总公司所签维修养护合同中要明确维修养护企业的防汛职责和具体任务，明确洪水期间或紧急情况下需要承担的查险、报险和抢险任务。

供水水闸工程管理单位要切实履行水闸防汛职责，组织各供水水闸管理人员制订度汛方案，并报送所在地黄河防汛办公室。各涵闸管理人员负责所辖涵闸本身及管辖范围堤防的查险、报险及抢险工作。险情除报送供水水闸工程管理单位外，要同时报送所在地黄河防汛办公室。紧急情况下要服从县河务局防汛指挥及调度。

二、各级防办仍为险情管理部门

水管体制改革前后各级防办在防汛工作中的协调主体地位不变，各级防办仍为险情管理部门，负责险情统计上报、抢险方案批复及抢险组织实施等。

三、防洪工程抢险管理部门职责

黄河防洪工程抢险实行统一管理与分级分部门管理相结合的制度。防汛主管部门负责防洪工程抢险的行业管理；建设与管理主管部门依据定额负责列入工程维修养护范围内的堤防工程及河道整治工程的抢险合同管理；财务主管部门负责黄河防洪工程抢险的经费管理；人事、纪检、监察等主管部门按规定负责黄河防洪工程抢险管理督察工作。

四、防洪工程险情级别确定及险情上报

黄河防洪工程险情级别仍然按照黄河防总《黄河防洪工程抢险责任制（修订）》有关规定认定，依据严重程度、规模大小、抢护难易等分为一般险情、较大险情、重大险情三级。

黄河下游险情上报：一般险情逐级报至市级黄河河务局防汛主管部门，较大险情逐级报至省级黄河河务局防汛主管部门；重大险情逐级报至黄河防总办公室。

小北干流、三门峡库区河段险情上报：一般险情和较大险情逐级报至市级黄河河务局防汛主管部门，重大险情逐级报至黄河防总办公室。

各重大险情均由黄河防总办公室认定。

五、中常洪水和超常洪水的界定

按照水利部《水利工程维修养护定额标准（试点）》规定及养护任务界定，一般洪水情况下较大以下险情的抢护费用主要由工程维修养护经费和正常预算内的防汛经费来解决，超常洪水和重大险情造成的工程修复及工程抢险费用另行申报。

为了更好地做好险情管理工作，对各河段超常洪水进行确定。各河段超常洪水是指黄河下游花园口站4000立方米每秒及其以上、中游龙门站5000立方米每秒及其以上、黄河支流渭河华县站4000立方米每秒及其以上、沁河武陟站1500立方米每秒及其以上、大清河戴村坝站4000立方米每秒及其以上的洪水。若国家另有规定，按国家规定的洪水标准执行。

今年主汛期将至，黄河防总各成员单位和各级防办要充分认识当前防汛形势的复杂性、艰巨性和严峻性，要克服麻痹思想和松懈情绪，及早做好对整体防汛形势的分析，根据防汛工作要求，及时做好与有关部门的衔接，严格执行各项有关责任制，针对可能出现的新情况、新问题，修订各类预案，预筹对策，完善措施，扎扎实实地做好各项防汛工作。

2008年6月27日

黄河防汛抗旱总指挥部办公室防汛抗旱值班实施细则（试行）

黄防总办〔2009〕17号

第一条 为加强防汛抗旱值班管理，明确值班工作职责，规范值班工作程序，做好黄河流域防汛抗旱工作，依照《国家防总关于防汛抗旱值班规定》（国汛〔2009〕6号），制订本实施细则。

第二条 本细则适用于黄河防汛抗旱总指挥部办公室（简称黄河防总办，下同）防汛抗旱值班管理。

第三条 值班工作必须遵守“认真负责、及时主动、准确高效”的原则。

第四条 黄河伏秋汛期值班，每年从6月15日开始至霜降结束；凌汛期值班，每年从内蒙古河段开始流凌起，至翌年3月黄河全线开河止。稳定封河期可不值班。根据汛情需要，可临时调整值班结束时间。非汛期，若遇突发事件，相机安排应急值班。

流域应急抗旱值班，视流域干旱预警级别，并结合水量调度形势，相机安排。

第五条 防汛值班时间从当日8:00~次日8:00，每班24小时；双休日、节假日期间，每天分早、中、晚三班。流域应急抗旱值班，实行昼夜两班制。

第六条 实行领导带班和工作人员值班相结合的值班制度。带班领导为黄委领导（黄委党组成员），值班领导为黄委防汛办公室（简称委防办，下同）或黄委水资源管理与调度局（简称委水调局，下同）等部门正处级以上领导，值班工作人员为委防办或委水调局等部门工作人员。特殊情况时可抽调防总办其他成员单位人员参加值班。

第七条 黄委办公室负责编制黄委领导带班日程表。当带班领导有事不能带班时，由当班委领导转告替班委领导，并通知值班人员。

第八条 汛期黄河防总办各成员单位分成若干职能组,各职能组的人员,可根据洪水的量级不同而增减。职能组的组成及职责按照黄河防总有关文件规定执行。当启动洪水或调水调沙工作运行机制后,各职能组应根据工作需要安排值班。

第九条 当花园口水文站流量小于2000立方米每秒或出现一般凌情,按正常值班进行,实行两级值班:委防办1名正处级以上领导值班,值班领导可不住宿办公室,但要保证手机24小时畅通,并能在短时间内到达办公室;2名值班人员在值班室值班。

第十条 当花园口站洪峰流量大于2000立方米每秒小于4000立方米每秒(按照调水调沙运行机制开展工作)或发生较严重凌情时,实行三级值班:1名委领导带班,可不住宿办公室,但要保证手机24小时畅通,并能在短时间内到达办公室;委防办1名正处级以上领导值班,要求住宿办公室;2名值班人员在值班室值班。

第十一条 当花园口站洪峰流量大于4000立方米每秒,或龙门站洪峰流量大于5000立方米每秒,或发生非常严重凌情时,实行三级值班:1名委领导带班,住宿办公室;委防办1名正处级以上领导值班,住宿办公室;防汛综合调度组固定6人专职值班,每组2人,分为三组。每天正、副两组值班,另一组休息。各职能组进入洪水期值班状态,并将带班领导、值班人员、值班电话、传真等值班信息报综合调度组。

第十二条 流域应急抗旱值班人员必须在水调值班室值班。发生Ⅰ级断面预警,或区域干旱红色预警期间发生Ⅱ级断面预警情况,委领导带班,可不住办公室;值班领导住宿办公室,以便随时处理出现的紧急情况。其他情况下,值班领导可不住宿办公室,但须手机开机,保证全天24小时联系畅通,并能够短时间到达办公室处理应急事务。

第十三条 值班领导、值班人员应熟悉防汛抗旱业务,掌握水旱灾害应急处置程序,能够对黄河防汛抗旱值班系统、黄河水情信息查询系统、工情险情会商系统和水量调度决策系统等熟练应用。

第十四条 带班领导工作内容与职责:

掌握流域内重大实时雨情、水情、工情、险情、灾情或流域雨情、水情、旱情。

批阅重要文件。

主持会商,安排部署防汛或抗旱等工作。

负责处置重大、突发事件。接到防汛抗旱值班人员重大信息、重要信息、防汛或水调等重大突发事件报告,要即时做出判断,召集有关单位进行会商,提出决策意见,作出工作部署。

第十五条 值班领导工作内容与职责:

全面掌握流域实时雨情、水情、工情、险情、灾情和防汛部署情况或流域雨情、水情、旱情及水量调度工作部署。

掌握流域内重要防汛或抗旱信息,及时阅处来往文件。批转重要信息呈带班领导阅示,并提出拟处理意见或建议。

遇重大、突发事件要在第一时间上报带班领导,并根据带班领导的指示,负责重大、突发事件处置的组织、协调和监督、落实。

组织抽查各地、各级防汛或抗旱值班情况。

审阅值班报告和值班人员起草的明传电报、防汛简报、汛情通报或抗旱动态等。

第十六条 值班人员工作内容与职责:

防汛值班人员要及时了解实时雨情、水情、工情、险情、灾情和各地防汛综合信息；抗旱值班人员要及时了解雨情、水情、旱情、各地用水需求及应急抗旱动态。值班人员按照有关信息处理办法对重大信息、重要信息、一般信息和日常信息分类及时处理。

负责往来文件资料的收发、整理，接听值班电话，做好值班记录，编发值班报告，大洪水期和区域干旱红色预警期每日 19 时前将当天防汛抗旱动态报国家防办。

负责值班期间各项事务的处置办理，做好领导指示、批示、调度命令及有关信息的上传下达，确保不漏报、不错报、不迟报。

第十七条　值班工作程序

(一)接收信息

接听电话

值班人员应在电话铃响 5 声之内接听电话。接打电话要礼貌到位，简洁高效。对群众来电要耐心答复处置。值班人员接听电话要主动询问对方姓名和单位。重要电话，要在防汛(凌)抗旱值班记录簿上作电话记录，内容包括来电单位、姓名、通话内容和时间等，并立即向值班领导汇报，按批示办理，办理完后及时归档。

接收传真

接到传真后，立即加盖值班收文印章，注明接收日期及时间之后，编号登记于接收传真登记簿。

将传真件复印，将原件(蓝色印章)置于当日收文卷文件夹存档，复印件放于领导阅卷文件夹，并送值班领导阅处。

值班领导根据来文内容及性质及时批转相关处室或有关职能组，需提交带班领导的电文，要提出参考处理意见。

按照值班领导批示，将复印件送至相关处室或电传至有关职能组，送带班领导文件交由秘书统一呈送。

跟踪了解文件运转和批示落实情况，办理完毕将流转返回的文件置于领导阅后件文件夹存档。

其他信息

接收电子邮件后要及时打印，并按接收传真程序登记处理。需要转交的特提件、特急件、急件，值班人员负责及时通知收件人及时取走或转送。

(二)发送信息

拨出电话

电话通知事项要记录于防汛(凌)抗旱值班记录簿，注明时间、对方单位、姓名、联系方式、通知事项内容及对方答复内容。

发送传真

发送传真要即时登记发送传真登记表，并注明接收人姓名，自动传真要落实接收情况。

(三)编写值班报告

值班人员要于每天 19:00 以前完成值班报告编写(双休日、节假日期间由中班值班人员编写)。按照样本模式编写值班报告后，交由值班领导审阅，修改后将值班报告录入到内部综合办公系统，同时电传至国家防办。

(四)要充分利用防汛值班系统的功能处理来往信息

第十八条 值班注意事项:

值班人员要24小时坚守岗位,认真负责,不得擅自脱岗。

做好交接班工作,交班人员要介绍值班情况,指出关注重点,交代待办事宜,接班人员要跟踪办理,保持工作的连续性。遇特殊情况无法准时到岗时,应事先向值班领导报告,并通知其他值班人员。交办人员负责值班室卫生和环境整理,资料归位,保持值班室清洁、整齐。

值班室微机不得安装无关软件,值班室设备、资料未经批准不得随意带出或外借。值班人员要严格遵守设备操作规程,确保设备正常运行,一旦设备出现故障,或发现系统出现异常,应及时向值班领导汇报,并采取措施迅速排除。

严禁无关人员擅自进入值班室。

按照有关规定做好对外宣传和保密工作,未经授权不得对外提供防汛抗旱资料信息。

第十九条 凡此前颁发的有关制度、办法与本细则不符的,以本细则为准。

第二十条 本细则由黄河防总办负责解释。

第二十一条 本细则自印发之日起施行。

2009年6月26日

黄河防汛抗旱工作责任追究办法(试行)

黄监〔2010〕5号

第一章　总　则

第一条 为了维护黄河防汛抗旱工作秩序,严肃防汛抗旱工作纪律,保证各项防汛抗旱措施的落实,确保防汛抗旱政令的贯彻执行,根据《中华人民共和国水法》《中华人民共和国防洪法》《中华人民共和国行政监察法》《中华人民共和国河道管理条例》《中华人民共和国抗旱条例》《黄河水量调度条例》等法律法规,结合黄河水利委员会(以下简称黄委)实际,制订本办法。

第二条 本办法适用于黄委所属各单位、机关各部门及其工作人员。

第三条 责任追究应遵循下列原则:

(一)实事求是;

(二)客观公正;

(三)有错必纠;

(四)追究责任与改进工作相结合。

第四条 违反防汛抗旱工作有关规定的,予以责任追究,视情况给予组织处理。

第五条 组织处理的种类:

(一)对单位和部门的组织处理包括三种:责令写出书面检查、取消当年评选先进的资格和通报批评。

(二)对个人的组织处理包括六种:通报批评、诫勉、调离、停职检查、责令辞职和免职。

第六条 有下列情形之一的,从轻、减轻或者免予处理:

(一)发现问题后,能够采取措施,主动挽回损失,或者有效避免不良后果发生和扩大的;

(二)问题发生后,能够积极主动配合组织调查处理的;

(三)认错态度好,及时改正错误的。

第七条 有下列情形之一的,从重或者加重处理:

(一)推卸、转嫁责任的;

(二)发现问题后,不采取补救措施,致使损失或者不良后果扩大的。

第八条 从轻、从重处理,是指在本办法中规定的违规行为应当受到的处理幅度以内,给予从轻或者从重的处理。

第九条 减轻、加重处理,是指在本办法中规定的违规行为应当受到的处理幅度以外,给予减轻或者加重一档的处理。

第二章 分 则

第十条 未执行或者未正确执行国家、水利部、黄委的防汛抗旱法规、制度、规定及国家防汛抗旱总指挥部、黄河防汛抗旱总指挥部和各级防汛抗旱指挥部批准的防御洪水方案、抗旱预案、应急水量调度实施方案、防汛抢险抗旱指令和防汛抗旱调度命令的,视情节,对责任单位(部门)或者责任者给予组织处理。

拒不执行国家、水利部、黄委的防汛抗旱法规、制度、规定及国家防汛抗旱总指挥部、黄河防汛抗旱总指挥部及各级防汛抗旱指挥部批准的防御洪(凌)水方案、抗旱预案、应急水量调度实施方案、防汛抢险抗旱指令和防汛抗旱调度命令的,加重处理。

第十一条 未根据流域综合规划、防洪抗旱工程实际状况和国家规定的防洪(凌)标准制订防御洪(凌)水方案和抗旱预案、应急水量调度实施方案,未向同级人民政府或同级防汛抗旱指挥部报批的,视情节,对责任单位(部门)或者责任者给予组织处理。

第十二条 汛前未按批复计划完成水毁工程修复和应急度汛工程建设的,汛期在建工程未落实度汛措施的,视情节,对责任单位(部门)或者责任者给予组织处理。

第十三条 对于各类防洪抗旱设施,管理单位(部门)未组织汛前检查,或对发现的防洪抗旱安全隐患未及时处理;对于一时处理不了的问题未及时报告同级防汛抗旱指挥部和上级主管部门的,视情节,对责任单位(部门)或者责任者给予组织处理。

第十四条 有防汛(凌)抗旱任务的单位和部门有关责任人及其工作人员汛(凌)期、应急抗旱期不坚守岗位,擅自离岗、脱岗的;有关责任人未及时掌握汛(凌)情和旱情,未按照防洪(凌)方案和汛(凌)期调度运用计划及抗旱预案和应急水量调度实施方案进行科学调度的,视情节,对责任单位(部门)或者责任者给予组织处理。

第十五条 汛(凌)期和应急抗旱期,有防汛抗旱值班任务的有关单位和部门,有下列行为之一的,视情节,对责任单位(部门)或者责任者给予组织处理。

(一)值班人员在值班电话铃响 20 秒内未接听电话的;

(二)值班人员未准确及时传递有关防汛(凌)抗旱的指令、文件,以及电话、传真等信息的;

(三)值班人员擅自离开且无人顶替的,带班领导非因公离岗;

(四)值班人员不熟悉防汛抗旱业务,不掌握水旱灾害应急处置程序,不能够对黄河水情信息查询系统、工情险情会商系统和水量调度决策系统等熟练应用的;

(五)当花园口水文站流量小于2000立方米每秒或出现一般凌情,带班领导手机不能随时接通的,当花园口站洪峰流量大于2000立方米每秒或发生较严重凌情时,带班领导电话不能随时接通或不住宿办公室的;

(六)当发生断面红色预警或发生区域干旱红色预警期间发生断面橙色预警情况,带班领导手机不能随时接通或不住宿办公室的;当发生其他干旱预警情况,带班领导手机不能随时接通的。

第十六条 在水工程巡查过程中,有下列行为之一的,视情节,对责任单位(部门)或者责任者给予组织处理。

(一)不按规定进行水工程巡查的;

(二)由于麻痹大意,造成险情漏查、误报的;

(三)发现险情,未按规定向同级黄河防汛抗旱办公室报告的。

第十七条 在险情处理过程中,有下列行为之一的,视情节,对责任单位(部门)或者责任者给予组织处理。

(一)未及时采取措施抢护,致使险情扩大的;

(二)对于较大险情或重大险情,未在规定时间内制订出具体抢险方案,并及时采取抢护措施,致使险情扩大的;

(三)各级黄河防汛抗旱办公室接到较大险情或重大险情报告后,未在规定时间内向上一级黄河防汛抗旱办公室报告,错失抢险时机的;

(四)各级黄河防汛抗旱办公室在接到较大险情、重大险情报告后,未在规定的时间内向同级防汛抗旱指挥部报告,贻误抢险、救灾时机的;

(五)遇重大险情需要上级在料物调运、人员组织等方面协助,未及时提出申请,致使险情扩大的;

(六)上级黄河防汛抗旱办公室未在规定时间内对申请调用物资及人员组织等做出答复,致使险情扩大的。

第十八条 当辖区内发生旱情时,有下列行为之一的,视情节,对责任单位(部门)或者责任者给予组织处理。

(一)不按照规定及时进行旱情调查的;

(二)未及时向同级黄河防汛抗旱办公室报告的;

(三)不及时采取抗旱措施,致使旱灾扩大的;

(四)在抗旱过程中,不按《黄河流域抗旱预案》要求及时上报有关信息的。

第十九条 在黄河调水调沙期间,不认真执行或不能正确执行黄河防汛抗旱总指挥部和黄委的调度指令和引水控制命令,对调水调沙生产运行造成影响的,对责任单位(部门)或者责任者给予组织处理。

对不服从黄河防汛抗旱总指挥部统一部署，拒不执行或违背黄河防汛抗旱总指挥部和黄委的调度指令和引水控制命令，直接影响调水调沙效果，或威胁防洪工程安全的，对责任单位（部门）或者责任者加重处理。

第二十条 在实施原型黄河科学试验过程中，不认真执行或不能正确执行黄河防汛抗旱总指挥部和黄委的调度指令，影响试验效果的，对责任单位（部门）或者责任者给予组织处理。

对不服从黄河防汛抗旱总指挥部统一部署，拒不执行或违背黄河防汛抗旱总指挥部的调度指令，导致试验最终失败的，或伪造虚假记录，对科学研究产生误导的，对责任单位（部门）或者责任者加重处理。

第二十一条 在实施流域应急抗旱调水或跨流域应急调水期间，不服从黄河防汛抗旱总指挥部和黄委统一部署，不执行或不严格执行黄河防汛抗旱总指挥部和黄委水量调度指令，导致黄河断流或未按计划完成应急调水任务的，对责任单位（部门）或者责任者加重处理。

第二十二条 在防汛抗旱工作中，各单位和部门未按照其防汛抗旱分工履行职责，由于拖延、推诿导致或者加重毗邻地区或者其他单位洪涝干旱灾害的，视情节，对责任单位（部门）给予组织处理。

第二十三条 在执行防汛抢险和抗旱任务时，有重大指挥失误，致使险情或旱灾扩大的，视情节，对责任者给予组织处理。

第二十四条 在清除行洪障碍物工作中，有下列行为之一的，视情节，对责任单位（部门）或者责任者给予组织处理。

（一）未按照黄委《黄河河道巡查报告制度》规定开展河道巡查，对辖区出现影响行洪的构筑物、建筑物、种植物等行洪障碍物不能及时发现的；

（二）发现辖区内正形成或者可能形成行洪障碍物的构筑物、建筑物、种植物后，未及时予以制止并采取有效措施进行清除的；

（三）依法查处过程中，设障者逾期未清障或未按要求完成清障任务，未及时向上级主管部门报告的；

（四）紧急防汛（凌）期，设障者仍未清障，没有申请防汛抗旱指挥部强制清除的；

（五）对历史遗留的阻水构筑物、建筑物及其他行洪障碍物，未按照河道主管部门制订的清障标准和防洪（凌）需要拟定逐步清除工作计划，并报同级防汛抗旱指挥机构组织清除的。

第二十五条 未准确上报工程水毁情况，虚报、瞒报工程水毁情况、洪涝灾情或伪造、篡改工程水毁、洪涝灾情统计资料；未准确上报干旱灾害情况，虚报、瞒报干旱灾害情况或伪造、篡改干旱灾害统计资料，骗取国家财政拨款或补贴的，视情节，对责任单位（部门）或者责任人给予组织处理。

第二十六条 水文单位（部门）在水文测报、预报过程中，有下列行为之一的，视情节，对责任单位（部门）给予组织处理。

（一）未按水文测验和水文情报预报规范要求，测报预报洪水和应急抗旱期流域来水的；

（二）未按要求及时提供实时雨、水情信息的；

（三）重要水情信息出现漏测、漏报、迟报、误报的；

（四）受旱地区出现较大范围降雨过程，未及时上报降雨情况；

(五)违反气象、洪水预报、旱情制作和发布程序,擅自发布各类气象、洪水预报和旱情的。

第二十七条 通信部门未能保证通信网络安全畅通,或因组织抢险不力超过规定恢复时限的,视情节,对责任部门给予组织处理。

第二十八条 在防汛抗旱物资设备管理工作中,有下列行为之一的,视情节,对责任单位(部门)或者责任者给予组织处理。

(一)因管理不善造成防汛抗旱物资设备出现严重质量问题,或者由于失职造成防汛物资丢失、损坏的;

(二)不服从物资设备调度而贻误防汛抢险、抗旱战机的;

(三)违反规定,擅自动用、使用防汛抗旱物资设备的。

第二十九条 在汛期和应急抗旱期后勤保障工作中,未能保证防汛抗旱用车、用电,未能解决好防汛抗旱抢险人员临时生活、医疗等问题,致使防汛抗旱抢险工作不能顺利进行的,视情节,对责任单位(部门)或者责任者给予组织处理。

第三十条 责任划分:

(一)直接责任者,是指在其职责范围内,不履行或者不正确履行自己的职责,对造成的损失或者后果起决定性作用的工作人员。

(二)主要领导责任者,是指在其职责范围内,对主管的工作不履行或者不正确履行职责,对造成的损失或者后果负直接领导责任的领导人员。

(三)次要领导责任者,是指在其职责范围内,对应管的工作或者参与决定的工作不履行或者不正确履行职责,对造成的损失或者后果负次要领导责任的领导人员。

第三十一条 组织处理的适用:

(一)情节较轻的,给予责任单位(部门)责令写出书面检查的处理;给予直接责任者通报批评或者诫勉的处理。

(二)情节较重的,给予责任单位(部门)取消当年评选先进资格的处理;给予直接责任者调离或者停职检查的处理;给予主要领导责任者诫勉的处理;给予次要领导责任者通报批评的处理。

(三)情节严重的,给予责任单位(部门)通报批评的处理;给予直接责任者责令辞职或者免职的处理;给予主要领导责任者调离或者停职检查的处理;给予次要领导责任者通报批评或者诫勉的处理。

第三十二条 责任追究的程序:

(一)对检举、控告的线索或者其他方式发现的线索,监察部门调查后,需要进行组织处理的,提出组织处理建议,由同级党组(委)决定。

(二)做出组织处理决定前,应当听取被处理单位(部门)或者人员的陈述和申辩,并且记录在案;对其合理意见,应当予以采纳。

(三)组织处理决定应当以书面形式送达被处理的单位(部门)或者人员。

(四)对组织处理决定不服的,可以自收到组织处理决定之日起 15 日内向做出组织处理决定的监察部门提出申诉。监察部门应当自收到申诉之日起 30 日内做出复查决定;对复查决定仍不服的,可以自收到复查决定之日起 30 日内向上一级监察部门申请复核,上一级监察部门应当自收到复核申请之日起60日内作出复核决定。复查、复核期间,不停止原决定的执行。

（五）复查、复核决定以书面形式告知申诉人。

（六）上一级监察部门的复核决定为最终决定。

（七）黄委监察局直接进行复查或者复核的,其复查或者复核决定为最终决定。

第三章　附　则

第三十三条　本办法自印发之日起施行。《关于违反黄河防汛纪律的处分规定(试行)》(黄监〔1999〕6号)同时废止。

2010年3月26日

河南省防汛抗旱指挥部关于加强黄河群众防汛队伍建设的意见

豫防汛〔2016〕3号

沿黄各省辖市防汛抗旱指挥部,巩义、兰考、长垣、滑县省直管县防汛抗旱指挥部,省防指成员单位:

黄河安危,事关全局。群众防汛队伍是黄河防汛的基础力量,担负着堤线防守、巡堤查险、工程抢险、迁安救护及群众备料的筹集等任务。在人民治黄以来的历次防御黄河大洪水中发挥了重要作用。随着市场经济的发展和农村产业结构的调整,沿黄农村大部分青壮年外出务工,群众防汛队伍出现组织难、培训难等现象,群众防汛队伍建设急需加强。为更好的落实群防队伍,保障黄河防汛安全,现就我省群众防汛队伍建设提出如下意见:

一、指导思想及工作原则

(一)指导思想

以满足防汛巡堤查险和防洪抢险需要为目的,以转变工作思路、创新组织形式为手段,以优化队伍结构、提高队伍素质为主线,完善体制,理顺机制,健全制度,切实落实群众防汛队伍,全面提升群众防汛队伍抗洪抢险能力。建立职责明晰、运转高效、监管有力的群防队伍体系,为黄河防洪安全提供坚强的队伍保障。

(二)工作原则

群众防汛队伍建设实行行政首长负责制,坚持政府主导、行政事业单位牵头、群众参与的原则;坚持队伍组成多元化、组织形式及培训方式多样化,着力建设一支综合素质高、业务能力强、反应迅速的群众防汛队伍。

二、群防队伍组建

(一)群防队伍组成

群众防汛队伍由一、二线组成,一线队伍由沿黄县(市、区)政府负责组建,二线队伍由沿黄市的非沿黄县(市、区)政府负责组建,作为后备队,重点加强一线队伍建设。一线群众防汛队伍主要分巡堤查险队、抢险队、护闸队、滩区迁安救护队。

(二)巡堤查险队伍的组建

各级要充分发挥政府机关、事业单位、街道办事处或社区居委会人员素质高、组织纪律性强、人员较稳定的特点,组建由沿黄县(区)政府机关和事业单位牵头、群众参与的多种形式巡堤查险队伍,明确国家干部为责任领导和责任人,按工程或堤段划分责任段。有迁安任务的群众原则上不参与巡堤查险任务。

(三)黄河防汛抢险队的组建

依靠当地武装部管理的民兵组织,在每个沿黄县(区)的乡镇组织民兵抢险队。同时,各级防指可充分发挥辖区内大中型企业青年员工多、文化素质高、人员较稳定的优势,在企业中组建企业抢险队。并组织落实挖掘机、装载机、运输车等抢险设备。民兵抢险队和企业抢险队作为一线防汛队伍,接受县防指的调用。

(四)护闸队的组建

参照黄河防汛抢险队组建模式组建。

(五)滩区迁安救护队的组建

沿黄乡(镇)滩区有村庄的,要以滩内群众为基础组建滩区迁安救护队。

(六)测算群众防汛队伍组织数量

巡堤查险队:各级防指要根据《关于颁发河南省黄河巡堤查险办法(试行)的通知》(豫防汛〔2004〕22 号),结合工程现状,测算本辖区所需巡堤查险群众防汛队伍数量,并分成若干个基干班,每班 15 人。

抢险队:每个沿黄县(市、区)视本辖区防洪任务情况,组建民兵或企业抢险队 2~5 支,每队 50~100 人。

护闸队:小型涵闸组建 1 支护闸队,每队 50 人;中型及以上引黄闸、分洪闸、退水闸按 2~4 个队配备,每队 50 人,病险涵闸视情况增加护闸队数量,队员由辖区民兵或企业人员组成。

滩区迁安救护队:滩区内村庄每村组织 1~2 支迁安救护队,每队 30~50 人。

二线队伍作为后备队伍,由沿黄市防指负责组织落实,人数与一线队伍数量一致(不包含滩区迁安救护队)。

一、二线队伍务必于每年 6 月 15 日之前落实到位。沁河群众防汛队伍建设参照本意见执行。

三、群防队伍调用

群防队伍职责及调用。按照《关于颁发河南省黄河巡堤查险办法(试行)的通知》要求,巡堤查险队要做好本辖区堤线巡查,发现险情及时上报;抢险队负责辖区一般险情的抢护;护闸队负责辖区涵闸巡查、围堰围堵及险情抢护;滩区迁安救护队负责滩内群众的安全转移。

群众防汛队伍受各级防指的调用，原则上以所在辖区为主，按照“先上一线、后上二线”原则就近调用。

四、保障措施

（一）加强组织领导

黄河群众防汛队伍建设坚持行政首长负责制。沿黄各级政府及其防汛指挥部要高度重视群众防汛队伍建设，成立黄河群众防汛队伍建设领导小组，加强领导，统一指挥，完善部门沟通协调机制，形成责权明确、分工协作、齐抓共管的工作格局，及时研究解决群众防汛队伍建设中的突出矛盾和重大问题，把群众防汛队伍建设作为防汛任务的一项重要工作来抓，动员社会力量参与支持群众防汛队伍建设，切实把群众防汛队伍落到实处。

（二）强化培训、演练

各级防指负责本级并指导下级开展群众防汛队伍组织培训和演练。要加强群众防汛队伍业务培训，制订中长期和年度培训计划，创新培训机制，改进培训方法，采取分级、分批次培训，实行岗前培训、定期轮训等制度，重点培训骨干成员；培训内容以黄河基本知识、巡堤查险常识和一般常见险情抢险技术为主。强化防汛演练，汛前，各级防指结合培训情况，重点从人员组织管理、演练项目设定、实施方案制订及演练程序等环节组织开展防汛演练。当地河务部门负责做好技术指导。

（三）加强制度建设

完善的法律法规体系是保障群众防汛队伍建设的前提。各级要结合本地实际，依据《中华人民共和国防洪法》《中华人民共和国防汛条例》等法律法规，坚持依法防汛，制订相关的组织管理、培训演练、上堤防守等方面规章制度，明确各级各部门的职责及承担的任务等，推动我省黄河群众防汛队伍建设。

（四）加强检查督查

为确保群众防汛队伍落实到位，各级防指要协调相关部门，开展联合检查，采取跟踪督查、突击抽查等形式，严格核实沿黄乡镇群众防汛队伍人员到位率、培训情况等，确保满足抗洪抢险需要。

（五）落实经费保障

《中华人民共和国防洪法》规定，任何单位和个人都有依法参加防汛抗洪的义务。各级政府要多渠道筹措资金，落实群众防汛队伍组建和培训费用，确保我省黄河群众防汛队伍落到实处。

请沿黄各级政府、防指按照本意见加强群众防汛队伍建设，认真做好组织、培训等工作，把群众防汛队伍真正建设成为一支指挥顺畅、纪律严明、作风顽强、能征善战的黄河防汛抢险主力军。

河南省防汛抗旱指挥部
2016年2月19日

规范黄河防汛管理有关工作的通知

豫防黄办〔2014〕4号

沿黄各市防指黄河防办，巩义、兰考、滑县、长垣县防指黄河防办：

根据省委、省政府印发的《河南省深化省直管县体制改革实施意见》，结合黄河防汛工作实际，现就我省巩义、兰考、滑县、长垣沿黄四个省直管县黄河防汛管理有关工作提出如下意见：

一、沿黄四个省直管县防指原由郑州、开封、安阳、新乡市防指管理，调整为省防指直接管理。四个省直管县防指与沿黄各市防指同等参加省防指组织的各项防汛检查、督查及各类综合性、专业性会议等，接收、上报省防指各类文件、信息、简报等。防汛责任书直接与省政府签订。

二、四个省直管县黄河防洪预案和方案由县防指负责编制、颁布，上报省防指黄河防办，并抄报相关市防指黄河防办。

三、四个省直管县黄河工程发生较大及以下险情时，由所在的县防指黄河防办按照要求向相关市防指黄河防办报告；发生重大险情时，县防指黄河防办直接上报省防指黄河防办，同时抄报相关市防指黄河防办。

四、四个省直管县需外调社会储备料物和驻豫部队及群防队伍时，由省防指负责调度。黄河防汛专业机动抢险队和国家储备防汛物资的调用仍按原有关规定执行。

五、四个省直管县防指黄河防办其他业务工作仍按原管理体制运行。

六、为便于省防指黄河防汛工作的统一管理，三门峡市黄河发生重大险情须上报省防指黄河防办。

2014年9月29日

河南河务局防汛值班实施细则（试行）

豫黄防〔2009〕8号

第一章 总 则

第一条 为加强黄河防汛值班管理，明确值班工作职责，规范值班工作程序，确保防汛工作顺利开展,根据《国家防总关于防汛抗旱值班规定》《黄河防汛抗旱总指挥部办公室防汛值班工作制度》《黄河防汛抗旱总指挥部办公室汛期值班实施细则》等有关规定,结合我局防汛工作实际,制订本实施细则。

第二条 本细则适用于省、市、县级河务局的防汛(凌)值班管理。各防汛专业机动抢险队和物资、通信、供水、养护公司等部门防汛值班参照执行。

第三条 防汛值班工作遵循"认真负责、及时主动、准确高效、安全保密"原则,实行单位领导带班和相关人员值班相结合的全天24小时工作制度。

第二章 基本规定

第四条 值班起止时间。

伏秋汛期:自6月15日开始,至霜降日结束。

凌汛期:自12月1日开始,至翌年全部开河或淌凌消除结束。

遇特殊情况,防汛(凌)值班时段按上级要求执行。

第五条 值班人员。

带班领导由各单位负责同志担任;值班人员以防办工作人员为主,其他相关部门工作人员参与。

正常情况下,每班不少于3人,其中:带班领导1人,值班处(科)长及值班人员2~3人;汛情紧急或特殊情况下,视情增加值班人员,加强值班力量。

当启动大洪水、调水调沙或应急工作机制期间,各工作组按照职责分工安排值班。

第六条 调水调沙期间、主汛期、超警戒水位和防洪工程发生较大以上险情、灾情时,带班领导应驻值班室或办公室(含办公区)带班,其他值班时间带班领导应保证全天24小时联络畅通,并能在洪水灾害发生后第一时间赶到值班室处理应急事务。

第七条 正常情况下,值班人员必须保证24小时在岗。值班人员擅自离开且无人顶替3分钟以上者,带班领导非因公离岗,在5分钟内找不到者,视为脱岗。

大洪水、调水调沙期间,各工作组带班领导和值班人员、值班地点、联系电话由各工作组确定,并在内部网络上公布。

第八条 各单位必须设置专用的防汛值班室和值班人员休息室,配备按以下标准配备必要的值班设施:

(1)省级。计算机4台,打印机1台,复印机1台,传真机1台,内线电话3部,外线电话1部(开通来电显示),电话录音设施1套,以及必要的办公家具。

(2)市级。计算机2台,打印机1台,复印机1台,传真机1台,内线电话2部,外线电话1部(开通来电显示),以及必要的办公家具。

(3)县级。计算机1~2台,打印机1台,传真机1台,内线电话2部,外线电话1部(开通来电显示),以及必要的办公家具。

第三章 工作职责

第九条 带班领导工作职责。

(1)全面掌握辖区内汛情、工情、险情、灾情和重要工作部署。

(2)批阅防汛重要文件。

(3)主持防汛(调水调沙)会商,安排部署防汛工作。

(4)负责处置重大、突发事件。接到防汛值班人员重大信息、重要信息、防汛重大突发事件的报告,要即时做出判断,召集有关单位人员进行会商,提出决策意见,做出工作部署。

第十条 值班处(科)长工作职责。

(1)掌握辖区内实时雨情、水情、工情、灾情和防汛、抢险救灾工作开展情况。

(2)掌握辖区内汛情重要信息;及时阅处来往文电,并呈带班领导阅示;批转一般信息,并提出拟处理意见或建议。

(3)遇重大、突发事件要在第一时间向带班领导报告,并根据领导指示,负责重大、突发事件处置的组织、协调和监督、落实。

(4)协调联系督察组开展防汛工作督察;组织抽查所属各单位的防汛值班情况。

(5)审阅防汛值班报告、明传电报、防汛简报、汛情通报等。

(6)完成领导交办的其他工作。

第十一条 值班人员工作职责。

(1)动态掌握辖区内雨情、水情、工情、灾情和防汛、抢险救灾情况;收集、整理、汇总本地区黄河防洪重要信息,及时处理一般信息和日常信息;编发防汛动态,并根据指示拟发明传电报、防汛简报、汛情通报等。

(2) 掌握辖区内防洪工程运行及调度情况, 遇重大、突发事件要在第一时间向值班处(科)长报告,并按照领导指示,负责处置办理、跟踪问效。

(3)熟练掌握现代化办公机具及防汛信息化系统的使用,做好各类值班信息的接收、登记和处理工作;认真填写值班日志,逐项注明办理情况。

(4)做好与防指成员单位和上下级防办的信息沟通,确保不漏报、不错报、不迟报。

(5)负责值班期间值班室的管理,按照授权,检查指导所属单位防汛值班工作,保证值班工作正常有序进行。

(6)认真做好值班交接工作,交班人员要介绍当班情况,待办事宜接班人员要跟踪办理。

(7)完成领导交办的其他工作。

第四章 工作内容与要求

第十二条 接收信息。

(1)接听电话。值班人员应在电话铃响5声之内接听电话,并做到礼貌、热情。重要电话要做好电话记录,记明来电单位、来电人姓名、接电时间、来电内容等。对所接事项值班人员能答复的可当场答复,答复不了要及时向值班处(科)长或带班领导汇报,按照领导批示抓紧处置。

(2)接收传真。上级下发或下级上报的明电,要立即登记收电处理签,记明来电单位、来电编号、来电人姓名、收到时间等,报送值班处(科)长或带班领导,按照领导批示抓紧处置,并跟踪文电运转和领导批示落实情况。

第十三条 发送信息。

(1)拨出电话。值班人员拨出电话要礼貌用语,简洁高效。向对方通知事项要做好电话记录,记明接电单位、接话人姓名、通话时间、通话内容及对方答复内容等,并跟踪通知事项落实情况。

(2)发送传真。值班人员负责将防汛工作部署、报告、请示等通过传真发送到有关单位。

传真发送后，要及时登记发电处理签，记明接电单位、接话人姓名、接电时间等。自动传真、网络传真要落实接收情况。

第十四条 拟定防汛文件。

对于上级通过正式文电下发的防汛工作部署，或下级上报的工作请示，需要及时进行转发或予以书面批复的，值班人员负责按照领导批示精神，拟文转发或予以书面批复，并跟踪工作部署或批复落实情况。

第十五条 编写防汛动态。

防汛值班期间，值班人员要根据辖区内实时雨情、水情、工情、灾情和防汛工作开展情况，编写防汛工作动态，经值班处(科)长审查后呈报上一级防办，并在内部网络上公布。

第十六条 编写值班报告。

防汛值班期间，遇重大信息、重要信息或重大、突发事件，值班人员要按照规定编写值班报告，并于交班前完成值班报告编写工作。

第五章 重大、突发事件处置

第十七条 重大、突发事件信息包括时间、地点、信息来源、事件起因和性质、基本过程、已造成的后果、影响范围、事件发展趋势、处置情况、已采取或拟采取的措施、存在问题和建议等要素。

遇重大、突发事件时，值班人员要主动向有关方面了解情况，核实事件要素，并及时向带班领导报告，不得擅自处理。

第十八条 在重大、突发事件处置过程中，值班人员要与事发地防办保持密切联系，跟踪了解事件进展情况；要按照带班领导的要求，及时向上一级防办和本级防指汇报事件处置进展情况；要根据事件进展情况，及时编写值班报告，经带班领导审批后呈报上一级防办和本级防指。

第十九条 在重大、突发事件处置过程中，值班人员要按照带班领导的要求，及时传达上级领导批示、指示精神，并在一定范围内通报事件进展情况；要认真落实领导交办的各项事项，及时反馈工作完成情况并做好详细记录。

第六章 值班管理

第二十条 值班人员(带班领导和值班人员)应接受必要的岗位业务技术培训，熟悉黄河防汛业务，掌握洪水灾害应急处理程序，胜任防汛值班工作。

第二十一条 严禁与防汛值班无关的人员擅自进入值班室，更不准留宿过夜。值班人员在值班期间不得擅离职守，不得从事与值班无关的工作。

值班室计算机不得安装无关软件，值班室设备不得随意带出或外借。值班人员要保护好值班室有关设备，熟练掌握使用方法，严格遵守操作规程，确保正常运行。设备运行一旦出现故障，要及时向有关领导报告，并采取措施迅速排除。

第二十二条 值班人员必须强化值班信息管理，按照有关规定做好对外宣传和保密工作，未经授权不得对外提供防汛资料信息。

值班人员对收到的汛情报告、领导批示和上级防汛指令要认真编号登记，及时收存归档。对本级上报下发的汛情、抗洪抢险实施方案，要严格按程序送审签发，归档存查。

第二十三条 按照国家有关规定，值班人员在防汛值班期间应享受值班补助。

第七章 奖 罚

第二十四条 各单位要对在值班工作中做出显著成绩的单位和个人应予表彰和奖励。

第二十五条 凡有下列情形之一,造成重大影响或严重后果的,要对有关责任单位和直接责任人进行通报批评;后果特别严重、影响特别恶劣的,要依有关规定和法律追究有关责任人的责任:

(1)未安排专人24小时值班,值班制度不健全的;

(2)值班人员脱岗、漏岗的;

(3)迟报、漏报、瞒报重大突发公共事件信息的;

(4)上报的重大突发公共事件信息与事实严重不符的;

(5)在重大突发事件信息报告、处置过程中,相互推诿,对领导和上级机关的指示、批示落实不力的。

第八章 附 则

第二十六条 本细则由省局防办负责解释。

第二十七条 本细则自印发之日起施行。

2009年7月31日

河南河务局机关防汛会商制度(试行)

豫黄防〔2011〕8号

机关各部门、局直各单位:

为加强河南河务局的防汛工作,及时了解、掌握河南黄沁河的气象、水情、工情、险情、灾情等信息,预测汛情发展趋势,研究制订防洪方案,做好防汛抗洪工作,按照防汛工作正规化、规范化的要求,制订河南河务局机关防汛会商制度(试行)。

一、参加部门和人员

1. 常规汛情时,由防办主办、主管副局长主持,有关局领导、办公室、防办、水政处、水调处、科技处、建管处、安监处、服务中心、供水局、信息中心、物资调配中心负责人及有关人员参加会商。

2. 特殊汛情时,由防办主办、局长主持,局领导、机关各处室负责人,服务中心、供水局、信息中心、物资调配中心负责人及有关人员参加会商。

二、会商形式

(1)例行会商:汛期每周一次防汛会商,会商时间为周一上午10时。

2. 临时会商:遇有特殊汛情时,由局领导决定召开会商会。

3. 会商地点:河南河务局二楼防汛抗旱会商中心。

4. 参加会商的人员应准时到会,各部门和单位发言应简洁明了。

三、会商内容

1. 防办通报当前“气象、水情、工情、险情、灾情、洪水调度和流域防汛动态”等情况及上次防汛会商安排工作开展情况,并提出下步防汛工作安排意见及建议;

2. 局有关部门和单位负责人汇报有关防汛方面情况;

3. 会议参加人员就当前防汛工作进行研究和会商,并安排和部署下步防汛工作。

四、落实与执行

1. 防办负责会议纪要的起草,并按照会商要求做好督察落实。

2. 局机关有关部门、单位按照会商要求做好相关工作,并将有关情况及时反馈防办。

五、附 则

本制度自颁布之日起执行,由局防汛办公室负责解释。

2011 年 6 月 20 日

第十九章　抢险管理

防汛抗旱突发险情灾情报告管理暂行规定

国汛〔2006〕2号

第一章　总　则

第一条 为了及时、准确、全面掌握防汛抗旱突发险情、灾情，为防汛抗旱减灾决策提供依据，保障防洪安全和应急供水安全，最大限度地避免或减轻人民生命财产损失，制订本规定。

第二条 本规定依据《中华人民共和国防洪法》《中华人民共和国防汛条例》《国家突发公共事件总体应急预案》《国家防汛抗旱应急预案》等制订。

第三条 突发险情主要指水库、水电站、尾矿坝、涵闸、泵站、堤防以及其他防洪工程出现可能危及工程安全的情况。当上述工程出现溃坝、决口或垮塌等险情的前兆时为重大突发险情。突发灾情指由于河湖水泛滥或山洪泥石流滑坡导致人员伤亡、城镇被淹、人员被围困、基础设施被毁坏或水域污染导致城乡居民供水危机的情况。当涉及重大人员伤亡(一次过程死亡10人以上)；城市被淹(城区受淹面积达50%以上，城市交通、通信、电力受损30%以上)；大量群众被洪水围困（被围困群众人数超过50人且生命安全受到威胁）；城市供水主要干线、饮用水源遭到严重毁坏或污染，造成居民大范围用水困难或长时间停水(城市居民或城区范围半数以上、预计持续3天以上)等情况的为重大突发灾情。

第四条 各级防汛抗旱指挥部要高度重视突发险情、灾情的掌握与报告工作，并确定专人负责。

第五条 突发险情、灾情报告和发布遵循分级负责、及时快捷、真实全面的原则。

第六条 本规定适用于各级防汛抗旱指挥部突发险情、灾情报告的管理，洪涝灾和旱灾统计工作仍按照《水旱灾害统计报表制度》执行。

第二章　报告内容

第七条 突发险情报告内容应包括工程基本情况、险情态势以及抢险情况等。

第八条 水库(水电站、尾矿坝) 突发险情报告内容：

水库基本情况：水库名称、所在位置、所在河流、建设时间、是否病险、主管单位、集雨面积、总库容、大坝类型、坝高、坝顶高程、泄洪设施、泄流能力、汛限水位、校核水位、设计水位以及溃坝可能影响的范围、人口及重要基础设施情况等；

水库险情态势：险情发生的时间、出险位置、险情类型、当前库水位、蓄水量、出入库流量、下游河道安全泄量、雨水情、险情现状及发展趋势等；

水库抢险情况：现场指挥、抢险救灾人员、抢险物料、抢险措施及方案等。

第九条 堤防(河道工程)突发险情报告内容：

堤防基本情况：堤防名称、所在位置、所在河流、堤防级别、特征水位、堤顶高程、堤防高度、内外边坡以及堤防决口可能影响的范围、人口及重要基础设施情况等；

堤防险情态势：险情发生时间、出险位置、险情范围、险情类型、河道水位、流量、雨水情、险情现状及发展趋势等；

堤防抢险情况：现场指挥、抢险救灾人员、抢险物料、抢险措施及方案等。

第十条 涵闸(泵站)突发险情报告内容：

涵闸基本情况：涵闸名称、所在位置、所在河流、涵闸类型、涵闸孔数、闸孔尺寸、闸底高程、闸顶高程、启闭形式、过流能力(设计、实际)、特征水位以及涵闸失事可能影响的范围、人口及重要基础设施情况等；

涵闸险情态势：出险时间、出险位置、险情类型、河道水位、流量、雨水情、险情现状及发展趋势等；

涵闸抢险情况：现场指挥、抢险救灾人员、抢险物料、抢险措施及方案等。

第十一条 突发灾情报告内容包括灾害基本情况，灾害损失情况，抗灾救灾部署和行动情况等。

(1)灾害基本情况：灾害发生的时间、地点、灾害类别、致灾原因、发展趋势及可能引起的次生衍生灾害。

(2)灾害损失情况：死亡人口、失踪人口、被淹村庄或城镇、被困群众、受灾范围、受灾面积、受灾人口、基础设施水毁情况、交通中断情况以及直接经济损失等。其中死亡及失踪人口应有原因分析，受淹城镇或村庄应包括基本情况、受淹范围、受淹水深、对生产生活的影响情况。

(3)抗灾救灾部署和行动情况：预警预报发布、启动预案、群众转移、抗灾救灾部署和行动情况等。

第十二条 供水危机报告应包括供水基本情况，供水工程遭受破坏或水源污染的时间、位置、原因及程度，影响的范围、人口和可能持续的时间，应急供水措施，抗灾救灾部署和行动情况等。

第三章 报告程序

第十三条 各级防汛抗旱指挥部要及时掌握突发险情、灾情，要对政府有关部门从其他渠道掌握的防汛抗旱突发险情灾情进行核实，及时与政府办公厅(室)沟通，并在第一时间向上一级防汛抗旱指挥部报告。当发生重大突发险情和重大灾情的紧急情况下，可以越级报告。

第十四条 突发险情、灾情报告分为首次报告和续报，原则上应以书面形式逐级上报，由各级防汛抗旱指挥部或其办事机构负责人签发。紧急情况下，可以采用电话或其他方式报告,并以书面形式及时补报。

第十五条　突发险情、灾情发生后的首次报告指确认险情或灾情已经发生,在第一时间将所掌握的有关情况向上一级防汛抗旱指挥部报告。当发生重大突发险情或重大灾情时,所在地的县级以上防汛抗旱指挥部应在重大突发险情或重大灾情发生后4小时内报告国家防汛抗旱总指挥部。

第十六条　续报指在突发险情、灾情发展过程中,防汛抗旱指挥部根据险情、灾情发展及抢险救灾的变化情况,对报告事件的补充报告。续报内容应按附表要求分类上报,并附险情、灾情图片。续报应延续至险情排除、灾情稳定或结束。

第四章　核实发布

第十七条　在突发险情排除、灾情稳定或结束后,相关防汛抗旱指挥部应根据突发险情、灾情的严重程度及时组织有关部门调查核实,并书面报告上一级防汛抗旱指挥部。涉及重大险情、灾情的,应报国家防汛抗旱总指挥部。

第十八条　突发险情、灾情信息由各级防汛抗旱指挥部发布。涉及军队的,由军队有关部门审核。发布的信息应及时报送上级防汛抗旱指挥部。

第五章　检查监督

第十九条　各级防汛抗旱指挥部要加强对突发险情、灾情报告工作的检查、监督、指导,对险情、灾情报告不及时、信息处理失误的,应予以通报批评。造成损失的,要追究相关人员的责任。

第二十条　各级防汛抗旱指挥部应对突发险情、灾情上报情况进行评价,并作为年度工作考核的重要指标。

第六章　附　则

第二十一条　省级防汛抗旱指挥部可根据本规定制订具体实施办法。

第二十二条　本规定由国家防汛抗旱总指挥部办公室负责解释。

第二十三条　本规定自公布之日起实施。

2006年4月14日

黄河凌汛期突发凌情险情灾情报告管理规定(试行)

黄防总〔2009〕1号

第一章　总　则

第一条　为了及时、准确掌握黄河凌汛期突发凌情险情灾情,快速、有效采取处置措施,最大程度地避免或减少人民群众生命财产损失,依据《防汛抗旱突发险情灾情报告管理暂行规定》(国汛〔2006〕2 号)、《黄河防凌工作规程》(黄防总〔2008〕22 号) 等相关规章制度,制定本规定。

第二条 黄河凌汛期突发凌情险情灾情报告遵循“分级负责、及时快捷、真实全面”的原则。

第三条 突发凌情险情灾情包括:

(一)冰凌洪水漫堤漫滩,城镇乡村被淹,群众被冰凌洪水围困,人民群众生命财产遭受或可能遭受损失。

(二)水库、水电站、涵闸、堤防、河道工程以及其他防洪工程突发或可能发生危及工程安全的险情。

(三)河道内出现冰塞、冰坝等严重凌情。并且由于冰凌阻塞水位上涨造成道路、桥梁、跨河管线等公共设施和水文、水质等测验设施被淹或遭到破坏。

(四)河道内发生涉及人员安全的突发事件。

(五)各级各单位认为有必要报告的其他重要信息。

第四条 本规定适用于凌汛期黄河干流及重要支流突发凌情险情灾情报告管理。

第二章 报告程序及内容

第五条 黄河水利委员会及相关省(区) 各级水行政管理、河道管理、水文测验、水质监测等单位和部门、水利枢纽管理单位要高度重视突发凌情险情灾情的报告管理,增强对突发凌情险情灾情的敏感性和预见性。

第六条 各单位工作人员发现突发凌情险情灾情, 应迅即报告本单位负责人或值班人员。单位负责人或值班人员应迅即核查,并在 30 分钟内用电话向上级或当地防汛抗旱指挥部(简称防指,下同) 报告,紧急情况下可直接向黄河防汛抗旱总指挥部(简称黄河防总,下同) 报告。在上级单位监测、调查人员未到达现场之前,应继续监视凌情、事件的发展,并及时报告。

第七条 各级防指在接到报告后应立即进行调查,并及时向上级防指报告。紧急情况下可越级报告。对跨省(区) 发生的突发凌情险情灾情,或者突发凌情险情灾情将影响到邻近行政区域的,各级防指在报告同级人民政府和上级防指的同时,应及时向受影响地区防指通报情况。

第八条 黄河防总办公室在 2 小时内将突发凌情险情灾情信息报送国家防汛抗旱总指挥部,并通报相关省(区) 防指。

第九条 各单位电话报告突发凌情险情灾情后,应及时补报书面报告,并根据险情、灾情变化情况及时续报。由于客观原因一时难以全面准确掌握信息的情况下,应及时报告基本情况,同时抓紧了解、核实情况,随后补报详情。

第十条 在突发凌情险情灾情稳定或结束后七日内,相关省(区) 防指应组织全面调查核实,书面报告黄河防总。报告应包括以下主要内容:

(一)发生的时间、地点、过程及影响的范围;

(二)发生的原因;

(三)采取的措施和效果;

(四)造成的损失和影响;

(五)经验教训与建议。

第十一条 涉及保密规定的突发凌情险情灾情报告按照国家有关规定执行。

第三章　奖励与惩罚

第十二条 对在突发凌情险情灾情报告工作中表现突出的单位和个人予以表彰和奖励。

第十三条 对于知情不报或瞒报、漏报、迟报,影响突发凌情险情灾情及时处置,造成严重后果的,追究有关单位责任人和主管领导的责任。

第四章　附　则

第十四条 本规定自印发之日起施行。

第十五条 本规定由黄河防总办公室负责解释。

2009 年 2 月 5 日

黄河防洪工程抢险责任制(修订)

黄防总〔1999〕12 号

第一章　总　则

第一条 为做好抗洪抢险工作,确保黄河防洪安全,根据《中华人民共和国防洪法》及国家防汛抗旱总指挥部的有关规定,特制订本责任制。

第二条 黄河抗洪抢险贯彻“安全第一、常备不懈、以防为主、全力抢险、抢早抢小”的方针。

第三条 黄河抗洪抢险实行各级人民政府行政首长负责制。在各级人民政府和防汛指挥部的统一指挥下,实行分级分部门负责。

第四条 任何单位和个人都有依法参加抗洪抢险的义务。参加抗洪抢险的人员应发扬“万众一心、众志成城、不怕困难、顽强拼搏、坚韧不拔、敢于胜利”的伟大抗洪精神。

第二章　查　险

第五条 堤防工程查险由所在堤段县、乡人民政府防汛责任人负责组织,群众防汛基干班承担,当地黄河河务部门岗位责任人负责技术指导。

险工、控导(护滩)和涵闸虹吸工程的查险在大河水位低于警戒水位时,由当地黄河河务部门负责人组织,河务部门岗位责任人承担;达到或超过警戒水位后,由县、乡人民政府防汛责任人负责组织,由群众防汛基干班承担,黄河河务部门岗位责任人负责技术指导。

第六条 各级防汛指挥部应根据工程情况,按照组建防汛队伍的有关规定,在每年 6 月 15 日前落实各堤段、险工、控导(护滩)和涵闸虹吸工程的防汛责任人和群众查险队伍。县、乡人民政府防汛指挥部应在 6 月 30 日前集中组织防汛队伍进行查险技术培训,黄河河务部门负责查险培训的技术指导。

第七条 进入汛期后，黄河河务部门的工程班及涵闸管理人员应坚守岗位，严格执行班坝责任制和涵闸检查观测制度，按规定完成工程检查、河势和水位观测等项工作任务。

第八条 根据洪水预报，黄河河务部门岗位责任人应在洪水偎堤前8小时驻防黄河大堤。县、乡人民政府防汛责任人应根据分工情况，在洪水偎堤前6小时驻防黄河大堤，群众防汛队伍应在洪水偎堤前4小时到达所承担的查险堤段(工程)。各责任人应按规定完成查险的各项准备工作，并对工程进行普查，发现问题及时处理。

第九条 群众防汛队伍上堤后，县、乡防汛指挥部应组建防汛督察组，对所辖区域内工程查险情况进行巡回督察。黄河河务部门组成技术指导组巡回指导群众查险。

第十条 巡堤查险人员必须严格执行各项查险制度，按要求填写查险记录。查险记录由带班和堤段责任人签字。堤段责任人应将查险情况以书面或电话形式当日报县黄河防汛办公室。

第三章 报 险

第十一条 防洪工程报险应遵循“及时、全面、准确、负责”的原则。

第十二条 险情依据严重程度、规模大小、抢护难易等分为一般险情、较大险情、重大险情三级(划分标准见附表)。险情报告除执行正常的统计上报规定外，一般险情报至地(市)黄河防汛办公室，较大险情报至省黄河防汛办公室，重大险情报至黄河防汛总指挥部办公室。

第十三条 查险人员发现险情或异常情况时，乡(镇)人民政府带班责任人与黄河河务部门岗位责任人应立即对险情进行初步鉴别，较大险情、重大险情在10分钟内电话报至县黄河防汛办公室。

第十四条 县黄河防汛办公室在接到较大险情、重大险情报告后，应立即进行核实，在研究抢护措施、及时组织抢护的同时，在30分钟内电话报至地(市)级黄河防汛办公室，1小时内将险情书面报告报至地(市)级黄河防汛办公室。地(市)级及其以上黄河防汛办公室在接到险情书面报告后，应尽快报上一级黄河防汛办公室。

一般险情和较大险情的报告，由黄河防汛办公室负责人或河务部门负责人签发，重大险情由本级政府防汛指挥部负责人签发。

第十五条 县级黄河防汛办公室险情报告的基本内容：险情类别、出险时间、地点、位置、各种代表尺寸、出险原因、险情发展经过与趋势、河势分析及预估、危害程度，拟采取的抢护措施及工料和投资估算等。有些险情应有特殊说明，如渗水、管涌出水量、清浑状况等。较大险情及重大险情应附平面和断面示意图。

第十六条 各级黄河防汛办公室在接到较大险情、重大险情报告并核准后，应在10分钟之内向同级防汛指挥部指挥长报告。重大险情黄河防总办公室应在10分钟内报告常务副总指挥。

第四章 抢 险

第十七条 县级防汛指挥部应在每年6月15日前按有关规定建立完善群众抢险队、护闸队、运输队、预备队等一、二、三线抢险队伍。在每年6月30日前对一线队伍进行必要的抢险技术培训并建档立卡。

第十八条 黄河河务部门应在每年6月15日前将专业抢险队伍(包括专业机动抢险队)集结完毕。并在6月30日前完成抢险技术练兵、抢险机械设备维修等准备工作。

第十九条 各级防汛指挥部应按黄河防汛工作职责的规定明确防汛职责，于每年5月31日前完成与部队、武警及有抢险任务的各部门的联系，明确各部门在抢险中的具体工作任务和责任。各有关部门应按各级防汛指挥部的部署于6月30日前完成各项准备工作。

第二十条 县级黄河防汛办公室应根据所辖工程的状况，在每年6月15日前完成不同量级洪水各工程、险点险段的抢险方案修订，并报省级黄河防汛办公室备案。

第二十一条 发现紧急险情后，带班责任人应在报告的同时立即采取应急抢护措施。

第二十二条 县级黄河防汛办公室在接到险情报告后，根据出险情况经鉴别需进行抢护的，应在1小时内制订出具体的抢险方案。

抢险方案内容包括：险情性质及发展预估；具体抢护技术措施；需要人员数量及到达时间；需要各种料物数量、规格及到达时间；需要各部门完成的工作及时间要求。

第二十三条 工程抢险一般由县级防汛指挥部负责。较大险情或重大险情必要时可临时成立地(市)或省级抢险指挥部。抢险指挥部由本级政府行政首长任指挥长，黄河河务部门负责技术指导。抢险方案由指挥长签署并负责实施。

第二十四条 常用抢险工具、设备由参加抢险队伍自带。部队参加抢险的工具、设备不足时，由县级防汛指挥部负责筹集调用。

在紧急防汛期内，防汛指挥机构根据防汛抗洪的需要，有权在其管辖范围内调用物资、设备、交通运输工具和人力，决定采取取土占地、砍伐树木、清除阻水障碍物和其他必要的紧急措施；必要时公安、交通等有关部门按照防汛指挥机构的决定，依法实施陆地和水面交通管制。

第二十五条 黄河河务部门专业机动抢险队承担重大险情的紧急抢险任务。机动抢险队在省内抢险的调遣，由省黄河防汛办公室下达调动命令；跨省抢险的调遣，由黄河防汛总指挥部办公室下达调度命令。

第二十六条 黄河河务部门的常备防汛料物、设备只准用于黄河工程的抢险，并履行报批手续。如需外调时，需经省以上黄河防汛办公室批准。

第二十七条 遇重大险情其料物调运、人员组织等需上级协助时，由下级黄河防汛办公室及时提出申请，上级黄河防汛办公室应在接到申请1小时内做出答复。

第二十八条 黄河滩区、蓄滞洪区迁安救护及避洪设施抢险等所需料物、设备，由当地人民政府解决。

第二十九条 在抢险过程中黄河河务部门要认真统计用工用料投入，注意收集整理各项技术资料。较大和重大险情抢险结束后要写出抢险技术总结，并按险情级别上报。

第五章 奖 惩

第三十条 有下列事迹的单位和个人，由县以上人民政府或防汛指挥部给予表彰或奖励。

(1)在执行工程抢险任务时，组织严密、指挥得当、措施得力、奋力抢险，作出突出成绩者。

(2)坚持巡堤查险，发现漏洞等危急险情，奋力抢护，成绩显著者。

(3)在抢险危急关头，挺身而出，勇于牺牲，无私奉献者。

(4)为工程抢险献计献策，效益显著者。

(5)及时供应防汛料物、器材,节约经费开支成绩显著者。

(6)对防汛抢险做出其他特殊贡献者。

第三十一条 违反本责任第八条,没有按照规定时间到达责任堤段,无故拖延时间在4小时以内的,由上一级防汛指挥部通报批评,在6小时以内的,由省级防汛指挥部通报批评,洪水偎堤后仍没有到达责任堤段的,由黄河防总办公室通报批评,由此而造成查险、抢险不力,致使工程出现较大、重大险情的,应追究行政、刑事责任。

第三十二条 违反本责任制第十三条、第十四条、第十六条,无故拖延报险时间造成损失者,由上级防汛指挥部对防汛责任人根据情节轻重给予通报批评或行政处分,贻误战机造成严重后果的,依法追究刑事责任。

第三十三条 有下列行为之一者,视情节轻重和危害程度,由所在单位或上级主管机关给予通报批评、行政处分。构成犯罪的依法追究刑事责任。

(1)拒不执行批准的抢险方案或抢险指令者。

(2)擅离职守,在紧急关头临阵逃脱者。

(3)不履行岗位职责,玩忽职守,贻误战机,给工程抢险造成重大损失者。

(4)阻塞防汛道路,阻挡抢险场地使用,破坏防汛设施给工程抢险造成较大损失者。

(5)不按本责任制规定程序办事,造成责任事故或重大失误者。

(6)其他违反防洪工程抢险责任制的。

第六章 附 则

第三十四条 本责任制由黄河防汛总指挥部办公室负责解释。

第三十五条 本责任制自颁布之日起施行。

1999年6月14日

黄河防洪工程主要险情分类分级表

工程类别	险情类型	险情级别与特征		
		重大险情	较大险情	一般险情
堤防工程	漫溢	各种情况		
	漏洞	各种情况		
	管涌	出浑水	出清水，出口直径大于5厘米	出清水，出口直径小于5厘米
	渗水	渗浑水	渗清水，有沙粒流动	渗清水，无沙粒流动
	风浪淘刷	堤坡淘刷坍塌高度1.5米以上	堤坡淘刷坍塌高度0.5~1.5米以上	堤坡淘刷坍塌高度0.5米以下
	坍塌	堤坡坍塌堤高1/2以上	堤坡坍塌堤高1/2~1/4	堤坡坍塌堤高1/4以下
	滑坡	滑坡长50米以上	滑坡长20~50米	滑坡长20米以下
	裂缝	贯穿横缝、滑动性纵缝	其他横缝	非滑动性纵缝
	陷坑	水下，与漏洞有直接关系	水下，背河有渗水、管涌	水上
险工工程	根石坍塌		根石台墩蛰入水2米以上	其他情况
	坦石坍塌	坦石顶墩蛰入水	坦石顶坍塌至水面以上坝高1/2	坦石局部坍塌
	坝基坍塌	坦石与坝基同时滑塌入水	非裹护部位坍塌至坝顶	其他情况
	坝裆后溃	坍塌堤高1/2以上	坍塌堤高1/2~1/4	坍塌堤高1/4以下
	坝垛漫顶	各种情况		
控导工程	根石坍塌			各种情况
	坦石坍塌		坦石入水2米以上	坦石不入水
	坝基坍塌	根坦石与坝基土同时冲失	坦石与坝基同时滑塌入水2米以上	其他情况
	坝裆后溃		连坝全部冲塌	连坝坡冲塌1/2以上
	漫溢	裹护段坝基冲失	坝基原形全部破坏	坝基原形尚存
涵闸虹吸工程	闸体滑动	各种情况		
	漏洞	各种情况		
	管涌	出浑水	出清水	
	渗水	渗浑水，土与混凝土结合部出水	渗清水，有沙粒流动	渗清水，无沙粒流动
	裂缝	土石结合部的裂缝、建筑物不均匀沉陷引起的贯通性裂缝	建筑物构建裂缝	

黄河防洪工程抢险管理若干规定(试行)

黄防总办〔2003〕37号

第一条 为进一步规范黄河防洪工程抢险行为,提高抢险效率,及时了解抢险动态,全面掌握抢险进度,根据《黄河防洪工程抢险责任制(修订)》等有关规定,并结合黄河实际情况,制订本规定。

第二条 工程抢险应贯彻“安全第一、常备不懈,以防为主、全力抢险”的方针。

第三条 县级黄河防汛办公室应按《黄河防洪工程抢险责任制(修订)》的规定及时上报较大、重大险情书面报告。

险情书面报告应简明扼要,尽量用图表反映险情(险情报告表可参照使用附表格式)。文字说明主要是简要描述险情,分析出险原因及险情发展趋势,说明已采取和拟采取的抢护组织措施和技术方案。

第四条 抢险方案应详细具体,以便于执行,但有些内容可用图表表示(参照使用附表格式)。

第五条 抢险方案一般由县级防汛指挥部指挥长签署并组织实施;临时成立抢险指挥部时,由抢险指挥部指挥长签署并组织实施。

较大和重大险情的抢险方案由指挥长签署后,应及时报上级黄河防汛办公室备核,重大险情的抢险方案报至黄河防汛总指挥部办公室备核。

第六条 在工程抢险期间,抢险现场应设专职统计员,负责抢险过程记录,统计抢险用工、用料、机械使用情况,有关票据的统计保存。县级黄河防汛办公室应按规定及时上报抢险用工、用料、机械使用情况,严禁虚报、漏报。

第七条 在重大险情抢险过程中,县级黄河防汛办公室应逐日填写重大险情抢险进度报表(格式见附表),必要时附抢险图片、影像,每日19时前逐级报至黄河防汛总指挥部办公室。有特殊情况应随时报告。

第八条 县级黄河防汛办公室应在较大和重大险情抢险结束后10日内,写出抢险技术总结,并按险情级别上报。

第九条 抢险技术总结的主要包括以下内容:

(1)险情概述;

(2)抢险组织;

(3)抢险经过;

(4)抢险投入(用工、用料、使用机械等情况);

(5)经验与不足

(6)其他。

第十条 省、市黄河防汛办公室收到抢险技术总结后,应及时分别对重大险情、较大险情的抢险情况进行检查,对抢险管理制度的执行情况,抢险组织、抢险技术方案的合理性进行评价总结,并核实抢险用工、用料、使用机械等情况。黄河防汛总指挥部办公室对重大险情抢险情况进行抽查。

第十一条 各级防汛办公室应在第一时间首先使用工情险情会商系统或电子邮件上报有关报告、报表、总结、图片、影像等。

第十二条 为了全面地掌握黄河防洪工程运行情况,各级黄河防汛办公室应建立工程抢险数据库。

第十三条 本规定由黄河防汛总指挥部办公室负责解释。

第十四条 本规定自发布之日起试行。

2003 年 8 月 14 日

××险情报告表

填报单位：　　　　　　　　　　　　　　　　　　　　　　　填报时间：　　年　　月　　日

工程名称		出险时间	月 日 时		险情类别			险情级别		报告人		
出险部位		出险尺寸(m)			冲塌土方(m^3)			冲塌石方(m^3)		其它		
工程情况												
工程靠水(流)情况								附近水文站流量(m^3/s)				
出险原因及险情												
主要抢险措施												
预估用工、用料、使用机械及抢险投资	土方(m^3)	石料(m^3)	铅丝(t)	软料(万kg)	土工布(m^2)	袋类(个)	其他料物	用工(工日)	机械(台班)	木桩(根)	麻料(t)	预估投资(万元)

填报人：　　　　　　　　　　审核人：　　　　　　　　　　批准人：

××工程抢险队伍组织保障一览表

抢险队伍名称	人 数	驻 地	负责人	距工程距离	到位时间	通信联络	备 注
××工程班组							
××机动抢险队							
××亦工亦农抢险队							
群防队伍							
1.							
2.							
3.							
武警部队							
解放军							

说明：群防队伍具体到乡村。

××工程抢险料物、设备保障一览表

名 称	单位	规格	数量	来源	储存地点	距工程距离(km)	负责人	通信联络	备 注
一、材料									
石 料	m^3								
土 料	m^3								
柳 料	万 kg								
麻 绳	kg								
木 桩	根								
铅 丝	t								
土工合成材料	m^2								
二、机械设备									
挖掘机	部								
装载机	部								
自卸汽车	辆								
发电机	台								
推土机	部								

说明：来源一栏填写国家或社会备料、群众备料。群众备料明确到乡、村，社会备料明确到单位。

××工程抢险有关单位、部门工作任务及要求一览表

序号	单位或部门名称	工作任务	工作要求	负责人	通信联络

××重大险情抢险进度报表

填报单位：　　　　　截止时间：　月　日　时　填报时间：　　年　月　日

<table>
<tr><td>工程名称</td><td></td><td>出险时间</td><td colspan="2">月 日 时</td><td>险情类别</td><td></td><td colspan="2">险情级别</td><td></td><td colspan="2">出险尺寸(m)</td><td></td></tr>
<tr><td colspan="2">河势、水(雨)情</td><td colspan="11"></td></tr>
<tr><td colspan="2">抢险人员及设备</td><td colspan="11"></td></tr>
<tr><td colspan="2">险情控制情况</td><td colspan="11"></td></tr>
<tr><td colspan="2">抢险存在的主要问题及下阶段抢护意见</td><td colspan="11"></td></tr>
<tr><td rowspan="4">用工、用料及使用机械情况</td><td>项目</td><td>土方(m³)</td><td>石料(m³)</td><td>铅丝(t)</td><td>软料(万 kg)</td><td>土工布(m²)</td><td>袋类(个)</td><td>木桩(根)</td><td>麻料(t)</td><td>其他料物</td><td>用工(工日)</td><td>抢险机械(台班)</td></tr>
<tr><td>计划</td><td></td><td></td><td></td><td></td><td></td><td></td><td></td><td></td><td></td><td></td><td></td></tr>
<tr><td>当日</td><td></td><td></td><td></td><td></td><td></td><td></td><td></td><td></td><td></td><td></td><td></td></tr>
<tr><td>累计</td><td></td><td></td><td></td><td></td><td></td><td></td><td></td><td></td><td></td><td></td><td></td></tr>
</table>

填报人：　　　　　　审核人：　　　　　　批准人：

黄河河势查勘管理办法

黄防总办〔2012〕13号

第一章 总　则

第一条 随着经济社会的快速发展,黄河干支流河道边界条件发生了很大变化,跨河建筑物逐渐增多,为确保河势查勘工作顺利进行,根据黄河水利委员会(以下简称黄委)有关规定,制订本办法。

第二条 河势查勘资料是黄河防汛和河道治理研究不可缺少的基本资料，应采取乘车、乘船查勘及卫星遥感分析、河道统一性测验等多种方式进行收集,保证河势资料的延续性和完整性。

第三条 本办法主要适用于黄河小北支流、潼关至三门峡库区、黄河下游及渭河下游河段的河势查勘。

第二章 河势查勘

第四条 黄河下游河势查勘,每年汛前汛后各进行一次;黄河小北干流、潼关至三门峡库区及渭河下游河势查勘，每年汛前进行一次。汛期发生较大洪水或防洪工程发生重大险情时,根据当时情况随时组织查勘。

第五条 黄河下游、小北干流河段及潼关至三门峡库区段的汛前河势查勘由黄委组织，沿黄省、市、县(区)黄河河务局参加。渭河下游河段的汛前河势查勘由陕西省三门峡库区管理局组织,黄委派员参加。

第六条 黄河下游汛后河势查勘由河南、山东黄河河务局分别组织。汛期或重大险情时的河势查勘由市级黄河河务局组织,必要时由黄委或山东、河南黄河河务局组织。

第七条 黄河小北干流、潼关至三门峡库区及渭河下游河段的汛期或重大险情时的河势查勘由县级河务局负责组织,必要时由黄委或省(市)级河务局组织。

第八条 河势查勘工作一般乘车进行。如需乘船进行河势查勘,查勘船只安全设施必须齐全。

第九条 乘船查勘河势期间,查勘船只需要通过的浮桥、管线等,在查勘船只到达30分钟前须将主流区的舟体拆除100米宽以上;枯水期部分窄河段拆除宽度无法达到100米的,须将主流区的舟体全部拆除，查勘船只穿越桥梁施工栈桥时，采取吊车吊运或人工牵引方法,确保查勘船只安全通过。

第三章 河势资料整理

第十条 每年5月初,河南、山东黄河河务局应组织市、县(区)黄河河务局在同一时段内对河道整治工程进行查勘,观测工程靠流情况,分析河势变化趋势,对河道整治工程险情进行分析预测。省局汇总整理后上报黄委。

第十一条 每年5月15日前,水文局将汛前河道统一性测验资料进行整理,提供西霞院至陶城铺河段河道深泓线数据。

第十二条 5月份,信息中心将收集的汛前黄河下游西霞院至陶城铺河段河道遥感影像图进行解译,根据河南、山东黄河河务局提供的工程靠河情况和水文局提供的河道深泓线数据,绘制河势图。

第十三条 5月底以前山西、陕西黄河河务局,6月底以前三门峡市黄河河务局、山西省三门峡库区管理局,分别将小北干流河段、潼关至三门峡大坝河段河势图上报黄委防办。

第十四条 河势图的内容包括主流线、水边线、工程靠河坝垛,滩岸坍塌情况、沙洲位置、汊流及分流比、新修的防洪工程及非防洪工程、查勘时间及流量等。

第十五条 黄委防办对河势图进行审查,编制黄河下游、小北支流、潼关至三门峡大坝河势查勘报告,分送河南、山东、山西、陕西黄河河务局,水文局、信息中心、山西省三门峡库区管理局、三门峡市黄河河务局。

第十六条 5月底以前,陕西省三门峡库区管理局应将渭河下游河势查勘图及查勘报告上报黄委防办。

第四章 附 则

第十七条 本办法由黄委防汛办公室负责解释。

第十八条 本办法自发布之日起施行。

2012年5月18日

黄河应急抢险工程项目管理暂行规定

黄防总办〔2014〕5号

第一条 为规范应急抢险工程项目管理,确保黄河防洪工程安全和滩区库区群众生命财产安全,根据国家有关法律、法规及黄委有关规定,本着急事急办的原则,制订本规定。

第二条 应急抢险工程项目包括:因河势变化形成横河、斜河等畸形河势,造成滩岸坍塌,危及已建防洪工程和滩区、库区村庄安全,必须采取应急抢护的工程项目,以及因河势变化或暴雨等,造成已建工程及设施重大险情的应急抢险工程项目。

第三条 应急抢险工程项目由河南、山东、山西、陕西黄河河务局及三门峡库区管理局提出,并与项目实施方案一并上报黄委。

第四条 应急抢险工程项目实施方案由黄委防办负责组织进行专家审查、批复,批复后由省级河务局组织实施。

第五条 应急抢险工程项目实施方案编制应遵循以下原则:一是工程位置符合河道整治规划原则;二是工程布置以就岸维护为主,尽量避免河中进占;三是工程修建能够减缓或控制险情的发展。

第六条　应急抢险工程项目实施方案一般由工程所在地市级河务(管理)局编制,省级河务局进行初审。重大项目或技术复杂的项目,应由具有相应资质的设计单位编制。

第七条　各级河务部门应加强对应急抢险项目的管理,严格执行经费管理的有关规定,任何单位和部门不得擅自改变、调整资金用途。

第八条　各级河务部门应加强对应急抢险工程项目的管理,对方案上报、审查批复、抢险处理不及时,擅自挪用资金以及其他违反本规定造成不良影响的要给予批评教育,造成严重后果的按有关规定追究责任。

第九条　本规定由黄河防汛抗旱总指挥部办公室负责解释。

第十条　本规定自颁布之日起执行。

2014 年 6 月 18 日

黄河防洪工程抢险监理办法(试行)

黄汛〔2004〕9 号

第一章　总　则

第一条　为加强黄河防汛抢险的监督与管理，进一步规范黄河防洪工程抢险工作中料物、人工、机械的使用行为,根据《黄河防洪工程抢险责任制》《黄河防汛物资管理办法》《黄河水利委员会防汛石料管理办法》《水利工程建设项目施工监理规范》,结合黄河防汛抢险工作实际情况,制订本办法。

第二条　黄河防洪工程抢险工作实行监理制，黄河防洪工程抢险过程中动用的料物、设备、人工必须接受监理。

第三条　监理工作坚持客观公正、实事求是的原则,从一切服务于抢险出发,监督与促进相结合,保证抗洪抢险工作有序开展,确保工程安全。

第四条　本办法适用于晋、陕、豫、鲁四省河务局,三门峡库区各管理局可参照本办法执行。

第二章　监理工作事项

第五条　黄河防洪工程抢险监理工作由市级河务局负责组织。承担黄河防洪工程抢险的监理单位必须具备水利工程监理乙级以上监理资质。市级以上(含市级) 河务局可采用公开招标、邀标、指定等方式择优选定监理单位,明确监理范围、内容和责权,由市级河务局签订监理合同并报省河务局备案。

第六条　监理单位依据监理工作有关规定和双方约定,成立监理机构,组织监理人员对所承担的工程险情抢护工作实施监理。监理单位对所明确的工程险情抢护项目监理负责人、联系方式，在实施监理工作之前，应书面告知委托方（市河务局，下同），并同时通知委托方所辖县级河务局。

第七条 监理工作对象和内容：在黄河防洪工程险情抢护过程中，对所消耗的各种料物、动用的人工和设备及新购到位料物，采取现场记录、旁站监理、巡视检验等工作方法进行核实，并对其数量、质量及工作时间进行认定。

第八条 抢险料物监理项目包括块石、沙石、铅丝（含网片）、麻料（含麻绳）、柳料、木桩、袋类、土工织物、土料等。

第九条 抢险动用设备监理项目包括抢险现场所组织的挖掘机、装载机、推土机、运输车辆、发电设备、船只及其他为抢险后勤服务的设备等。

第十条 抢险动用人工监理项目包括直接参加抢险的各类人员和后勤保障人员。

第三章 监理工作程序与方法

第十一条 市级河务局接到上级的抢险命令后或自行决定工程抢险时，通过电话、传真等形式通知监理机构，监理人员在3小时内到达抢险地点，实施险情抢护监理工作。

第十二条 监理人员进驻抢险现场后，险情所在的县级河务局要及时向监理人员介绍抢险方案，提供险情抢护所需料物、设备、人员的数量与来源，及监理人员进驻之前险情抢护所消耗、动用的料物、设备、人员的数量与来源等凭证材料，主动配合监理人员对已消耗、动用的料物、设备、人员数量进行核定。

第十三条 动用险情发生所在县级河务局原防汛储备料物，监理人员可采取巡视检验和实地丈量相结合的方法开展工作，巡视检验核对料物来源，实地丈量所剩余的料物品种、数量，对照原防汛料物储备的品种、数量，核定料物实际消耗。

第十四条 险情抢护过程中，需从险情发生所在县级河务局以外调入料物，对调入的料物监理人员要采取旁站监理或跟踪检测方法开展工作。核对料物调入手续、交接手续，按照抢险使用的料物品种、数量核定实际消耗。

第十五条 险情抢护使用新购群众所备柳秸料等，监理人员要采取旁站监理或现场记录方法开展工作，核定料物实际到位和消耗的品种、数量。新购块石、沙石、铅丝、麻料、袋类、土工织物、木桩等料物，监理人员要采取旁站监理方法开展工作。在核对上级批复新购料物文电的同时，依据防汛物资验收标准，检查到位料物的质量，核定料物实际到位和消耗的品种、数量。

第十六条 险情抢护动用机械设备，监理人员可采取巡视检验和现场记录相结合的方式进行，依据抢险方案中确定的设备使用计划，逐类、逐型号、逐台核定设备的使用和待机台时。

第十七条 险情抢护动用人工，监理人员可采取巡视检验和现场记录相结合的方式进行，依据抢险方案中确定的人工使用计划，核定参加抢险人员的类别与工日。

第十八条 监理人员在履行险情抢护监理工作期间，应独立填写监理日志，记录抢险消耗料物过程、品种、数量及动用人工工日和机械设备台时。监理机构在抢险结束后5日内向委托单位呈报监理工作总结（包括监理日志、抢险消耗料物，动用设备和人员汇总表和抢险消耗料物，动用设备和人员进度表）。

第十九条 监理费用按现行标准计入抢险费中。

第四章 权限和责任

第二十条 监理工作实行项目总监负责制,险情抢护现场派驻的监理人员,负责承担监理项目的核定责任,并对项目总监负责,项目总监对抢险料物,动用设备、人员核定工作负总责。

第二十一条 县级河务局要积极配合监理人员开展工作,为现场监理人员提供必要的工作和生活条件,负责向监理人员提供抢险方案、各种料物储备情况、新购或调配料物计划、抢险人员或设备调度计划等资料。

第二十二条 省、市河务局要加强对所辖工程险情抢护监理工作的督察与检查,及时协调和处理监理工作中出现的问题;及时处理和批复所辖市、县河务局呈报的各种报告与请示,以保证险情抢护工作顺利进行。

第二十三条 监理人员在履行抢险监理工作中,委托方违反本规定时,监理单位有权直接向省级以上防汛部门反映情况,以确保防汛抢险监理工作的正常进行。监理人员接到有关举报或在工作中发现问题时,应立即采取有效措施并及时报告,避免损失发生或使损失减小到最低限度。

第五章 监理纪律

第二十四条 监理人员在履行监理工作期间,应认真按照监理工作职责,客观公正、实事求是地反映防汛抢险料物、设备和人员的使用情况,做到不隐瞒、不夸大、不缩小。

第二十五条 监理人员在履行监理工作期间,不得干扰正常的防汛抢险组织工作,不得影响正常的防汛抢险秩序,不得接受监理对象所在单位的宴请、招待及馈赠。监理人员对履行险情抢护监理工作中发现的问题,不得徇私舞弊、隐瞒不报。

第二十六条 监理人员在履行监理工作期间,不认真负责、滥用职权、玩忽职守者,市级以上河务局有权对其直接责任人提出批评,并视其情节轻重按监理合同中的有关规定,要求其承担相应的经济责任,直至终止监理合同。直接责任人构成犯罪的,依法追究其刑事责任,该监理单位三年内不得参与黄河险情抢护监理竞标。

第六章 附 则

第二十七条 本办法由黄河水利委员会防汛办公室负责解释。

第二十八条 本办法自颁布之日起施行。

2004 年 6 月 23 日

黄河河道整治工程根石探测管理规定

黄建管〔2014〕396号

第一章 总 则

第一条 为进一步加强黄河河道整治工程根石探测管理,规范根石探测操作,保证探测数据的真实性与准确性,为防汛抢险和根石加固提供技术支撑,保障防洪工程完整与运用安全,制订本规定。

第二条 本规定适用于黄委直管的黄河干支流河道内河道整治工程(包括险工、控导、护滩、护岸工程)的根石探测工作。三门峡库区参照执行。

第三条 根石探测应遵循“及时、准确、安全、高效”的原则。

第二章 探测工作组织

第四条 根石探测分为汛期、非汛期探测。

汛期探测:汛期对靠溜时间较长或有出险迹象的坝垛护岸进行探测。

非汛期探测:每年汛后至次年汛前进行,原则上应对所有靠河坝垛护岸进行探测,也可根据河势变化趋势对可能靠溜坝岸进行探测。

第五条 每年10月15日前,县级河务局应根据所辖工程汛期靠河、抢险及维护情况,编制非汛期根石探测计划,逐级汇总上报至省级河务局,并报黄委备案。

第六条 每年10月31日前,县级河务局应与根石探测承担单位签订非汛期根石探测合同,编制探测方案并组织实施。根石探测承担单位应具有黄河河道整治工程根石探测的能力和经验。

第七条 根石探测承担单位应在次年3月底前将非汛期根石探测成果提交至县级河务局。

第八条 按照分级管理原则,各级河务局将非汛期根石探测成果逐级审核汇总上报;省级河务局应于次年4月底前将非汛期根石探测报告上报黄委。

第九条 根据河势、工情需要,汛期根石探测应适时开展,县级河务局可委托其他单位进行探测,紧急情况下也可自行组织探测,探测结果应及时报市级河务局。

第三章 探测方法与技术要求

第十条 根石探测可采用接触式、非接触式探测方法进行。接触式探测包括机械、人工锥探、探水杆等常规方法;非接触式探测包括浅地层剖面探测等地球物理探测方法。

对于修筑的新材料、新结构坝垛,可针对具体情况采用相应的探测方法。

第十一条 采用锥探方法探测根石,探测深度小于10 m时,可采用钢管锥或钢筋锥;探测深度大于10 m时,应采用钢管锥。测点量距应水平,下锥应垂直。

第十二条 采用非接触式探测方法探测根石,探测仪器应具有穿透黄河泥沙的能力,且穿透能力不小于 15 米。

按照相关规定,应定期对探测仪器进行检测、检定。

第十三条　探测方法认定:非汛期探测由黄委业务主管部门负责认定;汛期应急探测由市级河务局业务主管部门认定。

对接触式探测方法,重点进行安全操作方面的认定;对非接触式探测方法,除了安全操作外还要对探测精度和技术标准进行认定。

第十四条　除汛期紧急情况下根石探测外,水下根石探测须利用探测船作为作业载体,严禁采用探水杆进行探测。

第十五条　根石探测均应以基准点为参照,基准点埋设及测量要求:

(一)基准点应避开交通主干道、地下管线、河岸、滑坡地段以及其他可能使标志易遭腐蚀和破坏的部位;

(二)基准点应布设在根石滑塌变化影响范围之外,且长期稳定、易于保存的位置。河道整治工程上的已有永久性基准点可作为测量基准点;

(三)基准点平面控制测量宜采用 GNSS 测量、导线测量等,高程控制测量宜采用水准测量、GPSRTK 或电磁波测距三角高程测量等, 精度应符合《水利水电工程测量规范》(SL 197—2013)五等平面控制点、高程控制点的精度要求。

第十六条　探测点定位测量应选 RTK 或导线测量方法, 根石点高程测量应选用水准测量、RTK 或导线测量的方法。

第十七条　探测断面布设要求:

(一)布设探测断面的原则是坝垛的上、下跨角各 1 个,圆弧段、迎水面按间距 20m 布设,长度不足 20m 的可布设一个断面。

(二)断面编号自上坝根(坝、垛与连坝上游交线)经坝头至下坝根(坝、垛与连坝下游交线)依次排序,坝垛断面编号附后;表示形式为 YS+×××、QT+×××等,“+”前字母表示断面所在部位,“+”后数字表示断面至上坝根的距离。断面编号见附图 A。

(三)根石探测断面以坦石顶部内沿为起点。

(四)探测断面方向应与裹护面垂直,并设置固定的硬质石桩或混凝土桩,断面桩为 2 根。

第十八条　水上部分沿探测断面水平方向对各突变点应进行测量; 水下部分沿探测断面水平方向每 2 m 至少探测一个点,遇根石深度突变时,应增加测点。当探测不到根石时,至少应再向外 2 m、向内 1 m 各测 1 点。

第十九条　滩面或水面以下的探测深度原则应不少于 8 米,以探测不到根石为准。

第二十条　非汛期靠水坝岸根石探测, 探测点与探测断面左右误差应不大于 1.0 米,沿断面方向前后误差应不大于 0.3 米; 不靠水坝岸根石探测探测点与探测断面左右误差应不大于 0.1 米,沿断面方向前后误差应不大于 0.1 米。探测深度误差应不大于 0.2 米。

汛期根石探测精度满足应急根石加固要求。

第二十一条　根石探测断面数据应包括坝顶高程、根石台高程、水面高程、测点根石深度等,并如实记录。

第四章 安全生产

第二十二条 探测船应由专人持证操作，船舶登记证、检验证及船员适任证等证照齐全，定期审验。

探测船船体无变形渗漏，动力、电气、灯光、助航设备及舵系、轴系、锚系技术性能良好，缆绳、钢丝绳安全可靠。

救生衣(圈)、断缆钳、太平斧、堵漏器材、防滑用品等安全设施(装置)配备齐全，潜在危险部位设立醒目警示标志。

探测船要按规定维护保养，出船、维护保养记录齐全。

第二十三条 探测船安全管理制度健全，操作规程应张贴在醒目位置。

建立水上作业、救生、灭火、堵漏等防护措施。制订安全作业计划，组织作业前安全培训，落实安全防范措施。

第二十四条 涉水探测须由2人以上共同完成。水上作业人员正确穿戴救生衣；岸边作业人员应系牢安全保护绳，岸上设专人指挥保护。

探测作业人员不得穿拖鞋、高跟鞋和铁掌鞋，禁止酒后、防护不全者或禁忌症患者上船。

伸出船舷作业时应系牢安全绳，严禁在牵引缆绳摆动空间等危险区域活动。

第五章 资料整编与上报

第二十五条 非汛期根石探测工作结束，应及时进行探测资料整理分析，绘制有关图表，编制探测报告。

第二十六条 根石探测报告包括：探测工程坝岸、工作组织、探测方法、坝岸根石坡度及缺石量，针对根石塌失的部位、数量及原因分析，提出应对措施与意见建议。

第二十七条 根石断面图应根据现场记录，经校对无误后绘制；图上须标明工程名称、坝(垛)号、断面编号、坝顶高程、根石台高程、根石底部高程、测量时的水位或滩面高程、探测方法、探测时间。

断面图纵横比例应一致，一般取1：100或1：200。

第二十八条 根石深度确定：险工以根石台顶面为基准面确定；控导(护滩)工程以设计水平年当地3000立方米每秒流量相应水位为基准面确定；三门峡库区护岸工程以1000立方米每秒流量相应水位为基准面确定。

第二十九条 缺石断面面积：绘制出的实测根石断面分别与坡度1：1.0、1：1.3、1：1.5的标准断面(根石台顶宽采用坝垛设计值)进行比较，计算缺石断面面积。断面面积采用各两个相临实测断面缺石面积算术平均值。

第三十条 裹护长度：险工坝岸及有根石台的控导工程其直线段采用根石台外缘长度，无根石台的控导(护滩)工程直线段采用坝顶外缘长度；险工、控导(护滩)工程圆弧段的长度，采用根石台或坝顶外缘长度乘以系数2确定。

第三十一条 缺石量为缺石平均断面面积乘以两断面间的裹护长度，坝(垛)缺石量为该坝(垛)各断面间缺石量之和。

第三十二条 计算成果汇总表(见附表1~附表5)，分别按1：1.0、1：1.3、1：1.5的标准断面测算探测的每处工程、每座坝垛的缺石量，以县级河务局为单位测算缺石总量。各单位根石探测成果报告均应以正式文件上报。

第三十三条 各县级河务局应将根石探测成果及时归档，并录入《黄河河道整治工程根石探测管理系统》。

第六章 监督检查

第三十四条 县级河务局应将根石探测承担单位的具体实施时间逐级上报至黄委，便于上级管理部门监督检查。

第三十五条 根石探测承担单位必须按照根石探测合同与根石探测技术要求实施根石探测作业，并服从县级河务局现场监督。

县级河务局必须明确科室负责人及业务技术人员，在探测实施期间实行现场跟踪监督。

第三十六条 市级、省级河务局根石探测主管部门负责根石探测实施状况的监督检查，内容包括探测坝岸数量、探测范围、深度、精度及探测作业安全等。

第三十七条 根石探测承担单位应对提交的探测成果负责；市级河务局负责组织对根石探测承担单位提交的探测结果进行检查核对；省局、黄委业务主管部门对各单位上报的探测成果视情况进行抽查核对。

第三十八条 各级根石探测主管部门的监督检查，可根据需要抽取一定量的坝(垛)或断面，要求探测单位复核探测数据及断面图。根石探测承担单位须主动配合监督检查，并应如实提供相关资料。

第三十九条 探测承担单位自查坝岸数应不少于探测坝岸总数的1%，不足1道者至少自查1道；重复探测的，平均相对误差应不大于0.2 m。

检查抽查时，对没有达到探测范围及精度要求的，应要求其全部重新探测。

第七章 罚 则

第四十条 在根石探测工作中，对于工作不负责、随意应付、弄虚作假等行为，按照党纪、政纪处分有关规定给予严肃处理：

(一)对失职渎职影响探测工作进度与质量的相关责任单位与责任人，应给予通报批评；对工程安全造成严重影响的，实行责任追究；

(二)对弄虚作假伪造数据的，应给予责任单位通报批评，对有关行为人实行责任追究；

(三)对因违反安全管理规定，造成生产安全事故的，按照《黄河水利委员会安全生产责任追究办法》追究其单位和个人责任。

第四十一条 对于监督检查组织实施部门、监督检查工作组及相关工作人员、被检查单位及相关工作人员在监督检查过程中存在的不履行或不正确履行职责的行为，按照《黄委监督检查工作责任追究办法(试行)的规定予以责任追究》。

第八章 附 则

第四十二条 本规定自2015年1月1日起施行。原《黄河河道整治工程根石探测管理办法(试行)》(黄河务〔1998〕57号)同时废止。

2014年9月29日

附图 A 坝垛部位图

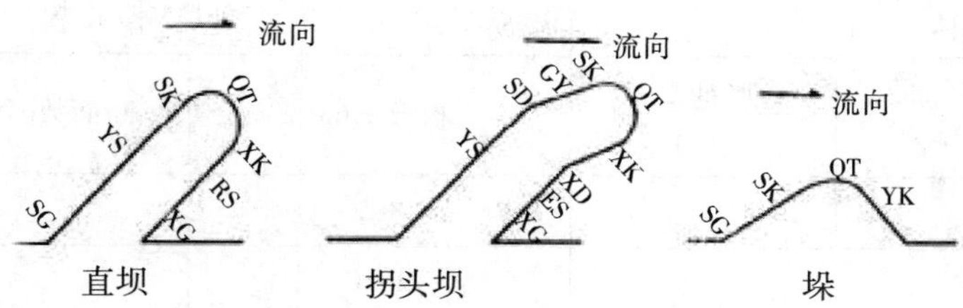

图中符号含义：

SG——上坝(垛)根
SK——上跨部位
SD——拐头上跨部位
QT——坝(垛)前头部位
XK——下跨部位
BS——背水面
XD——拐头下跨部位
XC——下坝(垛)根
YS——迎水面
BS——背水面
GY——拐头迎水面
HA——护岸

附表 1 黄河河道整治工程根石探测统计表

单位	工程名称	坝 号	根石平均深度(m)	缺石量(m³)		
				1:1.0	1:1.3	1:1.5

审定： 校核： 填表： 日期：

附表 2 黄河河道整治工程根石探测深度统计表

险 工			控 导 工 程		
根石深(m)	断面数(个)	占断面总数(%)	根石深(m)	断面数(个)	占断面总数(%)
4m 以下			4m 以下		
4~5			4~5		
5~6			5~6		
6~7			6~7		
7~8			7~8		

续附表 2

险工			控导工程		
根石深(m)	断面数(个)	占断面总数(%)	根石深(m)	断面数(个)	占断面总数(%)
8~9			8~9		
9~10			9~10		
10~11			10~11		
11~12			11~12		
12~13			12~13		
13~14			13~14		
14~15			14~15		
15 以上			15 以上		
合 计			合 计		

附表 3 根石探测记录表

工程名称：

坝号	探摸时间（年、月、日）	附近水文站流量（m^3/s）	坝顶高程(m)	坝前高程(m)	断面部位	断面根石情况											备注
						根石台宽(m)	根石台高(m)	起点距(m) 高 差(m)									

填表日期： 观测： 记录： 校核： 审定：

注：高差为起点距高程减去测点坝面高程

附表 4 险工工程探测情况统计表

______河________年

单位	现有险工		本次根石探测					与标准断面比较的坝垛数(座)				缺根石量(m^3)		
	处数	坝垛(座)	处数	占(%)	坝垛(段)	占(%)	断面(个)	< 1.0	1.0~1.3	1.3~1.5	> 1.5	< 1.0	< 1.3	< 1.5

附表 5 控导(护滩、护岸)工程探测情况统计表

__________河__________年

单位	现有控导		本次根石探测					与标准断面比较的坝垛数(座)				缺根石量(m³)		
	处数	坝垛(座)	处数	占(%)	坝垛(段)	占(%)	断面(个)	<1.0	1.0~1.3	1.3~1.5	>1.5	<1.0	<1.3	<1.5
××省局														
××市局														
××市局														
…														

河南省黄河巡堤查险办法(试行)

豫防汛〔2004〕22 号

第一章 总 则

第一条 为进一步规范黄河巡堤查险行为,落实巡堤查险工作责任,依据《中华人民共和国防洪法》《中华人民共和国防汛条例》《黄河防洪工程抢险责任制》《黄河防汛工作督查办法》等有关规定,制订本办法。

第二条 巡堤查险工作实行行政首长负责制,有巡堤查险任务的沿黄县(市、区)、乡(镇、办事处)人民政府主要领导为巡堤查险工作第一责任人,所在县(市、区)黄河河务部门负责巡堤查险技术指导。

第三条 沁河、金堤河巡堤查险办法参照本办法执行。

第二章 巡堤查险组织

第四条 有巡堤查险任务的沿黄各县(市、区)、乡(镇、办事处)防汛抗旱指挥部(以下简称防指)要建立巡堤查险工作机构,负责对所辖堤段巡堤查险工作的日常管理。

第五条 有巡堤查险任务的沿黄各县(市、区)、乡(镇、办事处)防指汛前要对所辖河段内堤防工程进行全面检查,将巡查责任段划分到乡(镇、办事处)、村、组,明确各堤段巡堤查险责任人,并于 6 月 15 日前完成巡堤查险队伍的组织与培训工作。

第六条 巡堤查险队伍培训工作由巡堤查险队伍所在县(市、区)、乡(镇、办事处)防指负责,培训内容包括:巡堤查险工作制度、巡堤查险带班制度、巡堤查险方法、险情判别办法、报险有关规定等。

第七条 有巡堤查险任务的沿黄各县(市、区)、乡(镇、办事处)级防指应组建巡堤查险工作督察组,负责对所辖区域内巡堤查险工作进行督察。

第八条 建立巡堤查险工作指导站,巡堤查险工作指导站对所辖县(市、区)、乡(镇、办事处)巡堤查险工作机构负责。有巡堤查险任务的沿黄各县(市、区)、乡(镇、办事处)以每 3~5 千米堤段设一巡堤查险工作指导站, 每处指导站工作人员不得少于 3 人 (一般是国家工作人员,其中 1 名为河务部门技术指导员),并具有指导群防基干班查险、报险及一般险情抢护的技能。

第九条 巡堤查险堤段按大堤公里桩号以每 500 米为一基本巡查单位,由群防基干班负责完成巡堤查险任务。群防基干班编制每班 15 人,并由县(市、区)、乡(镇、办事处)防指按下列要求负责落实或配备工具与物料:

(一)工具:基干班人员每人自备铁锹 1 把、雨具 1 套、手电筒 1 把;每个基干班配备斧、手钳、镰刀、红旗、红灯、系腰绳(摸水用)及通信工具若干,并确保完好。

(二)物料:基干班每班必须配备救生用具、探水杆、编织袋、翻斗车(或奔马车)等。

第十条 执行巡堤查险工作任务,按以下标准组织队伍:

(一)当偎堤水深小于 2.0 米(含 2.0 米)时,每千米上堤基干班 4 个,并由 4 位国家干部带班。

(二)当偎堤水深 3.0 米时,每千米上堤基干班 10 个,并由 10 位国家干部带班。

(三)当偎堤水深 4.0 米时,每千米上堤基干班 15 个,并由 15 位国家干部带班。

(四)当偎堤水深 5.0 米时,每千米上堤基干班 30 个,并由 30 位国家干部带班。

第十一条 巡堤查险督察组人员、指导站工作人员、查险带班干部及查险人员要佩戴不同的袖标或其他区别身份的标志,以保证巡堤查险工作有序进行。

第三章 巡堤查险方法

第十二条 洪水偎堤后,各县(市、区)、乡(镇、办事处)防汛指挥机构组织群防基干班上堤查险,分组轮流执行巡查任务,坚持昼夜巡查。巡查的范围主要是临、背河堤坡、堤顶和距背河堤脚 50~100 米范围的地面、积水坑塘。

第十三条 基干班上堤后,先清除责任段内妨碍巡堤查险的障碍物,以免妨碍视线影响巡查。在临河堤坡及背河堤脚平整出查水小道,随着水位的上涨,及时平整出新的查水小道。

第十四条 巡查时要成横排走避免走单线,走堤口、堤半坡和走水边(堤脚)的人齐头并进,以便彼此联系。

第十五条 巡查临河堤坡时,1 人背草捆 (或软楔) 在临河堤肩走,1 人拿铁锨在堤半坡走,1 人持探水杆沿水边走(堤坡长可增加人)。沿水边走的人要不断用探水杆探摸,借波浪起伏的间隙查看堤坡有无险情。另外 2 人注意察看水面有无漩涡等异常现象,并观察堤坡有无裂缝、塌陷、滑坡、洞穴等险情发生。在风大溜急、顺堤行洪或水位骤降时,要特别注意堤坡有无崩塌现象。

第十六条 巡查背河堤坡时,1 人在背河堤肩走,1 人在堤半坡走,1 人沿堤脚走(堤坡长可增加人,当临河偎堤水深达到 4.0 米以上时,水深每增加 1.0 米,查险人数增加 3 人),观察堤坡及堤脚附近有无渗水、流土、管涌、裂缝、滑坡、漏洞等险情。

第十七条 对背河堤脚外 50~100 米范围内的地面及积水坑塘,应组织专门小组进行巡查,检查有无渗水、管涌、翻沙等现象,并注意观测其发展变化情况。对淤背或修后戗的堤段,也要组织一定力量对堤脚及塘坑进行巡查。

第十八条 发现堤防险情后,及时采取处理措施,指定专人定点观察,并向上级报告。

第十九条 洪水开始偎堤时,一般情况下,可由一个组去时查临河堤坡,返回时查背河堤坡。巡查的间隔视水情、天气和险情而定,一般要求每隔 30 分钟巡查一次。

第二十条 当水位上涨、偎堤水深增加时,应有 2 个组同时出发,分别巡查临河与背河,然后再交换巡查返回,并适当增加巡查次数,要求每隔 20 分钟巡查一次,必要时应有固定人员进行观察。

第二十一条 当洪水达到保证水位时,应增加巡查组次,每次由 2 组分别从临河与背河查,然后再交换巡查。要求每隔 5~10 分钟巡查一次,各组次出发巡查的时间差要相等。洪水超保证水位、堤防有裂缝或堤根、堤坡松软有渗水等特殊情况下要固定专人不间断巡查。

第四章 巡堤查险工作制度

第二十二条 根据洪水预报,县(市、区)、乡(镇、办事处)级防汛责任人和黄河河务部门责任人应在洪水偎堤(或达到警戒水位)前 6 个小时到达所负责的堤段,群众查险队伍应提前 4 个小时到达所负责的堤段。人员到位后应按规定完成查险的各项准备工作。

第二十三条 各县(市、区)、乡(镇、办事处)防汛指挥部(或河务部门)的领导及技术负责人,要给上堤人员介绍巡查堤段的历史情况和现存的险点、薄弱环节及防守重点,并实地指导。

第二十四条 各巡查防守带班负责人及参加防守的河务部门责任人必须轮流值班,坚守岗位,掌握换班和巡查组次出发的时间,了解巡查情况,及时处理发现的问题,做好巡查记录,及时向上级汇报巡查情况。

第二十五条 交接班时,巡查人员要向带班负责人汇报巡查情况,且必须在巡查的堤线上就地向下一班说明工情、水情、工具料物等情况。对尚未查清的可疑险情要详细介绍并共同巡查一次。

第二十六条 加强对巡查人员的纪律教育,交班后就地休息,不许擅自离岗。

第二十七条 查险人员必须认真执行规定的查险制度,并按要求填写巡堤查险记录。查险记录由带班责任人签字后,逐日上报至县黄河防汛办公室。

第五章 巡堤查险工作要求

第二十八条 巡查、休息、接班时间,由带领巡查的队长统一掌握,执行任务途中不得休息,不到规定时间不得离开岗位。

第二十九条 巡查时必须带铁锨、口哨、探水杆等工具,其他料物、工具可分放堤顶,以便随时取用。夜间巡查,一人持照明工具在前,一人拿探水杆探水,一人观测水的动静,聚精会神仔细查看。

第三十条 各责任段的巡查小组到交界处必须越界巡查 10~20 米,以免漏查。

第三十一条 巡查中发现可疑征象,要派专人进一步详细检查,探明原因,迅速处理。

第三十二条 巡堤查险人员必须认真负责,不放松一刻,不忽视一点,注意“五时”“五到”“三清”“三快”。

(一)“五时”是指在五个关键时刻注意查险。即:黎明时(人最疲乏)、吃饭及换班时(巡查容易间断)、黑夜时(看不清容易忽视)、狂风暴雨时(出险不容易判别)、落水时(思想容易松动)。

(二)“五到”是:

眼到。即看清堤顶、堤坡、堤根有无崩塌、裂缝、漏洞、散浸、翻沙鼓水等险象;看清临河堤坡有无浪坎、崩坎、近堤水面有无漩涡等现象。

手到。当临河堤身上做有搂厢、柳枕、挂柳、防浪排等防护工程时,要用手检查堤坡签桩是否松动,桩上的绳缆、铅丝松紧是否合适。

耳到。细听水流有无异常声音,夜深人静时伏地静听,有助于发现隐患。

脚到。在黑夜雨天,淌水地区,要赤脚试探水温及土壤松软情况,如水温低,甚至感到冰凉,表明水可能从地层深处或堤身内部渗出,属于出险现象。土壤松软亦非正常。跌窝崩塌现象,一般也可用脚在水下探摸发现。

工具料物随人到。巡堤查险人员应随身携带铁锨、探水杆等工具,以便遇到险情及时抢护。

(三)“三清”是:

险情要查清。即发现险情时要仔细鉴别险情并查清原因。

报告险情要说清。报告险情要说清出险时间、地点(堤防桩号)、现象、位置(临河、背河、距堤根距离、水面以上或以下等)等。

报警信号和规定要记清,以便出险时及时准确地报警。

(四)“三快”是:

发现险情快,争取抢早、抢小,打主动仗。

报告险情快,以便使上级及时掌握出险情况,采取措施,防止失误。

抢护快。根据出险情况,迅速组织力量及时抢护,以减少抢险困难和危险程度。

第三十三条 各级领导要亲临现场检查巡堤查险工作是否按规定要求进行。

第六章 警号规定与报警方法

第三十四条 警号规定。

(一)口哨警号:凡发现险情,吹口哨报警。

(二)锣警号:凡发现漏洞或严重的裂缝、管涌、脱坡等较大险情,打锣报警。

第三十五条 出险标志:紧急出险地点,白天悬挂红旗,夜间悬挂红灯(应能防风、防雨)或点火,作为抢险人员集合的目标。

第三十六条 报警守则。

(一)吹哨报警,由查水人员掌握。锣、点火报警由带班负责人掌握,指定专人负责,不得乱发。

(二)发出警号的同时,应立即组织抢护、并火速报告上级指挥部。

(三)乡防指部听到警报后,应立即组织人员增援,同时报告县防指。但原岗位必须留下足够的人员继续巡查工作,不得间断。

(四))所有警号、标志,应对沿河乡村广泛宣传。在洪水时期,附近学校、机关等严禁打锣及吹口哨,以免发生混淆和误会。

第七章 奖 惩

第三十七条 有下列事迹之一的单位和个人,可以由县级以上人民政府给予表彰或者奖励:

(一)在执行巡堤查险任务时,组织严密,指挥得当,出色完成查险任务,在及时发现并处理险情方面有重大贡献者;

(二)坚持巡堤查险,遇到险情及时报告并正确处理,成绩显著者;

(三)有其他特殊贡献,成绩显著者。

第三十八条 有下列行为之一者,视情节和危害后果,由其所在单位或者上级主管机关给予行政处分;应当给予治安管理处罚的,依照《中华人民共和国治安管理处罚条例》的规定处罚;构成犯罪的,依法追究刑事责任:

(一)思想麻痹,组织巡堤查险不力,指挥不当,未能及时发现险情,贻误战机,造成险情扩大或者洪涝灾害的;

(二)玩忽职守,不履行查险岗位职责或者擅自离开巡堤查险岗位的;

(三)其他危害巡堤查险工作的。

第八章　附　则

第三十九条　本办法由河南省防汛抗旱指挥部黄河防汛办公室负责解释。

第四十条　本办法自2004年8月15日起施行。

2004年7月22日

河南省黄河防洪工程班坝责任制

豫防黄办〔1999〕3号

第一章　总　则

第一条　为加强工程管理，提高河道管理的正规化、规范化水平，增强工程抗洪能力，发挥工程综合效益，根据《河南省黄河工程管理条例》《黄河防洪工程抢险责任制》、黄委会《工程管理正规化、规范化暂行办法》，制订本责任制。

第二条　黄河安危，事关大局，沿黄各级防指和河务部门都要认真贯彻执行“安全第一，常备不懈，以防为主，全力抢险”的方针，岗位分工，责任明确，切实把工程管理好、运行好。

第三条　本责任制适用于河南黄河直管河段（含沁河）的险工、控导（护滩）及滚河防护工程。

第二章　组　织

第四条　各工程均应设立工程班，根据工程类别、长度、坝垛数量、防守、管理任务大小，确定每班工程队员，但最少不得低于两名。

第五条　工程班班长应会同有关部门制订及修改完善本工程的各种管理办法、规章制度。

第六条　工程班班长是该工程的日常管理及非汛期、小水期工程查险、报险的责任人，并根据实际情况，对每名队员责任分工，各负其责。做到每人有事干，每道坝垛有人管，查险、报险有责任。

第七条　工程抢险由县级防指负责，并依据黄河防总划分的险情级别，明确该工程不同级别的抢险责任人。

第八条　县级河务部门对工程队员要经常进行工程管理及防汛抢险技术培训，进行基本知识和技能考核，合格后持证上岗。

第九条　抢险责任人及工程队员要熟悉和掌握所管工程的工程基本情况、工程防守预案，做到心中有数，临危不乱。

第三章　工程管理

第十条　做好土坝基的日常管理，必须经常保持顶平、坡顺，无残缺、无水沟浪窝、洞穴，无高秆杂草、散乱浮石等。

第十一条　做好坝坡坦石整修，坦石必须达到平整、扣排严密、无蛰陷残缺现象，眉子土封口严密、整齐美观，土石结合部无脱缝钻水现象。

第十二条　做到根石坡度、台阶规整，根石高度、宽度符合设计要求，坚持根石探测制度，随时掌握根石动态，及时上报根石走失情况，按上级批复及时进行补充，保持坝基稳定。

第十三条　负责备防石及料垛的管理工作，出现散乱游石及塌垛现象，必须及时整理。

第十四条　加强工程标识、界牌、树木和草皮的保护，无放牧现象。

第十五条　保护好工程管护地边界，搞好土地开发，增加经济收入。

第十六条　做好绿化、院内美化，发展庭院经济等工作。

第十七条　认真填写管理工作大事记，做到不漏填、不虚填。

第四章　防汛责任

第十八条　各工程队员应熟悉掌握河势观测及查险制度、方法、险情的判别和报险的规定等内容。具有指导群防基干班查险及一般险情抢护的技能。

第十九条　工程查险应设专人负责，根据工程长度和靠溜情况，确定适当巡查人数。

第二十条　巡查主要内容为：工程靠河靠溜情况、上下首滩岸变化情况、水位观测、坝体及根坦石裂缝、蛰动、根石走失情况等。巡查人员应认真填写观测记录，并签名负责。

第二十一条　巡查时间要求：靠河工程非汛期要求每天至少巡查观测一次，汛期每天早晚各一次，洪水期(包括涨水、洪峰、落水期)每隔两小时一次。对于新修工程、工程基础浅或大溜顶冲的坝垛，要增加巡查观测次数。

第二十二条　报险应按照“及时、全面、准确、负责”的原则，巡查人员发现险情或异常情况后，应及时(20分钟内)把出险的基本情况报告到县级黄河防汛部门，并做好记录，签名负责。

第二十三条　工程出险后，工程队员要积极参加抢险工作，服从防指的统一安排和指挥。

第五章　奖　惩

第二十四条　在工程管理中，按照工程管理标准，对每人管理的坝垛进行月检查、季评比，根据评分高低进行工资、奖金、施工补助浮动；对失职、渎职行为，严格进行惩罚。

第二十五条　在防汛抢险中坚持巡险查险，奋力抢险，成绩显著者或为工程抢险献计献策，效益显著者，给予表彰或奖励；对因工作不到位，查险、报险不及时，贻误战机造成损失者，视情节轻重予以处分，直至追究刑事责任。

第六章　附　则

第二十六条　各单位可根据本责任制的规定，结合实际情况制订实施细则。

第二十七条　本责任制由河南黄河河务局负责解释。

第二十八条　本责任制自印发之日起实行。

1999年4月11日

河南河务局维修养护根石加固项目管理办法(试行)

豫黄防〔2008〕2号

第一章 总 则

第一条 为规范维修养护根石加固项目管理,提高项目投资使用效益,根据有关规定,特制订本办法。

第二条 本办法适用河南河务局所辖黄(沁)河工程维修养护经费安排的根石加固项目。

第三条 维修养护根石加固项目包括根石探测和根石加固两部分。

第四条 维修养护根石加固项目的管理省局、市局以防汛部门为主,工务、财务等有关部门配合;县级河务局可根据目前机构运行情况,明确项目主管部门。

第二章 根石探测

第五条 根石探测实行专项探测与日常探测相结合,专项探测需按照有关规定编制实施方案,经省局批复后实施。根石探测是做好根石加固项目的基础,其探测结果是编制根石加固实施方案的重要依据。

第六条 根石探测分为汛前、汛期、汛后探测。汛前探测是以上年工程靠河情况和出险情况为基础,结合河势变化进行,并予汛前实施完成。汛期、汛后探测是根据河势变化和出险情况进行的探测。

第七条 根石探测实施方案包括专项探测方案和日常探测方案两部分。汛前探测实行专项探测,汛期、汛后探测实行日常探测。

第八条 专项根石探测实施方案内容应包括探测时间、组织、方式、手段、位置、项目预算等。专项根石探测实行开工报告制度,按批复的实施方案组织实施。

第九条 日常根石探测,县局可根据河势变化和出险情况适时安排。

第十条 根石探测方法及资料整理参照黄委颁布的《黄河河道整治工程根石探测管理办法(试行)》执行。市局负责项目监督、检查及验收工作。省局对项目实施情况进行抽查。

第三章 根石加固

第十一条 根石加固项目以“加固与除险相结合,保障工程完整”为原则,优先满足标准洪水以内工程发生的较大及较大以下险情的排除及工程恢复。根石加固项目实行专项管理,按有关规定编制实施方案报批后实施。

第十二条 按照“统一管理、分级负责”的原则,省局负责根石加固项目审查批复、监督检查和抽验工作;市局负责本辖区根石加固项目审核申报、督促检查、项目验收工作,县局负责根石加固项目实施方案的编制、申报及实施等工作。

第十三条 根石加固项目中的石料采运,必需按照有关规定实行政府采购。

第十四条 根石加固项目实施采用应急加固、除险加固和备石三种方式。应急加固是指工程根石严重不足而必须进行的主动加固,一般安排到汛前进行;除险加固是指标准洪水以内工程发生较大及其以下险情的排除;备石是指当年未加固的石料(补充往年抢险欠账)。

第十五条 根石加固石料定额总量以目前县局所辖工程量为基本核定数,按照每个标准坝每年加固石料 41 立方米,标准垛、标准护岸每年加固石料 10 立方米的定额标准,并按规定的各类折算系数进行计算。

第十六条 根石加固项目实施方案应根据定额总量,结合往年各工程除险、石料储备及汛后工程根石状况足额进行编制。

第十七条 根石加固项目首先解决上一年度根石加固项目实际完成超定额部分的除险加固量,方案编制要根据实际发生情况具体到工程坝号;剩余部分根据河势情况和根石探测情况,分工程编列当年汛前应急除险加固和汛期、汛后除险加固方案。

第十八条 因河势变化或不可预见因素,除险加固实施方案与实际发生有出入的,工程所在市局汛后对当年实际除险加固数量进行认定,根据当年工程实际除险情况(包括:工程除险位置、除险用工、用料数量、用料来源、工程现存备石情况等),编制除险加固调整方案,并根据汛后工程情况编制剩余加固工程量加固或转备石方案,报省河务局,按照省河务局批复的调整意见完成除险加固项目实施。

第十九条 当年根石加固定额量不能解决上年除险加固用石时,在编制根石加固项目实施方案时,可报请省局在所辖河道工程维修养护项目内调整。

第二十条 当年 10 月份编制本年度根石加固调整方案,6 月份前编制下一年度初步方案,11 月份修改完成下一年度实施方案。

第二十一条 根石加固必须由专业施工队伍实施,严禁转包给个人。

第二十二条 根石加固项目的实施程序是先备石、经验收批准后再抛根石,或先动用坝面备石进行根石加固,再按照实际动用的备石量进行归还备石。

第二十三条 根石加固项目的实施必须严格按照上级批复的方案执行。如有变化,县局必须提出方案变更申请,经市局审核后报省局,按省局批复的方案组织实施。

第二十四条 除险加固因受其突发性强、使用量不均衡等因素影响,本工程坝面存石不能满足除险加固需要时,经省局批准后,原则上从附近工程调石进行除险加固。

第四章 验收与监督检查

第二十五条 维修养护根石加固石料运到指定工程后,由县局组织进行初验,市局组织进行验收,省局组织进行抽验。

第二十六条 对除险加固中一般险情除险动用石料,由市局进行检查核实,省局抽验;对较大及重大险情除险动用石料,由市局初步检查,省局进行最终核实。

第二十七条 在根石加固项目实施过程中,省局将采用"飞检"方式进行检查,一经发现弄虚作假,将严肃查处。

第二十八条 根石加固项目实行监理制,并强化采运合同管理。根石加固项目监理工作参照《黄河防洪工程抢险监理办法(试行)》《河南黄河河务局防洪工程抢险监理实施细则(试行)》执行。石料的采运、验收管理参照《黄河水利委员会防汛石料管理办法(暂行)》《黄河防洪工程备防石规范化管理规定(试行)》《河南黄河河务局防汛石料管理实施细则》等有关规定执行。

第二十九条 维修养护根石加固实行质量监督制，参照基本建设管理办理质量监督手续。

第三十条 根石加固项目经费必须专款使用，严禁虚列支出、虚报完成、转移挪用，各级防办、工管、财务、审计、监察部门要加强对根石加固项目经费的监督检查。

第三十一条 加强根石加固项目完成情况的统计工作。根石加固项目完成进度分周报、月报和年报，周报为周二报省局，月报为下月5日前报省局，年报为每年下年1月10日前报省局。周报、月报和年报所反映的完成进度为根石加固项目完成情况的实际动态。

第五章　附　则

第三十二条 本办法自颁布之日起试行。

第三十三条 本办法由省局防汛办公室负责解释。

2008年3月4日

河南黄河河道工程抢险及监督管理办法(试行)

豫黄防〔2008〕10号

第一章　总　则

第一条 为进一步规范河南黄河河道工程抢险行为，根据《黄河防洪工程抢险责任制(修订)》《黄河防洪工程抢险管理若干规定（试行)》《河南黄河河务局防洪工程抢险监理实施细则（试行)》《河南省黄河防汛物资管理细则》《河南河务局维修养护根石加固项目管理办法(试行)》等有关规定，结合河南黄河河道工程抢险实际情况，特制订本办法。

第二条 河道工程抢险贯彻“安全第一、常备不懈、以防为主、全力抢险、抢早抢小”的方针，以确保工程完整为目的。

第三条 本办法适用于河南黄(沁)河险工、控导工程。

第四条 县级河务局(简称县局)对抢险运行管理负总责，监理主要负责计量认证，市级河务局(简称市局)负责抢险指导、管理及核查，省级河务局(简称省局)负责抢险管理监督。

第二章　查　险

第五条 县局要认真落实班坝责任制和人坝责任制，明确查险责任人，确保运行观测人员到岗到位。汛期和洪水期根据工程规模和靠溜等情况，适当增加查险人员。

第六条 县局要经常对查险、报险人员进行业务培训，满足岗位要求。对一线查险记录不定时进行巡查，对险情抢护方案进行核查。

第七条 查险内容主要包括工程靠河靠溜、上下游滩岸变化、工程水位以及坝体坦石裂缝、蛰动、根石走失等。

第八条 检查根石走失情况，必须使用水深探测工具进行探测。发生险情，巡查人员必须使用标准计量工具进行量测,严禁粗估冒算。

第九条 靠河工程每天巡查1次,调水调沙期和洪水期每天巡查2次,对靠溜紧、工程基础浅、大溜顶冲时间长的坝垛增加巡查次数。

第十条 查险人员必须严格执行各项查险制度,按照规定的时间、内容和方法进行巡查,按要求填写查险观测登记表,险情实行零报告记录制度,并签名负责,已安装查险系统的工程必须利用巡检器发送巡查结果。

第三章 报 险

第十一条 工程报险应遵循"及时、全面、准确、负责"的原则。

第十二条 工程险情实行报告制度,一般险情报至市局,较大及以上险情报至省局。

第十三条 工程出险后,巡查人员应在10分钟内将险情报至县局,县局接到险情报告后,应立即核实出险尺寸、险情类别及抢护方案,30分钟内电话报至市局,并录入工情险情会商系统;若为较大、重大险情,60分钟内将险情书面报告报至市局。市局接到较大、重大险情电话报告后,30分钟内电话报至省局,并在接到书面报告后,60分钟内审核上报省局。

各级在接到较大、重大险情电话报告后,10分钟内将险情信息报告同级主管领导。

第十四条 非较大、重大险情,但具备下列情况之一者,均需按较大、重大险情报险时间要求逐级报至省局:

1. 一次出险体积达到300立方米;
2. 单坝24小时内累计出险体积达到500立方米及以上;
3. 单坝一周内累计出险体积达到1000立方米及以上。

第十五条 县局险情报告的基本内容:险情类别和级别、出险时间、地点、部位、尺寸、图片、出险原因、险情发展经过与趋势、河势分析及预估、危害程度、拟采取的抢护措施、工料和投资估算等。较大及重大险情报告还必须附河势图、出险平面图和典型断面图、抢护方案结构图等。

拟动用的主要料物须分项目说明来源,动用石料的,必须说明目前本工程总量,并说明拟动用的石料所处坝号、垛号。

第十六条 在抢护过程中,险情扩大与原报险情尺寸发生变化时,必须加报,使报险数据与实际险情抢护数据保持一致。

第四章 抢 险

第十七条 发现险情后,带班责任人应在报告的同时立即采取应急抢护措施。

第十八条 抢险基本方法。老险工或根石比较深的工程以石方加固为主,流速较大时,适当加抛铅丝笼墩;新修工程以加深根基及护胎为主,坝基未塌坍时,一般按原状恢复坝坦石断面,坝基塌坍时,须以土工材料或埽工材料抢护坝基至原设计断面位置,再恢复原坝坦石。

第十九条 制订抢险方案应根据抢险基本方法,结合工程出险情况、河势变化及河床土质情况等因素,因地制宜、科学制订。

第二十条 抢险方案由县局制订,方案制订和实施过程受上级河务部门指导和监督。

第二十一条 在抢险中,应积极推广新材料、新工艺、新技术,提高抢险效率。

第二十二条 较大或重大险情抢护时,县局须对险情及抢护过程进行摄像、拍照,必要时市局应调动移动转播车赴现场录像并转播。

第二十三条 工程抢险期间,县局须在抢险现场设统计员,负责统计抢险用工、用料、机械使用情况、后勤供应及其他费用等,并及时上报。

第二十四条 在较大、重大险情抢险过程中,县局应逐日填写较大、重大险情抢护进度报表,附抢险图片、视频,每日17时前逐级报至省局,有特殊情况应随时报告。

第二十五条 抢险用石原则上就地取用,本工程石料不能满足抢险需要时,可申请在临近工程调剂,批复后实施。

第二十六条 在实施抢险过程中,抢险用石必须与维修养护根石加固相结合,即维修养护根石加固首先满足抢险需要。

第五章 监 理

第二十七条 河道工程抢险实行监理制。县局负责监理合同签定,报市局备案。市、县局必须与监理建立相应的联系机制,确保抢险监理及时到位。

第二十八条 县局接到报险后,通过电话、传真等形式,30分钟内通知监理单位。一次出险体积达到$300m^3$、单坝24小时内累计出险体积达到$500m^3$及以上、以及发生较大、重大险情时,监理人员须在3小时内到达抢险地点,现场实施险情抢护监理工作,直至险情恢复。其他险情消耗计量,非汛期一月进行一次,汛期一周进行一次。

第二十九条 抢险监理必须了解所监理县局的库存料物情况,在险情发生前应对库存料物和备石情况进行清点核查,进驻抢险现场后,核查已消耗、动用的料物、人工、机械设备等。

第三十条 对新购石料,必须采取过磅测重(单车丈量)与码垛测方相结合的方式认证工程量。认证结果以码垛测方为准。

第三十一条 监理人员在履行抢险监理工作中,委托方违反本规定时,监理单位有权直接向省局反映情况,以确保险情抢护监理工作的正常进行。

第六章 核 查

第三十二条 在抢险管理过程中,市局负责核查相关责任落实、程序履行、操作方法等,重点是核实工程量。

第三十三条 市局对县局核查的主要内容与要求:

1. 班坝责任制落实、观测人员到岗到位、责任人员查险、报险等是否按要求落实到位。

2. 查险、巡查观测记录内容,险情测量工具、测量方法、测量数据等是否符合规定要求。

3. 一线班组报险时间,县局接、报险时间及记录是否按规定时间上报。

4. 料物出、入库有关手续是否完备。

5. 核查抢险方案、险情级别认定是否正确。

6. 核实抢险用工、用料、机械台时费用消耗:一般险情,非汛期每月进行一次核查,每月2日前报上月核查结果,汛期一周进行一次,每周二报上周核查结果;较大、重大险情10日内核查并上报结果。具体工作人员、部门责任人和主管领导要在报告上签字盖章。

7. 工程量核查时要求防办、财务、监理等部门和单位参加。

第三十四条 指导监理开展工作,并对监理工作情况进行核查,主要内容有:

1. 监理人员到岗时间及在岗情况。

2. 各种消耗料物的认证方法与结果。

3. 抢险用工、用料、机械消耗监理记录。

4. 抢险过程重大事件的记录及报告情况。

5. 与抢险相关的其他事宜。

第七章 监 督

第三十五条 抢险工作实行监督检查制度,省局防办为防汛抢险工作监督检查的主管部门。

第三十六条 监督检查内容主要为查险、报险、抢险、监理、核查等方面。

第三十七条 省局对抢险工作采用定时与不定时相结合的方式进行监督检查,重点督查抢险料物、用工、机械使用情况,一般险情实行阶段性督查,较大、重大险情随时督查,并提交报告。对督查发现的问题将在全局通报。

第八章 奖 惩

第三十八条 抢险结束后,省、市、县局应对在抢险中表现突出的单位和个人给予表彰,对未严格执行有关规定要求或抢险组织不力的单位和个人给予批评。

第三十九条 违反本办法第九条、第十三条、第十四条,没有按照规定时间查险、报险者,超出时间在1倍以内的,由上级监督检查单位对责任单位和当事人给予批评,2倍以内的给予通报批评,超过2倍的根据情节轻重将给予通报批评或其他处分措施。

第四十条 违反本办法第八条、第十条,未按规定使用检测器具进行查险的,将对责任单位和当事人进行批评;对发生险情后,仍未使用测量工具的,视为弄虚作假,将对责任单位和当事人进行通报批评。

第四十一条 报险数据应尽量与实际抢险数据相一致,出入20%及以上的将对责任单位通报批评。

第四十二条 抢险完成后,县局按规定上报抢险实际消耗,市局对此进行核查。当误差3%以上,市局内通报批评,限期7日内整改;误差8%以上视为弄虚作假,追究单位主管领导和当事人责任,限期10日内整改。市局查出问题后应如实上报省局,若隐瞒不报,省局一旦查出,将对市、县局一并通报批评,严重者交监察部门处理。

第四十三条 监理人员未严格履行监理职责,发生弄虚作假现象、计量不实等情况时,省、市局将视情况采取通报、扣减监理费、终止监理合同或逐出河南黄河防汛抢险监理市场等措施进行处理。

第四十四条 对督查发现问题,各责任单位应按要求积极整改,对未采取措施或措施不力的单位,将进行通报批评。

第九章 附 则

第四十五条 与本办法不符的相关规定,按本办法执行。

第四十六条 本办法由河南黄河河务局负责解释。

第四十七条 本办法自颁布之日起施行。

2008年4月1日

河南黄河防洪工程查险管理系统运行管理办法(试行)

豫黄防〔2008〕11号

第一章 总 则

第一条 为进一步规范防洪工程查险行为,提高查险管理系统的运行效率和查险信息的传送速度,为工程抢险决策提供支持,保障防洪工程安全,根据有关规定,特制订本办法。

第二条 本办法所称的查险管理系统,是指利用防洪工程查险专用信息存储、采集、传输、接收设备以及其他相关设备和软件所组成的系统。

第三条 本办法适用于安装防洪工程查险系统的单位及有关单位。

第二章 工作职责

第四条 查险管理系统的运行管理遵循统一管理、分级负责的原则。

第五条 省级河务局主要职责:组织制订本系统的运行管理办法,负责本系统统一规划,对系统的运行工作进行督促检查;协调系统管理技术培训;负责协调系统服务器日常维护、数据备份等有关工作。

第六条 市级河务局主要职责:负责系统建设管理,督促本系统的运行工作,组织有关技术培训,协调解决系统运行期间存在的问题。

第七条 县级河务局主要职责:组织查险人员技术培训,制订查险计划,审核查险数据,督促查险工作;负责保护查险设备的完好,对需更换和维修的设备及时更换或送修。

第八条 信息中心主要职责是:工程通信线路维护,确保通信网络畅通。

第九条 瑞达信息公司的主要职责是:负责系统服务器的日常维护、数据备份;负责查险设备更换和维修;负责提供设备运行服务和指导处理查险设备运行中出现的问题。

第三章 系统运行

第十条 查险计划制订:根据《河南黄河河道工程抢险及监督管理办法(试行)》规定,靠河坝岸每天巡查1次,调水调沙期和洪水期每天巡查2次,对靠溜紧、工程基础浅、大溜顶冲时间长的坝岸增加巡查次数;对其他需要查险的工程,根据需要制订查险计划。

第十一条 查险人员应熟悉掌握工程河势观测和查险设备应用技能,严格按照已制订的计划执行巡查工作,认真录入各类查险数据。

第十二条 查险数据上报:一次巡查完毕后,查险人员应立即通过无线或有线数据传输设备上报查险数据,应在规定时间内上报险情数据。

第十三条 查险数据审核:县级河务局系统管理人员及时对当天上报的数据认真审核,对险情数据应在规定的时间内审核。

第十四条 险情预警设置:各单位根据工作实际情况设定预警手机短信发送范围和人

员。

第四章　保障措施

第十五条　各单位要重视查险管理系统的运行管理工作，加强对运行管理工作的领导，明确系统运行管理人员，制订培训计划。

第十六条　各级河务局要定期进行查险管理系统运行情况检查，及时处理系统运行中存在的问题，省级河务局每季度通报查险系统的运行情况，市级河务局每月通报查险系统的运行情况，县级河务局要及时掌握查险系统运行情况。

第十七条　本辖区内系统运行及维护经费由工程所在县级河务局负责解决。

第十八条　防洪工程查险管理系统的运行情况纳入年度防汛工作考评。

第十九条　在操作过程中应明确专人保管查险设备，若出现设备故障，要及时进行维修或更换，保证系统正常运行，对不能及时维修和更换的，要报河南河务局防汛办公室。

第二十条　保修期内，瑞达信息公司负责非人为损坏设备(含信息钮)的免费更换和维修；保修期外，瑞达信息公司负责提供需更换设备和维修，设备使用单位负责设备的维修和更换费用。

第二十一条　对因管理不善，造成系统不能正常运行的，予以通报批评；对违反防汛纪律的，按照有关规定进行处理。

第二十二条　对于在系统运行管理工作中做出显著成绩的单位和个人，予以表彰和奖励。

第五章　附　则

第二十三条　各单位可根据本办法，结合实际制订实施细则。

第二十四条　本办法由河南河务局防汛办公室负责解释。

第二十五条　本办法自印发之日起施行。

2008 年 4 月 23 日

第二十章 信息管理

黄河防汛信息上网应用管理办法(暂行)

黄汛〔2003〕2号

第一章 总 则

第一条 为加强黄河防汛信息上网应用管理,实现防汛信息资源共享,保证防汛信息高效、快速、准确地上传下达,更好地为防汛决策指挥服务,促进黄河防汛工作正规化、规范化建设,特制订本办法。

第二条 本办法编制依据为《中华人民共和国水法》《中华人民共和国防洪法》《计算机信息安全条例》等法律法规以及水利部、黄河防总有关办法、标准、规定等。

第三条 黄河防汛信息上网应用管理遵循"统一领导、共建共享、分级负责、归口管理"的原则。

第四条 本办法中的计算机通信网络主要指建立在黄河流域内的防汛专用广域以太网,即内网。

第五条 本办法适用于黄河各级河务、防洪管理、防汛单位和部门。

第二章 组织管理

第六条 黄河防汛总指挥部办公室是黄河防汛信息上网应用管理的主管部门。各级黄河防汛办公室是本辖区内防汛信息上网应用管理的主管部门。

第七条 黄河防汛信息上网应用管理实行黄委、省局、市(地)局、县局四级管理模式,实行主管领导负责制。各单位防汛业务部门负责本部门防汛信息上网应用管理工作,并应指定专人负黄河防汛信息上网应用管理工作。

第三章 防汛信息分类

第八条 本办法中对防汛信息从不同角度进行了分类。按内容分类,分为19类防汛信息;按地理信息分类,分为空间信息和属性信息;按时效性分类,分为静态信息和动态信息;按访问权限角度进行分类,分为公开信息和授权信息。

第九条 本办法所称防汛信息按内容分类主要有:调度规程信息;气象信息;水文信息;工情信息;险情信息;灾情信息;凌情信息;河势信息;河道、库区断面信息;防汛队伍信息;防汛物资信息；社会经济信息；通信信息；数学（物理）模型信息；基础地图信息；专题地图信息；数字高程模型信息；洪水遥感信息；其他防汛信息。

调度规程信息。主要指国家制订的防汛方面的法律、法规、条例；国家防总、水利部颁布的防汛、工程管理标准、规定；黄河防总、黄委制订的防汛调度规程、防洪预案、办法、制度等；

水文类管理办法、规程；省级以下防洪预案、调度规程、防汛责任制、黄河防汛管理规定、黄河河道管理条例等；汛期各类防汛文件、电报信息。

气象信息。指地面、高空天气观测资料，卫星云图、雷达探测信息及长期、中期、短期天气预报信息。

水文信息。指历史和实时流域降雨信息、河道水位观测站水位观测信息，干支流各水文站的水位、流量、含沙量等水文特性值历史和实时信息，各类水文预报信息等。

工情信息。指防洪工程历史及现状情况，含堤防、险工控导、涵闸、水库、桥梁、浮桥、顺堤行洪防护工程等防汛信息。

险情信息。指工程出险及抢险情况。包含堤防险情，险工控导险情，涵闸险情，工程水毁、水文水毁，通信水毁等。

灾情信息。指洪水期间滩区、蓄（滞）洪区受灾情况，主要包括洪水淹没情况、受灾人口、固定资产损失等内容。

凌情信息。指凌汛期间的气象、水文、冰凌信息。凌汛期包括流凌期、封河期和开河期三个阶段。

河势信息。指河势查勘时大河流量、主流线、水边线、水深以及防洪工程靠河、滩岸场塌情况等。

河道、库区断面信息。指河道、库区观测断面及河段冲淤信息。

防汛队伍信息。指各类防汛队伍的组成，主要包括防汛机构、防汛督察组织，机动抢险队、专业防汛队伍、群众防汛队伍、部队等以及调动信息。

防汛物资信息。指各类防汛物资组成及调动信息，防汛物资主要包括国家防汛料物储备、社会团体防汛料物储备及群众备料等。

社会经济信息。指黄河滩区、蓄（滞）洪区内的村庄个数、永久居住人口、耕地、面积、厂矿企业、避洪设施、迁安道路、固定资产等。

数学（物理）模型信息。指物理模型试验和数学模型计算等信息。

通信信息。指通信网络信息、防汛部门通信联络方式等信息。

基础地图信息。指不同比例尺的数字化流域地图和河道地图等信息。

专题地图信息。指河势图、险情分布图、洪水淹没图、工程分布图、物资仓库分布图、防汛队伍布置图、站网分布图、雨量等值线图等。

数字高程模型信息。指数字地面模型（DTM）、数字高程模型（DEM）和数字地形模型（DGM）等。

洪水遥感信息。指通过航天和航空等遥感手段获取的洪水遥感监测影像。

其他防汛信息。指以上未包含的有必要上网的其他防汛信息。

第十条 本办法中的防汛信息从地理信息角度进行分类，包括空间信息和属性信息。空间信息，指表示目标物的空间位置、形状和范围有关的信息。包括用数字化手段获取的用点、线、面表示的矢量数据和通过遥感手段获取的栅格数据。主要指基础地图、专题地图、数字高程模型、遥感影像等信息。

属性信息。指表示目标物性质和内容的描述性信息。包括除空间信息以外的各类防汛信息。

第十一条 本办法中的防汛信息按实效性进行分类,包括静态信息和动态信息。

静态信息。一般指半年以内无需更新的信息。主要包括调度规程信息、基础工情信息、历史水雨情信息、历史险情信息、历史灾情信息、历史河势信息、历史河道及库区观测断面信息、社会经济信息、通信信息、模型信息、基础地图信息。

动态信息。指实时的、变化的信息,主要包括实时水文及气象信息、实时工情信息、实时险情信息、汛期河势观测信息、防汛队伍组织调动信息、防汛料物组织调动信息、专题地图信息、遥感影像信息、数字高程模型信息。

第十二条 本办法中的防汛信息从访问权限角度进行分类,分为公开信息和授权信息。

公开信息。指没有浏览权限限制的信息资源。本办法中包括实时气象信息;历史、实时水文信息;工情信息;河势信息;河道、库区断面信息;社会经济信息;模型信息;基础地图信息;专题地图信息。

授权信息。根据信息资料的保密性而需对不同对象授权的信息。本办法中包括险情信息;灾情信息;防汛队伍组织调度信息;防汛物资组织调度信息;通信信息;遥感影像信息;数字高程模型信息等。

第四章 信息处理

第十三条 调度规程信息国家制订的防汛方面的法律、法规、条例,国家防总、水利部制订的防汛标准、规定,黄河防总、黄委制订的防汛调度规程、防洪预案、办法、制度。由黄河防总办公室负责采集、录入、更新。

水文类管理办法、规程等由水文局负责采集、录入、更新。省级以下防洪预案、调度规程、防汛责任制、黄河防汛管理规定、黄河河道管理条例等防汛方面的地方法律规定,分别由省局、市(地)局、县局负责采集、录入、更新。

应定期对调度规程类信息进行核查,有关条例、标准、办法、制度颁发及更新时,随时录入数据库进行更新。

汛期各类防汛文件、电报分别由黄委、省局、市(地)局、县局负责录入并按有关规定及时报送。

第十四条 气象信息。气象信息由水文局负责采集、录入、更新。

第十五条 水文信息。由水文局负责采集、录入、更新;其中险工水位数据由县局负责采集、录入、更新。

第十六条 工情信息。由县局负责采集、录入,市(地)局负责校核,并报上一级主管部门。静态信息每年 3 月底以前更新一次,以后在数据发生后 20 天内更新完成,实时类数据及时更新。

第十七条 险情信息。防洪工程险情及水雨毁信息由县局及工程管理单位负责采集、录入、更新,并按有关规定及时统计上报。

防洪非工程设施水雨毁信息由所属管理单位负责采集、录入、更新,并按有关规定及时统计上报。遇重大险情，委防办、河南局、山东局应考虑录入历史库中加以保存。

第十八条 灾情信息。由县级河务局或相应的管理部门采集、录入、更新。洪水期间每日更新一次。

第十九条 凌情信息。水文观测断面处的凌情信息由水文局负责采集、录入、更新；其余的凌情信息由县局负责采集、录入、更新。

第二十条 河势信息。统一进行的河势查勘的河势信息由组织单位负责采集、录入、更新，洪水期间的河势信息由县局负责采集、录入、更新。

第二十一条 河道、库区断面信息。库区及河道断面信息由水文局负责采集、录入、更新，汛前、汛后各更新一次，如有加测及时更新。

第二十二条 防汛队伍信息出县局负责采集录入更新，抢险队信息由所属单位负责采集、录入、更新。群众防汛队伍信息每年6月15日前完成一次更新，洪水期间，上堤防守队伍(包括部队、机动抢险队、专业队伍、群众防汛队伍)随时更新。

第二十三条 防汛物资信息。主要由县局负责采集、录入、更新，省级仓库由省局负责采集、录入、更新。群众防汛物资和社会团体防汛物资储备，每年6月15日前更新一次，国家常备防汛物资正常情况一月更新一次，汛期及时更新。

第二十四条 社会经济信息。由县级河务局负责采集、录入、更新。每3年更新一次。

第二十五条 模型信息。由模型管理单位负责采集、录入、更新。

第二十六条 通信信息。由黄委、省局、市(地)局、县局通信部门根据职能分工和管理权限负责采集、录入、更新。

第二十七条 空间信息。

基础地图信息。由开发单位负责采集和处理，并向黄委、省局和水文局提供数据支持。

专题地图信息。工程分布和河势变化等专题数据由县局负责采集提供，水文站网等专题数据由水文局负责采集提供，数据库管理单位负责各数据库的专题数据更新，并分别向黄委和市(地)、县局提供数据支持。

遥感影像信息。由开发单位负责采集和处理，并向黄委、省局和水文局提供数据支持。

数字高程模型信息。由开发单位负责采集和处理，并向黄委、省局和水文局提供数据支持。

第二十八条 其他防汛信息。由有关单位负责采集、录入、更新。

第五章 信息访问

第二十九条 各级、各类防汛信息按照资源共享的原则，上级部门可查询下级部门的防汛信息，下级部门可查询上一级部门的公开信息，同级部门可相互查询公开信息。

第三十条 黄河防汛总指挥部办公室对各级所有上网防汛信息享有访问权，黄河防汛总指挥部办公室各成员单位对各级上网的公用防汛信息享有访问权。

第三十一条 省级黄河防汛办公室享有本辖区内所有上网防汛信息的访问权和其他省辖区内公开上网防汛信息的访问权。

第三十二条 市(地)级黄河防汛办公室享有本辖区内所有上网防汛信息的访问权和本省内公开信息的访问权。

第三十三条 县级黄河防汛办公室享有本辖区内所有上网防汛信息的访问权和本市

(地)内公开信息的访问权。

第三十四条 其他防汛信息的访问,黄河防汛总指挥部办公室另行规定。

第六章 运行管理

第三十五条 数据存储。

数据存储管理采用黄委和省局数据库集中管理的方式。

黄委数据库主要存储黄河流域的空间数据、各类防汛公开信息、省局及以下单位产生的防汛数据。

省局数据库主要存储各自产生的防汛信息。

第三十六条 数据传输。

工情、险情、灾情、河势信息,防汛队伍和物资信息,社会经济信息等由采集点直接上传到省局和黄委数据库。

气象、水文信息,库区和河道观测断面信息等由水文局负责向黄委数据库传送,再由黄河防汛总指挥部办公室责成黄委信息中心向河南、山东局传送。

基础地图数据、遥感数据由开发单位负责向黄委数据库传送。

第三十七条 数据维护。

黄委数据库的数据维护由黄河防汛总指挥部办公室责成黄委信息中心负责。省局数据库的数据维护各自负责。

各数据库管理单位要建立数据质量检测规则,保证数据的自动更新。

第三十八条 数据的应用与安全上网应用使用的数据必须来源于黄委数据库和省局数据库。

据库结构和表结构需要变更时,应向黄河防汛总指挥部办公室申请,经批准备案后,由数据库管理单位负责完成相应变更。

黄委数据库和省局数据库必须有健全的安全机制。

第三十九条 升级与维护。

各数据库管理单位负责各自数据库的升级和维护。应用系统的升级和维护,必须按照黄河防汛总指挥部办公室的要求,在黄委信息中心和技术指导下,由建设单位负责各自应用系统的升级和维护。

第四十条 人员培训。各级管理单位应定期进行系统运用的培训。

第七章 奖 惩

第四十一条 对防汛上网信息传输及时、准确、工作突出的单位、个人,黄河防汛指挥部办公室依据相关考核标准年终设单项表彰奖励。

第四十二条 按照规定,对人为造成信息丢失、失真、错误和更新不及时的相关责任人,根据情节轻重给予批评、警告、记过等处分。

第八章 附 则

第四十三条 各单位可根据本办法制定实施细则。

第四十四条 本办法由黄河防汛总指挥部办公室负责解释。

第四十五条 本办法自发布之日起执行。

2003 年 1 月 8 日

黄河下游工情险情会商系统使用管理办法(试行)

黄汛〔2004〕11号

第一条 为加强黄河下游工情险情会商系统使用管理,充分发挥系统在防汛工作中的重要作用,根据有关法律、法规和"数字黄河"工程建设的有关规定,结合本系统的特点,制订本办法。

第二条 黄河下游工情险情会商系统(以下简称会商系统)用户分一般用户和审查用户。按信息管理权限划分,县级用户又分为:物资信息管理用户、险情信息管理用户、基本信息管理用户。一般用户只能进行信息查询,审查用户除可以进行信息查询外,还可以对本单位及所属单位的信息进行录入、修改。使用系统的各类用户都必须严格遵守本办法。

第三条 会商系统属黄河内部防汛办公系统,不与外部网络连接,会商系统内的信息资料原则上不对外发布,确需发布的必须严格按照《黄河水利委员会新闻宣传审稿制度(暂行)》的规定进行审查。

第四条 会商系统信息采集、录入实行分级负责的原则,各级对负责录入的信息必须负完全责任。上级要对下级信息采集、录入工作进行检查、指导和督促。工情、险情等具体信息由县(市、区)河务(管理)局、闸管所等县级及现有防汛任务的科级单位(简称:信息管理单位)采集、录入,上级单位进行汇总和审查。黄委、省局、市局各级防办负责采集、录入综合信息。当信息采集单位不具备上网条件时,信息采集单位负责信息采集,相应上级管理单位负责录入上报。

第五条 委防办负责组织系统的开发、维护、管理和信息采集,委信息中心负责信息录入管理和技术支持,规计、财务部门负责落实系统建设和管理经费,建设管理部门负责系统的监理和验收,并协助防办做好系统中工情资料的审核,其他防办成员单位按照各自的职责,做好与本系统有关的工作。省、市、县级黄河防办成员单位在同级防办的协调下,按照各自职责分别承担工情、物资、抢险、防汛队伍等信息的采集、录入和更新任务。

第六条 信息上网或已上网信息修改前有关部门应先进行信息预整理或在系统上自动生成并打印输出,形成纸质文档,由部门负责人审核,单位负责人审定后方可正式上网或进行修改,审核和审定人必须在纸质文档上签字,并对信息的真实性和准确性负责。

会商系统管理人员和部门负责人必须认真校核上网信息,确保上网信息与纸质文档一致。

第七条 涉及河道整治工程、堤防工程、涵闸工程、滩区及蓄滞洪区安全设施、跨河工程、桥梁、管线、穿堤建筑物、险点险段等基本信息,对上年度信息变化情况集中采集整理,于每年6月底录入更新;滩区社会经济、防汛道路信息应于普查后,及时录入更新。

第八条 涉及群众防汛物资储备、社会团体备料、防汛机动抢险队、防汛队伍、防汛责任制、防汛指挥部人员等基本信息,应于6月15日前完成采集、录入更新。

第九条 水毁工程、雨毁工程、堤防偎水、黄河通信系统水毁等信息,采集时段新增信息;洪水漫滩灾情、上堤防守人员等信息,采集信息累计值。上述信息发生后,按要求的上报时间及时采集录入上网。

第十条 工程险情信息应严格按照《实时工情、险情信息采集技术标准》和防汛有关管理规定采集信息,通过险情管理系统及时录入。

第十一条 常备防汛料物及备防石要按照《黄河水利委员会防汛石料管理办法(暂行)》《黄河防汛物资管理办法 (试行)》《黄河防汛物资定期报表制度》等物资管理的相关规定,通过物资管理系统于物资消耗后24小时内进行入库、出库等处理。

第十二条 工程险情信息由信息采集单位录入,并在网上发布,黄委、省局、市局各级防汛单位可以查询权限范围内的险情信息。险情信息录入前或录入后必须形成纸质文档,拟稿人、审核人、审定人要签字负责,并由防办统一存档。

第十三条 工程险情抢险电报上报后,市级以上各级黄河防汛办公室必须在规定时间内对所报的抢险电报进行处理,明确批示险情是否抢护,如果同意抢护,在其权限内应按规定时限批复抢险电报,超出权限的应及时转报上一级主管部门。重大险情边抢护边报告,及时完善上网信息。

批复或转报抢险电报由系统自动生成并打印输出,形成纸质文档,拟稿人、审核人、审定人逐一签字负责,并由各级防办统一存档。

第十四条 各级防办要加强对会商系统使用人员的技术培训,使每个应用人员都能够严格遵守本办法, 熟练运用会商系统开展工作, 特别是要加强对会商系统管理人员的技术培训。

第十五条 各级都要明确责任心强、熟悉计算机和业务知识的技术人员负责会商系统管理,掌管本单位的审查用户,按规定及时录入信息,并对信息的准确性负责。会商系统管理人员对所管理的系统信息的安全负责。

第十六条 会商系统软件、硬件维护均由委信息中心负责。

信息中心应根据委、省、市、县四级防办的要求,不断完善系统功能。要制订详细的系统管理维护办法,加强通信网络、服务器、系统软件和数据库的管理,确保系统的正常运行。系统维护要明确专人负责,定时对系统进行检查维护;采取必要的安全措施,防止系统遭受攻击。通过技术保障和制度规范措施保证数据库管理系统和数据的安全和高效运行,定时进行数据备份。制订系统应急恢复方案,保证出现问题时迅速恢复。

会商系统在黄委和河南、山东两局分别设置服务器,委信息中心统一进行管理和维护,服务器的数据要及时更新,保持一致。河南、山东两局防办提供运行环境,并对设备安全负责。

第十七条 工情险情会商系统的应用是防汛工作的重要内容,每年汛前和汛后分别通报系统信息更新和应用情况,并纳入各单位防汛工作的年度考核。

第十八条 各单位应对会商系统应用好的单位和个人进行表彰或物质奖励。对违反本办法造成不良影响的要给予批评教育,造成严重后果的要追究责任。

第十九条 各省防办和委信息中心应根据本办法的规定制订本单位工情险情会商系统

管理实施细则。

第二十条 本办法由黄委防办负责解释。

第二十一条 本办法自印发之日起试行。

2004 年 7 月 5 日

黄河防汛、水调手机实时信息发布管理办法（试行）

黄防总〔2003〕1 号

第一章 总 则

第一条 黄河防汛、水调手机实时信息(以下简称手机实时信息)是各级领导决策的重要参考。为使各类相关的手机实时信息及时、准确地传递给各级领导,规范发布信息的内容和类别,理顺信息通报发布渠道,根据国家有关法规和黄河防汛、水量调度的有关规定,特制订本办法。

第二条 信息发布针对不同对象实行分类发布、分类管理。

第三条 本办法只适用于黄河防汛、水调信息在手机上发布、使用和管理。

第二章 信息内容及分类

第四条 手机实时信息内容包括:干支流主要水文站的水情、大型水库的水情、汛情及各类重大天气形势预报、防汛抢险等信息。

手机实时信息分为:日常信息、重大信息、特大信息三类。

日常信息:全年黄河主要水文站(兰州、石嘴山、头道拐、吴堡、龙门、华县、潼关、黑石关、武陟、花园口、夹河滩、高村、孙口、艾山、泺口、利津等)每日 8 时及 6 时流量,龙羊峡水库、刘家峡水库每日 8 时库水位、蓄水量、出库、入库流量;万家寨水库、三门峡水库、小浪底水库每日 8 时库水位、蓄水量、出库流量、日平均流量等。

重大信息:黄河中、下游达到警戒水位或出现编号洪峰时,龙门、潼关、华县、小浪底、花园口、夹河滩、高村、孙口、艾山、泺口、利津各站的洪峰流量、水位,重大天气预报;凌期黄河干流封河情况。

特大信息:黄河中、下游防洪形势处于严重状态,出现水位表现异常或堤防出现重大险情时,重大天气预报,堤防出险情况,滩区群众迁安救护情况等。

第三章 发布对象及时间

第五条 信息发布对象分为三组:

第一组:黄河防汛总指挥部总指挥、常务副总指挥、副总指挥,黄河防汛总指挥部办公室正、副主任。第二组:黄河水利委员会党组成员、总工、副总工;黄河水利委员会防汛办公室主任、副主任、正副处长;黄河水利委员会水资源管理与调度局局长、副局长、水量调度处及督查处正处长、副处长；黄河水利委员会水文局正局长、副局长、水文水资源信息中心正主任、副主任；黄河水利委员会信息中心正主任、副主任；河南、山东黄河河务局正局长、副局长及防汛办公室正主任、副主任，水调处正处长、副处长；万家寨水利枢纽有限公司、三门峡水利枢纽管理局(包括故县水库)、小浪底水利枢纽建设管理局、陆浑水库管理局主要领导、主管防汛领导、防汛办公室正主任、副主任；第三组：山西省、陕西省防汛抗旱指挥部指挥、副指挥、防汛办公室正主任、副主任；河南省、山东省防汛抗旱指挥部指挥、副指挥、防汛办公室正主任、副主任；黄河防汛总指挥部办公室各成员单位班子成员；黄河水利委员会黄河小北干流陕西河务局、山西河务局正局长、副局长、防汛办公室正主任、副主任；陕西三门峡库区管理局、山西三门峡库区管理局、三门峡市库区移民河务管理局正局长、副局长、防汛办公室正主任、副主任；河南、山东两省沿黄各地(市)防汛指挥部指挥、副指挥。

第六条 日常信息的发布对象：第一组、第二组黄河防汛、水量调度处于正常情况下，没有出现编号洪峰或其他特殊情况，每日 10 时前发布 8 时水情信息。汛期每日 7 时前增发 6 时水情信息。

第七条 重大信息的发布对象：第一组、第二组、第三组当黄河中游或下游出现编号洪峰或达到警戒水位时，开始发布重大信息，直至洪水入海。遇重大事件、重要信息及时发布。

第八条 特大信息的发布对象：第一组。

当黄河中下游防洪形势处于严重状态时，开始发布特大信息，直至洪水入海，大堤险情解除。遇重大事件，及时发布。

第九条 手机实时信息发布对象要保证手机一直处于开机状态，并及时阅读、处理有关信息。

第四章 信息发布格式

第十条 手机实时信息受字节限制，信息发布采用简写格式。具体格式如下：

1. 水文站信息格式。

例：某某站，8 时流量××立方米每秒。

简称：某××。

站名简写“某”，以站名称的第一个字为准。

2. 水库信息格式。

例 1：某某水库，8 时库水位××米，蓄水量××亿立方米，入库流量××立方米每秒，出库流量××立方米每秒。

简称：某××蓄××入××出××。

例 2：某某水库，8 时库水位××米，蓄水量××亿立方米，出库流量××立方米每秒，日平均流量××立方米每秒。

简称：某××蓄××出××日均××。

水库名简写“某”，以水库名称的第一个字为准。

3. 重大天气变化及其他情况描述，语言要精练，要突出实效性。

第五章 信息收集管理

第十一条 黄河防汛总指挥部办公室是手机汛情信息发布的主管部门，黄河水利委员会信息中心按黄河防总办公室的授权负责信息的发布，其他任何单位不得擅自发布手机实时信息。

第十二条 黄河水利委员会水文局负责收集并处理手机汛情信息的实时水情、重大天气预报等信息。

第十三条 黄河水利委员会河南、山东黄河河务局，黄河水利委员会陕西、山西小北干流河务局，陕西三门峡库区管理局、山西三门峡库区管理局、三门峡市库区移民河务管理局负责收集工程出险、抢险、群众迁安救护等信息，并按规定上报黄河防汛总指挥部办公室。黄河防汛总指挥部办公室负责此类手机汛情信息的处理。

第十四条 手机信息发布对象的手机号码如有变动，要及时通知黄河防汛总指挥部办公室。

第六章 附 则

第十五条 本办法由黄河防汛总指挥部办公室负责解释。

第十六条 本办法自颁发之日起执行。

2003 年 2 月 14 日

防汛抗旱要情专报制度

黄防总办〔2008〕35 号

为强化对防汛抗旱工作的规范管理，督促各项防汛抗旱任务按时完成，及时反馈完成情况，特制订本制度。

第一条 为全面落实黄河防总、黄河防总办公室领导指示精神，督促各项防汛抗旱任务按时完成，及时反馈。防汛抗旱工作实行要情专报、一事一报。

第二条 本制度适用于防汛抗旱例会、防汛抗旱会商、防汛抗旱检查等领导布置工作任务落实完成情况的报告、反馈以及防汛应急、突发事件的报告。

第三条 防汛抗旱工作各任务牵头单位负责工作任务的督促落实并负责要情专报，报告内容包括：工作任务内容、安排时间、要求完成时间、目前完成情况、存在问题及建议等；报告根据工作需要呈送黄河防总、黄河防总办公室主要领导以及黄委主管领导。

第四条 防汛应急、突发事件要在第一时间上报委防汛办公室，由委防汛办公室核实后统一呈送上述领导，报告内容包括：事件发生的时间、地点、起因和性质、基本过程、已造成的后果、影响范围、事件发展趋势、处置情况和拟采取的措施等。

第五条 要求一周内完成的任务和防汛抗旱例会安排的工作任务，承担单位均应在下周防汛抗旱例会上报告完成情况；其他会议或领导专题布置的工作，要在规定时间内报告。

第六条 工作任务要求一月内完成的，每周五报告工作进展情况，任务完成后呈报总结报告。

第七条 工作任务要求一月以上完成的,每半个月报告工作进展情况,任务完成后及时呈报总结报告。

第八条 由黄河防总办公室成员单位牵头的工作任务,本单位(或部门)主要负责人为第一责任人。一般任务由单位(或部门)负责人审阅签字后上报,重要任务必须由单位(或部门)主要负责人审阅签字后上报。

第九条 由黄委所属单位牵头的工作任务,本单位分管领导为第一责任人,要情专报由该单位主管领导或主要负责人审阅签字后上报。

第十条 工作任务不能按时完成的,必须及时将情况上报有关领导并说明理由。

第十一条 对不按本制度及时呈送要情专报并给防汛工作造成严重影响或损失的,按照《关于违反黄河防汛纪律的处分规定》(黄监〔1999〕6号)追究工作任务牵头单位(或部门)有关责任人的责任。

第十二条 本制度由黄河防总办公室负责解释,自发布之日起实施。

2008年8月14日

黄河防汛抗旱总指挥部防汛抗旱宣传工作制度(暂行)

黄防总〔2007〕22号

第一章 总 则

第一条 为加强黄河防汛抗旱新闻宣传的引导与管理,增强与新闻媒体的联系与沟通,及时、全面、准确地向社会公众传递黄河防汛抗旱重要信息,为黄河防汛抢险、抗旱救灾工作营造良好的社会舆论环境,参照有关法律法规,制订本制度。

第二条 黄河防汛抗旱宣传的指导思想是:全面贯彻落实党中央、国务院、国家防总、水利部有关宣传工作的方针政策,以坚持正确舆论导向为根本出发点,以实现人民群众的知情权为根本目的,在各级逐步形成职责分明、管理集中、运转高效的新闻发布制度和突发事件发布制度。

第三条 在黄河防汛抗旱新闻宣传工作中,要坚持团结稳定、正面宣传为主的方针,坚持实事求是、及时准确、适度稳妥、内外有别的原则。

第四条 在发生突发事件和危机事件时,要在第一时间发布准确、权威的信息。正面新闻要主动发布,负面新闻要及时澄清。

第五条 本制度适用于黄河防汛抗旱各级宣传工作的管理。

第二章 宣传的主要内容

第六条 宣传的主要内容是:

(一)国家以及黄河流域有关防汛抗旱方面的方针政策、法律法规。

(二)党中央、国务院对防汛抗旱救灾的指示、要求,国家防总、黄河防总对流域内防汛抗旱工作的重要决策部署,国家防总、黄河防总领导赴灾区检查、指导工作等情况。

(三)黄河防总以及各级防指的工作情况。重点是黄河防总派往各地的检查督导组、工作组、专家组工作情况。各级防指为领导决策提供参谋意见的情况。黄河防总及各级防指有关防汛抢险、抗旱救灾的具体部署、措施和成效。

(四)及时、准确地通报流域和重点地区的汛情、旱情及特点。重点宣传汛情、旱情的成因、范围、发展及特点等。

(五)通报黄河流域性、区域性和重点地区阶段性、重大的险情灾情。通报灾情要客观,重点说明灾害成因、损失情况、各级防指对抗灾救灾的组织、部署,以及各省(区)抗洪抢险救灾采取的主要措施等。

(六)水利工程和水文、通信、预警预报、防汛抗旱指挥决策支持系统在洪水管理、洪水调度、防灾减灾中发挥的重要作用。

(七)坚持以人为本,加强社会管理,及时转移和妥善安置滩区、蓄滞洪区等受威胁地区群众的举措。

(八)各地按照防汛预案科学调度、有效防控的具体措施和发挥的效益。

(九)各级防指、各有关部门密切配合,团结协作,共同抗洪抗旱的情况。人民解放军指战员、武警部队官兵、黄河河务部门职工在抗洪抢险中表现出的英勇无畏精神和感人事迹。

(十)防汛抗旱突发性事件的情况及处置措施。

第三章 工作职责

第七条 按照“归口管理、分级负责”的原则,建立健全新闻发布和新闻发言人制度。

第八条 在黄河防总,各省(区)、市、县防指分别设立新闻发言人和新闻发布联络员。黄河防总新闻发言人由黄河防总常务副总指挥或黄河防总副总指挥担任。黄河防总办公室新闻发言人由黄河防总办公室主任或副主任担任。新闻发言人配有一名专门的新闻发布联络员。各级防指设立本级新闻发言人和新闻发布联络员。

第九条 新闻发言人的主要职责是审查本级新闻发布的内容,确定宣传报道口径,向新闻媒体通报可公开传播的信息,审阅和送审新闻稿件,安排和接受记者采访。新闻发布联络员承担本级新闻宣传的日常工作,负责与新闻媒体保持经常性的联系,完成新闻发言人委托的有关工作。

第十条 出现下列情况之一时,由黄河防总新闻发言人对外发布。

(一)黄河流域发生特大洪水;

(二)当花园口站发生4000立方米每秒以上的洪水,龙门站发生5000立方米每秒以上的洪水,并发生严重漫滩、塌岸损失的;

(三)黄河干流堤防发生重大险情;

(四)大、中型水库发生垮坝;

(五)黄河干流一次性洪涝灾害造成10人以上死亡;

(六)黄河防汛抗旱工作重大措施、法规、方略的实施。

第十一条 出现下列情况之一时,由黄河防总办公室新闻发言人对外发布。

(一)黄河流域或流域内数条支流同时发生较大洪水;

(二)当花园口站发生4000立方米每秒以下的洪水,龙门站发生5000立方米每秒以下的洪水;

(三)黄河干流堤防出现较大险情;

(四)大中型水库出现重大险情或小型水库发生垮坝;

(五)一次性洪涝灾害造成5人以上死亡;

(六)黄河防总组织实施的重要工作进展及成效;

(七)由于片面、失实或错误报道,引起公众误解、造成较严重不良社会影响,需要及时予以澄清或纠正的情况;

(八)其他由黄河防总研究决定需要发布的信息。

第十二条 黄委办公室负责黄河防总新闻发布工作的日常管理。主要做好新闻发布的组织、协调和承办工作,包括新闻发布的方案制订、新闻媒体人员的邀请、新闻发布材料审阅、宣传口径把关、会务组织等。同时负责各级新闻发言人的培训工作以及重大突发事件的现场采访和管理工作。

第十三条 各级要指定专人动态收集社会媒体有关黄河防汛方面的报道,对报道内容进行分析整理,及时向新闻发言人和新闻宣传负责单位提供。

第四章 宣传形式

第十四条 宣传的主要方式有:

(一)新闻发布会。新闻发言人定期或不定期对外发布黄河防汛重要信息。

(二)新闻通气会。向邀请的新闻媒体通报新闻信息,新闻发言人以主持人的身份出席,旨在保证信息的畅通,加强与新闻单位沟通情况,增进了解,加强与新闻单位的工作联系。

(三)召见新闻媒体发表谈话或接受记者采访发布新闻。此类新闻发布带有解释性,是以定向新闻媒体为主的新闻发布形式。

(四)授权发布新闻通稿。授权新闻媒体发布供新闻发布会和新闻单位使用的稿件。

(五)通过内部媒体对外发布新闻。

第五章 惩 戒

第十五条 对违反本制度的,要追究有关单位领导和相关责任人的责任。情节严重的,由纪检、监察部门按有关规定进行处理。

第六章 附 则

第十六条 本制度自印发之日起施行。

第十七条 本制度由黄河防总办公室负责解释。

2007年8月29日

黄河防汛抗旱总指挥部办公室信息处理办法(暂行)

黄防总〔2007〕23号

第一章 总 则

第一条 为切实加强黄河防汛抗旱信息及时、准确处理,促进信息处理工作规范化、制度化、科学化,进一步提高信息处理工作的效率和质量,特制订本办法。

第二条 黄河防汛抗旱总指挥部办公室(以下简称黄河防总办公室)信息主要是指防汛抗旱期间往来的各类防汛抗旱信息,按照性质分接收信息和发出信息两大类。

第三条 黄河防总办公室信息既是黄河防汛抗旱总指挥部及其办公室掌握上级部门及有关领导指示精神、通知、要求和有关防汛抗旱信息的主要途径,也是发出防汛抗旱指令、安排部署防汛抗旱工作的重要工具。

第四条 信息处理是指接收信息的办理、管理和发出信息的起草、签发过程。

第五条 信息处理必须严格执行国家防总、国家防办和水利部有关信息处理的规定和办法。

第六条 信息处理应当坚持实事求是、精简高效的原则,做到及时、准确、安全。

第七条 黄河防总办公室值班室值班人员、值班处长和带班领导是黄河防总办公室信息处理的主要人员,信息处理人员应当忠于职守,认真负责,全面掌握有关防汛抗旱情况。

第八条 在信息处理过程中,必须严格执行国家保密法律、法规和有关规定,确保信息安全。

第二章 信息内容及类别

第九条 接收信息主要包括防汛抗旱期间接收的水文、工情险情、灾情、突发事件、指示要求和综合信息等。

(一)水文信息:主要指流域面及部分区间的气象、降水和相关过程的预测预报、实测资料;黄河各主要控制断面的洪峰、水位、洪量、含沙量及颗粒级配的预测预报、滚动预报及实测资料;气温、水温、流凌密度、封开河时间、槽蓄水量、洪水水位、演进过程等冰凌预测预报及有关实测资料;流域片土壤墒情、旱情、引水信息;洪水期主要水文、通信测报设备设施雨水毁及修复情况等。

(二)工情险情信息:堤防、涵闸、险工、控导等各类工程运行状况;河势变化情况;凌汛冰坝壅水情况;滩唇出水情况;堤防偎水、巡堤查险、各类工程险情发展及抢险进展情况;抢险组织、资金、人员、设备投入及料物消耗情况;流域片水库运行状况及出险、抢险情况;蓄滞洪区状态及运用情况等。

(三)灾情信息:滩区进水、串水及洪水漫滩情况;漫滩地点、范围、围困人员、伤亡人数、财产损失情况及迁安救护措施;流域片山洪、泥石流导致人员伤亡及财产损失情况;水库出险造成的人员伤亡和财产损失情况；降水内涝情况；人畜饮水及旱灾情况；相关救灾措施及进展情况等。

(四)突发事件：河道断流危机的出现；各种原因引起的突发性水污染事件；船只翻沉、桥梁垮塌等造成群死群伤的重大事件；水利枢纽发生重大事故；恐怖组织破坏等人为重大破坏事件；通信及网络突然中断事件；计算机病毒大规模暴发导致网络瘫痪等。突发事件要包括时间、地点、信息来源、事件起因和性质、基本过程、已造成的后果、影响范围、事件发展趋势、处置情况、拟采取的下一步措施等要素。在突发事件处置过程中，值班人员要主动与事发现场指挥人员保持联系，及时了解有关情况，落实交办事项。

(五)指示要求：党和国家领导人的指示和批示；国家防总和水利部领导的指示和批示；黄河防汛抗旱总指挥部总指挥、常务副总指挥和各位副总指挥的批示和要求；国家防总和国家防办的通知要求和工作安排部署等。

(六)综合信息：各省(区)防指及防指办公室的防汛抗旱情况报告；各省（区）防指及防指办公室有关防汛抗旱工作的请示；黄河防总和黄河防总办公室工作安排部署和水库调度指令及落实反馈情况；有关领导检查、指导、调研、考察黄河防汛抗旱工作情况及其他防汛抗旱相关信息等。

第十条　水文、工情险情、灾情、突发事件、指示要求和综合信息等接收信息，按照信息性质和主要内容又可分重大信息、重要信息、一般信息、日常信息等类别。

(一)重大信息

1. 水文信息中的流域性或局部大的天气形势变化，短时或日降雨 100 毫米以上、3 日降雨 200 毫米以上的信息；龙门 4000 立方米每秒流量及以上，花园口 3000 立方米每秒流量及以上，渭河、伊洛河、沁河、大汶河等主要支流达报汛流量的信息；河道断面接近漫滩流量或水位的信息；水库超汛限水位的信息；封开河信息；主要断面流量接近警戒流量的断流危机信息；紧急抗旱引水需求信息等。

2. 工情险情信息中的重大险情信息；可能威胁防洪安全的主要河势、水位变化；水库出险信息；堤防出现重大险情；蓄滞洪区运用信息等。

3. 灾情信息中的漫滩信息；被水围困群众、人员伤亡信息；特大干旱信息等。

4. 突发事件中的河道断流危机事件；重大水污染事件；水利枢纽重大事故；船只翻沉、桥梁垮塌、人为破坏等造成的人员死亡事件；通信或网络中断 1 小时以上事件等。

5. 党和国家领导人、国家防总领导、水利部领导的讲话、批示、指示等信息；国务院、国家防总、水利部的电文等信息；黄河防总副总指挥以上领导的指示、批示等；新华社等重要媒体的国内动态清样信息等。

6. 综合信息中的黄河防总和黄河防总办公室重要工作部署、水库调度指令未落实的反馈信息；水库实时调度中超出调度原则、指标的调度指令；有关领导检查、指导、调研、考察黄河防汛抗旱的信息等。

7. 带班领导认为必要的其他信息。

(二)重要信息

1. 水文信息中的流域性或局部较大的天气形势变化，短时或日降雨 25 毫米以上、3 日降雨 100 毫米以上的信息；龙门 3000 立方米每秒流量及以上，花园口 2000 立方米每秒流量及以上，渭河、伊洛河、沁河、大汶河等主要支流达较大流量的信息；龙门断面含沙量超 100 千克每立方米、花园口断面含沙量超 30 千克每立方米的信息等。

2. 工情险情信息中的河道工程较大险情信息；主要河势变化；较大险情抢险组织及进展情况等。

3. 灾情信息中的串沟进水、耕地淹没损失；人员迁安救护、相关救灾措施及进展情况等信息。

4. 突发事件中的水污染事件；人员落水受伤事件；通信或网络临时中断事件等。

5. 各省（区）的重要防汛抗旱信息。

6. 黄河防总办公室正常的工作部署；正常调度范围内的水库调度指令等。

7. 带班领导认为必要的其他信息。

（三）一般信息

1. 水文信息中的流域性或局部天气形势变化；支流降雨引起的黄河河道流量变化或含沙量变化；流凌信息等。

2. 工情险情信息中的河道工程险情信息、抢险组织及进展情况等。

3. 值班处长认为必要的其他信息。

（四）日常信息

汛期、紧急抗旱期的各类日常防汛抗旱动态信息。

第十一条 发出信息参照接收信息，也可分重大信息、重要信息、一般信息、日常信息等类别。

发出信息主要通过明传电报、防汛简报、汛情通报、值班报告和新闻发言等形式，发出黄河防总和黄河防总办公室的防汛抗旱指令、要求，实施行政性措施、请示和答复问题，指导、布置和商洽工作、报告情况、交流经验，对外发布重要信息等。

（一）明传电报

主要发出黄河防汛抗旱情况报告和工作部署情况报告；向上级部门发出防汛抗旱有关请示和报告；向总指挥、常务副总指挥和各位副总指挥报告防汛抗旱重要信息和有关工作情况；向八省(区)防指、三大军区通报有关汛情、旱情预测预报、安排部署防汛抗旱工作；发出水库调度指令等。根据实际情况，确定主送和抄送单位。

（二）防汛简报

主要反映某一项重要工作、重大活动、主要工作进展、取得的成效等事。防汛简报主要报送国家防办、黄河防总总指挥、常务副总指挥、各位副总指挥，发各省（区）防指办公室、黄河防总成员，必要时可根据需要发相关单位和部门，范围较广。

（三）汛情通报

主要反映水文预测预报，通报洪峰、洪量及洪水演进过程，报告工情险情、灾情和突发事件等。根据需要确定发送单位和部门。

（四）值班报告

主要反映当前雨水情、主要断面流量、水库蓄水及运用方式、工情险情信息、防汛抗旱工作安排部署、有关领导活动等事项。上报国家防办并通过综合办公系统发布。

(五)新闻发言

针对黄河防汛抗旱某一特定重大事件向社会、媒体发布情况。

第三章 信息处理

第十二条 接收信息的处理:

(一)重大信息

原则上由带班领导立即批转黄河防总常务副总指挥和黄河防总秘书长、黄河防总办公室主任阅示,并提出拟处理建议;值班人员要密切跟踪办理;如有必要由黄河防总常务副总指挥或黄河防总秘书长、黄河防总办公室主任批转黄河防总总指挥阅示。重大信息一般要报黄河防总总指挥和各位副总指挥阅知。重大信息的批转、送达不得超过两个小时,涉及工程安全及人员生命安全的信息批转、送达时间不得超过三十分钟。

(二)重要信息

原则上由带班领导尽快批转黄河防总办公室主任阅示,并提出拟处理建议;值班人员要跟踪办理;如有必要由黄河防总办公室主任批转黄河防总常务副总指挥阅示。重要信息的批转、送达一般不得超过四个小时。

(三)一般信息

由值班处长批转带班领导阅示,并提出拟处理建议。

(四)日常信息

由值班处长及时予以处理。

一般信息和日常信息均应在值班人员、值班处长当班时段内处理完毕。

第十三条 发出信息的处理:

(一)明传电报和汛情通报

根据需要由值班人员或相关人员拟稿,值班处长核稿。属于日常信息和一般信息范畴的,由带班领导签发;属于重要信息范畴的,由黄河防总办公室主任签发或授权黄委防办主任签发;属于重大信息范畴的,由黄河防总办公室主任签发,必要时,由黄河防总常务副总指挥签发。

(二)防汛简报

根据需要由值班人员或相关人员拟稿,值班处长核稿,带班领导审核并签发。

(三)值班报告

由值班人员拟稿,值班处长核稿并签发。

第四章 附 则

第十四条 本办法由黄河防总办公室负责解释。

第十五条 本办法自发布之日起执行。

2007 年 8 月 22 日

第二十一章 指挥调度

国务院关于黄河防御洪水方案的批复

（国函〔2014〕44号）

国家防汛抗旱总指挥部，青海省、甘肃省、宁夏回族自治区、内蒙古自治区、山西省、陕西省、山东省人民政府：

国家防汛抗旱总指挥部《关于批复黄河防御洪水方案的请示》（国汛〔2014〕4号）收悉。现批复如下：

原则同意《黄河防御洪水方案》。黄河防洪安全事关全流域及黄淮海平原广大地区人民生命财产安全，各有关地方人民政府、国务院有关部门要按照方案确定的各项任务和措施，认真抓好落实，确保防洪安全。

附件：黄河防御洪水方案

2014年4月4日

附件

黄河防御洪水方案

黄河是我国第二大河，流经青海、四川、甘肃、宁夏、内蒙古、山西、陕西、河南、山东等省(区)，流域面积79.5万平方千米。黄河防洪安全关系全流域及黄淮海平原广大地区人民生命财产安全，涉及兰州、银川、郑州、济南、西安、太原等多座大中型城市，京九、京广、陇海等铁路干线，京港澳、连霍、京沪等高速公路及胜利油田、中原油田等重要设施安全。

经过多年建设，黄河防洪工程体系逐步完善，防洪非工程措施取得长足进展，防洪能力有了显著提高。根据《中华人民共和国防洪法》《中华人民共和国防汛条例》和《黄河流域综合规划(2012—2030年)》《黄河流域防洪规划》，结合黄河流域防洪现状，提出本方案。

一、流域洪水特性

黄河干流全长5464千米，河源至内蒙古托克托县河口镇为上游，河长3472千米；河口镇至河南郑州市桃花峪为中游，河长1206千米；桃花峪至入海口为下游，河长786千米。

黄河上游洪水主要来自兰州以上，洪水历时长、洪量大。中下游洪水主要来自河口镇至龙门区间、龙门至三门峡区间和三门峡至花园口区间，其中三门峡以上洪水洪峰高、洪量大、含沙量高；三门峡至花园口区间洪水洪峰高、涨势猛、预见期短。

黄河凌汛主要发生在上游宁夏、内蒙古河段(以下简称宁蒙河段)和中下游部分河段。

二、防洪工程体系

(一)骨干水库工程。

黄河干流龙羊峡以下已建、在建水库(水电站)30座，其中具有防洪防凌任务的骨干水库有龙羊峡、刘家峡、海勃湾、万家寨、三门峡、小浪底水库。支流上承担干流防洪任务的水库有伊河陆浑、洛河故县、沁河河口村水库。

龙羊峡、刘家峡水库联合运用，承担兰州市城市防洪和宁蒙河段防凌任务，兼顾宁蒙河段防洪；海勃湾水库配合龙羊峡、刘家峡水库承担内蒙古河段防凌任务；万家寨水库承担其库区及下游北干流河段防凌任务；三门峡、小浪底、陆浑、故县、河口村水库联合调度，承担黄河下游防洪任务；三门峡、小浪底水库承担下游河段防凌任务。

(二)堤防工程。

黄河干流堤防主要分布在甘肃、宁夏、内蒙古和黄河下游河段。支流堤防主要分布在汾河、渭河、伊洛河、沁河和大汶河下游河段。

甘肃兰州市城市河段堤防长76千米，设计防洪标准为一百年一遇，设计防洪流量为兰州站6500立方米每秒。宁夏河段堤防长448.1千米，设计防洪标准为二十年一遇，设计防洪流量为下河沿站5600立方米每秒，其中银川市、吴忠市城市河段为五十年一遇，设计防洪流量为下河沿站5960立方米每秒。内蒙古河段堤防长985.6千米，设计防洪标准为二十年至五十年一遇，设计防洪流量为石嘴山站5630立方米每秒至6000立方米每秒。

黄河下游河段堤防长1370.3千米(包括桃花峪以上50.9千米)，设计防洪标准为防御花园口站22000立方米每秒洪水，相应设计防洪流量为高村站20000立方米每秒、孙口站17500立方米每秒、艾山站11000立方米每秒。

黄河主要支流汾河下游河段堤防设计防洪标准为二十年一遇，设计防洪流量为河津站1880立方米每秒。渭河下游河段堤防设计防洪标准为五十年一遇，设计防洪流量为华县站10300立方米每秒。伊洛河下游河段堤防设计防洪标准为二十年一遇，设计防洪流量为黑石关站7000立方米每秒。沁河下游丹河口以下河段堤防设计防洪标准为一百年一遇，设计防洪流量为武陟站4000立方米每秒。大汶河下游河段堤防设计防洪标准约为二十年一遇，设计防洪流量为戴村坝站7000立方米每秒。

（三）河道工程。

主要河道工程：上游宁蒙河段140处；中游龙门至潼关河段34处，潼关至三门峡大坝河段45处；下游河段有险工146处、总长330.1千米，控导护滩工程228处、总长461.6千米。

（四）蓄滞洪区。

东平湖滞洪区设计防洪运用水位，老湖区46.0米（大沽标高，下同），相应容量12.28亿立方米，新湖区45.0米，相应容量23.67亿立方米，全湖区45.0米，总容量33.83亿立方米；设计分洪能力8500立方米每秒，分滞黄河洪量17.5亿立方米。

北金堤滞洪区设计分洪能力10000立方米每秒，分滞黄河洪量20亿立方米。

黄河上游内蒙古河段建有乌兰布和、河套灌区及乌梁素海、杭锦淖尔、蒲圪卜、昭君坟、小白河等应急分洪区。宁蒙河段大型引黄设施可应急分洪。

（五）下游滩区。

黄河下游滩区涉及河南、山东两省43个县（市、区），总面积3154平方千米，耕地340万亩，人口189.5万人。下游滩区内修筑有村台、避水台、房台及撤退道路，用于就地避洪和人员撤离。

三、防御洪水原则

（一）黄河防御洪水遵循统筹兼顾、蓄泄兼筹、工程措施与非工程措施结合、局部服从全局的原则。

（二）当发生设计标准内洪水时，运用水库适当调控，合理利用河道排泄，适时运用标准内蓄滞洪区分滞洪水，加强工程防守，确保防洪安全。

（三）当发生设计标准以上洪水时，充分运用水库拦蓄，利用河道强迫行洪，及时启用蓄滞洪区分滞洪水，充分发挥防洪工程体系的作用，采取必要措施，确保重点防洪目标安全。

（四）加强骨干水库防凌调度和堤防工程防守，必要时启用应急分洪区分滞凌水，采取综合措施，减轻凌汛灾害损失。

（五）在确保防洪安全的前提下，兼顾水库、河道减淤和洪水资源利用。

四、防御洪水安排

（一）黄河上游。

1. 兰州市城市河段。

（1）设计标准内洪水。

兰州站发生一百年一遇及以下洪水时，龙羊峡、刘家峡水库联合运用，龙羊峡水库最大下泄流量不超过4000立方米每秒，刘家峡水库最大下泄流量不超过4290立方米每秒，控制兰州站流量不超过6500立方米每秒。

（2）设计标准以上洪水。

兰州站发生一百年一遇以上洪水时，在确保龙羊峡、刘家峡水库安全的前提下，充分运用水库拦蓄洪水，采取必要措施，保障兰州市重点防洪目标安全，尽量减轻灾害损失。

2. 宁蒙河段。

(1)设计标准内洪水。

宁蒙河段发生二十年一遇(下河沿站5600立方米每秒，石嘴山站5630立方米每秒)及以下洪水时，利用河道排泄洪水，必要时运用应急分洪区、引黄设施等分滞洪水。

(2)设计标准以上洪水。

宁蒙河段发生二十年一遇以上洪水时，运用河道强迫行洪，充分运用应急分洪区、引黄设施等分滞洪水，采取必要措施，确保重要防洪目标安全。

(二)黄河中游。

当龙门站发生20000立方米每秒及以下洪水时，利用河道排泄洪水，适时转移滩区和三门峡库区人员，加强河道工程防守。

当龙门站发生超过20000立方米每秒洪水时，充分利用河道排泄洪水，加强重点防洪目标的防护。

三门峡水库原则上敞泄运用。

(三)黄河下游。

1. 设计标准内洪水。

(1)花园口站发生8000立方米每秒及以下洪水时，三门峡水库敞泄，运用小浪底水库进行水沙调控，加强河道工程防守。滩区行洪时，及时做好人员转移安置。

(2)花园口站发生超过8000立方米每秒且不超过10000立方米每秒洪水时，三门峡水库敞泄运用，小浪底水库控制运用，加强工程防守，做好下游滩区人员转移安置。

(3)花园口站发生超过10000立方米每秒且不超过22000立方米每秒洪水时，三门峡、小浪底、陆浑、故县、河口村水库联合调度运用，充分发挥拦洪错峰作用，其中三门峡水库原则上敞泄运用。

孙口站流量超过10000立方米每秒，相机运用东平湖滞洪区分洪。

加强黄河下游堤防、东平湖滞洪区堤防和其他重要堤防工程防守，做好库区、滩区、蓄滞洪区人员转移安置。

2. 设计标准以上洪水

花园口站发生超过22000立方米每秒洪水时，充分运用三门峡、小浪底、陆浑、故县、河口村等水库和东平湖滞洪区拦洪滞洪，相机运用北金堤滞洪区分滞洪水，最大程度减轻下游防洪压力。做好北金堤滞洪区人员转移安置，加强黄河下游堤防防守，全力固守黄河下游北岸沁河口至封丘、南岸高村以上和济南河段黄河堤防以及沁河丹河口以下左岸堤防。

五、责任与权限

(一)责任。

黄河防汛抗旱总指挥部负责流域防洪防凌的组织、协调、指导、监督工作和重要防洪防凌工程的调度运用。

青海、甘肃、宁夏、内蒙古、山西、陕西、河南、山东等省(区)人民政府负责本行政区域内的抗洪抢险、人员转移安置、救灾及灾后恢复等工作。

煤矿、油气、交通、电力、电信等部门和单位负责所属设施的防洪防凌安全。

(二)权限。

1. 龙羊峡、刘家峡、海勃湾、万家寨、三门峡、小浪底、陆浑、故县、河口村等水库的防洪防凌调度由黄河防汛抗旱总指挥部负责。

2. 东平湖滞洪区的分洪运用,由黄河防汛抗旱总指挥部商山东省人民政府决定;司垓退水闸的运用,由黄河防汛抗旱总指挥部提出运用意见,报国家防汛抗旱总指挥部决定。

3. 北金堤滞洪区的分洪运用,由黄河防汛抗旱总指挥部提出运用意见,国家防汛抗旱总指挥部审查后,报国务院决定。

4. 乌兰布和、河套灌区及乌梁素海等应急分洪区的分凌(分洪)运用,由内蒙古自治区防汛抗旱指挥部提出运用意见,报黄河防汛抗旱总指挥部决定;杭锦淖尔、蒲圪卜、昭君坟、小白河等应急分洪区的分凌(分洪)运用由内蒙古自治区防汛抗旱指挥部负责。

六、工作与任务

(一)防汛准备。

黄河防汛抗旱总指挥部及沿黄地方各级防汛抗旱指挥部要对流域及所辖范围内防汛准备情况进行检查,督促落实防汛责任和度汛措施。受洪水威胁的企业和单位,要做好各项防汛准备,落实防洪自保措施。

(二)洪水预警预报。

气象、水文部门及时作出天气形势、降雨和洪水(或凌情)预报,黄河防汛抗旱总指挥部及流域各省(区)防汛抗旱指挥部按规定发布,并作为防洪防凌调度的依据。

(三)滩区、蓄滞洪区、库区运用。

有关省(区)防汛抗旱指挥部要及时发布蓄滞洪区、应急分洪区、滩区、库区洪水预警,所在地各级人民政府要做好运用的各项工作。

(四)抗洪抢险。

黄河防汛抗旱总指挥部指导、协调、监督黄河抗洪抢险工作。

地方各级人民政府要按照防汛责任制的规定,组织做好行政区域内的抗洪抢险工作。煤矿、油气、交通、电力、电信等部门和单位做好各自管辖范围内设施的抗洪抢险工作。

(五)救灾。

地方各级人民政府应当组织有关部门、单位做好受灾人员转移安置、生活保障、卫生防疫、治安管理、水毁修复、恢复生产和重建家园等工作。

七、附　则

(一)黄河水利委员会根据本方案,会同青海、甘肃、宁夏、内蒙古、山西、陕西、河南、山东等省(区)人民政府制订黄河洪水调度方案,报国家防汛抗旱总指挥部批准。

(二)本方案由国家防汛抗旱总指挥部负责解释。

(三)本方案自发布之日起执行,此前有关黄河防御洪水方案同时废止。

关于印发《防洪预案编制要点(试行)》的通知

办河〔1996〕26号

各省、自治区、直辖市防汛抗旱指挥部,黄河防总,长江中下游防总,各流域机构:

防汛实践证明,编制好防洪预案是防止和减轻洪水灾害的重要措施,根据《中华人民共和国防汛条例》和有关法规,我办组织制订了《防洪预案编制要点(试行)》现予印发,请各地在编制防洪预案时参照执行。

目前即将进入汛期,请根据当地的实际情况,抓紧组织有关部门制订或修订各类防洪预案,在执行《要点》的过程中有什么问题和建议,请及时报我办。

附件:防洪预案编制要点(试行)

国家防汛抗旱总指挥部

一九九六年四月十四日

防洪预案编制要点(试行)

1 总 则

1.1 为了防止和减轻洪水灾害,做到有计划、有准备地防御洪水,根据《中华人民共和国防汛条例》关于制订防御洪水方案的规定,特提出防洪预案编制要点。

1.2 防洪预案即防御江河洪水灾害、山地灾害(山洪、泥石流、滑坡等)、台风暴潮灾害、冰凌洪水灾害以及突发性洪水灾害等方案的统称,是在现有工程设施条件下,针对可能发生的各类洪水灾害而预先制订的防御方案、对策和措施;是各级防汛指挥部门实施指挥决策和防洪调度、抢险救灾的依据。

1.3 防洪预案编制依据的法规。

1.3.1 《中华人民共和国水法》《中华人民共和国防汛条例》《中华人民共和国河道管理条例》《水库大坝安全条例》《蓄滞洪区安全建设指导纲要》等国家有关法规、条例和政策。

1.3.2 流域防洪规划和防御洪水方案。

1.3.3 上级和同级人民政府颁布的有关法规以及上级人民政府和有关部门制订的防洪

预案。

1.3.4 国家确定的社会经济发展的有关方针政策。

1.4 编制防洪预案的主要目标是最大限度的避免和减少人员伤亡,减轻财产损失。

1.5 编制防洪预案应遵循的基本原则是:贯彻行政首长负责制;以防为主,防抢结合;全面部署,保证重点;统一指挥,统一调度;服从大局,团结抗洪;工程措施和非工程措施相结合;尽可能调动全社会积极因素。

1.5.1 各省(自治区、直辖市)、地(市)、县的省长、市长、专员、县长对所辖区的防洪预案实施负总责。

1.5.2 与防汛有关的各部门既要做好本部门防汛工作,又要按照各级防洪指挥部的统一部署和《中华人民共和国防汛条例》的有关规定,各司其职,各负其责,做好防洪预案中规定的准备和实施工作。

1.6 防洪预案应密切结合防洪工程现状、社会经济情况,因地制宜进行编制,并在实施过程中,根据情况的变化不断进行修订。

1.7 防洪预案应具有实用性和可操作性。

2 编制范围和审批权限

2.1 根据《中华人民共和国防汛条例》第十一条的规定,有防汛任务的县级以上人民政府及有关部门、单位、企业都应编制防洪预案。

2.2 防洪预案的内容应包括:原则要求;基础资料;防御方案;实施措施等四部分。各地编制防洪预案时可根据当地主要灾害类型,编制一种或几种防洪预案。

2.3 防洪预案的编制范围和审批权限:

长江、黄河、淮河、海河重要河段的防御洪水调度方案,由国家防汛抗旱总指挥部制订,报国务院批准。

跨省、自治区、直辖市的其他江河的防洪预案,其所辖河段由有关省、自治区、直辖市人民政府制订,经所在流域机构审查协调,必要时报国家防汛抗旱总指挥部批准。

跨地、县、市的江河防洪预案,由省(自治区、直辖市)防汛抗旱指挥部或其授权的单位组织制订,报省(自治区、直辖市)人民政府或其授权的部门批准。

企业、部门、单位的防洪预案,在征得其所在地水行政主管部门同意后,报上级主管部门批准。

2.4 防洪预案编制后,应每年进行一次修订,并在汛期之前完成上报和审批。

3 基础资料

3.1 区域概况:

流域或区域的地理位置、面积、地形、地貌、气象和水文特征,河流、湖泊、洼地情况等;

防洪区和灾害威胁区的社会经济状况:耕地、人口、城镇、工业、农业、固定资产、产值、利税、文物、交通干线和军事设施等情况;

堤防(海塘)、水库、蓄滞洪区、涵闸、水电站、机电泵站等水利工程基本情况。

3.2 流域规划确定的防洪规划、防洪工程建设等情况。

3.3 洪水特性和防洪标准。

3.3.1 历史大洪水情况

洪水特性、淹没范围、灾害损失、成灾原因等。

3.3.2 洪水类型及洪水特性分析 。

分析对防洪不利的各种类型洪水及其特征。

3.3.3 各典型年不同频率设计洪水特征分析。

提出洪峰水位、流量、洪量、历时等特征值。

3.4 分析确定现有防洪标准,包括防护对象的防洪标准、防洪工程的防洪标准等。

3.5 根据现有防洪标准、防洪能力和历史淹没情况,绘制可能成灾的灾害范围图,并进行风险分析。

4 防御洪水方案的编制内容

4.1 确定重点防护对象。

根据具体情况确定重点防护对象,主要是城市和人员密集的乡镇,重要工矿企业,重要交通干线,重要设施等,要列出名称、位置、高程、人口、产值、利税、现有防洪标准等。

4.2 防御设防标准以内洪水方案。

4.2.1 根据各级典型洪水的频率、洪峰、洪量和洪水过程,结合现有防洪工程标准、防洪能力及调度原则,确定河道、堤防、水库、蓄滞洪区和湖泊的调度运用方案。按照“蓄泄兼施,以泄为主”的原则,合理安排洪水的蓄滞和排泄。

4.2.2 按照防洪调度规则、操作规程和泄水建筑物的运用程序,结合上下游河道、蓄滞洪区和湖泊的洪水调度方案,制订水库各级洪水的优化调度(梯级水库和水库群的联合调度)方案。

4.2.3 制订分蓄洪工程分洪运用具体方案和排水方案,以及分蓄洪区人员转移与安置方案。

4.3 防御超标准洪水方案。

在超标准洪水情况下,现行河道的排洪能力、水库、湖泊和蓄滞洪区的调蓄能力已经充分利用,可根据具体情况采取使用非常分(溢)洪的措施,确定临时破口分洪方案和受洪水直接影响地区的人员转移安置方案。

4.4 防御山地灾害方案。

山地灾害是指降雨诱发的山洪、泥石流、滑坡等灾害。防御方案侧重于监视、预防、预警、人员撤离、财产转移、抢救、善后工作等。

要分析降雨诱发山洪、泥石流、滑坡灾害的规律。制订专防与群防相结合的预防措施。

4.5 防御台风暴潮灾害方案。

4.5.1 台风暴潮灾害历史资料分析。

历次重要台风登陆时间、地点、路线,台风的风情、雨情、水情(潮位)和灾情。

4.5.2 台风监测和预报。

根据历年台风路径、强度、影响范围、暴雨、潮位等情况编制监测和预报方案。

4.5.3 根据台风的不同强度和影响范围，确定发布警报的范围、方式和批准权限等。

4.5.4 明确防台风抢险救灾人员的组织与任务。

4.5.5 制订转移危旧房和危险区群众的方案及安置方案。

4.6 防御冰凌洪水方案。

4.6.1 冰凌洪水方案。

根据历年冰凌洪水情况，研究冰凌变化规律和防凌对策。加强封河期、封冻期、开河期冰凌的观测和检查工作。

4.6.2 冰凌洪水预报。

根据河道槽蓄量、水文气象预报、上游水库运用和引用水的情况，结合可能出险河段的地点和出险工程的特性，分析预报冰凌威胁区封河和开河时间、水位、流量等。

4.6.3 冰凌洪水防御。

采取有效的措施，防止河道出现冰坝、冰塞现象。结合上下游河道冰凌洪水的情况，制订水库合理可行的调度计划。

应采取防止冰块冲击和冰凌闸门、桥墩、取水塔等建筑物的措施。

结合冰凌洪水的特性和防凌调度原则，制订蓄滞洪区运用方案，堤坝抢护方案和破冰泄水方案。

根据冰凌洪水情况，组织滩区、行(蓄)洪区及影响区内的人员转移。

4.7 防御突发性洪水方案。

突发性洪水是指由于防洪工程失事(如溃堤、跨坝等)而造成的洪水。分析可能出险的堤段和水库(特别是病险水库和中小型水库)，溃堤、垮坝的洪峰流量，洪水流路，沿程流量、水位，淹没范围等。

制订应急措施，如监视警报、人员转移、分洪、拦蓄、抢险、救灾等。尽量控制灾害范围，最大限度地减少灾害损失。

5 实施措施的编制内容

5.1 实施措施是指各类防洪调度方案实际应用中的具体措施。包括洪水监视、预报、警报、防洪工程监视、防洪工程防护抢险、蓄滞洪区运用、人员转移安置、救灾防疫、水毁工程修复以及有关职责制度等。

5.2 洪水预报。

根据地形地貌、水文、气象、洪水特性、防洪工程等情况制订洪水预报方案和实时修正方案，保持洪水预报精度，争取延长洪水预见期。

预报的内容为重要控制站的洪峰流量、水位、峰现时间和洪水过程。

要确定预报成果的校核、审定、发布和适时修正方案。

5.3 防洪工程监测。

要确定各类防洪工程在汛期的监测项目、测次、观测责任、报告制度。

5.3.1 河势监测。

监测主流线位置、洪水走势；河弯段主流线顶冲位置；河道冲淤变化；串沟、河叉、洲滩变化、崩岸等。

5.3.2 堤防工程监测。

监测堤身沉降、浸润线变化、裂缝、管涌、渗漏、滑坡、塌陷等。

5.3.3 涵闸和泵站工程监测。

监测变形、基础扬压力、设备完好与运行情况等。

5.3.4 水库工程监测。

按水库工程监测的有关规定执行。

5.4 防洪工程防护抢险。

针对江河湖海堤防、蓄滞洪区围堤、穿堤涵闸、泵站、水库坝体等可能出现的不同险情，制订抢险方案。

5.4.1 制订巡堤查险和情况上报制度。

5.4.2 掌握重点险工险段的位置、类别、等级。

5.4.3 制订各类险情的抢险措施。

5.4.4 确定各级防汛水位的防守人员。

5.4.5 制订动用部队抢险的方案。

5.4.6 制订防汛抢险物资调运的方式和路线。

5.5 蓄滞洪区运用。

确定分洪时机、分洪方式、分洪闸运用或分洪口门爆破等内容。

5.5.1 各分洪闸(口门)上游跟踪检测洪峰移动过程的检测站点的布设。

5.5.2 测报洪水(峰)到达分洪口门的传播时间。

5.5.3 根据洪水情况和保护区防洪工程标准确定最佳分洪时机。

5.5.4 制订分洪闸运用操作规程。

5.5.5 制订扒口分洪爆破作业方案。

包括调运爆破炸药、工具、器材，爆破现场戒严，实施爆破作业等内容。其中爆破作业包括：口门的爆破分段、药室布置、最低抵抗线、爆破作用指数、爆破装药量、爆破作业圈等，安全、后勤、通信、电力等保障措施的落实，以及组织爆破的负责人、实施队伍和人员等。

5.5.6 制订扒口分洪后的口门控制措施。

5.5.7 制订蓄滞洪区退水、排渍方案。

5.6 人员转移安置

包括洲滩区、蓄滞洪区、水库非常溢洪区、以及山地灾害、台风灾害、突发性洪水灾害等灾区范围内的人员转移与安置。

5.6.1 明确预见期内灾区人员、财产的转移安置任务。

5.6.2 根据灾区现有交通网络和安全转移工程现状，分片确定需转移人员和财产的数量,以及向安全地带转移的路线、转移人员的安置地点。制订转移路线时应避免人员对流。

5.6.3 灾民转移安置的组织实施。

5.7 救灾防疫。

5.7.1 救灾物资的储备、调拨、供应计划。灾民食品和生活用品的供应。包括供应时间、供应标准、供应单位。

5.7.2 救灾食品和生活品的供应范围、发放办法。

5.7.3 落实防疫医疗队,医疗器械,防疫药品和必需设施等。

5.7.4 制订预防流行疾病的措施。

5.8 岗位责任制。

各级防汛部门要做好防洪预案的组织编制和审查工作,做好预案执行的协调工作,做好防汛指挥决策的参谋工作。防洪工程管理单位的工作人员根据业务分工,各司其职,各负其责。

5.9 技术责任制。

为提高防汛指挥决策的科学性,各级防汛部门及水文、气象、邮电等部门,要充分发挥技术人员的专长,对预报、抢险等确立岗位技术责任、对重大技术决策要组织专家咨询,充分听取专家意见,避免和减少失误。

5.10 抢险队伍。

在汛前必须根据防汛工作有关规定组建一支“招之即来,来之能战、专业与常备相结合”的防汛抢险队伍。要事先进行培训和演习,并配备必要的交通运输和抢险的机具设备。根据需要,有条件的要组建机动抢险队。要与当地驻军密切联系,通报情况,实行军民联防。

5.11 通信联络

根据实际需要,配备必要的通信手段和器材,保证通信畅通。各级防汛部门要和邮电部门建立联系制度,制订紧急防汛通信保障措施。

5.12 物料准备

实施防洪预案所用的物料、设备,如石块、木料、草袋、铅丝、油料、照明、电源、救生设备及车船运输工具等,要做好充分准备,对各种物料分类登记造册,并在大比例尺地形图上标明。

5.13 紧急情况下,可实行道路、航运管制和对灾区社会治安进行特别管制。

5.14 阶段总结。

对防洪预案实施过程中的经验和教训及时进行总结。

黄河防洪工程抢险方(预)案编制大纲(修订)

黄防总办〔2004〕19号

第一章 编制目的和原则

(一)为使黄河防洪工程抢险方(预)案进一步规范化,更好的体现对抗洪抢险的指导作用,制订本编制大纲。

(二)《防洪工程抢险方(预)案》(以下简称《方(预)案》)编制依据为《黄河防洪预案》及《黄河防洪工程抢险责任制》《黄河防洪工程抢险管理若干规定(试行)》有关规定。

(三)本《大纲》适用于黄河干支流堤防、河道、涵闸等防洪工程抢险方案的编制。

(四)黄河中游水利枢纽可参照本《大纲》编制。

第二章 防洪工程抢险方案编制内容

一、工程概况

(一)堤防工程。

内容包括:堤防桩号、长度、堤身状况(纵、横断面,堤基情况、历次加高加固情况、历史老口门情况)、存在问题等。

历史出险情况及处理措施。

(二)险工、控导及防护坝工程内容包括:工程地点(险工及防护坝包括相应大堤桩号)、工程总长度、工程结构,对于土石结构工程还应包括坝、垛、护岸(以下简称单位工程)数量,各单位工程的修建年月、工程长度、护砌长度、结构、单坝累计用石量、顶部高程及相应的防洪标准、根石典型断面、重点靠溜坝号,近年出险坝岸统计(特别是历史重大险情的坝岸号统计和处理措施情况说明)、料物储备及存在问题等。

(三)涵闸工程。

内容包括:工程地点(穿堤涵闸包括相应大堤桩号)、修建年月、改建情况、孔数及孔口尺寸、闸底板高程、设计标准、运行工况、防洪标准、工程结构、土石结构处理、闸前(后)围堰状况(纵横断面)、历史险情和抢护措施、存在问题等。

二、险情预估

按照防洪预案划分的洪水级别,根据工程状况,结合河势、水位、水流趋势等分析,预估工程可能出险的不同位置、险情性质及种类。

三、险情抢护

(一)抢护原则。

根据工程类别、出险原因及险情种类分别提出不同的险情抢护指导原则。

(二)抢护方法。

针对预估出现的不同险情,分别列出两种以上符合实际的抢护方法。

(三)抢险组织。

按照工程现状，根据险情的大小和种类分别提出成立相应的抢险小组或相应的指挥机构,明确指挥长、机构成员及相应的职责权限。指挥调度各级抢险队伍(包括:专业机动抢险队、亦工亦农抢险队、群防队伍、解放军和武警部队等),明确组建方式、集结地点、到达时间等。

险情抢护及抢险队伍的调用原则宜按：一般险情或较大险情的抢护以河务部门的专业抢险队或亦工亦农抢险队为主,采取人工配合大型机具快速迅速抢护;较大险情或重大险情的抢护可视险情发展趋势,按照黄河防汛队伍的调用原则和调度权限调用黄河机动抢险队、驻地部队和群防队伍进行抢护。

(四)料物供应。

根据险情大小和种类确定抢险机具、估算料物种类及数量,要指明存放地点、可用数量、运输路线等,明确专人并负责限时、限量运到。必要时应绘制“防汛抢险物资分布图”,主要包括:社会和群众防汛抢险物资、工器具、抢险机械的存放地点、数量、规格及分布的乡镇、村庄、联系人电话等。

(五)抢险道路和生活后勤保障。

根据险情大小和种类，分别确定各抢险地点的防汛抢险道路和生活后勤保障等方案措施。

(六)附件。

(1)出险工程位置图;

(2)抢险现场平面示意图;

(3)抢护方法示意图;

(4)各工程抢险队伍人员组织保障一览表(附后);

(5)各工程料物、设备保障一览表(附后)。

第三章 编制方法和要求

(一)《方(预)案》编制以各县(市、区)局为单位,由防办协调有关部门共同完成。参加编制人员应熟悉所辖河段的河道及工程状况,且具有多年的抢险实践经验。

(二)《方(预)案》的编写要依据国家法律、法规及黄河防总发布的有关规定、办法、制度等。

(三)《方(预)案》的编制应在广泛收集历史抢险资料,研究掌握现行河道演变发展趋势,结合工程现状的基础上进行。

(四)《方(预)案》编写要做到文字简练,图、表完整清晰,要具有较强的指导性、实用性、可操作性。

(五)《方(预)案》经县级防指审定后,发行到行政首长和有关单位(部门),并报上一级业务部门备案。

(六)《方(预)案》的编写要加强领导,6月底保证完成。根据防洪工程变化和防洪形势逐年加以修改、完善。

2004年5月11日

×××工程抢险队伍组织保障一览表

工程防守责任人： 技术责任人：

抢险队伍名称	人数	驻地	负责人	距工程距离	到位时间	联系电话
工程班组						
机动抢险队						
亦工亦农抢险队						
群防队伍						
1						
2						
3						
解放军						
武　警						

说明：群防队伍具体到乡村，防守责任人为地方行政领导。

×××工程料物、设备保障一览表

名称	单位	数量	来源	储存地点	距工程距离	集结时间	负责人	联系电话	备注
一、材料									
石料									
土料									
柳料									
麻绳									
木桩									
铅丝									
土工合成材料									
二、机械设备									
挖掘机									
装载机									
自卸汽车									
发电机									
推土机									

说明：来源一栏填写国家或社会备料、群众备料。群众备料明确到乡、村，社会备料明确到单位。

河南黄河防洪预案编制细则

黄河防洪预案以防御暴雨洪水、突发性险情等灾害对防洪工程措施、非工程措施以及防洪保护对象可能造成的危害和不利影响为主要对象。以保证防洪指挥有据、调度有序、责任具体、措施落实,力争最大限度地避免和减少人员伤亡,减轻洪水灾害损失,保障国民经济健康有序地发展。

根据《中华人民共和国防洪法》《中华人民共和国防汛条例》有关制订防御洪水方案的规定,为使黄河防洪预案标准统一,内容规范完整,提高实用性和操作性,较好地发挥抗洪抢险的指导作用,为防汛指挥部门实施指挥决策、防洪调度和抢险救灾提供依据,特制订《河南黄河防洪预案编制细则》《河南黄河防洪工程抢险方案编制细则》《河南黄河滩区迁安救护预案编制细则》《河南黄河防汛物资供应调度保障预案编制细则》《河南黄河通信保障预案编制细则》,指导河南省沿黄县级预案编制工作,并可作为沁河预案和省、市级预案编制参考。

编制预案的具体要求

(1)各市、县河务局领导,要把黄河防洪预案编制工作列入重要工作,加强领导,成立班子,抽调熟悉本河段河道、工程状况,具有丰富的防汛抢险经验的同志参加撰写。编撰小组按照“防洪预案编制细则”,结合本辖段实际情况认真把关。

(2)抗洪抢险是政府行为,要在行政首长的统一领导下,分工协作,共同完成。防洪预案要突出以行政首长负责制为核心的各项防汛责任制。

(3)防洪预案的各项内容尽可能细划到工程,防守人数,防汛料物尽可能落实到各乡、村。

(4)防洪预案编制应文字简练、科学合理,实用易懂、可操作性强,尽可能地采用表、图表示,图文并茂。

(5)县长对辖区的防洪预案负总责,责成防汛有关部门按照各自职责,做好防洪预案中要求的各项准备工作。

(6)防洪预案编制后,汛前要根据防洪基础条件变化和当年的防洪形势,每年汛前进行修订,逐步完善。

(7)防洪预案编制后由县(市)人民政府审定,并颁发执行,同时报上一级防汛指挥部备案。

附一:河南黄河防洪预案编制细则

附二:河南黄河防洪工程抢险方案编制细则

附三:河南黄河滩区迁安救护预案编制细则

附四:河南黄河防汛物资供应调度保障预案编制细则

附五:河南黄河通信保障预案编制细则

附一

河南黄河防洪预案编制细则

一、所辖河段河道概况

(1)自然地理。河道所处地理位置、长度、面积、宽度、纵横比降、地形、地貌、河流特征。

(2)滩区。行政区划、耕地、人口、农业、水利、交通、通信、固定资产、避洪工程等。

(3)排洪能力。历史洪水表现、排洪能力变化,现状排洪能力(流量、水位)及洪水演进情况。

二、防洪工程

(1)堤防工程。各类堤防长度、险工处数、坝岸数、堤顶高程、宽度、堤身高、堤顶硬化、路口、临背河悬差,历史决口情况等。

(2)控导护滩工程。工程处数,各工程坝岸数、长度、作用、建设情况。

(3)涵闸、虹吸。各涵闸、虹吸位置,引水规模、运用情况,以及穿堤涵管情况。

(4)分滞洪工程。耕地、人口、农业、水利、交通、通信、固定资产、避洪工程等。

三、防洪存在的问题

1. 河道存在问题

(1)河道宽、浅、散、乱,河势游荡多变,主流摆动频繁。经过长期淤积,槽高滩低,“二级悬河”形势加剧,河床高出背河地面一般×~×米,最大达×米。漫滩流量由 80 年代初的××立方米每秒左右降低到目前的××立方米每秒左右,中常洪水即可上滩,造成大堤偎水。若遇大洪水,顺堤行洪概率增大,××河段可能出现滚河,××平工堤段也可能靠河着溜,威胁堤防安全。

(2)小浪底水库投入运用,蓄水拦沙,下泄清水,改变了下游河道的水沙条件,河道将会冲刷下切,部分滩岸坍塌,河势变化加剧,工程出险概率增多。

(3)其他问题。

2. 防洪工程存在问题

(1)堤防工程强度差,堤身和堤基存在着许多隐患和薄弱环节。(你单位有哪些险点、险段,具体位置、桩号,会发生什么险情)

(2)新修河道整治工程××道,大都没有经过洪水考验,受冲极易出险。

(3)××险闸、××险点等等。

3. 防洪非工程存在问题

(1)黄河多年没有来大水,加上连年断流、小浪底修建等因素,沿黄干部、群众麻痹思想严重,对黄河洪水危害的严重性、防汛的长期性、复杂性认识不足。

(2)机构改革,人事变动频繁,部分干部对防汛工作不熟悉,缺乏抗洪抢险的实践经验。群防队伍中有名无人,有人无技术,抢险料物不落实。

(3)其他问题。

四、防洪任务和工程防洪标准

1. 防洪任务

黄河下游防洪任务:确保花园口站 22000 立方米每秒洪水大堤不决口,遇超标准洪水,做到有准备,有对策,尽最大努力,采取一切措施缩小灾害。

沁河防洪任务:确保小董站4000立方米每秒洪水大堤不决口,遇超标准洪水,确保丹河口以下左堤安全。

2. 工程防洪标准

(1)堤防、险工防洪标准。

花园口站22000立方米每秒洪水。

(2)控导护滩工程防洪标准。

当年当地5000立方米每秒洪水。

五、防汛职责及分工

(一)黄河防汛工作实行行政首长负责制和分级、分部门负责制。

1. 行政首长职责

责任人。

主要职责:

(1)统一指挥本县的防汛工作,对本县的防汛抗洪工作负总责。

(2)督促建立健全防汛机构。负责组织制订本县有关防洪的法规、政策,并贯彻实施。教育广大干部群众树立大局意识,以人民利益为重,服从统一指挥调度。组织做好防汛宣传,克服麻痹思想,增强干部群众的水患意识,做好防汛抗洪的组织和发动工作。

(3)贯彻防洪法规和政策,执行上级防汛指挥部的指令,根据统一指挥、分级分部门的原则,协调各有关部门的防汛责任及时解决抗洪经费和物资等问题,确保防汛工作顺利开展。

(4)组织有关部门制订本县黄河各级洪水防御方案和工程抢险措施,制订滩区群众迁安方案。

(5)主持防汛会议,部署黄河防汛工作,进行防汛检查。负责督促本县河道的清障工作。加快本县防汛工程建设,不断提高抗御洪水的能力。

(6)根据本县汛情和抗御洪水实际,及时批准河务部门提出的工程防守、群众迁安、抢护救护方案,调动本县的人力、物力有效地投入抗洪抢险斗争。

(7)洪灾发生后,迅速组织滩区群众的迁安救护,开展救灾工作,妥善安排灾区群众的生活,尽快恢复生产、重建家园,修复水毁防洪工程,保持社会稳定。

(8)对所分管的黄河防汛工作必须切实负起责任,确保安全度汛,防止发生重大灾害损失。按照分级管理的原则,对各乡防汛指挥部的工作负有检查、监督、考核的责任。

2. 防汛指挥部职责。

指挥长;

副指挥长;

成员。

主要职责:

(1)防汛指挥部是本县防汛工作的常设机构,受同级人民政府和上级防汛指挥部的共同领导,行使防汛指挥权,组织并监督防汛工作的实施。

(2)贯彻国家有关防汛工作的方针、政策、法规,执行上级防汛指挥部的各种指令,负责向同级人民政府和上级防汛指挥部报告工作,做好黄河防汛工作。

(3)遇设防标准以内的洪水,确保堤防工程防洪安全;遇超标准洪水,尽最大努力,想尽一切办法缩小灾害。

(4)组织宣传群众,提高全社会的防洪减灾意识,召开防汛会议,部署防汛工作。

(5)组织防汛检查,督促并协调有关部门做好防汛工作,完善防洪工程的非工程防护措施,落实各种防汛物资储备。

(6)根据黄河防洪总体要求,结合当地防洪工程现状,制订防御洪水的各种预案,研究制订工程防洪抢险方案。

(7)负责下达,检查监督防汛调度命令的贯彻执行,并将贯彻执行情况及时上报。

(8)组织动员社会各界投入黄河防汛抢险和迁安救灾工作。

(9)探讨研究和推广应用现代防汛科学技术,总结经验教训,按有关规定对有关单位和个人进行奖惩。

3. 防指成员单位职责

(1)黄河河务局　责任人。

主要职责:黄河防洪总体要求,负责本县黄河防洪规划的实施,河道、堤防等各类防洪工程的运行管理;负责县防汛指挥部黄河防汛办公室的日常工作;负责黄河各类防洪工程的汛前普查、防洪工程除险加固及水毁工程恢复工作;制订黄河防洪预案和防洪工程抢护方案;负责国家储备防汛物资的日常管理、补充与调配;及时掌握防汛动态,随时向人民政府及防汛指挥部和有关部门通报水情、工情和灾情,分析防洪形势、预测各类洪水可能出现的问题,提出方案,当好各级行政首长的参谋;负责警戒水位以下河道和涵闸工程的查险、报险工作。

(2)气象局　责任人。

主要职责:负责暴雨、台风和异常天气的监测,按时向防汛部门提供长期、中期、短期气象预报和有关天气公报。

(3)电业局　责任人。

主要职责:保证防汛机构驻地××街××号和××处防洪工程以及所辖堤防的电力供应。

(4)邮政局　责任人。

电信局　责任人。

为防汛部门提供优先通话和邮发水情电报的条件，保证××县河务局至××市河务局、保证××县河务局至河南省黄河河务局、××县河务局至××乡(镇)、××县河务局至××重点工程、险点、险段的通信畅通。

(5)物资局　责任人。

商业局　责任人。

供销社　责任人。

主要职责:负责××处防洪工程、××公里堤防的防汛抢险物资的供应和必要的储备。

(6)交通局　责任人。

主要职责:汛期优先运送防汛抢险人员和物料,为紧急抢险和撤离人员及时提供所需的车辆等运输工具。

(7)民政局　责任人。

主要职责:负责滩区的灾民迁移安置及灾后救济工作。

(8)卫生局　责任人。

主要职责:负责组织灾区卫生防疫和医疗救护工作。

(9)公安局　责任人。

主要职责:负责抗洪抢险的治安管理和安全保卫工作。对破坏防洪工程、水文测报和通信设施以及盗窃防汛物资的案件,及时侦破、依法严惩。确保大汛期间××至××、××至××等主要防汛道路畅通。

(10)广播电视局　责任人。

主要职责:负责利用广播、电视等新闻媒体进行防汛宣传动员及紧急时期滩区群众迁安的警报工作。

(二)工程防守责任分工

各工程防守单位、业务负责人、队伍组织和料物供应乡、村及防汛责任人等,具体见下表。

工程类别、名称及防守单位汇总表

<table>
<tr><th rowspan="2">工程类别</th><th rowspan="2">工程名称</th><th rowspan="2">防守单位</th><th>责任人</th></tr>
<tr><th>业务负责人防汛责任人</th></tr>
<tr><td rowspan="3">控导工程</td><td>1.</td><td>×乡×村</td><td></td></tr>
<tr><td>2.</td><td>下同</td><td></td></tr>
<tr><td>3.</td><td></td><td></td></tr>
<tr><td rowspan="3">涵闸</td><td>1.</td><td></td><td></td></tr>
<tr><td>2.</td><td></td><td></td></tr>
<tr><td>3.</td><td></td><td></td></tr>
<tr><td rowspan="3">险工</td><td>1.</td><td></td><td></td></tr>
<tr><td>2.</td><td></td><td></td></tr>
<tr><td>3.</td><td></td><td></td></tr>
<tr><td rowspan="3">堤防</td><td>1. 桩号××至桩号××</td><td></td><td></td></tr>
<tr><td>2. 桩号××至桩号××</td><td></td><td></td></tr>
<tr><td>3. 桩号××至桩号××</td><td></td><td></td></tr>
</table>

六、黄河防汛队伍组成及防汛队伍的调用原则

1. 黄河防汛队伍组成。

附专业队伍、群防队伍及各类抢险队组织情况表(略)。

2. 防汛队伍调用原则。专业队伍、亦工亦农抢险队、群防队伍(巡堤查险、防守)调用原则及请求部队支援程序等。

七、防汛料物储备情况及防汛料物调用原则

1. 黄河防汛料物储备

黄河防汛抢险物资实行"国家储备、社会团体储备和群众备料相结合"的原则,采取分散储备与集中储备相结合的储备管理方式。

附国家储备物资设备、社会和群众备料情况表(略)。

2. 黄河防汛料物使用原则

国家、社会和群众储备物料分别使用原则。

八、防汛道路与通信

1. 防汛道路

通行原则:大车让小车,一切车辆为防汛车辆让路。

汛期,保证通往各险点、险段、控导工程的防汛道路畅通。县、乡防汛指挥部对防汛抢险车辆统一登记、检验,发给通行证,汛期,优先在各交通干线、乡间道路通行。

附1:防汛道路分布图(略)。

附2:抗洪抢险物料运输上堤(工程)和返回道路(略)。

2. 防汛通信网络

运行原则:短途服从长途,下级服从上级,一般服从紧急,一切服从抢险。

附1:防汛专线和电信网络图(略)。

附2:主要部门、责任人联络电话(略)。

九、后勤保障

1. 基本任务

从生活、卫生、交通、设备维修等方面搞好后勤保障,确保抗洪抢险斗争的顺利进行。

2. 保障的原则

遵循一切为了防汛抢险,一切服从防汛,一切服务于防汛,实行地方行政首长负责制和分级、分部门负责的总原则。

3. 后勤保障组成人员及职责

后勤保障组由县政府一名负责同志任组长,供销、商业、电力、财政、公安、交通、物资等部门人员参加。

职责:负责同级人民政府及其防汛指挥机关的各项后勤保障工作;负责本县群众防汛队伍抗洪抢险时的后勤保障协调工作;负责上级机关检查指导人员的接待、服务及有关保障;负责外单位(地区)支援物资的接受、分发和接待。

十、各级洪水处理方案

花园口以下河段以花园口水文站为各流量级控制站,花园口以上河段,按小浪底站相应流量控制,具体见各级洪水处理方案表。

各级洪水处理方案表

1、花园口站4000～6000立方米每秒洪水	水情、工情、灾情预估	洪峰到达所辖河段的流量、水位、洪水演进特征、河势变化情况；工程可能出现的险情；洪水漫滩进水口门、位置，淹没面积、水深，进水和水围村庄、人口，受灾村庄和人口，以及损失；洪水偎堤堤段、偎堤水深等
	防守重点	××控导工程、××偎水险工、桩号××~桩号××堤段
	防守措施	①做好河势、水情观测；②××控导工程安排××人（人数，下同）查险，××涵闸（虹吸）安排××人查险，××险工安排××人查险，发现险情及时抢护；③密切注视偎水堤段的河势变化，偎水堤段按水深组织人员由国家干部带队巡堤查险防守；④做好漫水村庄的迁安工作（迁移或就地防守）
	指挥调度	①黄河防办接到水情后迅速进行分析，做出本河段洪水表现预报，报告县防汛指挥部，并提出防守部署意见；②县防指常务副指挥长坐镇黄河防办，部署决策，发布指令；③××乡（镇）、××部门接到指令后，组织××队伍、××料物赶赴××险段、××工程，由××名国家干部带队赴××偎水堤段查险防守；（××险段、××工程是指你单位根据本级洪水可能发生的险情和防守重点确定的）④开通滩区预警警报系统，滩区有关乡、村接到指令后迅速做好迁安与防守工作；⑤防指领导到现场查看、部署、指导、督促抗洪工作；⑥发现险情迅速报本工程、堤段防守责任人，同时报黄河防汛办公室；⑦黄河防办接报告后迅速提出抢护方案，一般险情由各责任段负责人负责组织实施，重大险情指挥长签发实施；⑧××乡（镇）、××部门接指令后，迅速组织××人、××料物赶赴抢险现场；⑨××机动抢险队做好抢险准备

2、花园口站6000～10000立方米每秒洪水	水情、工情、灾情预估	洪峰到达所辖河段的流量、水位、洪水演进特征、河势变化情况；工程可能出现的险情；洪水漫滩进水口门、位置，淹没面积、水深，进水和水围村庄、人口，受灾村庄和人口，以及损失；洪水偎堤堤段、水深；可能失去抢护条件的控导工程
	防守重点	××控导工程（工程设计防洪水位高于当地洪水位）、××防滚河工程、××偎水险工、桩号××~桩号××堤段、××险点
	防守措施	①加强水情、工情、河势观测；②密切注视偎水堤段的河势变化，偎水堤段按水深组织人员由国家干部带队巡堤查险防守；③关闭所有涵闸，停止引水；④××涵闸防守队上××涵闸（虹吸）防守，××险点上××人查险，××险工安排××人查险，发现险情及时抢护；⑤控导工程经上级批准后撤守；⑥做好滩区群众迁移、防守、安置工作；⑦加强根石探测，加固基础薄弱的险工坝岸根石
	指挥调度	①黄河防办接水情后迅速进行分析，并向县防指报告；②指挥长坐镇黄河防汛办公室，研究部署本地区的防汛抗洪工作，发布抗洪指令；③各防指成员上岗到位，按照分工责任开展工作；④××乡（镇）、××部门接到指令后，组织××队伍、××料物赶赴××险段、××工程，由××名国家干部带队赴××偎水堤段查险防守；（××险段、××工程是指你单位根据本级洪水可能发生的险情和防守重点确定的）⑤开通滩区预警警报系统，滩区××乡××村接通知后，迅速组织滩区群众转移。⑥发现险情迅速报本工程、堤段防守责任人，同时报黄河防汛办公室；⑦黄河防办接报告后迅速提出抢护方案，一般险情和较大险情由各责任段负责人负责组织实施，重大险情指挥长签发实施；⑧××乡（镇）、××部门接指令后，迅速组织××人、××料物赶赴抢险现场；⑨超过防守标准的控导工程，根据具体情况提出防守和撤防意见，经省黄河防办批准后实施

续表

3、花园口站10000~15000立方米每秒洪水	水情、工情、灾情预估	洪水表现、河势变化；防洪工程(堤防、险工、涵闸、险点、险段)可能发生的险情；漫滩范围、水深、受灾情况；偎堤堤段、水深
	防守重点	××偎水险工、桩号××~桩号××堤段、××险点、××涵闸(虹吸)、滩区迁安抢护
	防守措施	①加强巡堤查险，偎水堤段按偎堤水深组织群防队伍，由国家干部带队巡堤查险防守；②××病闸、××险闸经上级批准后围堵；③加强××险点、××险段、××涵闸防守；④做好滩区迁安救护
	指挥调度	①黄河防办接水情后迅速报县防汛指挥部；②县防指召开会议研究部署防汛工作，防指各指挥及主要成员到黄河防汛指挥中心集体办公，对重大抢险、重大行动措施，指挥长应亲临一线指挥；③发布抗洪指令：a.××乡组织××人防汛队伍×时到达××工程(堤段)防守。b.××乡组织××村转移，××村就地防守。c.××乡组织××人待命。d.××部门、××部门分别做好×区域的交通、治安、电力、通信工作。e.交通部门组织××辆车，在××地方待命。f.××乡、××部门分别做好××料物的供应准备。g.××乡、××部门做好××抢险工地的生活保障工作。④开通滩区预警警报系统，电台、电视台发布滩区迁安警报，做好滩区群众迁安工作；⑤××乡防指接通知后迅速组织××群防队伍，由××国家干部带队赴××偎水堤段查险防守；⑥发现险情迅速报本工程、堤段防守责任人，同时报黄河防汛办公室；⑦黄河防办接报告后迅速提出抢护方案，一般险情和较大险情由各责任段负责人负责组织实施，重大险情指挥长签发实施；⑧××乡(镇)、××部门接指令后，迅速组织××人、××料物赶赴抢险现场；⑨对基础薄弱的××工程加固根石；⑩对急、重、险、难的抗洪任务(重大抢险、紧急救护等)按调用部队程序请求人民解放军支援

4、花园口站15000~22000立方米每秒洪水	水情、工情、灾情预估	洪峰到达本河段流量、水位，演进特征；滩区漫滩情况，进水、受灾村庄，漫滩水深(分滩)；偎水堤段，偎堤水深(分段)；工程可能出现的险情(部分河段可能发生滚河，顺堤行洪)
	防守重点	全线堤防、桩号××~桩号××顺堤行洪河段、××涵闸(虹吸)
	防守措施	①加强××险工、××险点的查险防守；②加强桩号××~桩号××顺堤行洪河段堤防防守(增加巡堤查险次数和防守力量)；③经上级批准后围堵××涵闸、××路口；④做好滩区群众迁安救护工作
	指挥调度	①黄河防办接水情分析后报县防汛指挥部；②县防指召开会议部署抗洪工作；③全党全民齐动员，全力以赴投入抗洪斗争；④发布抗洪指令：a.××乡组织××人到××工程(堤段)防守。b.开通预警警报系统，利用电台、电视台等媒体向滩区发布撤离警报。c.滩区乡村组织群众迁安。d.二线防汛队伍做好待命准备。e.各有关部门按防汛职责做好工作。f.××乡、××部门分别按防汛职责做好料物供应准备。⑤重要堤段、工程防守和“急、重、险、难”的抗洪抢险任务，请求解放军支援；⑥防守队伍上堤后认真组织巡堤查险，探测工程根石；⑦发现险情迅速报本工程、堤段防守责任人，同时报黄河防汛办公室；⑧黄河防办接报告后迅速提出抢护方案，一般险情和较大险情由各责任段负责人负责组织实施，重大险情指挥长签发实施；⑨××乡(镇)、××部门接指令后，迅速组织××人、××料物赶赴抢险现场

续表

5、花园口站发生22000立方米每秒以上超标准洪水	水情、工情预测	河道水位将超过设防标准,高水位将持续相当长时间,防洪工程随时随地都有可能发生意想不到的重大险情;河势将发生重大变化,堤防将出现严重渗水、滑坡、漏洞等险情;部分河段将发生滚河、顺堤行洪
	防守重点	所有险工、涵闸、险点、桩号××~桩号××顺堤行洪河段、××偎水较深堤段
	防守措施	①党政军民全力以赴,尽最大努力,保证堤防安全;②滩区群众全部外迁;③北金堤滞洪区做好运用准备,根据上级指令做好群众外迁和固守工作;④国务院一旦决定分洪,保证及时准确分洪,保障北金堤滞洪区群众安全,并加强北金堤防守
	指挥调度	①黄河防办接水情分析后迅速报县防汛指挥部;②县委、县政府进行全党全民总动员,发布总动员令;③各新闻媒体广泛进行抗洪宣传动员;④所有防汛队伍全部上岗到位;⑤除工程上的石料外,所备防汛料物全部筹集装车,随时准备运往需要地点;⑥滩区全面动员外迁,并进行自保自救;⑦北金堤滞洪区全面做好滞洪准备,按照上级要求,进行迁安和固守;⑧一旦国务院决定分洪,准确实施分洪,并确保北金堤安全

十一、各级洪水退水期间防守措施

1. 退水期间可能发生的问题

河势变化,堤身坍塌,坝岸基础淘刷坍塌,以及大溜顶冲、回溜淘刷所造成的工程险情等。

2. 防守重点

险工坝岸、新抢险堤段、临河堤坡、工程基础等。

3. 防守措施

加强领导,克服麻痹思想;继续做好巡堤查险;加强河势观测;加强险工坝岸、临河堤坡和工程基础的查险工作;及时加固坝岸工程基础,一旦发现险情,集中力量突击抢护,尽快控制险情。

附二

河南黄河防洪工程抢险方案编制细则

险工、控导(护滩)工程

一、险工、控导(护滩)工程基本情况

(一)工程修建情况

(1)工程地点(相应大堤桩号)、修建缘由、修建年月(包括新建续建、改建、根石加固情况)。

(2)工程长度及裹护长、工程结构、坝顶高程、坝垛护岸数量(道)、各种坝型数量(砌石坝、扣石坝、乱石坝、其他)、根石情况。

(3)该工程防汛料物储备情况(包括群众备料)。

(4)工程存在问题。

(二)工程运行情况

1. 工程作用(控导、护滩保村等情况)。

2. 分析历史河势流路及出险情况(历史不利河势流路及靠河靠溜情况、工程出险情况、根石相对稳定情况等)。

二、河势分析及本年度险情预估

(一)小浪底水库运用后对工程、河势的影响

(二)今年河势险情预估

1. 控导(护滩)工程

河南黄河控导(护滩)工程防守方案以花园口站(或当地)流量为分级依据,分为1000~3000立方米每秒,3000~5000立方米每秒,5000立方米每秒以上等三个流量级。(各单位根据自己的实际情况,预测不同流量级可能发生的险情)

(1)1000~3000立方米每秒洪水险情预估。

河势情况描述,横河斜河出现概率、工程坝、垛护岸靠河着溜情况,滩地偎水情况,分流量级(1000~2000立方米每秒、2000~3000立方米每秒)预估工程(特别是不靠河工程、坝垛护岸要具体分析)易出险坝垛护岸、部位及险情类型等。

(2)3000~5000立方米每秒洪水险情预估(重点分析预估)。

河势情况描述,洪水在本河段水位表现,工程坝垛、护岸靠河着溜情况,滩地漫滩壅水情况,分流量级(3000~4000立方米每秒、4000~5000立方米每秒)预估工程(特别是不靠河工程、坝垛护岸要具体分析)易出险坝垛护岸、部位及险情类型等。

(3)5000立方米每秒以上洪水险情预估。

河势情况描述,洪水在本河段水位表现,工程坝垛、护岸靠河着溜情况,滩地漫滩壅水状况,预估工程(特别是不靠河工程、坝垛护岸要具体分析)易出险坝垛护岸、部位及险情类型等,控导工程按照工程设计标准达到当地5000立方米每秒时的防守条件及撤防程序。

2. 险工

河南黄河险工防守方案以花园口站流量为分级依据，分为1000~3000立方米每秒，3000~5000立方米每秒，5000~8000立方米每秒，8000~10000立方米每秒，10000~15000立方米每秒及15000~22000立方米每秒等六个流量级。(各单位根据自己的实际情况，预测不同流量级可能发生的险情)

(1)1000~3000立方米每秒洪水险情预估。

河势情况描述，横河斜河出现概率、工程坝、垛护岸靠河着溜情况，滩地偎水情况，分流量级(1000~2000立方米每秒、2000~3000立方米每秒)预估工程(特别是不靠河工程、坝垛护岸要具体分析)易出险坝垛护岸、部位及险情类型等。

(2)3000~5000立方米每秒洪水险情预估(重点分析预估)。

河势情况描述，洪水在本河段水位表现，工程坝垛、护岸靠河桌溜情况，滩地漫滩壅水状况，分流量级(3000~4000立方米每秒、4000~5000立方米每秒)预估工程(特别是不靠河工程、坝垛护岸要具体分析)易出险坝垛护岸、部位及险情类型等。

(3)5000~8000立方米每秒洪水险情预估。

河势描述，洪水在本河段水位表现，工程坝岸靠河着溜情况，滩地漫滩情况，预估工程(特别是不靠河工程、坝垛护岸要具体分析)易出险坝垛护岸、部位及险情类型等。

(4)8000~10000立方米每秒洪水险情预估。

河势描述，洪水在本河段水位表现，工程坝岸靠河着溜情况，滩地漫滩情况，预估工程(特别是不靠河工程、坝垛护岸要具体分析)易出险坝垛护岸、部位及险情类型等。

(5)10000~15000立方米每秒洪水险情预估。

河势描述，洪水在本河段水位表现，工程坝岸靠河着溜情况，滩地漫滩情况，预估工程(特别是不靠河工程、坝垛护岸要具体分析)易出险坝垛护岸、部位及险情类型等。

(6)15000~22000立方米每秒洪水险情预估。

河势描述，洪水在本河段水位表现，工程坝岸靠河着溜情况，滩地漫滩情况，预估工程(特别是不靠河工程、坝垛护岸要具体分析)易出险坝垛护岸、部位及险情类型等。

(7)退水期间险情预估。

退水期期间河势变化情况，工程脱坡、滑坡情况及水毁情况，分流量级(8000~5000立方米每秒、5000~3000立方米每秒、3000立方米每秒以下)预估工程易出险坝垛护岸、部位及险情类型等。

三、险情抢护(指预估可能发生的险情抢护,根据预测的险情做出抢护方案)

防洪抢险要贯彻“安全第一，常备不懈，以防为主，全力抢险，抢早抢小”的方针，服从大局、统一调度、职责明确、充分准备、规范从事、临危不惧、忙而不乱。

(一)各类险情抢护方法(针对可能发生的险情进行抢护)

险工和控导工程的险情主要有：坍塌、墩蛰、溃膛、滑动、倾倒等种类。

(1)险情类别、抢护方法、抢护原则、注意事项。

(2)发生险情后所需抢护料物的计算方法(可列表，由物资供应部门制订供应方案)。

(二)险情抢护组织

(1)各类险情(一般、较大、重大险情等三类)的分类原则(参照“黄河防洪工程抢险责任制”)。

(2)较大、重大险情的组织指挥机构。

①较大险情的抢险人员组织。

②重大险情的抢险指挥部人员组成。

(3)各指挥机构的运转与职责(抢险现场的指挥机构)。

要求:县防指各成员的职责要与现场指挥成员的职责衔接,岗位不能重复;根据险情大小与洪水的发展,职责逐渐到位。

指挥长的职责:抢险方案由指挥长签署并负责实施。

副指挥长(政府其他领导、部队首长、河务部门及其他业务主管部门领导)的职责。

河务部门:技术指导。

乡长:亲临抢险现场,负责组织落实民工抢险队员到位。

机动抢险队:由河务局主管局长负责组织抢险。

料物保障:防汛专用料物由现场供料组组长×××负责实施,柳秸料由×××乡(镇)×××村、××乡(镇)××村的乡长、村长×××负责按时运到抢险工地。(详细要求见“河南黄河防汛物资供应调度保障预案”)

抢险现场路线:忙而不乱,确保抢险正常进行。

附图:1. 抢险现场平面布置图;2. 抢护方法示意图。

附表:1. 人员组织保障一览表;2. 料物、设备保障一览表。

(4)职能责任分工。

①电力保障系统。

②通信保障系统。

③交通保障系统。

④后勤保障系统(医疗卫生、物资、后勤生活)。

堤防工程

一、堤防工程基本情况

(一)工程修建情况

(1)堤防工程大堤桩号、长度、宽度、高度、修建年代、1949年后整修情况。

(2)险工段、平工段长度、堤顶硬化情况。

(3)分段说明有无淤背区、高程是否达设计高程。

(4)险点险段防汛料物储备情况。

(5)工程存在问题。

(二)工程运行情况

(1)堤防险点险段情况。

(2)临背河200米范围内堤河、坑塘情况。

(3)堤防浸润线、土质、内部隐患情况。

(4)堤防防浪林建设情况、淤背区植树情况。

(5)堤防历史老口门、出险情况及决口情况。

二、河势分析及本年度险情预估

(一)小浪底水库运用后对堤防工程、河势的影响

(二)河势险情预估

河南黄河堤防防守方案以花园口站流量为分级依据，分为4000~6000立方米每秒，6000~10000立方米每秒，10000~15000立方米每秒，15000~22000立方米每秒及22000立方米每秒以上等五个流量级。(各单位根据自己的实际情况，预测不同流量级可能发生的险情)

1. 4000~6000立方米每秒洪水险情预估。

河势描述，洪水在本河段水位表现，堤防偎水情况，滩区漫滩壅水状况，堤防易出险部位及险情类型。

2. 6000~10000立方米每秒洪水险情预估。

河势描述，洪水在本河段水位表现，堤防顺堤行洪(大堤桩号)情况，滩区漫滩情况，偎水段易出险部位及类型。

3. 10000~15000立方米每秒洪水险情预估。

河势描述，洪水在本河段水位表现，堤防顺堤行洪(大堤桩号)情况，滩区漫滩情况，偎水段易出险部位及类型。

4. 15000~22000立方米每秒洪水险情预估。

河势描述，洪水在本河段水位表现，堤防顺堤行洪(大堤桩号)情况，滩区漫滩情况，偎水段易出险部位及类型。

5. 22000立方米每秒以上特大洪水险情预估。

河势描述，洪水在本河段水位表现，堤防顺堤行洪(大堤桩号)情况，滩区漫滩情况，偎水段易出险部位及类型。

6. 退水期间险情预估。

退水期间河势变化情况，堤防脱坡、滑坡情况，工程水毁情况。分流量级(8000~5000立方米每秒、5000~3000立方米每秒、3000立方米每秒以下)预估工程易出险部位及险情类型等。

三、险情抢护(要求：同险工、控导护滩工程)

(一)各类险情抢护方法

(1)险情类别、抢护方法、抢护原则、注意事项。

(2)发生险情后所需抢护料物的计算方法(可列表，由物资供应部门制订供应方案)。

(二)险情抢护组织

(1)各类险情(一般、较大、重大险情等三类)的分类原则。

(2)较大、重大险情的组织指挥机构。

①较大险情的抢险人员组织。

②重大险情的抢险指挥部人员组成。

(3)各指挥机构的运转与职责。

指挥长的职责:抢险方案由指挥长签署并负责实施。

副指挥长(政府其他领导、部队首长、河务部门及其他业务主管部门领导)的职责;

河务部门:技术指导。

乡长:亲临抢险现场,负责组织落实民工抢险队员到位。

机动抢险队:由河务局主管局长负责组织抢险。

料物保障:防汛专用料物由现场供料组组长×××负责实施,柳秸料由×××乡(镇)×××村、××乡(镇)××村的乡长、村长×××负责按时运到抢险工地。(详细要求见"河南黄河防汛物资调度保障预案")

抢险现场路线:忙而不乱,确保抢险正常进行。

附图:1. 抢险现场平面布置图;2. 抢护方法示意图。

附表:1. 人员组织保障一览表;2. 料物、设备保障一览表。

(4)职能责任分工。

①电力保障系统。

②通信保障系统。

③交通保障系统。

④后勤保障系统(医疗卫生、物资、后勤生活)。

穿堤建筑物(涵闸工程)

一、穿堤建筑物(涵闸工程)基本情况

(一)工程修建情况

(1)工程地点(相应大堤桩号)、修建时间。

(2)工程长度、宽度、高程、结构、护翼结构及配套情况。

(3)设计流量、设计防洪水位。

(4)历年整修情况、投资情况。

(5)要作特殊说明情况的,如特殊设备拆除、本身特殊要求等,有必要时要画出平面、断面图等。

(6)该工程防汛料物储备情况。

(7)工程存在问题。

(二)工程运行情况

(1)管护情况、内部隐患等。

(2)所处位置堤防临背悬差、坑塘情况。

(3)穿堤建筑物(涵闸)出险及抢护情况、机械故障等。

二、河势分析及本年度险情预估

(一)小浪底水库运用后对穿堤建筑物(涵闸工程)、河势的影响

(二)河势险情预估

河南黄河穿堤建筑物(涵闸)防守方案以花园口站流量为分级依据,分为4000~6000立方米每秒,6000~10000立方米每秒,10000~15000立方米每秒,15000~22000立方米每秒及22000立方米每秒以上等五个流量级。(各单位根据自己的实际情况,预测不同流量级可能发生的险情)

1. 4000~6000立方米每秒洪水险情预估。

河势描述,洪水水位表现,穿堤建筑物(涵闸)靠河情况,工程易出险部位及险情类型。

2. 6000~10000立方米每秒洪水险情预估。

河势描述,洪水水位表现,穿堤建筑物(涵闸)靠河情况,工程易出险部位及险情类型。

3. 10000~15000立方米每秒洪水险情预估。

河势描述,洪水水位表现,穿堤建筑物(涵闸)靠河情况,工程易出险部位及险情类型。

4. 15000~22000立方米每秒洪水险情预估。

河势描述,洪水水位表现,穿堤建筑物(涵闸)靠河情况,工程易出险部位及险情类型。

5. 22000立方米每秒以上特大洪水险情预估。

河势描述,洪水水位表现,穿堤建筑物(涵闸)靠河情况,工程易出险部位及险情类型。

6. 退水期间险情预估。

退水期间河势变化情况,工程水毁情况。分流量级(8000~5000立方米每秒、5000~3000立方米每秒、3000立方米每秒以下)预估工程易出险部位及险情类型等。

三、险情抢护(要求:同险工、控导护滩工程)

(一)各类险情抢护方法

(1)险情类别、抢护方法、抢护原则、注意事项。

(2)发生险情后所需抢护料物的计算方法(可列表,由物资供应部门制订供应方案)。

(二)险情抢护组织

(1)各类险情(一般、较大、重大险情等三类)的分类原则。

(2)较大、重大险情的组织指挥机构。

①较大险情的抢险人员组织。

②重大险情的抢险指挥部人员组成。

(3)各指挥机构的运转与职责。

指挥长的职责:抢险方案由指挥长签署并负责实施。

副指挥长(政府其他领导、部队首长、河务部门及其他业务主管部门领导)的职责。

河务部门:技术指导。

乡长:亲临抢险现场,负责组织落实民工抢险队员到位。

机动抢险队:由河务局主管局长负责组织抢险。

料物保障:防汛专用料物由现场供料组组长×××负责实施,柳秸料由×××乡(镇)×××村、××乡(镇)××村的乡长、村长×××负责按时运到抢险工地。(详细要求见“河南黄河防汛物资调度保障预案”)

抢险现场路线:忙而不乱,确保抢险正常进行。

附图:1. 抢险现场平面布置图;2. 抢护方法示意图。

附表:1. 人员组织保障一览表;2. 料物、设备保障一览表。

(4)职能责任分工。

①电力保障系统。

②通信保障系统。

③交通保障系统。

⑤后勤保障系统(医疗卫生、物资、后勤生活)。

附三

河南黄河滩区迁安救护预案编制细则

一、滩区基本情况

(一)社会经济情况

所辖滩区长度、滩区面积,滩区耕地面积、乡镇数、村庄数,人口数,种植情况及主要经济生活来源。

(二)自然地理及地物地貌

本辖区的主要地貌:控导护滩工程、村庄避水台(村台、房台)、生产堤、渠堤、防护堤串沟、洼地、堤河等。

(三)洪水特征及灾害情况

黄河洪水特征及小浪底水库运用后特征;洪水的漫滩和灾害情况。

二、安全建设现状及存在问题

安全建设缘由;1998 年后建设情况;目前 12370 立方米每秒超一米的避水台数量;12370 立方米每秒水位相当的避水台数量;1998 年后新修撤退道路数量、公里数;目前可以作为滩区撤退的道路数量、长度;通信预警系统现状;救生设施及交通工具现状;存在的问题。

三、各级洪水迁安任务

(一)滩区迁安的原则

洪水来后要充分利用村庄已有的高地固守,群众之间要互帮互助抗御洪水,保证生命安全,尽量减少财产损失。

根据洪水预报,凡预测进水的村庄必须按照对口安置的原则进行迁移安置。

(二)各级洪水可能淹没区域

洪水漫滩形式(漫滩、工程决口、串沟进水)、地点、口门位置、淹没范围、面积。具体范围用漫滩形势分析图表示(4000 红色、6000 橙色、8000 黄色、10000 绿色、15000 蓝色、20000 紫色)。

(三)各级洪水迁安救护任务

当花园口站(豫西局和焦作市局以小浪底站相应流量并考虑伊洛沁来水)发生 4000、

6000、8000、10000、15000、20000、22000 立方米每秒洪水时,滩区内需要迁安的人口、村庄数量,固守的人口、村庄数量(详见附表 1 ______县黄河滩区_____年迁安、固守情况预估表)。

四、迁安救护措施

(一)组织建立,责任分工

滩区迁安救护任务繁重,为保证顺利实施,有关的指挥长、责任人要专人专职,避免一人多职。

(1)指挥系统

指挥长:

成员:

职责:全面组织实施滩区群众的迁移和安置工作。

(2)传递系统

责任人:

工作人员:

职责:负责洪水水情、汛情、灾情上传下达,为群众撤退及领导决策提供依据。

(3)迁安实施系统

滩区迁安救护工作任务复杂繁重,有迁安救护任务的乡要成立迁安救护指挥部,明确责任人全面负责本辖区迁安任务;县直有关部门对滩区迁安救护应各负其责,主要任务是:

①带队转移组。

责任人:

责任单位:

职责:负责按每村派 2 人落实包村带队转移干部(详见附表 2　撤退安置计划表)。

②新闻报道和预警发布组。

责任人:

责任单位:

职责:负责通过媒体进行新闻宣传、预警发布、洪水预告。

③救灾统计组。

责任人:

责任单位:

职责:负责滩区迁安救护及救灾统计工作;落实救灾物资的接收、管理、发放等工作。

④水情分析和水情预报组。

责任人:

责任单位:

职责:负责水情分析和水情预报;制定滩区迁安救护预案。

⑤交通和安全保障组。

责任人:

责任单位:

职责:负责迁移主干道畅通和过境车辆拦截;外迁道路、桥梁、码头、群众安置地的治安保卫工作;滩区易燃、易爆及剧毒物品的安全转移和储藏工作。

⑥卫生防疫组。

责任人:

责任单位:

职责:负责滩区及安置区群众卫生防疫全面工作。

⑦气象分析预报组。

责任人:

责任单位:

职责:负责气象的分析预报发布。

⑧通信组。

责任人:

责任单位:

职责:迁移命令下达24小时内,对迁移命令保证通信畅通,进行有效传达。

⑨救生设备的接受、调配组。

责任人:

责任单位:

职责:负责救生设备的接受、调配。

⑩后勤保障组。

责任人:

责任单位:

职责:负责粮油供给、救灾物资筹集等。

(二)通信联系方式和信号发布制订

(1)通信预警管理要求。

(2)水情传达方式、预警信号形式、各级组织的联络方式。

(三)对口安置、救生漂浮工具落实

(1)迁安救护卡落实。

汛前防汛指挥部组织有关部门根据当地实际情况,对已发放的迁安救护卡片进行检查落实修改补充,县防指要保留迁移与安置方户主名单备查。

(2)漂浮救护工具落实。

汛前防汛指挥部组织有关部门根据当地实际情况,对本辖区的大型的船只、救生设备等漂浮救护工具进行登记造册,并要求当地居民准备必要的简易救生工具,以便应付突发洪水(详见附表3 漂浮救护工具统计表)。

(四)筹划撤退路线

为保证撤退群众有组织、有计划、有先后顺序地按迁安明白卡迁移到对口村庄,使迁安救护工作有条不紊,必须合理安排好撤退道路(详见附表2 撤退安置计划表)。

(五)迁移安置

(1)预报花园口洪水将达到或超过警戒水位时(附表4 警戒水位与相应流量表),在迁

安指挥部的统一指挥下,应提前做好如下工作:

①迁安救护组织进入临战状态,所有工作人员立即到岗到位,开展工作;有迁安救护任务乡和有关部门做好准备,随时听从调遣。

②迁移通知应传达到滩区每户群众。

③将滩区老、小、弱、病残和主要贵重物品转移到安全地带。

④易燃易爆物品和农资部门有毒农药迅速转移到安全地带。

⑤各有关部门做好相应准备。

(2)迁移命令下达3小时内,解放军、迁移包村带队干部、武装执勤人员、交警、医务人员到达指定地点,并做好如下工作:

①每个渡口、路口、和桥梁设一至二名交警执勤维护治安,疏导交通,由治安组负责落实。

②迁安救护指挥部采取得力措施,组织群众迁移到安全地带,人畜不准回流。

③由有关部门联系落实舟桥部队,舟桥部队完成所需架设的浮桥、设临时码头任务,摆渡被水围困的群众。

④县防指请求上级调剂调运救生衣、圈,由各乡镇迁安救护指挥部组织分发。

⑤各乡镇迁安救护指挥部,保证滩区迁移群众的安置;安置方各单位和居民无条件按计划接受灾民挤住;分发搭棚器材、组织灾民搭棚。

⑥粮食、物资、供销、商业、卫生等部门请调运生活、抢险、搭棚物资和医疗设施及药品到达指定地点。

(3)包村带队干部组织迁移,实行迁安救护责任制。

县领导包乡(镇),乡(镇)和县直干部包村,村干部包户,层层分解,落实到人。包村干部要深入责任村,严格履行职责,迁安救护时必须在现场指挥。带领本村居民按撤退路线迁移到对口安置地。

(六)超预报洪水应对措施

(1)处理原则:当发生超预报洪水时,一般村庄到大堤外的撤退道路被洪水淹没,撤退方法主要靠救生漂浮工具完成,先人后物,撤离有序。

(2)各部门仍按预报洪水履行职责。

(3)需撤离人员及需要救护器具数量表(详见附表5 各级洪水需撤离人员及需要救护器具数量表)。

(七)超标准洪水处理办法

如遇超标准洪水,滞洪区准备分洪时,迁移到滞洪区的滩区群众,将随滞洪区群众一起,再次迁移到安全地区。

附表 1　________县黄河滩区____年迁安、固守情况预估表

乡镇	村名	$4000m^3/s$		$6000m^3/s$		$8000m^3/s$		$10000m^3/s$		$15000m^3/s$		$20000m^3/s$		$22000m^3/s$	
		迁安人口	固守人口	迁安人口	固守人口	迁安人口	固守人口	迁安人口	固守人口	迁安人口	固守人口	迁安人口	固守人口	迁安人口	固守人口
	汇总														

注:迁安与固守每个村庄选其一。

附表 2　撤退路线计划表

乡镇	自然村庄	人口	撤退时限	通过的主要道路	包村转移带队干部名单		迁移方责任人			安置地	安置方责任人		
							县	乡	村		县	乡	村

附表 3　漂浮救护工具统计表

船只(只)	冲锋舟(只)	救生圈(只)	救生衣(件)	其他	备注

附表 4 警戒水位与相应流量表

站名	花园口	夹河滩	高村	连山寺	彭楼	邢庙	孙口	邵庄
警戒								
水位								
警戒								
流量								

附表 5 各级洪水需撤离人员及需要救护器具数量表

洪水级别(m^3/s)	撤退人数	需要船只	救生器具来源	型号	备注
预报 6000 到实际发生 8000					
预报 8000 到实际发生 10000					
预报 10000 到实际发生 15000					
预报 15000 到实际发生 20000					
预报 20000 到实际发生 22000					

附四

河南黄河防汛物资供应调度保障预案编制细则

一、黄河防汛物资的储备

黄河防汛物资采取国家储备、社会团体储备和群众储备相结合的方式。

(1)国家储备的防汛物资，是指县(市、区)河务局(涵闸管理处)(简称县局，下同)管理的黄河防汛专用物资。该类防汛物资存储在县局中心仓库和应急仓库，防汛石料存储在沿黄大堤及险工、控导工程上，防汛物资要按照上级计划投资(参照储备定额)储备到位。国家储备的黄河防汛物资分布情况见附表1，县局中心仓库到各防洪工程物资运输路线、运距及预估运抵时间见附图1。

(2)社会团体储备的防汛物资，是指社会企、事业单位和团体生产、销售或储备可用于黄河防汛抢险的物资。该类物资由县(市、区)防汛抗旱指挥部(简称县防指，下同)向有关单位下达储备任务，并责成储备单位保质保量储备到位。社会团体储备的黄河防汛物资品种、数量及分布情况见附表2，主要物资储备位置到各防洪工程运输路线、运距及预估运抵时间见附图2。

(3)群众储备的防汛物资，是指村民自备的抢险、救生设备、工器具和材料等。该类物资由县防指责成乡(镇)政府及村民委员会根据抗洪抢险需要进行安排。群众储备黄河防汛物资的品种、数量及分布情况见附表3。

二、防汛物资供应与调度程序

黄河防汛储备物资供应与调度按照“满足急需、先主后次、就近调运、早进先出”的原则办理。

(1)国家储备的防汛物资由县河务局负责组织供应。县河务局财务科负责办理防汛物资供应事宜，县防指黄河防汛办公室(简称县黄河防办，下同)负责调度、协调工作，县交通运输部门负责协助防汛物资运输到位。动用该类物资调度程序为：

①县黄河防办根据防洪工程出险情况，向县河务局财务科下达“防汛物资调度通知”(见附件1例1)。

②县河务局财务科依据“防汛物资调度通知”，负责将库存物资运抵指定地点，由工地负责人安排专人对到位物资进行验收，双方办理交接手续，并将物资调度执行情况及时反馈县黄河防办。

(2)社会团体和群众储备的防汛物资，由有储备任务的社会团体、乡(镇)政府、村民委员会负责组织供应。动用该类物资调度程序为：

①用于黄河防洪工程抢险的物资，由县黄河防办提出调用物资指令，即“防汛物资调度通知”(见附件1例2)，报县防指黄河防办负责人签发后实施。

②物资储备单位、乡、村群众按照县黄河防办下达的物资调度指令逐项落实，并负责将物资运抵指定地点。县河务局财务部门负责验收并办理交接手续。

(3)如本县防汛储备物资满足不了黄河防洪工程抢险使用,需从其他地区调入防汛物资时,由县黄河防办向上级黄河防办请求支援。县河务局财务科负责验收、办理交接手续以及信息反馈。

(4)对外调用县河务局储备的黄河防汛物资时,由县黄河防办按照上级黄河防办指令办理并及时反馈信息。

三、防汛物资汛前准备

(1)县防指、县黄河防办落实防汛物资供应、调度负责人和工作人员。明确县各级(县、乡、村委会)政府、各部门、各社会团体防汛物资负责人和工作人员,制订工作职责,建立请示报告制度与办事工作程序,并报县黄河防办备案。

(2)县河务局要对国家储备的防汛物资,进行全面检查、维修、养护并登记造册报县黄河防办备案;要根据市河务局下达的补充防汛物资储备投资计划,认真组织落实,及时采运到位;要根据库存及当年使用情况,将原麻加工成麻绳、铅丝编织成网片、工器具安装配套,确保储备物资完好、管用;要结合黄河各类工程防守任务,将所储主要防汛物资适量调集到各险工、控导工程应急仓库,以备急需;要落实好防汛照明设备与配套的照明器材以及拖带该设备的车辆;要落实好主要防汛物资运输到位能力(重点要落实好用于防汛石料的运输);要根据县河务局人员情况,结合物资调度工作内容,成立工作小组(物资采购组、交通运输保障组、物资供应组、设备保障组、信息资料组等),做好物资供应保障的各项工作;黄河专业机动抢险队要对所拥有的抢险设备进行维修保养,达到完好标准,确保汛期抢险调用;县黄河防办要全面掌握本辖区交通干线情况,督促有关单位和部门做好养护,确保汛期防汛物资调运畅通无阻。

(3)按照县防指下达的防汛物资储备任务,有关企、事业单位、社会团体以及乡、村群众要落实到位,并确保完好、管用。社会团体储备和群众储备的防汛物资、机械设备,要按品种、规格、数量、储备地点、责任人、联系人电话等进行登记造册,报县黄河防办与县防指办公室(简称县防办,下同)备案。对储备的抢险机械设备、运输车辆,县黄河防办督促维修保养好,以不影响紧急情况下调用。防汛物资储备单位,要建立主管领导负责制和业务人员岗位责任制,制订物资保障供应与运输到位的实施方案和措施。

(4)县防指、黄河防办要对国家、社会团体、群众储备的防汛物资,按登记的表册进行检查落实,以备汛期随时调度使用各类防汛物资。

(5)我县国家、社会团体和群众储备的防汛抢险设备实行“四定”(定设备管理负责人、定操作人员、定设备和定设备编号),登记造册后,报县防指及黄河防办备案(防汛抢险主要设备“四定”情况见附表4)。

四、各级洪水物资供应调度方案

按照本县“黄河防洪预案”所确定的各级洪水汛情预估、防守预案及抢险方案,明确各级洪水防汛物资供应调度方案。

(1)当花园口站出现4000~6000立方米每秒洪水时,(填写内容:根据汛情通报,认真分析我县黄河可能出现的水情、险情、灾情;在对我县各处防洪工程历年出险情况以及工程现状全面分析了解的基础上,针对薄弱部位(特别是自1997年以来新修的防洪工程)估计要发生的险情,提出物资保障的具体供应品种、数量、地点、时间、运输力量及线路等;根据对防洪工程险情的分析和不同的抢险方法,预计将要动用国家储备、社会团体储备和群众储备的主要防汛物资及其品种、数量)。此时物资供应调度方案是:

①县河务局做好动用国家储备的防汛照明发电机组及配套照明器材准备,保证堤坝抢险照明和发电需要。

②县河务局做好动用国家储备的防汛石料、防汛铅丝(网片)、麻绳、袋类、载重车、推土机、装载机、打夯机、常用工器具等物资准备,保证××防洪工程抢险使用。

③县河务局做好动用国家储备的防汛冲锋舟、橡皮船,确保查看各处险工、控导(护滩)工程、涵闸工程险情及洪水偎堤情况使用。在保证防汛指挥员指挥调度和抗洪抢险使用情况下,可支援地方群众迁安救护使用。

④在县防指的统一组织和领导下,按照防汛责任分工,村民上堤携带自备防汛工具、料物,参加巡堤查险,随时做好运送柳秸料工作。如动用国家、社会团体、群众储备的防汛物资,按前述调度程序办理。

⑤黄河机动抢险队设备,参加本县黄河防洪工程抢险,经市黄河防办批准,由县黄河防办负责指挥调度,并将执行抢险任务情况及时报告市黄河防办,必要时报省黄河防办。

⑥洪水回落期间,全县有承担国家、社会团体和群众储备防汛物资任务的单位、乡村群众,仍须保持高度警惕,做好黄河抗洪抢险物资的供应与调度,确保工程抢险需要。

(2)当花园口站出现6000~10000立方米每秒洪水时。

(3)当花园口站出现10000~15000立方米每秒洪水时。

(4)当花园口站出现15000~22000立方米每秒洪水时。

(5)当花园口站出现22000立方米每秒以上洪水时。

防汛物资供应调度任务是:依据各流量洪水和各防洪工程易发生不同险情分别拟订。

五、防汛抢险动用(消耗)及调度物资的事权划分

(1)动用国家储备的黄河防汛物资。

凡一次抢险消耗石料100立方米(含100立方米)以下,袋类(麻袋、编织袋)2000条以下的,由县河务局主管领导审批。其他抢险物资的消耗,由县河务局财务科根据县黄河防办下达的“防汛物资调度通知”,具实列出抢险使用物资数量,报县河务局主管领导审批。防汛石料、袋类一次抢险消耗超出上述数量权限的,报上级黄河防办审批。动用冲锋舟、橡皮船等设备时,按实际使用的台班报县河务局主管领导审批。

我县国家储备的黄河防汛物资主要用于黄(沁)河防洪工程抢险,未经省黄河防办批准,任何单位和个人不得挪作他用。

(2)动用社会团体储备和群众储备的防汛物资。

调用全县社会团体和群众储备的防汛物资,用于黄河防洪工程抢险的,按照“备而不集、用后付款”的原则办理。有关社会团体物资储备单位和乡村群众凭县黄河防办下达的“防汛物资调度通知”及县河务局财务部门出具的验收证明，按上级下达的防汛费计划，报县河务局主管领导审批。

(3)汛期调用黄河专业机动抢险队设备。

汛期调用黄河专业机动抢险队设备，参加本县黄河防洪工程抢险的，由县黄河防办请示市黄河防办，经批准后执行。紧急情况下可边动用边请示。未经省、市黄河防办批准，任何单位和个人不得动用。

黄河专业机动抢险队出动设备，在县参加黄河防洪工程抢险所发生的费用，根据市黄河防办批准的通知，及县河务局防办出具的抢险设备实际参加抢险台班凭证，报县河务局负责人审批。

(4)上级黄河防办代表在抢险工地现场指挥抢险时，紧急情况下，可临时批准动用防汛物资，事后应及时与本级防办联系，报告处置结果并记录在案。

(5)在通信联络中断且险情危急时，抢险现场负责人有权临时决定动用防汛物资，但必须在3日内向上级防办书面报告，并按权限规定补办审批手续。

(6)动用防汛储备物资的请示和批复应正式行文，通过传真、电报传递。特殊情况下需电话请示或答复的，必须将通话时间、通话内容、双方姓名、职务、工作部门等记录在案，事后补办有关手续。

(7)各级政府组织企、事业单位职工、农民群众，以及上级调动部队参加抗洪抢险所需的交通工具、通信设备、抢险小型工器具及生活用品等自备。

(8)县局要按照省、市黄河防办统一安排，认真组织好国家储备防汛物资的调剂、调度和补充库存工作。有储备防汛物资任务的社会团体，要按照县防指统一安排，认真组织好物资的调剂、调度和补充库存等工作。县各有关防汛单位或部门，要安排专人，负责做好抢险后的物资消耗、动用设备、器材情况与主要防汛物资补充库存情况的统计上报工作，做到统计数字准确，内容真实，上报时间符合规定要求。

附件1：防汛物资调度通知(参考文本格式)

附表1：国家储备黄河防汛物资分布情况表

附表2：社会团体储备黄河防汛物资分布情况表

附表3：群众储备黄河防汛物资分布情况表

附表4：防汛抢险主要设备“四定”情况登记表

附图1：国家储备黄河防汛物资中心仓库到防洪工程运输路线简图

附图2：社会团体储备黄河防汛物资位置到防洪工程运输路线简图

附件 1

防汛物资调度通知

参考文本格式例 1

明传电报

签发人:(县黄河防办负责人)　　　　　　　　××县黄防办物(××××)××号

关于调用防汛铅丝网片的通知

县局财务科;

根据××工程抢险报告,请你科在×日×时前,迅速将中心仓库储备的铅丝网片 100 个(规格:1 立方米)运往该工程抢险现场,交负责人×××同志签收。任务完成后,速报我办。

县黄河防办(盖章)

××××年×月×日

参考文本格式例2

明传电报

签发人:(县防指黄河防办负责人)　　××县黄防办物(××××)××号

关于调用防汛编织袋的通知

县商业局:

根据我县黄河防汛抢险需要,经研究决定,调用你单位储备的防汛编织袋10000条,请于×日×时前送往××工程抢险现场,交县河务局财务科负责人×××接收(联系电话:×××××××)。具体结算随后通知。

县黄河防办(盖章)

××××年×月×日

抄报:××市黄河防办

抄送:××县黄河河务局财务科

附表 1　国家储备黄河防汛物资分布情况表

填报单位：　　　　　　　　　　　　　　　　　填报时间：　年　月　日

序号	品名	规格型号	计量单位	数量	储备地点	联系人	联系电话

负责人：　　　　　　　　　　　　填报人：

附表2　社会团体储备黄河防汛物资分布情况表

序号	品名	规格型号	计量单位	数量	储备地点	联系人	联系电话

负责人：　　　　　　　　　　　　填报人：

附表3

群众储备黄河防汛物资分布情况表

填报单位： 填报时间： 年 月 日

序号	品名	规格型号	计量单位	数量	储备地点	联系人	联系电话

负责人： 填报人：

附表 4

防汛抢险主要设备“四定”情况登记表

填报单位：　　　　　　　　　　　　　　　　　　填报时间：　年　月　日

储备单位	设备名称	车机牌号	防汛编号	负责人	负责人电话	操作手姓名

负责人：　　　　　　　　　　　　　　　　填报人：

附图 1

国家储备黄河防汛物资中心仓库到防洪工程运输路线简图

（根据具体情况绘制）

附图 2

社会团体储备黄河防汛物资位置到防洪工程运输路线简图

（根据具体情况绘制）

附五

河南黄河通信保障预案编制细则

一、通信网现状

(1)无线通信设施。干支线微波通信设备数量、中继方式、通信话路数量;一点多址外围站设备数量、通信话路数量;无线接入基站信道数量、外围固定台配置情况;800 兆基站信道数量、手机配置情况、发放和储备数量。

(2)有线通信设施。程控交换设备(数量、门数)、交换机专网中继线和公网中继线配置情况;光端设备(光端机配置情况);通信电源设备(蓄电池、太阳能电源配置数量);通信电缆、光缆(铺设覆盖面积及数量);配线设备及电话单机数量。

(3)黄河通信专网覆盖范围。辖区内河堤长度、险工点数、涵闸数量;滩区和滞洪区面积;通信设备分布数量、通话路数和使用情况。

二、通信管理与运行

(1)职责分工。通信科(站)长职责、通信专业人员职责、防汛成员单位及有关部门职责。

(2)管理目标。无线、有线通信设备的管理目标。

(3)运行与维护。通信设备的正常运行(值班记录和设备维护记录、运行设备和备用设备的维护与保养、防汛专网通信与电信公网通信相结合)、设备完好率与电路畅通率。

三、通信抢险队、备用器材的组成和使用

(1)通信抢险队伍的组成(附队伍组织情况表)。黄河通信专业队伍(无线设备抢险队伍、有线设备抢险队伍)、其他部门通信抢险队伍(含地方电信、部队通信队伍)。

(2)通信抢险队伍的调用原则。黄河通信专业队伍调用原则,调用地方电信、部队通信人员的请求程序。

(3)防汛通信器材的储备(附器材筹集情况表)。通信专业器材储备(储备品种、数量、状况),电信公网、部队通信器材储备。

(4)备用通信器材的使用原则。在防指的统一部署下,先紧急后一般、兼顾重点、点面结合的原则。

四、各级洪水通信保障方案和措施

(1)花园口站 4000~6000 立方米每秒洪水。

①水情及设备运行状态。设备运行情况、水位变化对通信设备的影响。

②防守重点和通信抢险措施。

防守重点:控导工程、偎水险工和堤段、漫水滩区的通信设施。

通信抢险措施:确定出险地点及通信状况、通信方式、通话路数,并根据通信设备故障现象进行判断,如干线微波站、一点多址基站、800 兆通信基站发生故障,造成大面积通信中断,故障不能及时排除时,应立即请求黄委通信管理局或地方电信给予支援;如无线接入基站、程控交换机、电源设备故障,造成部分通信中断,故障不能及时排除时,应立即请求省河务局通信管理处或设备生产厂家给予支援;通达各险工、险段、控导工程、涵闸的无线(电话)固定台、800 兆手机和部分有线线路故障,由县局组织抢修,并在最短时间内给予恢复通信。

通信抢险队及抢险器材的调用:根据出险地点的具体情况及设备故障性质,迅速组成抢险队并利用 800 兆手机或无线接入通信储备设备,在出险地点组成临时通信调度指挥中心,如无备用设备或组网有困难的,可向省局请求电台车支援,确保抢险指挥现场与上级的通信联络。

(2)花园口站 6000~10000 立方米每秒洪水。

①水情及设备运行状态。设备运行情况、水位变化对通信设备的影响。

②防守重点和通信抢险措施。

防守重点:控导工程、偎水险工和堤段、漫水滩区的通信设施。

通信抢险措施:确定出险地点及通信状况、通信方式、通话路数,并严格按照通信专网维护和管理职责,迅速组建抢险队伍,查明故障原因给予及时处理,如遇重大险情和通信事故时,应及时向上级汇报并启用备用设备或请求地方电信和部队支援,确保抢险指挥现场与上级的通信联络。

通信抢险队及抢险器材的调用:根据出险地点的具体情况及设备故障性质,组建抢险队,抢险队必须有通信科长带队及相关技术人员组成,在出险地点除利用 800 兆手机进行组网、成立临时通信调度指挥中心外,电台车应赶赴现场及时与上级沟通联系,直到电路抢修完毕,恢复正常为止。

(3)花园口站 10000~15000 立方米每秒洪水。

①水情及设备运行状态。设备运行情况(通话质量、电源供电)、水位变化对通信设备的影响。

②防守重点和通信抢险措施。

防守重点:全线堤防通信设施及滩区应急通信设备。

通信抢险措施:当花园口站出现 10000~15000 立方米每秒洪水时,工程防守和滩区救护即呈现紧张局面。通信部门除保证微波电路、一点多址通信、800 兆集群通信、无线接入系统畅通外,各值机人员还要日夜坚守岗位。市、县局分管通信工作的领导,也要深入通信值班室了解情况,帮助处理问题。如遇重大通信故障或紧急情况时,应立即请求上级或地方电信、部队给予通信支援,确保通信畅通。

(4)花园口站 15000~22000 立方米每秒洪水。

①水情及设备运行状态。设备运行情况(通话质量、电源供电)、水位变化对通信设备的

影响。

②防守重点和通信抢险措施。

防守重点:全线堤防通信设施及滞洪区应急通信设备。

通信抢险措施:当花园口站出现15000~22000立方米每秒大洪水时,全线500多千米临黄大堤偎水,一些河段可能发生滚河顺堤行洪,抗洪斗争面临十分紧张的形势。各级防汛指挥部除充分利用黄河通信设备外,要运用电信、公安、部队的通信设施支援抗洪斗争,并在省、市防指统一指挥下利用地方广播、电视向滞洪区发布预警信号指令,加强区域内通信联络。各级通信人员要全力以赴,密切协作,保证各种信息上传下达。

(5)花园口站22000立方米每秒以上洪水。

①水情及设备运行状态。设备运行情况(通话质量、电源供电)、水位变化对通信设备的影响。

②防守重点和通信抢险措施。

防守重点:全线堤防通信设施及滞洪区应急通信设备。

通信抢险措施:当花园口站出现22000立方米每秒以上超标准洪水时,黄河两岸大堤之间,一片汪洋,黄河防洪斗争进入十分严峻时期,各级防汛指挥部要动用一切通信手段,传递命令,指挥抗洪斗争。届时各级党委地方政府利用广播、电视发布洪水预报和指令,滞洪管理部门要制订专门通信方案,为迁安救护指挥调度提供通信保障。

(6)防洪单位的配合与要求

①地方各级河务局及电信管理部门要从防汛抗洪抢险大局出发,在通信联网、频率管理工作中,加强领导,通力协调,密切配合,确保抗洪抢险通信畅通。

②各市县(区)河务局到地方政府及部队的防汛专线,要按照共同管理、共同使用的原则,明确责任,管理维护,确保汛期通信畅通。

③各微波站、无线固定台站及电缆设施是保障防汛通信必不可少的组成部分,各级政府和公安部门对破坏通信设施、盗窃通信设备案件,要采取有力措施,积极侦破,严厉打击,保护通信设施的安全。

④各级电业部门要保证供电、为通信畅通提供必要的基础条件。

五、防汛通信存在的问题。

(1)现有通信设备存在的问题。包括无线设备、有线设备、电源设备及其他设备。

(2)人员培训存在问题。包括专业通信人员培训、非专业通信人员培训。

(3)其他存在问题。

第二十二章　物 资 管 理

财政部、水利部、国家防汛抗旱总指挥部关于颁发《中央级防汛物资储备及其经费管理办法》的通知

财农字〔1995〕236号

各省、自治区、直辖市、计划单列市财政厅(局)、水利厅(局),防汛抗旱指挥部办公室:

中央级防汛物资储备是为了贯彻防汛工作方针,支持遭受特大洪水灾害地区解决防汛抢险物资不足的一项重要措施。防汛物资储备经费是水利事业费的一部分。加强中央级防汛物资储备及其经费的管理,是做好防汛工作和提高财政资金使用效益的需要。为此,国家防汛抗旱总指挥部、财政部、水利部在总结过去经验的基础上,结合当前中央级防汛物资储备的实际情况,联合制订了《中央级防汛物资储备及其经费管理办法》(简称《办法》)。现随文颁发给你们。中央级防汛储备物资的管理单位、代储单位和动用中央级防汛储备物资的单位,均应执行本《办法》。中央直属水利事业单位和省(区、市)防汛储备物资的管理,可以参照执行本《办法》,也可以根据本单位、本地区具体情况另行制订管理办法。

附件:中央级防汛物资储备及其经费管理办法

第一章　总　则

第一条　为了加强中央级防汛物资储备及其经费的管理,促进防汛工作的开展,特制订本办法。

第二条　中央级防汛物资储备是为了贯彻“安全第一,常备不懈,以防为主、全力抢险”的防汛工作方针,由国家防汛抗旱办公室负责储备,用于解决遭受特大水灾地区防汛抢险物资不足的一项重要措施。

第三条　防汛物资储备以地方各级水利防汛部门为主。中央级防汛物资储备坚持“讲究实效,定额储备”的原则,重点支持遭受特大洪涝灾害地区防汛抢险物资的应急需要。

第四条　防汛物资储备经费必须专款专用,严禁挪作他用。

第二章　物资储备品种、定额和方式

第五条　中央级防汛物资储备的品种是编织袋、麻袋、橡皮船、冲锋舟、救生船、救生衣、救生圈。其他物资均不储备。

第六条　中央级防汛物资储备定额由国家防汛抗旱总指挥部根据历年的储备量确定。各项物资年储备定额是：编织袋400万条；麻袋10万条；橡皮船3000艘；冲锋舟20艘；救生船5艘；救生衣1万件；救生圈0.6万件。上述物资储备定额的增减，由国家防汛抗旱办公室商财政部后报国家防汛抗旱总指挥部批准。

第七条　中央级防汛物资采取委托储备的方式储备。受委托单位即代储单位由国家防汛抗旱办公室指定。

第三章　物资储备管理

第八条　中央级防汛物资储备管理要求是做好物资定额储备，保证物资安全、完整，保证及时调用。

第九条　国家防汛抗旱办公室对中央级防汛储备物资的管理职责是：

(1)制订各项防汛储备物资的具体管理制度，并监督代储单位贯彻执行；

(2)定期检查各代储点防汛储备物资的保管养护情况；

(3)负责向有关单位及时报送防汛储备物资的储存情况、调用情况和更新计划；

(4)负责防汛储备物资的调用管理；

(5)负责防汛储备物资货源的组织；

(6)负责与使用单位结算调用的防汛储备物资款项。

第十条　中央级防汛储备物资的代储单位的管理职责是：

(1)做好防汛储备物资的日常管理工作，定期向国家防汛抗旱办公室报送防汛物资的储备管理情况；

(2)每年汛前，按国家防汛抗旱办公室要求，对委托储备的防汛物资做好随时发放的各项工作；

(3)每年汛后，动用了防汛储备物资的，委托储备单位要及时进行清点，并向国家防汛抗旱办公室报告防汛物资动用和库存的情况。

第十一条　中央级防汛储备物资属国家专项储备物资，必须"专物专用"。未经国家防汛抗旱办公室批准同意，任何单位和个人不得动用。

第四章　物资调用及其结算

第十二条　中央级防汛储备物资的调用，坚持以下原则：

(1)"先近后远"，先调用离防汛抢险地点最近的防汛储备物资，不足时再调用离抢险地点较近的防汛储备物资；

(2)"满足急需"，当有多处申请调用防汛储备物资时，若不能同时满足，则先满足急需的单位；

(3)"先主后次"，当有多处申请调用防汛储备物资时，若不能同时满足，则先满足防汛重点地区、关系重大的防洪工程的抢险。

第十三条 中央级防汛储备物资的调用，由流域机构或省级防汛指挥部向国家防汛抗旱办公室提出申请，经国家防汛抗旱办公室批准同意后，向代储单位发调拨令。若情况紧急，也可先电话联系报批，然后补办文手续。申请调用防汛储备物资的内容包括用途、需用物资品名、数量、运往地点、时间要求等。

第十四条 中央级防汛物资的代储单位接到调拨令后，必须立即组织发货，并及时向国家防汛抗旱办公室反馈调拨情况。

第十五条 中央级防汛储备物资的运输采用铁路、公路或空运的方式。具体由代储单位根据当时情况确定。若联系运输有困难，可电告国家防汛抗旱办公室，请有关部门给予支持。

第十六条 申请中央级防汛储备物资的单位，要做好防汛物资的接收工作。防汛抢险结束后，未动用或可回收的中央级防汛储备物资，由申请单位自行处理，中央不再回收存储。

第十七条 调用的中央级防汛储备物资的价款(按调运时市场价计算)及其所发生的调运费用，均由申请单位承付。申请单位要及时与国家防汛抗旱办公室结算。逾期不结算的，收取1%~5%的滞纳金。

因价款结算不及时而影响防汛物资储备的，由国家防汛抗旱办公室负责，财政部不再另外增拨防汛物资储备经费。

第五章 物资储备经费、更新经费和管理费

第十八条 中央级防汛物资储备经费由中央财政根据国家防汛抗旱总指挥部批准的防汛物资储备定额、各项物资市场价格及物资运往代储单位所需费用核定，从特大防汛经费中安排支出。防汛储备物资的补充，其经费由收回的调用物资价款解决；因物资价格上涨，收回的调用物资价款不足以补充时，其不足部分从特大防汛经费中解决。

第十九条 中央级防汛储备物资的更新经费是指因储存年限到期或非人为破损而拨为的物资进行更新所需要的经费。此项经费由中央财政根据国家防汛抗旱办公室申请更新防汛物资储备的报告核定后，从特大防汛经费中专项安排。

第二十条 代储单位对因储存年限到期或非人为破损需折价变卖、报废的中央级防汛储备物资，要及时专题报告国家防汛抗旱办公室，说明原因和具体处理意见，经国家防汛抗旱办公室批准同意后方可进行处理。处理的防汛储备物资及其款项要及时报财政部备案，物资款项交由国家防汛抗旱办公室用于更新储备物资。

代储单位要加强中央级防汛储备物资的管理。因管理不善或人为因素导致毁损的防汛储备物资，其更新经费必须由代储单位负担。

第二十一条 代储单位因储备中央级防汛储备物资所发生的年管理费用只包括代储物资仓库折旧费、占用费、代储物资保险费、代储物资维护保养费和人工费等内容。

第二十二条 代储单位因储备中央级防汛物资所发生的年管理费，中央财政按实际储备物资金额的5%计算，每年从特大防汛经费中安排下拨给水利部，由国家防汛抗旱办公室

负责安排、与各代储单位进行结算。如有结余,结转下年继续用于管理费支出,并抵顶下年度相应的财政拨款。

第二十三条　中央级防汛物资储备经费、更新经费和管理费属财政专项补助资金,必须加强管理,专款专用。国家防汛抗旱办公室每个年度终了要向中央财政报送中央级防汛储备物资的库存情况、调用情况,价款结算情况,报送上述经费的安排和使用、结余情况。

第六章　附　则

第二十四条　中央直属水利事业单位和省、自治区、直辖市防汛储备物资的管理,可以参照执行本办法。也可以根据本单位、本地区具体情况另行制订管理办法。

第二十五条　本办法自发布之日起执行。以前发布的有关防汛储备物资的管理规定与本办法有抵触的,以本办法为准。

第二十六条　本办法由财政部负责解释。

中央防汛抗旱物资储备管理办法

财农〔2011〕329号

第一章　总　则

第一条　为保障抗洪抢险和抗旱减灾的需要,规范中央防汛抗旱物资储备、调用和经费管理,依据《中华人民共和国预算法》《中华人民共和国防洪法》《中华人民共和国防汛条例》《中华人民共和国抗旱条例》等有关法律法规,制订本办法。

第二条　中央防汛抗旱物资(以下简称中央物资),是指中央财政安排资金,由水利部负责购置、储备和管理,用于支持遭受严重洪涝干旱灾害地区开展防汛抢险、抗旱减灾、救助受洪灾旱灾威胁群众应急需要的各类物资。

第三条　中央物资管理坚持"定额储备、专业管理、保障急需"的原则。中央物资的有关技术标准由水利部负责制订。

第四条　中央物资购置、补充、更新经费和储备管理费,属于中央财政资金,必须专款专用,严禁挪作他用。

第二章　储备定额、品种

第五条　中央物资储备定额由国家防汛抗旱总指挥部(以下简称国家防总)根据全国抗洪抢险、抗旱减灾的需要确定。

储备定额的调整,由水利部商财政部后报国家防总批准。

第六条　中央物资品种包括防汛物资和抗旱物资。

(一)防汛物资。包括编织袋、覆膜编织布、防管涌土工滤垫、围井围板、快速膨胀堵漏袋、橡胶子堤、吸水速凝挡水子堤、钢丝网兜、铅丝网片、橡皮舟、冲锋舟、嵌入组合式防汛抢险舟

(艇)、救生衣、管涌检测仪、液压抛石机、抢险照明车、应急灯、打桩机、汽柴油发动机、救生器材等。

(二)抗旱物资。包括大功率水泵、深井泵、汽柴油发电机组、输水管、找水物探设备、打井机、洗井机、移动浇灌、喷滴灌节水设备和固定式拉水车、移动净水设备、储水罐等。

第七条 中央物资属国家专项储备物资,必须"专物专用"。未经国家防总批准,任何单位和个人不得动用。

第三章 储备管理

第八条 物资储备由水利部或已授权的代储单位与仓库签订代储合同。

第九条 水利部负责储备管理,其职责:

(一)制订储备管理制度,对代储单位和仓库进行业务指导,监督各项管理制度的贯彻执行;

(二)定期检查中央物资的保管养护情况;

(三)监督仓库按规定管理、使用储备管理费,定期检查储备管理费的使用情况;

(四)负责中央物资的调用管理;

(五)负责调出的中央物资按期归还和补充;

(六)负责向财政部报送中央物资储备、调用、补充和更新计划及经费使用情况。

第十条 代储单位负责协助水利部做好储备管理工作,其职责:

(一)负责中央物资入库验收工作;

(二)负责对仓库的工作进行指导、检查、监督;

(三)负责组织协调紧急调运中央物资工作;

(四)根据授权和仓库签订代储合同。

第十一条 仓库负责储备日常管理,其职责:

(一)定期向水利部和代储单位报送中央物资储备管理情况;

(二)严格执行调度命令,负责中央物资的紧急调运工作;

(三)按照中央物资不同的特性和储备要求,加强仓库现代化建设,不断提高中央物资储备管理水平;

(四)参加中央物资的入库验收,负责清点、检查中央物资的接收入库;

(五)每年年底,向水利部和代储单位报告中央物资调用和库存情况。

第四章 调 用

第十二条 中央物资用于大江大河(湖)及其重要支流、重要防洪设施抗洪抢险、防汛救灾、以及严重干旱地区抗旱减灾的需要。

第十三条 防汛抗旱救灾需要的物资,首先由地方储备的防汛抗旱物资自行解决。确因遭受严重水旱灾害并符合第十二条规定,需要调用中央物资的,应由省、自治区、直辖市防汛抗旱指挥部(以下简称申请单位)向国家防总提出申请,经批准后调用。若情况紧急,也可先电话报批,后补手续。申请的内容包括调用中央物资的品名、用途、数量、运往地点、时间要求等。

第十四条 代储单位接到国家防总调令后,应当立即组织仓库发货,由仓库快速将中央物资运抵指定地点,并及时向国家防总、水利部反馈调运情况。

第十五条 调用中央物资所发生的调运费用,由申请单位直接与调出物资的仓库结算。

第十六条 申请单位要做好中央物资的接收工作。防汛抢险或者抗旱减灾工作结束后，未动用或可回收的中央物资，由申请单位负责回收，经修复保养后，返还调出物资的仓库存储。已消耗的或使用后没有修复价值的中央物资，由申请单位在规定的时间内，按调出物资的规格、数量、质量重新购置返还给指定的仓库储备。

第十七条 国家防总启动Ⅰ级或Ⅱ级防汛抗旱应急响应级别时，地方应对该响应级别申请调用并已消耗或使用后没有修复价值的中央物资，可申请核销。

第十八条 水利部直属流域机构(以下简称“流域机构”)申请用于中央直属工程的中央物资，未动用或可回收的，由流域机构负责回收，经修复保养后，返还调出的仓库存储。已消耗或使用后没有修复价值的中央物资，可申请核销。

第十九条 符合第十七条、第十八条规定可申请核销，以及因储存年限到期或非人为破损需要报废的中央物资，应当严格履行审批手续，未经批准不得自行核销或报废。

(一)对因储存年限到期或非人为破损需报废的中央物资，仓库要组织清产核资，及时专题报告水利部，说明原因和具体处理意见。由水利部按照《行政单位国有资产管理暂行办法》(财政部令第 35 号)和《中央行政单位国有资产处置收入和出租出借收入管理暂行办法》(财行〔2009〕400 号)有关规定办理审批报废手续。

(二)申请核销中央物资，申请单位、流域机构应当委托具有资产评估资质的评估机构进行资产评估，如实向资产评估机构提供有关情况和资料，并对所提供的情况和资料的客观性、真实性和合法性负责。

第二十条 申请核销中央物资，在资产评估机构出具资产评估报告后，由申请单位、流域机构随同申请文件一并报水利部。水利部按照《行政单位国有资产管理暂行办法》(财政部令第 35 号) 和《中央行政单位国有资产处置收入和出租出借收入管理暂行办法》(财行〔2009〕400 号)有关规定办理审批核销手续。单位价值或者批量价值在规定限额以上物资的核销，由水利部审核后报财政部审批；单位价值或者批量价值在规定限额以下物资的核销，由水利部审批，并将审批结果报财政部备案。

中央物资报废处置或核销的残值收入，全部上缴中央国库，纳入预算。

第五章 补充、更新购置费和储备管理费

第二十一条 中央物资补充、更新购置费是指按第十九条、第二十条规定，对经批准报废或核销的物资进行补充、更新所需要的经费。

第二十二条 中央物资补充、更新购置费由财政部根据国家防总批准的储备定额、物资价格及物资运往仓库运费确定。

水利部应在中央物资达到储备期限的当年，向财政部申报补充、更新购置费预算建议。财政部审核后按照部门预算管理规定拨付补充、更新购置费。水利部应及时完成中央物资补充、更新工作。

第二十三条 因管理不善或人为因素导致毁损的中央物资，其补充、更新购置费由仓库负责。

第二十四条 中央物资的采购，按照政府采购有关规定执行。

第二十五条 中央物资的验收，应当按照防汛抗旱物资验收的有关规定执行。

第二十六条 中央物资的年储备管理费，按储备物资价值的百分之八计算。上年度物资

储备管理费,在次年的第一季度,由财政部根据水利部报送的预算建议审核后拨付。

储备管理费的使用范围应在签订的合同中明确。

第二十七条 各仓库要加强储备管理费的使用管理,专账收支,专款专用,单独核算。在次年4月底前将上一年度储备管理费使用情况和财务决算报水利部备案。

第二十八条 水利部应在每年5月底前向财政部报送中央物资储备、调用、补充、更新情况及经费安排使用、结余情况。

第六章 附 则

第二十九条 中央物资储备、调用、补充、更新及经费管理工作,要自觉接受审计部门、财政部门的监督检查。存在财政违法行为的,依照《财政违法行为处罚处分条例》(国务院令第427号)进行处理。

第三十条 本办法自2011年12月1日起施行。

财政部、水利部颁发的《中央级防汛物资管理办法》(财农〔2004〕241号)同时废止。

2011年9月8日

中央防汛抗旱物资储备管理办法实施细则

办减〔2016〕14号

第一章 总 则

第一条 为进一步规范中央防汛抗旱物资储备、调用和管理,根据《财政部、水利部关于印发〈中央防汛抗旱物资储备管理办法〉的通知》(财农(2011)329号),制订本实施细则。

第二条 中央防汛抗旱储备物资(以下简称中央物资)属国家专项储备物资,必须专物专用,由国家防汛抗旱总指挥部办公室(以下简称国家防总办公室)负责储备管理,未经国家防总办公室批准,任何单位和个人不得动用。

第三条 国家防总办公室授权有关省(自治区、直辖市)防汛抗旱办公室和水利部流域管理机构防汛抗旱办公室(以下简称代储单位)代储中央物资。代储单位与有关储备中央物资的仓库(以下简称中央仓库)签订《中央防汛抗旱物资储备管理合同》(合同样本详见附件1),明确储备管理相关职责。

第四条 中央物资购置、补充、更新经费和储备管理费,属于中央财政专项资金,必须专款专用,严禁挪作他用,并自觉接受财政、审计部门的监督检查。

第二章 购置与验收

第五条 新购置的中央物资运达仓库后,由中央仓库负责物资卸货入库。代储单位依据国家防总办公室文件、采购合同和相关技术标准负责组织物资验收。验收需成立验收组,验收组由代储单位、中央仓库等有关方面人员组成。

第六条　验收组在核对验收物资品种、规格、数量、包装以及生产日期等确认无误，完成物资外观验收后，填写《中央防汛抗旱物资验收入库报告单》（详见附件2），办理物资台账登记手续，并报国家防总办公室和代储单位。对不符合验收要求的物资不予验收入库，由代储单位及时通知供货方更换为合格产品或根据合同约定处理。

第三章　储备与管理

第七条　中央仓库要建立健全岗位职责、值班巡查、验收发货、维护保养、消防安全、物资台账、财务管理等各项规章制度和物资应急调用预案。

第八条　中央物资实行专库存储、专人管理，不得与地方物资混库存储(有恒温等特殊存储要求的物资除外)。仓库须配备专职管理人员，专职管理人数满足中央物资储备管理实际需要。

第九条　仓库库房须满足中央物资储备管理需要。库房总面积不低于3000平方米，具有良好的通风、防潮、避光、保温和防鼠、防虫和防污染等条件，配备视频监控、防雷、消防和装卸机械等设施设备，以及办公和管理用房等。对温度、湿度有特殊要求的物资须设有恒温库房。

第十条　仓库库房须留有搬运通道，库内干净整洁，物资码放整齐，满足消防安全管理要求，标牌明显(标明品名、数量、入库时间、生产日期、储存年限和供货单位等信息)。同种物资按照入库时间顺序整齐码垛，带有电瓶的设备要将电瓶卸下单独存放，油料驱动的设备要放空油料储存。物资严禁接触酸、碱、氧化剂、有机溶剂和易燃易爆等危险品(中央物资仓储要求详见附件3)。

第十一条　中央仓库要按照物资维修保养要求做好物资维护保养工作，确保物资始终处于良好状态，保障随时调用。每年4月底之前，须对中央物资进行全面检查和维护保养，详细记录相关情况，并将中央物资检查保养情况书面报告国家防总办公室和代储单位(中央物资维修保养要求详见附件3)。

第四章　调用与返还

第十二条　中央仓库实行24小时值班制度，汛期和紧急抗旱期增加值班力量，保持通信畅通，确保与仓库负责人员可随时取得联系。各仓库要切实落实中央物资调运预案，随时做好物资调运的各项准备。

第十三条　接到国家防总办公室物资调用通知后，代储单位要立即组织中央仓库发运物资，中央仓库要在最短时间(一般不应超过3小时)内完成物资起运，并派专人押运。需要协调铁路、航空运力的，可报请国家防总办公室协调支持。

第十四条　中央物资调出后，中央仓库要及时将《中央防汛抗旱物资调用报告单》(详见附件4)报告国家防总办公室和物资接收单位。中央物资运抵目的地后，押运人员与物资接收单位及时办理交接手续。

第十五条　调用中央物资所发生的运输费用，由调出物资的中央仓库先行垫付，并在物资起运前书面告知申请调用单位。抢险救灾任务结束后，由申请调用单位直接与调出物资的中央仓库结算。

第十六条　防汛抢险抗旱救灾工作结束后，除符合《中央防汛抗旱物资储备管理办法》第十七条、第十八条规定办理物资核销外，调用后可回收的物资，由申请调用单位负责回收和维修保养，并出具合格证明，返还调出仓库，所发生费用由申请调用单位负责承付。已消耗的或使用后没有修复价值的，由申请调用单位按调出物资的规格、数量重新购置返还给指定的中央仓库，返还所发生的购置费、运输费等由申请调用单位负责。返还或新购置的物资到达中央仓库后，由接收物资的代储单位按第五条、第六条规定，组织验收入库。调用单位与代储单位为同一单位时，返还物资由国家防总办公室组织验收。

第五章 储备年限及报废核销

第十七条 物资报废是指对达到中央物资储备年限，或因非人为因素造成严重损坏，或属于国家统一公布的淘汰不可继续使用的物资进行报废。

第十八条 中央物资储备年限依据国家有关规定和各类物资老化试验结果等因素确定，按首次验收入库时间起计算（中央物资储备年限详见附件3）。

第十九条 申请报废中央物资依照以下规定和程序进行：

(1)达到储备年限的中央物资报废，由中央仓库向代储单位提出物资报废申请报告，代储单位经审核后专题报告国家防总办公室申请报废。

(2)未达到储备年限非人为破损申请报废的物资，中央仓库要聘请具有资质的专业技术鉴定机构鉴定，或组织相关领域5位以上专家做出技术评定。代储单位根据技术鉴定或评定意见，向国家防总办公室提出物资报废申请，内容包括申请报废物资的品名、数量、储存时间、报废原因和具体处理意见和建议等。

(3)国家防总办公室在对申请报废的中央物资进行审核的基础上，依据《行政单位国有资产管理暂行办法》（财政部令第35号）和《中央行政单位国有资产处置收入和出租出借收入管理暂行办法》（财行〔2009〕400号）有关规定办理审批报废手续。

第二十条 代储单位根据报废物资的批复，及时组织中央仓库进行报废处理，报废物资处置需符合环保和废弃物处理有关安全管理要求。对无残值的物资可采取直接销毁方式处理，具有一定残值的物资可采取公开竞拍的方式，按废品销售方式处理。

第二十一条 报废物资发生的相关费用由中央仓库先行垫支，并在报废物资回收残值中扣除，不足部分从物资储备管理费中支出。待报废物资处置工作结束后，中央仓库负责将回收残值（净值）上交国库，并将报废物资处置相关手续（复印件）及处置情况报国家防总办公室和代储单位。已经批准报废的物资，中央仓库要及时做好台账处理。

第二十二条 符合《中央防汛抗旱物资储备管理办法》第十七条、第十八条规定，调用的中央物资中已消耗或使用后没有修复价值的，由申请调用单位委托具有资产评估资质的评估机构进行资产评估，做出物资核销评估报告，与申请核销文件一并报国家防总办公室。批准核销后，申请调用单位负责核销物资处理及残值回收，所回收的残值上交国库，并将核销物资处置相关手续（复印件）和处置情况报国家防总办公室。

第六章 储备管理费使用

第二十三条 中央物资储备管理费按每年储备中央物资总价值的8%计算，于次年一季度直接拨付给中央仓库。当年增加储备和返还的中央物资，从入库日期的下月起支付管理费；当年核销、报废和调出的物资，从批准报废、核销和调出日期下月起不再支付管理费。

第二十四条 中央物资储备管理费使用和管理，严格按照《中央防汛抗旱物资储备管理办法》和财政资金使用管理相关规定执行，使用范围在签订的合同中明确。

第二十五条 储备管理费属于中央财政专项资金,代储单位和中央仓库要切实加强使用管理,专账收支,专款专用,单独核算。

第二十六条 每年4月底前,中央仓库要将上年度中央物资储备管理总结、财务年终决算报表,报告国家防总办公室和代储单位。

第七章 附 则

第二十七条 本实施细则自发布之日起施行,《中央防汛抗旱物资储备管理办法实施细则》(办减〔2011〕35号)同时废止。

第二十八条 本实施细则由国家防汛抗旱总指挥部办公室负责解释。

2016年3月27日

附件1

××××年中央防汛抗旱物资储备管理合同

甲方:______防汛抗旱指挥部办公室

乙方:中央防汛抗旱物资______仓库

为保障防汛抗旱物资抢险救灾急需,严格落实中央防汛抗旱物资储备职责,规范中央防汛抗旱物资储备、调用和经费管理,依据《中华人民共和国合同法》《中央防汛抗旱物资储备管理办法》《中央防汛抗旱物资储备管理办法实施细则》等法律规定,甲、乙双方签订以下合同。

第一条 乙方储有中央防汛抗旱物资价值____万元,其中防汛物资价值____万元、抗旱物资价值____万元。详细品种、数量和价值详见合同附件。

第二条 甲方职责:

(1)负责对乙方承担的物资储备管理、维护保养等工作以及储备管理费使用进行检查、监督和指导,监督乙方严格落实《中央防汛抗旱物资储备管理办法》《中央防汛抗旱物资储备管理办法实施细则》。

(2)负责组织乙方开展中央防汛抗旱物资入库验收。

(3)负责组织协调乙方紧急调运中央防汛抗旱物资。

(4)负责指导督促乙方按规定向国家防总办公室报送物资管理、维修、保养、调运、返还以及管理费用使用情况等。

(5)负责监督乙方严格按规定使用物资储备管理费。

第三条 乙方职责:

(1)负责清点、检查、接收入库防汛抗旱物资,配合甲方做好入库物资验收工作。

(2)做好防汛抗旱物资储备的日常管理工作,定期向甲方和国家防总办公室报送物资管理、维修、保养、调运、返还以及管理费用使用情况等。

(3)严格执行国家防汛抗旱总指挥部办公室的物资调度令,做好中央防汛抗旱物资的紧急调运工作。

(4)按照中央物资存储要求,做好库房管理维修工作,确保储备条件满足要求。

(5)负责中央防汛抗旱物资报废处理等相关工作。

(6)严格按照《中央防汛抗旱物资储备管理办法》和财政资金使用管理相关规定,管好用好中央防汛抗旱物资储备管理费,管理费使用范围主要包括仓库运行费、仓库维护费、物资维护保养费、物资保险费、人工费和办公费等支出。

第四条 本合同执行期限为 年 月 日至 年 月 日。

第五条 本合同一式四份,经甲、乙双方签字、盖章后生效,甲方执一份、乙方执二份,报国家防汛抗旱总指挥部办公室一份。

甲方签字: 乙方签字:

(盖章) (盖章)

年 月 日 年 月 日

________仓库储备物资品种及价值明细表样

序号	物资名称及规格	代码	数量	入库时间	采购单价(元)	物资价值(万元)
防汛物资						
1						
2						
3						
4						
5						
抗旱物资						
1						
2						
3						
4						
5						
合 计						

填报人: 仓库负责人: 填报日期:

附件 2

中央防汛抗旱物资验收入库报告单

<table>
<tr><td colspan="5">代储单位：</td></tr>
<tr><td colspan="5">仓库名称：</td></tr>
<tr><td colspan="5">供货单位或生产厂家：</td></tr>
<tr><td colspan="5">物资入库属性：新增物资□　　　　返还物资□　　　　调配物资□</td></tr>
<tr><td>序号</td><td>物资品名及
规格型号</td><td>数量</td><td>单价</td><td>总价值</td></tr>
<tr><td></td><td></td><td></td><td></td><td></td></tr>
<tr><td></td><td></td><td></td><td></td><td></td></tr>
<tr><td></td><td></td><td></td><td></td><td></td></tr>
<tr><td></td><td></td><td></td><td></td><td></td></tr>
<tr><td colspan="4">合计</td><td></td></tr>
<tr><td colspan="5">验收意见：</td></tr>
<tr><td colspan="2">验收组长签字：</td><td colspan="3">仓库负责人签字：

（盖章）

年　　月　　日</td></tr>
<tr><td colspan="5">附件：验收报告</td></tr>
</table>

附件 3

中央防汛抗旱物资仓储、维护保养及存储年限规定

一、物资仓储要求

(1)橡胶类物资、橡套电缆在恒温库房存储,室内安装温控设备,温度保持 0~25 摄氏度,相对湿度小于 70%,橡胶子堤、橡胶储水罐在入库前要重新涂撒滑石粉,橡皮舟舟体、橡胶子堤、橡胶船舷、橡胶储水罐在货架上单只(组)摆放,橡套电缆在隔潮垫层上(高度 0.2 米)整齐码放。

(2)存储查险灯、强光搜索灯、找水物探设备、管涌检测仪、救生绳索抛射器、专用空压机(泵)、照明投光灯等仪器设备的库房内要避光,设有通风设施,仪器设备分层码放在货架上。

(3)存储编织袋、复膜编织布、长丝土工布、二布一膜土工布、防管涌土工滤垫、围井围板、快速膨胀堵漏材料、吸水速凝挡水子堤、橡胶子堤护坦布、泡沫救生衣、帐篷篷体、涂塑输水软管、钢丝橡胶管等聚酯合成材料的库房内要严格避光,并设有通风设施。上述物资在隔潮垫层上(高度 0.2 米)整齐码放并用布质防尘罩罩盖。防管涌土工滤垫和围井围板的码高不得超过 10 层,防止重压变形。严禁拆开快速膨胀堵漏材料和吸水速凝挡水子堤的密封包装,防止其因破损而自行吸水膨胀。

(4)存储喷水组合式抢险舟、嵌入组合式抢险舟、复合型防汛抢险舟、玻璃钢冲锋丹舟体的库房要求避光,设有通风设施。舟体在入库前要清洗干净,金属件涂敷黄油,舟体叠放不得超过 5 艘,防止下层舟体重压变形,叠放最下层舟体用 3 根垫木(截面:120×120mm)均匀支垫,舟与舟之间的间隔用硬质泡沫块支垫,叠放好的舟体要用布质防尘罩罩盖。

(5)存储汽油船外机、汽(柴)油发电机(组)、净水设备、喷灌机(组)、便携式打桩机、液压抛石机、抢险照明车、水泵、洗井空压机组、打井机设备等机械的库房内要避光,设有通风设施。抢险照明车、拖车柴油发电机组、液压抛石机、绞盘式喷灌机车体前后要有支撑杆支撑。其他设备叠摞高度按包装箱标明规定码放在隔潮垫层上(高度 0.2 米)。

(6)存储钢丝网兜、铅丝网片、帐篷支撑架、打井机支架、抢险钢管及扣件等金属材料的库房内要求干燥、通风,下部要设防潮垫层(高度 0.2 米),要码放整齐,避免重压,防止物资变形、生锈。

(7)船外机专用机油要单独存放,严禁同其他物资混放,避免重压,防止机油挥发散漏。库房内要避光,设有通风设施并备有专用灭火器材。

二、维护保养要求

(1)橡皮舟、抢险舟橡胶船舷要逐只做 8 小时气密试验;橡胶子堤、橡胶储水罐要逐只(组)做接缝检查并重新涂撒滑石粉;橡套电缆做外护橡套质量检查。

(2)编织袋、覆膜编织布、长丝土工布、二布一膜土工布、防管涌土工滤垫和围井围板、快速膨胀堵漏材料、吸水速凝挡水子堤、橡胶子堤护坦布、泡沫救生衣、帐篷篷体、涂塑输水软

管、钢丝橡胶管等物资进行外观检查,并进行防潮倒垛或翻晒,重新投放防虫、鼠药。

(3)喷水组合式抢险舟、嵌入组合式抢险舟、复合型防汛抢险舟、玻璃钢冲锋舟进行舟体外观检查,对非不锈钢金属件做涂敷黄油养护。

(4)汽油船外机、汽(柴)油发电机(组)、水泵、净水设备、洗井空压机组、喷灌机(组)、便携式打桩机、液压抛石机、照明投光灯、打井设备等机械进行外观检查和防锈维护保养。

(5)便携式应急查险灯(铅酸电池)逐只进行24小时充电,做照射亮度实验;便携式应急查险灯(锂电池)、强光搜索灯逐只进行10小时充电,做照射亮度实验;找水物探设备、管涌检测仪每半年充电1次,并开启仪器进行检测;救生绳索抛射器进行绳索拉力试验,碳纤维充气气瓶每年汛前充气到20 MPa储存、调运前充气到30 MPa;专用空压机(泵)进行外观检查和防锈维护保养;抢险照明车逐台做2小时启动运行,做照射亮度实验。

(6)钢丝网兜、铅丝网片、帐篷支撑架、打井机支架、抢险钢管及扣件等金属材料进行外观检查,做防锈处理。

(7)船外机专用机油进行防止挥发渗漏的检查。

(8)使用后回收的物资,机械设备类的要按产品说明书维护保养要求,进行全面的性能维护保养及试机。

三、物资储备年限规定

(1)便携式应急灯(铅酸电池)5年。

(2)编织袋、快速膨胀堵漏材料(编织袋包装)6年。

(3)覆膜编织布、吸水速凝挡水子堤、泡沫救生衣(圈)、涂塑输水软管、光学变焦强光搜索灯、便携式应急灯(锂电池)8年。

(4)快速膨胀堵漏材料(麻袋及土工袋包装)、土工无纺布、土工滤垫、装配式围井围板、橡胶子堤、橡皮舟、抢险舟橡胶船舷、堤坝渗漏管涌检测仪、找水物探设备、橡胶储水罐、钢丝橡胶管10年。

(5)绞盘式喷灌机、手推式喷灌机组11年。

(6)液压抛石机、抢险照明车、便携式打桩机、投光照明灯、救生绳索抛射器、橡套电缆、防水帆布帐篷、柴油发电机组、洗井空压机组、大功率水泵、深井潜水泵、泵用变频柜、柴动直联泵、打井机、净水设备12年(净水设备中反渗透膜耗材3年)。

(7)冲锋舟、复合式防汛抢险舟、嵌入组合式抢险舟、喷水组合式抢险舟玻璃钢舟体、汽油船外机、卧式船用发动机、空气压缩机(泵)、汽油发电机15年。

(8)钢丝网兜、铅丝网片、抢险钢管及扣件16年。

(9)船外机专用机油出现容器破损漏油即行更新。

到达储备期限的物资设备经测试或质量检验仍可使用的,可视具体情况延长储备年限。

附件 4

中央防汛抗旱物资调用报告单

<table>
<tr><td colspan="5">代储单位：</td></tr>
<tr><td colspan="5">仓库名称：</td></tr>
<tr><td colspan="5">调运单位：</td></tr>
<tr><td colspan="5">调用文件名称：</td></tr>
<tr><td>序号</td><td>出库物资品名
及规格型号</td><td>数量</td><td>单价</td><td>总价值</td></tr>
<tr><td></td><td></td><td></td><td></td><td></td></tr>
<tr><td></td><td></td><td></td><td></td><td></td></tr>
<tr><td></td><td></td><td></td><td></td><td></td></tr>
<tr><td></td><td></td><td></td><td></td><td></td></tr>
<tr><td colspan="4">合　计</td><td></td></tr>
<tr><td colspan="3">运输方式：</td><td colspan="2">发运时间：</td></tr>
<tr><td colspan="3">押运人姓名：</td><td colspan="2">联系电话：</td></tr>
<tr><td colspan="3">仓库负责人签字：

（盖章）
年　月　日</td><td colspan="2">接收单位代表签字：

（盖章）
年　月　日</td></tr>
</table>

黄河防洪工程备防石规范化管理规定(试行)

黄汛办〔2003〕3号

第一条 为加强防洪工程备防石规范化管理,明确备防石存放、编号的外观标准,进一步改善工程管理面貌,更好地适应黄河防洪抢险需要,制订本规定。

第二条 本规定适用于黄河河道整治险工、控导、护滩(岸)工程上的备防石及涵闸、堤防工程上的备防石管理。

第三条 河道整治工程坝、垛、护岸上的备防石存放,要充分考虑工程管理、维修养护和抢险交通要求,合理规划摆放位置,做到整齐美观,整体划一。

第四条 石垛距离迎水面坝肩须不少于3米,每处工程及每道坝岸的备防石料码垛高度、宽度尺寸要尽量一致,垛高1~1.2米,每垛20~50立方米,且每垛方量以10的倍数为准。

常年不靠河的险工、控导、护滩(岸)工程备防石应采用水泥抹边、抹角,边、角抹面宽度15~20厘米。

第五条 险工、控导、护滩(岸)工程的一个丁坝(护岸、垛)上的备防石编号原则是:位于坝跟靠上游的备防石石垛编号为1号石垛,以下按备防石石垛距坝跟的距离由近及远,以续编号。

涵闸、堤防等工程上的备防石按石垛距堤肩的距离,由近及远进行编号,位于上游距堤肩最近的备防石石垛编为1号垛。

第六条 备防石石垛应在每垛显著位置标志管理单位、工程名称、坝号、方量等。标志上边沿距坝、垛顶30cm。

险工、控导、护滩(岸)工程上的备防石石垛的标志应设置在面向大堤或水流上游侧。

涵闸、堤防等工程的备防石,紧靠堤防的备防石石垛的标志应设置在面向大堤的一面,其余的备防石石垛的标志应设置在面向上游一侧。

第七条 备防石标志外形尺寸:主石垛采用长度0.6米、宽度0.4米;一般石垛采用长度0.5米、宽度0.3米。要用水泥砂浆抹平,边角整齐,白底红字,油漆喷制,字为黑体。

每道坝岸上的备防石的第一垛或能够反映该坝石料储备的显要石垛为主备防石石垛,用主备防石垛标志,其余的用一般标志(见附图)。

附图:

1. 备防石主垛标志(每道坝一个)

黄防备—豫—郑—邙金
HFB—Y—ZH—MJ
花园口险工—10—1
HYKXG—10—1
×× m^3

大小:40 cm×60 cm,边框 2 cm,线宽 1 cm;
字体:黑体(居中);
内容:第一行:黄防备—(省简称)—(地市名称第一个汉字)—(县局名称前两个汉字)
第二行:上一行汉字汉语拼音第一个字母缩写;
第三行:工程全称—坝号或垛号—该坝备防石总垛数;
第四行:第三行汉字汉语拼音第一个字母缩写;
第五行:该坝备防石总方量。
2. 备防石一般石垛标志(每垛备防石一个)

花园口险工—10—11 HYKXG—10—11 ×× m^3

大小:30 cm×50 cm,边框 2 cm,线宽 0.5 cm;
字体:黑体(居中);
内容:第一行:工程全称—坝号或垛号—备防石垛号;
第二行:上一行汉字汉语拼音第一个字母缩写;
第三行:方量。

2003 年 6 月 18 日

关于做好防汛物资供应管理工作的通知

黄防总办〔2005〕4 号

为做好今年黄河防汛物资管理工作,确保黄河抗洪抢险的物资供应,根据今年黄河实际情况,提出如下要求,请认真贯彻执行。

一、2005 年度黄河防汛物资管理的总体思路

贯彻"安全第一、常备不懈、以防为主、全力抢险"的防汛工作方针,按照"统一领导、分级负责、归口管理"的原则,围绕"一个做好,一个确保,一个突破"的工作目标,做好汛前防汛物资清仓查库及采购补充, 汛期防汛物资的调度准备工作; 确保汛期黄河防汛物资的调度供应,做到"供应到位、调运及时、保障有力",全力满足黄河抗洪抢险的物资需要。力争在防汛物资信息录入、共享等管理现代化建设方面有所突破。汛后做好防汛物资的回收、养护工作,对全年防汛物资管理工作进行认真总结。

二、防汛物资管理工作的具体意见

(1)加强对防汛物资管理工作的领导,认真落实防汛物资的各项准备工作,确保汛期防汛物资的调度供应。

(2)汛前要认真组织清仓查库,核实防汛物资储备数量,做到账卡物三相符。检查物资保管质量,严格按照仓储条件进行存放,对久储物资进行翻晒,严防霉变、锈蚀。对到期储备物资应进行变价处理,对已不能满足防汛需要的物资进行报废处理,回收的资金必须用于防汛物资更新,严禁挪作他用。清仓查库完成后,要写出报告上报我办。

(3)汛前各单位要将防汛物资全部准备到位,各单位及各专业机动抢险队要对储备的各类防汛设备、工器具进行一次全面检查维修养护,保证其状态完好,做到有备无患,保证防汛抢险的需要。

(4)各单位要有专人负责防汛物资信息录入工作,根据清仓查库结果,按照规定于汛前全面完成会商系统中防汛物资录入、数据更新工作,做到不重不漏、系统全面。同时还要做好防汛物资的统计工作,严格按要求及时上报防汛物资统计报表,做到数据准确、内容真实、格式规范。

(5)要结合本单位实际,认真修订完善《防汛物资调度预案》《夜间照明预案》,增强可操作性,满足各级洪水条件下防汛物资的调度需要。

(6)汛前各单位要督促落实有关社会团体和群众备料,登记造册,以备汛期调用。

(7)汛期各级物资管理部门要以防汛物资调度供应工作为中心,确保本单位防汛物资的供应。并坚决执行上级的调度命令,快速、准确地将防汛物资送达指定地点。

(8)中央级防汛物资定点仓库应按照《中央级防汛物资储备管理细则》的要求,在汛前对所储物资进行全面检查,制定调运预案。汛期要加强值班,落实装卸、运输力量,做好随时调运的一切准备工作。

2005 年 4 月 7 日

黄河机动抢险队料物储备定额(试行)

黄防总办〔2003〕40 号

序号	品名	单位	定额标准(每队)
一	抢险料物		
1	18# 铅丝	千克	100
2	12# 铅丝	千克	500
3	10# 铅丝	千克	200
4	土工布	平方米	1000
5	麻袋	条	500

序号	品名	单位	定额标准(每队)
6	编织袋	条	1000
7	大蓬布	块	2
8	麻绳	根	50
9	木桩	根	30
10	油锯	只	2
二	救生器材		
11	救生衣	件	50
12	救生圈	个	10
三	照明器材		
13	应急灯	只	25
14	探照灯	只	6
15	防水灯头	个	50
16	防水电缆	米	1000
17	电缆盘	个	8
四	小型工器具		
18	隐患探测仪	套	1
19	潜水服	套	1
20	锨	张	25
21	镐	把	4
22	地排车	辆	3
23	木工手锯	把	2
24	手锇	盘	4
25	打桩油锤	把	6
26	手斧	把	24
27	锛	把	2
28	断线钳	把	10
29	钢丝钳	把	10
30	摸水杆	根	2
31	电工工具	套	2
32	捆枕压杠	付	6
33	打板	个	4
34	摸水杆	根	2
35	话筒	个	2

说明:铅丝应编织部分网片,麻绳要大小绳搭配,土工布反滤、截渗各半。

2003 年 8 月 1 日

黄河防汛物资及黄河下游防汛常用工器具储备定额

黄防总办〔2011〕50号

黄河防汛主要物资储备定额

序号	物资名称	更新年限	定额依据	定额标准	备注
1	石料	长期	黄河下游险工	2500 m^3/km	
			控导护岸	3000 m^3/km	
			滚河防护工程	3000 m^3/km	
			沁河险工	2000 m^3/km	
			大清河险工	2000 m^3/km	
			东平湖围坝	650 m^3/km	
			分泄洪闸	2000 m^3/座	
			其他闸门	200 m^3/座	
2	铅丝	16年	工程备石	50 kg/100 m^3 备石	
3	麻料	10年	工程备石	40 kg/100 m^3 备石	
4	编织袋	6年	设防堤	1000条/km	
5	帐篷	10年	县局	3顶/局	
6	抢险活动房	12年	县局	2个/局	
7	土工布	10年	设防堤	200 m^2/km	
8	复膜编织布	8年	设防堤	200 m^2/km	
9	救生衣	8年	险工控导	20件/km	
10	砂石料	长期	东平湖围坝	100 m^3/km	
11	冲锋舟	15年	县局	2艘/局	
12	发电机组	15年	险工控导	5 kW/km	
13	抢险照明车	12年	县局	1套/局	
14	木桩	用后补充	工程备石	2根/100m^3 备石	

说明：1. 石料要求石质坚硬，单块石重在20~75 kg，单块石重量在20~30 kg的比例不得大于总重量的20%。

2. 东平湖围坝10+471~77+3002。

3. 铅丝包括8#、10#和12#。

4. 麻绳材料包括苘麻和苎麻。

5. 编织袋选用C型编织袋。

6. 抢险活动房要拆装方便，移动灵活。

7. 砂石料要分级清晰，并不能有杂质。

8. 发电机组要大小兼顾，配备质量好，性能优的产品。

9. 山西、陕西河务局帐篷、抢险活动房和冲锋舟每个县局各储备1顶(个，艘)。

10. 三门峡库区各管理局防汛物资储备参照执行。

黄河防汛常用工器具储备定额(试行)

序号	物资名称	更新年限	定额依据	定额标准	备注
1	摸水杆	损坏补充	险工控导	2 根/km	
2	查水灯具	8 年	设防堤	4 个/km	
3	油锯	损坏补充	设防堤	0.2 台/km	
4	打桩机	15 年	设防堤	0.1 个/km	
5	打桩锤	损坏补充	设防堤	1 个/km	
6	手锇	损坏补充	设防堤	0.1 盘/km	
7	月牙斧	损坏补充	设防堤	2 把/km	
8	铁锨	损坏补充	设防堤	10 把/km	
9	手钳	损坏补充	设防堤	1 把/km	
10	断线钳	损坏补充	设防堤	0.3 把/km	
11	木工斧	损坏补充	设防堤	1 把/km	
12	钢镐	损坏补充	设防堤	1 把/km	
13	对讲机	8 年	设防堤	0.2 对/km	
14	报警器	8 年	设防堤	0.2 个/km	
15	下水衣	8 年	设防堤	0.3 件/km	
16	望远镜	12 年	县局	2 个/县局	
17	电缆	12 年	险工控导	0.3 km/km	
18	防水线	12 年	险工控导	0.3 km/km	
19	抛石排	损坏补充	县局	1 个/县局	
20	铅丝笼封口器	损坏补充	县局	20 个/县局	
21	捆枕器	损坏补充	县局	2 套/县局	
22	安全杆	5 年	临黄堤	2 根/km	高村断面以下河段配置
23	安全帽	5 年	临黄堤	2 顶/km	
24	安全绳	3 年	临黄堤	2 根/km	
25	冰穿	损坏补充	临黄堤	1 支/km	陶城铺断面以下河段配置
26	冰笊篱	损坏补充	临黄堤	0.2 把/km	
27	量冰尺	损坏补充	临黄堤	0.2 把/km	
28	冰凌打孔机	12 年	临黄堤	0.05 台/km	
29	启爆器	10 年	临黄堤	0.1 套/km	

2011 年 12 月 8 日

黄河防汛物资仓库管理办法(试行)

黄防总办〔2014〕4号

第一条 为进一步规范黄河防汛物资仓库(以下简称防汛仓库)建设和使用管理,根据《中华人民共和国防洪法》《中华人民共和国防汛条例》《中央防汛抗旱物资储备管理办法》等有关法律法规,结合黄河实际,制订本办法。

第二条 防汛仓库是指中央财政安排资金建设,由黄河水利委员会下属单位及三门峡库区各管理局进行管理使用的防汛物资仓库。

第三条 防汛仓库分为黄河水利委员会和河南、山东黄河河务局管理的储备库,河南、山东有关市黄河河务局、山西、陕西黄河河务局、三门峡库区各管理局管理的中心库,和县(区)黄河河务局管理的应急库。

第四条 储备库和中心库主要存放批量大、有特殊存放要求的防汛物资,以满足抢险期间集中调运或物资调剂的需要;应急库存放常用的防汛物资和小型工器具。不同品种物资必须分隔单独摆放。

第五条 防汛仓库建设必须遵循国家防总《防汛物资仓库建设指导意见》和黄委《黄河防汛物资仓库建设规划》。

第六条 防汛仓库为储存防汛物资专用库,不得擅自改变用途和出租经营,严禁作为健身休闲场地。各级河务部门要加强对防汛仓库使用的监督与检查,发现有违规行为进行严肃处理。

第七条 按照"统一领导、分级负责、归口管理"的原则,防汛仓库由上级行政主管单位或部门负责监管,各级防汛仓库主管部门及所属防汛仓库负责使用、维护等日常管理工作。

第八条 防汛仓库应设专人专职负责,其负责人对仓库运行管理及安全负总责。

第九条 防汛仓库要建立健全岗位职责制度、值班巡查制度、消防安全制度、验收发货制度、物资台账制度、财务管理制度、档案管理制度、物资保障应急调运预案等规章制度和预案。

第十条 防汛仓库必须根据《中华人民共和国安全生产法》及黄委安全生产管理规定等有关法律、规章,结合工作实际,制订本单位《防汛仓库安全使用管理规定》。

第十一条 防汛仓库管理单位要经常性开展安全生产宣传、教育、培训和安全检查,杜绝违章指挥、违章作业,及时消除生产安全事故隐患。

第十二条 本办法由黄河防汛抗旱总指挥部办公室负责解释。

第十三条 本办法自2014年7月1日起施行。

2014年6月16日

黄河防汛石料使用管理办法

黄防总办〔2015〕7号

第一条　为全面掌握防汛石料使用动态，规范防汛石料使用管理，保障黄河抗洪抢险和防洪工程维修养护用石，制订本办法。

第二条　防汛石料包括备石、维修养护石料和基建竣工移交石料。

第三条　各级防汛部门负责防汛石料实物的统一管理，工管、财务等有关部门配合。

第四条　防汛部门负责对采购石料组织验收，并办理入库手续，建立石料实物台账和石料调度使用档案。

第五条　维修养护用石需经水管单位分管领导同意后，由防汛部门办理调度使用手续。

第六条　黄河直管防洪工程抢险用石按有关规定程序报批，非黄河直管工程抢险用石，须报黄委审批同意后方可动用。

第七条　工程建设动用备石的由建设单位提出申请，经防汛部门审查同意后方可动用，用后实物返还。

第八条　跨县局调用防汛石料由市局防汛部门下发调度指令，相关县（市区）防汛部门办理入出库手续。

第九条　跨市局调用防汛石料由省局防汛部门下发调度指令，相关县（市区）防汛部门办理入出库手续。

第十条　抢险用石实行现场监理制，经监理人员签字后方可动用石料。抢险结束后，防汛部门进行现场验收并办理出库手续和抢险用石档案。

第十一条　各级防汛部门要切实加强对石料使用管理的监督检查工作，市级防汛部门至少每半年检查一次，省级防汛部门每年至少检查一次。对使用手续不完备、档案资料不齐全的，责令相关单位限期整改。

第十二条　防汛石料管理实行月、年报表制度。各级防汛部门按照存放地点、用途分类统计，编制月、年报表，逐级汇总上报。月报表于每年10日前、年报表于下一年元月20日前报黄委防办备案。

第十三条　各级防汛部门于年初逐级上报上一年度防汛石料使用管理工作总结，1月31日前报黄委防办。

第十四条　本办法自颁布之日起执行。

2015年6月26日

黄河水利工程维修养护石料采购与使用管理规定(试行)

黄建管〔2011〕50号

第一条　为规范黄河水利工程维修养护石料采购与使用,提高维修养护资金使用效益,保证防洪工程完整与安全运用,依据《水利工程维修养护定额标准(试点)》(以下简称《定额标准》)、《中央级水利工程维修养护经费使用管理暂行办法》《黄河水利委员会防汛石料管理办法(暂行)》等,制订本规定。

第二条　本规定适用于黄委所属有关单位及三门峡库区各管理局所辖工程中维修养护经费安排的根石加固石料采购、使用管理。

第三条　《定额标准》中的根石加固石料,优先用于汛前应急加固、抢险抛石、上年度抢险用石挂账、防汛备石补充,其余石料全部用于根石加固。

第四条　财务部门负责石料采购、入库、调拨管理;依据各级管理单位内部责任分工,由职能部门负责根石加固石料的使用管理。

第五条　年度工程维修养护实施方案中的根石加固项目,应以县(市、区)河务局所辖河道整治工程数量为基础,按照《定额标准》确定根石加固数量及经费额度,并报上级单位核定批准。

第六条　预算经费下达后,按以下原则确定根石加固购石数量:当石料市场单价高于定额标准时,应将购石预算经费额度全部用于购石;当石料市场单价低于定额标准时,应按照定额石料数量采购。

第七条　河道整治工程根石加固项目中,购石资金必须做到专款专用,严禁挪作他用。

第八条　石料采运实行政府统一采购,由河南、山东、山西、陕西河务局、三门峡库区管理局依据根石加固合同约定的石料数量,由省级河务局发布石料采购公告,本着“质优价廉,运距合理”的原则,选择采石场及供应商。

第九条　石料采运管理实行合同制,采购与运输合同由采购方签订,执行《黄河水利委员会防汛石料管理办法(暂行)》的规定。

第十条　石料验收,执行《黄河水利委员会防汛石料管理办法(暂行)》。

(1)水管单位负责初验并办理入库手续,市级河务局负责验收,省级河务局组织抽验。

(2)验收组织,由省局指定的主管部门牵头,相关部门、养护公司、监理等单位人员参加。

第十一条　严格河道整治工程根石加固项目合同管理,应由养护公司等专业队伍实施,严禁转包。

第十二条　根石加固项目实施程序是先码方、再验收、后抛石,或先动用坝面备石进行根石加固,再按照实际动用的备石数量归还备石。

动用石料,按照《黄河水利委员会防汛石料管理办法(暂行)》规定的程序和权限进行审批。

第十三条 根石加固项目的实施必须严格按照上级批复的方案执行。如确需变更的,水管单位应按照规定提出方案变更申请,经市级河务局初审后报省级河务局审定,按省级河务局批复的变更方案组织实施。

第十四条 为解决水管单位之间及防洪工程之间抢险用石时空分布不均问题，根石加固石料可在省级河务局范围内以调拨的形式调剂使用,以保证防洪工程的安全运行。

石料调剂按照《黄河水利工程维修养护经费使用管理暂行办法》规定的调剂程序执行。

第十五条 根石加固项目实行监理制,参照《黄河防洪工程抢险监理办法(试行)》《黄河防洪工程建设项目监理规定》执行。

第十六条 根石加固项目实行质量监督制,参照《黄河水利工程建设质量监督管理规定》执行。

第十七条 本办法由黄河水利委员会负责解释。

第十八条 本办法自发布之日起施行。

2011 年 12 月 17 日

河南黄河河务局防汛石料管理实施细则

豫黄财〔1999〕15 号

第一章 总 则

第一条 为进一步加强和规范我局石料管理,提高石料投资综合效益,促进石料管理工作更好地适应防汛抢险和防洪工程建设需要,根据黄河水利委员会颁发的《防汛石料管理办法(暂行)》,结合我局实际,特制订《河南黄河河务局防汛石料管理实施细则》(简称《细则》)。

第二条 本《细则》适用于我局管辖的黄(沁)河防汛备石、防洪基本建设工程用石、工程整修用石、根石加固和防汛抢险用石等。

第三条 按照"统一管理、分级负责"的原则,省河务局负责石料投资计划安排、监督检查石料管理各项工作;市(地)河务局负责初审县局上报的石料预算,督促检查石料采运、储备、调度、使用、核算及石料验收等项管理工作;县级河务局(含闸管单位,下同)负责做好石料的计划编报、采购供应、运输到位、初验入库、储备保管、消耗使用、收支核算等项具体工作。

第四条 石料管理工作实行主管领导负责制。石料管理具体工作以财务部门为主,工务、防办等有关部门配合。财务部门应配备石料管理专职(或兼职)人员,制订岗位责任制,负责办理石料管理具体工作。

第五条 防汛石料管理的主要任务是:认真贯彻执行上级制订的石料管理办法和有关规定;根据本单位防洪任务,编报石料用量和所需投资的预算计划;按照上级的批复及计划下达,制订石料采运方案,组织石料采运到位;做好石料验收入库及日常保管工作;根据抗洪抢险、防洪基本建设工程、根石加固及工程整修用石的需要,做好石料出库使用与调配,确保供应工作;做好石料收支核算工作;定期进行石料清查盘点,按期上报石料统计报表。

第六条 防洪基建工程、根石加固以及新增防汛备石等石料的收入和使用,实行监理制;工程整修、防汛抢险用石逐步推行监理制。

第二章 石料采购计划管理

第七条 编制石料采运计划要遵循"总量控制、统筹安排、保证重点、严格标准"的原则,确保防洪基建工程、防汛抢险和防洪工程整修用石的需要。

第八条 石料采购计划的编制按自下而上的程序进行,由石料使用单位依据储备定额、现有储量、工程稳固程度等,结合当年河势情况,按照水利部有关预算定额、各项经费(基金)使用范围,提出申请石料需用数量和费用,逐级审核汇总上报。

第九条 石料采购计划由省局计划部门统一下达,各市(地)、县(市、区)河务局按投资计划认真组织实施。

第十条 石料采运计划下达后,用石单位不得随意调整,必须严格按计划确定的工程量、工程地点、投资额,保质、保量、按期完成。如因河势情况等因素确需调整计划的,用石单位事前要提出申请,报省局有关部门批准。

第十一条 石料预算单价由以下各项组成。

(1)石料市场价:指石料出厂价格。

(2)运杂费:①运输费:按计程运输费或协议包干运输费形式计取。按计程运输费核定价款:计程运输费=计程运价×计程运距,计程运价单位:元/吨千米,以市场当时价费率计取。计程运距指石料从装货地点到卸货地点实际载货里程。按协议包干核定运输费:系指每方石料运达卸货地点后,供需双方事前约定的运输费总金额,执行中应不高于计程运输费标准计取。②装卸费、短途倒运费、过磅费、码方费按各市(地)交通物价部门规定的费率计取。③过桥过路费按省交通物价部门核定的收费标准按方折算取费。

(3)采购及保管费。按1+2之和的4%计取。

(4)现场管理经费:包括临时设施、场地平整清理、坝面恢复、验收等发生的有关费用,按1+2+3之和的7%计取。

第十二条 属黄河防洪基建投资安排的根石加固、备防石、旧石码方的费用计取,按黄委会黄规计〔1998〕112号文"关于执行《黄河下游防洪基建工程概预算编制的有关规定》的补充通知"办理。

第三章 石料采运管理

第十三条 石料采运计划下达后,各单位要严格按照计划下达的石料采购量,落实料源、运力,本着"质优价廉、运距合理"的原则认真组织实施。

第十四条 石料使用或储备单位应依据上级批准的投资计划或紧急需要,与石料供货单位签订供货合同,与石料承运单位(或个体)签订承运合同。石料采购与运输合同的订立应符合《中华人民共和国合同法》。订立合同主要条款要包括:双方当事人姓名和住所、质量、数量、价款、到货地点和时间、履行期限、结算方式、验收方式、违约责任、解决争议的办法等内容。

第十五条 石料采运工作由财务部门主办,有关部门协办。确定料源、组织运力时要逐步通过招标投标或议标方式择优选定。

第十六条 石料质量标准:

(1)石质坚硬,不得有风化石,山皮石,分层易碎石。

(2)单块石重量在20~75千克,平均厚度不得小于15厘米;单块石重在20~30千克的比例不得大于总重量的20%。

(3)石方容重不低于1.7吨每立方米。

第十七条 石料需用火车运输的,有用石单位或石料转运站负责与有关石料生产厂协商,由发货单位向铁路部门提报月度运输计划,并按铁路部门批准的运输计划做好接车、装车、卸车准备。各石料运输单位(部门)要督促当地铁路部门检查好线路,保证专用线畅通,列车运行安全。同时,管护好站内线路,保证装车、卸车场地货源、货位充足、照明良好、装车、卸车安全方便。

第十八条 石料采运计划一般按照"当年投资,当年完成"的原则组织实施(上级另有紧急通知抢运石料的除外)。对计划安排的跨年度防洪工程所用石料,必须按照施工图设计批复数量、竣工时间、足额完成。对当年汛后安排的水毁工程恢复、根石加固、防汛备石补充等石料,当年全部完成确有困难的,报经省局批准后,按批准后的完成时间组织到位。

第四章 石料验收

第十九条 石料验收工作分两个阶段进行。石料运达指定地点后,先由县级河务局组织财务、工务等部门进行初验;石料采运批量任务完成后,在初验基础上,再由市(地)河务局组织财务、工务、防办等部门进行验收。省河务局对石料验收工作进行督查。石料初验和验收必须严格认真、实事求是,初验或验收工作人员不得少于3人。

第二十条 石料初验可采用过磅称重与现场测方两种方式,有条件过磅称重的一般不采用测方办法。

过磅称重石料时,过磅人员不得少于2人,并按省局统一印制的《石料过磅(收方)凭单》所列内容逐项填写。卸石地点要有专人负责对到位石料的质量、数量进行核查,按实际到位情况做好纪录,并在《石料过磅(收方)凭单》上签字。

石料运达指定地点后,属防汛备石,一律整垛码方,做到"边齐、心实、顶平",整垛码方要有专人负责进行质量监控,不合格石料不准上垛,另作清除处理。

第二十一条 现场测方时,必须先整垛,后测方,并按省局统一印制的《石料收方(码方)单》所列内容填写收方记录。实测时,长、宽点次分别不得少于两个,高不得少于四个,实际方数按下式计算:长×宽×高×0.95,其中:长、宽、高为平均值,0.95为折算系数。

第二十二条 各县级河务局应整理好初验记录、初验结果等资料,按工程坝号填制好《石料过磅(收方)汇总单》,向市(地)河务局递交竣工验收申请报告。

第二十三条 市(地)河务局在接到所属单位石料验收申请报告后,应迅速组织人员前往验收。验收内容包括:核查初验各种资料;检查石料资金运转情况;对全部石料进行实地丈量。验收总方量与初验总方量误差在2%(含2%)以内的,视初验总方量为验收总方量。误差超过2%的,以验收总方量为准。欠运时要求其立即补差到位,超计划运输到位石料不予验收。验收合格后按工程地点填制省局统一印制的《石料收入验收凭证》,按工程坝号填制《石料收入验收清单》。《石料收入验收凭证》报省局物资管理部门备案。

第二十四条 防洪基本建设工程石料的验收按基本建设工程管理程序办理。

第五章 防汛石料储备管理

第二十五条 防汛石料原则上应按储备定额储备到位，本处工程因抢险消耗，实有储量达不到定额储量三分之一时，应紧急申请上级补充。对现有防汛备石要加强保管、明确责任，严防丢失和挪作他用。

第二十六条 堤防、险工、控导(护滩)工程坝垛的石料存放要考虑方便施工、抢险、交通，并符合工程管理的要求，石料垛位离开迎水面坝肩距离不少于3米。有条件的背河亦应留出抢险道路。

第二十七条 每处工程储备石料码垛要尽可能一致，每垛方数以10的倍数为标准。

第二十八条 黄河防洪工程建设及岁修工程应急使用备防石的，要以正式文电报上一级防办批准，同时抄送石料管理部门备案，并按“谁使用，谁负责补充”的原则在规定时间内补充到位。

第二十九条 储备石料应在每垛两端明显位置标明坝号、垛号、方数等内容，并与石料保管账、材料明细账相符。

第三十条 各县级河务局每季度要对防汛储备石料的收、支、存数量进行核实，每年财务决算前要进行一次全面清查。做到账账相符、账物相符、账表相符，如有问题及时查明，分清责任，并按有关规定和权限进行处理。

第六章 石料使用管理

第三十一条 防洪基本建设工程、根石加固及工程整修用石必须严格按照上级下达的计划批复执行。各级防办在职权范围内负责经办抗洪抢险用石申报审批事宜。石料使用单位不得违犯规定和超越权限自行用石，但紧急抢险情况下可以边使用，边申报。

第三十二条 加强根石加固用石施工组织，施工中严禁边运边抛，可采用先抛备石然后补充备石，或先按投资下达的根石加固量备好，然后进行抛护的方式。加固根石后所使用的备石必须在原储备地点足额补充到位。对实际完成的加固根石工程量和备石补充量，要经监理工程师签字认可。

第三十三条 紧急抢险用石确需边运边抛的，必须经上级主管部门批准，市(地)河务局要派专人或委派县河务局专人现场负责，并在收、抛石料记录上签字。

第三十四条 抢险用石每次数量在100~300(含300)立方米的，报市(地)河务局批准；300~1000(含1000)立方米，报省河务局批准；1000立方米以上报黄委批准。抢险结束后，按照管理权限由批准单位主管部门对实际用石情况进行核实。

第三十五条 各处工程的防汛备石因抢险使用，暂时补充不上的，经报上级主管部门批准，可从临近工程存石调配使用。石料报表中应对调配情况加以说明。

第三十六条 防汛抢险、根石加固及工程整修等使用石料，凭批准动用的数量和计划办理“领料单”，保管员根据“领料单”核实的数量和工程位置，就近拨付，施工单位要按照保管员指定的垛号用料，不得随意挑垛、拆垛。抢险结束有剩余石料时，应按要求整好垛位，清点数量，办理退料入库手续。

第三十七条 防洪基建工程投资安排的防汛备石，竣工交付使用时验收入库，转入正常防汛备石进行管理。

第七章 石料资金管理

第三十八条 严格按计划投资完成石料采购,并按验收合格数量结算石料价款,超计划投资采运的石料不予结算,因特殊情况暂未完成石料采运计划的,其资金不准挪用,不准转移,不准虚报完成。条件具备后必须按上级下达的采运数量全部完成任务。

第三十九条 防汛岁修费、特大洪水补助费、应急度汛工程费计划安排的石料采运在县级河务局办理结算;水利建设基金、防洪基建基金、预算内财政专项资金安排的石料,由建设单位与施工承包单位依据合同办理结算,工程竣工验收合格后,有建设单位办理资产移交,有关县级河务局负责接收管理。

第四十条 各种资金安排的新购石料其资金结算必须提供以下凭证:①采运合同;②供货、运输、装卸、短途倒运等单位或部门提供的税务发票;③采购、管理、验收等方面提供的有关费用凭证;④有关验收手续。

石料采运验收中发生的过磅凭单原始凭证较多的单位,可单独装订成册,另行备案。

第四十一条 由县级河务局直接完成石料采运任务的,按事业单位会计制度在有关科目中进行明细核算。由独立核算的施工企业承包石料采运任务的,按施工企业会计制度进行核算。

第四十二条 石料使用的核销实行审批报核制。石料使用单位按照工程项目、有关审批手续、实际发生数量填制石料报核单,经工务、财务部门审核,主管领导签章后办理核销,并及时进行账务处理。报核时如超过本单位用石权限的,在石料报核单后要附上级文电批复原件或有签章的复印件。

第四十三条 建立健全石料管理明细账与保管账。石料明细账按工程地点设户,保管账按堤段、坝垛设户。做到记录清楚、数量准确、收支有据、及时清结。

第八章 石料统计管理

第四十四条 石料统计工作要做到:报表格式规范、填报数字准确、反映内容真实、上报时间及时,为各级领导决策提供服务。

第四十五条 石料统计工作实行专人负责,归口管理,统计工作人员要保持相对稳定,石料统计工作要逐步达到电算化自动传递信息,实现动态管理目标。

第四十六条 各单位应按照当期实际发生的初验石料收、支、存情况填写、汇总、逐级上报各种定期或临时要求的石料统计报表。各类石料报表应严格按照要求的时间、格式填报,做到准确无误。凡未进行账务处理(未结算、未验收等)的石料,上报统计表要写出详细说明(包括数量、地点、原因等)。

第四十七条 各基层单位上报的石料报表,要规范审核报送程序;制表人要按报表栏目要求填写,进行自检后送部门负责人审核签章,报主管领导审阅签章,盖单位公章后报上级主管部门。

第四十八条 石料统计月度表的上报时间为:县级河务局于月后三日前报送市(地)河务局,市(地)河务局审核汇总后,于月后五日前报送省河务局(节假日顺延),年终石料统计表随财务决算上报时间报送。石料月报、年报表要及时抄送同级石料管理、使用等有关部门(工务、防办),以便共同监督管理。

第九章 监督检查与奖惩

第四十九条 石料是黄河抗洪抢险和防洪工程建设的重要物资，石料经费是黄河防汛抢险和防洪工程建设的专项资金，必须专物专用，专款专用，严禁虚列支出、虚报完成、转移挪用，各级财务、审计、监察部门应协调配合，加强对石料管理工作的监督和定期检查，发现问题依法处理。石料管理单位或部门应按照本《细则》规定认真组织实施石料管理工作，并主动接受财政、审计、监察等有关部门依法实施的监督检查，如实提供有关资料，不得拒绝、隐匿或谎报。

第五十条 监督检查的主要内容：石料预算编制是否合理；预算执行情况；采运合同的签订及执行情况；投资到位及使用情况；任务完成情况；组织与管理；费用结算等。

第五十一条 表彰和奖励在石料管理工作中成绩显著的单位和个人，对由于管理不善或渎职造成损失的单位和个人，根据情节轻重按有关规定追究其行政、经济或法律责任。

第十章 附 则

第五十二条 本《细则》自发文之日起执行。前发各石料管理办法，不再执行。

第五十三条 本《细则》由省河务局财务处负责解释。

1999 年 5 月 7 日

河南河务局防汛物资管理实施细则（试行）

豫黄防〔2007〕24 号

第一章 总 则

第一条 为加强我局防汛物资管理，明确管理责任，规范管理行为，保障防汛物资供应，根据《中华人民共和国防洪法》《中华人民共和国防汛条例》《黄河防汛物资管理办法》等防汛法规和有关防汛物资管理规定，结合我局防汛物资管理实际，制订本细则。

第二条 防汛物资管理以“规范采购、定点储存、专物专用、保障急需”为原则，采取与水利工程管理相适应的管理体制，实行分级、分部门负责，专管与协管相结合的管理模式。

第二章 管理职责与任务

第三条 按照“分级负责，归口管理”原则，河南河务局防汛部门负责全局防汛物资实物监督管理、调度使用，财务部门负责全局防汛物资预算管理、资金监管与资产报损、报废审批工作；市级河务局防汛部门负责对所辖单位防汛物资调度使用，防汛物资主管部门负责对所辖单位防汛物资实物监督管理，财务部门负责对所辖单位防汛物资的资金监管与资产报损、报废的审批工作；县（市、区）级河务局防汛部门负责所管防汛物资的调度使用，防汛物资主管部门负责防汛物资实物筹集、日常管护与供应工作，财务部门负责防汛物资的资金管理与资产报损、报废审批、申报工作。

各级防汛物资主管部门要明确专人负责该项工作，管理人员要保持相对稳定。

第四条 防汛物资管理的主要任务：贯彻执行国家防汛物资管理工作方针、政策及行业管理工作标准；制订本级防汛物资管理规章制度并指导、监督所属单位（部门）贯彻执行；落实物资储备，保证物资供应；依据防洪预案，制定物资保障预案并负责组织实施；编报防汛储备物资年度预算，管好、用好防汛物资经费；加强防汛物资信息化管理，为防洪决策调度提供支持。

第三章 物资储备

第五条 防汛物资储备实行定额管理，定额储量依据水利部发布的防汛物资储备定额编制规程核定。防汛物资储备定额编制规程内未涉及的物资，由物资管理单位根据需求合理储备，报上级主管部门备案。

第六条 防汛储备物资品种主要包括：石料、铅丝（含网片，下同）、麻料（含麻绳，下同）、篷布、麻袋、编织袋、土工织物（含土工布、编织布等，下同）、砂石反滤料、木桩、冲锋舟、船外机、机船、救生衣、救生圈，以及抢险设备、照明器材、其他工器具等。

第七条 防汛物资储存采取集中与分散相结合方式。对于便于调运，仓储条件要求较高的物资，采取定点专业库集中储存；对于不便于调运且仓储条件要求不高的防汛物资，采取分散存放；对防洪重点部位、常年靠河工程，应适量储备部分抢险应急物资。

第四章 物资采购

第八条 防汛物资采购以"公开、公平、公正、择优"为原则，除抗洪抢险紧急需要新购防汛物资外，根据预算安排，按照政府采购的有关规定组织实施。

第九条 采购防汛物资执行国家或行业颁布的质量技术标准。

第十条 抗洪抢险紧急新购防汛物资，由采购单位组织实施。

第五章 物资验收

第十一条 防汛物资验收工作应遵循"实事求是、客观公正"原则，做到"准确、及时、认真"。

防汛物资实物验收包括数量检验和质量检验。对新购防汛物资的验收，其质量严格执行水利部发布的水利行业《防汛储备物资验收标准》，数量依据供需双方约定的合同供货量。

第十二条 防汛物资验收工作由物资管理单位组织进行，验收组由物资主管部门、相关部门及监理方组成，组长由物资管理单位的主管领导担任。对入库的防汛物资验收前要收集好有关凭证，熟悉有关资料，准备好需用的验收工具，确定好物资堆放地点、保管方法和堆码垛形，准备好接运、装卸、堆码所需要的人力、机械、工具、苫垫物、照明条件和必要的防护用品。

第十三条 防汛物资验收前收货方应对供货方提供的质量证明书或合格证、装箱单、磅码单、发货明细表及运输方提供的运单认真进行核对。核对中凡发现必要的证件不齐全、有疑点或差错时，到位物资应作为待验物资处理。

第十四条 防汛物资实物验收在进行数量检验时，所用计算方法、计量单位应符合合同要求。对计重物资按实重验收；交货以理论换算计重的，按照规定的理论计重验收。对计件物资验收，应全部点清件数，带有其附件或配套交货的机电设备，要清查主件、部件、零件和工具等。

验收任何物资均应根据其不同计量单位正确计量，不允许论车、论堆、论捆、论箱等估计或用目测方法估算，严禁不经过实际计量只按发货凭证所列数量收货。

第十五条　防汛物资实物验收包括外观质量检验和内在质量检测。在进行外观质量检验时，根据货物的具体情况重点检验外包装质量、型号、规格、硬度、粒经比、纯洁度、潮湿度、色泽等。在进行内在质量检测时，防汛储备物资管理单位可委托专业检测机构进行。

第十六条　新购防汛物资验收合格后方可入库，对品种、数量或质量不符合要求的物资不得入库，不许办理入库手续。验收人员依据验收情况具实填写《防汛储备物资验收报告单》，财务部门依据供货合同和验收报告单对验收合格的物资办理资金结算，仓库保管登记物资保管账，建立货卡(标签)。入库物资属设备类的，按单台(套)建立档案。

第六章　仓储管理

第十七条　防汛物资仓库应根据储存物资的不同类别、性能、数量及现有设备、人员等条件进行统筹规划，达到库区布局整齐合理，物资储存有序，收发保管方便，满足消防安全。

防汛物资库房要有防火、防盗、防鼠、防污染措施，要保温、防潮、避光、通风良好。

第十八条　防汛物资仓库管理要建立健全以下规章制度：

(一)物资管理人员岗位责任制；

(二)物资验收发放制度；

(三)设备器材维修保养制度；

(四)物资检查、盘点制度；

(五)物资报损、报废处理制度；

(六)物资回收管理制度；

(七)物资管理人员工作交接制度；

(八)库区安全保卫制度；

(九)物资管理工作考核制度；

(十)物资质量情况报告制度；

(十一)物资管理人员业务学习制度。

第十九条　防汛储备物资库内存放应按照“四号定位”法(库区号、货架号、货层号、货位号)统一编号，设置货位、货卡(标签)。货卡要醒目，便于查看，填写内容要准确、完整，同一库区同一储存形式的物资货卡规格要统一，一般放置在上架货物的下方或堆垛物资的正面。

防汛储备物资库内存放应按照“五五码放”要求(以每五件或五的倍数放置)进行堆码，并实施上苫下垫，达到标记明显易找，堆码牢固稳定，垛形排列整齐，装卸搬运、发放整理、检查盘点方便。

防汛储备石料码放按照《黄河堤防工程管理标准(试行)》(黄建管〔2007〕1 号)和《黄河河道整治工程管理标准(试行)》(黄建管〔2007〕2 号)有关条款执行。

第二十条　对仓储物资的管理，要根据其所存物资的性能和技术参数科学养护，最大限度地减少物资损耗，力争做到库存物资不锈、不潮、不冻、不腐、不霉、不坏、不混、不漏、不爆、不燃等，杜绝因保管不善而导致物资发生损耗。要对所储物资进行经常性检查和定期盘点，掌握物资储备动态，确保库存物资账、卡、物三相符。

第二十一条　做好物资管护安全工作，按规定配备消防和安全设施。认真落实库区安全保卫工作岗位责任,严格火种、火源、电源和水源管理。使用各种车辆、机械设备和堆码苫垫作业,严格遵守操作规程,保障人身安全、物资安全、设施安全。

第二十二条 防汛储备物资管理单位要按照汛前准备工作内容和要求,认真做好以下几方面工作:

(一)依据防洪预案,制订《防汛物资供应调度保障预案》,做好随时调用防汛物资的准备工作。

(二)对各类防汛储备物资进行全面检查、盘点、登记;对需要翻晒、通风的物资进行翻晒、通风;对需要归垛的物资进行归垛;对需要进行加工制作的物资,组织进行加工制作(如纺制麻绳、制作铅丝笼),确保储备物资完好、管用、整齐。

(三)对各类抢险设备、机具、救生器材、照明器材、通信器材进行维修、保养,达到完好、管用、配套;对各类设备、机具操作人员进行岗位培训,达到能熟练操作,能排除一般故障。

第七章 物资报损、报废与更新

第二十三条 防汛储备物资报损、报废严格执行国家或行业标准。防汛储备物资更新年限按照《关于颁发黄河防汛物资储备定额的通知》(黄防办〔1999〕35号)规定执行。

第二十四条 防汛储备物资报损、报废要按照国有资产管理的有关规定办理。经批报损、报废的防汛物资,要及时进行处理,确有困难不能及时处理的要另库存放。对于经批准报废的防汛物资,处理时能回收残值的,做好残值回收工作。

防汛储备物资报损、报废实行一年集中办理一次。

第二十五条 防汛储备物资符合下列条件之一者,可申请办理报损手续:

(一)储备物资未达到规定的报废年限,因储存期间不可抗力因素造成物资损坏,致使物资性能或技术参数不能达到最低使用要求或标准的。

(二)物资储存期间因其自身的物理、化学变化或受外界自然因素影响,造成其自然减量。

第二十六条 防汛储备物资符合下列条件之一者,可申请办理报废手续:

(一)国家和行业管理明令禁止使用或淘汰的物资。

(二)达到或超过规定的更新年限。

(三)毁损无法修复,或购买比修复更经济的物资。

第二十七条 防汛物资报损、报废审批权限:

(一)属于固定资产的防汛物资,单台(件、套)价款在3万元(含3万元)以下,由物资储备管理单位审批;3万~10万元由所辖市级河务局审批;10万元(含10万元)以上由河南河务局审批或由河南河务局转报上级审批。

(二)属于流动资产的防汛物资,每次价值量在1万元(含1万元)以下,由物资储备管理单位审批;每次价值量在1万~5万元由所辖市级河务局审批,每次价值量超过5万元由河南河务局审批或由河南河务局转报上级审批。

第二十八条 申请办理防汛储备物资报损、报废资料应具备以下内容:

(一)申请报损、报废的防汛储备物资进货(生产)时间,设备生产日期或运转时间。

(二)申请报损、报废的防汛储备物资质量现状。

(三)申请报损、报废的原因及数量。

（四）质量鉴定部门或“三结合”鉴定小组质量鉴定结果。

（五）防汛储备物资管理单位对申请报损、报废防汛储备物资的处理意见。

第二十九条 防汛储备物资报损、报废按照以下程序办理：

（一）防汛储备物资主管部门根据储备物资现状，对照防汛储备物资报损、报废条件，编制防汛储备物资报损、报废报告书，提出报损、报废物资处理意见。

（二）防汛储备物资管理单位组织“三结合”小组或委托质量鉴定专业部门，对申请报损、报废的防汛储备物资进行质量检测或技术鉴定。

（三）防汛储备物资管理单位在其物资报损、报废管理权限范围内，依据质量检测或技术鉴定结果，对需要报损、报废的物资进行处理，并将处置结果报告上一级主管单位备案。

（四）对超出权限范围，并符合报损、报废条件的储备物资，由防汛储备物资管理单位按照申请办理防汛储备物资报损、报废手续内容，写出专题报告，以正式文件逐级上报。

（五）防汛储备物资主管单位，根据防汛储备物资管理单位的专题报告，及时组织有关专业技术人员对其申请报损、报废的物资进行现场复查鉴定，根据其复查结果，按照管理权限予以批复。

第三十条 防汛物资的更新，由防汛储备物资管理单位负责提出更新计划，经批准后编报预算。

第八章　物资使用

第三十一条 防汛储备物资主要用于黄河防汛抢险，防汛抢险动用防汛储备物资必须按照审批权限办理手续。

（一）抢险料物：

石料、砂石反滤料：凡一次抢险需动用100立方米（含100立方米）以下，由县（市、区）级河务局审批；100~300立方米（含300立方米），由市级河务局审批；300立方米以上，由河南河务局审批。

铅丝、麻料：凡一次抢险需动用1吨（含1吨）以下的，由县（市、区）级河务局审批；1~5吨（含5吨），由市级河务局审批；5吨以上，由河南河务局审批。

麻袋、编织袋：凡一次抢险需动用2000条（含2000条）以下的，由县（市、区）级河务局审批；2000~5000条（含5000条），由市级河务局审批；5000条以上，由河南河务局审批。

土工织物：凡一次抢险需动用300平方米（含300平方米）以下的，由县（市、区）级河务局审批；300~1000平方米（含1000平方米），由市级河务局审批；1000平方米以上，由河南河务局审批。

篷布、木桩：储备单位可根据抢险使用数量报主管领导审批。

（二）救生器材、抢险设备及通信器材：

救生器材、抢险设备及通信器材，根据使用区域由相应主管单位审批。

第三十二条 黄河防洪工程建设需使用防汛储备物资，按照第三十一条权限办理审批事项，同时呈报上一级防汛物资主管部门备案。

黄河防洪工程建设使用防汛储备料物，应由使用单位从工程投资中及时补充。使用单位应向防汛储备物资管理单位签订物资使用协议，明确使用物资的品种、规格、数量、使用时间、归还时限和方式、违约责任等。

黄河防洪工程建设使用防汛储备设备,必须保证设备完好,并按照国家规定的标准收取使用费,用于设备的维修养护。

第三十三条 防汛储备物资出库遵循"先进先出、推陈储新"的原则,严格物资出库手续,重点抓好"复核""点交"两个环节,确保物资出库运行规范,出库物资品种、规格、数量准确。

第三十四条 防汛抢险结束后,有关单位要及时整理回收剩余物资,办理物资退库。

退库回收的铅丝、麻料、麻袋、编织袋、土工织物类物资,不得与原库存物资同垛堆放。防汛储备物资管理部门对这部分物资要加强管理,在安排发料时优先利用。

第九章　物资异地调用

第三十五条 各级河务局根据防汛抢险的需要,在本级防汛物资储备不能满足时,向上级主管单位提请异地调用防汛物资。

第三十六条 防汛储备物资异地调用,坚持满足急需、先主后次、就近调用的原则,按照"先申请、后办理"的工作程序进行。

第三十七条 申请调用防汛储备物资应明确其用途,注明其调用防汛物资的品名、规格、型号、数量、使用地点、收货单位、联系人、联系电话等内容。

第三十八条 异地调用黄河防汛储备物资,遵循以下调度权限:

不同工程之间调用防汛备石,由所辖县(市、区)级河务局提出申请,市级河务局审核,河南河务局审批。

在同一市管辖范围内调用除防汛备石外的其他防汛储备物资,由市级河务局审批,报河南河务局备案;在不同市之间调用,由河南河务局审批。

第三十九条 物资储备管理单位接到上级调度指令后,要按照要求,组织好货源,选择安全、快捷的运输方式,落实好装、运及送货人员,确保所发物资保质、保量、按时限要求运送到位。

第四十条 实施物资异地调度,物资交接双方要认真办理物资交接手续,并及时反馈物资调度执行情况。

第四十一条 异地调度的抢险料物,险情抢护结束未用完的,调入单位负责回收。异地调度的抢险设备、救生器材、通信器材及小型抢险机具,险情抢护或救灾工作结束后,应及时完好归还给调出单位。

第十章　物资经费管理

第四十二条 防汛物资经费管理坚持分类分项管理、专款专用和效益优先原则,从严掌握,节约使用,任何单位和个人不得截留、挤占、挪用。

第四十三条 防汛物资经费纳入单位财务统一管理,按照财务管理的规定,进行会计核算。

防汛物资的验收、领发、使用、退库等动态,应当记入财务和物资账目,账物必须相符。

储备防汛物资必须在实际使用后方可列报支出,不得以领代报,以购代报。

第四十四条 储备防汛物资经批准变价处理所收回的资金,或经批准报废处理所收回的残值,由防汛储备物资管理单位统一管理,用于更新防汛物资。

第四十五条 异地调用防汛物资按照"有偿使用、调物还物(或调物还钱)""谁申请、谁付款"的办法实施。调用物资过程所发生的材料购置费、运杂费等费用均由物资申请单位承担。

第十一章 物资信息管理

第四十六条 防汛物资信息是做好管理工作的基础,是实施防汛物资调度决策工作的重要依据,防汛物资管理单位要明确专人负责,配备必要的办公机具,确保物资信息反映及时、全面、真实。

第四十七条 防汛物资信息管理要充分利用现代物流信息技术和现代网络化管理技术。物流信息平台建设与网络维护工作由所辖信息管理部门负责, 数据录入与更新工作由所辖防汛物资主管部门负责。

第四十八条 防汛物资统计工作由防汛物资主管部门办理,统计报表要严格按照《关于印发〈黄河防汛物资定期报表制度〉的通知》(黄防办〔2000〕9 号)规定的项目、内容、时限等要求组织编制,做到数据录入真实准确;反映内容全面细致;报告分析有理有据;报送单位、负责人、编报人签章齐全;报送时限符合规定;信息网络传递畅通。

第十二章 检查与考核

第四十九条 各防汛物资管理单位对防汛物资管理工作要加强领导,明确责任分工,制订管理标准,落实岗位责任,确保防汛物资管理工作有人抓、有人管。

第五十条 各防汛物资主管单位对所管单位防汛物资管理工作要加强督导,针对管理工作内容制订考核办法并认真开展检查,检查结果应作为防汛物资管理年度考核的重要依据。

第十三章 附 则

第五十一条 本细则有关规定与以往规定不一致的,以本细则为准。

第五十二条 本细则由河南河务局防汛办公室负责解释。

第五十三条 本细则自印发之日起执行。

2007 年 12 月 24 日

第二十三章　防汛项目经费管理

水利部关于转发财政部《中央级防汛岁修经费使用管理办法》（暂行）的通知

水财〔1996〕56 号

国家防办、水利信息中心、各流域机构：

为加强中央级防汛岁修经费的使用管理，财政部以财农字〔1995〕302 号文颁发了《中央级防汛岁修经费使用管理办法》（暂行），现转发给你们，请遵照执行。经商财政部同意，现就如何执行提出如下要求：

一、汛岁修经费是水利事业费的重要组成部分，必须加强管理。任何单位都要严格遵守该项经费使用范围，保证专款专用，严禁挤占、挪用。今后凡有挤占、挪用防汛岁修经费的，按严重违反财经纪律论处。对于情节严重的，如：私设"小金库"、搞基本建设、购买高档汽车、虚列支出、转移资金、逃避财务监督等要严肃处理，造成不良影响及严重后果的，要追究单位主要负责人和责任人的行政责任，直至法律责任。

二、总结防汛岁修经费使用管理中的经验教训，认真纠正经费使用中存在的问题。凡财政检查、审计及财务大检查等查出并明令要求纠正的问题，必须按要求及时纠正，并将纠正情况专题报部。

三、加强防汛岁修经费使用计划（预算）管理。

（1）各使用防汛岁修经费的单位，都应根据上一年度安排的防汛岁修经费基数及预算结余，按要求编报详细的年度防汛岁修经费使用计划，逐级编审、汇总，于每年 1 月底前（1996 年可延至 3 月底前）报部。

（2）防汛岁修经费必须纳入单位水利事业费预算，由单位财务部门统一管理，任何单位不得切块分割，财务部门对防汛岁修经费的使用有管理、监督的责任。

（3）各流域机构防汛办公室的有关防汛业务经费实行定额管理。

①实行定额管理的费用项目包括：差旅费、印刷费、通信费、基本业务费、办公费、防汛值

班补助费、宣传费。上述七项费用,根据各流域机构防汛办公室编制内实有人数及有关费用开支标准,按人均不超过 8000 元核定。

②防汛会议费,应严格执行财政部规定的会议费标准。经费数额按前三年实际支出的平均水平核定。

核定后的上述经费随年初核定的水利事业费预算指标一并下达。

③对于防汛办公室开展防汛检查、组织防汛演习所必需的费用,防汛专用车船和通信设施的运行、养护、维修费用、汛期临时设置或租用通信线路所支付的费用及特殊专项防汛业务费等防汛业务经费要切实加强管理,有条件的也要逐步实行定额管理,制订合理的消耗定额标准,严格控制支出。

四、加强防汛岁修实物工作量管理。凡有条件的必须实行项目管理,合理确定项目的定额标准及实物工作量。实行项目管理的防汛岁修费, 在确保完成年度防汛岁修任务的前提下,可以实行预算包干办法,项目管理的具体办法由部另行制订下发。

五、建立防汛岁修经费使用情况信息反馈制度及年终报告制度。各使用防汛岁修费的单位,对于重大支出项目必须及时向有关单位、部门报告。年度终了后一个月内各委(局)要向我部专题报送有关防汛岁修经费使用情况材料或总结。

附件:财政部关于颁发《中央级防汛岁修经费使用管理办法》(暂行)的通知

附件

关于颁发《中央级防汛岁修经费使用管理办法》(暂行)的通知

财农字〔1995〕302 号

水利部:

防汛岁修经费是水利事业费的组成部分。管好用好中央级防汛岁修经费,对维护我国大江大河堤防安全与完整、做好防洪抗洪工作有重要作用。

为了加强中央级防汛岁修经费的使用管理,我部制订了《中央级防汛岁修经费使用管理办法》(暂行),现颁发给你部,请遵照执行。执行中有何问题望及时反馈。

附件:《中央级防汛岁修经费使用管理办法(暂行)》

附件

中央级防汛岁修经费使用管理办法(暂行)

一、总　则

第一条 为了加强中央级防汛岁修经费(以下简称防汛岁修费)的使用管理,提高资金使用效果,搞好防汛工作,特制订本暂行办法。

第二条 防汛岁修费是中央财政安排的水利事业费的重要组成部分,任何单位不得挤占、挪用。

第三条 使用防汛岁修费的中央级水利事业单位,必须贯彻执行本暂行办法。

二、防汛岁修费的使用范围

第四条 防汛岁修费是用于中央直管的大江、大河、大湖堤防和涵闸等防洪工程防汛和岁修的业务经费。

第五条 防汛费的使用范围是:

(1)防汛和抢险用器材、料物的采购、运输、管理及其保养所必需的费用。

(2)防汛期间调用民工补助,防汛职工劳保用品补助。

(3)防汛检查、宣传和演习所必需的费用支出。

(4)防汛专用车船和通信设施的运行、养护、维修费用,汛期临时设置或租用通信线路所支付的费用以及水文报汛费。

(5)防洪工程(含水文站房和水文测报设施)遭受特大洪水后的防洪抢险和水毁修复所需经费。

第六条 岁修费的使用范围是:

(1)堤防工程的维护费。指堤防维修、绿化、养护所发生的支出。

(2)险工、控导、护滩工程的整修所发生的人工、材料、机械使用、赔偿等费用。

(3)防洪用函闸的检查、维修、加固费用。

(4)其他费用。指为防洪工程岁修而进行的勘测、设计等发生的支出。

第七条 凡不属上述开支范围内的费用,均不得在防汛岁修费中列支。

三、防汛岁修费使用计划(预算)的申报和审批

第八条 防汛岁修费使用计划的编制要遵循“统筹安排,保证重点”的原则,确保工程的正常运转。

第九条 防汛岁修费使用计划的编制按由下而上的办法进行,由各使用防汛岁修费的事业单位根据所辖防洪工程防汛岁修情况、有关定额和经费标准逐级编报、汇总,于每年 1 月底前上报到水利部。

第十条 防汛岁修费使用计划的编报内容包括上年度防汛岁修费计划的完成情况和本

年度所需防汛岁修费两大部分。编报时必须有详细的文字说明和年度计划表。

第十一条 防汛岁修费使用计划按事业财务级次,实行下管一级的审批办法。水利部财务司负责各流域委(局)防汛岁修费使用计划的审批,各流域委(局)财务部门负责所管事业单位防汛岁修使用计划的审批。

第十二条 中央级防汛岁修费预算由财政部根据水利部所报年度防汛岁修费预算建议数,连同当年中央级水利事业费批复下达给水利部,由水利部财务司负责批复下达给各流域委(局)。

四、防汛岁修费的管理

第十三条 防汛岁修费中有实物工作量的必须实行项目管理。项目管理办法的制订和组织实施由水利部财务司负责。水利部财务司制订的项目管理办法要报财政部备案。防汛岁修费的年度情况总结,由水利部连同其当年中央级水利事业费决算报送财政部审查。

第十四条 防汛岁修费的使用要纳入水利财务部门统一管理,不得切块分割。水利财务部门对防汛岁修费的使用有管理、监督的责任。

第十五条 防汛岁修费可以跨年度使用。本年度未支出的防汛岁修费可结转下年度,与下年度经费一并预算安排使用。任何单位不得以拨代支,以领代报。

第十六条 实行项目管理的防汛岁修费,在确保完成年度防汛岁修任务的前提下,可以实行预算包干办法。

第十七条 建立防汛岁修费使用情况信息反馈制度。各使用防汛岁修费的事业单位要切实加强对防汛岁修费的管理,按上级要求及时报送有关防汛岁修费使用情况材料或总结,对使用中存在的问题要及时予以纠正。

第十八条 用防汛岁修费购置的器材、料物均属国有资产,要加强管理,登记造册,建立严格的领用、退库责任制,防止国有资产流失。

五、附 则

第十九条 本暂行办法自发布之日起执行。本暂行办法由财政部负责解释。

中央级防汛岁修经费项目管理办法

(1997 年 3 月 1 日 水利部水财〔1997〕70 号文)

第一章 总 则

第一条 为了加强中央级防汛岁修经费项目管理提高防汛岁修经费的管理水平,充分发挥资金使用效益,根据《中央级防汛岁修经费使用管理办法(暂行)》,特制订本办法。

第二条 本办法适用于有实物工作量的中央级防汛岁修经费项目。

第二章 项目分类

第三条 有实物工作量的项目系指防汛岁修活动中实施的有具体工作量构成的或者可以用具体的实物数量表示的项目。

第四条 有实物工作量的项目按其性质分为：

(1)工程抢险项目：防洪工程(含水文站房、水文测报、防汛通信设施，下同)遭受洪水等自然灾害，为遏制险情的扩大和发展而进行的抢护活动。

(2)工程维护项目：为保持防洪工程的完整和适用功能而进行的常规检测、维护及修理等活动。

(3)工程修复项目：防洪工程遭受洪水或自然灾害，其完整性遭到破坏，功能部分丧失，为 恢复其功能而进行的修复活动。

(4)购置项目：为防汛岁修进行的器材、设备、料物的采购运输等。

(5)其他项目：其他有实物工作量的项目。

第三章 项目预算的编报和审批

第五条 实行项目管理的防汛岁修经费必须编制项目预算，项目预算是中央级防汛岁修经费预算的重要组成部分，必须纳入单位财务部门统一管理。项目预算的编制要按照“总量控制、统筹安排、保证重点、严格标准”的原则，确保项目任务的完成，防止项目预算偏高或偏低。

第六条 做好编制项目预算的前期工作，主要包括：进行调查、掌握工程现状、分析防汛形势、明确项目类别、优选实施方案、分析项目费用及进行项目设计等。

应根据项目类别和项目规模的大小组织实施好项目前期工作。工程维护项目、工程修复项目要立足于工程现状，维护工程的原有规模标准不改变、不扩大，如确需改变或扩大时，要进行专门论证，按管理权限报批。对较大的工程修复项目应有单项设计。购置项目根据防汛工程要求、消耗定额、库存及市场价格等情况编制采购计划。

第七条 项目预算的组成

(1)人工费：专指财政部颁发的《中央级防汛岁修经费使用管理办法》中规定可以列支的人工费；

(2)材料费：防汛岁修用的器材、设备(单价在5万元以下)及料物等支出；

(3)机械使用费：防汛岁修、使用机械所发生的费用支出；

(4)赔偿费：为防汛岁修所发生的按国家有关规定予以赔偿费用；

(5)其他费用：为组织实施防汛岁修所发生的其他直接费用。

项目预算还应具备以下内容：

项目名称、实物工作量、单价(具体定额或取费标准)、项目工期、项目实施单位、项目责任人、必要的设计文件(图纸)及其他需要说明的事项。

第八条 工程抢险、工程维护、工程修复项目预算的编制，参照国家有关基本建设定额及取费标准执行；购置、其他项目参照有关定额及取费标准执行。

第九条 项目预算按财务管理级次自下而上,随"年度防汛岁修经费使用计划"逐级编报,各级预算管理单位逐级审核、汇总。各流域机构将编审、汇总后的项目预算清单(包括:项目名称、实物工作量、项目金额、项目实施单位、项目工期及其他说明的事项)随年度防汛岁修经费使用计划一起于每年一月底前报水利部。

第十条 项目预算的审批按财务管理级次下管一级进行,水利部负责各流域机构防汛岁修经费项目预算的审批,各流域机构负责其所辖范围内防汛岁修项目预算的审批 。

第四章 项目组织与实施

第十一条 工程维护项目和工程修复项目的组织与实施,要实行项目合同管理和项目责任人负责制,必须做到项目经费、项目内容、施工图纸、设备材料、施工质量五落实,确保项目任务的完成。

第十二条 工程抢险项目的实施要做到抢早抢小,以免险情扩大,对紧急险情可边抢边报告。抢护结束后及时把抢险所需人工、材料等费用报上级主管部门审核。

第十三条 购置项目及有实物工作量的其他项目必须加强项目管理、签订合同、明确责任人,严格执行采购计划,并加强监督、检查和验收工作。

第十四条 加强项目合同的管理,签订的项目合同必须明确:实物工作量、金额、质量、工期、结算方式及违约责任等。加强合同执行情况的监督检查,严格执行合同 ,以保证项目保质、保量如期完成及节约经费开支。

第十五条 项目监督检查的主要内容:

(1)项目预算编制是否合法、合理、有无定额或取费标准;

(2)项目预算的执行情况;

(3)项目合同的签订及执行情况;

(4)经费到位情况及使用的方向;

(5)项目进度及形象面貌;

(6)项目质量;

(7)项目的组织与管理;

(8)其他。

对于抢险工程项目要实行上级主管部门(单位)现场监督检查。

第十六条 项目完成后,要及时做好项目验收工作,办理验收手续。建立信息反馈制度,按上级要求将项目完成各有关资料(项目财务决算、验收报告等)连同年度项目管理总结报上级主管部门。

第五章 项目的财务管理与核算

第十七条 各级财政部门要加强防汛岁修经费项目的统一管理,项目预算要纳入单位防汛岁修经费预算,实行总量调控,综合平衡。任何单位、部门不得切块分割,脱离单位的财务管理与监督。

第十八条 项目合同的签订,须经单位财务部门签章方能生效,财务部门要以上级批准的防汛岁修经费预算、各项有关定额取费标准为依据，结合防汛岁修实物工作量，组织或参与项目合同签订、管理、合同执行情况的监督检查、项目完成后的验收工作。

第十九条 加强项目的会计核算工作，对实行项目管理的防汛岁修经费，应根据项目类别单独核算(事业支出-防汛费、岁修费-××项目-人工费、材料费、机械使用费、赔偿费、其他费用)，严格按照《中央级防汛岁修经费使用管理办法》规定的支出范围及有关标准列支所发生的费用。严禁乱挤、乱摊、虚列经费支出，确保项目经费核算的合法、合理、真实。

第二十条 在确保项目任务完成的前提下，项目经验收合格，并出具验收报告，按照批准的项目预算(或鉴订的项目合同)实现的结余，全部留给单位建立事业发展基金，主要用于防汛岁修方面的支出。

但下列防汛岁修经费的结余不得作为预算包干节余，应结转下年继续使用：

1. 实行项目管理工程抢险项目的经费结余；
2. 实行项目管理，但跨年度的项目经费结余；
3. 实行项目管理，经验收不合格的项目经费结余；
4. 实行定额管理的防汛办公室的防汛业务经费的结余；
5. 防汛岁修经费中没有实物工作量，实行经费总额控制管理的经费结余。

第二十一条 项目完成时财务部门应及时做好结算和财务决算工作。

第六章 附 则

第二十二条 本办法自颁发之日起执行，本办法由水利部负责解释。

第二十三条 特大防汛补助费在执行《特大防汛抗旱补助费使用管理暂行办法》和拨付经费时所提出的具体要求的前提下，对有实物工作量的项目可参照本办法执行。

水利基本建设资金管理办法

(财基字〔1999〕139号)

水利部、财政部：1999年5月25日颁布实施

第一章 总 则

第一条 为规范和加强水利基本建设资金管理、保证资金合理、有效使用，提高投资效益，根据现行基本建设财政财务管理规定，结合水利基本建设特点，制订本办法。

第二条 本办法适用于管理和使用水利基本建设资金的各级财政部门、水利基本建设项目主管部门(包括流域机构，以下简称水利主管部门)和水利建设单位(项目法人，下同)。

第三条 本办法所称水利基本建设资金是指纳入国家基本建设投资计划，用于水利基本

建设项目的资金。

第四条 水利基本建设资金管理的基本原则是:

(一)分级管理、分级负责原则。水利基本建设资金按资金渠道和管理阶段,实行分级管理,分级负责。

(二)专款专用原则。水利基本建设资金必须按规定用于经批准的水利基本建设项目,不得截留、挤占和挪用。财政预算内水利基本建设资金按规定实行专户存储。

(三)效益原则。水利基本建设资金的筹集、使用和管理,必须厉行节约,降低工程成本,防止损失浪费,提高资金使用效益。

第五条 水利基本建设资金管理的基本任务是:贯彻执行水利基本建设的各项规章制度;依法筹集、拨付、使用水利基本建设资金,保证工程项目建设的顺利进行;做好水利基本建设资金的预算、决算、监督和考核分析工作;加强工程概预(结)算、决算管理,努力降低工程造价,提高投资效益。

第二章 管理职责

第六条 各级财政部门、水利主管部门和建设单位必须按照国家有关法律、法规合理安排和使用水利基本建设资金。单位主要负责人对基本建设资金使用管理负全面责任,主管领导负直接领导责任。单位内部有关职能部门要各司其职,各负其责。

第七条 各级财政部门对水利基本建设资金管理的主要职责是:

(一)贯彻执行国家法律、法规、规章;

(二)制订水利基本建设资金管理规定;

(三)审核下达水利基本建设支出预算,审批年度基本建设财务决算;

(四)参与水利基本建设项目年度投资计划安排;

(五)组织调度预算内水利基本建设资金,根据基本建设程序、年度基本建设支出预算、年度投资计划及工程进度核拨资金;

(六)审查并确定有财政性资金投资项目的工程概预(结)算及标底造价;

(七)监督检查水利基本建设资金的使用与管理,并对发现问题做出处理;

(八)审批水利基本建设项目竣工财务决算,参加项目竣工验收。

第八条 水利主管部门基本建设资金管理的主要职责:

(一)贯彻执行水利基本建设法律、法规及水利基本建设资金管理办法等规章;

(二)汇总、编报年度基本建设支出预算、财务决算,审批所属单位年度基本建设财务决算;

(三)依法合理安排资金,及时调度和拨付水利基本建设资金;

(四)对所属基本建设项目的工程概算审核、年度投资计划安排(包括年度计划调整)、工程招标投标、竣工验收等进行管理;

(五)对单位(部门)的水利基本建设资金使用和管理情况进行监督检查,并对发现的重大问题提出意见报同级财政部门处理;

(六)收集、汇总、报送基本建设资金使用管理信息,编报建设项目的投资效益分析报告;

(七)督促竣工项目做好竣工验收前各项准备工作,及时编报竣工财务决算。

第九条 建设单位基本建设资金使用与管理的主要职责:

(一)贯彻执行水利基本建设规章制度;

(二)建立、健全基本建设资金内部管理制度;

(三)及时筹集项目建设资金,保证工程用款;

(四)编制年度建设支出预算和年度基本建设财务决算;

(五)办理工程与设备价款结算,控制费用性支出,合理、有效使用基本建设资金;

(六)编制项目的工程概预算,组织实施项目筹集、工程招投标、合同签订、竣工验收等工作;

(七)收集汇总并上报基本建设资金使用管理信息,编报建设项目的效益分析报告;

(八)做好项目竣工验收前各项准备工作,及时编制竣工财务决算。

第十条 各级水利主管部门和建设单位必须按照《中华人民共和国会计法》的规定,建立健全与基本建设资金管理任务相适应的财务会计机构。配备具有相应业务水平的专职财会人员并保持相对稳定。各级水利主管部门和建设单位的财务会计机构具体负责水利基本建设资金管理,对资金的使用全过程实行监督。

第三章 资金筹集

第十一条 水利基本建设资金来源包括:

(一)财政预算内基本建设资金(包括国债专项资金,下同);

(二)用于水利基本建设的水利建设基金;

(三)国内银行及非银行金融机构贷款;

(四)经国家批准由有关部门发行债券筹集的资金;

(五)经国家批准由有关部门和单位向外国政府或国际金融机构筹集资金;

(六)其他经批准用于水利基本建设项目的资金。

第十二条 水利基本建设资金筹集应符合以下要求:

(一)符合国家法律、法规,严禁高息乱集资和变相高息集资。未经批准不得发行内部股票和债券。

(二)根据批准的项目概算总投资,多渠道、多元化筹集资金。

(三)根据工程建设需要,以最低成本筹集成本。

第十三条 实行项目法人责任制和资本金制度的经营性项目,筹集资本金按照财政部《关于印发〈基本建设财务管理若干规定〉的通知》(财基字〔1998〕4 号)的有关规定执行。

第四章 预算管理及预算内资金拨付

第十四条 财政预算内基本建设资金是水利基本建设资金的重要组成部分。各级财政部门、水利主管部门和建设单位应按照财政部《财政基本建设支出预算管理办法》(财基字〔1999〕30 号)的规定对预算内基本建设资金进行管理。

第十五条　各级财政基本建设支出预算一经审批下达,一般不得调整。确须调整的;必须按原审批程序报批。

第十六条　水利主管部门申请领用预算内基本建设资金,应根据下达的年度基本建设支出预算、年度投资计划及下一级水利主管部门或建设单位资金需求,向同级财政部门或上一级水利主管部门提出申请。

建设单位申请领用预算内基本建设资金,应根据年度基本建设支出预算、年度投资计划以及工程建设的实际需要,向水利主管部门或同级财政部门提出申请。

水利主管部门和建设单位申请领用资金应报送季度(分月)用款计划。

第十七条　财政部门根据水利主管部门申请,按照基本建设程序、基本建设支出预算、年度投资计划和工程建设进度拨款。对地方配套资金来源不能落实或明显超过地方财政承受能力的,要相应调减项目。

第十八条　有下列情形之一的,可以暂缓或停止拨付资金:

(一)违反基本建设程序的;

(二)擅自改变项目建设内容,提高建设标准的;

(三)资金未按办法实行专款专用、专户存储的;

(四)有重大质量问题,造成经济损失和社会影响的;

(五)财会机构不健全,会计核算不规范的;

(六)未按规定要求报送季度(分月)用款计划或信息资料严重失真的。

第十九条　在年度基本建设支出预算正式下达前。为确保汛期重点水利工程建设,财政部门可根据水利部门提出的申请,预拨一定金额的资金。

第二十条　中央财政预算内水利基本建设产生的存款利息,按照财政部《关于印发〈基本建设财务管理若干规定〉的通知》(财基字〔1998〕4 号)和《关于国家财政预算内基本建设资金地质勘探存款计息有关问题的通知》(财基字〔1999〕23 号)的规定处理;地方预算内水利基本建设资金产生的存款利息,按照财政部《关于印发〈基本建设财务管理若干规定〉的通知》(财基字〔1998〕4 号)和同级财政部门的规定处理。

第五章　资金使用

第二十一条　水利基本建设资金按照基本建设程序支付。在项目尚未批准开工以前,经上级主管部门批准,可以支付前期工作费用;计划任务书已经批准,初步设计和概算尚未批准的,可以支付项目建设必须的施工准备费用;已列入年度基本建设支出预算和年度基建投资计划的施工预备项目和规划设计项目,可以按规定内容支付所需费用。在未经批准开工之前,不得支付工程款。

第二十二条　建设单位的财会部门支付水利基本建设资金时,必须符合下列程序:

(一)经办人审查。经办人对支付凭证的合法性、手续的完备性和金额的真实性进行审查。实行工程监理制的项目须经监理工程师签字;

(二)有关业务部门审核。经办人审查无误后,应送建设单位有关业务部门和财务部门负责人审核；

(三)单位领导核准签字。

第二十三条 凡存在下列情况之一的,财会部门不予支付水利基本建设资金。

(一)违反国家法律、法规和财经纪律的；

(二)不符合批准的建设内容的；

(三)不符合合同条款规定的；

(四)结算手续不完备,支付审批程序不规范的；

(五)不合理的负担和摊派。

第二十四条 水利前期工作费是指水利建设项目开工建设前进行项目规划、可行性研究报告、初步设计等前期工作所发生的费用。

项目立项前的前期工作费,由负责此项工作的项目主管部门,按照下达的年度投资计划和基本建设支出预算、批准的前期工作内容、工作进度进行支付;项目立项后的前期工作费,由建设单位负责使用和管理,按勘察设计合同规定的条款支付。

水利前期工作费支出,应严格控制在下达的投资计划和批准的工作内容之内,严禁项目主管部门和建设单位截留、挪用和转移前期工作费用。

第二十五条 建设单位管理费是指经批准单独设置管理机构的建设单位为建设项目筹建、建设、验收等工作所发生管理性质的费用。新建的水利基本建设项目。经批准单独设置管理机构的,可以按规定开支建设单位管理费。未经批准单独设置管理机构的建设单位,确需发生管理费用的,经上级水利主管部门审核,报同级财政部门批准后方可开支。具体开支范围按照财政部《关于印发〈基本建设财务管理若干规定〉的通知》(财基字〔1998〕4 号)规定执行。

第二十六条 工程价款按照建设工程合同规定条款、实际完成的工作量及工程监理情况结算与支付。设备、材料贷款按采购合同规定的条款支付。建设单位与施工、设计、监理或设备材料供应单位签订的合同必须详尽,应包括金额、支付条件、结算方式、支付时间等项内容。

第二十七条 预付款应在建设工程或设备、材料采购合同已经签订,施工或供货单位提交了经建设单位财务部门认可的银行履约保函和保险公司的担保书后,按照合同规定的条款支付。合同中应详细注明预付款的金额、支付方式、抵扣时间及抵扣方式等项内容。

第二十八条 质量保证金按规定的比例提留,在质量保证期满、经有关部门验收合格后,按合同规定的条款支付。合同中应详细注明质保金的金额(或比例)、扣付时间和扣付方式等项内容。

第二十九条 基本预备费动用,应由建设单位提出申请,报经上级有权部门批准。其额度应严格控制在概预算列的金额之内。

第三十条 对于不能形成资产的江河清障费、水土保持治理费、流域规划前期费等费用性支出,必须严格按照批准的费用开支内容开支。

第六章 报告制度

第三十一条 各级财政部门、水利主管部门和建设单位应重视和加强建设项目财务信息管理,建立信息反馈制度。各级水利主管部门、建设单位(项目)指定专人负责信息收集、汇总工作,利用电算化手段,及时报送信息资料。

报送的信息资料主要包括反映资金到位、使用情况的月报、季报、年报,工程进度报告、项目竣工财务决算、项目竣工后的投资效益分析报告及其他相关资料等。

第三十二条 建设单位上报的各种信息资料要求内容完整、数字真实准确、报送及时,严禁弄虚作假。

第三十三条 建立重大事项报告制度。工程建设过程中出现下列情况的,建设单位应及时报告财政部门和上级水利主管部门:

(一)重大质量事故;

(二)较大金额索赔;

(三)审计发现的重大违纪问题;

(四)配套资金严重不到位;

(五)工期延误时间较长;

(六)其他重大事项。

第七章 监督与检查

第三十四条 各级财政部门、水利主管部门要加强对基本建设资金的监督与检查,及时了解掌握资金到位、使用和工程建设进度情况、督促建设单位加强资金管理,发现问题及时纠正。

第三十五条 监督检查的重点内容如下:

(一)资金来源是否合法,配套资金是否落实到位;

(二)有无截留、挤占和挪用;

(三)有无计划外工程和超标准建设;

(四)建设单位管理费是否按办法开支;

(五)内部财务管理制度是否健全;

(六)应上缴的各种款项是否按规定上缴;

(七)是否建立并坚持重大事项报告制度。

第三十六条 各级水利主管部门和建设单位财会人员要认真履行职责,对各项财务活动实施会计监督。对违反国家规定使用基本建设资金的,财会人员应及时提出书面意见,有关领导仍坚持其决定的,责任由有关领导承担,财会人员应当继续向上级水利主管部门和财政部门反映情况。财会人员明知资金使用不符合规定,不予制止,又不向有关领导反映的,应承担出任。

第三十七条 对监督检查发现的问题要及时纠正,分清责任,严肃处理、对截留、挤占和挪用水利基本建设资金,擅自变更投资计划和基本建设支出预算、改变建设内容、提高建设标准以及因工作失职造成资金损失浪费的,要追究当事人和有关领导的责任。情节严重的,追究其法律责任。

第三十八条 以前发布的水利基本建设管理的有关规定与本办法相抵触的。以本办法为准。

第三十九条 本办法由财政部会同水利部负责解释。

第四十条 本办法自发布之日起执行。

特大防汛抗旱补助费管理办法

财农〔2011〕328 号

第一章 总 则

第一条 为了加强特大防汛抗旱补助费管理,提高资金使用效益,依据《中华人民共和国预算法》《中华人民共和国防洪法》《中华人民共和国防汛条例》《中华人民共和国抗旱条例》等有关法律法规,制订本办法。

第二条 特大防汛抗旱补助费(以下简称补助费),是由中央财政预算安排,用于补助遭受严重水旱灾害的省(自治区、直辖市、计划单列市)[以下简称省(区、市)],新疆生产建设兵团、农业部直属垦区、水利部直属流域机构开展防汛抗洪抢险、修复水毁水利设施以及抗旱的专项补助资金。

本办法所称水旱灾害包括:江河洪水、渍涝、山洪(指由降雨引发的山洪、泥石流、滑坡灾害)、风暴潮、冰凌、台风、地震等造成的洪涝灾害以及严重旱灾。

第三条 在遭受严重水旱灾害时,地方各级财政部门要采取有力措施,切实落实责任,调整财政支出结构,增加防汛抗旱资金投入。新疆生产建设兵团、农业部直属垦区、水利部直属流域机构要积极调整部门预算支出结构筹集防汛抗旱资金。确有困难的,可向中央财政申请补助费。

第四条 补助费的分配使用管理,要体现防汛抗旱应急机制的要求,体现以人为本的防灾救灾理念,突出政策性、及时性和有效性。

第二章 补助费使用范围

第五条 补助费用于特大防汛的支出,主要用于补助防汛抗洪抢险,应急度汛,水利工程设施(江河湖泊堤坝、水库、蓄滞洪区围堤、重要海堤及其涵闸、泵站、河道工程)水毁修复,水文测报设施设备修复,防汛通信设施修复,抢险应急物资及设备购置,组织蓄滞洪区群众安全转移。

具体开支范围:

(一)伙食费。参加现场防汛抗洪抢险和组织蓄滞洪区群众安全转移的人员伙食费用。

(二)物资材料费。应急度汛、防汛抗洪抢险及修复水毁水利工程设施所需物资材料的购置费用。

(三)防汛抢险专用设备费。在防汛抗洪抢险期间,临时购置用于巡堤查险、堵口复堤、水上救生、应急监测、预警预报等小型专用设备的费用,以及为防汛抗洪抢险租用专用设备的费用。

(四)通信费。防汛抗洪抢险、组织蓄滞洪区群众安全转移、临时架设租用报汛通信线路、通信工具及其维修的费用。

(五)水文测报费。防汛抗洪抢险期间水文、雨量测报费用,以及为测报洪水临时设置水文报汛站所需的费用。

(六)运输费。应急度汛、防汛抗洪抢险、修复水毁水利工程设施、组织蓄滞洪区群众安全转移、租用及调用运输工具所发生的租金和运输费用。

(七)机械使用费。应急度汛、防汛抗洪抢险、修复水毁水利工程设施动用的各类机械的燃油料、台班费及检修费和租用费。

(八)中央防汛物资储备费用。水利部购置、补充、更新中央防汛物资及储备管理费用。

(九)其他费用。防汛抗洪抢险耗用的电费和临时防汛指挥机构在发生特大洪水期间开支的办公费、会议费、邮电费等。

下列各项不得在特大防汛补助费中列支:

(一)灌溉渠道、渡槽等农田水利设施的水毁修复费用;

(二)列入基本建设计划项目的在建水利工程水毁修复及应急度汛所需经费;

(三)其他应在预算中安排的经常性防汛业务经费。

第六条 补助费用于特大抗旱的支出,主要用于补助遭受严重干旱灾害的区域旱情监测,兴建应急抗旱水源和抗旱设施,添置提运水设备及运行的费用。

具体开支范围:

(一)抗旱设备添置费。因抗旱需要添置水泵、汽(柴)油发电机组、输水管、找水物探设备、打井机、洗井机、移动浇灌、喷灌滴灌节水设备和固定式拉水车、移动净水设备、储水罐等抗旱设备发生的费用。

(二)抗旱应急设施建设费。因抗旱需要应急修建的泵站、拦河坝、输水渠道、水井、塘坝、集雨设施等费用。

(三)抗旱用油用电费。抗旱期间,采取提水、输水、运水等措施而产生的油、电费用。

(四)抗旱设施应急维修费。抗旱期间,抗旱设施、设备应急维修发生的费用。

(五)旱情信息测报费。抗旱期间临时设置的旱情信息测报点及测报费用。

(六)中央抗旱物资储备费用。水利部购置、补充、更新中央抗旱物资及储备管理费用。

(七)其他费用。抗旱新技术新产品示范、推广费用。

下列各项不得在特大抗旱补助费中列支:

(一)正常的人畜饮水和乡镇供水设施的修建费用;

(二)印发抗旱资料、文件等耗用的宣传费用;

(三)各级抗旱服务组织的人员机构费用。

第三章　补助费申报分配

第七条 各省(区、市)申请补助费,由省(区、市)财政、水利部门联合向财政部、水利部申报。申报文件编财政部门文号,主送财政部、水利部。

新疆生产建设兵团申请补助费,由兵团财务、水利部门联合向财政部、水利部申报,主送财政部、水利部。

农业部直属垦区申请补助费,由农业部向财政部、水利部申报,主送财政部、水利部。

水利部直属流域机构申请补助费,由水利部向财政部申报。

第八条 补助费综合下列水旱灾情相关因素分配:

(一)洪涝成灾面积;

(二)水利工程设施水毁损失情况;

(三)农作物受旱成灾面积及待播耕地缺墒缺水面积;

(四)因旱临时饮水困难人口、牲畜数量;

(五)地方(部门)防汛抗旱投入与财力状况。

第九条 分配给各省(区、市)的补助费,由财政部、水利部根据第八条相关因素商定,由财政部将预算下达给各省(区、市)财政部门,并抄送相关部门。

分配给新疆生产建设兵团及农业部直属垦区的补助费,由财政部、水利部根据第八条相关因素商定,由财政部将预算下达给新疆生产建设兵团、农业部,并抄送相关部门。

分配给水利部直属流域机构的补助费,由财政部将预算下达给水利部,并抄送相关部门。

第十条 中央财政拨付给各省(区、市)的补助费,由各省(区、市)财政、水利部门根据第八条相关因素商定资金分配方案后,按预算级次和程序及时下达预算。

第四章 监督管理

第十一条 各省(区、市)财政、水利部门,新疆生产建设兵团、农业部、水利部要加强对补助费购置的防汛抗旱物资材料和设备、设施的管理。

补助费使用中属于政府采购范围的,按照政府采购有关规定执行。

补助费资金支付按照财政国库管理有关规定执行。

第十二条 补助费专款专用,任何部门和单位不得以任何理由挤占挪用。各级财政、水利部门,新疆生产建设兵团、农业部、水利部要加强监督管理,确保资金安全、规范、有效。

第十三条 各省(区、市)财政部门要会同水利部门加强对补助费使用管理情况的监督检查,对检查中发现的问题及处理情况,及时上报财政部、水利部。

新疆生产建设兵团、农业部要加强对本部门补助费使用管理情况的监督检查,对检查中发现的问题及处理情况,及时报送财政部、水利部。

水利部要加强对本部门补助费使用管理情况的监督检查, 对检查中发现的问题及处理情况,及时报送财政部。

第十四条 地方各级财政、水利部门,新疆生产建设兵团,农业部、水利部及经费使用单位,要自觉接受审计部门、财政部门以及主管部门的监督检查,及时提供相关财务资料。存在财政违法行为的,依照《财政违法行为处罚处分条例》(国务院令第 427 号)进行处理。

第五章 附 则

第十五条 各省(区、市)和新疆生产建设兵团、农业部可根据本办法制订具体实施细则,报财政部、水利部备案。

第十六条 本办法自 2011 年 12 月 1 日起实施。

财政部水利部印发的《特大防汛抗旱补助费使用管理办法》(财农字〔1999〕238号)及《特大防汛抗旱补助费分配暂行规定》(财农〔2001〕30号)同时废止。

黄河水利工程维修养护经费管理办法(试行)

黄财务〔2014〕403号

第一章　总　则

第一条　为加强黄河水利工程维修养护经费管理,充分发挥资金使用效益,保证黄河水利工程的维修养护和安全运行,根据财政部、水利部《中央级水利工程维修养护经费使用管理暂行办法(试点)》《水利工程维修养护定额标准(试点)》《水利部中央级项目支出预算管理细则(试行)》《水利部中央级预算项目验收管理暂行办法》,结合黄河水利工程维修养护工作实际,制订本办法。

第二条　本办法适用于黄委各级管理使用中央级水利工程维修养护经费的单位。三门峡库区各管理局参照执行。

第三条　黄河水利工程维修养护(以下简称维修养护)经费是指财政部门核定,用于中央级水利工程维修养护的专项资金,主要用于:

(一)《水利工程维修养护定额标准(试点)》中规定的水利工程维修养护项目;

(二)中常洪水(指编号以下洪水)发生的较大险情及一般险情的抢险和水毁工程修复等。险情划分按照《关于颁发黄河防洪工程抢险责任制(修订)的通知》(黄防总〔1999〕12号)的规定执行。

第四条　超常洪水(指编号以上洪水)发生的抢险、水毁工程修复以及中常洪水发生的重大险情所造成的抢险、水毁工程修复所需经费,另行专项申报。

第五条　维修养护项目划分为维修类项目和养护项目。

维修类项目是指具有一定的工程(工作)量或技术含量,能够集中完成的一次性项目。包括汛前或汛后工程整修、石料采购、堤防隐患探测、根石探测、硬化堤顶维修、涵闸(泵站)专项维修、水库专项维修等项目。

养护项目是指维修类项目之外,工程量相对稳定,需要日常完成的观测、保养和管护工作,以及中常洪水发生的较大险情及一般险情的抢护、根石加固等保证工程安全运行的经常性项目。

第二章　职责分工

第六条　黄委负责研究制订维修养护经费管理办法,负责全河维修养护经费使用管理的监督、检查和指导。

第七条　省、市级河务局负责维修养护经费管理办法的贯彻、落实,负责对所属单位经费使用管理的监督、检查和指导。

第八条 水利工程管理单位(以下简称水管单位)是维修养护经费使用管理的责任主体,负责维修养护项目的具体实施和经费的安全、有效使用。主要职责包括:按规定编报维修养护经费预算及实施方案;与维修养护单位签订合同;组织项目实施,保证项目质量和效果,确保工程安全、完整;负责对工程维修养护情况的考核、监督;负责经费使用管理及核算;做好维修养护项目合同验收、项目执行情况总结和自验;接受上级单位对维修养护项目的管理、检查、监督、验收和考评等。

第九条 维修养护经费使用管理实行在单位统一领导下,财务及相关业务部门各负其责、分工协作的工作机制。

(一)财务部门负责维修养护项目财务预算管理、财务核算及检查、预算项目验收及绩效评价等。职责主要包括:组织编制、审核、上报维修养护经费预算;对项目实施方案进行预算合规性审核;项目采购管理;办理维修养护款项结算;牵头完成预算项目验收等。参与和配合维修养护项目实施方案的编制、合同会签、维修养护情况考核及监督检查、石料采购及使用管理、项目执行情况总结等。

(二)建管(工务、工管)或防汛部门(以下简称业务部门)负责维修养护项目的实施。建管(工务、工管)部门的职责主要包括:维修养护项目实施方案的编制及技术性审核;维修养护合同拟订;维修养护项目的组织实施和管理;维修养护情况的考核、确认和监督检查、项目执行情况总结等。参与和配合维修养护预算管理、采购管理、经费使用管理、石料采购及使用管理、预算项目验收及绩效评价等。

防汛部门的职责主要包括:负责石料采购及石料使用管理工作。配合财务、建管(工务、工管)部门完成项目实施方案的编制及审核、项目执行情况总结、预算项目验收及绩效评价等。

(三)维修养护经费预算及实施方案应由单位领导研究确定,项目合同、项目执行情况总结、预算项目验收、绩效评价等需按有关规定由单位领导签字确认。

第三章 预算管理

第十条 维修养护经费纳入部门预算管理,维修养护项目预算及实施方案由水管单位根据所辖水利工程现状、工程管理规程及考核标准、《水利工程维修养护定额标准(试点)》及调整标准等编制,逐级审核上报审批。

第十一条 维修养护项目应立足于工程设计标准及管理现状,维持工程的原有规模和标准不扩大、不降低,确保水利工程完整、安全运行。

第十二条 维修养护项目预算编报内容包括编制说明、收支预算表及政府采购、资产配置预算表。编制说明包括工程基本情况、维修养护任务及经费需求等(编制说明范本详见附件1)。

第十三条 维修养护项目实施方案是部门预算申报和项目执行的依据,是项目预算的重要组成部分。项目实施方案由各级建管(工务、工管)部门牵头,会同相关业务部门编制,并进行技术性审核,财务部门进行预算合规性审核,报单位领导批准后随同部门预算一并逐级上报。

第十四条 维修养护项目实施方案依据"一上"预算申报数编制,于上年度9月底之前上报黄委,经黄委审核(技术性审核和预算合规性审核可一并进行),待"一下"控制数下达后按照控制数及时调整,随同"二上"部门预算上报。

第十五条 各单位业务部门应在对上年维修养护工作进行全面总结的基础上,依据工程普查及河势预测等工作成果,以及工程抢险、水毁情况,确定工程维修养护任务和工程(工作)量,划分维修类项目和养护项目,编制、汇总实施方案。

第十六条 维修养护项目实施方案内容包括:项目基本情况、实施目标、编制原则及依据、详细工作内容、技术路线、预期成果、进度安排、实施组织形式、预算安排等(实施方案范本详见附件2)。

第十七条 维修养护项目预算及实施方案按照预算管理级次随部门预算逐级审批,一经审批下达,一般不得调整,执行中确需调整的,必须按原审批程序逐级报批。

第十八条 新增工程申报增加维修养护经费预算,须按照《水利部预算项目储备管理暂行办法》申报项目储备。项目储备申报资料包括项目申报书、可行性报告、财政支出绩效目标申报表、项目支出预算明细表、评审报告、工程建设批复文件、工程竣工验收鉴定书、经接收单位签证的交付资产表及维修养护经费测算说明等。经评审纳入水利部项目备选库的项目,水管单位可按预算管理程序申报经费预算。

第四章　采购管理

第十九条 按照物业化管理的要求,对技术难度大、专业性要求较高的维修类项目原则上采取政府购买服务的方式,按照《中华人民共和国政府采购法》规定的方式和程序选择维修养护单位,其中超过120万元以上的项目应通过公开招标。

一般性维修类项目及养护项目在国家和上级尚无统一规定的情况下,仍可采取直接委托的方式。

第二十条 采取政府购买服务方式的维修类项目采购实行分级管理、统一组织的方式。采购项目(除石料采购外)500万元(含500万元)以上的由省级河务局组织采购;500万元以下的由市级河务局组织采购。

第二十一条 水管单位应在上年11月20日之前按照采购项目、权限及“一下”预算控制数向采购组织单位上报采购申请及项目采购需求报告。采购组织单位于12月底之前完成招标采购。

第二十二条 维修类项目中标单位必须按合同约定完成维修工作,及时提供相关资料,严禁转包和违规分包。如有违反,水管单位及招标组织单位将其列入黄委政府采购黑名单,不得再参与黄河水利工程维修养护项目投标。

第二十三条 维修养护石料采购由水管单位统一组织,防汛部门会同有关部门具体实施,市级河务局负责监督。采购单位应按照预算和实施方案批复的购石金额足额采购石料,不得挪作他用或结余。

第五章　合同管理

第二十四条 水管单位应依据《合同法》分别与维修及养护项目承担单位签订维修、养护合同,并实行严格的合同管理和检查考核。

第二十五条 维修、养护合同的主要内容应包括:项目名称、合同金额、工作内容、工程(工作)量,维修养护标准及质量要求、检查监督考核、完工确认、价款结算,合同变更及违约责任等。养护合同中须明确在中常洪水发生较大险情和一般险情的情况下,按照防汛抢险要求保证工程维修养护和防汛安全的责任。

第二十六条 维修类项目合同双方应依据实施方案和招标文件规定的内容详细制订项目实施工程(工作)量清单,项目实施进度计划及考核确认办法,作为合同附件。

第二十七条 因预算调整或维修养护任务发生变化,合同双方可以签订补充合同进行调整。

第二十八条 维修养护合同实行会签制度。水管单位业务部门是维修养护项目合同的主管部门,依法拟定合同,经财务部门会签后,报单位领导签订。合同签订后,应及时送单位财务部门备查。

第六章 使用管理

第二十九条 维修养护经费必须专款专用,不得截留、挤占或挪用。

第三十条 维修类项目款项支付采取"按旬登记,按月考核,按进度结算"的方式。结算的条件和程序为:

1. 维修单位每旬根据完成工程(工作)量如实填写《黄河水利工程维修类项目实施情况报告考核表》(详见附件3),每月提交水管单位业务部门,由业务部门组织对工作任务完成情况、质量和效果进行考核,签字确认,并经单位领导审定后,交财务部门备核;

2. 依据合同确定的项目进度,阶段性工作任务完成后,维修单位填报《黄河水利工程维修类项目价款结算单》(详见附件4),经水管单位业务部门审核确认后,报业务主管领导签字认可。主办业务部门连同发票一并报水管单位领导签字批准后,报财务部门审核结算。

3. 项目完成后,由水管单位业务部门组织有关部门进行合同验收,验收合格后结算尾款。

第三十一条 养护项目款项支付采取"按日登记,按旬考核、按月结算"的方式。结算的条件和程序为:

1. 养护单位每天根据完成的工作任务如实填写《黄河水利工程养护工作完成情况报告考核表》(详见附件5),每旬提交水管单位业务部门,由业务部门组织对工作任务完成情况、质量和效果进行检查考核,签字确认,并经单位领导审定后,报财务部门备核。

2. 月度养护工作任务完成后,养护单位汇总填写《黄河水利工程养护项目月结算单》(详见附件6),提交水管单位业务部门审核确认,报业务主管领导审定。主办业务部门连同发票一并报水管单位领导签字批准后,于每月10日之前报财务部门审核结算。

第三十二条 维修养护经费结转结余资金按规定结转下年继续使用。

第三十三条 各级防汛部门应在普查统计的基础上,会同有关部门做好石料的使用管理工作。

第三十四条 工程维修养护使用石料由维修养护或使用单位提出申请,经水管单位防汛部门、主管领导审核批准后,由维修养护或使用单位办理领料手续后领用。单坝抢险累计动用石料300立方米以下的由水管单位批准,300(含300立方米)~1000立方米、1000(含1000立方米)~2000立方米、2000立方米(含2000立方米)以上的分别报市级河务局、省级河务局、黄委批准。

第三十五条 石料使用原则上应先动用坝面原有备石,再根据动用情况和备石补充计划足额补充到位。补充备石,可以采取过磅的办法计量,要按照规范码方、整理、验收。紧急情况下抢险,水管单位经主管单位批准,石料可边运边抛,但须有批准单位派人参加,现场监督不少于三人,现场监督人员须在收抛石过磅或丈量记录上签字,并经水管单位主管领导及主要负责人签字认可。

第三十六条 水管单位当年石料足额采购后仍不能满足抢险需要的,可在水管单位之间以调拨的形式调剂使用。

石料调拨申请由水管单位提出,各级防汛部门商财务部门审批,并按要求办理石料调拨手续后调拨。跨县级调拨由市级河务局办理;跨市级调拨由省级河务局办理;跨省级调拨由黄委办理。

第三十七条 各级主管部门要加强对维修养护项目实施及经费使用的监督检查审计,确保资金使用安全有效。按照分级管理的原则,监督检查每年市级河务局不少于2次,省级河务局及黄委抽查覆盖面不得低于20%,审计按照有关规定进行。

第七章 项目总结与验收

第三十八条 维修养护预算项目验收包括合同验收、水管单位自验、主管单位验收、上级单位复验。

第三十九条 维修养护项目完成后,水管单位应在1个月内及时进行合同验收;年度终了,要对项目年度执行情况进行总结,并完成自验,于2月底之前将项目执行情况总结连同自验报告一并报上一级主管单位申请验收。

第四十条 主管单位应在接到申请20个工作日内组织对项目进行验收,验收完成后,应对所属单位项目执行情况进行总结,形成本级项目执行情况总结并逐级汇总上报。

第四十一条 合同验收由相关业务部门牵头,会同财务及相关部门实施。

合同验收的主要内容包括:验收合同约定工作任务的完成情况、项目实施的成果和质量审核认定、项目实施的完整文件资料及成果审核认定等。

第四十二条 项目执行情况总结由各级建管(工务、工管)部门牵头,会同防汛等有关部门完成并逐级汇总,上报上级主管单位,黄委的项目执行情况总结应于次年5月底之前完成。

项目执行情况总结的内容包括:项目概况、项目组织实施情况、项目任务完成情况、资金使用与管理情况、项目实施的效果、其他需要说明的情况等(项目执行情况总结范本见附件7)。

第四十三条 预算项目验收由各级财务部门牵头,会同业务及有关部门实施。

预算项目验收一般由验收主持单位组成验收组。验收组成员应由财务、业务及相关部门人员组成,并明确一名组长,验收组成员人数应为5人以上的奇数。

第四十四条 预算项目验收时被验收单位应提供以下文件资料:

(一)项目预算编制及批复文件,含“一上”“二上”预算中有关项目预算编制说明以及项目实施方案和预算批复文件等;

(二)预算项目验收申请报告(包括项目验收清单、项目执行情况总结、自验报告等);

(三)项目成果清单及成果管理情况,含项目工作内容完成情况表;

(四)凭证、账簿、报表等财务资料;

(五)对外委托合同文本及验收情况,政府采购合同文本及相关资料(含项目合同执行情况表);

(六)有关审计、检查报告以及整改情况报告等;

(七)维修养护技术资料;

(八)验收组要求提供的其他资料。

第四十五条 各单位维修养护预算项目验收工作应在年度终了后3个月内完成。黄委整个验收工作应在6月底之前完成。

第八章 附 则

第四十六条 水管单位应加强对维修养护项目的检查监督和考核,考核标准和考核办法由黄委建管部门另行制订。

第四十七条 维修养护经费使用管理实行责任追究制度,责任追究办法由黄委监察部门另行制订。

第四十八条 本办法由黄河水利委员会财务局负责解释。

第四十九条 本办法自2015年1月1日起施行,原《黄河水利工程维修养护经费使用管理暂行办法》(黄财〔2011〕158号)、《黄河水利委员会维修养护公司财务管理暂行办法》(黄财〔2011〕159号)、《关于水利工程维修养护经费管理的若干意见》(黄财〔2007〕1号)、《水利工程维修养护经费预算安排若干规定》(黄财〔2007〕99号)、《中央级水利工程维修养护经费使用管理暂行办法(试点)》(黄财〔2005〕15号)、《关于下发水利工程维修养护经费中质量监督监理费等使用管理规定的通知》(黄财会〔2006〕41号)同时废止。黄委及有关部门下发的其他相关文件条款与本办法要求不一致的,以本办法为准。

(附件略)

2014年9月30日

河南河务局防汛费项目管理办法(试行)

豫黄防〔2014〕8号

第一章 总 则

第一条 为加强防汛费项目管理,提高资金使用效益,根据财政部《中央本级项目预算管理办法》《财政支出绩效评价管理暂行办法》和水利部《中央级预算项目验收管理暂行办法》《水利部预算项目储备管理暂行办法》等防汛项目管理有关规定,结合河南河务局实际,特制订本办法 。

第二条 本办法适用于河南河务局使用防汛费的各预算单位。

第二章 项目管理职责划分

第三条 防汛费实行项目管理,各预算单位是项目申报、实施、验收、绩效评价的责任主体,对项目的实施过程和完成结果进行监督、检查。单位主管防汛工作的领导是项目负责人，具体负责防汛费项目的管理。

第四条 防汛主管部门是防汛费项目实施管理部门，主要负责防汛费项目申报文本和实施方案的编制、审核、汇总，项目的实施，合同验收；省局防办商财务处负责提出防汛费初步分配方案；负责项目业务工作完成情况的监督；负责防汛费项目执行进度，配合财务部门做好验收和绩效评价工作。

第五条 财务部门是防汛费项目预算管理部门，主要负责防汛费预算的编制、申报、批复；负责项目执行进度管理、政府采购、资金支出监督等财务管理工作；主管项目的验收和绩效评价工作。

第六条 相关部门需在防汛费中开支的，应按照防汛费项目实施方案的要求执行，并提供完整的验收、绩效评价材料。

第三章 项目编报

第七条 防汛费项目编报文件包括项目申报文本和项目实施方案。

第八条 防汛费项目申报文本包括：项目申报书、可行性报告、财政支出绩效目标申报表。

（一）防汛费项目申报书主要内容为：项目申请理由及项目主要内容、项目总体目标及分阶段实施计划、项目组织实施条件、项目采购方式、项目绩效考评情况。

（二）防汛费项目可行性报告主要内容为：基本情况 、必要性与可行性 、实施条件、进度与计划安排、主要结论。

（三）财政支出绩效目标申报表主要内容为：项目绩效目标、项目绩效指标。

第九条 防汛费项目实施方案主要内容为：项目目标、项目详细工作内容、技术路线、预期成果、项目工作进度安排、实施组织形式、项目实施预算、政府采购内容及投资。

第十条 项目预算单位按照当年项目预算编制要求完成项目申报文本和实施方案的编制，并组织审核，确保项目编报文本科学、合理。在项目编报文本通过上级组织的审核后，由项目预算单位逐级上报。上级批复的预算由财务部门逐级批复到预算实施单位。

第十一条 防汛费是用于各项防汛业务开展的业务经费，使用范围要符合以下要求：

1. 防汛和抢险用工器具、专用设备、料物的采购、运输、管护以及防汛仓库维修。
2. 防汛抢险民工补助及专职人员劳保补助。
3. 防汛检查、宣传、演习、培训及防汛会议。
4. 防汛车船、照明设施运行维护和水情报汛。
5. 防汛通信、水文测报设施（含站房）、预警系统以及防洪工程设施的水毁修复。
6. 水库、大坝及河道监测。
7. 防洪预案编制等。

第四章 项目实施

第十二条 项目实施单位应当按照批复的实施方案组织项目的实施，严格执行项目计划和项目支出预算，及时整理项目实施成果材料。预算批复后应严格控制各项工作内容的调整，因特殊原因在项目实施过程中需对支出科目调整时，调整幅度不得超过该科目批复金额的 10%且最高调整金额不得超过 5 万元。按照本单位财务规定，项目支出资金超过规定金额时须报请项目负责人审批。

第十三条 防汛和抢险用工器具、专用设备、料物的采购,办公用品购置,会议住宿,资料印刷,车辆用油、保险等属于政府采购范围内的,按照政府采购有关规定执行。

第十四条 防汛费项目购置的料物、设备均属国有资产,资产管理按照国有资产管理有关规定执行。

第十五条 防汛费项目的实施必须履行相关程序,完善相关资料:

1. 工器具、专用设备、料物的购置要有政府采购、验收入库等材料;物资管护要有管护记录、照片等证明材料。

2. 防汛抢险民工补助要有险情材料及身份证复印件、工资表等;专职人员劳保用品购置项目要有购置、发放清单等。

3. 检查、宣传要有证明材料等;演习要有演习方案、通知、照片、总结等;培训和会议要有审批单、通知、签到、照片、培训教材(会议材料)等;防汛 24 小时值守要有岗位文件、值班表、值班日志等。

4. 防汛车辆运行要有派车单、维修记录、保险单等;防汛船只和其他机械使用要有使用记录等;水情报汛要有证明材料;照明设施使用要有使用记录等。

5. 防汛通信、水文测报设施、预警系统以及防洪工程设施的水毁修复要有修复方案、记录和证明材料等。

6. 水库、大坝及河道监测要有证明材料。

7. 防洪预案编制要有证明材料。

8. 其他:要有证明材料。

第五章 项目验收

第十六条 防汛费项目验收分为自验、终验。自验是指预算单位对本单位实施完成项目进行的检查验收。终验是指预算单位在验收管理权限范围内,对已完成自验并提交验收申请项目开展的最终验收。

第十七条 防汛费项目验收权限。100 万(含)~ 500 万元及局属各单位本级项目由河南河务局组织终验;100 万元以下的项目,预算单位自验视同终验,上级预算单位应加强对局属预算单位防汛费项目验收的管理,必要时对完成的自验项目进行抽验。

第十八条 预算单位在年度终了或项目完成后,须及时组织项目自验, 项目自验情况随项目年度工作总结逐级上报。按权限须提请上级预算单位进行终验的项目,由预算单位逐级提出验收申请。河南河务局及局属各单位对收到的项目验收申请报告进行审查并安排验收。

第十九条 项目验收采取会议审查和现场核查相结合的形式开展, 验收程序主要包括:

1. 验收主持单位组织召开验收会议,宣布验收组成员,明确验收组组长;

2. 验收组听取预算单位项目实施情况的汇报;

3. 验收组对项目有关情况进行质询;

4. 验收组审阅验收文件资料,必要时应预先进行现场核查,逐项核实有关验收内容及相关结果,每位专家应当对其分工负责部分,提出独立的验收意见,填写相应的项目验收工作底稿并签字;

5. 验收组组长召集验收组成员,根据资料审阅和现场核查情况,对项目执行情况进行总体评议,提出验收意见,形成验收组验收报告。

第二十条　防汛费项目验收时预算单位应如实提供如下文件资料:

1. 防汛费项目预算编制及批复文件,含"一上""二上"预算中有关项目预算编制说明、项目申报文本,以及项目实施方案和预算批复文件等;

2. 防汛费项目验收申请报告;

3. 完成成果清单及成果管理情况,含防汛费项目工作内容完成情况表;

4. 单位防汛费项目财务管理办法、财务账表、国库集中支付情况清单及项目决算表;

5. 对外委托合同文本及验收情况,政府采购合同文本及相关资料,含项目合同执行情况表;

6. 设备购置清单,防汛费含项目购置设备情况表;

7. 审计、检查报告以及整改情况报告等;

8. 验收组需要提供的其他资料。

第六章　项目绩效评价

第二十一条　防汛项目绩效评价分为中期检查、年终绩效评价。

中期检查:年中对项目单位防汛费绩效目标批复、运行情况和管理情况进行检查。

年终绩效评价:绩效专家工作组对项目支出绩效进行评价打分,形成项目支出绩效评价报告。

第二十二条　绩效评价根据当年下达的中央部门项目支出绩效评价指标体系分值分配表,依据绩效报告和支撑材料进行评价。

第二十三条　防汛费绩效报告要依据水利部下发的编写提纲编写,数据要与资料清单和支撑材料一一对应。预算批复的防汛费绩效指标与实际执行出现差异时,应详细说明原因。

第二十四条　防汛费项目绩效评价时预算单位须如实提供以下文件资料:

(一)项目投入资料:包括项目单位职能文件、项目有关的中长期规划、项目单位年度工作计划、项目立项背景及发展规划、项目立项报告或任务书、上级主管部门对于立项的批复文件、项目申报书、财政支出绩效目标表、项目可行性研究报告、立项专家论证意见、项目评审报告、财政部门经费预算批复等。

(二)项目过程资料:包括项目实施方案,项目实施单位的业务管理制度,项目内容调整和预算调整的相关申请和批复,项目经费管理文件,反映项目管理过程的相关资料,项目实施的人员条件、场地设备、信息支撑等相关保障条件,项目实施单位制订的项目质量要求或标准以及相关管控措施,财务(资产)管理制度,财务会计账簿(收支明细账)及会计凭证。

(三)项目产出资料:包括项目执行情况报告、项目经费决算表、审计机构对项目执行情况的财务审计报告、反映项目完成情况的证据资料。

(四)项目效果资料:包括项目单位绩效报告、反映项目实施效果的证据资料。

第七章　奖　惩

第二十五条　依据上年度防汛费项目管理情况,安排下年度防汛费项目预算。对上年度防汛费项目执行、验收和绩效评价工作较好的单位予以表扬或继续支持,对防汛费项目执行、验收和绩效评价工作较差的单位予以通报批评,并责令其限期整改。

第八章　附　则

第二十六条 本办法自颁发之日起执行。

第二十七条 本办法由河南河务局防汛办公室负责解释。

2014 年 5 月 11 日

第二十四章 水情管理

水情预警发布管理办法(试行)

财农〔2013〕1号

第一条 为了防御和减轻水旱灾害,规范水情预警发布工作,依据《中华人民共和国防汛条例》《中华人民共和国抗旱条例》《中华人民共和国水文条例》及《国家防汛抗旱应急预案》,制订本办法。

第二条 在中华人民共和国境内发布水情预警,应遵守本办法。

第三条 水情预警是指向社会公众发布的洪水、枯水等预警信息,一般包括发布单位、发布时间、水情预警信号、预警内容等,水情预警信号附后。

第四条 水情预警依据洪水量级、枯水程度及其发展态势,由低至高分为四个等级,依次用蓝色、黄色、橙色、红色表示,即洪水蓝色预警(小洪水)、洪水黄色预警(中洪水)、洪水橙色预警(大洪水)、洪水红色预警(特大洪水);枯水蓝色预警(轻度枯水)、枯水黄色预警(较重枯水)、枯水橙色预警(严重枯水)、枯水红色预警(特别严重枯水)。

第五条 水情预警由水文机构按照管理权限向社会统一发布。

全国涉及多流域(片)的水情预警发布工作由水利部水文局负责。

流域(片)内涉及多省(自治区、直辖市)的水情预警发布工作由流域水文机构负责。

省(自治区、直辖市)辖区内的水情预警发布工作由省级水文机构负责。

红色和橙色两级水情预警发布需经同级防汛抗旱指挥机构审核。

第六条 水情预警由水文机构根据发布权限,通过广播、电视、报纸、电信、网络等媒体统一向社会发布。各媒体应当按照国家有关规定和防汛抗旱要求,及时播发、刊登水情预警信息,并标明发布单位和发布时间,不得更改和删减水情预警信息。

第七条 有关地区和部门应依据水文机构发布的水情预警信息, 按照防汛抗旱应急预案,及时启动相应响应。社会公众应及时做好避险防御工作,减轻水旱灾害损失。

第八条 非法或未按规定向社会发布水情预警的,依据法律法规及有关规定追究有关责任人的责任。

第九条 各流域、省级水文机构应依据本办法,结合流域(片)或辖区内水旱灾害的特点,具体细化洪水、枯水等级预警标准,报同级防汛抗旱指挥机构审批,并报水利部水文局备案。

各地可以根据实际需要,参照本办法,增设凌汛、潮位等水情预警种类。

第十条 本办法由水利部水文局负责解释。

第十一条 本办法自颁布之日起施行。

附件

水情预警信号

水情预警信号分为洪水、枯水两类,依据洪水量级、枯水程度及其发展态势,由低至高分为四个等级,依次用蓝色、黄色、橙色、红色表示。

水情预警信号由预警等级、图标、标准三部分组成。

一、洪水预警信号

1. 洪水蓝色预警信号

图标:

标准:满足下列条件之一。

(1)水位(流量)接近警戒水位(流量);

(2)洪水要素重现期接近5年。

2. 洪水黄色预警信号

图标:

标准:满足下列条件之一。

(1)水位(流量)达到或超过警戒水位(流量);

(2)洪水要素重现期达到或超过5年。

3. 洪水橙色预警信号

图标：

标准：满足下列条件之一。

(1)水位(流量)达到或超过保证水位(流量)；

(2)洪水要素重现期达到或超过 20 年。

4. 洪水红色预警信号

图标：

标准：满足下列条件之一。

(1)水位(流量)达到或超过历史最高水位(最大流量)；

(2)洪水要素重现期达到或超过 50 年。

二、枯水预警信号

1. 枯水蓝色预警信号

图标：

标准：满足下列条件之一。

(1)水位(流量)接近旱警(限)水位(流量)；

(2)30 天来水量比常年同期偏少 4 成以上。

2. 枯水黄色预警信号

图标：

标准:满足下列条件之一。

(1)水位(流量)降至或低于旱警(限)水位(流量);

(2)30 天来水量比常年同期偏少 6 成以上。

3. 枯水橙色预警信号

图标:

标准:满足下列条件之一。

(1)水位(流量)降至或低于常年同期最低(小);

(2)30 天来水量比常年同期偏少 7.5 成以上。

4. 枯水红色预警信号

图标:

标准:满足下列条件之一。

(1)水位(流量)降至或低于历史最低(小);

(2)30 天来水量比常年同期偏少 9 成以上。

备注:本标准中重现期为设计重现期或经验重现期,资料系列长度一般应多于 30 年。

2013 年 2 月 1 日

黄河水情预警发布管理办法

黄防总办〔2016〕10 号

第一条　为进一步做好黄河防汛工作,防御和减轻洪涝灾害,规范水情预警发布工作,依据《中华人民共和国防汛条例》《中华人民共和国水文条例》《黄河防御洪水方案》(国函〔2014〕44 号)及《水情预警发布管理办法(试行)》(国汛〔2013〕1 号),结合黄河河道及工程现状,修订本办法。

第二条 水情预警是指向社会公众发布的洪水、枯水、凌情等预警信息,一般包括发布单位、发布时间、水情预警信号、预警内容等。

第三条 洪水预警依据洪水量级及其发展态势,由低至高分为四个等级,依次用蓝色、黄色、橙色、红色表示,即洪水蓝色预警(小洪水)、洪水黄色预警(中洪水)、洪水橙色预警(大洪水)、洪水红色预警(特大洪水)。

黄河洪水预警信号见附件1,黄河洪水预警发布标准见附件2,黄河洪水预警发布流程见附件3,黄河枯水预警发布按照《黄河流域抗旱预案》执行,黄河凌情预警发布按照《黄河防汛应急预案》执行。

第四条 黄河防汛抗旱总指挥部(以下简称黄河防总)负责黄河干流、渭河下游、伊洛河下游及沁河下游的水情预警管理;省(区)防汛抗旱指挥部门负责流域内其余河段的水情预警管理。

水情预警由黄委或各省(区)所属水文机构按照管理权限向社会统一发布。蓝色和黄色两级水情预警发布需经同级防指(总)办公室审核。橙色和红色两级水情预警发布需经同级防指(总)审核。

第五条 水情预警由水文机构根据发布权限,通过网络、电信、电视、广播和报纸等媒体统一向社会发布,各媒体应当按照国家有关规定和防汛要求,及时播发、刊登水情预警信息,并标明发布单位和发布时间,不得更改和删减水情预警信息。

第六条 有关地区和部门应依据水文机构发布的水情预警信息,按照防汛抗旱应急预案,及时启动相应响应,社会公众应及时做好避险防御工作,减轻水旱灾害损失。

第七条 未按规定向社会发布黄河水情预警的,依据法律法规及相关规定追究有关责任人的责任。

第八条 流域各省(区)水文部门应依据本办法及《水情预警发布管理办法(试行)》(国汛〔2013〕1号),按照规定的预警发布责任范围,结合辖区内水旱灾害特点,具体细化洪水预警标准,制订本省(区)的水情预警发布管理办法,并报黄河防总办公室备案。

第九条 本办法由黄河防总办公室负责解释。

第十条 本办法自颁布之日起实施,原《黄河水情预警发布管理办法(试行)》(黄防总办〔2013〕11号)同时废止。

附件1:黄河洪水预警信号

附件2:黄河洪水预警发布标准

附件3:黄河洪水预警发布流程

2016年6月15日

附件 1

黄河洪水预警信号

黄河洪水预警信号采用《水情预警发布管理办法(试行)》(国汛〔2013〕1 号)中规定的洪水预警等级和图标,见下表。

黄河洪水预警信号等级和图标

预警等级	预警图标	相应洪水
洪水蓝色预警	洪水 蓝 FLOOD	小洪水
洪水黄色预警	洪水 黄 FLOOD	中洪水
洪水橙色预警	洪水 橙 FLOOD	大洪水
洪水红色预警	洪水 红 FLOOD	特大洪水

附件 2

黄河洪水预警发布标准

一、发布河段

根据黄河洪水特性及防洪要求,黄河洪水预警发布河段划分为以下 6 个:

1. 黄河上游干流河段,发布依据站为唐乃亥、兰州、下河沿、石嘴山 4 个水文站;
2. 黄河中游干流河段,发布依据站为吴堡、龙门、潼关 3 个水文站;
3. 黄河下游干流河段,发布依据站为花园口和高村 2 个水文站;
4. 渭河下游干流河段,发布依据站为华县水文站;
5. 伊洛河下游干流河段,发布依据站为白马寺和龙门镇 2 个水文站;

6. 沁河下游干流河段，发布依据为武陟水文站。

同一河段同一场次洪水，预警发布采取就高原则，即：如果某河段已根据某预警依据站发布高等级的洪水预警，而该河段内其他预警依据站洪水因受拦蓄、分洪、坦化等因素影响未超过同级别的预警标准，不再发布预警。

二、发布标准

据黄河洪水特性及防洪要求，结合各发布依据站的洪峰重现期，黄河洪水预警发布标准规定如下表：

黄河洪水预警发布河段和标准表

单位：m^3/s

河段	依据站	预警依据	蓝色预警	黄色预警	橙色预警	红色预警
黄河上游干流青海河段	唐乃亥	流量实测值或预报值	2500≤Q<3000	3000≤Q<4000	4000≤Q<5000	≥5000
黄河上游干流甘肃河段	兰　州	流量实测值或预报值	2500≤Q<4000	4000≤Q<5000	5000≤Q<6500	≥6500
黄河上游干流宁夏河段	下河沿	流量实测值或预报值	2000≤Q<3000	3000≤Q<4000	4000≤Q<5500	≥5500
黄河上游干流内蒙古河段	石嘴山	流量实测值或预报值	2000≤Q<3000	3000≤Q<4000	4000≤Q<5500	≥5500
黄河中游大北干流河段	吴　堡	流量实测值或预报值	5000≤Q<8000	8000≤Q<12000	12000≤Q<18000	≥18000
黄河中游小北干流河段	龙　门	流量实测值或预报值	5000≤Q<8000	8000≤Q<12000	12000≤Q<18000	≥18000
黄河三门峡库区河段	潼　关	流量实测值或预报值	5000≤Q<8000	8000≤Q<10000	10000≤Q<15000	≥15000
黄河下游干流河段	花园口	流量实测值或预报值	4000≤Q<6000	6000≤Q<8000	8000≤Q<15000	≥15000
	高　村	流量实测值或预报值	4000≤Q<6000	6000≤Q<8000	8000≤Q<12000	≥12000
渭河下游干流河段	华　县	流量实测值或预报值	2500≤Q<4000	4000≤Q<6000	6000≤Q<8000	≥8000
伊洛河龙门镇、白马寺以下干流河段	白马寺	流量实测值或预报值	2000≤Q<3000	3000≤Q<4000	4000≤Q<5000	≥5000
	龙门镇	流量实测值或预报值	2000≤Q<3000	3000≤Q<4000	4000≤Q<5000	≥5000
沁河下游干流河段	武陟	流量实测值或预报值	1000≤Q<2000	2000≤Q<3000	3000≤Q<4000	≥4000

附件 3

黄河洪水预警发布流程图

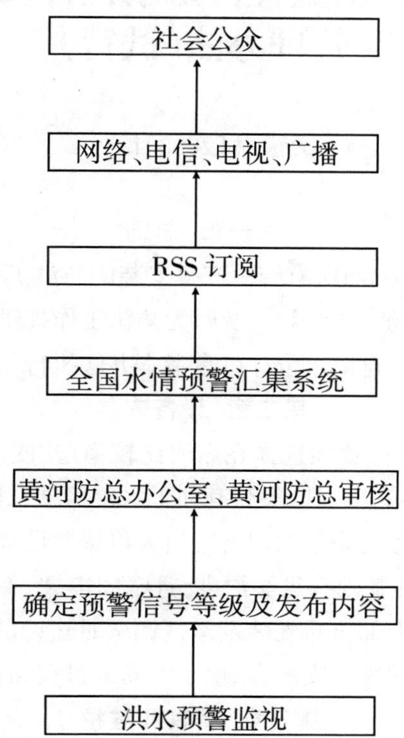

河南黄(沁)河防洪工程自记水位计及信息系统运行管理办法(试行)

豫黄防〔2008〕1号

第一章　总则

第一条　为保证河南黄(沁)河所有统一安排安装的防洪工程自记水位计(雷达、超声波、电子式等)和水位信息系统能够正常运行,及时为防汛工作提供水位信息,特制订本办法。其他由各单位自行研制或安装的自记水位计可参考本办法执行。

第二章　设备安装

第二条　自记水位计安装位置须选择在靠河比较稳定、便于进行管理的位置,具体安装位置视现场情况而定,以不影响工程抢险和有利于水位信息采集为原则,由县级河务局选址报市级河务局同意和省级河务局防汛部门备案后方可按照设计要求实施安装。

第三条　自记水位计台的基础有足够深度,且坚固牢靠,不能因河势变化导致基础垮塌而影响水位计正常运行。在上部仪器安装及运行调试时建设单位(防汛部门和工程管理部门)要共同参加,协同研制公司统一安装,以便了解安装过程和调试方法。

第三章　管理和维护

第四条　自记水位运行管理分为信息管理和现场设备管理。信息管理由河务局防汛部门指定专人负责,维护终端信息系统的正常运行;现场设备管理和维护由河务局工程管理部门针对每处工程指定专人负责,使现场设备能够保持正常运行,以保证数据的正常采集和传输。信息管理人员和设备管理人员须经河南河务局统一组织的专业培训后上岗,并参加自记水位计建设安装的全过程,同时,要部分掌握自记水位计的基本工作原理。

第五条　自记水位计建成后必须及时与人工水尺进行比测。比测内容包括时间比测和水位比测。要求人工水尺与自记水位计的观测时间均与北京时间严格一致,每天的时间误差不得超过10分钟。水位比测要分别经过低、中、高三个水位的运行过程,要达到90%的测点水位误差小于5厘米,在比测连续两个月以上符合要求,并申请上级主管部门验收后,则可以转入正常运用,转入正常运用后,汛期每日8时仍需比测1次,非汛期5日1次。人工水尺的位置与自记水位计的测点位置应尽量靠近,最远不得超过10米。

第六条　自记水位计安装的当年汛前、汛后要组织专人进行检查及清理维护,在运行正常期间要每年汛前定期进行基点校测及维护,维护主要包括固定探头的构件是否松动、电线接头是否松动、太阳能电池板及设备箱内设备的除尘、蓄电池检修、电子水尺护罩淤泥和杂草清理(接触式)、人工校测水尺检修与校核、关键部位金属构件除锈、水位计底座和基础是否倾斜等。自记水位计一旦出现故障要及时分析判别故障原因并及时检查处理，如判定是设备故障，要及时联系承建单位及时维修，并及时报省、市级河务局防汛部门备案(局域网络故障除外)。

第七条　在自记水位计出现故障后不能正常工作期间要以人工观测代替，人工观测密度及要求要严格按照《河南黄河水位观测及资料整编办法》有关规定执行，人工观测数据要及时输入水位信息系统。

第八条　每处自记水位计要做好运行、管理维护记录。记录内容包括故障出现时间、检查部位、何种故障、判定根据、故障如何处理、是否及时安排人工观测、是否向上级主管部门报告，以及承建单位的记录、承建单位及时到现场处理情况，和实际故障与故障判别的对照情况的记录，并有相关责任人签字。

第九条　自记水位计的专管人员要熟悉设备的基本原理及掌握水位软件的应用。专管人员要相对固定，如因工作需要专管人员变动时，须由所在单位保证安排原专管人员进行间接监管，在接管人员确实熟悉和掌握业务后方可脱离监管。

第十条　自记水位计如因故不能运行时，应及时修复，且查明原因及责任，并及时逐级报告，对于不可抗力(如雷击等)因素，由省、市级河务局主管部门现场联合查询，如情况属实，在进行修复后，可报请上级采取一定措施进行补偿。如发现因人为管理不善而造成的责任事故，一切费用自行负担，并对相关责任人给以相应处理。

第十一条　自记水位计的管理及运行情况纳入年终防汛工作考核。

第四章　附　则

第十二条　本办法自印发之日起实行。

第十三条　本办法由河南河务局防汛办公室负责解释。

2008 年 1 月 14 日

第二十五章　抢险队管理

黄河防汛抢险大型机械设备资源管理规定(暂行)

黄防总办〔2011〕51号

第一条　黄河防汛机动抢险队承担着急难险重的任务，抢险大型机械设备是黄河防汛机动抢险队抢险能力的重要物质基础。为合理利用抢险大型机械设备社会资源，维持并提高黄河防汛机动抢险队抢险能力，特制订本规定。

第二条　黄河防汛抢险大型机械设备资源包括黄委系统内资源和社会资源两部分，本规定所涉及的资源管理主要指社会资源部分。

第三条　抢险大型机械设备是指斗容大于0.5立方米挖掘机、铲斗容量大于2.5立方米的装载机、载重20吨以上的自卸车、功率120千瓦以上的推土机、起吊重量25吨以上的吊车、载重25吨以上的平板车以及功率75千瓦以上的发电机等。

第四条　黄河防汛机动抢险队负责大型机械设备社会资源调查工作，明确租赁意向。省黄河河务局防汛办公室应对大型机械设备社会资源调查情况进行抽查核实。

第五条　抢险大型机械设备社会资源调查每年进行一次，5月底前完成，调查成果由省黄河河务局防汛办公室汇总保存，并报黄河防总办公室备案。

第六条　抢险大型机械设备社会资源调查内容主要包括：商户(单位)名称、位置、距抢险队驻地距离、设备名称、数量、型号(指标)、购置年限、目前设备租用率、联系人、联系电话等(见附表)。

第七条　河南、山东黄河河务局以黄河防汛机动抢险队为单位开展调查工作，调查范围为距抢险队驻地周边30千米内。山西、陕西黄河河务局以县局为单位开展调查工作，调查范围为县河务局所在县范围内。

第八条　当黄河防洪工程发生重大险情时或接到上级调令调动黄河防汛机动抢险队执行特别任务时，根据需要和要求租赁社会大型机械设备。

第九条　租赁社会大型机械设备命令由负责黄河防汛机动抢险队调动的单位或部门签发，黄河防汛机动抢险队负责具体实施，租赁费用在抢险经费中解决。

第十条　租赁社会大型机械设备必须做到机械设备性能良好、到位准时、规模符合要求等。

第十一条 凡未按时开展抢险大型机械设备社会资源调查、执行抢险时机械设备不能准时到位、机械设备规模达不到要求的,将按有关规定追究责任单位责任。

第十二条 本规定由黄河防汛抗旱总指挥部办公室解释。

第十三条 本规定自颁布之日起执行。

2011 年 12 月 2 日

附表

防汛机动抢险队抢险大型机械设备社会资源调查表

序号	商户/单位名称	位置	距抢险队驻地距离(km)	设备名称	数量(台套)	型号/指标	设备购置年限	目前设备租用率	联系人	联系电话	设备状况
合计											

备注:1. 大型抢险机械设备主要包括:挖掘机、装载机、自卸车、推土机、吊车、大型平板车、发电机等。

2. 主要统计距离抢险队驻地 30 千米范围内的大型抢险机械设备。

黄河防汛机动抢险队设备使用管理办法(试行)

黄防总办〔2012〕7号

第一章 总 则

第一条 为加强黄河防汛机动抢险队设备管理,提高设备使用效益,根据《黄河水利委员会国有资产管理实施细则》和《黄河防汛机动抢险队运行管理办法》等,制订本办法。

第二条 黄河防汛机动抢险队设备管理必须坚持“防汛第一”的原则,根据防汛工作需要,全面规划、统筹安排,合理使用。

第三条 黄河防汛机动抢险队设备由各级防汛部门归口管理,实行防汛部门和财务部门共同管理的制度。各部门对黄河防汛机动抢险队设备管理应分工明确,各负其责,保障设备安全,做到账实一致。

第四条 黄河防汛机动抢险队设备是指通过基建投资或专项资金购置的挖掘机、装载机、自卸汽车、推土机、发电机、指挥联络车及生活保障车等。

第二章 管理机构

第五条 黄河防汛抗旱总指挥部办公室负责黄河防汛机动抢险队设备定额编制、规划、配置、调动等,并负责对设备使用进行指导和监督,黄河水利委员会财务部门负责组织设备政府采购和资产监督管理。

第六条 省级黄河河务局黄河防汛办公室负责辖内黄河防汛机动抢险队设备的调动和使用管理等,省级黄河河务局财务部门负责辖内黄河防汛机动抢险队设备的资产监督管理。

第七条 市级黄河河务局防汛办公室负责辖内黄河防汛机动抢险队设备日常管理,严格执行黄河防汛抗旱总指挥部办公室、省级黄河防汛办公室调令。市级黄河河务局财务部门负责辖内黄河防汛机动抢险队设备的资产管理。

第三章 设备使用管理

第八条 黄河防汛机动抢险队设备管理实行队领导负责制。成立设备管理领导小组,明确队长(或副队长)分管此项工作,配备专职管理员,制订严格的管理办法并贯彻实施。

第九条 设备均应逐台建档,纳入固定资产账,统一管理。设备管理的主要经济、技术、安全生产考核指标,列入黄河防汛机动抢险队主管领导任期责任目标。

第十条 机械设备的使用必须按照“管用结合,人机固定”的原则进行。大中型机械设备实行“定机、定人、定岗位”的机长负责制,小型机械设备实行岗位分工负责制。

第十一条 设备操作与维护人员必须严格遵守操作使用和维护规程,保持设备和随机工具整齐、干净、齐全、完好。

第十二条 新型设备在使用前, 要组织设备管理人员和操作维修人员进行技术培训,掌握该设备的构造和操作方法,经考核合格后方可上岗。操作特种机械的队员要具备相关部门颁发的特种机械作业操作证。

第十三条 机械设备备品、配件要根据生产和维修工作需要,计划采购,合理储备,统一管理。对有修复价值的零、部件,在保证设备维修质量的前提下,要积极组织修复利用,节约设备检修费用。

第十四条 黄河防汛机动抢险队设备主要用于防汛抢险,禁止使用黄河防汛机动抢险队设备进行经营性活动。

第十五条 设备出库(门)实行派用制度,并派专人负责记录设备运行情况;所有设备不准承包给个人使用,不准擅自外借或与其他单位调换。

第十六条 设备闲置时应入库保管,入库前要做好封存保养,并按照设备保养相关要求进行定期保养,防止各种油封干缩、干裂,影响设备使用寿命。

第十七条 设备由于保管、使用、维修不当或不可抗力自然灾害等原因,造成损坏的,均为设备事故。事故发生后要保护好现场,立即上报,不得隐瞒或谎报事故情节。要主动配合安全管理部门查明原因,分清责任,并按照安全管理部门做出的处理意见进行处理,实施责任追究。对损坏的机械设备,要积极组织抢修。经鉴定确无修复价值的,要按照规定,申请办理设备报废手续。

第四章 附 则

第十八条 本办法由黄河防汛抗旱总指挥部办公室负责解释。

第十九条 本办法自发布之日起执行。

2012 年 3 月 30 日

黄河防汛机动抢险队运行管理办法

黄防总办〔2015〕11 号

第一章 总 则

第一条 黄河防汛机动抢险队是保证黄河防洪安全的突击力量,担负着黄河重大险情的紧急抢险任务。为保证黄河防汛机动抢险队切实履行好防汛抢险职责,按照国家防总流域管理机构防汛抢险队伍建设指导意见和黄委事业单位改革的要求,特制订本办法。

第二条 本办法适应于黄河水利委员会机构编制部门批准组建的黄河防汛机动抢险队。

第二章 组织建设与管理

第三条 黄河防汛机动抢险队组建由省黄河河务局向黄河水利委员会提出申请,批准后由省黄河河务局负责筹建。河南、山东黄河防汛机动抢险队隶属于所在市黄河河务局,由所在市黄河河务局管理;陕西、山西黄河防汛机动抢险队隶属于所在省黄河河务局,由所在省黄河河务局管理。

第四条 黄河防汛机动抢险队建设要遵循年轻化原则，配备治河、水工、机械、电气等防汛技术人员。业务骨干要相对稳定，45 岁以下的队员比例不低于总人数的 60%。

第五条 黄河防汛机动抢险队要建立健全岗位责任制、防汛抢险操作程序、设备操作与维修保养规程、安全检查制度、值班制度、请假制度等，逐步实现正规化、规范化、现代化管理。

第六条 黄河防汛机动抢险队人员、设备、工具料物应集中管理，实行年报备案管理，所有队员名单以队为单位于 6 月 15 日前报省黄河防汛办公室并报黄河防汛抗旱总指挥部办公室备案。

第七条 黄河防汛机动抢险队应制订培训计划，每年集中培训时间不少于 10 天，抢险队员要加强防汛抢险技术学习，开展防汛抢险新技术、新材料、新方法研究和实战演练，提高队员抢险技术水平。

第八条 黄河防汛机动抢险队要进行年度抢险技术总结和工作总结，并按规定逐渐上报。省黄河防汛办公室汇总后于当年 12 月 10 日前报黄河防汛抗旱总指挥部办公室。

第九条 黄河防汛机动抢险队要制订详细考核办法，做好队员技术等级考核、晋升工作，对队员的学习训练、抢险实绩实行档案化管理。

第三章　抢险调度管理

第十条 黄河防汛机动抢险队承担重大险情的紧急抢险任务，在黄河主汛期，应根据雨、水情实行三级待命制度：

一级待命。黄河下游花园口站发生 4000 立方米每秒流量以上编号洪水或黄河中游龙门站发生 5000 立方米每秒流量以上编号洪水，自本防汛机动抢险队负责抢护范围内河道流量起涨至流量回落到正常状态，抢险队所有人员和抢险设备应在驻地集中待命，一般情况人员不得请假外出，做好随时出发的一切准备，接到抢险调度命令后，应立即集合出发。

二级待命。发布黄河洪水正式预报，防汛机动抢险队所有人员和抢险设备应在驻地待命，接到抢险调度命令后，应在 20 分钟内集合出发。

三级待命。发布黄河洪水参考预报或编号以下洪水，防汛机动抢险队接到通知后 4 小时内集结完毕，做好出发前的各项准备工作。

第十一条 黄河防汛机动抢险队省内调遣，由省黄河防汛办公室下达调度命令或批准；跨省、跨系统调遣，由黄河防汛抗旱总指挥部办公室下达调度命令或批准。

第十二条 黄河防汛机动抢险队在接到抢险集结命令后，必须按要求集结完毕，并按照需要带足配备的抢险工具料物。

第十三条 抢险期间，黄河防汛机动抢险队要服从险情所在地县级河务部门的领导；黄河防汛机动抢险队后勤以自我保障为主。

第十四条 抢险期间，黄河防汛机动抢险队要填写抢险人员工作量及机械台班日报表，并由险情所在地县级河务部门及抢险监理签字。抢险结束后，黄河防汛机动抢险队要向抢险所在地县级河务部门提交人员工作量、机械台班、抢险工具料物消耗等。

第十五条 险情所在地县级河务部门应及时结算黄河防汛机动抢险队抢险费用，省黄河防汛办公室负责抢险费用结算协调工作。

第十六条 黄河防汛机动抢险队应在抢险结束 10 日内对抢险情况进行专题总结，报所在的市黄河河务部门。总结应包括:抢险地点、时间、人员、设备及完成工作量,抢险经过及效果评价,经验与不足,有关建议等。

第十七条 抢险结束后,可根据情况安排参加抢险的黄河防汛机动抢险队适当休整。

第四章 机械设备管理

第十八条 黄河防汛机动抢险队的机械设备是防汛抢险专用设备,要制订严格的管理办法,切实加强管理,严格执行操作规程,按规定进行经常性的维护与保养,保证设备完好。

第十九条 国家投资或上级调拨的机械设备,应逐台建档,纳入固定资产管理。并按规定填写设备履历书、运转日志,记录完整、齐全。

第二十条 黄河防汛机动抢险队机械设备部不准承包给个人使用,不准擅自外借或与其他单位调换,不准对外租赁。

第二十一条 黄河防汛机动抢险队机械设备闲置时应入库保管,入库前做好封闭保养。因报损、报废处理而减少的设备,要及时补充。报损、报废程序按所属省黄河河务局规定办理。

第二十二条 黄河防汛机动抢险队要有计划、有目的培养设备管理、使用、维修人员,并定期进行业务理论与操作技能考核,考核结果作为职工晋升的重要依据。

第二十三条 新型设备在使用前,要组织设备管理人员和操作维修人员进行培训,经考核合格后方可上岗。

第二十四条 黄河防汛机动抢险队机械设备折旧费、大修费按规定提取,并由资产占有单位财务部门实行专账管理,使用时需征得省黄河河务局防汛办公室批准。

第二十五条 黄河防汛机动抢险队根据需要,建立社会机械设备租赁联系制度,保证紧急情况下的抢险能力。

第五章 工具料物管理

第二十六条 黄河防汛机动抢险队常备的防汛工具料物只准用于工程抢险,不得挪作他用,损耗后要及时补充,恢复库存。

第二十七条 黄河防汛机动抢险队应储备的工具料物由防汛机动抢险队所在市河务局按规定标准配齐,实行专库存放,上架持牌,做到防火、防腐、防霉、防锈、防撞击。

第二十八条 工具料物应建立相应的保管、领用制度,做到“采购、验收、入库、保管、使用、用后回收”六个环节手续齐全。

第二十九条 当黄河系统外防汛抢险确需调用防汛机动抢险队储备防汛料物时,在不妨碍黄河工程抢险情况下,须经省黄河防汛办公室批准,发生的有关费用由被支援方负担。

第六章 附 则

第三十条 本办法由黄河防汛抗旱总指挥部办公室负责解释。

第三十一条 本办法中涉及人员机构、财务物资的有关规定,分别由黄委人事劳动和财务主管部门负责解释。

第三十二条 省、市黄河防汛办公室可根据本办法制订管理细则。

第三十三条 本办法自发布之日起执行,原颁发的相关规定同时废止。

2015 年 7 月 16 日

河南省黄河专业机动抢险队调度规程

豫防黄办〔2005〕3号

第一章 总 则

第一条 为进一步加强黄河专业机动抢险队调度管理,明确调度权限,规范调度程序,落实调度责任,根据《河南省黄河专业机动抢险队管理办法》及黄河防汛工作有关规定,结合我省黄河防汛调度工作需要,制订本调度规程。

第二条 调度黄河专业机动抢险队贯彻"统一指挥、分级负责"工作方针,遵循"满足急需、先主后次、就近调用,确保安全"工作原则,围绕"行动迅速、到位及时、作战有力"的工作目标组织实施。

第三条 本调度规程适用于黄河防总办公室批准我省黄河、沁河组建的专业机动抢险队、水上抢险队。

第二章 调度权限

第四条 黄河专业机动抢险队调度包括本地调用和异地调遣,通常情况下黄河专业机动抢险队防守区域以驻地县为主,兼顾临近县险情抢护。当黄河防洪工程发生较大以上险情且险情抢护不能得到有效控制,或省级以上黄河防办组织与抗洪抢险有关的重大活动时,实施黄河专业机动抢险队异地调遣。

第五条 调遣或调用黄河专业机动抢险队,分别由省、市、县三级黄河防办负责下达调度指令。

(一)黄河防洪工程发生一般险情,险情发生所在县黄河防办,可视情调用本地所驻黄河专业机动抢险队参加险情抢护。

(二)黄河防洪工程发生较大以上险情,险情发生所在县驻守的黄河专业机动抢险队难以有效控制险情,需调遣黄河专业机动抢险队支援时,在险情发生市范围内调遣黄河专业机动抢险队,由险情发生市黄河防办下达调度指令;跨市范围调遣黄河专业机动抢险队,由省黄河防办下达调度指令。

(三)本地调用或异地调遣黄河专业机动抢险队支援其他河流抢险或救灾,由省黄河防办下达调度指令。

(四)黄河专业机动抢险队参加市级以上黄河防办组织的抗洪抢险竞赛活动,由竞赛主办方下达调度指令。

(五)黄河应急度汛工程建设,需调遣黄河专业机动抢险队支援,由省黄河防办下达调度指令。

第六条 按照"下级服从上级,一般服从紧急"的原则,黄河专业机动抢险队同时接到省、市黄河防办调度指令,或正在执行市黄河防办调度指令时,黄河专业机动抢险队必须严格执行省黄河防办调度指令。

第七条 黄河主汛期,县黄河防办本地调用或市黄河防办异地调遣黄河专业机动抢险队,均要同时报告省黄河防办备案。

第三章 调用申请

第八条 调用黄河专业机动抢险队,按照“先申请,后动用,急事急办”的原则处理。

第九条 调用黄河专业机动抢险队必须逐级申请,首先由险情发生所在县黄河防办提出申请报所在市黄河防办,市黄河防办根据所辖黄河专业机动抢险队情况安排调遣,若市黄河防办所辖黄河专业机动抢险队满足不了需要,由市黄河防办提出申请报省黄河防办。

第十条 申请调用黄河专业机动抢险队必须有书面文电,请示内容要注明使用的工作事项,调用队员人数,设备品种和台(套)数,到位时间,后勤保障安排等。

第十一条 上级黄河防办领导在抢险现场指挥抢险,紧急情况下,可直接调用黄河专业机动抢险队支援,事后及时与本级黄河防办联系,记录处置结果。

第十二条 工程险情危急,险情发生所在县黄河防办,可直接请示省黄河防办调用黄河专业机动抢险队支援,同时抄报所在市黄河防办。

第四章 实施调度

第十三条 县黄河防办接到调用黄河专业机动抢险队请示后,应迅速决策实施调度工作。属调用本地黄河专业机动抢险队,30 分钟内处理完调度事项。需从异地调遣黄河专业机动抢险队,及时向上级黄河防办请示。

第十四条 市黄河防办接到调用黄河专业机动抢险队请示后,在所辖范围内组织调遣,20 分钟内作出答复,45 分钟内处理完调度事项;需从异地调遣黄河专业机动抢险队,及时向省黄河防办请示。

第十五条 省黄河防办接到调用黄河专业机动抢险队请示后,30 分钟内作出答复,60 分钟内处理完调度事项。

第十六条 办理黄河专业机动抢险队调度指令,必须注明所调队伍名称、到位地点、行驶路线、工作内容、队员人数、机械设备类别、型号及台(套)数、抢险常用工器具数量、后勤保障安排、到位时间、有关联系人电话等内容。调度指令要同时抄报上级黄河防办,抄送申请调用方。

第五章 执行调令

第十七条 调度黄河专业机动抢险队指令一旦下达,所调用的黄河专业机动抢险队必须无条件执行,迅速行动,按照调度指令内容逐项落实,并以最快速度在规定时间内赶赴到指定位置。

第十八条 黄河专业机动抢险队在执行调度指令过程中,因受不可抗力因素影响队伍不能按时到位,要及时向下达调度指令方报告,下达调度指令方应视情予以协调。

第十九条 黄河专业机动抢险队在执行调度指令过程中,要确保通信联络畅通,队伍行进安全。调度指令执行情况要随时向下达调度指令方报告。

第二十条 黄河专业机动抢险队在执行调度指令时,若规定的到位时间为夜间,申请调用方与调令执行方应加强联系,并安排好接应工作。若遇下雨天气,申请调用方要确保通往抢险现场的道路畅通。

第二十一条 黄河专业机动抢险队执行调度指令工作完成后，要及时进行总结，并向下达调度指令方书面报告工作完成情况。

第六章 保障措施及费用结算

第二十二条 调用黄河专业机动抢险队参加黄河防洪工程抢险，所用抢险料物、机械耗油及队员就餐由申请调用方负责保障；队员临时住宿原则上由申请调用方负责安排，若申请调用方保障不了，应在申请调用时报告上级黄河防办，上级黄河防办在下达调度指令时予以考虑。

第二十三条 调用黄河专业机动抢险队，参加市级以上黄河防办组织的抗洪抢险竞赛活动，其后勤保障工作由竞赛组委会负责安排。

第二十四条 非汛期调用专业机动抢险队支援黄河应急度汛工程建设，要充分考虑所调用的黄河专业机动抢险队所承担的在建施工项目，其后勤保障工作由申请调用方与所调用的黄河专业机动抢险队协商解决。主汛期调用专业机动抢险队支援黄河应急度汛工程建设，其后勤保障工作由申请调用方负责解决。

第二十五条 按照“谁使用、谁付款”原则，使用黄河专业机动抢险队所发生的人工工时、机械台时，在黄河专业机动抢险队执行任务完成的同时，申请调用方与调令执行方应办理记量手续，报下达调度指令方备案，双方按照国家或行业规定的费用结算标准进行结算。

第二十六条 建立健全工作督办和考核制度，在实施黄河专业机动抢险队调度过程中，下达调度指令方及有关黄河防办要对调度指令执行情况进行全过程跟踪督办并记录备案，作为年度考核调度黄河专业机动抢险队工作绩效的重要依据。

第七章 奖 惩

第二十七条 实施黄河专业机动抢险队调度工作，凡符合下列条件之一者，给予表彰或奖励。

一、组织调度工作严密，措施得力，为较大以上险情抢护提供队伍保障成绩突出者。

二、执行调度指令坚决，队伍行动迅速、能够严格按照调度指令要求，安全、及时到达指定位置。在参加较大以上险情抢护中，指挥得当，队伍作战有力，成绩显著者。

三、为工程抢护献计献策，在快速遏制险情方面有技术创新，效益显著者。

第二十八条 实施黄河专业机动抢险队调度工作，凡有下列行为之一者，根据其情节轻重和危害程度给予通报批评、行政处罚。构成犯罪者依法追究法律责任。

一、组织调度工作玩忽职守，措施不力，给防汛抗洪工作造成一定损失或不良影响者。

二、不服从调度指令或接调度指令后未按要求执行，延误战机，给工程抢险造成重大损失者。

三、在参加重大险情抢护中，队伍管理混乱，战斗力不强，队员擅离职守、消极怠工、造成责任事故或较大失误者。

第八章 附 则

第二十九条 本调度规程自发布之日起施行。

第三十条 本调度规程由省黄河防办负责解释。

2005 年 5 月 24 日

第二十六章 河道管理建设项目管理

河南省黄河河道管理办法

河南省人民政府令

第182号

《河南省黄河河道管理办法》已经2017年11月8日省政府第142次常务会议通过,现予公布,自2018年3月9日起施行。

省长 陈润儿

2018年1月25日

第一章 总 则

第一条 为加强黄河河道管理,保障防洪安全,发挥黄河河道及治黄工程的综合效益,根据《中华人民共和国河道管理条例》《河南省黄河防汛条例》《河南省黄河工程管理条例》及其他有关法律、法规规定,结合本省实际,制订本办法。

第二条 本省境内的黄河河道(包括黄河干流河道、沁河干流河道、滩区、滞洪区、库区)及其工程、设施的管理,适用本办法。

第三条 开发利用黄河水资源和防治水害,应当全面规划、统筹兼顾、综合利用、讲求效益,服从防洪的总体安排,促进各项事业发展。

第四条 河南黄河河务局是我省黄河河道主管机关。沿黄河各省辖市、县(市、区)黄河河务局是该行政区域或者管理范围的黄河河道主管机关。

河南黄河河道,根据国务院水行政主管部门划定的等级标准进行管理。

沿黄河县级以上人民政府发展改革、国土资源、环保、交通运输、水利、农业、林业等有关部门,应当在各自职责范围内做好有关的黄河河道管理工作。

第五条 黄河河道防汛和清障工作实行政府行政首长负责制。

沿黄河县级以上人民政府应当按照黄河流域防洪规划要求和国家有关规定,组织制订滩区安全建设规划和土地利用规划,对居住在滩区的居民有计划地组织外迁。

第六条 各级黄河河道主管机关及河道监理人员必须按照国家法律、法规,加强河道管理,执行供水计划和防洪调度命令,维护水工程和人民生命财产安全。

第七条 一切单位和个人都有保护河道、堤防、滞洪工程安全和参加防汛抢险的义务。

第二章 河道整治与建设

第八条 河道整治与建设应当服从流域综合规划,符合国家规定的防洪标准和其他有关技术要求,维护工程安全,保持河势稳定和行洪、航运通畅,保护水环境质量及生态环境安全。

第九条 在黄河河道上修建开发水利、防治水害、整治河道的各类工程和跨河、穿河、穿堤、临河的桥梁、码头、渡口、道路、管道、缆线等建筑物及设施,建设单位必须按照河道管理权限,将工程建设方案报送黄河河道主管机关审查同意。未经黄河河道主管机关审查同意的,建设单位不得开工建设。

建设项目经批准后,建设单位应当将施工安排告知黄河河道主管机关。

第十条 在黄河河道上修建桥梁、码头和其他设施,必须按照国家规定的防洪标准确定的河宽进行,不得缩窄行洪通道。

桥梁的梁底必须高于设计洪水位,并按照防洪和航运的要求,留有一定的超高。设计洪水位由黄河河道主管机关根据防洪规划确定。

跨越黄河河道的管道、线路的净空高度必须符合防洪和航运要求。

第十一条 黄河河道主管机关应当定期检查黄河堤防上已修建的涵闸、泵站和埋设的穿堤管道、缆线等建筑物及设施,对不符合防洪安全要求的,应当通知其主管单位或者运营单位限期处理。工程处理的费用由工程主管单位或者运营单位承担。

在堤防上新建前款所指建筑物及设施,施工时应当接受当地黄河河道主管机关的监督;工程竣工后,必须经黄河河道主管机关验收合格后方可启用,并服从黄河河道主管机关的安全管理。

第十二条 黄河堤防工程一般不作公路使用,确需利用堤顶或者戗台兼作公路的,须报经有审批权限的黄河河道主管机关批准。

第十三条 城镇建设和发展不得占用河道滩地。城镇建设的临堤界线为堤脚外五百米,乡村建设的临堤界线为堤脚外一百米。在编制和审查沿河城镇、乡村规划时,应当事先征求黄河河道主管机关的意见。

第十四条 黄河河道岸线的利用和建设应当服从河道整治规划。在审批利用河道岸线的建设项目时,发展改革部门应当事先征求黄河河道主管机关的意见。

黄河滩区不得设立新的村镇和厂矿,已从滩区迁移到大堤背河一侧的村镇和厂矿不得迁回滩区。

第十五条 黄河修堤筑坝、防汛抢险、涵闸建设、护滩控导工程、防洪道路等工程占地以及取土,由当地人民政府调剂解决。黄河修堤筑坝用土限定在堤防安全保护区以外就近取土。

因修建黄河河道整治工程增加的可利用土地,属于国家所有,可以由县级以上人民政府用于移民安置和河道整治工程。

第十六条 在黄河河道内,未经有关各方达成协议和黄河河道主管机关批准,严禁单方面修建排水、阻水、挑水、引水、蓄水工程以及河道整治工程。

第三章 河道管理与保护

第十七条 沿黄河各级人民政府应当设立黄河河长,河长由同级人民政府主要负责人担任。

各级黄河河长负责组织相应黄河河道的管理、保护、治理工作,协调解决重大问题,对本级政府相关部门和下级河长履职情况进行督导和考核。

第十八条 黄河河道管理范围为黄河两岸堤防之间的水域、沙洲、滩地(包括可耕地)、滞洪区、库区、两岸堤防及护堤地。

无堤防的河道,其管理范围应当根据历史最高洪水位或者设计洪水位确定。

河道的具体管理范围由县级以上人民政府负责划定。

第十九条 黄河河道及其主要水工程的管理范围是:

(一)堤防护堤地:兰考县东坝头以上黄河堤左右岸临、背河各三十米;东坝头以下的黄河堤,贯孟堤、太行堤、北金堤以及孟津、孟州和温县黄河堤临河三十米,背河十米;沁河堤临河十米,背河五米。以上堤防的险工、涵闸、重要堤段的护堤地宽度应当适当加宽。

护堤地从堤脚算起,有淤临、淤背区和前后戗的堤段从淤区和堤戗的坡脚算起;各段堤防如遇加高帮宽,护堤地的宽度相应外延。

(二)控导(护滩)工程护坝地:临河自坝头连线向外三十米,背河自联坝坡脚向外五十米。工程交通路坡脚外三米为护路地。

(三)涵闸工程从渠首闸上游防冲槽至下游防冲槽末端以下一百米,闸边墙和渠堤外二十五米为管理范围。

上述工程管理范围用地,原大于规定标准的,保持原边界;现达不到规定标准的,由省辖市、县(市、区)人民政府按照规定标准划定范围,黄河河道主管机关应当按照国家和省规定办理用地手续。

第二十条 在黄河河道管理范围内,水域和土地的利用应当符合黄河行洪、输水和航运要求;滩地的利用应当由黄河河道主管机关会同当地土地管理等有关部门制订规划,报县级以上人民政府批准后实施。

黄河河道内的滩地不得规划为城市建设用地、商业房地产开发用地和工厂、企业成片开发区。

第二十一条 禁止损毁堤防、护岸、闸坝等水工程建筑物和防汛设施、水文监测和测量设施、河岸地质监测设施以及通信照明等设施。

在防汛抢险和雨雪堤顶泥泞期间,除防汛抢险车辆外,禁止其他车辆通行。

第二十二条 禁止非管理人员操作河道上的涵闸闸门,任何组织和个人均不得干扰黄河河道主管机关的正常工作。

第二十三条 在黄河河道管理范围内,禁止下列活动:

(一)修建围堤、阻水渠道、阻水道路;

(二)种植高秆农作物、芦苇和片林(堤防防护林除外);

(三)弃置矿渣、石渣、煤灰、泥土、垃圾等;

(四)在堤防和护堤地建房、开渠、打井、挖窖、建窑、葬坟、取土、放牧、违章垦植、堆放物料、开采地下资源、进行考古发掘以及开展集市贸易活动;

(五)采淘铁砂;

(六)在堤顶行驶履带机动车和其他硬轮车辆;

(七)设置拦河渔具;

(八)其他有关法律、法规、规章禁止的活动。

第二十四条　在黄河河道管理范围内进行下列活动,必须报经黄河河道主管机关批准;涉及其他部门的,由黄河河道主管机关会同有关部门批准:

(一)采砂、取土;

(二)爆破、钻探、挖筑鱼塘;

(三)在河道滩地存放物料、修建厂房或者其他建筑设施;

(四)在河道滩地开采地下资源及进行考古发掘。

第二十五条　黄河河道堤防安全保护区的范围是:黄河堤脚外临河五十米,背河一百米;沁河堤脚外临河三十米,背河五十米。

库区范围均为安全保护区。

在黄河河道堤防安全保护区内,禁止进行打井、钻探、爆破、开渠、挖窖、挖筑鱼塘、采石、取土等危害堤防安全的活动。

第二十六条　在黄河河道堤防安全保护区外二百米范围内,禁止擅自进行爆破作业;确需进行爆破作业或者在二百米范围外进行大药量爆破危及堤防工程安全的,施工单位应当向当地黄河河道主管机关申请,由黄河河道主管机关会同公安机关审查批准后,方可实施爆破作业。

第二十七条　在黄河河道管理范围内新建或者改建各类工程,施工时应当保护原有的河道工程及附属设施,确需损毁的须经省黄河河道主管机关批准,工程完工后由建设单位恢复或者予以赔偿。

第二十八条　黄河历史上留下的旧堤、旧坝、原有工程设施等,未经黄河河道主管机关批准,不得占用或者拆毁。

第二十九条　护堤、护岸、护坝林木由黄河河道主管机关组织营造和管理,其他任何单位和个人不得侵占、砍伐或者破坏。

第三十条　在汛期或者黄河工程抢险期间,船舶的行驶和停靠必须遵守防汛指挥部的规定。

第三十一条　向黄河河道排污的排污口的设置和扩大,排污单位在向环保部门申报之前,应当征得黄河河道主管机关的同意。

第三十二条　在黄河河道管理范围内,禁止堆放、倾倒、掩埋、排放污染水体的物体。禁止在河道内清洗装贮油类或者有毒污染物的车辆、容器。

黄河河道主管机关应当开展河道水质监测工作,协同环保部门对水污染防治实施监督管理。

第三十三条　滞洪区土地利用、开发和各项建设应当符合防洪要求,保持蓄洪能力,实现土地的合理利用,减少洪灾损失。

第三十四条　加强维护在滞洪区内为群众避洪、撤离所建的避水台、围村堰、道路、桥梁报警装置、船只、避水指挥楼、通信设施等,保证其正常运用。对专用设施,任何单位和个人不得擅自挪用。

第三十五条　对黄河河道管理范围内的阻水障碍物,按照“谁设障、谁清除”的原则,由黄河河道主管机关提出清障计划和实施方案，由防汛指挥部责令设障者在规定的期限内清除。逾期不清除的，由防汛指挥部组织强行清除，并由设障者负担全部清障费用。

第三十六条 对壅水、阻水严重的桥梁、引道、码头和其他跨河工程设施，由黄河河道主管机关根据国家规定的防洪标准提出处理意见，报经当地人民政府批准后，责成原建单位或者个人在规定的期限内改建或者拆除。汛期影响防洪安全的，必须服从防汛指挥部的紧急处理决定。

第三十七条 任何单位和个人，凡对堤防、护岸和其他水工程设施造成损坏或者造成河道淤积的，由责任者负责修复、清淤或者承担维修费用。

因在黄河河道上修建的各类工程设施，影响黄河防洪并造成河道防洪和整治工程费用增加的，增加的费用由修建工程设施的单位承担。

第四章 滩区居民迁建

第三十八条 黄河滩区居民迁建应当遵循政府主导、群众自愿、科学规划、集中安置、及时复垦的原则，保障黄河安全和滩区发展。

第三十九条 滩区所在地人民政府负责本辖区内的黄河滩区居民迁建工作，按照迁建规划要求，制订主要配套政策和措施，落实政府主体责任。

第四十条 滩区居民迁建安置后，当地人民政府应当组织拆除滩区内原住房等阻碍行洪的设施；对拆除设施产生的建筑垃圾应当实施分类处理。

第四十一条 原有村庄拆除后，当地人民政府应当对原有村庄占地及时进行复垦，复垦后的土地主要用于农业生产和生态恢复。

滩区居民迁出后的滩区土地可以依法进行流转，在不影响黄河行洪、滞洪、沉沙的前提下，鼓励利用滩区土地资源，促进土地规模化经营，发展生态、休闲农业。

第四十二条 滩区居民迁建后节余的土地指标交易收益，优先用于安置区占地补偿、基础设施和公共服务设施建设以及土地复垦。

第五章 法律责任

第四十三条 违反本办法规定，有下列行为之一的，由县级以上黄河河道主管机关责令其纠正违法行为、采取补救措施，并可以按照下列标准处以罚款：

（一）在河道管理范围内弃置矿渣、石渣、煤灰、泥土、垃圾等物料的，每立方米处二百元以上五百元以下罚款，但罚款金额最高不超过五万元；种植高秆农作物、芦苇和片林的，每亩处五十元以上二百元以下罚款，但罚款金额最高不超过五万元；修建围堤、阻水渠道、阻水道路的，处五千元以上三万元以下罚款；

（二）在堤防、护堤地建房、开渠、打井、挖窖、建窑、葬坟、取土的，处一千元以上五千元以下罚款；放牧、违章垦植、开展集市贸易活动的，处一百元以上三百元以下罚款；堆放物料、开采地下资源、进行考古发掘的，处一万元以上五万元以下罚款；

（三）未经批准或者不按照国家规定的防洪标准、工程安全标准整治河道或者修建水工程建筑物和其他设施的，处一万元以上五万元以下罚款；

（四）未经批准或者不按照河道主管机关的规定在河道管理范围内采砂的，处一万元以上五万元以下罚款；取土、爆破、钻探的，处五千元以上一万元以下罚款；挖筑鱼塘的，每平方米处五十元以上一百元以下罚款，但罚款金额最高不超过五万元；

(五)未经批准在河道滩地存放物料,修建厂房或者其他建筑设施,开采地下资源,进行考古发掘的,处一万元以上五万元以下罚款;

(六)违反规定在堤顶行驶履带机动车和其他硬轮车辆的,处五十元以上二百元以下罚款;造成堤面破坏的,每平方米罚款五十元,但罚款金额最高不超过五万元;

(七)损毁堤防、护岸、闸坝等水工程建筑物和防汛设施、水文监测和测量设施、河岸地质监测设施以及通信照明等设施的,处一万元以上五万元以下罚款;

(八)在堤防安全保护区内进行打井、钻探、爆破、开渠、挖窖、挖筑鱼塘、采石、取土等危害堤防安全活动的,处一万元以上五万元以下罚款;

(九)非管理人员操作河道上的涵闸闸门或者干扰河道管理正常工作的,处一千元以上五千元以下罚款。

第四十四条 黄河河道主管机关及其工作人员以及河道监理人员有下列情形之一的,由其所在单位或者上级主管机关依法给予处分;构成犯罪的,依法追究刑事责任:

(一)拒不执行供水计划和防洪调度命令的;

(二)未依法履行黄河河道管理有关审查、审批职责的;

(三)对违反黄河河道管理规定的行为不依法查处的;

(四)有其他滥用职权、玩忽职守、徇私舞弊的行为的。

第六章 附 则

第四十五条 本办法自 2018 年 3 月 9 日起施行。

关于印发黄河下游滩区砖瓦窑厂建设控制标准有关规定的通知

黄防总〔2009〕9 号

河南、山东省防汛抗旱指挥部:

为确保黄河下游滩区防洪安全,规范黄河下游滩区砖瓦窑厂建设与管理,依据《中华人民共和国防洪法》《中华人民共和国水法》等法律法规有关规定,特制订黄河下游滩区砖瓦窑厂建设控制标准,请严格遵照执行。

一、砖瓦窑厂建设有关规定

原则上不得在黄河下游滩区新建砖瓦窑厂,如确需建设,砖瓦窑厂布局要合理,两座砖瓦窑厂之间应留有至少 2000 米的间距,长条形砖瓦窑要与水流方向保持平行。并不得在以下范围新建砖瓦窑厂:

1. 各类防洪堤防(从堤脚算起)临、背河各 1000 米以内;

2. 控导工程及上下控导工程连线临、背河各1000米以内；
3. 水文站测验断面及其上下游各3000米以内；
4. 防汛道路两侧各500米以内；
5. 穿河穿堤桥梁、管道、地下电缆、河道统测大断面等两侧各500米以内；
6. 过河缆线钢塔基础承台、测量标志等其他设施周围200米以内；
7. 拦河枢纽工程下游5000米以内；
8. 其他防洪兴利工程及附属设施规划范围之内。

二、取土场有关规定

已建和新建砖瓦窑厂不得在以下范围内采挖黄河泥沙：
1. 各类防洪堤防(从堤脚算起)临、背河各1000米以内；
2. 控导工程及上下游控导工程连线临、背河各500米以内；
3. 水文站测验断面及其上下游各3000米以内；
4. 防汛道路两侧各200米以内；
5. 穿堤桥梁、管道、地下电缆、水文测验断面等两侧500米以内；
6. 过河缆线钢塔基础承台、测量标志等其他设施周围200米以内；
7. 拦河枢纽工程下游5000米以内。

三、以往已建砖瓦窑厂的处理规定

对以往已经批准建成的砖瓦窑厂，要按照《关于治理整顿黄河滩区砖窑厂的紧急通知》(黄防总汛电〔2009〕16号)逐一进行鉴别，不符合规定的立即拆除。对于未拆除的滩区砖瓦窑厂，在今后运行期间，一旦发现对防洪产生不利影响，要按照本规定进行清理。

2009年8月26日

黄河防汛行洪障碍清除督查办法(试行)

黄防总办〔2003〕21号

第一条 为确保黄河防洪安全，加强河道行洪障碍清除工作的管理，依照《中华人民共和国防洪法》《中华人民共和国河道管理条例》及国家防汛抗旱总指挥部《关于防汛抗旱工作正规化、规范化建设的意见》，结合黄河防汛实际情况，特制订本办法。

第二条 各级防汛指挥部黄河防汛办公室负责黄河行洪障碍清除的督查工作。

第三条 本办法适用于晋、陕、豫、鲁四省范围内的黄河干流及重要支流河道、蓄滞洪区和三门峡、小浪底、故县水库管理范围内的督查。

第四条 本办法中的行洪障碍是指妨碍行洪的建筑物、构筑物、倾倒垃圾、渣土,壅水、阻水严重的桥梁、引道、码头和其他跨河工程设施,河道内种植阻碍行洪的林木和高秆作物及法律、法规、规章规定的其他阻碍行洪的障碍物。

第五条 行洪障碍清除督查的任务是:提出行洪障碍清除的对象、范围和时间要求(见附表1);及时监督、督促行洪障碍的清除;对清除结果进行核查,提出督查意见(见附表2);负责行洪障碍清除情况的收集汇总和报告工作。

第六条 黄河防汛办公室对行洪障碍应按照"及时、全面、准确、负责"的原则提出清障意见。县级黄河防汛办公室在接到有关部门的巡查报告后,认定其属河道内行洪障碍的,应在三日内将行洪障碍清除通知书送达当事人,并同时报送同级人民政府防汛指挥部及上一级黄河防汛办公室。

第七条 各级黄河防汛办公室应对行洪障碍的清除工作进行动态跟踪督查,并建立行洪障碍清除情况报告制度。在行洪障碍清除期间,每周向同级人民政府防汛指挥部和上一级黄河防汛办公室报告一次清除进展情况。

第八条 在到达行洪障碍清除通知书规定的清障期限后,县级黄河防汛办公室应对清障结果进行核查并将核查结果存档备案;对没有按时完成清障任务的,应提出处置意见。核查结果报同级人民政府防汛指挥部及上一级黄河防汛办公室。

第九条 各级黄河防汛办公室对所辖河段管理范围内的行洪障碍不及时提出清障意见、督查、检查不力的,对单位负责人进行通报批评;情节严重的按《关于违反黄河防汛纪律的处分规定(试行)》(黄监〔1999〕6号文)进行处罚。

第十条 本办法自颁发之日起试行。

第十一条 本办法由黄河防汛总指挥部办公室负责解释。

附表(略)

2003年6月24日

关于进一步加强黄河下游浮桥管理工作的通知

黄防总办〔2009〕12号

委属有关单位,机关有关部门:

为加强黄河下游浮桥管理,维护河道水事秩序,确保黄河防洪凌安全,根据有关法律法规规定,针对黄河下游浮桥运营中存在的突出问题,结合黄河下游浮桥建设对河势及防洪影响评估的结论,对浮桥的建设与管理工作提出如下要求,请认真贯彻执行:

一、暂停黄河下游新建浮桥的审批工作。

二、浮桥运营过程中,不得缩窄河道,不得在浮桥两端设置固定的桥头建筑物,不得修建凸入河道内的桥头设施,不得抛投石料、编织袋等对桥头及滩岸进行防护和加固。

三、浮桥在滩区内的路面不得高出当地滩面0.5米,嫩滩及规划治导线范围内路面不得高于当地滩面且不得硬化。上堤引道不得破坏堤身断面,且与堤轴线下游方向的夹角应小于40度。

四、浮桥的桥轴线应尽可能与水流方向保持正交,浮桥轴线的法线方向与水流方向的最大夹角不得超过10度。

五、浮桥运营过程中,当地县级黄河河道主管机关应根据河势变化及时提出调整浮桥桥位及方向的方案,经市级黄河河道主管机关批准,报省级黄河河道主管机关备案,并由县级黄河河道主管机关监督浮桥运营管理单位在48小时内将浮桥调整到位。

六、防汛抢险、运送料物、水文测验、河道查勘等船只通行时,有关单位或部门应于24小时前将通行计划(包括行船目的、到达时间、船队组成、船体宽度等)告知当地县级黄河河道主管机关,当地县级黄河河道主管机关通知浮桥运营管理单位按要求拆除浮桥。

七、调水调沙期间及遇到其他特殊情况,浮桥运营单位必须按照黄河防汛指挥机构或黄河河道主管机关的要求,按规定时间和标准拆除浮桥。

八、黄河河道主管机关应对管辖范围内的浮桥运行情况进行日常检查和定期检查。县级黄河河道主管机关负责日常检查;市级黄河河道主管机关每年定期检查不少于四次;省级黄河河道主管机关每年定期检查不少于两次。

检查包括以下主要内容:

1. 防汛责任落实情况;

2. 执行防汛指令和接受黄河河道主管机关监督管理情况;

3. 浮桥运营对防洪工程、河势稳定、水流形态、冲淤变化的影响情况;

4. 是否存在违规建设现象;

5. 是否编制浮桥拆除预案,拆除预案是否可行;

6. 浮桥水路运输许可证、船舶登记证、船舶检验证是否齐全有效;

7. 是否遵守其他有关规定和协议等。

九、对检查发现存在问题的浮桥,黄河河道主管机关应要求浮桥运营管理单位及时整改或停业整顿。

十、各级黄河河道主管机关应加强对辖区内浮桥的监督管理,明确监督管理责任。对监管不到位造成严重影响的,要按照规定追究相关责任人的责任。

2009年6月8日

黄河防汛抗旱总指挥部办公室关于禁止在黄河滩区建设光伏发电项目的通知

黄防总办〔2015〕5号

山西、陕西、河南、山东省防指：

去年以来，沿黄地区一些企业提出拟在黄河滩区建设光伏发电项目，有些项目已经开展前期工作，个别项目甚至擅自违规开工建设（已停工）。对此，黄河防总办公室组织对在黄河滩区建设光伏发电项目存在的防洪安全问题进行了认真分析研究，情况如下：

一、根据《中华人民共和国防洪法》第二十二条规定，河道、湖泊管理范围内的土地和岸线利用，应当符合行洪、输水的要求，禁止在河道、湖泊管理范围内建设妨碍行洪的建筑物、构筑物。2013年国务院批复的《黄河流域综合规划》对黄河下游滩区经济发展的定位是："应以农业为主，农、牧结合，同时发展生态旅游，构建黄河滩区生态涵养带。通过发展生态农业、绿色养殖业及生态旅游业，全面提高农、牧产品的质量和技术含量，提升优化黄河下游滩区产业结构，从根本上促进滩区农业增效、农民增收、农村发展。"黄河中下游滩区是行洪河道，承担着行洪、滞洪、沉沙和滩槽水沙交换的作用，在黄河滩区建设光伏发电项目，不符合《中华人民共和国防洪法》的有关规定和《黄河流域综合规划》对滩区经济发展的定位。

二、按照国家《光伏发电站设计规范》（GB 50797—2012）要求，500MW以上的光伏发电站，其自身防洪标准应不低于100年一遇的高水位，30~500MW的光伏发电站，其自身防洪标准应不低于50年一遇的高水位，30MW以下的光伏发电站，其自身防洪标准应不低于30年一遇的高水位。而黄河滩区绝大部分的洪水漫滩概率不足5年一遇，且不允许通过加高滩面或修筑围堤等方式对光伏发电站站区进行防护。因此，在黄河滩区建设光伏发电项目难以满足国家规范要求。

三、光伏发电项目投资规模大、构筑设施多、布设密度高、占用河道（滩区）面积广。发生洪水时，将妨碍河道行洪，并可能给投资企业造成巨大损失。

综合分析，将大量投资投放于行洪河道之内建设光伏发电项目，不符合防洪有关规定，对河道行洪有严重影响；同时，也难以满足国家关于光伏发电站设计规范要求，投资风险过大。为此，通知如下：

一、禁止在黄河滩区建设光伏发电项目，对正在开展前期工作的，要予以终止。

二、对个别在建已停工的黄河滩区光伏发电项目，要责成建设单位限期予以拆除搬迁。

三、各级防汛部门要进一步加强防汛管理，加大河道监管力度，对河道内妨碍行洪的违规项目,发现一处,处理一处,确保河道行洪畅通。

黄河防汛抗旱总指挥部办公室

2015 年 5 月 28 日

黄河下游浮桥建设管理办法

水政〔1990〕17 号

第一条 为了加强黄河河道管理,发挥河道的综合效益,根据《中华人民共和国水法》《中华人民共和国河道管理条例》及有关黄河河道管理的规定,特制订本办法。

第二条 本办法适用于黄河下游干流河道上架设的民用浮桥。

第三条 河南、山东两省交界河段的浮桥建设方案,由黄河水利委员会审查;其他河段的浮桥建设方案,分别由省黄河河务局审查。

建设单位必须按照河道管理权限,于开工前两个月将浮桥建设方案一式五份报送当地黄河河道主管机关,经审查同意后,方可按照有关规定履行建设审批手续。

第四条 建设方案应包括以下主要内容:

1. 建设单位,施工单位,管理单位;
2. 建设地点(位置);
3. 建设时间和使用期限;
4. 社会效益和经济效益;
5. 浮桥长度、宽度、结构、设计负荷;
6. 施工安排;
7. 防洪、防凌措施及责任制;
8. 收费管理办法;
9. 占用黄河防洪兴利工程的情况;
10. 其他应予说明的事项。

第五条 浮桥建设和运用不得缩窄河道,浮桥两岸不得设立永久性的桥头建筑物。

第六条 浮桥建设和运用不得影响水文测验和河道观测,不得影响黄河工程管理。水文测验断面及引黄涵闸上下游各五百米内不准架设浮桥。

第七条 位于主航道部位的浮桥桥体应便于拆装,以满足通航的需要。抢险调船、运送料物、水文测验、河道查勘等船只急需通行时,建设单位、管理单位必须保证在船到桥位三十分钟前将主航道桥体拆除，拆除宽度必须满足船只安全通过的需要。

第八条 浮桥的架设必须符合防洪防凌的要求：

1. 黄河伏秋大汛(7~10 月)期间，不准架设新的浮桥，当预报花园口流量 3000 立方米每秒以上时，已架设浮桥必须在 24 小时内拆除；凌汛期(12 月至次年 2 月)艾山以下河段不准架设新的浮桥，已有浮桥一律拆除；艾山以上河段已架设浮桥，当泺口河面出现淌凌时，必须在 24 小时之内拆除。

2. 遇特殊情况，建设单位必须按照黄河河道主管机关的要求，在指定的时间内拆除浮桥。

第九条 建设单位应在浮桥开工前将浮桥施工方案报送当地黄河河道主管机关，经批准后方可施工。施工完毕后必须经河道主管机关验收合格后方可启用。

第十条 浮桥在施工运用期间，建设单位应加强管理，严禁破坏河道水利工程及其附属设施，不得动用防汛料物。

第十一条 黄河河道主管机关对浮桥架设和拆除实施监督管理。

第十二条 凡通过黄河防洪工程的浮桥，须按规定向当地黄河河道主管机关交纳工程管理维护费用。不按规定交纳工程管理维护费用的，由黄河河道主管机关责令其交纳，并可处以罚款。

其中，对非经营性的浮桥，可以处 1000 元以下的罚款；对经营的浮桥，可以处 10000 元以上，30000 元以下的罚款。

第十三条 违反本办法规定，有下列行为之一者，由黄河河道主管机关责令停止违法行为，赔偿损失，采取补救措施，并依照《中华人民共和国防洪法》和《中华人民共和国河道管理条例》的有关规定予以处罚；对有关责任人员，由其所在单位或上级主管机关给予行政处分；违反《中华人民共和国治安管理处罚条例》的，报公安机关查处；触犯刑律的，依法提请司法机关追究刑事责任。

1. 未经黄河河道主管机关同意，擅自建设浮桥的；

2. 浮桥不按审查同意的方案建设的；

3. 因浮桥施工管理不善，造成黄河河道及工程设施受到破坏的；

4. 违反黄河防汛总指挥部有关命令的；

5. 阻碍执法人员依法执行公务的。

第十四条 本办法由黄河水利委员会负责解释。

第十五条 本办法自颁布之日起施行。

1990 年 8 月 31 日

黄河应急度汛工程项目管理办法(试行)

黄汛〔2003〕6号

第一章 总 则

第一条 为确保黄河防洪安全,加强和规范黄河应急度汛工程项目管理,根据国家有关法规、规章的规定,结合黄河实际情况,本着急事急办的原则,制订本管理办法。

第二条 黄河应急度汛工程项目是指黄河堤防、河道整治、涵闸、水利枢纽、水文测报、通信设施等工程因存在严重问题,或由于河势等情况变化,工程不能安全运行,严重影响黄河防洪安全,而急需在当年汛前采取新建、续建、加固、改建、修复等措施,且按正常建设程序难以满足度汛安全要求,确需简化建设程序的建设项目。主要包括:

(一)已列入防洪工程建设可行性研究报告,年度计划未安排,但由于情况变化,需要紧急实施的防洪基本建设项目;

(二)已列入年度计划,且必须在汛前完成,但按正常建设程序难以满足防汛安全要求,确需简化程序的工程建设项目;

(三)黄河防洪工程和设施因遭受洪水、暴雨等自然灾害而严重损坏,不能安全运行,严重影响黄河防洪安全,急需修复的工程项目;

(四)其他需要紧急实施的工程项目。

第三条 本管理办法适用于黄河干支流的应急度汛工程项目管理。

第四条 黄河应急度汛工程项目的主管部门为黄河水利委员会防汛办公室。

第二章 项目立项程序

第五条 委直属各单位、三门峡库区各管理局需要安排建设的黄河应急度汛工程项目,由其防汛部门负责报黄委审批立项,其中防洪基建类项目应会商规划计划部门上报。

各单位应严格掌握黄河应急度汛工程项目的标准,属于正常基本建设、水毁修复的工程项目,不得按黄河应急度汛工程项目上报。

各单位在上报立项请示的报告中,应包括工程基本情况、立项缘由、前期工作情况、工程建设方案、主要工程量及投资等内容。

第六条 黄河应急度汛工程项目的立项由委防汛主管部门审批,其中属防洪基建类项目应会商规划计划部门确定。

黄河应急度汛工程项目立项请示的审批,一般应在收到立项请示后7日内完成。情况紧急时,应立即办理。

第七条 经批准实施的黄河应急度汛工程项目，各级计划、财务部门应根据项目性质，向上一级申报项目资金计划。

第三章 项目设计及审批

第八条 黄河应急度汛工程项目根据资金来源分为防洪基本建设项目和防汛维护项目两类。

属于防洪基本建设性质的黄河应急度汛工程项目，应由具有相应资质的设计单位按基建程序要求编制设计。若设计已经过审批，但现状设计条件发生较大变化的，应编制变更设计或重新编制设计。

属于防汛维护性质的黄河应急度汛工程项目，一般由市（地）局(含河南、山东两局所属市（地）河务局、委水文局、信息中心、三门峡枢纽局、山西、陕西小北干流河务局，山西省、陕西省、三门峡市三门峡库区管理局等，下同)组织编制工程项目实施方案；重大项目或技术复杂的项目，应由具有相应资质的设计单位编制工程项目初步设计。

第九条 黄河应急度汛工程项目初步设计及实施方案应按有关规定、规程编制，应满足工程项目实施的要求。

黄河应急度汛工程项目的实施方案应包括工程建设缘由、设计依据及标准、工程布置及结构、施工组织设计、工程预算等内容。

第十条 属于防洪基本建设性质的黄河应急度汛工程项目应按国家和黄委有关水利基本建设的规定、定额编制工程概(预)算，但应取消或核减因简化程序而不再发生或减少的费用。

属于防汛维护性质的黄河应急度汛工程项目应按财政部、水利部颁发的《中央级防汛岁修经费使用管理办法(暂行)》《中央级防汛岁修经费项目管理办法(暂行)》《特大防汛抗旱补助费使用管理办法》《中央水利建设基金财务管理暂行办法》等规定，编制工程预算。

第十一条 属于防洪基本建设性质的黄河应急度汛工程项目的初步设计及变更设计由委计划主管部门组织审查、审批。

属于防汛维护性质的黄河应急度汛工程项目的实施方案或初步设计由委防汛主管部门组织审查、审批。

黄河应急度汛工程项目的设计审批一般应在收到设计文件后 14 日内完成，情况紧急时，应立即办理。

第四章 项目实施

第十二条 黄河应急度汛工程项目一般应在立项和设计被批准后开始实施。若情况紧急，报经委主管部门同意后，可根据批准的工程建设方案先行实施，但应抓紧编制工程项目设计，并在 14 日内上报。

第十三条 黄河应急度汛工程项目的施工单位应具有相应的施工资质。

第十四条 属于防洪基本建设性质的黄河应急度汛工程项目的施工单位一般由市（地）局通过邀请招标选取。情况紧急时，经委主管部门批准，可由市(地)局直接选择施工单位。市(地)局确定的施工单位，须报经上级建设管理部门同意。

属于防汛维护性质的黄河应急度汛工程项目，由市（地）局选择施工单位，并报经上级防汛主管部门同意。

市（地）局应与确定的施工单位签定施工合同。

第十五条 属于防洪基本建设性质的黄河应急度汛工程项目实行监理、监督制。市（地）局应选择具有相应资质的监理单位，并签定监理合同。并由当地工程质量监督站进行质量监督。

属于防汛维护性质的黄河应急度汛工程项目实行质量监督制，由当地工程质量监督站进行质量监督。

第十六条 在项目实施过程中，市（地）局应加强施工质量和进度的管理，确保工程质量和进度符合要求。

第十七条 在项目实施过程中，各级计划、建管、财务、防汛等部门要加强检查、监督，发现问题及时处理。

第十八条 在项目实施过程中，省、市（地）局应根据有关规定填报各类报表，及时反映项目实施情况。

第五章 项目验收

第十九条 黄河应急度汛工程项目建成后一般需要立即投入使用，为了保证其运用安全，应尽快进行投入使用验收。

黄河应急度汛工程项目的投入使用验收参照《水利水电建设工程验收规程》中单位工程投入使用验收的规定执行。

第二十条 黄河下游的应急度汛工程项目的投入使用验收由河南、山东黄河河务局负责组织。其他黄河应急度汛工程项目，属于防洪基本建设性质的由委建设主管部门负责组织投入使用验收，属于防汛维护性质的由委防汛主管部门负责组织投入使用验收。

第二十一条 项目施工完成后，市（地）局一般应在 10 日内提出投入使用验收申请，情况紧急时，应缩短提出投入使用验收申请的时间。

主管部门或主管单位在接到投入使用验收申请后，一般应在 15 日内组织验收，情况紧急时，应立即安排组织验收。

第二十二条 黄河应急度汛工程项目通过投入使用验收后，不再进行初步验收。

第二十三条 黄河应急度汛工程项目的竣工验收应执行《水利水电建设工程验收规程》。

第二十四条 属于防洪基本建设性质的黄河应急度汛工程项目由建设主管部门负责组织竣工验收。属于防汛维护性质的黄河应急度汛工程项目由委防汛主管部门负责组织竣工验收。

第六章 附 则

第二十五条 本管理办法自颁发之日起执行。

第二十六条 本管理办法由黄河水利委员会防汛办公室负责解释。

2003 年 6 月 18 日

黄河水毁修复工程项目管理办法(试行)

黄汛〔2004〕8号

第一章 总 则

第一条 为确保黄河防洪安全,加强和规范黄河水毁修复工程项目管理,根据国家有关法规、规章的规定,结合黄河实际情况,制订本管理办法。

第二条 黄河水毁修复工程项目是指黄河防洪工程或水文、通信等设施受暴雨、洪水冲刷而遭到破坏,影响正常运用和黄河防洪安全,需修复的工程项目。

对损坏严重而急需采取修复、加固措施的水毁修复工程项目,执行《黄河应急度汛工程项目管理办法(试行)》。

一般(修复工作量小)水毁工程应及时修复,经费由下达的年度防汛岁修费列支。

第三条 本办法适用于使用防汛经费的黄河干支流水毁修复工程项目管理。

第四条 黄河水毁修复工程项目的主管部门为黄委防汛办公室。

第二章 项目设计及审批

第五条 委直属有关单位和三门峡库区各管理局应及时组织对所辖防洪工程和防汛设施进行调查,准确掌握水毁情况,对损坏较严重需要修复的工程项目,按轻重缓急、统筹安排修复工程测量和设计工作。

第六条 一般黄河水毁修复工程项目可由所属市(地)局(含河南、山东两局下属市(地)河务局,委水文局、信息中心,三门峡枢纽局,黄河小北干流山西、陕西河务局,山西省、陕西省、三门峡市三门峡库区管理局等,下同)组织编制工程项目实施方案。重大或技术复杂的水毁修复工程项目,应由市(地)局委托具有相应资质的设计单位编制工程项目初步设计。

第七条 黄河水毁修复工程项目设计及实施方案应按有关规定、规程编制,应满足工程项目实施的要求。

黄河水毁修复工程项目设计及实施方案编制应遵循恢复到原有规模和标准的原则。如确需扩大恢复规模或提高恢复标准时,要进行充分论证。

第八条 黄河水毁修复工程项目实施方案应包括以下主要内容:

(一)工程项目概况说明;

(二)工程建设或立项缘由;

(三)工程建设方案;

(四)工程建设标准;

(五)工程结构设计;

(六)工程量计算;

(七)工程预算;

(八)附图。

第九条 黄河水毁修复工程项目预算编制应执行财政部、水利部的有关规定。

项目预算表、工程单价可参照《水利工程设计概(预)算编制规定》的有关规定及有关定额编制。

人工预算单价采用当地黄河防洪基本建设采用的人工预算单价。

独立费用只计列建设及施工场地征用费和综合管理费。综合管理费按建安工程费的3%计列,主要用于该项目的管理、前期勘测设计和质量监督等支出。

基本预备费按建安工程费的3%计列。

第十条 黄河水毁修复工程项目设计及实施方案的编制工作应于当年年底完成,并按管理权限及时报主管单位审批。

第十一条 黄河下游防洪工程的单项水毁修复工程项目设计及实施方案一般由河南、山东黄河河务局负责审批,对于严重的或技术复杂的由委主管部门组织审批。其他黄河水毁修复工程项目设计及实施方案由委主管部门组织审批。

委属单位对有关黄河水毁修复工程项目设计及实施方案批复后,应及时报委备核。

黄河水毁修复工程项目设计及实施方案的审查审批工作一般应于次年2月底完成。

第十二条 项目设计及实施方案经批复后,非特殊情况不得变更。对确需设计变更的项目,应将变更设计报原批复单位审批。

第三章 项目实施

第十三条 县(市)局(含河南、山东黄河河务局,黄河小北干流山西、陕西河务局,山西省、陕西省、三门峡市三门峡库区管理局,各下属县市河务局,黄委水文局所属水文水资源局、信息中心所属通信管理处,三门峡枢纽管理局下属二级单位等,下同)为黄河水毁修复工程项目的建设单位。

在工程项目设计批复、计划下达后,工程项目的建设单位应尽快组织实施,保证按设计工期完成。

第十四条 黄河水毁修复工程项目的施工单位应具有相应的施工资质。

第十五条 建设单位可通过邀请招标选取黄河水毁修复工程项目的施工单位。情况紧急时,报经上一级主管部门同意后,建设单位可直接选择项目的施工单位。

第十六条 黄河水毁修复工程项目建设实行合同管理和项目责任人负责制。建设单位应与选定的施工单位签订施工合同。建设单位应明确项目责任人。

第十七条 黄河水毁修复工程项目施工实行质量监督制和项目监理制,由相应的质量监督站和监理单位进行质量监督和监理。

第十八条 在项目实施过程中,建设单位应加强施工质量和进度的管理,确保工程质量和进度符合要求。并根据有关规定填报各类报表,及时反映项目实施情况。

第十九条 各级防汛、财务管理部门都要加强对黄河水毁修复工程项目的计划管理和资金管理,严格执行项目管理的有关规定,任何单位和部门均不得擅自调整、改变资金用途。

第二十条 在项目实施过程中,各级防汛、财务等部门要加强检查、监督,发现问题及时处理。

第四章 项目验收

第二十一条 黄河水毁修复工程项目验收参照执行《水利水电建设工程验收规程》的有关规定。

第二十二条 黄河水毁修复工程项目验收分为分部工程验收和竣工验收。

项目的分部工程验收由建设单位负责组织。竣工验收由项目设计批复单位负责组织。

第二十三条 黄河水毁修复工程项目实施完成后,建设单位一般应在20日内向上级单位申请竣工验收,并做好验收的准备工作。

市(地)局一般应在接到验收申请文件后14日内组织进行初步验收。验收结束后,应及时将验收结果及有关竣工验收材料报设计批复单位。

第二十四条 负责项目竣工验收的单位一般应在收到验收申请文件后20日内组织进行竣工验收。

竣工验收主持单位或部门应在验收通过之日起20日内行文将“竣工验收鉴定书”(格式见附件)原件发送有关单位。

第二十五条 竣工验收提出的存在问题及整改意见,由项目建设单位或施工单位在要求的时间内落实,所需费用自行解决。

第五章 奖 惩

第二十六条 黄河水毁修复工程项目从项目立项、审查、审批、实施、验收等均实行责任制。项目建设单位应对工程建设质量负全面责任。要建立单位或责任人奖罚与追究制度,对在项目实施过程中出现的有关问题进行相应处理。

第二十七条 对经验收获得优良工程的建设项目,由项目建设单位对项目负责人及相关人员给予一定的物资奖励或精神鼓励。

第二十八条 有下列情况之一者,按相关规定对有关单位和人员进行经济处罚或行政处分,情节严重构成犯罪的,应依法追究刑事责任。

(一)对虚报工程建设项目投资、谎报工程量的实施单位或施工企业;

(二)擅自更改设计批复规模或建设内容的;

(三)擅自调整、改变资金用途,挪用项目资金的。

第六章 附 则

第二十九条 本办法自颁发之日起执行。

第三十条 本办法由黄河水利委员会防汛办公室负责解释。

2004年6月10日

附件

××水毁修复工程竣工验收
鉴 定 书

验收主持单位：
建 设 单 位 ：
管 理 单 位 ：
施 工 单 位 ：
设 计 单 位 ：
质量监督单位：
验 收 时 间 ：
验 收 地 点 ：

填表说明

工程名称:××工程

工程说明:修建或改建缘由,设计依据,设计及审批单位文号,设计变更的项目内容及原因,以及主要经济技术指标,投资计划下达情况。

施工经过:包括施工单位组建,开竣工日期,施工方式、过程及施工中发生的主要问题及处理情况,阶段验收意见及处理情况。

工程完成情况:包括完成工程量,工程造价,概预算执行情况超支或节余原因。

竣工决算:说明并附表

质量鉴定:说明质量检验方式、工具、质量验收组织及质量检查结果。

结论:对工程是否符合、满足设计批复要求,是否能验收交付使用作出评价,并按优良、合格、不合格定级。

建设单位意见:应对设计施工提出建设性意见。

大事附记:记载施工管理中处理的一切有备查意见的事情,如伤亡事故,边界划分等事宜。

黄河流域河道管理范围内非防洪建设项目施工度汛方案审查管理规定(试行)

黄汛〔2007〕3号

一、为加强黄河流域河道管理范围内非防洪建设项目防洪(防凌)管理,确保黄河防洪(防凌)安全,保障人民生命财产安全,根据《中华人民共和国水法》《中华人民共和国防洪法》《河道管理范围内建设项目管理的有关规定》《黄河流域河道管理范围内建设项目管理实施办法》,制订本规定。

二、本规定适用于黄河水利委员会(以下简称黄委)审查权限内的黄河流域河道管理范围内新建、扩建、改建的非防洪工程建设项目(以下简称建设项目)。

三、建设项目经批准后,凡跨汛期(凌期)施工的建设项目,建设单位应组织编制施工度汛方案,有防凌任务的黄河干流河段的建设项目,建设单位还应编制施工期防凌方案。

四、在黄委直管河段(黄河干流禹门口至潼关、三门峡大坝保护区上界至黄河入海口、沁河紫柏滩以下、大汶河戴村坝以下、故县水库库区及大坝保护区、北金堤滞洪区、东平湖滞洪区、齐河北展宽滞洪区、垦利南展宽滞洪区)和三门峡库区(含渭河咸阳铁桥以下)内的建设项目,建设单位在申请施工许可证时,应向施工许可证核发机构一并提交施工度汛方案(防凌方案),其施工度汛方案(防凌方案)由施工许可证核发机构的防汛主管部门审查同意后,建设项目归口管理部门方可办理施工许可手续。

其他河段内由黄委审查的建设项目,建设单位应将施工度汛方案(防凌方案)报建设项目所在地的地方省级防汛主管部门审查,经审查同意后,将审查意见一并报施工许可证核发机构,建设项目归口管理部门方可予以办理施工许可手续。

五、建设项目施工度汛方案包括以下内容:

1. 建设项目简介,包括工程标准、规模、工期、施工进度安排、场地布置(施工平面图)等;

2. 建设项目防护工程简介;

3. 主要临时工程、设施的规模、标准、使用时限、最后处置措施;

4. 施工期防洪形势分析,包括河段来水来沙、河势变化分析;

5. 工程施工对防洪的影响分析;

6. 度汛措施。包括工程措施和非工程措施。

(1)工程措施包括永久工程、临时工程设施的度汛措施和实施计划;

(2)非工程措施包括成立工程度汛指挥机构、建立水情信息联系机制、组建临时防汛抢险队、储备应急抢险所需防汛料物(种类、数量、地点等)、人员和设施(设备)的紧急撤离方案等。

六、有关防汛主管部门应对建设项目施工度汛方案以下方面进行重点审核：

1. 施工临时设施对河势的影响；

2. 施工临时设施对河道排洪、排凌的影响；

3. 施工临时设施对河道淤积的影响；

4. 施工临时设施对防汛抢险及抢险交通的影响；

5. 度汛方案中引用的水文信息是否符合有关规定；

6. 项目建设单位与河道管理单位之间是否建立可靠的汛情联系机制；

7. 主要临时建筑物、构筑物和临时设施的度汛标准是否符合要求；

8. 主要永久工程和临时工程、设施的防洪应急处置措施是否可行；

9. 临时建筑物、构筑物和临时设施的使用期限和拆除期限是否可行；

10. 各种度汛非工程措施是否可行。

七、跨年度施工的建设项目,项目建设单位还应编制年度施工度汛(防凌)方案,于每年4月底(10月底)前报原审查单位进行审查,审查单位应在收到方案15个工作日内完成审查。

八、编制年度施工度汛(防凌)方案主要分析当年工程的度汛(防凌)条件,细化各项度汛(防凌)措施,提高各项度汛(防凌)措施的可操作性,确保度汛(防凌)安全。

九、对没有编报年度施工度汛(防凌)方案的建设项目,核发施工许可证的河道管理机构应责令其停工整改。

十、各级河道管理机构应于每年汛前(包括凌汛)对管辖范围内在建的建设项目施工情况和施工度汛(防凌)方案的落实情况进行检查,对存在的问题要提出整改意见,书面通知建设、施工单位进行限期整改,并跟踪监督整改情况。

十一、各级防汛主管部门应将检查情况、存在问题、整改情况及时上报上级防汛主管部门。各省(区)防汛主管部门和黄委所属有关单位防汛主管部门应将检查情况汇总后,于每年6月15日(11月30日)前报黄委防汛办公室。

十二、违反本规定,有下列行为之一者,对有关单位及有关责任人给予通报批评或政纪处分。

1. 未对建设项目施工度汛方案进行审查而发放施工许可证的；

2. 在施工度汛方案审查过程中,因失职、渎职而造成严重后果的；

3. 未履行河道管理机构职责,对辖区内建设项目施工度汛方案落实情况疏于监管,造成严重后果的。

十三、本规定由黄河水利委员会防汛主管部门负责解释。

十四、本规定自颁布之日起施行。

2007年4月25日

河道管理范围内建设项目防洪评价工作责任追究规定(试行)

黄监〔2010〕8号

第一章 总 则

第一条 为使河道管理范围内建设项目防洪评价工作更加规范化、制度化,建立较完善的防洪评价工作约束机制,依据《中华人民共和国防洪法》《中华人民共和国河道管理条例》、水利部《河道管理范围内建设项目管理的有关规定》《河道管理范围内建设项目防洪评价报告编制导则(试行)》及黄河水利委员会(以下简称黄委)《黄河河道水行政管理工作责任追究办法》等有关规定,制订本规定。

第二条 本规定适用于黄河干流、省界及重要支流河道管理范围内跨河、穿堤、临河的桥梁、码头、道路、渡口、隧洞、管道、缆线、重要建筑等建设项目防洪评价报告的编制、咨询及审查。

蓄滞洪区有关防洪评价报告的编制、咨询及审查参照执行。

第二章 防洪评价报告编制

第三条 防洪评价报告编制单位应具备水利工程勘测规划设计或水文、水资源调查评价甲级资质,应具有黄河流域涉河工程的设计、科研等经历。编制单位资质证书应附在防洪评价报告中。

第四条 防洪评价报告编制单位凡是达不到资质要求的,其防洪评价报告不予受理审查。

第五条 编制防洪评价报告要坚持实事求是原则。应重点突出项目建设对防洪(凌)、河势、冲淤、航运、河防工程、工程管理等影响分析及减免影响的措施。

第六条 防洪评价报告中的各项基础资料应使用整编后的最新数据或有权限部门发布的数据,具有可靠性、合理性和一致性。

第七条 防洪评价报告编制要符合黄河流域防洪规划、河道治理规划、防洪(凌)标准等有关技术要求。建设项目对河道防洪(凌)、河势、工程管理产生一定影响的,应提出补救措施消除影响,满足防洪要求。

第八条 对防洪可能有较大影响、所在河段有重要防洪任务或重要防洪工程的建设项目,应进行数学模型计算,必要时进行实体模型试验。

第九条 防洪评价报告采用的水文资料要附相关水文部门的审查认可同意书。

第三章 防洪评价报告咨询

第十条 建设项目所在河段有重要防洪(凌)任务、重要防洪工程,或所在河段河道基本情况复杂导致重要评价意见认识不一致的，防洪评价报告编制单位或建设项目管理单位可召开咨询会议,对防洪评价报告中的主要技术指标进行咨询。

第十一条 建设项目对防洪影响较大或技术比较复杂,防洪评价报告审查会组织者在召开审查会议前可邀请黄委科技委进行技术咨询。

第十二条 咨询会议专家由组长和成员组成,组长对咨询结论负总责。参加咨询会议的专家在防洪评价报告评审专家库中选取。

第十三条 黄委防洪评价报告评审专家库由长期从事黄河防洪管理、河道与水工程管理、水文计算、泥沙研究、规划设计、河道整治、桥梁设计、工程施工等专业的人员组成。

第十四条 咨询意见要符合黄河流域防洪规划、河道治理规划、防洪(凌)标准等有关技术要求。

第十五条 防洪评价报告编制单位应将咨询意见及专家名单附入防洪评价报告之后。

第四章 防洪评价报告审查

第十六条 黄委组织召开的防洪评价报告审查会,审查委员会成员由主任委员、副主任委员及委员组成。主任委员主持会议,黄委职能部门及所在河段河道管理单位的技术人员、邀请的相关专业的专家参加会议。

第十七条 黄委防洪评价报告审查委员会的主任委员一般由副总工担任,副主任委员由负责防洪评价报告技术审查的有关部门领导担任。参加审查会议的专家在防洪评价报告评审专家库中选取。

第十八条 黄委防洪评价报告审查会议前,由主任委员和会议组织单位确定的主审专家对评价报告进行初审,确定主要分析及计算成果是否达到会议审查要求。

第十九条 参加审查会议的主审专家及专家在“防洪评价报告专家审查意见表”中填写主要审查意见,并进行签名。签名后的审查意见表与会议形成的审查意见一同存档。

第二十条 凡参加防洪评价报告咨询的专家,原则上不得再参加该项目的审查。

第五章 责任追究

第二十一条 建设项目在运行过程中对河道防洪(凌)、河势、河防工程安全和工程管理产生了不利影响,并在社会上造成了不良影响的,依据“防洪评价报告主审专家审查意见表”与“防洪评价报告专家审查意见表”进行责任追究。

第二十二条 实施责任追究应遵循实事求是、客观公正的原则。

第二十三条 防洪评价报告黄委委属编制单位及其人员,有下列行为之一并造成不良后果的,视情节给予组织处理;其他防洪评价报告编制单位及成员有下列行为之一并造成不良后果的,对其编制单位及人员进行公布,5 年内不予受理该单位所编制的防洪评价报告。

(一)因失职、渎职造成评价成果违背防洪(凌)标准、河防工程管理规定及有关工程建设技术标准或技术要求造成不良影响的;

(二)进行防洪评价时因不使用正规资料得出错误结论、不按照审查意见对最终报告进行修改造成不良影响的;

(三)采取违规违纪手段影响报告咨询或审查造成不良影响的。

第二十四条　防洪评价报告技术咨询人员,有下列行为之一的,视情节给予组织处理,永久清出专家库。

(一)因失职、渎职造成咨询意见违背防洪(凌)标准、河防工程管理规定及有关工程建设技术标准或技术要求造成不良影响的;

(二)受报告编制单位或人员违规违纪影响致使咨询意见严重失实造成不良影响的;

(三)向建设单位承诺包办建设项目技术审查造成不良影响的。

第二十五条　黄委防洪评价报告评审机构及其人员,在评审及项目批复过程中,有下列行为之一的,永久清出专家库,并视情节给予组织处理。

(一)向建设单位承诺包办建设项目技术审查造成不良后果的;

(二)因失职、渎职造成审查意见违背法律法规规定,不符合黄河流域有关规划、防洪(凌)标准、河防工程管理及有关工程建设技术标准或技术要求的;

(三)受报告编制单位或人员违规违纪影响致使审查意见严重失实造成不良后果的。

第二十六条　组织处理的种类:

(一)对个人的组织处理包括六种:通报批评、诫勉、调离、停职检查、责令辞职和免职。

(二)对单位和部门的组织处理包括三种:责令写出书面检查、取消当年评选先进的资格和通报批评。

第二十七条　有下列情形之一的,从轻、减轻或者免予处理。

(一)问题发生后,能够积极主动配合组织调查处理的;

(二)认错态度好,及时改正错误的;

(三)发现问题后,有效避免不良影响的。

第二十八条　有下列情形之一的,从重或者加重处理。

(一)推卸、转嫁责任的;

(二)出现问题后,不采取补救措施,致使不良影响扩大,造成严重后果的。

第二十九条　组织处理档次:

(一)情节较轻的,给予单位或者部门责令写出书面检查的组织处理;给予直接责任者通报批评的组织处理。

(二)情节较重的,给予单位或者部门取消当年评选先进资格的组织处理;给予直接责任者诫勉或者调离的组织处理;给予主要领导责任者通报批评或者诫勉的组织处理;给予重要领导责任者通报批评的组织处理。

(三)情节严重的,给予单位或者部门通报批评的组织处理;给予直接责任者停职检查或者责令辞职的组织处理;给予主要领导责任者诫勉或者调离的组织处理;给予重要领导责任者通报批评或者诫勉的组织处理。

第六章　附　则

第三十条　本办法由黄委监察局、防汛办公室负责解释。

第三十一条 本办法自发布之日起施行。

2010年5月11日

表一

防洪评价报告主审专家审查意见表

<table>
<tr><td>审批事项</td><td colspan="3"></td></tr>
<tr><td>项目名称</td><td colspan="3"></td></tr>
<tr><td>部门名称</td><td></td><td>联系电话</td><td></td></tr>
<tr><td>主审人员</td><td></td><td>职务/职称</td><td></td></tr>
<tr><td colspan="4">委员(含代表部门或单位)防洪评价报告修改意见汇总:</td></tr>
<tr><td colspan="4">对最终审查意见的意见:
1. 是否同意会议形成的最终审查意见。是(　　)否(　　)
2. 是否有保留意见。是(　　)否(　　)
3. 保留意见是否影响最终审查结论。是(　　)否(　　)具体意见为:

专家签字:
年　　月　　日</td></tr>
</table>

备注:按照河道管理范围内建设项目防洪评价报告编制导则评审,填写审查意见。

表二

防洪评价报告专家审查意见表

专家名称		专业	
单　　位			
职务/职称		电话	
项目名称			

主要审查意见：

1. 是否同意《评价报告》对建设项目所在河段河槽横向变化和河道冲淤分析结果。

是(　　)否(　　)

2. 是否同意《评价报告》推荐的建设项目位置。

是(　　)否(　　)

3. 是否同意建设项目跨河(或穿越)方式及具体形式。

是(　　)否(　　)

4. 是否同意建设项目与堤防的交叉方式及具体形式。

是(　　)否(　　)

5. 是否同意《评价报告》对建设项目所在河段洪水设计流量、水位计算成果。

是(　　)否(　　)

6. 是否同意《评价报告》对建设项目设计洪水条件下壅水高度、壅水影响长度、冲刷水深计算成果。

是(　　)否(　　)

7. 是否同意《评价报告》对建设项目与堤防交叉段及河槽段桥梁梁底最低高程计算成果。

是(　　)否(　　)

8. 是否同意《评价报告》提出的防洪、防凌综合评价结论及防治与补救措施。

是(　　)否(　　)

对最终审查意见的意见：

1. 是否同意会议形成的最终审查意见。

是(　　)否(　　)

2. 是否有保留意见。

是(　　)否(　　)

3. 保留意见是否影响最终审查结论。

是(　　)否(　　)

具体意见为：

专家签字：

年　月　日

河南黄河河道管理范围内非防洪建设项目度汛方案申报及审查管理实施细则(试行)

豫防黄办〔2011〕2号

一、根据《黄河流域河道管理范围内非防洪建设项目施工度汛方案审查管理规定（试行)》,为加强河南黄河河道管理范围内非防洪工程建设项目(以下简称建设项目)管理,确保黄河防洪(防凌)和人民群众生命财产安全,特制订本细则。

二、本细则适用于河南河务局审查权限内的(黄河干流三门峡大坝管护区以下至豫鲁交界河道、沁河紫柏滩以下至入黄口河道、黄河北金堤滞洪区等)新建、扩建、改建和已建非防洪工程建设项目。

三、建设项目经批准后,凡跨汛期(凌期)施工的建设项目,建设单位在申请施工许可证时,应向施工许可证核发机构一并提交施工度汛(防凌)方案,跨年度施工建设项目,分年度编制施工度汛(防凌)方案。

编制的施工度汛(防凌)方案须防汛抗旱指挥部黄河防汛办公室审查批准后,施工许可证发放机构方可发放施工许可证。跨年度施工的建设项目编制的度汛(防凌)方案,由市级防汛抗旱指挥部黄河防汛办公室受理,报省防汛抗旱指挥部黄河防汛办公室审查批准。

四、已建的建设项目,除跨河桥梁和高压输变电线外,建设单位每年编制度汛(防凌)方案,于每年4月30日(11月30日)前由县防汛抗旱指挥部黄河防汛办公室受理、审查批准,报市防汛抗旱指挥部黄河防汛办公室备案。

五、批准后的度汛(防凌)方案按照“属地管理”原则,由市、县防汛抗旱指挥部监督实施。

六、编制年度施工度汛(防凌)方案主要分析当年工程的度汛(防凌)条件,细化各项度汛(防凌)措施,提高各项度汛(防凌)措施的可操作性,确保度汛(防凌)安全。建设项目度汛(防凌)方案包括以下内容:

1. 建设项目简介,包括工程标准、规模、工期、施工进度安排、场地布置(施工平面图)等;

2. 建设项目影响防洪的临时工程简介,包括工程防洪标准、规模、标准、使用时限、最后处置措施等;

3. 黄河防洪(防凌)形势分析,一般按4000立方米每秒以下、4000~6000立方米每秒、6000~10000立方米每秒、10000~15000立方米每秒、15000立方米每秒以上洪水流量级进行分析;

4. 工程施工对防洪(防凌)的影响分析,包括临时工程对防洪(防凌)的影响;

5. 度汛措施,包括工程措施和非工程措施。

(1)工程措施包括永久工程、临时工程设施的度汛措施和实施计划;

(2)非工程措施包括成立工程度汛指挥机构、建立水情信息联系机制、组建临时防汛抢险队、储备应急抢险所需防汛料物(种类、数量、地点等)、各级洪水到来时人员、设备安全撤离方案,以及影响防凌安全建设项目的拆除实施方案等;

6. 黄河浮桥度汛方案内容还应参照《黄河中下游浮桥度汛管理办法(试行)》编写。

七、有关防汛主管部门应对建设项目度汛(防凌)方案以下方面进行重点审查:

1. 主要临时建筑物、构筑物和临时设施的度汛标准是否符合当地黄河防洪要求;

2. 施工临时设施对河势的影响;

3. 施工临时设施对河道排洪、排凌的影响;

4. 施工临时设施对河道淤积的影响;

5. 施工临时设施对防汛抢险及抢险交通的影响;

6. 度汛方案中引用的水文信息是否符合有关规定;

7. 建设单位与河道管理单位之间是否建立可靠的汛情联系机制;

8. 主要永久工程和临时工程、设施的防洪应急处置措施是否可行;

9. 临时建筑物、构筑物和临时设施的使用期限和拆除期限是否可行;

10. 各种度汛非工程措施是否可行。

八、对没有编报年度施工度汛(防凌)方案的建设项目,核发施工许可证的河道管理机构应责令停工整改。

九、本细则由河南省防汛抗旱指挥部黄河防汛办公室负责解释。

十、本细则自颁布之日起施行。

2011 年 4 月 19 日

河南黄河河道管理范围内非防洪工程建设项目技术审查规定（试行）

豫黄防〔2012〕27号

第一章 总 则

第一条 为加强河南黄河河道管理范围内非防洪工程建设项目管理，规范建设项目技术审查工作，依据《中华人民共和国水法》《中华人民共和国防洪法》《中华人民共和国河道管理条例》《河道管理范围内建设项目防洪评价报告编制导则》和《黄河河道管理范围内建设项目技术审查标准》等有关法律、法规和规定，制订本规定。

第二条 本规定的指导思想是，在确保黄河防洪安全的前提下，按照惠民富民安民的原则，科学、有序地开发和利用黄河滩区土地资源，支持沿黄经济发展，提高滩区群众生产生活水平。

第三条 本规定适用于河南黄河河道管理范围内新建、扩建、改建的桥梁管线、旅游生态、新农村建设、养殖及高效农业等非防洪工程建设项目的技术审查。

第二章 一般要求

第四条 《河南黄河滩区非防洪工程建设项目防洪评价报告》（以下简称《防洪评价报告》）应在建设项目建议书或预可行性研究报告审查批准后、可行性研究报告审查批准前，由建设单位委托具有相应资质、一般应有编制黄河防洪评价经历及业绩的单位进行编制。

第五条 《防洪评价报告》应对建设项目规划、项目位置、平面布置、建筑物结构以及项目预算等进行详细说明，并提供相应资料。

第六条 《防洪评价报告》需考虑顺水流方向项目区上下游各1千米或叠加影响范围内、垂直水流方向两岸大堤之间所有项目对防洪安全的叠加影响进行防洪影响综合评价。

第七条 《防洪评价报告》应对项目自身安全风险进行评价，并对项目防洪、避洪措施的适宜性进行分析评价。

《防洪评价报告》应针对建设项目的个体性、特殊性问题进行分析评价。

第八条 为确保河道排洪和项目自身安全，项目区临主槽侧边界应在规划排洪河宽以外。

第九条 项目区外边界间距：旅游生态园、养殖及高效农业园区项目间距一般不小于1千米；桥梁间距一般不小于桥梁壅水长度的1.5~2倍，孟津至桃花峪河段容许间距为3千米，桃花峪至高村河段容许间距为4千米，高村至陶城铺河段容许间距为5千米；新农村建设项目间距一般不小于 3 千米。

第十条 为保障大洪水过洪宽度,垂直水流方向的同一断面两岸所有项目的建筑物阻水宽度相对河道宽度的比例一般应控制在：高村以上河段不大于 8%，高村以下河段不大于 5%。

第十一条 项目区及区内建筑物一般应顺水流方向布置。

项目区内严禁种植阻水片林和高秆作物。

项目区围墙应为透水结构。

第十二条《防洪评价报告》应对项目建设及运营期污水(或垃圾)处理措施进行评价。

第十三条 建设项目应依法办理取水许可证。

第三章 桥梁管线类

第十四条 由于建设桥梁等非防洪工程造成壅水的,需按壅水高度加高堤防,已经完成放淤固堤的堤段，原则上淤区也应相应加高。确因树木生长等原因无法采用碾压施工加高的,可采用人工辅助机械加高,或采取备土方式进行,但应计入施工期相关费用。

第十五条 对于壅水高度不超过 10 厘米,暂时无法加高堤防和淤区的,原则上可采取备土方式进行,并计入施工相关费用,待后续防洪建设任务下达后一并加高加固。

第十六条 确需爬越堤防的管线工程,管线处堤顶纵向水平长度,从管线处外边缘起,每侧净长不小于 5 米,总长不得少于 20 米,两端以不小于 1：100 的纵坡与原堤顶连接。管顶上部覆土厚度(包括硬化厚度),原则上不小于 1 米,采用其他防护措施的,其管顶防护厚度应根据管道的安全性分析确定。需要加高堤顶的堤段,顶宽应满足有关规范、规定要求,淤区、护堤地应按规定顺延。

第十七条 因非防洪工程项目建设引起河势改变、流速集中等,致使防洪工程受到冲刷需要防护的,应对其防护部位进行设计,坝垛根石加固量应依据增加的冲刷深度进行分析计算。

第十八条 由于壅水或冲刷影响,需要对河道控导和险工加高加固的应采取相应的补救措施;加高不足 30 厘米、无法直接加高加固的,原则上可采用备石备料方式进行,但应进行后续施工设计。

第十九条 由于建设非防洪工程的补救措施所增加的工程,造成维修养护工程费用的增加,其维修养护费用计算年限按照项目的使用期限进行分类,使用年限不足 20 年的,按照使用年限计算,使用年限超过 20 年的暂按 20 年考虑,超出部分签订协议至工程寿命结束。

第二十条 穿越河道的管线,应布置在设防洪水冲刷线以下,并在管顶留有一定安全厚度。滩岸边角位置局部确需防护的,应作专项设计,并对河道泄洪影响进行论证。

第二十一条 新建的非防洪工程建设项目,建设单位应按要求设置醒目的工程和安全警示标志。

第二十二条 防护和补救措施设计应按规定计入质量监督等费用。

第二十三条 其他相关要求按照《黄河河道管理范围内建设项目技术审查标准》(黄建管

〔2007〕48 号)执行。

第四章 旅游生态类

第二十四条 旅游生态类建设项目主要是指以种植、休闲娱乐等为一体的园区。

第二十五条 旅游生态类建筑物结构型式一般应为可拆卸的木、钢或钢木混合临时拼装结构。建筑物最高不得超过三层,底层应为透水结构。建筑物的建筑密度一般不得超过 5%。

第二十六条 旅游生态类建设项目, 建设单位应提供详尽的项目区阻水建筑物拆除预案,包括拆除时机、所用时间、拆除后安置位置及人员、设备落实情况;出具洪水到来前,规定时间内拆除完毕的承诺。

第二十七条 旅游生态类建设项目应采取必要的垃圾、污水处理措施,不得对黄河水质造成污染。

第二十八条 旅游生态类建设项目需要采取补救措施的, 应参照执行第三章的相关要求。

第五章 新农村建设项目

第二十九条 新农村建设项目是在拆除原有村庄的基础上集中建设的新型农村社区,不得进行商业性房地产开发等行为。

第三十条 新农村建设项目必须在县级(含)政府批准的《县域村镇体系规划》范围内,或者有县级(含)以上人民政府相关部门的建设批准文件。

第三十一条 新农村建设项目住宅建筑底层应架空, 底层架空高度按照 2000 年设防水位超高 1 米确定。架空部分不得填充或封闭,架空部分以上建筑最高不超过五层。

第三十二条 新农村建设项目的规划总人数按照原村庄现有人数,考虑当地十年人口自然增长率控制,禁止向滩区新迁移住户、人口。当地十年人口自然增长率应由县级及以上计生主管部门提供。

新农村建设项目原村庄现有人数应提供由所在乡(镇)政府、乡(镇)派出所及村委会加盖公章的人口花名册。

第三十三条 新农村建设项目人均建设用地标准最大不超 150 平方米,人均住宅建筑面积最大不超 100 平方米,不得擅自扩大建设规模。

第三十四条 新农村建设项目,所在乡(镇)政府需出具不向滩区新迁住户、人口,不扩大建筑面积、不进行房地产开发的承诺书;出具原村庄限期拆除的承诺书及拆迁安置方案等,保证及时拆除。

第三十五条 新农村建设项目建设单位应提供能够反映项目区建筑物走向、位置等内容的总体规划图、区域布置图等资料。

第三十六条 新农村建设项目需要采取补救措施的,应参照执行第三章的相关要求。

第六章 养殖及高效农业类

第三十七条 养殖类包括畜牧养殖、水产养殖等。畜牧养殖类建设项目主要是指以圈养、放牧或者二者结合的方式,饲养畜禽,包括牲畜饲牧、家禽饲养、经济兽类驯养等项目;水产养殖类建设项目主要是指以坑塘等方式进行水产品人工饲养的项目。

高效农业类建设项目主要是指为达到农业生产规模化、产业化、高效化,利用大棚温室等设施种植农作物的项目。

第三十八条 养殖类及高效农业类建设项目的建筑物结构型式应为单层可拆卸的临时拼装结构。

第三十九条 水产养殖类建设项目坑塘围堤高度不超过当地平均滩面0.5米。开挖弃土不得形成阻水障碍。

第四十条 养殖类建设项目应具有污、废物的净化处理系统,不得对黄河水质造成污染。

第四十一条 建设项目需要采取补救措施的,应参照执行第三章的相关要求。

第七章　监督管理

第四十二条 项目建设及运营期间,建设单位每年应编制防洪预案,包括建筑物拆除预案、迁安救护预案等,报地方主管部门和当地河务部门审核备案。

第四十三条 项目建设及运营期间,建设单位应加强管理,服从地方主管部门及当地河务部门监管,如因洪水等各类原因造成的损失,由建设单位负责。

第八章　附　则

第四十四条 本规定由河南河务局负责解释。

第四十五条 本规定自颁布之日起实施。

2012年7月23日

河南河务局关于《河南黄河河道管理范围内非防洪工程建设项目技术审查规定(试行)》第九条说明的通知

豫黄防〔2013〕21号

局属各河务局:

为正确理解和适用《河南黄河河道管理范围内非防洪工程建设项目技术审查规定(试行)》,结合技术审查实践,对其第九条部分内容予以说明:

一、新农村建设项目边界间距一般不应小于3千米,对于居住人口密集河段,确需减少项目间距时,须经充分论证,并合理调整和优化建设布局,以保障行洪安全;

二、旅游生态园、养殖及高效农业园区项目区边界间距小于1千米时,新建项目与已建项目在相邻1千米范围内的建筑密度应小于2.5%。

本说明自印发之日起施行。

河南黄河河务局

2013年10月25日

第二十七章 其 他

蓄滞洪区运用补偿暂行办法

(2000 年 5 月 23 日国务院第 28 次常务会议通过 2000 年 5 月 27 日中华人民共和国国务院令第 286 号公布 自发布之日起施行)

第一章 总 则

第一条 为了保障蓄滞洪区的正常运用,确保受洪水威胁的重点地区的防洪安全,合理补偿蓄滞洪区内居民因蓄滞洪遭受的损失,根据《中华人民共和国防洪法》,制订本办法。

第二条 本办法适用于附录所列国家蓄滞洪区。

依照《中华人民共和国防洪法》的规定,国务院或者国务院水行政主管部门批准的防洪规划或者防御洪水方案需要修改,并相应调整国家蓄滞洪区时,由国务院水行政主管部门对本办法附录提出修订意见,报国务院批准、公布。

第三条 蓄滞洪区运用补偿,遵循下列原则:

(一)保障蓄滞洪区居民的基本生活;

(二)有利于蓄滞洪区恢复农业生产;

(三)与国家财政承受能力相适应。

第四条 蓄滞洪区所在地的各级地方人民政府应当按照国家有关规定,加强蓄滞洪区的安全建设和管理,调整产业结构,控制人口增长,有计划地组织人口外迁。

第五条 蓄滞洪区运用前,蓄滞洪区所在地的各级地方人民政府应当组织有关部门和单位做好蓄滞洪区内人员、财产的转移和保护工作,尽量减少蓄滞洪造成的损失。

第六条 国务院财政主管部门和国务院水行政主管部门依照本办法的规定,负责全国蓄滞洪区运用补偿工作的组织实施和监督管理。

国务院水行政主管部门在国家确定的重要江河、湖泊设立的流域管理机构,对所辖区域内蓄滞洪区运用补偿工作实施监督、指导。

蓄滞洪区所在地的地方各级人民政府依照本办法的规定,负责本行政区域内蓄滞洪区运用补偿工作的具体实施和管理。上一级人民政府应当对下一级人民政府的蓄滞洪区运用补偿工作实施监督。

蓄滞洪区所在地的县级以上地方人民政府有关部门在本级人民政府规定的职责范围内,负责蓄滞洪区运用补偿的有关工作。

第七条 任何组织和个人不得骗取、侵吞和挪用蓄滞洪区运用补偿资金。

第八条 审计机关应当加强对蓄滞洪区运用补偿资金的管理和使用情况的审计监督。

第二章 补偿对象、范围和标准

第九条 蓄滞洪区内具有常住户口的居民(以下简称区内居民),在蓄滞洪区运用后,依照本办法的规定获得补偿。

区内居民除依照本办法获得蓄滞洪区运用补偿外,同时按照国家有关规定享受与其他洪水灾区灾民同样的政府救助和社会捐助。

第十条 蓄滞洪区运用后,对区内居民遭受的下列损失给予补偿:

(一)农作物、专业养殖和经济林水毁损失;

(二)住房水毁损失;

(三)无法转移的家庭农业生产机械和役畜以及家庭主要耐用消费品水毁损失。

第十一条 蓄滞洪区运用后造成的下列损失,不予补偿:

(一)根据国家有关规定,应当退田而拒不退田,应当迁出而拒不迁出,或者退田、迁出后擅自返耕、返迁造成的水毁损失;

(二)违反蓄滞洪区安全建设规划或者方案建造的住房水毁损失;

(三)按照转移命令能转移而未转移的家庭农业生产机械和役畜以及家庭主要耐用消费品水毁损失。

第十二条 蓄滞洪区运用后,按照下列标准给予补偿:

(一)农作物、专业养殖和经济林,分别按照蓄滞洪前三年平均年产值的50~70%、40~50%、40~50%补偿,具体补偿标准由蓄滞洪区所在地的省级人民政府根据蓄滞洪后的实际水毁情况在上述规定的幅度内确定。

(二)住房,按照水毁损失的70%补偿。

(三)家庭农业生产机械和役畜以及家庭主要耐用消费品,按照水毁损失的50%补偿。但是,家庭农业生产机械和役畜以及家庭主要耐用消费品的登记总价值在2 000元以下的,按照水毁损失的100%补偿;水毁损失超过2 000元不足4 000元的,按照2 000元补偿。

第十三条 已下达蓄滞洪转移命令,因情况变化未实施蓄滞洪造成损失的,给予适当补偿。

第三章 补偿程序

第十四条 蓄滞洪区所在地的县级人民政府应当组织有关部门和乡(镇)人民政府(含街道办事处,下同)对区内居民的承包土地、住房、家庭农业生产机械和役畜以及家庭主要耐用消费品逐户进行登记,并由村(居)民委员会张榜公布;在规定时间内村(居)民无异议的,由县、乡、村分级建档立卡。

以村或者居民委员会为单位进行财产登记时,应当有村(居)民委员会干部、村(居)民代表参加。

第十五条 已登记公布的区内居民的承包土地、住房或者其他财产发生变更时,村(居)民委员会应当于每年汛前汇总,并向乡(镇)人民政府提出财产变更登记申请,由乡(镇)人民政府核实登记后,报蓄滞洪区所在地的县级人民政府指定的部门备案。

第十六条 蓄滞洪区所在地的县级人民政府应当及时将区内居民的承包土地、住房、家庭农业生产机械和役畜以及家庭主要耐用消费品的登记情况及变更登记情况汇总后抄报所在流域管理机构备案。流域管理机构应当根据每年汛期预报,对财产登记及变更登记情况进行必要的抽查。

第十七条 蓄滞洪区运用后,蓄滞洪区所在地的县级人民政府应当及时组织有关部门和乡(镇)人民政府核查区内居民损失情况,按照规定的补偿标准,提出补偿方案,经省级人民政府或者其授权的主管部门核实后,由省级人民政府上报国务院。

以村或者居民委员会为单位核查损失时,应当有村(居)民委员会干部、村(居)民代表参加,并对损失情况张榜公布。

省级人民政府上报的补偿方案,由国务院财政主管部门和国务院水行政主管部门负责审查、核定,提出补偿资金的总额,报国务院批准后下达。

省级人民政府在上报补偿方案时,应当附具所在流域管理机构签署的意见。

第十八条 蓄滞洪区运用补偿资金由中央财政和蓄滞洪区所在地的省级财政共同承担;具体承担比例由国务院财政主管部门根据蓄滞洪后的实际损失情况和省级财政收入水平拟定,报国务院批准。

蓄滞洪区运用后,补偿资金应当及时、足额拨付到位。资金拨付和管理办法由国务院财政主管部门会同国务院水行政主管部门制订。

第十九条 蓄滞洪区所在地的县级人民政府在补偿资金拨付到位后,应当及时制订具体补偿方案,由乡(镇)人民政府逐户确定具体补偿金额,并由村(居)民委员会张榜公布。

补偿金额公布无异议后,由乡(镇)人民政府组织发放补偿凭证,区内居民持补偿凭证、村(居)民委员会出具的证明和身份证明到县级财政主管部门指定的机构领取补偿金。

第二十条 流域管理机构应当加强对所辖区域内补偿资金发放情况的监督,必要时应当会同省级人民政府或者其授权的主管部门进行调查,并及时将补偿资金总的发放情况上报国务院财政主管部门和国务院水行政主管部门,同时抄送省级人民政府。

第四章 罚 则

第二十一条 有下列行为之一的,由蓄滞洪区所在地的县级以上地方人民政府责令立即改正,并对直接负责的主管人员和其他直接责任人员依法给予行政处分:

(一)在财产登记工作中弄虚作假的;

(二)在蓄滞洪区运用补偿过程中谎报、虚报损失的。

第二十二条 骗取、侵吞或者挪用补偿资金,构成犯罪的,依法追究刑事责任;尚不构成犯罪的,依法给予行政处分。

第五章 附 则

第二十三条 本办法规定的财产登记、财产变更登记等有关文书格式,由国务院水行政主管部门统一制订,蓄滞洪区所在地的省级人民政府水行政主管部门负责印制。

第二十四条 财产登记、财产变更登记不得向区内居民收取任何费用,所需费用由蓄滞洪区所在地县级人民政府统筹解决。

第二十五条 省级人民政府批准的防洪规划或者防御洪水方案中确定的蓄滞洪区的运用补偿办法,由有关省级人民政府制订。

第二十六条 本办法自发布之日起施行。

附:

国家蓄滞洪区修订名录

根据《蓄滞洪区运用补偿暂行办法》(2000年5月27日中华人民共和国国务院令第286号发布)规定,我部商财政部提出了国家蓄滞洪区名录修订意见并上报国务院。经国务院同意,现将《国家蓄滞洪区修订名录(2010年1月7日)》予以公布。

长江流域:围堤湖、六角山、九垸、西官垸、安澧垸、澧南垸、安昌垸、安化垸、南顶垸、和康垸、南汉垸、民主垸、共双茶、城西垸、屈原农场、义和垸、北湖垸、集成安合、钱粮湖、建设垸、建新农场、君山农场、大通湖东、江南陆城、荆江分洪区、宛市扩大区、虎西备蓄区、人民大垸、洪湖分洪区、杜家台、西凉湖、东西湖、武湖、张渡湖、白潭湖、康山圩、珠湖圩、黄湖圩、方洲斜塘、华阳河、荒草二圩、荒草三圩、汪波东荡、蒿子圩。(共44处)

黄河流域:北金堤、东平湖。(共2处)

淮河流域:蒙洼、城西湖、城东湖、瓦埠湖、老汪湖、泥河洼、老王坡、蛟停湖、黄墩湖、南润段、邱家湖、姜唐湖、寿西湖、董峰湖、汤渔湖、荆山湖、花园湖、杨庄、洪泽湖周边(含鲍集圩)、南四湖湖东、大逍遥。(共21处)

海河流域:永定河泛区、小清河分洪区、东淀、文安洼、贾口洼、兰沟洼、宁晋泊、大陆泽、良相坡、长虹渠、柳围坡、白寺坡、大名泛区、恩县洼、盛庄洼、青甸洼、黄庄洼、大黄铺洼、三角淀、白洋淀、小滩坡、任固坡、共渠西、广润坡、团泊洼、永年洼、献县泛区、崔家桥。(共28处)

松花江流域:月亮泡、胖头泡。(共2处)

珠江流域:潖江。(1处)

以上合计共98处。

此外,淮河流域的上六坊堤、下六坊堤、石姚湾、洛河洼、方邱湖、临北段、香浮段、潘村洼等8处蓄滞洪区虽不再列入国家蓄滞洪区名录,但在规划工程完工前,遇大洪水时若分洪运用,仍参照《蓄滞洪区运用补偿暂行办法》给予补偿。

蓄滞洪区安全与建设指导纲要

（1988年10月27日国务院以国发〔1988〕74号批转）

我国是多暴雨洪水的国家,洪水危害是主要自然灾害之一。历史上洪涝灾害频繁,民不聊生。1949年以来,大江大河多次出现特大洪水。造成很大损失,影响社会的安定、经济的发展和人民生命财产的安全。因此,保障防洪安全,是关系国计民生的一件大事。

防御洪水应当采取工程与非工程相结合的综合性防洪措施。在较大洪水和特大洪水情况下,为确保重点,还应当按照"牺牲局部,保护全局"的原则,适时地采取分洪、滞洪措施,尽量减少淹没损失。同时,要对作出牺牲地区的人民生命财产安全和恢复生活、生产等方面进行妥善的安排。

蓄滞洪区主要是指河堤外洪水临时贮存的低洼地区及湖泊等。其中多数历史上就是江河洪水淹没和调蓄的场所。由于人口的增长、蓄洪垦殖,逐渐开发利用成为蓄滞洪区。蓄滞洪区在历次防洪斗争中对保障广大地区的安全和国民经济建设发挥了十分重要的作用。

为了合理和有效地运用蓄滞洪区,使区内居民的生活和经济活动适应防洪要求,并得到安全保障,各级人民政府应对蓄滞洪区的安全与建设进行必要的指导与帮助。为此,对蓄滞洪区的有关政策和管理作如下规定。河堤内行洪区、泛区、滩区除行政法规另有规定外,可参照本纲要的有关规定执行。

一、基本工作

为了有效地运用蕾滞洪区，并逐步达到制度化和规范化。应十分重视做好有关基本工作。

(一)七大江河流域机构应掌握本流域蓄滞洪区的数目、名单和区内社会经济基本情况,根据国务院批准的关于黄河、长江、淮河、永定河防御特大洪水方案及其他有关规定,编制本流域典型年蓄滞洪区运用顺序及淹没图,由水利部审定后颁布;松花江、辽河、珠江的防御特大洪水方案分别由有关省人民政府制订,报水利部备案。省级水利部门根据省人民政府制订的防御特大洪水方案编制有关流域典型年蓄滞洪区运用顺序及淹没图。

(二)按河系确定设防的典型年洪水,计算已发生过的代表站水位下最大淹没面积和贮水量,计算最大贮水总量时流域洪水总量(即上游水库、蓄滞洪区及河道蓄泄总量)、河道内与河堤外菌滞洪区分配率(按洪水总量计算)。

(三)绘制流域各典型年的洪水分配串表及相应的各蓄滞洪区的贮水量、淹没面积、淹没水深和淹没历时图表。在现场设立各典型年淹没水深的高程标桩。

(四)编制各流域典型年洪水蓄滞洪区的运用顺序,标定分洪时代表站的水位以及蓄滞洪区可能达到水位时的贮水量。

二、通信与预报、警报

通信系统以及准确的洪水预报与警报，是减免蓄滞洪区内人民生命财产损失的重要措施。

(一)通信系统必须做到任何情况下畅通无阻。经常进洪的蓄滞洪区应该建设有线通信和无线通信两套系统。通信设施的建设由防汛主管部门提出要求。有线通信应纳入城乡邮电网的建设,无线通信由各级防汛部门负责实施。

(二)预报、警报内容:洪水预报内容,应根据水文气象部门和防汛指挥部的规定和要求进行。警报内容包括预测的洪水位、洪水量、分洪时间、有关准备工作、紧急避洪和撤退路线及允许撤离的时限等。

(三)警报必须传播到整个地区,包括与外界隔绝的孤立地区。传播的方法可以用电话、广播、电视、汽笛、敲锣、挂旗、报警器、鸣枪或挨户通知等一切可能的形式,使每家每户和外出人员都能及时得到警报信息。

(四)发布警报决策:根据国务院批准和省级人民政府制订的防御大洪水方案的决策程序作出分洪蓄洪决定,警报统一由防汛指挥部门发布。可靠性与时机的决定必须十分慎重,不得误报。警报一经发布,各项避洪工作必须迅速及时。由于延误时机造成损失的,要依法追究责任者的法律责任。

三、人口控制

控制人口的适度增长是保持蓄滞洪区安定发展的重要条件,必须实行严格的人口政策。

(一) 省级人民政府应组织有关部门制订蓄滞洪区人口控制规划，规定区内人口增长率(自然增长率及机械增长率)必须低于省内其他地区,提出具体控制指标并建立分区人口册。限制人口迁入,明确区外迁入户口的审批机关、严格履行审批制度。

(二)经常进洪的蓄滞洪区应鼓励人口外迁或到其他地区工厂、矿区、油田做工,受保护地区的工厂、矿山和油田应对蓄滞洪区招工予以优先。

(三)宣传蓄滞洪环境对人口容量的制约作用,加强计划生育工作,认真执行政府制订的人口规划。对人口超计划增长的蓄滞洪区,减少或停止国家给予的优惠待遇。

四、土地利用和产业活动的限制

蓄滞洪区土地利用、开发和各项建设必须符合防洪的要求,保持蓄洪能力,实现土地的合理利用,减少洪灾损失。

(一)在指定的分洪口门附近和洪水主流区域内,不允许设置有碍行洪的各种建筑物。上述地区的土地,一般只限于农牧业以及其他露天方式的使用,以保持其自然空地状态。

(二)在农村土地利用方面,要按照蓄滞洪的机遇及其特点,调整农业生产结构,积极开展多种经营。

在种植业方面应努力抓好夏季作物的生产,在蓄滞洪机遇较少的地区,应"保夏夺秋",秋季种植耐水作物,能收则收;蓄滞洪机遇较多的地区,则应"弃秋夺麦"。

(三)蓄滞洪区内工业生产布局应根据蓄滞洪区的使用机遇进行可行性研究。对使用机遇较多的蓄滞洪区,原则上不应布置大中型项目;使用机遇较少的蓄滞洪区,建设大中型项目必须自行安排可靠的防洪措施。禁止在蓄滞洪区内建设有严重污染物质的工厂和储仓。

(四)在蓄滞洪区内进行油田建设必须符合防洪要求,油田应采取可靠的防洪措施,并建设必要的避洪设施。

(五)蓄滞洪区内新建的永久性房屋(包括学校、商店、机关、企业房屋等),必须采取平顶、能避洪救人的结构形式,并避开洪水流路,否则不准建设。

(六)蓄滞洪区内的高地、旧堤应予保留,以备临时避洪。

五、就地避洪措施

因地制宜地采取多种形式的就地避洪措施是蓄滞洪区安全保障的重要内容。

(一)围村埝(安全区):在人口集中、地势较高的村、镇,可采取四周修建圩堤以防御洪水。围村坡要统一规划,并没在静水区内。圈围面积不宜过大而增加防守困难以及影响蓄滞洪水的能力。围村坡在迎流顶冲面要做好防浪防冲,埝内要做好排水工程。

(二)庄台:一般适用在蓄滞洪机遇较多,淹没水深较浅的地区。庄台标准按需要与可能相结合的原则确定。庄台填土量大的,应有计划地修建,逐年积垒。

(三)避水台:避水台只作临时避洪,上面不盖房屋。

庄台、避水台的台顶高程,按蓄滞洪水位加安全超高确定。迎流面要设护坡,并需设置行人台阶或坡道。

(四)避水楼:在蓄水较深的地区,有计划地指导农民修建避水楼,一旦分蓄洪水时,居民和重要财产可往其中转移。

集体避水楼只作为临时集体避洪,在洪水位以上盖房,平时可考虑作为学校等公用设施。

避水楼房的建筑结构形式、建筑标准和避水防水要求,由省防汛部门会同省建设部门进行技术指导。

(五)城墙:古代建造的城墙一般具有防御战争和洪水的双重功能。对目前保留完好确能起到防洪作用的城墙,应做好防渗防漏和城门的临时堵闭等准备工作,继续发挥其防洪作用。

(六)其他就地避洪措施。

1. 大堤堤顶避洪。蓄滞洪区四周都有大堤保护,预报要分蓄洪时,低洼地群众可到大堤堤顶暂时避洪，但不得影响防汛和管理工作的正常秩序。洪水过后应立即撤离。

2. 利用高杆树木避洪。蓄洪区内村庄宅旁有计划种植高杆树木，一旦分洪时，可就近避险。

(七)公共设施和机关企事业单位的防洪避险要求：

蓄滞洪区内机关、学校、工厂等单位和商店、影院、医院等公共设施，均应选择较高地形，并要有集体避洪安全设施，如利用厂房、仓库、学校、影院的屋顶或集体住宅平台等。新建机关、学校、工厂等单位必须同时建设集体避洪设施，由上级主管部门会同防汛主管部门审批，不具备避洪措施的，不予批准。

六、安全撤离措施

蓄滞洪区水位较深，难以就地避洪，或因水情发展，就地避洪难保安全时，应组织居民安全撤离。

(一)基本情况核查：省级人民政府汛前要组织对蓄滞洪区的居民情况进行核查，内容包括蓄滞洪范围内的总人口，居住在围村埝内、避水台(庄台)、避水楼、高地等不需撤离的人数(或户数)，计划撤离的单位、居民和牲畜、贵重物资的数量等。

(二)撤离道路和对口安置：蓄滞洪区所在地的人民政府，应根据避洪撤离的需要，结合城乡道路建设，有计划地修建公路和道路，按照行政区划、路程、交通条件，指定撤离路线。居民临时住宿点应以村为单元，落实对口安置地点，绘制撤离路线与安置地点详图。

(三)车辆船只及材料准备：区内各乡、村要有计划地备置必要的船只，汛情紧急时可征用、调度船只或组织群众临时用门板、木板、竹排编成抢救工具以及临时住宿搭棚的材料。除常年储存部分外，在下达分洪指令的同时，各级防汛指挥部应组织抢运到指定的地点。

(四)组织指挥和抢救：蓄滞洪区所在地方人民政府负责组织与指挥撤离。分洪时可宣布紧急状态，公安机关负责维持社会治安。乡村基层干部要在统一指挥下，具体负责居民的撤离与安置工作。

(五)食宿保障：撤离初期，各级人民政府组织非灾区的机关、团体、商店制作熟食，供给受灾人民。安置基本就绪后，有计划地供应粮、菜、煤等，保障灾民生活必需。

(六)防火、防疫：灾民集中地点要组织医疗队进行巡回医疗，要保持卫生，及时处理粪便，进行消毒，以防瘟疫发生。临时棚户要适当留出间隔，以防火灾。

七、试行防洪基金或洪水保险制度

(一)省级人民政府可选择受益范围明确、进洪机遇较多的蓄滞洪区，试行防洪基金或洪水保险制度，取得经验后推广，逐步改变过去洪灾损失单纯依靠政府大量救济的办法。

(二)在施行洪水保险的地区，由有关流域机构在水利部的指导下绘制典型年洪水淹没风险边界图，划定使用蓄滞洪区后受益地区的范围；并在保险公司的配合下编制洪水淹没风险边界图及洪水保险率图。在正式制订保险率之前，可先采取“低保额、低保费”的办法，以鼓励更多的居民参加洪水保险。

(三)试行防洪基金或保险的地区,保险公司按规定向蓄滞洪区内投保人收取保费,并赔偿蓄滞洪后的损失;赔付不足部分,可由省级人民政府从受益地区国营工商企业、集体和个体企业以及居民所融集的防洪基金中解决。

(四)设有蓄滞洪区的省级人民政府,参加上述原则规定,可制订洪水保险及防洪基金筹集、使用和管理的具体办法,报国务院主管部门备案。

八、规划与管理

蓄滞洪区的安全建设是涉及选用千家万户的大事,是一个十分复杂的系统,必须进行合理规划,加强管理。

(一)蓄滞洪区所在地的省级人民政府应组织有关部门和地(市)、县,根据本纲要所指出的原则和方法,结合本地区社会经济发展计划,制订各蓄滞洪区的安全与建设规划,并报国务院主管部门备案。

(二)就地避洪措施与安全撤离措施,应当密切结合居民住宅建设及乡村社会设施建设统筹安排,做到平战结合,根据居民收入和当地经济发展水平,量力而行,常年安排。

(三)蓄滞洪区所在地的省级人民政府可根据工作需要成立蓄滞洪区管理委员会,作为虚设机构,不设实体办事机构,其日常工作由政府指定的部门承担。蓄滞洪区管理委员会负责规划的实施和区内安全建设的管理,分洪时配合各级防汛指挥部保证各项任务按规划有秩序地完成。

九、宣传与通告

(一)蓄滞洪区所在地的省级人民政府在水利部有关流域机构的配合下,制订蓄滞洪区宣传提纲。重点宣传:1. 本地区洪水灾害的历史概况;2. 根据国家批准的防洪规划,对超过现有河道泄洪能力的洪水,有计划地采取蓄洪、滞洪、分洪措施的必要性;3. 蓄滞洪区有关人口控制、土地利用和各项建设的有关法令、政策;4. 国家对蓄滞洪区实行的各项政策和扶持措施;5. 鼓励参加洪水保险和融集防洪基金等。

(二)对下列事项向当地人民发布通告:1. 本蓄滞洪区的运用标准,洪水重现期,淹没范围和淹没水深、标高;2. 就地避洪与撤离措施的安排;3. 本单位、本村、本户的撤离转移对口安置计划,交通工具,交通路线,撤离安置地点及其他有关治安等注意事项。

国家蓄滞洪区运用财政补偿资金管理规定

财政部对《国家蓄滞洪区运用财政补偿资金管理规定》(财政部令第13号)进行了修订,

修订后的《国家蓄滞洪区运用财政补偿资金管理规定》已经部务会议讨论通过，现予公布，自2006年7月1日起施行。

部　长　金人庆

二〇〇六年五月三十日

第一章　总　则

第一条　为了规范和加强国家蓄滞洪区运用财政补偿资金的管理，确保资金合理有效使用，根据国务院《蓄滞洪区运用补偿暂行办法》(以下简称《暂行办法》)，制订本规定。

第二条　国家蓄滞洪区是指《暂行办法》附录中所列的蓄滞洪区。国家蓄滞洪区运用是指防汛指挥机构根据批准的洪水调度运用方案，按照调度权限发布分洪命令后所实施的蓄滞洪水行为。

第三条　本规定适用于国家蓄滞洪区运用财政补偿资金的使用和管理。

第四条　国家蓄滞洪区运用财政补偿资金(以下简称补偿资金)是政府为了保障蓄滞洪区居民的基本生活、尽快恢复农业生产所设立的专项资金。国家蓄滞洪区运用后造成的损失由中央财政和省级财政共同给予补偿。

第五条　补偿资金的管理应当遵循公开、公正、及时、便民的原则。

第二章 补偿资金使用对象、范围及标准

第六条　国家蓄滞洪区内具有常住户口的居民(以下简称区内居民)，在蓄滞洪区运用后依照《暂行办法》和本规定获得补偿。国家蓄滞洪区所在地县级以上人民政府应当及时组织有关部门对国家蓄滞洪区运用的淹没范围予以界定。

第七条　国家蓄滞洪区运用后区内居民遭受的下列损失，在淹没范围内的给予补偿：

(一)承包土地上的农作物、专业养殖和经济林水毁损失；

(二)住房水毁损失；

(三)无法转移的家庭农业生产机械、役畜和家庭主要耐用消费品水毁损失。

第八条　农作物、专业养殖、经济林具体补偿标准如下：

(一)农作物实行亩均定值补偿。补偿标准由所在地省级人民政府按当地统计部门统计上报的蓄滞洪前三年(不含分洪年份，下同)同季主要农作物平均产值的50%~70%确定。

(二)专业养殖实行分类定值补偿。专业养殖的种类和规模，由省级行业主管部门依据相关规定予以认定。补偿标准由省级人民政府按蓄滞洪前三年相同生长期平均产值的40%~50%确定。

(三)经济林实行亩均定值补偿。经济林的种类和规模，由省级行业主管部门依据相关规定予以认定。补偿标准由省级人民政府按蓄滞洪前三年相同生长期平均产值的40%-50%确定。

第九条　居民住房只补偿主体部分的水毁损失，其他搭建的附属建筑物不属于补偿范围。居民住房按损失价值的70%予以补偿，损失价值由国家蓄滞洪区所在地县级以上人民政

府或其授权的部门确定。灾后享受国家统一建房补助政策的区内居民,其房屋损失不予重复补偿。

第十条 无法转移的家庭农业生产机械、役畜和家庭主要耐用消费品主要补偿因受转移时间等限制没有转移到安全区域而造成的水毁损失。

(一)家庭农业生产机械。主要包括:电(动)机、柴油机等农用生产机械。

(二)役畜。主要包括:牛、马、骡、驴等从事农役的牲畜(不含幼畜)。

(三)家庭主要耐用消费品。主要包括:空调、电视机、电冰箱、洗衣机等主要家用电器

以上三项按水毁损失的50%补偿。但登记总价值在2000元以下的,按照水毁损失的100%补偿;水毁损失超过2000元不足4000元的,按照2000元补偿。

第十一条 已下达蓄滞洪转移命令,因情况变化未实施蓄滞洪造成的损失,给予适当补偿。省级人民政府依据损失的具体情况,拟定人均补偿标准,报财政部、水利部审定。

第十二条 国家蓄滞洪区运用后,区内行政事业、公益事业单位的公共财产和设备的水毁损失,以及区内各类企业和公共设施的水毁损失不属于本规定的补偿范围。

第三章 补偿资金的申报与审批

第十三条 国家蓄滞洪区所在地的县级人民政府应按照《暂行办法》的规定,组织有关部门和乡(镇)人民政府(含街道办事处,下同)对区内居民的承包土地、住房、家庭农业生产机械和役畜以及家庭主要耐用消费品(以下简称居民财产)逐户进行登记,并填写水利部制订的《蓄滞洪区居民财产登记及变更登记(汇总)表》,由村(居)民委员会张榜公布;在规定时间内村(居)民无异议的,由县、乡(镇)、村分级建档立卡。以村或者居民委员会为单位进行财产登记时,应有村(居)民委员会干部、村(居)民代表参加。

第十四条 已登记公布的区内居民财产发生变更时,村(居)民委员会应当于每年汛前汇总,并向乡(镇)人民政府提出财产变更登记申请,由乡(镇)人民政府核实登记后,报蓄滞洪区所在地的县级人民政府指定的部门备案。

第十五条 国家蓄滞洪区所在地的县级人民政府应当及时将区内居民财产登记情况及变更情况汇总后逐级上报省级水行政主管部门。由省级水行政主管部门核查汇总后,上报水利部,同时抄送省级财政部门和所在江河的流域管理机构备案。

第十六条 国家蓄滞洪区运用后,所在地的县级人民政府应及时组织有关部门和乡(镇)人民政府核查区内居民的水毁损失情况,填写水利部制订的《蓄滞洪区居民财产损失核查(汇总)表》《蓄滞洪区居民财产损失补偿(汇总申报)表》,逐级上报省级人民政府或其授权的部门。

以村(居)民委员会为单位核查损失时,应当有乡(镇)、村(居)民委员会干部和村(居)民代表参加,并对损失情况张榜公布。

第十七条 省级人民政府或其授权的部门应及时核实蓄滞洪区内居民水毁损失情况,提出补偿方案,并报流域管理机构核查。

第十八条 流域管理机构应及时对省级人民政府或其授权的部门提出的蓄滞洪区运用

补偿方案进行核查,并提出核查意见。

第十九条 省级人民政府应及时将蓄滞洪区运用补偿方案,连同流域管理机构出具的核查意见上报国务院,并抄送财政部和水利部。财政部和水利部对补偿方案及核查意见进行审查和核定后,提出补偿意见,财政部拟定补偿资金总额,上报国务院批准后实施。

第二十条 财政部根据蓄滞洪区在流域防洪调度中所承担的防洪任务的重要程度、所在省(自治区、直辖市)的财政状况以及区内居民恢复生产的难易程度等因素,拟定中央财政与省级财政补偿资金的分摊比例。中央财政一般分担国家蓄滞洪区运用后应补偿资金总额的40%~70%。

第四章 补偿资金拨付与发放

第二十一条 国务院批准蓄滞洪区运用补偿方案后,财政部应将分担的补偿资金下拨给蓄滞洪区所在地省级财政部门。省级财政部门将其本级财政分担的补偿资金和中央补偿资金一并及时、足额下拨给蓄滞洪区所在地市级或者县级财政部门,并将资金下拨情况抄送财政部、水利部和有关流域管理机构。

第二十二条 补偿资金由财政部门统一管理,实行专账核算,任何单位或个人不得改变资金用途。

第二十三条 居民财产登记与变更、损失核查以及补偿资金发放等工作经费不列入补偿资金使用范围,所需经费由地方财政负担。

第二十四条 补偿资金的发放工作由国家蓄滞洪区所在地县级人民政府或其授权的部门负责。

国家蓄滞洪区所在地县级人民政府应当根据国务院批准的补偿方案,组织财政、水利等部门制订补偿资金具体发放方案,乡(镇)人民政府据此逐户确定具体补偿金额,并由村(居)民委员会张榜公布。

具体补偿金额张榜公布5日后无异议的,由乡(镇)人民政府组织发放补偿凭证,区内居民持补偿凭证、村(居)民委员会出具的证明和身份证明到县级财政部门指定的机构领取补偿金。

张榜公布后有异议的,村(居)民委员会应及时核实。经县级以上人民政府或其授权的部门核查认定,不应发放的补偿资金应全部返还财政部门。

第二十五条 地方各级财政部门应加强对补偿资金的管理,严格资金的发放手续,定期向上级财政部门报告资金使用情况,并认真做好补偿资金的财务决算工作。

国家蓄滞洪区所在地县级人民政府或其授权的部门在补偿资金发放完毕后,应及时对补偿资金的发放情况进行总结,并逐级上报财政部、水利部。

第二十六条 国家蓄滞洪区所在地县级人民政府或其授权的部门不得滞留、挪用、抵扣补偿资金,不得把补偿资金划拨到乡(镇)、村。

第五章 补偿资金的监督

第二十七条 国家蓄滞洪区所在地各级人民政府应组织有关部门加强对补偿资金的监

督、检查。

第二十八条 流域管理机构应当加强对所辖区内蓄滞洪区运用补偿资金发放情况的监督,必要时应会同省级人民政府或其授权的部门进行调查,并将调查的情况上报财政部和水利部,同时抄送省级人民政府或其授权的部门。

第二十九条 在补偿资金管理过程中,对违反《暂行办法》和本规定的行为,依照《财政违法行为处罚处分条例》给予处罚、处理、处分。

第六章 附 则

第三十条 其他蓄滞洪区运用后造成的损失,其财政补偿资金的管理参照本规定执行。

第三十一条 省级财政部门可根据本规定会同本级水行政主管部门制订具体实施细则,并上报财政部、水利部备案。

第三十二条 本规定由财政部负责解释。

第三十三条 本规定自 2006 年 7 月 1 日起施行。2001 年 12 月 31 日发布的《国家蓄滞洪区运用财政补偿资金管理规定》(财政部令第 13 号) 同时废止。

国务院办公厅转发水利部等部门关于加强蓄滞洪区建设与管理若干意见的通知

国办发〔2006〕45 号

各省、自治区、直辖市人民政府,国务院各部委、各直属机构:

水利部、发展改革委、财政部《关于加强蓄滞洪区建设与管理的若干意见》已经国务院同意,现转发给你们,请认真贯彻执行。

国务院办公厅

二〇〇六年六月十三日

关于加强蓄滞洪区建设与管理的若干意见

水利部 发展改革委 财政部

我国多暴雨洪水,洪涝灾害频繁。在修建水库拦蓄洪水,加固江河堤防、利用河道排泄洪水的同时,设置一定数量的蓄滞洪区,适时分蓄洪水、削减洪峰,对保障重点地区、大中城市和重要交通干线防洪安全、最大程度地减少灾害损失发挥了十分重要的作用。但是,随着经济社会发展和人口增加,许多蓄滞洪区被不断开发利用,调蓄洪水能力大大降低,蓄滞洪区的建设与管理滞后,安全设施、进退洪设施严重不足,蓄滞洪区已成为防洪体系中极为薄弱的环节。上述问题如果得不到及时解决,一旦发生流域性大洪水,将难以有效运用蓄滞洪区,流域防洪能力将大大降低。同时,由于蓄滞洪区内人口众多,居民生活水平普遍较低,补偿救助等保障体系不完善,蓄滞洪区一旦运用不仅损失严重,甚至可能影响社会稳定。为进一步加强蓄滞洪区的建设与管理,确保蓄滞洪区及时安全有效运用,现提出以下意见:

一、指导思想和基本原则

(一)指导思想。全面落实科学发展观,坚持以人为本,遵循自然、社会和经济规律,采取法律、经济、行政、工程、科技等综合措施,调整蓄滞洪区,加强蓄滞洪区建设与管理,使蓄滞洪区设置科学、功能合理、安全设施齐全、运行规范、补偿公平、发展协调,实现由控制洪水向管理洪水转变,切实提高整体防洪能力,确保蓄滞洪区内人民群众生命安全,确保流域防洪安全,促进人与自然和谐相处和经济社会协调发展。

(二)基本原则。坚持全面规划,合理布局,做好蓄滞洪区调整工作;坚持统筹考虑,突出重点,加快蓄滞洪区建设;坚持依法行政,分级负责,加强蓄滞洪区管理,实现洪水“分得进、蓄得住、退得出”,确保蓄滞洪区有效运用。

二、做好蓄滞洪区调整与分类

(一)合理调整蓄滞洪区。运用几率很低的蓄滞洪区,具备条件的可以设为防洪保护区;运用几率很高的蓄滞洪区,具备条件的可以作为行洪通道;根据防洪需要,可以增设蓄滞洪区。通过对现有蓄滞洪区进行必要的调整,使蓄滞洪区布局更加科学合理,有利于防洪安全,有利于集中财力加快蓄滞洪区建设。

(二)明确蓄滞洪区调整程序。蓄滞洪区的调整应通过编制(修订)防洪规划或防御洪水方案进行,经过科学选比、严格论证,按程序审批。根据国务院批准的重要江河防洪规划或防御洪水方案,抓紧修订《蓄滞洪区运用补偿暂行办法》(国务院令第 286 号)附录所列国家蓄滞洪区名录,报国务院批准后公布。

(三)对蓄滞洪区进行科学分类。根据蓄滞洪区在防洪体系中的地位和作用、运用几率、调度权限以及所处地理位置等因素,将蓄滞洪区划分为三类,即重要蓄滞洪区、一般蓄滞洪区和蓄滞洪保留区。重要蓄滞洪区是指涉及省际间防洪安全,保护的地区和设施极为重要,运用几率较高,由国务院、国家防汛抗旱总指挥部或流域防汛抗旱总指挥部调度的蓄滞洪区;一般蓄滞洪区是指保护局部地区,由流域防汛抗旱总指挥部或省级防汛指挥机构调度的蓄滞洪区;蓄滞洪保留区是指运用几率较低但暂时还不能取消的蓄滞洪区。通过对蓄滞洪区分类,进一步明确各类蓄滞洪区在流域或区域防洪中的地位,分类指导蓄滞洪区的建设与管理。

三、加强蓄滞洪区建设与管理

（一）编制蓄滞洪区建设与管理规划。要根据防洪形势的变化和经济社会发展的要求，按照统筹兼顾、突出重点、分步实施、因地制宜的原则，在对蓄滞洪区进行合理调整和科学分类的基础上，抓紧组织编制全国蓄滞洪区建设与管理规划，报国务院或者国务院授权的部门批准。蓄滞洪区建设与管理规划的编制，要在对蓄滞洪区设置、功能、运行方式、安全设施建设模式和标准、管理政策等开展专题研究的基础上进行，并与流域防洪规划、水资源综合利用规划和土地利用总体规划相衔接。

（二）加强蓄滞洪区建设。要加大投入力度，加强以进退洪设施、围堤工程和安全设施为主要内容的蓄滞洪区建设。要突出重点，对不同类型的蓄滞洪区采取不同的建设措施。对重要蓄滞洪区，按防洪规划要求加固围堤或隔堤，建设必要的进退洪设施；对一般蓄滞洪区，以加固围堤或隔堤为主，必要时修建固定的进退洪口门；对蓄滞洪保留区，原则上不再进行蓄滞洪区建设。对运用几率较高的蓄滞洪区，以区内人员外迁为主，或者以安全区（围村埝、保庄圩）为重点进行安全设施建设，保障群众正常生活，避免经常性、大范围的群众转移；对运用几率较低的蓄滞洪区，以人员撤退为主，以转移道路、桥梁为重点进行安全设施建设。

（三）强化蓄滞洪区管理。要深入分析和研究蓄滞洪区管理中存在的问题，提出解决问题的政策措施和办法，抓紧研究起草蓄滞洪区管理条例，加强和规范对蓄滞洪区的管理。研究制订蓄滞洪区维护管理经费政策，明确蓄滞洪区维护管理经费渠道。根据流域防洪需要，尽快编制蓄滞洪区洪水风险图，并将蓄滞洪区风险程度向社会公布，为规范管理、安全运用蓄滞洪区，指导经济结构和生产布局调整，建立和完善补偿救助等保障体系提供支持。在蓄滞洪区内或跨蓄滞洪区建设非防洪项目，必须依法就洪水对建设项目可能产生的影响和建设项目对防洪可能产生的影响进行科学评价，编制洪水影响评价报告，提出防御措施，报有管辖权的水行政主管部门或流域管理机构批准。

（四）规范蓄滞洪区经济社会活动。要从流域、区域经济社会协调发展的高度，研究不同类型蓄滞洪区管理与经济发展模式，调整区内经济结构和产业结构，积极发展农牧业、林业、水产业等，因地制宜发展第二、三产业，鼓励当地群众外出务工。限制蓄滞洪区内高风险区的经济开发活动，鼓励企业向低风险区转移或向外搬迁。加强蓄滞洪区土地管理，土地利用、开发和各项建设必须符合防洪的要求，保证蓄滞洪容积，实现土地的合理利用，减少洪灾损失。蓄滞洪区所在地人民政府要制订人口规划，加强区内人口管理，实行严格的人口政策，严禁区外人口迁入，鼓励区内常住人口外迁，控制区内人口增长。

（五）完善蓄滞洪区运用补偿等保障措施。要总结近年来蓄滞洪区运用补偿工作的经验，进一步研究补偿机制，包括补偿对象、范围、标准以及财产登记和补偿程序等，适时修订《蓄滞洪区运用补偿暂行办法》。蓄滞洪区所在地省级人民政府要制定实施细则，规范蓄滞洪区运用补偿工作程序和内容。积极开展洪水灾害损失保险研究，建立有效的洪水灾害损失保险体系，化解蓄滞洪区洪水灾害损失风险，实现利益共享、风险共担，提高社会和群众对灾害的承受能力。

四、加强组织领导

(一)切实落实地方责任。蓄滞洪区是我国江河防洪体系的重要组成部分。蓄滞洪区的建设与管理事关人民生命财产的安全,事关大江大河的防洪安全,事关经济社会全面协调可持续发展的大局。蓄滞洪区所在地人民政府要高度重视蓄滞洪区的建设与管理,将其列入重要议事日程,并作为“十一五”防洪建设的重点,制定相应的政策措施和管理办法,建立和健全管理机构,明确职责,加强领导,周密部署,扎实推进。

(二)认真履行部门职责。国务院各有关部门要按照职能分工,各负其责,密切配合,加强对蓄滞洪区调整、建设与管理的组织、指导和协调,及时研究解决工作中遇到的问题。发展改革委要会同有关部门指导地方抓紧研究制订蓄滞洪区产业结构调整的相关政策。财政部要组织制订蓄滞洪区扶贫等方面的优惠政策和蓄滞洪区维护管理经费政策。水利部要会同有关部门抓紧编制(修订)重要江河防洪规划或防御洪水方案,认真做好蓄滞洪区调整、分类工作,修订《蓄滞洪区运用补偿暂行办法》,组织编制蓄滞洪区建设与管理规划和蓄滞洪区洪水风险图,制定蓄滞洪区建设标准和洪水影响评价办法,研究起草蓄滞洪区管理条例。其他有关部门要积极配合,团结协作,共同做好蓄滞洪区的各项工作。

黄河下游滩区运用财政补偿资金管理办法

财农〔2012〕440 号

山东省、河南省财政厅、发展和改革委员会、水利厅:

根据国务院批准的《关于黄河下游滩区运用补偿政策意见的请示》(财农〔2011〕95 号),为规范和加强黄河下游滩区运用财政补偿资金的管理,确保资金合理有效使用,财政部会同国家发展和改革委员会、水利部制订了《黄河下游滩区运用财政补偿资金管理办法》,现印发你们,请遵照执行。

黄河下游滩区是指自河南省西霞院水库坝下至山东省垦利县入海口的黄河下游滩区。涉及河南省、山东省 15 个市 43 个县(区)1928 个村庄(其中:河南省 1146 个,山东省 782 个)。村庄具体名单及滩区运用补偿范围界线,由黄河水利委员会分别商山东省、河南省省级财政、水利部门核定,并报财政部、水利部备案。

附件:黄河下游滩区运用财政补偿资金管理办法

财政部　国家发展和改革委员会　水利部

2012 年 12 月 18 日

附件

黄河下游滩区运用财政补偿资金管理办法

第一条 为规范和加强黄河下游滩区运用财政补偿资金(以下简称补偿资金)的管理,确保资金合理有效使用,根据国家有关规定制订本办法。

第二条 黄河下游滩区(以下简称滩区)是指自河南省西霞院水库坝下至山东省垦利县入海口的黄河下游滩区,涉及河南省、山东省15个市43个县(区)。滩区运用是指洪水经水利工程调控后仍超出下游河道主槽排洪能力,滩区自然行洪和滞蓄洪水导致滩区受淹的情况。

滩区运用补偿范围界线,由黄河水利委员会分别商两省省级财政、水利部门界定,并报财政部、水利部备案。

第三条 滩区内具有常住户口的居民(以下简称区内居民),因滩区运用造成的一定损失,由中央财政和省级财政共同给予补偿。

第四条 补偿资金的使用管理应当遵循公开、公正、及时、便民的原则。

第五条 滩区运用后区内居民遭受洪水淹没所造成的农作物(不含影响防洪的水果林及其他林木)和房屋(不含搭建的附属建筑物)损失,在淹没范围内的给予一定补偿。

以下情况不补偿:一是非运用导致的损失;二是因河势发生游荡摆动造成滩地塌陷的损失;三是控导工程以内受淹的损失;四是区内各类行政事业单位、各类企业和公共设施的损失;五是其他不应补偿的损失。

第六条 农作物损失补偿标准,按滩区所在地县级统计部门上报的前三年(不含运用年份)同季主要农作物年均亩产值的60%~80%核定。居民住房损失补偿标准,按主体部分损失价值的70%核定。居民住房主体部分损失价值,由滩区所在地的县级财政部门、水利部门会同有关部门确定。

滩区运用后享受国家统一建房补助政策的区内居民,其住房损失不予重复补偿。

第七条 中央财政承担补偿资金的80%,省级财政承担20%。

第八条 滩区所在地的县级财政部门会同水利部门,负责组织乡(镇)有关部门对区内居民的承包土地、住房逐户进行登记,并由村(居)民委员会张榜公布。公布后10个工作日内居民无异议的,由县、乡(镇)、村分级建档立卡。

第九条 已登记公布的区内居民承包土地、住房发生变更时,村(居)民委员会应当于每年汛前汇总,并向乡(镇)有关部门提出变更登记申请,由乡(镇)有关部门核实登记后,报滩区所在地的县级财政部门和水利部门备案。

第十条 滩区所在地的县级财政部门会同水利部门,及时将区内居民承包土地、住房登记及变更情况汇总后上报省级财政部门和水利部门。省级财政部门会同水利部门核查汇总后,报黄河水利委员会备案。

第十一条 滩区运用后,所在地的县级财政部门会同水利部门及时核查区内居民的损失情况,上报省级财政部门和水利部门。

第十二条 省级财政部门会同水利部门,及时核实区内居民损失情况,联合向财政部和水利部上报中央补偿资金申请报告,同时抄送黄河水利委员会核查。

第十三条 黄河水利委员会负责对补偿资金申请报告进行核查,并及时提出核查意见报财政部和水利部。

第十四条 财政部会同水利部对补偿资金申请报告及核查意见进行审查后,核定中央补偿资金。中央补偿资金由财政部拨付省级财政部门,资金拨付文件同时抄送有关部门。省级财政部门将本级承担的补偿资金和中央补偿资金一并及时、足额拨付给滩区县级财政部门,并将资金拨付情况报财政部和水利部,并同时抄送黄河水利委员会备案。

第十五条 补偿资金由财政部门统一管理,专款专用,任何单位或个人不得改变资金用途。

第十六条 区内居民承包土地、住房登记与变更、损失核查以及补偿资金发放等工作经费由地方财政负担。黄河水利委员会的核查工作经费,由财政部根据核查任务审核后安排。

第十七条 补偿资金的发放工作由滩区所在地的县级财政部门会同水利部门负责。

滩区所在地的县级财政部门会同水利部门制订补偿资金具体发放方案,并由村(居)民委员会张榜公布。公布 10 个工作日后无异议的,由县级财政部门按财政国库管理制度有关规定将补偿资金支付到区内居民"一卡通"等账户。

张榜公布后有异议的,村(居)民委员会应及时核实。经县级财政部门会同水利部门核查认定,不应发放的补偿资金全部返还省级财政部门,统筹用于支持滩区农田水利建设。

第十八条 滩区所在地的县级财政部门会同水利部门,要及时对补偿资金的发放情况进行总结,并报省级财政部门和水利部门。省级财政部门会同水利部门对全省情况汇总后报财政部和水利部。

第十九条 各级财政部门和水利部门应加强对补偿资金使用管理的监督检查,发现问题及时采取措施纠正。对虚报、冒领、截留、挪用、滞留补偿资金的单位和个人,按照《财政违法行为处罚处分条例》(国务院令第 427 号)有关规定处理、处罚和处分。

第二十条 省级财政部门会同水利部门,根据本办法制订实施细则,并报财政部和水利部备案。

第二十一条 本办法由财政部会同水利部负责解释。

第二十二条 本办法自 2013 年 1 月 1 日起施行。

蓄滞洪区运用补偿核查办法

水汛〔2007〕72 号

第一章 总 则

第一条 为规范流域管理机构开展流域内国家蓄滞洪区运用补偿核查工作,根据《蓄滞洪区运用补偿暂行办法》(国务院令第 286 号),并与《国家蓄滞洪区运用财政补偿资金管理规定》(财政部令第 37 号) 相衔接,制订本办法。

第二条 本办法适用于《蓄滞洪区运用补偿暂行办法》附录所列的国家蓄滞洪区。

第三条 流域管理机构应对所辖区域内国家蓄滞洪区运用补偿工作实施监督、指导。

第四条 蓄滞洪区所在地的县级人民政府每年汛前应当及时将区内财产登记情况及变更登记情况汇总后抄报所在流域管理机构备案。流域管理机构应当根据每年汛期预报,对所辖区域内蓄滞洪区的财产登记及变更登记情况进行必要的抽查。

第五条 蓄滞洪区运用后,蓄滞洪区所在地的县级人民政府应当及时组织有关部门和乡(镇) 人民政府核查区内居民损失情况,按照规定的补偿标准,提出补偿方案。省级人民政府或者其授权的主管部门核实后报流域管理机构核查。

第六条 已下达蓄滞洪转移命令,因情况变化未实施蓄滞洪但造成损失,按规定给予补偿的,参照第五条的规定进行核查。

第七条 流域管理机构收到核查报告和补偿方案后,应及时组织对蓄滞洪区内居民损失进行核查,并向省级人民政府或者其授权的主管部门提出核查意见。

第二章 组织与内容

第八条 流域管理机构应成立专门的核查组,必要时会同有关单位组成联合核查组。核查组可以聘请有损失评估资质的人员或机构参与。

第九条 流域管理机构的核查以蓄滞洪区所涉及县(区) 为单位,采取资料审查和现场入户抽查的方式进行。

第十条 流域管理机构的核查内容主要包括以下几个方面:

(一)蓄滞洪区的调度运用情况;

(二)地方政府补偿工作程序;

(三)补偿对象、范围的准确性;

(四)损失登记数据的真实性;

(五)损失计价指标的合理性;

(六)损失补偿标准的合理性。

第三章 方法与程序

第十一条 流域管理机构的核查工作可按前期准备、资料审查、选取核查对象、入村入户核查、成果分析、提出核查意见等步骤进行。

第十二条 在赴现场进行核查前,核查组应全面了解蓄滞洪区的调度运用、洪水淹没、汛前财产登记及变更、当地经济物价水平等情况。

第十三条 核查组应听取有关地方人民政府或者其授权的主管部门关于补偿登记工作的情况介绍,查看损失登记过程有关资料,审查县级人民政府或者其授权部门提供的各级损失登记表原件。

第十四条 按照乡镇(含街道办事处,下同)、村(居) 民委员会、村(居) 民组进行三级现场核查。

在乡镇、村(居) 民委员会两级,重点核查其组织体系和工作情况,调取存档的原始登记资料,与县级政府存档资料比较,核实其一致性。

在村(居) 民组,核查组应入户核实各类损失。

第十五条 根据实际情况,一般在蓄滞洪区内选取 20%左右的乡镇,每个乡镇选取 15%左右的村(居) 民组,每个村(居)民组选取 10%左右的住户进行核查。

选取核查对象时要考虑多种因素,注意涵盖各种损失类型,不得在入户核查前将选取的核查住户名单对外泄漏。

第十六条 在现场核查时应注意向居民了解补偿登记工作过程、张榜公布情况以及居民对各级政府补偿工作评价。

第十七条 完成入户调查后,核查组应进行各组数据比较,判断各级上报数据的真实性。如有误差,应分析、判断产生误差的原因。

第十八条 流域管理机构一般应在收到省级人民政府或者其授权的主管部门核查报告后 15 个工作日内完成核查工作,并及时与省级人民政府或者其授权的主管部门交换初步核查意见。初步核查意见应包括对运用补偿方案的评价、存在问题及处理建议等主要内容。

第十九条 省级人民政府或者其授权的主管部门应根据核查组的初步核查意见,修改和完善补偿方案。流域管理机构在收到补偿方案后一般应在 5 个工作日内向省级人民政府或者其授权的主管部门提出核查意见,同时抄送水利部。

核查意见应包括流域管理机构的核查过程、对运用补偿方案的评价、结论及建议等内容。

第四章 保障措施

第二十条 蓄滞洪区所在地各级人民政府应积极配合流域管理机构的核查工作,及时提供蓄滞洪区行政区划图、经省级防汛抗旱指挥部认可的蓄滞洪区淹没图、各类损失计价指标以及各县(区) 前三年统计年鉴等核查所需资料,并保证其所提供资料的真实、准确。

第二十一条 流域管理机构应当加强对所辖区域内补偿资金发放情况的监督,必要时应当会同省级人民政府或者其授权的主管部门进行调查，并及时将补偿资金总的发放情况上报国务院财政主管部门和国务院水行政主管部门,同时抄送省级人民政府。

第二十二条 流域管理机构的核查工作经费按有关规定列支。

第二十三条 流域管理机构要建立蓄滞洪区核查工作制度，明确核查工作人员职责,针对蓄滞洪区运用和当地社会经济状况,编制并细化核查方案,保证核查工作公正、公平、有效进行。

第五章 附 则

第二十四条 地方人民政府或其授权的主管部门参照本办法对蓄滞洪区运用补偿工作进行衔接。

第二十五条 本办法由水利部负责解释。

第二十六条 本办法自发布之日起执行。

2007 年 3 月 6 日

河南省黄河下游滩区运用财政补偿资金管理办法实施细则

豫财农〔2013〕148 号

第一条 为规范和加强河南省黄河下游滩区运用财政补偿资金（以下简称补偿资金)的管理,确保资金合理有效使用,根据财政部、国家发改委、水利部《黄河下游滩区运用财政补偿资金管理办法》(财农〔2012〕440 号)及国家有关规定,结合我省实际,制订本实施细则。

第二条 河南省黄河下游滩区(以下简称滩区)是指自西霞院水库大坝以下我省境内的黄河滩区。

第三条 滩区运用是指洪水经水利工程调控后仍超出下游河道主槽排洪能力,滩区自然行洪和滞蓄洪水导致滩区受淹的情况。

第四条 滩区运用由黄河防汛抗旱总指挥部调度。

第五条 滩区内具有常住户口的居民（含土地在滩区内的滩外居民，以下简称区内居民),因滩区运用造成的一定损失,由中央财政和省级财政共同给予补偿。

第六条 补偿资金的使用管理应当遵循公开、公正、及时、便民的原则。

第七条 滩区涉及我省洛阳、焦作、郑州、新乡、开封、濮阳6个省辖市19个县(市、区)。

滩区运用后补偿范围由水利部黄河水利委员会界定。

第八条 滩区运用后区内居民遭受洪水淹没所造成的农作物(不含影响防洪的水果林及其他林木)和房屋(不含搭建的附属建筑物)损失,在淹没范围内的给予一定补偿。

以下情况不补偿:一是非运用导致的损失;二是因河势发生游荡摆动造成滩地塌陷的损失;三是控导工程以内受淹的损失;四是区内各类行政事业单位、各类企业和公共设施的损失;五是其他不应补偿的损失。

第九条 农作物损失补偿标准,按滩区所在地县级统计部门上报的前三年(不含运用年份)同季主要农作物年均亩产值的60%~80%核定。居民住房损失补偿标准,按主体部分损失价值的70%核定。居民住房主体部分损失价值,由滩区所在地的县级财政部门、水行政主管部门、黄河河务部门会同有关部门确定。

滩区运用后享受国家统一建房补助政策的区内居民,其住房损失不予重复补偿。

第十条 滩区运用后所需补偿资金中央财政承担80%,省级财政承担20%。

第十一条 滩区所在地的县级财政部门会同水行政主管部门、黄河河务部门,负责组织乡(镇)有关部门对区内居民的承包土地、住房逐户进行登记,填写《黄河下游滩区居民财产登记及变更登记表》(见附表),由村(居)民委员会张榜公布。公布后10个工作日内居民无异议的,由县、乡(镇)、村分级建档立卡,并报省辖市财政部门、水行政部门、黄河河务部门。

省辖市财政部门会同水行政主管部门、黄河河务部门抽查复核后,报省财政厅、省水利厅和河南黄河河务局备案。

第十二条 已登记公布的区内居民承包土地、住房发生变更时,村(居)民委员会应当于每年4月底前汇总,并向乡(镇)有关部门提出变更登记申请,由乡(镇)有关部门核实登记后,报滩区所在地的县级财政部门、水行政主管部门、黄河河务部门。

滩区所在地的县级财政部门会同水行政主管部门、黄河河务部门,于当年5月15日前将区内居民承包土地、住房登记及变更情况上报市财政部门、水行政主管部门和黄河河务部门。

省辖市财政部门会同水行政主管部门、黄河河务部门抽查复核后,于当年5月底前上报省财政厅、省水利厅和河南黄河河务局。

第十三条 滩区运用后,所在地的县级财政部门会同水行政主管部门、黄河河务部门及时核查区内居民的损失情况,并报省辖市财政部门、水行政主管部门、黄河河务部门复核。省辖市财政部门、水行政主管部门、黄河河务部门将复核结果汇总后上报省财政厅、省水利厅、河南黄河河务局。

第十四条 省财政厅会同水利厅、河南黄河河务局,及时核实区内居民损失情况,联合向财政部和水利部上报中央补偿资金申请报告,同时抄送黄河水利委员会核查。

第十五条 中央补偿资金拨付到省后,省财政厅将省配套补偿资金和中央补偿资金一并及时、足额拨付给滩区县级财政部门,并将资金拨付情况报财政部和水利部,同时抄送黄河水利委员会备案。

第十六条 补偿资金由财政部门统一管理，专款专用，任何单位或个人不得改变资金用途。

第十七条 区内居民承包土地、住房登记与变更、损失核查以及补偿资金发放等工作经费由相应各级财政负担。省水利厅的核查工作经费，由省财政厅根据核查任务审核后安排。

第十八条 补偿资金的发放工作由滩区所在地的县级财政部门会同水行政主管部门、黄河河务部门负责。

滩区所在地的县级财政部门会同水行政主管部门、黄河河务部门制订补偿资金具体发放方案，并由村(居)民委员会张榜公布。公布10个工作日后无异议的，由县级财政部门按财政国库管理制度有关规定将补偿资金支付到区内居民“一卡通”等账户。

张榜公布后有异议的，村(居)民委员会应及时核实。经县级财政部门会同水行政主管部门、黄河河务部门核查认定，不应发放的补偿资金全部返还省财政厅，统筹用于支持滩区农田水利建设。

第十九条 滩区所在地的县级财政部门会同水行政主管部门、黄河河务部门，及时对补偿资金的发放情况进行总结。省财政厅会同水利厅、河南黄河河务局对全省情况汇总后报财政部和水利部。

第二十条 各级财政部门和水行政主管部门、黄河河务部门应加强对补偿资金使用管理的监督检查，发现问题及时采取措施纠正。对虚报、冒领、截留、挪用、滞留补偿资金的单位和个人，按照《财政违法行为处罚处分条例》(国务院令第427号)有关规定处理、处罚和处分。

第二十一条 各省辖市财政部门会同水行政主管部门、黄河河务部门可根据本实施细则制订具体操作规程。

第二十二条 本细则由省财政厅会同水利厅、河南黄河河务局负责解释。

第二十三条 本细则自印发之日起施行。

2013年7月15日

附表

黄河下游滩区居民财产登记及变更登记表

登记单位：　　　　市　　　县(市、区)　　　乡(镇、办事处)　　　村(居)民委员会　　组　　年　　月　　日

序号	户主姓名	身份证号码	家庭人口	承包土地	居民住房		户主签名
			(人)	(亩)	(间)	(平方米)	

登记单位：　　　　市　　　县(市、区)　　　乡(镇、办事处)　　　村(居)民委员会　　组　　年　　月　　日

填表人　　　　　　村民小组长　　　　　　村(居)民委员会　　　　　　乡(镇)人民政府

(签名)　　　　　　(签名)　　　　　　(盖章)　　　　　　(盖章)

注:居民住房按房屋结构分类登记

第十一章　法律法规

中华人民共和国水法

（1988年1月21日第六届全国人民代表大会常务委员会第二十四次会议通过　2002年8月29日第九届全国人民代表大会常务常务委员会第二十九次会议修订　根据2009年8月27日第十一届全国人民代表大会常务委员会第十次会议《关于修改部分法律的决定》第一次修正　根据2016年7月2日第十二届全国人民代表大会常务委员会第二十一次会议《关于修改〈中华人民共和国节约能源法〉等六部法律的决定》第二次修订）

第一章　总　则

第一条　为了合理开发、利用、节约和保护水资源，防治水害，实现水资源的可持续利用，适应国民经济和社会发展的需要，制订本法。

第二条　在中华人民共和国领域内开发、利用、节约、保护、管理水资源，防治水害，适用本法。本法所称水资源，包括地表水和地下水。

第三条　水资源属于国家所有。水资源的所有权由国务院代表国家行使。农村集体经济组织的水塘和由农村集体经济组织修建管理的水库中的水，归各该农村集体经济组织使用。

第四条　开发、利用、节约、保护水资源和防治水害，应当全面规划、统筹兼顾、标本兼治、综合利用、讲求效益，发挥水资源的多种功能，协调好生活、生产经营和生态环境用水。

第五条　县级以上人民政府应当加强水利基础设施建设，并将其纳入本级国民经济和社会发展计划。

第六条　国家鼓励单位和个人依法开发、利用水资源，并保护其合法权益。开发、利用水资源的单位和个人有依法保护水资源的义务。

第七条　国家对水资源依法实行取水许可制度和有偿使用制度。但是，农村集体经济组织及其成员使用本集体经济组织的水塘、水库中的水的除外。国务院水行政主管部门负责全国取水许可制度和水资源有偿使用制度的组织实施。

第八条　国家厉行节约用水，大力推行节约用水措施，推广节约用水新技术、新工艺，发展节水型工业、农业和服务业,建立节水型社会。

各级人民政府应当采取措施,加强对节约用水的管理,建立节约用水技术开发推广体系,培育和发展节约用水产业。单位和个人有节约用水的义务。

第九条 国家保护水资源,采取有效措施,保护植被,植树种草,涵养水源,防治水土流失和水体污染,改善生态环境。

第十条 国家鼓励和支持开发、利用、节约、保护、管理水资源和防治水害的先进科学技术的研究、推广和应用。

第十一条 在开发、利用、节约、保护、管理水资源和防治水害等方面成绩显著的单位和个人,由人民政府给予奖励。

第十二条 国家对水资源实行流域管理与行政区域管理相结合的管理体制。

国务院水行政主管部门负责全国水资源的统一管理和监督工作。

国务院水行政主管部门在国家确定的重要江河、湖泊设立的流域管理机构(以下简称流域管理机构),在所管辖的范围内行使法律、行政法规规定的和国务院水行政主管部门授予的水资源管理和监督职责。

县级以上地方人民政府水行政主管部门按照规定的权限,负责本行政区域内水资源的统一管理和监督工作。

第十三条 国务院有关部门按照职责分工,负责水资源开发、利用、节约和保护的有关工作。

县级以上地方人民政府有关部门按照职责分工,负责本行政区域内水资源开发、利用、节约和保护的有关工作。

第二章 水资源规划

第十四条 国家制订全国水资源战略规划。

开发、利用、节约、保护水资源和防治水害,应当按照流域、区域统一制订规划。规划分为流域规划和区域规划。流域规划包括流域综合规划和流域专业规划;区域规划包括区域综合规划和区域专业规划。

前款所称综合规划,是指根据经济社会发展需要和水资源开发利用现状编制的开发、利用、节约、保护水资源和防治水害的总体部署。前款所称专业规划,是指防洪、治涝、灌溉、航运、供水、水力发电、竹木流放、渔业、水资源保护、水土保持、防沙治沙、节约用水等规划。

第十五条 流域范围内的区域规划应当服从流域规划,专业规划应当服从综合规划。

流域综合规划和区域综合规划以及与土地利用关系密切的专业规划,应当与国民经济和社会发展规划以及土地利用总体规划、城市总体规划和环境保护规划相协调,兼顾各地区、各行业的需要。

第十六条 制订规划,必须进行水资源综合科学考察和调查评价。水资源综合科学考察和调查评价,由县级以上人民政府水行政主管部门会同同级有关部门组织进行。

县级以上人民政府应当加强水文、水资源信息系统建设。县级以上人民政府水行政主管部门和流域管理机构应当加强对水资源的动态监测。

基本水文资料应当按照国家有关规定予以公开。

第十七条 国家确定的重要江河、湖泊的流域综合规划,由国务院水行政主管部门会同国务院有关部门和有关省、自治区、直辖市人民政府编制,报国务院批准。跨省、自治区、直辖市的其他江河、湖泊的流域综合规划和区域综合规划,由有关流域管理机构会同江河、湖泊所在地的省、自治区、直辖市人民政府水行政主管部门和有关部门编制,分别经有关省、自治区、直辖市人民政府审查提出意见后,报国务院水行政主管部门审核;国务院水行政主管部门征求国务院有关部门意见后,报国务院或者其授权的部门批准。

前款规定以外的其他江河、湖泊的流域综合规划和区域综合规划,由县级以上地方人民政府水行政主管部门会同同级有关部门和有关地方人民政府编制,报本级人民政府或者其授权的部门批准,并报上一级水行政主管部门备案。

专业规划由县级以上人民政府有关部门编制,征求同级其他有关部门意见后,报本级人民政府批准。其中,防洪规划、水土保持规划的编制、批准,依照防洪法、水土保持法的有关规定执行。

第十八条 规划一经批准,必须严格执行。

经批准的规划需要修改时,必须按照规划编制程序经原批准机关批准。

第十九条 建设水工程,必须符合流域综合规划。在国家确定的重要江河、湖泊和跨省、自治区、直辖市的江河、湖泊上建设水工程未取得有关流域管理机构签署的符合流域综合规划要求的规划同意书的,建设单位不得开工建设;在其他江河、湖泊上建设水工程,未取得县级以上地方人民政府水行政主管部门按照管理权限签署的符合流域综合规划要求的规划同意书的,建设单位不得开工建设。水工程建设涉及防洪的,依照《防洪法》的有关规定执行;涉及其他地区和行业的,建设单位应当事先征求有关地区和部门的意见。

第三章 水资源开发利用

第二十条 开发、利用水资源,应当坚持兴利与除害相结合,兼顾上下游、左右岸和有关地区之间的利益,充分发挥水资源的综合效益,并服从防洪的总体安排。

第二十一条 开发、利用水资源,应当首先满足城乡居民生活用水,并兼顾农业、工业、生态环境用水以及航运等需要。

在干旱和半干旱地区开发、利用水资源,应当充分考虑生态环境用水需要。

第二十二条 跨流域调水,应当进行全面规划和科学论证,统筹兼顾调出和调入流域的用水需要,防止对生态环境造成破坏。

第二十三条 地方各级人民政府应当结合本地区水资源的实际情况,按照地表水与地下水统一调度开发、开源与节流相结合、节流优先和污水处理再利用的原则,合理组织开发、综合利用水资源。

国民经济和社会发展规划以及城市总体规划的编制、重大建设项目的布局,应当与当地水资源条件和防洪要求相适应,并进行科学论证;在水资源不足的地区,应当对城市规模和建设耗水量大的工业、农业和服务业项目加以限制。

第二十四条 在水资源短缺的地区，国家鼓励对雨水和微咸水的收集、开发、利用和对海水的利用、淡化。

第二十五条 地方各级人民政府应当加强对灌溉、排涝、水土保持工作的领导，促进农业生产发展；在容易发生盐碱化和渍害的地区，应当采取措施，控制和降低地下水的水位。

农村集体经济组织或者其成员依法在本集体经济组织所有的集体土地或者承包土地上投资兴建水工程设施的，按照谁投资建设谁管理和谁受益的原则，对水工程设施及其蓄水进行管理和合理使用。

农村集体经济组织修建水库应当经县级以上地方人民政府水行政主管部门批准。

第二十六条 国家鼓励开发、利用水能资源。在水能丰富的河流，应当有计划地进行多目标梯级开发。

建设水力发电站，应当保护生态环境，兼顾防洪、供水、灌溉、航运、竹木流放和渔业等方面的需要。

第二十七条 国家鼓励开发、利用水运资源。在水生生物洄游通道、通航或者竹木流放的河流上修建永久性拦河闸坝，建设单位应当同时修建过鱼、过船、过木设施，或者经国务院授权的部门批准采取其他补救措施，并妥善安排施工和蓄水期间的水生生物保护、航运和竹木流放，所需费用由建设单位承担。

在不通航的河流或者人工水道上修建闸坝后可以通航的，闸坝建设单位应当同时修建过船设施或者预留过船设施位置。

第二十八条 任何单位和个人引水、截(蓄)水、排水，不得损害公共利益和他人的合法权益。

第二十九条 国家对水工程建设移民实行开发性移民的方针，按照前期补偿、补助与后期扶持相结合的原则，妥善安排移民的生产和生活，保护移民的合法权益。

移民安置应当与工程建设同步进行。建设单位应当根据安置地区的环境容量和可持续发展的原则，因地制宜，编制移民安置规划，经依法批准后，由有关地方人民政府组织实施。所需移民经费列入工程建设投资计划。

第四章 水资源、水域和水工程的保护

第三十条 县级以上人民政府水行政主管部门、流域管理机构以及其他有关部门在制订水资源开发、利用规划和调度水资源时，应当注意维持江河的合理流量和湖泊、水库以及地下水的合理水位，维护水体的自然净化能力。

第三十一条 从事水资源开发、利用、节约、保护和防治水害等水事活动，应当遵守经批准的规划；因违反规划造成江河和湖泊水域使用功能降低、地下水超采、地面沉降、水体污染的，应当承担治理责任。

开采矿藏或者建设地下工程，因疏干排水导致地下水水位下降、水源枯竭或者地面塌陷，采矿单位或者建设单位应当采取补救措施；对他人生活和生产造成损失的，依法给予补

偿。

第三十二条 国务院水行政主管部门会同国务院环境保护行政主管部门、有关部门和有关省、自治区、直辖市人民政府，按照流域综合规划、水资源保护规划和经济社会发展要求，拟定国家确定的重要江河、湖泊的水功能区划，报国务院批准。跨省、自治区、直辖市的其他江河、湖泊的水功能区划，由有关流域管理机构会同江河、湖泊所在地的省、自治区、直辖市人民政府水行政主管部门、环境保护行政主管部门和其他有关部门拟定，分别经有关省、自治区、直辖市人民政府审查提出意见后，由国务院水行政主管部门会同国务院环境保护行政主管部门审核，报国务院或者其授权的部门批准。

前款规定以外的其他江河、湖泊的水功能区划，由县级以上地方人民政府水行政主管部门会同同级人民政府环境保护行政主管部门和有关部门拟定，报同级人民政府或者其授权的部门批准，并报上一级水行政主管部门和环境保护行政主管部门备案。

县级以上人民政府水行政主管部门或者流域管理机构应当按照水功能区对水质的要求和水体的自然净化能力，核定该水域的纳污能力，向环境保护行政主管部门提出该水域的限制排污总量意见。

县级以上地方人民政府水行政主管部门和流域管理机构应当对水功能区的水质状况进行监测，发现重点污染物排放总量超过控制指标的，或者水功能区的水质未达到水域使用功能对水质的要求的，应当及时报告有关人民政府采取治理措施，并向环境保护行政主管部门通报。

第三十三条 国家建立饮用水水源保护区制度。省、自治区、直辖市人民政府应当划定饮用水水源保护区，并采取措施，防止水源枯竭和水体污染，保证城乡居民饮用水安全。

第三十四条 禁止在饮用水水源保护区内设置排污口。

在江河、湖泊新建、改建或者扩大排污口，应当经过有管辖权的水行政主管部门或者流域管理机构同意，由环境保护行政主管部门负责对该建设项目的环境影响报告书进行审批。

第三十五条 从事工程建设，占用农业灌溉水源、灌排工程设施，或者对原有灌溉用水、供水水源有不利影响的，建设单位应当采取相应的补救措施；造成损失的，依法给予补偿。

第三十六条 在地下水超采地区，县级以上地方人民政府应当采取措施，严格控制开采地下水。在地下水严重超采地区，经省、自治区、直辖市人民政府批准，可以划定地下水禁止开采或者限制开采区。在沿海地区开采地下水，应当经过科学论证，并采取措施，防止地面沉降和海水入侵。

第三十七条 禁止在江河、湖泊、水库、运河、渠道内弃置、堆放阻碍行洪的物体和种植阻碍行洪的林木及高秆作物。

禁止在河道管理范围内建设妨碍行洪的建筑物、构筑物以及从事影响河势稳定、危害河岸堤防安全和其他妨碍河道行洪的活动。

第三十八条 在河道管理范围内建设桥梁、码头和其他拦河、跨河、临河建筑物、构筑物，铺设跨河管道、电缆，应当符合国家规定的防洪标准和其他有关的技术要求，工程建设方案应当依照防洪法的有关规定报经有关水行政主管部门审查同意。

因建设前款工程设施,需要扩建、改建、拆除或者损坏原有水工程设施的,建设单位应当负担扩建、改建的费用和损失补偿。但是,原有工程设施属于违法工程的除外。

第三十九条 国家实行河道采砂许可制度。河道采砂许可制度实施办法,由国务院规定。

在河道管理范围内采砂,影响河势稳定或者危及堤防安全的,有关县级以上人民政府水行政主管部门应当划定禁采区和规定禁采期,并予以公告。

第四十条 禁止围湖造地。已经围垦的,应当按照国家规定的防洪标准有计划地退地还湖。

禁止围垦河道。确需围垦的,应当经过科学论证,经省、自治区、直辖市人民政府水行政主管部门或者国务院水行政主管部门同意后,报本级人民政府批准。

第四十一条 单位和个人有保护水工程的义务,不得侵占、毁坏堤防、护岸、防汛、水文监测、水文地质监测等工程设施。

第四十二条 县级以上地方人民政府应当采取措施,保障本行政区域内水工程,特别是水坝和堤防的安全,限期消除险情。水行政主管部门应当加强对水工程安全的监督管理。

第四十三条 国家对水工程实施保护。国家所有的水工程应当按照国务院的规定划定工程管理和保护范围。

国务院水行政主管部门或者流域管理机构管理的水工程，由主管部门或者流域管理机构商有关省、自治区、直辖市人民政府划定工程管理和保护范围。

前款规定以外的其他水工程,应当按照省、自治区、直辖市人民政府的规定,划定工程保护范围和保护职责。

在水工程保护范围内,禁止从事影响水工程运行和危害水工程安全的爆破、打井、采石、取土等活动。

第五章 水资源配置和节约使用

第四十四条 国务院发展计划主管部门和国务院水行政主管部门负责全国水资源的宏观调配。全国的和跨省、自治区、直辖市的水中长期供求规划,由国务院水行政主管部门会同有关部门制订,经国务院发展计划主管部门审查批准后执行。地方的水中长期供求规划,由县级以上地方人民政府水行政主管部门会同同级有关部门依据上一级水中长期供求规划和本地区的实际情况制订,经本级人民政府发展计划主管部门审查批准后执行。

水中长期供求规划应当依据水的供求现状、国民经济和社会发展规划、流域规划、区域规划,按照水资源供需协调、综合平衡、保护生态、厉行节约、合理开源的原则制订。

第四十五条 调蓄径流和分配水量,应当依据流域规划和水中长期供求规划,以流域为单元制订水量分配方案。

跨省、自治区、直辖市的水量分配方案和旱情紧急情况下的水量调度预案,由流域管理机构商有关省、自治区、直辖市人民政府制订,报国务院或者其授权的部门批准后执行。其他跨行政区域的水量分配方案和旱情紧急情况下的水量调度预案，由共同的上一级人民政府水行政主管部门商有关地方人民政府制订，报本级人民政府批准后执行。

水量分配方案和旱情紧急情况下的水量调度预案经批准后，有关地方人民政府必须执行。

在不同行政区域之间的边界河流上建设水资源开发、利用项目，应当符合该流域经批准的水量分配方案，由有关县级以上地方人民政府报共同的上一级人民政府水行政主管部门或者有关流域管理机构批准。

第四十六条 县级以上地方人民政府水行政主管部门或者流域管理机构应当根据批准的水量分配方案和年度预测来水量，制订年度水量分配方案和调度计划，实施水量统一调度；有关地方人民政府必须服从。

国家确定的重要江河、湖泊的年度水量分配方案，应当纳入国家的国民经济和社会发展年度计划。

第四十七条 国家对用水实行总量控制和定额管理相结合的制度。

省、自治区、直辖市人民政府有关行业主管部门应当制订本行政区域内行业用水定额，报同级水行政主管部门和质量监督检验行政主管部门审核同意后，由省、自治区、直辖市人民政府公布，并报国务院水行政主管部门和国务院质量监督检验行政主管部门备案。

县级以上地方人民政府发展计划主管部门会同同级水行政主管部门，根据用水定额、经济技术条件以及水量分配方案确定的可供本行政区域使用的水量，制订年度用水计划，对本行政区域内的年度用水实行总量控制。

第四十八条 直接从江河、湖泊或者地下取用水资源的单位和个人，应当按照国家取水许可制度和水资源有偿使用制度的规定，向水行政主管部门或者流域管理机构申请领取取水许可证，并缴纳水资源费，取得取水权。但是，家庭生活和零星散养、圈养畜禽饮用等少量取水的除外。

实施取水许可制度和征收管理水资源费的具体办法，由国务院规定。

第四十九条 用水应当计量，并按照批准的用水计划用水。用水实行计量收费和超定额累进加价制度。

第五十条 各级人民政府应当推行节水灌溉方式和节水技术，对农业蓄水、输水工程采取必要的防渗漏措施，提高农业用水效率。

第五十一条 工业用水应当采用先进技术、工艺和设备，增加循环用水次数，提高水的重复利用率。

国家逐步淘汰落后的、耗水量高的工艺、设备和产品，具体名录由国务院经济综合主管部门会同国务院水行政主管部门和有关部门制订并公布。生产者、销售者或者生产经营中的使用者应当在规定的时间内停止生产、销售或者使用列入名录的工艺、设备和产品。

第五十二条 城市人民政府应当因地制宜采取有效措施，推广节水型生活用水器具，降低城市供水管网漏失率，提高生活用水效率；加强城市污水集中处理，鼓励使用再生水，提高污水再生利用率。

第五十三条 新建、扩建、改建建设项目,应当制订节水措施方案,配套建设节水设施。节水设施应当与主体工程同时设计、同时施工、同时投产。

供水企业和自建供水设施的单位应当加强供水设施的维护管理,减少水的漏失。

第五十四条 各级人民政府应当积极采取措施,改善城乡居民的饮用水条件。

第五十五条 使用水工程供应的水,应当按照国家规定向供水单位缴纳水费。供水价格应当按照补偿成本、合理收益、优质优价、公平负担的原则确定。具体办法由省级以上人民政府价格主管部门会同同级水行政主管部门或者其他供水行政主管部门依据职权制订。

第六章 水事纠纷处理与执法监督检查

第五十六条 不同行政区域之间发生水事纠纷的,应当协商处理;协商不成的,由上一级人民政府裁决,有关各方必须遵照执行。在水事纠纷解决前,未经各方达成协议或者共同的上一级人民政府批准,在行政区域交界线两侧一定范围内,任何一方不得修建排水、阻水、取水和截(蓄)水工程,不得单方面改变水的现状。

第五十七条 单位之间、个人之间、单位与个人之间发生的水事纠纷,应当协商解决;当事人不愿协商或者协商不成的,可以申请县级以上地方人民政府或者其授权的部门调解,也可以直接向人民法院提起民事诉讼。县级以上地方人民政府或者其授权的部门调解不成的,当事人可以向人民法院提起民事诉讼。

在水事纠纷解决前,当事人不得单方面改变现状。

第五十八条 县级以上人民政府或者其授权的部门在处理水事纠纷时,有权采取临时处置措施,有关各方或者当事人必须服从。

第五十九条 县级以上人民政府水行政主管部门和流域管理机构应当对违反本法的行为加强监督检查并依法进行查处。水政监督检查人员应当忠于职守,秉公执法。

第六十条 县级以上人民政府水行政主管部门、流域管理机构及其水政监督检查人员履行本法规定的监督检查职责时,有权采取下列措施:

(一)要求被检查单位提供有关文件、证照、资料;

(二)要求被检查单位就执行本法的有关问题作出说明;

(三)进入被检查单位的生产场所进行调查;

(四)责令被检查单位停止违反本法的行为,履行法定义务。

第六十一条 有关单位或者个人对水政监督检查人员的监督检查工作应当给予配合,不得拒绝或者阻碍水政监督检查人员依法执行职务。

第六十二条 水政监督检查人员在履行监督检查职责时,应当向被检查单位或者个人出示执法证件。

第六十三条 县级以上人民政府或者上级水行政主管部门发现本级或者下级水行政主管部门在监督检查工作中有违法或者失职行为的,应当责令其限期改正。

第七章 法律责任

第六十四条 水行政主管部门或者其他有关部门以及水工程管理单位及其工作人员，利用职务上的便利收取他人财物、其他好处或者玩忽职守，对不符合法定条件的单位或者个人核发许可证、签署审查同意意见，不按照水量分配方案分配水量，不按照国家有关规定收取水资源费，不履行监督职责，或者发现违法行为不予查处，造成严重后果，构成犯罪的，对负有责任的主管人员和其他直接责任人员依照刑法的有关规定追究刑事责任；尚不够刑事处罚的，依法给予行政处分。

第六十五条 在河道管理范围内建设妨碍行洪的建筑物、构筑物，或者从事影响河势稳定、危害河岸堤防安全和其他妨碍河道行洪的活动的，由县级以上人民政府水行政主管部门或者流域管理机构依据职权，责令停止违法行为，限期拆除违法建筑物、构筑物，恢复原状；逾期不拆除、不恢复原状的，强行拆除，所需费用由违法单位或者个人负担，并处一万元以上十万元以下的罚款。

未经水行政主管部门或者流域管理机构同意，擅自修建水工程，或者建设桥梁、码头和其他拦河、跨河、临河建筑物、构筑物，铺设跨河管道、电缆，且防洪法未作规定的，由县级以上人民政府水行政主管部门或者流域管理机构依据职权，责令停止违法行为，限期补办有关手续；逾期不补办或者补办未被批准的，责令限期拆除违法建筑物、构筑物；逾期不拆除的，强行拆除，所需费用由违法单位或者个人负担，并处一万元以上十万元以下的罚款。

虽经水行政主管部门或者流域管理机构同意，但未按照要求修建前款所列工程设施的，由县级以上人民政府水行政主管部门或者流域管理机构依据职权，责令限期改正，按照情节轻重，处一万元以上十万元以下的罚款。

第六十六条 有下列行为之一，且防洪法未作规定的，由县级以上人民政府水行政主管部门或者流域管理机构依据职权，责令停止违法行为，限期清除障碍或者采取其他补救措施，处一万元以上五万元以下的罚款：

(一)在江河、湖泊、水库、运河、渠道内弃置、堆放阻碍行洪的物体和种植阻碍行洪的林木及高秆作物的；

(二)围湖造地或者未经批准围垦河道的。

第六十七条 在饮用水水源保护区内设置排污口的，由县级以上地方人民政府责令限期拆除、恢复原状；逾期不拆除、不恢复原状的，强行拆除、恢复原状，并处五万元以上十万元以下的罚款。

未经水行政主管部门或者流域管理机构审查同意，擅自在江河、湖泊新建、改建或者扩大排污口的，由县级以上人民政府水行政主管部门或者流域管理机构依据职权，责令停止违法行为，限期恢复原状，处五万元以上十万元以下的罚款。

第六十八条 生产、销售或者在生产经营中使用国家明令淘汰的落后的、耗水量高的工艺、设备和产品的，由县级以上地方人民政府经济综合主管部门责令停止生产、销售或者使用，处二万元以上十万元以下的罚款。

第六十九条 有下列行为之一的，由县级以上人民政府水行政主管部门或者流域管理机构依据职权，责令停止违法行为，限期采取补救措施，处二万元以上十万元以下的罚款；情节严重的，吊销其取水许可证：

(一)未经批准擅自取水的；

(二)未依照批准的取水许可规定条件取水的。

第七十条 拒不缴纳、拖延缴纳或者拖欠水资源费的，由县级以上人民政府水行政主管部门或者流域管理机构依据职权，责令限期缴纳；逾期不缴纳的，从滞纳之日起按日加收滞纳部分千分之二的滞纳金，并处应缴或者补缴水资源费一倍以上五倍以下的罚款。

第七十一条 建设项目的节水设施没有建成或者没有达到国家规定的要求，擅自投入使用的，由县级以上人民政府有关部门或者流域管理机构依据职权，责令停止使用，限期改正，处五万元以上十万元以下的罚款。

第七十二条 有下列行为之一，构成犯罪的，依照刑法的有关规定追究刑事责任；尚不够刑事处罚，且防洪法未作规定的，由县级以上地方人民政府水行政主管部门或者流域管理机构依据职权，责令停止违法行为，采取补救措施，处一万元以上五万元以下的罚款；违反《中华人民共和国治安管理处罚法》的由公安机关依法给予治安管理处罚；给他人造成损失的，依法承担赔偿责任：

(一)侵占、毁坏水工程及堤防、护岸等有关设施，毁坏防汛、水文监测、水文地质监测设施的；

(二)在水工程保护范围内，从事影响水工程运行和危害水工程安全的爆破、打井、采石、取土等活动的。

第七十三条 侵占、盗窃或者抢夺防汛物资，防洪排涝、农田水利、水文监测和测量以及其他水工程设备和器材，贪污或者挪用国家救灾、抢险、防汛、移民安置和补偿及其他水利建设款物，构成犯罪的，依照刑法的有关规定追究刑事责任。

第七十四条 在水事纠纷发生及其处理过程中煽动闹事、结伙斗殴、抢夺或者损坏公私财物、非法限制他人人身自由，构成犯罪的，依照刑法的有关规定追究刑事责任；尚不够刑事处罚的，由公安机关依法给予治安管理处罚。

第七十五条 不同行政区域之间发生水事纠纷，有下列行为之一的，对负有责任的主管人员和其他直接责任人员依法给予行政处分：

(一)拒不执行水量分配方案和水量调度预案的；

(二)拒不服从水量统一调度的；

(三)拒不执行上一级人民政府的裁决的；

(四)在水事纠纷解决前，未经各方达成协议或者上一级人民政府批准，单方面违反本法规定改变水的现状的。

第七十六条 引水、截(蓄)水、排水，损害公共利益或者他人合法权益的，依法承担民事责任。

第七十七条 对违反本法第三十九条有关河道采砂许可制度规定的行政处罚，由国务院规定。

第八章 附 则

第七十八条 中华人民共和国缔结或者参加的与国际或者国境边界河流、湖泊有关的国际条约、协定与中华人民共和国法律有不同规定的，适用国际条约、协定的规定。但是，中华人民共和国声明保留的条款除外。

第七十九条 本法所称水工程，是指在江河、湖泊和地下水源上开发、利用、控制、调配和保护水资源的各类工程。

第八十条 海水的开发、利用、保护和管理，依照有关法律的规定执行。

第八十一条 从事防洪活动，依照防洪法的规定执行。水污染防治，依照水污染防治法的规定执行。

第八十二条 本法自 2002 年 10 月 1 日起施行。

中华人民共和国防洪法

(1997 年 8 月 29 日第八届全国人民代表大会常务委员会第二十七次会议通过 根据 2009 年 8 月 27 日第十一届全国人民代表大会常务委员会第十次会议《全国人民代表大会常务委员会关于修改部分法律的决定》第一次修正；根据 2015 年 4 月 24 日第十二届全国人民代表大会常务委员会第十四次会议《全国人民代表大会常务委员会关于修改〈中华人民共和国港口法〉等七部法律的决定》第二次修正；根据 2016 年 7 月 2 日第十二届全国人民代表大会常务委员会第二十一次会议《全国人民代表大会常务委员会关于修改〈中华人民共和国节约能源法〉第六部法律的决定》第三次修正)

第一章 总 则

第一条 为了防治洪水，防御、减轻洪涝灾害，维护人民的生命和财产安全，保障社会主义现代化建设顺利进行，制订本法。

第二条 防洪工作实行全面规划、统筹兼顾、预防为主、综合治理、局部利益服从全局利益的原则。

第三条 防洪工程设施建设，应当纳入国民经济和社会发展计划。防洪费用按照政府投入同受益者合理承担相结合的原则筹集。

第四条 开发利用和保护水资源，应当服从防洪总体安排，实行兴利与除害相结合的原则。江河、湖泊治理以及防洪工程设施建设，应当符合流域综合规划，与流域水资源的综合开发相结合。

本法所称综合规划是指开发利用水资源和防治水害的综合规划。

第五条 防洪工作按照流域或者区域实行统一规划、分级实施和流域管理与行政区域管理相结合的制度。

第六条 任何单位和个人都有保护防洪工程设施和依法参加防汛抗洪的义务。

第七条 各级人民政府应当加强对防洪工作的统一领导,组织有关部门、单位,动员社会力量,依靠科技进步,有计划地进行江河、湖泊治理,采取措施加强防洪工程设施建设,巩固、提高防洪能力。

各级人民政府应当组织有关部门、单位,动员社会力量,做好防汛抗洪和洪涝灾害后的恢复与救济工作。

各级人民政府应当对蓄滞洪区予以扶持;蓄滞洪后,应当依照国家规定予以补偿或者救助。

第八条 国务院水行政主管部门在国务院的领导下,负责全国防洪的组织、协调、监督、指导等日常工作。国务院水行政主管部门在国家确定的重要江河、湖泊设立的流域管理机构,在所管辖的范围内行使法律、行政法规规定和国务院水行政主管部门授权的防洪协调和监督管理职责。

国务院建设行政主管部门和其他有关部门在国务院的领导下,按照各自的职责,负责有关的防洪工作。

县级以上地方人民政府水行政主管部门在本级人民政府的领导下,负责本行政区域内防洪的组织、协调、监督、指导等日常工作。县级以上地方人民政府建设行政主管部门和其他有关部门在本级人民政府的领导下,按照各自的职责,负责有关的防洪工作。

第二章 防洪规划

第九条 防洪规划是指为防治某一流域、河段或者区域的洪涝灾害而制订的总体部署,包括国家确定的重要江河、湖泊的流域防洪规划,其他江河、河段、湖泊的防洪规划以及区域防洪规划。

防洪规划应当服从所在流域、区域的综合规划;区域防洪规划应当服从所在流域的防洪规划。防洪规划是江河、湖泊治理和防洪工程设施建设的基本依据。

第十条 国家确定的重要江河、湖泊的防洪规划,由国务院水行政主管部门依据该江河、湖泊的流域综合规划,会同有关部门和有关省、自治区、直辖市人民政府编制,报国务院批准。

其他江河、河段、湖泊的防洪规划或者区域防洪规划,由县级以上地方人民政府水行政主管部门分别依据流域综合规划、区域综合规划,会同有关部门和有关地区编制,报本级人民政府批准,并报上一级人民政府水行政主管部门备案;跨省、自治区、直辖市的江河、河段、湖泊的防洪规划由有关流域管理机构会同江河、河段、湖泊所在地的省、自治区、直辖市人民政府水行政主管部门、有关主管部门拟定,分别经有关省、自治区、直辖市人民政府审查提出意见后,报国务院水行政主管部门批准。

城市防洪规划,由城市人民政府组织水行政主管部门、建设行政主管部门和其他有关部门依据流域防洪规划、上一级人民政府区域防洪规划编制,按照国务院规定的审批程序批准后纳入城市总体规划。修改防洪规划,应当报经原批准机关批准。

第十一条 编制防洪规划,应当遵循确保重点、兼顾一般,以及防汛和抗旱相结合、工程措施和非工程措施相结合的原则,充分考虑洪涝规律和上下游、左右岸的关系以及国民经济对防洪的要求,并与国土规划和土地利用总体规划相协调。

防洪规划应当确定防护对象、治理目标和任务、防洪措施和实施方案,划定洪泛区、蓄滞洪区和防洪保护区的范围,规定蓄滞洪区的使用原则。

第十二条 受风暴潮威胁的沿海地区的县级以上地方人民政府,应当把防御风暴潮纳入本地区的防洪规划,加强海堤(海塘)、挡潮闸和沿海防护林等防御风暴潮工程体系建设,监督建筑物、构筑物的设计和施工符合防御风暴潮的需要。

第十三条 山洪可能诱发山体滑坡、崩塌和泥石流的地区以及其他山洪多发地区的县级以上地方人民政府,应当组织负责地质矿产管理工作的部门、水行政主管部门和其他有关部门对山体滑坡、崩塌和泥石流隐患进行全面调查,划定重点防治区,采取防治措施。

城市、村镇和其他居民点以及工厂、矿山、铁路和公路干线的布局,应当避开山洪威胁;已经建在受山洪威胁的地方的,应当采取防御措施。

第十四条 平原、洼地、水网圩区、山谷、盆地等易涝地区的有关地方人民政府,应当制订除涝治涝规划,组织有关部门、单位采取相应的治理措施,完善排水系统,发展耐涝农作物种类和品种,开展洪涝、干旱、盐碱综合治理。

城市人民政府应当加强对城区排涝管网、泵站的建设和管理。

第十五条 国务院水行政主管部门应当会同有关部门和省、自治区、直辖市人民政府制订长江、黄河、珠江、辽河、淮河、海河入海河口的整治规划。

在前款入海河口围海造地,应当符合河口整治规划。

第十六条 防洪规划确定的河道整治计划用地和规划建设的堤防用地范围内的土地,经土地管理部门和水行政主管部门会同有关地区核定,报经县级以上人民政府按照国务院规定的权限批准后,可以划定为规划保留区;该规划保留区范围内的土地涉及其他项目用地的,有关土地管理部门和水行政主管部门核定时,应当征求有关部门的意见。

规划保留区依照前款规定划定后,应当公告。

前款规划保留区内不得建设与防洪无关的工矿工程设施;在特殊情况下,国家工矿建设项目确需占用前款规划保留区内的土地的,应当按照国家规定的基本建设程序报请批准,并征求有关水行政主管部门的意见。

防洪规划确定的扩大或者开辟的人工排洪道用地范围内的土地,经省级以上人民政府土地管理部门和水行政主管部门会同有关部门、有关地区核定,报省级以上人民政府按照国务院规定的权限批准后,可以划定为规划保留区,适用前款规定。

第十七条 在江河、湖泊上建设防洪工程和其他水工程、水电站等,应当符合防洪规划的要求;水库应当按照防洪规划的要求留足防洪库容。

前款规定的防洪工程和其他水工程、水电站未取得有关水行政主管部门签署的符合防洪规划要求的规划同意书的,建设单位不得开工建设。

第三章 治理与防护

第十八条 防治江河洪水,应当蓄泄兼施,充分发挥河道行洪能力和水库、洼淀、湖泊调蓄洪水的功能,加强河道防护,因地制宜地采取定期清淤疏浚等措施,保持行洪畅通。

防治江河洪水,应当保护、扩大流域林草植被,涵养水源,加强流域水土保持综合治理。

第十九条 整治河道和修建控制引导河水流向、保护堤岸等工程,应当兼顾上下游、左右岸的关系,按照规划治导线实施,不得任意改变河水流向。

国家确定的重要江河的规划治导线由流域管理机构拟定,报国务院水行政主管部门批准。

其他江河、河段的规划治导线由县级以上地方人民政府水行政主管部门拟定,报本级人民政府批准;跨省、自治区、直辖市的江河、河段和省、自治区、直辖市之间的省界河道的规划治导线由有关流域管理机构组织江河、河段所在地的省、自治区、直辖市人民政府水行政主管部门拟定,经有关省、自治区、直辖市人民政府审查提出意见后,报国务院水行政主管部门批准。

第二十条 整治河道、湖泊,涉及航道的,应当兼顾航运需要,并事先征求交通主管部门的意见。整治航道,应当符合江河、湖泊防洪安全要求,并事先征求水行政主管部门的意见。

在竹木流放的河流和渔业水域整治河道的,应当兼顾竹木水运和渔业发展的需要,并事先征求林业、渔业行政主管部门的意见。在河道中流放竹木,不得影响行洪和防洪工程设施的安全。

第二十一条 河道、湖泊管理实行按水系统一管理和分级管理相结合的原则,加强防护,确保畅通。

国家确定的重要江河、湖泊的主要河段,跨省、自治区、直辖市的重要河段、湖泊,省、自治区、直辖市之间的省界河道、湖泊以及国(边)界河道、湖泊,由流域管理机构和江河、湖泊所在地的省、自治区、直辖市人民政府水行政主管部门按照国务院水行政主管部门的划定依法实施管理。其他河道、湖泊,由县级以上地方人民政府水行政主管部门按照国务院水行政主管部门或者国务院水行政主管部门授权的机构的划定依法实施管理。

有堤防的河道、湖泊,其管理范围为两岸堤防之间的水域、沙洲、滩地、行洪区和堤防及护堤地;无堤防的河道、湖泊,其管理范围为历史最高洪水位或者设计洪水位之间的水域、沙洲、滩地和行洪区。

流域管理机构直接管理的河道、湖泊管理范围,由流域管理机构会同有关县级以上地方人民政府依照前款规定界定;其他河道、湖泊管理范围,由有关县级以上地方人民政府依照前款规定界定。

第二十二条 河道、湖泊管理范围内的土地和岸线的利用,应当符合行洪、输水的要求。

禁止在河道、湖泊管理范围内建设妨碍行洪的建筑物、构筑物,倾倒垃圾、渣土,从事影响河势稳定、危害河岸堤防安全和其他妨碍河道行洪的活动。

禁止在行洪河道内种植阻碍行洪的林木和高秆作物。

在船舶航行可能危及堤岸安全的河段，应当限定航速。限定航速的标志，由交通主管部门与水行政主管部门商定后设置。

第二十三条 禁止围湖造地。已经围垦的，应当按照国家规定的防洪标准进行治理，有计划地退地还湖。

禁止围垦河道。确需围垦的，应当进行科学论证，经水行政主管部门确认不妨碍行洪、输水后，报省级以上人民政府批准。

第二十四条 对居住在行洪河道内的居民，当地人民政府应当有计划地组织外迁。

第二十五条 护堤护岸的林木，由河道、湖泊管理机构组织营造和管理。护堤护岸林木，不得任意砍伐。采伐护堤护岸林木的，应当依法办理采伐许可手续，并完成规定的更新补种任务。

第二十六条 对壅水、阻水严重的桥梁、引道、码头和其他跨河工程设施，根据防洪标准，有关水行政主管部门可以报请县级以上人民政府按照国务院规定的权限责令建设单位限期改建或者拆除。

第二十七条 建设跨河、穿河、穿堤、临河的桥梁、码头、道路、渡口、管道、缆线、取水、排水等工程设施，应当符合防洪标准、岸线规划、航运要求和其他技术要求，不得危害堤防安全，影响河势稳定、妨碍行洪畅通；其可行性研究报告按照国家规定的基本建设程序报请批准前，其中的工程建设方案应当经有关水行政主管部门根据前述防洪要求审查同意。

前款工程设施需要占用河道、湖泊管理范围内土地，跨越河道、湖泊空间或者穿越河床的，建设单位应当经有关水行政主管部门对该工程设施建设的位置和界限审查批准后，方可依法办理开工手续；安排施工时，应当按照水行政主管部门审查批准的位置和界限进行。

第二十八条 对于河道、湖泊管理范围内依照本法规定建设的工程设施，水行政主管部门有权依法检查；水行政主管部门检查时，被检查者应当如实提供有关情况和资料。

前款规定的工程设施竣工验收时，应当有水行政主管部门参加。

第四章　防洪区和防洪工程设施的管理

第二十九条 防洪区是指洪水泛滥可能淹及的地区，分为洪泛区、蓄滞洪区和防洪保护区。

洪泛区是指尚无工程设施保护的洪水泛滥所及的地区。

蓄滞洪区是指包括分洪口在内的河堤背水面以外临时贮存洪水的低洼地区及湖泊等。

防洪保护区是指在防洪标准内受防洪工程设施保护的地区。

洪泛区、蓄滞洪区和防洪保护区的范围，在防洪规划或者防御洪水方案中划定，并报请省级以上人民政府按照国务院规定的权限批准后予以公告。

第三十条 各级人民政府应当按照防洪规划对防洪区内的土地利用实行分区管理。

第三十一条 地方各级人民政府应当加强对防洪区安全建设工作的领导，组织有关部门、单位对防洪区内的单位和居民进行防洪教育，普及防洪知识，提高水患意识；按照防洪规划和防御洪水方案建立并完善防洪体系和水文、气象、通信、预警以及洪涝灾害监测系统，提高防御洪水能力；组织防洪区内的单位和居民积极参加防洪工作，因地制宜地采取防洪避洪措施。

第三十二条 洪泛区、蓄滞洪区所在地的省、自治区、直辖市人民政府应当组织有关地区和部门，按照防洪规划的要求，制订洪泛区、蓄滞洪区安全建设计划，控制蓄滞洪区人口增长，对居住在经常使用的蓄滞洪区的居民，有计划地组织外迁，并采取其他必要的安全保护措施。

因蓄滞洪区而直接受益的地区和单位，应当对蓄滞洪区承担国家规定的补偿、救助义务。国务院和有关的省、自治区、直辖市人民政府应当建立对蓄滞洪区的扶持和补偿、救助制度。

国务院和有关的省、自治区、直辖市人民政府可以制订洪泛区、蓄滞洪区安全建设管理办法以及对蓄滞洪区的扶持和补偿、救助办法。

第三十三条 在洪泛区、蓄滞洪区内建设非防洪建设项目，应当就洪水对建设项目可能产生的影响和建设项目对防洪可能产生的影响作出评价，编制洪水影响评价报告，提出防御措施。建设项目可行性研究报告按照国家规定的基本建设程序报请批准时，应当附具有关水行政主管部门审查批准的洪水影响评价报告。

在蓄滞洪区内建设的油田、铁路、公路、矿山、电厂、电信设施和管道，其洪水影响评价报告应当包括建设单位自行安排的防洪避洪方案。建设项目投入生产或者使用时，其防洪工程设施应当经水行政主管部门验收。

在蓄滞洪区内建造房屋应当采用平顶式结构。

第三十四条 大中城市，重要的铁路、公路干线，大型骨干企业，应当列为防洪重点，确保安全。

受洪水威胁的城市、经济开发区、工矿区和国家重要的农业生产基地等，应当重点保护，建设必要的防洪工程设施。

城市建设不得擅自填堵原有河道沟叉、贮水湖塘洼淀和废除原有防洪围堤。确需填堵或者废除的，应当经城市人民政府批准。

第三十五条 属于国家所有的防洪工程设施，应当按照经批准的设计，在竣工验收前由县级以上人民政府按照国家规定，划定管理和保护范围。

属于集体所有的防洪工程设施，应当按照省、自治区、直辖市人民政府的规定，划定保护范围。

在防洪工程设施保护范围内，禁止进行爆破、打井、采石、取土等危害防洪工程设施安全的活动。

第三十六条 各级人民政府应当组织有关部门加强对水库大坝的定期检查和监督管理。对未达到设计洪水标准、抗震设防要求或者有严重质量缺陷的险坝，大坝主管部门应当组织有关单位采取除险加固措施，限期消除危险或者重建，有关人民政府应当优先安排所需资金。对可能出现垮坝的水库,应当事先制订应急抢险和居民临时撤离方案。

各级人民政府和有关主管部门应当加强对尾矿坝的监督管理,采取措施,避免因洪水导致垮坝。

第三十七条 任何单位和个人不得破坏、侵占、毁损水库大坝、堤防、水闸、护岸、抽水站、排水渠系等防洪工程和水文、通信设施以及防汛备用的器材、物料等。

第五章 防汛抗洪

第三十八条 防汛抗洪工作实行各级人民政府行政首长负责制,统一指挥、分级分部门负责。

第三十九条 国务院设立国家防汛指挥机构,负责领导、组织全国的防汛抗洪工作,其办事机构设在国务院水行政主管部门。

在国家确定的重要江河、湖泊可以设立由有关省、自治区、直辖市人民政府和该江河、湖泊的流域管理机构负责人等组成的防汛指挥机构,指挥所管辖范围内的防汛抗洪工作,其办事机构设在流域管理机构。

有防汛抗洪任务的县级以上地方人民政府设立由有关部门、当地驻军、人民武装部负责人等组成的防汛指挥机构,在上级防汛指挥机构和本级人民政府的领导下,指挥本地区的防汛抗洪工作,其办事机构设在同级水行政主管部门;必要时,经城市人民政府决定,防汛指挥机构也可以在建设行政主管部门设城市市区办事机构,在防汛指挥机构的统一领导下,负责城市市区的防汛抗洪日常工作。

第四十条 有防汛抗洪任务的县级以上地方人民政府根据流域综合规划、防洪工程实际状况和国家规定的防洪标准,制订防御洪水方案(包括对特大洪水的处置措施)。

长江、黄河、淮河、海河的防御洪水方案,由国家防汛指挥机构制订,报国务院批准;跨省、自治区、直辖市的其他江河的防御洪水方案,由有关流域管理机构会同有关省、自治区、直辖市人民政府制订,报国务院或者国务院授权的有关部门批准。防御洪水方案经批准后,有关地方人民政府必须执行。

各级防汛指挥机构和承担防汛抗洪任务的部门和单位，必须根据防御洪水方案做好防汛抗洪准备工作。

第四十一条 省、自治区、直辖市人民政府防汛指挥机构根据当地的洪水规律,规定汛期起止日期。

当江河、湖泊的水情接近保证水位或者安全流量,水库水位接近设计洪水位,或者防洪工程设施发生重大险情时,有关县级以上人民政府防汛指挥机构可以宣布进入紧急防汛期。

第四十二条 对河道、湖泊范围内阻碍行洪的障碍物,按照谁设障、谁清除的原则,由防汛指挥机构责令限期清除;逾期不清除的,由防汛指挥机构组织强行清除,所需费用由设障者承担。

在紧急防汛期,国家防汛指挥机构或者其授权的流域、省、自治区、直辖市防汛指挥机构有权对壅水、阻水严重的桥梁、引道、码头和其他跨河工程设施作出紧急处置。

第四十三条 在汛期，气象、水文、海洋等有关部门应当按照各自的职责，及时向有关防汛指挥机构提供天气、水文等实时信息和风暴潮预报；电信部门应当优先提供防汛抗洪通信的服务；运输、电力、物资材料供应等有关部门应当优先为防汛抗洪服务。

中国人民解放军、中国人民武装警察部队和民兵应当执行国家赋予的抗洪抢险任务。

第四十四条 在汛期，水库、闸坝和其他水工程设施的运用，必须服从有关防汛指挥机构的调度指挥和监督。

在汛期，水库不得擅自在汛期限制水位以上蓄水，其汛期限制水位以上的防洪库容的运用，必须服从防汛指挥机构的调度指挥和监督。

在凌汛期，有防凌汛任务的江河的上游水库的下泄水量必须征得有关的防汛指挥机构的同意，并接受其监督。

第四十五条 在紧急防汛期，防汛指挥机构根据防汛抗洪的需要，有权在其管辖范围内调用物资、设备、交通运输工具和人力，决定采取取土占地、砍伐林木、清除阻水障碍物和其他必要的紧急措施；必要时，公安、交通等有关部门按照防汛指挥机构的决定，依法实施陆地和水面交通管制。

依照前款规定调用的物资、设备、交通运输工具等，在汛期结束后应当及时归还；造成损坏或者无法归还的，按照国务院有关规定给予适当补偿或者作其他处理。取土占地、砍伐林木的，在汛期结束后依法向有关部门补办手续；有关地方人民政府对取土后的土地组织复垦，对砍伐的林木组织补种。

第四十六条 江河、湖泊水位或者流量达到国家规定的分洪标准，需要启用蓄滞洪区时，国务院，国家防汛指挥机构，流域防汛指挥机构，省、自治区、直辖市人民政府，省、自治区、直辖市防汛指挥机构，按照依法经批准的防御洪水方案中规定的启用条件和批准程序，决定启用蓄滞洪区。依法启用蓄滞洪区，任何单位和个人不得阻拦、拖延；遇到阻拦、拖延时，由有关县级以上地方人民政府强制实施。

第四十七条 发生洪涝灾害后，有关人民政府应当组织有关部门、单位做好灾区的生活供给、卫生防疫、救灾物资供应、治安管理、学校复课、恢复生产和重建家园等救灾工作以及所管辖地区的各项水毁工程设施修复工作。水毁防洪工程设施的修复，应当优先列入有关部门的年度建设计划。国家鼓励、扶持开展洪水保险。

第六章 保障措施

第四十八条 各级人民政府应当采取措施，提高防洪投入的总体水平。

第四十九条 江河、湖泊的治理和防洪工程设施的建设和维护所需投资，按照事权和财权相统一的原则，分级负责，由中央和地方财政承担。城市防洪工程设施的建设和维护所需投资，由城市人民政府承担。

受洪水威胁地区的油田、管道、铁路、公路、矿山、电力、电信等企业、事业单位应当自筹资金，兴建必要的防洪自保工程。

第五十条　中央财政应当安排资金，用于国家确定的重要江河、湖泊的堤坝遭受特大洪涝灾害时的抗洪抢险和水毁防洪工程修复。省、自治区、直辖市人民政府应当在本级财政预算中安排资金，用于本行政区域内遭受特大洪涝灾害地区的抗洪抢险和水毁防洪工程修复。

第五十一条　国家设立水利建设基金，用于防洪工程和水利工程的维护和建设。具体办法由国务院规定。

受洪水威胁的省、自治区、直辖市为加强本行政区域内防洪工程设施建设，提高防御洪水能力，按照国务院的有关规定，可以规定在防洪保护区范围内征收河道工程修建维护管理费。

第五十二条　任何单位和个人不得截留、挪用防洪、救灾资金和物资。

各级人民政府审计机关应当加强对防洪、救灾资金使用情况的审计监督。

第七章　法律责任

第五十三条　违反本法第十七条规定，未经水行政主管部门签署规划同意书，擅自在江河、湖泊上建设防洪工程和其他水工程、水电站的，责令停止违法行为，补办规划同意书手续；违反规划同意书的要求，严重影响防洪的，责令限期拆除；违反规划同意书的要求，影响防洪但尚可采取补救措施的，责令限期采取补救措施，可以处一万元以上十万元以下的罚款。

第五十四条　违反本法第十九条规定，未按照规划治导线整治河道和修建控制引导河水流向、保护堤岸等工程，影响防洪的，责令停止违法行为，恢复原状或者采取其他补救措施，可以处一万元以上十万元以下的罚款。

第五十五条　违反本法第二十二条第二款、第三款规定，有下列行为之一的，责令停止违法行为，排除阻碍或者采取其他补救措施，可以处五万元以下的罚款：

(一)在河道、湖泊管理范围内建设妨碍行洪的建筑物、构筑物的；

(二)在河道、湖泊管理范围内倾倒垃圾、渣土，从事影响河势稳定、危害河岸堤防安全和其他妨碍河道行洪的活动的；

(三)在行洪河道内种植阻碍行洪的林木和高秆作物的。

第五十六条　违反本法第十五条第二款、第二十三条规定，围海造地、围湖造地、围垦河道的，责令停止违法行为，恢复原状或者采取其他补救措施，可以处五万元以下的罚款；既不恢复原状也不采取其他补救措施的，代为恢复原状或者采取其他补救措施，所需费用由违法者承担。

第五十七条　违反本法第二十七条规定，未经水行政主管部门对其工程建设方案审查同意或者未按照有关水行政主管部门审查批准的位置、界限，在河道、湖泊管理范围内从事工程设施建设活动的，责令停止违法行为，补办审查同意或者审查批准手续；工程设施建设严重影响防洪的，责令限期拆除，逾期不拆除的，强行拆除，所需费用由建设单位承担；影响行洪但尚可采取补救措施的，责令限期采取补救措施，可以处一万元以上十万元以下的罚款。

第五十八条　违反本法第三十三条第一款规定，在洪泛区、蓄滞洪区内建设非防洪建设项目,未编制洪水影响评价报告或者洪水影响评价报告未经审查批准开工建设的,责令限期改正;逾期不改正的,处五万元以下的罚款。

违反本法第三十三条第二款规定,防洪工程设施未经验收,即将建设项目投入生产或者使用的,责令停止生产或者使用,限期验收防洪工程设施,可以处五万元以下的罚款。

第五十九条 违反本法第三十四条规定,因城市建设擅自填堵原有河道沟叉、贮水湖塘洼淀和废除原有防洪围堤的,城市人民政府应当责令停止违法行为,限期恢复原状或者采取其他补救措施。

第六十条 违反本法规定,破坏、侵占、毁损堤防、水闸、护岸、抽水站、排水渠系等防洪工程和水文、通信设施以及防汛备用的器材、物料的,责令停止违法行为,采取补救措施,可以处五万元以下的罚款;造成损坏的,依法承担民事责任;应当给予治安管理处罚的,依照治安管理处罚法的规定处罚;构成犯罪的,依法追究刑事责任。

第六十一条 阻碍、威胁防汛指挥机构、水行政主管部门或者流域管理机构的工作人员依法执行职务,构成犯罪的,依法追究刑事责任;尚不构成犯罪的,应当给予治安管理处罚,依照治安管理处罚法的规定处罚。

第六十二条 截留、挪用防洪、救灾资金和物资,构成犯罪的,依法追究刑事责任;尚不构成犯罪的,给予行政处分。

第六十三条 除本法第六十条的规定外,本章规定的行政处罚和行政措施,由县级以上人民政府水行政主管部门决定,或者由流域管理机构按照国务院水行政主管部门规定的权限决定。但是,本法第六十一条、第六十二条规定的治安管理处罚的决定机关,按照治安管理处罚法的规定执行。

第六十四条 国家工作人员,有下列行为之一,构成犯罪的,依法追究刑事责任;尚不构成犯罪的,给予行政处分:

(一)违反本法第十七条、第十九条、第二十二条第二款、第二十二条第三款、第二十七条或者第三十四条规定,严重影响防洪的;

(二)滥用职权,玩忽职守,徇私舞弊,致使防汛抗洪工作遭受重大损失的;

(三)拒不执行防御洪水方案、防汛抢险指令或者蓄滞洪方案、措施、汛期调度运用计划等防汛调度方案的;

(四)违反本法规定,导致或者加重毗邻地区或者其他单位洪灾损失的。

第八章 附 则

第六十五条 本法自 1998 年 1 月 1 日起施行。

中华人民共和国防汛条例

(1991 年 7 月 2 日中华人民共和国国务院令第 86 号公布　根据 2005 年 7 月 15 日《国务院关于修改〈中华人民共和国防汛条例〉的决定》第一次修订　根据 2011 年 1 月 8 日《国务院关于废止和修改部分行政法规的决定》第二次修订)

第一章　总　则

第一条　为了做好防汛抗洪工作,保障人民生命财产安全和经济建设的顺利进行,根据《中华人民共和国水法》,制订本条例。

第二条　在中华人民共和国境内进行防汛抗洪活动,适用本条例。

第三条　防汛工作实行"安全第一,常备不懈,以防为主,全力抢险"的方针,遵循团结协作和局部利益服从全局利益的原则。

第四条　防汛工作实行各级人民政府行政首长负责制,实行统一指挥,分级分部门负责。各有关部门实行防汛岗位责任制。

第五条　任何单位和个人都有参加防汛抗洪的义务。

中国人民解放军和武装警察部队是防汛抗洪的重要力量。

第二章　防汛组织

第六条　国务院设立国家防汛总指挥部,负责组织领导全国的防汛抗洪工作,其办事机构设在国务院水行政主管部门。

长江和黄河,可以设立由有关省、自治区、直辖市人民政府和该江河的流域管理机构(以下简称流域机构)负责人等组成的防汛指挥机构,负责指挥所辖范围的防汛抗洪工作,其办事机构设在流域机构。长江和黄河的重大防汛抗洪事项须经国家防汛总指挥部批准后执行。

国务院水行政主管部门所属的淮河、海河、珠江、松花江、辽河、太湖等流域机构,设立防汛办事机构,负责协调本流域的防汛日常工作。

第七条　有防汛任务的县级以上地方人民政府设立防汛指挥部,由有关部门、当地驻军、人民武装部负责人组成,由各级人民政府首长担任指挥。各级人民政府防汛指挥部在上级人民政府防汛指挥部和同级人民政府的领导下,执行上级防汛指令,制订各项防汛抗洪措施,统一指挥本地区的防汛抗洪工作。

各级人民政府防汛指挥部办事机构设在同级水行政主管部门；城市市区的防汛指挥部办事机构也可以设在城建主管部门,负责管理所辖范围的防汛日常工作。

第八条　石油、电力、邮电、铁路、公路、航运、工矿以及商业、物资等有防汛任务的部门和单位，汛期应当设立防汛机构，在有管辖权的人民政府防汛指挥部统一领导下，负责做好本行业和本单位的防汛工作。

第九条 河道管理机构、水利水电工程管理单位和江河沿岸在建工程的建设单位，必须加强对所辖水工程设施的管理维护，保证其安全正常运行，组织和参加防汛抗洪工作。

第十条 有防汛任务的地方人民政府应当组织以民兵为骨干的群众性防汛队伍，并责成有关部门将防汛队伍组成人员登记造册，明确各自的任务和责任。

河道管理机构和其他防洪工程管理单位可以结合平时的管理任务，组织本单位的防汛抢险队伍，作为紧急抢险的骨干力量。

第三章 防汛准备

第十一条 有防汛任务的县级以上人民政府，应当根据流域综合规划、防洪工程实际状况和国家规定的防洪标准，制订防御洪水方案(包括对特大洪水的处置措施)。

长江、黄河、淮河、海河的防御洪水方案，由国家防汛总指挥部制订，报国务院批准后施行；跨省、自治区、直辖市的其他江河的防御洪水方案，有关省、自治区、直辖市人民政府制订后，经有管辖权的流域机构审查同意，由省、自治区、直辖市人民政府报国务院或其授权的机构批准后施行。

有防汛抗洪任务的城市人民政府，应当根据流域综合规划和江河的防御洪水方案，制订本城市的防御洪水方案，报上级人民政府或其授权的机构批准后施行。

防御洪水方案经批准后，有关地方人民政府必须执行。

第十二条 有防汛任务的地方，应当根据经批准的防御洪水方案制订洪水调度方案。长江、黄河、淮河、海河(海河流域的永定河、大清河、漳卫南运河和北三河)、松花江、辽河、珠江和太湖流域的洪水调度方案，由有关流域机构会同有关省、自治区、直辖市人民政府制订，报国家防汛总指挥部批准。跨省、自治区、直辖市的其他江河的洪水调度方案，由有关流域机构会同有关省、自治区、直辖市人民政府制订，报流域防汛指挥机构批准；没有设立流域防汛指挥机构的，报国家防汛总指挥部批准。其他江河的洪水调度方案，由有管辖权的水行政主管部门会同有关地方人民政府制订，报有管辖权的防汛指挥机构批准。

洪水调度方案经批准后，有关地方人民政府必须执行。修改洪水调度方案，应当报经原批准机关批准。

第十三条 有防汛抗洪任务的企业应当根据所在流域或者地区经批准的防御洪水方案和洪水调度方案，规定本企业的防汛抗洪措施，在征得其所在地县级人民政府水行政主管部门同意后，由有管辖权的防汛指挥机构监督实施。

第十四条 水库、水电站、拦河闸坝等工程的管理部门，应当根据工程规划设计、经批准的防御洪水方案和洪水调度方案以及工程实际状况，在兴利服从防洪，保证安全的前提下，制订汛期调度运用计划，经上级主管部门审查批准后，报有管辖权的人民政府防汛指挥部备案，并接受其监督。

经国家防汛总指挥部认定的对防汛抗洪关系重大的水电站，其防洪库容的汛期调度运用计划经上级主管部门审查同意后,须经有管辖权的人民政府防汛指挥部批准。

汛期调度运用计划经批准后,由水库、水电站、拦河闸坝等工程的管理部门负责执行。

有防凌任务的江河,其上游水库在凌汛期间的下泄水量,必须征得有管辖权的人民政府防汛指挥部的同意,并接受其监督。

第十五条 各级防汛指挥部应当在汛前对各类防洪设施组织检查,发现影响防洪安全的问题,责成责任单位在规定的期限内处理,不得贻误防汛抗洪工作。

各有关部门和单位按照防汛指挥部的统一部署,对所管辖的防洪工程设施进行汛前检查后,必须将影响防洪安全的问题和处理措施报有管辖权的防汛指挥部和上级主管部门,并按照该防汛指挥部的要求予以处理。

第十六条 关于河道清障和对壅水、阻水严重的桥梁、引道、码头和其他跨河工程设施的改建或者拆除,按照《中华人民共和国河道管理条例》的规定执行。

第十七条 蓄滞洪区所在地的省级人民政府应当按照国务院的有关规定,组织有关部门和市、县,制订所管辖的蓄滞洪区的安全与建设规划,并予实施。

各级地方人民政府必须对所管辖的蓄滞洪区的通信、预报警报、避洪、撤退道路等安全设施,以及紧急撤离和救生的准备工作进行汛前检查,发现影响安全的问题,及时处理。

第十八条 山洪、泥石流易发地区,当地有关部门应当指定预防监测员及时监测。雨季到来之前,当地人民政府防汛指挥部应当组织有关单位进行安全检查,对险情征兆明显的地区,应当及时把群众撤离险区。

风暴潮易发地区,当地有关部门应当加强对水库、海堤、闸坝、高压电线等设施和房屋的安全检查,发现影响安全的问题,及时处理。

第十九条 地区之间在防汛抗洪方面发生的水事纠纷,由发生纠纷地区共同的上一级人民政府或其授权的主管部门处理。

前款所指人民政府或者部门在处理防汛抗洪方面的水事纠纷时,有权采取临时紧急处置措施,有关当事各方必须服从并贯彻执行。

第二十条 有防汛任务的地方人民政府应当建设和完善江河堤防、水库、蓄滞洪区等防洪设施,以及该地区的防汛通信、预报警报系统。

第二十一条 各级防汛指挥部应当储备一定数量的防汛抢险物资,由商业、供销、物资部门代储的,可以支付适当的保管费。受洪水威胁的单位和群众应当储备一定的防汛抢险物料。

防汛抢险所需的主要物资,由计划主管部门在年度计划中予以安排。

第二十二条 各级人民政府防汛指挥部汛前应当向有关单位和当地驻军介绍防御洪水方案,组织交流防汛抢险经验。有关方面汛期应当及时通报水情。

第四章 防汛与抢险

第二十三条 省级人民政府防汛指挥部,可以根据当地的洪水规律,规定汛期起止日期。当江河、湖泊、水库的水情接近保证水位或者安全流量时,或者防洪工程设施发生重大险情,情况紧急时,县级以上地方人民政府可以宣布进入紧急防汛期,并报告上级人民政府防汛指挥部。

第二十四条 防汛期内,各级防汛指挥部必须有负责人主持工作。有关责任人员必须坚守岗位,及时掌握汛情,并按照防御洪水方案和汛期调度运用计划进行调度。

第二十五条 在汛期,水利、电力、气象、海洋、农林等部门的水文站、雨量站,必须及时准确地向各级防汛指挥部提供实时水文信息;气象部门必须及时向各级防汛指挥部提供有关天气预报和实时气象信息;水文部门必须及时向各级防汛指挥部提供有关水文预报;海洋部门必须及时向沿海地区防汛指挥部提供风暴潮预报。

第二十六条 在汛期,河道、水库、闸坝、水运设施等水工程管理单位及其主管部门在执行汛期调度运用计划时,必须服从有管辖权的人民政府防汛指挥部的统一调度指挥或者监督。

在汛期,以发电为主的水库,其汛限水位以上的防洪库容以及洪水调度运用必须服从有管辖权的人民政府防汛指挥部的统一调度指挥。

第二十七条 在汛期,河道、水库、水电站、闸坝等水工程管理单位必须按照规定对水工程进行巡查,发现险情,必须立即采取抢护措施,并及时向防汛指挥部和上级主管部门报告。其他任何单位和个人发现水工程设施出现险情,应当立即向防汛指挥部和水工程管理单位报告。

第二十八条 在汛期,公路、铁路、航运、民航等部门应当及时运送防汛抢险人员和物资;电力部门应当保证防汛用电。

第二十九条 在汛期,电力调度通信设施必须服从防汛工作需要;邮电部门必须保证汛情和防汛指令的及时、准确传递,电视、广播、公路、铁路、航运、民航、公安、林业、石油等部门应当运用本部门的通信工具优先为防汛抗洪服务。

电视、广播、新闻单位应当根据人民政府防汛指挥部提供的汛情,及时向公众发布防汛信息。

第三十条 在紧急防汛期,地方人民政府防汛指挥部必须由人民政府负责人主持工作,组织动员本地区各有关单位和个人投入抗洪抢险。所有单位和个人必须听从指挥,承担人民政府防汛指挥部分配的抗洪抢险任务。

第三十一条 在紧急防汛期,公安部门应当按照人民政府防汛指挥部的要求,加强治安管理和安全保卫工作。必要时须由有关部门依法实行陆地和水面交通管制。

第三十二条 在紧急防汛期,为了防汛抢险需要,防汛指挥部有权在其管辖范围内,调用物资、设备、交通运输工具和人力,事后应当及时归还或者给予适当补偿。因抢险需要取土占地、砍伐林木、清除阻水障碍物的,任何单位和个人不得阻拦。

前款所指取土占地、砍伐林木的,事后应当依法向有关部门补办手续。

第三十三条 当河道水位或者流量达到规定的分洪、滞洪标准时,有管辖权的人民政府防汛指挥部有权根据经批准的分洪、滞洪方案,采取分洪、滞洪措施。采取上述措施对毗邻地区有危害的,须经有管辖权的上级防汛指挥机构批准,并事先通知有关地区。

在非常情况下,为保护国家确定的重点地区和大局安全,必须作出局部牺牲时,在报经有管辖权的上级人民政府防汛指挥部批准后,当地人民政府防汛指挥部可以采取非常紧急措施。

实施上述措施时,任何单位和个人不得阻拦,如遇到阻拦和拖延时,有管辖权的人民政府有权组织强制实施。

第三十四条 当洪水威胁群众安全时,当地人民政府应当及时组织群众撤离至安全地带,并做好生活安排。

第三十五条 按照水的天然流势或者防洪、排涝工程的设计标准,或者经批准的运行方案下泄的洪水,下游地区不得设障阻水或者缩小河道的过水能力;上游地区不得擅自增大下泄流量。

未经有管辖权的人民政府或其授权的部门批准,任何单位和个人不得改变江河河势的自然控制点。

第五章 善后工作

第三十六条 在发生洪水灾害的地区,物资、商业、供销、农业、公路、铁路、航运、民航等部门应当做好抢险救灾物资的供应和运输;民政、卫生、教育等部门应当做好灾区群众的生活供给、医疗防疫、学校复课以及恢复生产等救灾工作;水利、电力、邮电、公路等部门应当做好所管辖的水毁工程的修复工作。

第三十七条 地方各级人民政府防汛指挥部,应当按照国家统计部门批准的洪涝灾害统计报表的要求,核实和统计所管辖范围的洪涝灾情,报上级主管部门和同级统计部门,有关单位和个人不得虚报、瞒报、伪造、篡改。

第三十八条 洪水灾害发生后,各级人民政府防汛指挥部应当积极组织和帮助灾区群众恢复和发展生产。修复水毁工程所需费用,应当优先列入有关主管部门年度建设计划。

第六章 防汛经费

第三十九条 由财政部门安排的防汛经费,按照分级管理的原则,分别列入中央财政和地方财政预算。

在汛期,有防汛任务的地区的单位和个人应当承担一定的防汛抢险的劳务和费用,具体办法由省、自治区、直辖市人民政府制订。

第四十条 防御特大洪水的经费管理,按照有关规定执行。

第四十一条 对蓄滞洪区,逐步推行洪水保险制度,具体办法另行制订。

第七章 奖励与处罚

第四十二条 有下列事迹之一的单位和个人,可以由县级以上人民政府给予表彰或者奖励:

(一)在执行抗洪抢险任务时,组织严密,指挥得当,防守得力,奋力抢险,出色完成任务者;

(二)坚持巡堤查险,遇到险情及时报告,奋力抗洪抢险,成绩显著者;

(三)在危险关头,组织群众保护国家和人民财产,抢救群众有功者;

(四)为防汛调度、抗洪抢险献计献策,效益显著者;

(五)气象、雨情、水情测报和预报准确及时,情报传递迅速,克服困难,抢测洪水,因而减轻重大洪水灾害者;

(六)及时供应防汛物料和工具,爱护防汛器材,节约经费开支,完成防汛抢险任务成绩显著者;

(七)有其他特殊贡献,成绩显著者。

第四十三条 有下列行为之一者,视情节和危害后果,由其所在单位或者上级主管机关给予行政处分;应当给予治安管理处罚的,依照《中华人民共和国治安管理处罚法》的规定处罚;构成犯罪的,依法追究刑事责任:

(一)拒不执行经批准的防御洪水方案、洪水调度方案,或者拒不执行有管辖权的防汛指挥机构的防汛调度方案或者防汛抢险指令的;

(二)玩忽职守,或者在防汛抢险的紧要关头临阵逃脱的;

(三)非法扒口决堤或者开闸的;

(四)挪用、盗窃、贪污防汛或者救灾的钱款或者物资的;

(五)阻碍防汛指挥机构工作人员依法执行职务的;

(六)盗窃、毁损或者破坏堤防、护岸、闸坝等水工程建筑物和防汛工程设施以及水文监测、测量设施、气象测报设施、河岸地质监测设施、通信照明设施的;

(七)其他危害防汛抢险工作的。

第四十四条 违反河道和水库大坝的安全管理,依照《中华人民共和国河道管理条例》和《水库大坝安全管理条例》的有关规定处理。

第四十五条 虚报、瞒报洪涝灾情,或者伪造、篡改洪涝灾害统计资料的,依照《中华人民共和国统计法》及其实施细则的有关规定处理。

第四十六条 当事人对行政处罚不服的,可以在接到处罚通知之日起 15 日内,向作出处罚决定机关的上一级机关申请复议;对复议决定不服的,可以在接到复议决定之日起 15 日内,向人民法院起诉。当事人也可以在接到处罚通知之日起 15 日内,直接向人民法院起诉。

当事人逾期不申请复议或者不向人民法院起诉,又不履行处罚决定的,由作出处罚决定的机关申请人民法院强制执行;在汛期,也可以由作出处罚决定的机关强制执行;对治安管理处罚不服的,依照《中华人民共和国治安管理处罚法》的规定办理。

当事人在申请复议或者诉讼期间,不停止行政处罚决定的执行。

第八章 附 则

第四十七条 省、自治区、直辖市人民政府,可以根据本条例的规定,结合本地区的实际情况,制订实施细则。

第四十八条 本条例由国务院水行政主管部门负责解释。

第四十九条 本条例自发布之日起施行。

中华人民共和国河道管理条例

（1988年6月10日中华人民共和国国务院令第3号发布 根据2011年1月8日《国务院关于废止和修改部分行政法规的决定》修订）

第一章 总 则

第一条 为加强河道管理，保障防洪安全，发挥江河湖泊的综合效益，根据《中华人民共和国水法》，制订本条例。

第二条 本条例适用于中华人民共和国领域内的河道（包括湖泊、人工水道、行洪区、蓄洪区、滞洪区）。

河道内的航道，同时适用《中华人民共和国航道管理条例》。

第三条 开发利用江河湖泊水资源和防治水害，应当全面规划、统筹兼顾、综合利用、讲求效益，服从防洪的总体安排，促进各项事业的发展。

第四条 国务院水利行政主管部门是全国河道的主管机关。各省、自治区、直辖市的水利行政主管部门是该行政区域的河道主管机关。

第五条 国家对河道实行按水系统一管理和分级管理相结合的原则。

长江、黄河、淮河、海河、珠江、松花江、辽河等大江大河的主要河段，跨省、自治区、直辖市的重要河段，省、自治区、直辖市之间的边界河道以及国境边界河道，由国家授权的江河流域管理机构实施管理，或者由上述江河所在省、自治区、直辖市的河道主管机关根据流域统一规划实施管理。其他河道由省、自治区、直辖市或者市、县的河道主管机关实施管理。

第六条 河道划分等级。河道等级标准由国务院水利行政主管部门制订。

第七条 河道防汛和清障工作实行地方人民政府行政首长负责制。

第八条 各级人民政府河道主管机关以及河道监理人员，必须按照国家法律、法规，加强河道管理，执行供水计划和防洪调度命令，维护水工程和人民生命财产安全。

第九条 一切单位和个人都有保护河道堤防安全和参加防汛抢险的义务。

第二章 河道整治与建设

第十条 河道的整治与建设，应当服从流域综合规划，符合国家规定的防洪标准、通航标准和其他有关技术要求，维护堤防安全，保持河势稳定和行洪、航运通畅。

第十一条 修建开发水利、防治水害、整治河道的各类工程和跨河、穿河、穿堤、临河的桥梁、码头、道路、渡口、管道、缆线等建筑物及设施,建设单位必须按照河道管理权限,将工程建设方案报送河道主管机关审查同意后,方可按照基本建设程序履行审批手续。

建设项目经批准后,建设单位应当将施工安排告知河道主管机关。

第十二条 修建桥梁、码头和其他设施,必须按照国家规定的防洪标准所确定的河宽进行,不得缩窄行洪通道。

桥梁和栈桥的梁底必须高于设计洪水位,并按照防洪和航运的要求,留有一定的超高。设计洪水位由河道主管机关根据防洪规划确定。

跨越河道的管道、线路的净空高度必须符合防洪和航运的要求。

第十三条 交通部门进行航道整治,应当符合防洪安全要求,并事先征求河道主管机关对有关设计和计划的意见。

水利部门进行河道整治,涉及航道的,应当兼顾航运的需要,并事先征求交通部门对有关设计和计划的意见。

在国家规定可以流放竹木的河流和重要的渔业水域进行河道、航道整治,建设单位应当兼顾竹木水运和渔业发展的需要,并事先将有关设计和计划送同级林业、渔业主管部门征求意见。

第十四条 堤防上已修建的涵闸、泵站和埋设的穿堤管道、缆线等建筑物及设施,河道主管机关应当定期检查,对不符合工程安全要求的,限期改建。

在堤防上新建前款所指建筑物及设施,必须经河道主管机关验收合格后方可启用,并服从河道主管机关的安全管理。

第十五条 确需利用堤顶或者戗台兼作公路的,须经上级河道主管机关批准。堤身和堤顶公路的管理和维护办法,由河道主管机关商交通部门制订。

第十六条 城镇建设和发展不得占用河道滩地。城镇规划的临河界限,由河道主管机关会同城镇规划等有关部门确定。沿河城镇在编制和审查城镇规划时,应当事先征求河道主管机关的意见。

第十七条 河道岸线的利用和建设,应当服从河道整治规划和航道整治规划。计划部门在审批利用河道岸线的建设项目时,应当事先征求河道主管机关的意见。

河道岸线的界限,由河道主管机关会同交通等有关部门报县级以上地方人民政府划定。

第十八条 河道清淤和加固堤防取土以及按照防洪规划进行河道整治需要占用的土地,由当地人民政府调剂解决。

因修建水库、整治河道所增加的可利用土地,属于国家所有,可以由县级以上人民政府用于移民安置和河道整治工程。

第十九条 省、自治区、直辖市以河道为边界的,在河道两岸外侧各 10 千米之内,以及跨省、自治区、直辖市的河道,未经有关各方达成协议或者国务院水利行政主管部门批准,禁止单方面修建排水、阻水、引水、蓄水工程以及河道整治工程。

第三章 河道保护

第二十条 有堤防的河道,其管理范围为两岸堤防之间的水域、沙洲、滩地(包括可耕地)、行洪区,两岸堤防及护堤地。

无堤防的河道,其管理范围根据历史最高洪水位或者设计洪水位确定。

河道的具体管理范围,由县级以上地方人民政府负责划定。

第二十一条 在河道管理范围内,水域和土地的利用应当符合江河行洪、输水和航运的要求;滩地的利用,应当由河道主管机关会同土地管理等有关部门制订规划,报县级以上地方人民政府批准后实施。

第二十二条 禁止损毁堤防、护岸、闸坝等水工程建筑物和防汛设施、水文监测和测量设施、河岸地质监测设施以及通信照明等设施。

在防汛抢险期间,无关人员和车辆不得上堤。

因降雨雪等造成堤顶泥泞期间,禁止车辆通行,但防汛抢险车辆除外。

第二十三条 禁止非管理人员操作河道上的涵闸闸门,禁止任何组织和个人干扰河道管理单位的正常工作。

第二十四条 在河道管理范围内,禁止修建围堤、阻水渠道、阻水道路;种植高秆农作物、芦苇、杞柳、荻柴和树木(堤防防护林除外);设置拦河渔具;弃置矿渣、石渣、煤灰、泥土、垃圾等。

在堤防和护堤地,禁止建房、放牧、开渠、打井、挖窖、葬坟、晒粮、存放物料、开采地下资源、进行考古发掘以及开展集市贸易活动。

第二十五条 在河道管理范围内进行下列活动,必须报经河道主管机关批准;涉及其他部门的,由河道主管机关会同有关部门批准:

(一)采砂、取土、淘金、弃置砂石或者淤泥;

(二)爆破、钻探、挖筑鱼塘;

(三)在河道滩地存放物料、修建厂房或者其他建筑设施;

(四)在河道滩地开采地下资源及进行考古发掘。

第二十六条 根据堤防的重要程度、堤基土质条件等,河道主管机关报经县级以上人民政府批准,可以在河道管理范围的相连地域划定堤防安全保护区。在堤防安全保护区内,禁止进行打井、钻探、爆破、挖筑鱼塘、采石、取土等危害堤防安全的活动。

第二十七条 禁止围湖造田。已经围垦的,应当按照国家规定的防洪标准进行治理,逐步退田还湖。湖泊的开发利用规划必须经河道主管机关审查同意。

禁止围垦河流,确需围垦的,必须经过科学论证,并经省级以上人民政府批准。

第二十八条 加强河道滩地、堤防和河岸的水土保持工作,防止水土流失、河道淤积。

第二十九条 江河的故道、旧堤、原有工程设施等,非经河道主管机关批准,不得填堵、占用或者拆毁。

第三十条 护堤护岸林木,由河道管理单位组织营造和管理,其他任何单位和个人不得侵占、砍伐或者破坏。

河道管理单位对护堤护岸林木进行抚育和更新性质的采伐及用于防汛抢险的采伐，根据国家有关规定免交育林基金。

第三十一条 在为保证堤岸安全需要限制航速的河段，河道主管机关应当会同交通部门设立限制航速的标志，通行的船舶不得超速行驶。

在汛期，船舶的行驶和停靠必须遵守防汛指挥部的规定。

第三十二条 山区河道有山体滑坡、崩岸、泥石流等自然灾害的河段，河道主管机关应当会同地质、交通等部门加强监测。在上述河段，禁止从事开山采石、采矿、开荒等危及山体稳定的活动。

第三十三条 在河道中流放竹木，不得影响行洪、航运和水工程安全，并服从当地河道主管机关的安全管理。

在汛期，河道主管机关有权对河道上的竹木和其他漂流物进行紧急处置。

第三十四条 向河道、湖泊排污的排污口的设置和扩大，排污单位在向环境保护部门申报之前，应当征得河道主管机关的同意。

第三十五条 在河道管理范围内，禁止堆放、倾倒、掩埋、排放污染水体的物体。禁止在河道内清洗装贮过油类或者有毒污染物的车辆、容器。

河道主管机关应当开展河道水质监测工作，协同环境保护部门对水污染防治实施监督管理。

第四章　河道清障

第三十六条 对河道管理范围内的阻水障碍物，按照“谁设障，谁清除”的原则，由河道主管机关提出清障计划和实施方案，由防汛指挥部责令设障者在规定的期限内清除。逾期不清除的，由防汛指挥部组织强行清除，并由设障者负担全部清障费用。

第三十七条 对壅水、阻水严重的桥梁、引道、码头和其他跨河工程设施，根据国家规定的防洪标准，由河道主管机关提出意见并报经人民政府批准，责成原建设单位在规定的期限内改建或者拆除。汛期影响防洪安全的，必须服从防汛指挥部的紧急处理决定。

第五章　经　费

第三十八条 河道堤防的防汛岁修费，按照分级管理的原则，分别由中央财政和地方财政负担，列入中央和地方年度财政预算。

第三十九条 受益范围明确的堤防、护岸、水闸、圩垸、海塘和排涝工程设施，河道主管机关可以向受益的工商企业等单位和农户收取河道工程修建维护管理费，其标准应当根据工程修建和维护管理费用确定。收费的具体标准和计收办法由省、自治区、直辖市人民政府制订。

第四十条 在河道管理范围内采砂、取土、淘金，必须按照经批准的范围和作业方式进行，并向河道主管机关缴纳管理费。收费的标准和计收办法由国务院水利行政主管部门会同国务院财政主管部门制订。

第四十一条 任何单位和个人,凡对堤防、护岸和其他水工程设施造成损坏或者造成河道淤积的,由责任者负责修复、清淤或者承担维修费用。

第四十二条 河道主管机关收取的各项费用,用于河道堤防工程的建设、管理、维修和设施的更新改造。结余资金可以连年结转使用,任何部门不得截取或者挪用。

第四十三条 河道两岸的城镇和农村,当地县级以上人民政府可以在汛期组织堤防保护区域内的单位和个人义务出工,对河道堤防工程进行维修和加固。

第六章 罚 则

第四十四条 违反本条例规定,有下列行为之一的,县级以上地方人民政府河道主管机关除责令其纠正违法行为、采取补救措施外,可以并处警告、罚款、没收非法所得;对有关责任人员,由其所在单位或者上级主管机关给予行政处分;构成犯罪的,依法追究刑事责任:

(一)在河道管理范围内弃置、堆放阻碍行洪物体的;种植阻碍行洪的林木或者高秆植物的;修建围堤、阻水渠道、阻水道路的;

(二)在堤防、护堤地建房、放牧、开渠、打井、挖窖、葬坟、晒粮、存放物料、开采地下资源、进行考古发掘以及开展集市贸易活动的;

(三)未经批准或者不按照国家规定的防洪标准、工程安全标准整治河道或者修建水工程建筑物和其他设施的;

(四)未经批准或者不按照河道主管机关的规定在河道管理范围内采砂、取土、淘金、弃置砂石或者淤泥、爆破、钻探、挖筑鱼塘的;

(五)未经批准在河道滩地存放物料、修建厂房或者其他建筑设施,以及开采地下资源或者进行考古发掘的;

(六)违反本条例第二十七条的规定,围垦湖泊、河流的;

(七)擅自砍伐护堤护岸林木的;

(八)汛期违反防汛指挥部的规定或者指令的。

第四十五条 违反本条例规定,有下列行为之一的,县级以上地方人民政府河道主管机关除责令其纠正违法行为、赔偿损失、采取补救措施外,可以并处警告、罚款;应当给予治安管理处罚的,按照《中华人民共和国治安管理处罚法》的规定处罚;构成犯罪的,依法追究刑事责任:

(一)损毁堤防、护岸、闸坝、水工程建筑物,损毁防汛设施、水文监测和测量设施、河岸地质监测设施以及通信照明等设施;

(二)在堤防安全保护区内进行打井、钻探、爆破、挖筑鱼塘、采石、取土等危害堤防安全的活动的;

(三)非管理人员操作河道上的涵闸闸门或者干扰河道管理单位正常工作的。

第四十六条 当事人对行政处罚决定不服的,可以在接到处罚通知之日起 15 日内,向作出处罚决定的机关的上一级机关申请复议,对复议决定不服的,可以在接到复议决定之日起 15 日内,向人民法院起诉。当事人也可以在接到处罚通知之日起 15 日内,直接向人民法院起诉。当事人逾期不申请复议或者不向人民法院起诉又不履行处罚决定的,由作出处罚决定的机关申请人民法院强制执行。对治安管理处罚不服的,按照《中华人民共和国治安管理处罚法》的规定办理。

第四十七条 对违反本条例规定,造成国家、集体、个人经济损失的,受害方可以请求县级以上河道主管机关处理。受害方也可以直接向人民法院起诉。

当事人对河道主管机关的处理决定不服的,可以在接到通知之日起,15日内向人民法院起诉。

第四十八条 河道主管机关的工作人员以及河道监理人员玩忽职守、滥用职权、徇私舞弊的,由其所在单位或者上级主管机关给予行政处分;对公共财产、国家和人民利益造成重大损失的,依法追究刑事责任。

第七章 附 则

第四十九条 各省、自治区、直辖市人民政府,可以根据本条例的规定,结合本地区的实际情况,制订实施办法。

第五十条 本条例由国务院水利行政主管部门负责解释。

第五十一条 本条例自发布之日起施行。

中华人民共和国预算法

(1994年3月22日第八届全国人民代表大会第二次会议通过、根据2014年8月31日第十二届全国人民代表大会常务委员会第十次会议《关于修改〈中华人民共和国预算法〉的决定》修正)本法变迁史:

1. 中华人民共和国预算法(1994年3月22日发布、1995年1月1日实施)

2. 本法规已被《全国人民代表大会常务委员会关于修改〈中华人民共和国预算法〉的决定》(2014年8月31日发布、2015年1月1日实施)修改

第一章 总 则

第一条 为了规范政府收支行为,强化预算约束,加强对预算的管理和监督,建立健全全面规范、公开透明的预算制度,保障经济社会的健康发展,根据宪法,制订本法。

第二条 预算、决算的编制、审查、批准、监督,以及预算的执行和调整,依照本法规定执行。

第三条 国家实行一级政府一级预算,设立中央,省、自治区、直辖市,设区的市、自治州,县、自治县、不设区的市、市辖区,乡、民族乡、镇五级预算。

全国预算由中央预算和地方预算组成。地方预算由各省、自治区、直辖市总预算组成。

地方各级总预算由本级预算和汇总的下一级总预算组成;下一级只有本级预算的,下一级总预算即指下一级的本级预算。没有下一级预算的,总预算即指本级预算。

第四条 预算由预算收入和预算支出组成。

政府的全部收入和支出都应当纳入预算。

第五条 预算包括一般公共预算、政府性基金预算、国有资本经营预算、社会保险基金预算。

一般公共预算、政府性基金预算、国有资本经营预算、社会保险基金预算应当保持完整、独立。政府性基金预算、国有资本经营预算、社会保险基金预算应当与一般公共预算相衔接。

第六条 一般公共预算是对以税收为主体的财政收入,安排用于保障和改善民生、推动经济社会发展、维护国家安全、维持国家机构正常运转等方面的收支预算。

中央一般公共预算包括中央各部门(含直属单位,下同)的预算和中央对地方的税收返还、转移支付预算。

中央一般公共预算收入包括中央本级收入和地方向中央的上解收入。中央一般公共预算支出包括中央本级支出、中央对地方的税收返还和转移支付。

第七条 地方各级一般公共预算包括本级各部门(含直属单位,下同)的预算和税收返还、转移支付预算。

地方各级一般公共预算收入包括地方本级收入、上级政府对本级政府的税收返还和转移支付、下级政府的上解收入。地方各级一般公共预算支出包括地方本级支出、对上级政府的上解支出、对下级政府的税收返还和转移支付。

第八条 各部门预算由本部门及其所属各单位预算组成。

第九条 政府性基金预算是对依照法律、行政法规的规定在一定期限内向特定对象征收、收取或者以其他方式筹集的资金,专项用于特定公共事业发展的收支预算。

政府性基金预算应当根据基金项目收入情况和实际支出需要,按基金项目编制,做到以收定支。

第十条 国有资本经营预算是对国有资本收益作出支出安排的收支预算。

国有资本经营预算应当按照收支平衡的原则编制,不列赤字,并安排资金调入一般公共预算。

第十一条 社会保险基金预算是对社会保险缴款、一般公共预算安排和其他方式筹集的资金,专项用于社会保险的收支预算。

社会保险基金预算应当按照统筹层次和社会保险项目分别编制,做到收支平衡。

第十二条 各级预算应当遵循统筹兼顾、勤俭节约、量力而行、讲求绩效和收支平衡的原则。

各级政府应当建立跨年度预算平衡机制。

第十三条 经人民代表大会批准的预算,非经法定程序,不得调整。各级政府、各部门、各单位的支出必须以经批准的预算为依据,未列入预算的不得支出。

第十四条 经本级人民代表大会或者本级人民代表大会常务委员会批准的预算、预算调整、决算、预算执行情况的报告及报表,应当在批准后二十日内由本级政府财政部门向社会公开,并对本级政府财政转移支付安排、执行的情况以及举借债务的情况等重要事项作出说明。

经本级政府财政部门批复的部门预算、决算及报表,应当在批复后二十日内由各部门向社会公开,并对部门预算、决算中机关运行经费的安排、使用情况等重要事项作出说明。

各级政府、各部门、各单位应当将政府采购的情况及时向社会公开。

本条前三款规定的公开事项,涉及国家秘密的除外。

第十五条 国家实行中央和地方分税制。

第十六条 国家实行财政转移支付制度。财政转移支付应当规范、公平、公开,以推进地区间基本公共服务均等化为主要目标。

财政转移支付包括中央对地方的转移支付和地方上级政府对下级政府的转移支付,以为均衡地区间基本财力、由下级政府统筹安排使用的一般性转移支付为主体。

按照法律、行政法规和国务院的规定可以设立专项转移支付,用于办理特定事项。建立健全专项转移支付定期评估和退出机制。市场竞争机制能够有效调节的事项不得设立专项转移支付。

上级政府在安排专项转移支付时,不得要求下级政府承担配套资金。但是,按照国务院的规定应当由上下级政府共同承担的事项除外。

第十七条 各级预算的编制、执行应当建立健全相互制约、相互协调的机制。

第十八条 预算年度自公历1月1日起,至12月31日止。

第十九条 预算收入和预算支出以人民币元为计算单位。

第二章 预算管理职权

第二十条 全国人民代表大会审查中央和地方预算草案及中央和地方预算执行情况的报告;批准中央预算和中央预算执行情况的报告;改变或者撤销全国人民代表大会常务委员会关于预算、决算的不适当的决议。

全国人民代表大会常务委员会监督中央和地方预算的执行;审查和批准中央预算的调整方案;审查和批准中央决算;撤销国务院制订的同宪法、法律相抵触的关于预算、决算的行政法规、决定和命令;撤销省、自治区、直辖市人民代表大会及其常务委员会制订的同宪法、法律和行政法规相抵触的关于预算、决算的地方性法规和决议。

第二十一条 县级以上地方各级人民代表大会审查本级总预算草案及本级总预算执行情况的报告;批准本级预算和本级预算执行情况的报告;改变或者撤销本级人民代表大会常务委员会关于预算、决算的不适当的决议;撤销本级政府关于预算、决算的不适当的决定和命令。

县级以上地方各级人民代表大会常务委员会监督本级总预算的执行;审查和批准本级预算的调整方案;审查和批准本级决算;撤销本级政府和下一级人民代表大会及其常务委员

会关于预算、决算的不适当的决定、命令和决议。

乡、民族乡、镇的人民代表大会审查和批准本级预算和本级预算执行情况的报告；监督本级预算的执行；审查和批准本级预算的调整方案；审查和批准本级决算；撤销本级政府关于预算、决算的不适当的决定和命令。

第二十二条 全国人民代表大会财政经济委员会对中央预算草案初步方案及上一年预算执行情况、中央预算调整初步方案和中央决算草案进行初步审查，提出初步审查意见。

省、自治区、直辖市人民代表大会有关专门委员会对本级预算草案初步方案及上一年预算执行情况、本级预算调整初步方案和本级决算草案进行初步审查，提出初步审查意见。

设区的市、自治州人民代表大会有关专门委员会对本级预算草案初步方案及上一年预算执行情况、本级预算调整初步方案和本级决算草案进行初步审查，提出初步审查意见，未设立专门委员会的，由本级人民代表大会常务委员会有关工作机构研究提出意见。

县、自治县、不设区的市、市辖区人民代表大会常务委员会对本级预算草案初步方案及上一年预算执行情况进行初步审查，提出初步审查意见。县、自治县、不设区的市、市辖区人民代表大会常务委员会有关工作机构对本级预算调整初步方案和本级决算草案研究提出意见。

设区的市、自治州以上各级人民代表大会有关专门委员会进行初步审查、常务委员会有关工作机构研究提出意见时，应当邀请本级人民代表大会代表参加。

对依照本条第一款至第四款规定提出的意见，本级政府财政部门应当将处理情况及时反馈。

依照本条第一款至第四款规定提出的意见以及本级政府财政部门反馈的处理情况报告，应当印发本级人民代表大会代表。

全国人民代表大会常务委员会和省、自治区、直辖市、设区的市、自治州人民代表大会常务委员会有关工作机构，依照本级人民代表大会常务委员会的决定，协助本级人民代表大会财政经济委员会或者有关专门委员会承担审查预算草案、预算调整方案、决算草案和监督预算执行等方面的具体工作。

第二十三条 国务院编制中央预算、决算草案；向全国人民代表大会作关于中央和地方预算草案的报告；将省、自治区、直辖市政府报送备案的预算汇总后报全国人民代表大会常务委员会备案；组织中央和地方预算的执行；决定中央预算预备费的动用；编制中央预算调整方案；监督中央各部门和地方政府的预算执行；改变或者撤销中央各部门和地方政府关于预算、决算的不适当的决定、命令；向全国人民代表大会、全国人民代表大会常务委员会报告中央和地方预算的执行情况。

第二十四条 县级以上地方各级政府编制本级预算、决算草案；向本级人民代表大会作关于本级总预算草案的报告；将下一级政府报送备案的预算汇总后报本级人民代表大会常务委员会备案；组织本级总预算的执行；决定本级预算预备费的动用；编制本级预算的调整方案；监督本级各部门和下级政府的预算执行；改变或者撤销本级各部门和下级政府关于预算、决算的不适当的决定、命令;向本级人民代表大会、本级人民代表大会常务委员会报告本级总预算的执行情况。

乡、民族乡、镇政府编制本级预算、决算草案;向本级人民代表大会作关于本级预算草案的报告;组织本级预算的执行;决定本级预算预备费的动用;编制本级预算的调整方案;向本级人民代表大会报告本级预算的执行情况。

经省、自治区、直辖市政府批准,乡、民族乡、镇本级预算草案、预算调整方案、决算草案,可以由上一级政府代编,并依照本法第二十一条的规定报乡、民族乡、镇的人民代表大会审查和批准。

第二十五条 国务院财政部门具体编制中央预算、决算草案;具体组织中央和地方预算的执行;提出中央预算预备费动用方案;具体编制中央预算的调整方案;定期向国务院报告中央和地方预算的执行情况。

地方各级政府财政部门具体编制本级预算、决算草案;具体组织本级总预算的执行;提出本级预算预备费动用方案;具体编制本级预算的调整方案;定期向本级政府和上一级政府财政部门报告本级总预算的执行情况。

第二十六条 各部门编制本部门预算、决算草案;组织和监督本部门预算的执行;定期向本级政府财政部门报告预算的执行情况。

各单位编制本单位预算、决算草案;按照国家规定上缴预算收入,安排预算支出,并接受国家有关部门的监督。

第三章 预算收支范围

第二十七条 一般公共预算收入包括各项税收收入、行政事业性收费收入、国有资源(资产)有偿使用收入、转移性收入和其他收入。

一般公共预算支出按照其功能分类,包括一般公共服务支出,外交、公共安全、国防支出,农业、环境保护支出,教育、科技、文化、卫生、体育支出,社会保障及就业支出和其他支出。

一般公共预算支出按照其经济性质分类,包括工资福利支出、商品和服务支出、资本性支出和其他支出。

第二十八条 政府性基金预算、国有资本经营预算和社会保险基金预算的收支范围,按照法律、行政法规和国务院的规定执行。

第二十九条 中央预算与地方预算有关收入和支出项目的划分、地方向中央上解收入、中央对地方税收返还或者转移支付的具体办法,由国务院规定,报全国人民代表大会常务委员会备案。

第三十条 上级政府不得在预算之外调用下级政府预算的资金。下级政府不得挤占或者截留属于上级政府预算的资金。

第四章 预算编制

第三十一条 国务院应当及时下达关于编制下一年预算草案的通知。编制预算草案的具体事项由国务院财政部门部署。

各级政府、各部门、各单位应当按照国务院规定的时间编制预算草案。

第三十二条 各级预算应当根据年度经济社会发展目标、国家宏观调控总体要求和跨年度预算平衡的需要，参考上一年预算执行情况、有关支出绩效评价结果和本年度收支预测，按照规定程序征求各方面意见后，进行编制。

各级政府依据法定权限作出决定或者制订行政措施，凡涉及增加或者减少财政收入或者支出的，应当在预算批准前提出并在预算草案中作出相应安排。

各部门、各单位应当按照国务院财政部门制订的政府收支分类科目、预算支出标准和要求，以及绩效目标管理等预算编制规定，根据其依法履行职能和事业发展的需要以及存量资产情况，编制本部门、本单位预算草案。

前款所称政府收支分类科目，收入分为类、款、项、目；支出按其功能分类分为类、款、项，按其经济性质分类分为类、款。

第三十三条 省、自治区、直辖市政府应当按照国务院规定的时间，将本级总预算草案报国务院审核汇总。

第三十四条 中央一般公共预算中必需的部分资金，可以通过举借国内和国外债务等方式筹措，举借债务应当控制适当的规模，保持合理的结构。

对中央一般公共预算中举借的债务实行余额管理，余额的规模不得超过全国人民代表大会批准的限额。

国务院财政部门具体负责对中央政府债务的统一管理。

第三十五条 地方各级预算按照量入为出、收支平衡的原则编制，除本法另有规定外，不列赤字。

经国务院批准的省、自治区、直辖市的预算中必需的建设投资的部分资金，可以在国务院确定的限额内，通过发行地方政府债券举借债务的方式筹措。举借债务的规模，由国务院报全国人民代表大会或者全国人民代表大会常务委员会批准。省、自治区、直辖市依照国务院下达的限额举借的债务，列入本级预算调整方案，报本级人民代表大会常务委员会批准。举借的债务应当有偿还计划和稳定的偿还资金来源，只能用于公益性资本支出，不得用于经常性支出。

除前款规定外，地方政府及其所属部门不得以任何方式举借债务。

除法律另有规定外，地方政府及其所属部门不得为任何单位和个人的债务以任何方式提供担保。

国务院建立地方政府债务风险评估和预警机制、应急处置机制以及责任追究制度。国务院财政部门对地方政府债务实施监督。

第三十六条 各级预算收入的编制，应当与经济社会发展水平相适应，与财政政策相衔接。

各级政府、各部门、各单位应当依照本法规定，将所有政府收入全部列入预算，不得隐瞒、少列。

第三十七条 各级预算支出应当依照本法规定,按其功能和经济性质分类编制。

各级预算支出的编制,应当贯彻勤俭节约的原则,严格控制各部门、各单位的机关运行经费和楼堂馆所等基本建设支出。

各级一般公共预算支出的编制,应当统筹兼顾,在保证基本公共服务合理需要的前提下,优先安排国家确定的重点支出。

第三十八条 一般性转移支付应当按照国务院规定的基本标准和计算方法编制。专项转移支付应当分地区、分项目编制。

县级以上各级政府应当将对下级政府的转移支付预计数提前下达下级政府。

地方各级政府应当将上级政府提前下达的转移支付预计数编入本级预算。

第三十九条 中央预算和有关地方预算中应当安排必要的资金,用于扶助革命老区、民族地区、边疆地区、贫困地区发展经济社会建设事业。

第四十条 各级一般公共预算应当按照本级一般公共预算支出额的百分之一至百分之三设置预备费,用于当年预算执行中的自然灾害等突发事件处理增加的支出及其他难以预见的开支。

第四十一条 各级一般公共预算按照国务院的规定可以设置预算周转金,用于本级政府调剂预算年度内季节性收支差额。

各级一般公共预算按照国务院的规定可以设置预算稳定调节基金,用于弥补以后年度预算资金的不足。

第四十二条 各级政府上一年预算的结转资金,应当在下一年用于结转项目的支出;连续两年未用完的结转资金,应当作为结余资金管理。

各部门、各单位上一年预算的结转、结余资金按照国务院财政部门的规定办理。

第五章 预算审查和批准

第四十三条 中央预算由全国人民代表大会审查和批准。

地方各级预算由本级人民代表大会审查和批准。

第四十四条 国务院财政部门应当在每年全国人民代表大会会议举行的四十五日前,将中央预算草案的初步方案提交全国人民代表大会财政经济委员会进行初步审查。

省、自治区、直辖市政府财政部门应当在本级人民代表大会会议举行的三十日前,将本级预算草案的初步方案提交本级人民代表大会有关专门委员会进行初步审查。

设区的市、自治州政府财政部门应当在本级人民代表大会会议举行的三十日前,将本级预算草案的初步方案提交本级人民代表大会有关专门委员会进行初步审查,或者送交本级人民代表大会常务委员会有关工作机构征求意见。

县、自治县、不设区的市、市辖区政府应当在本级人民代表大会会议举行的三十日前,将本级预算草案的初步方案提交本级人民代表大会常务委员会进行初步审查。

第四十五条 县、自治县、不设区的市、市辖区、乡、民族乡、镇的人民代表大会举行会议审查预算草案前,应当采用多种形式,组织本级人民代表大会代表,听取选民和社会各界的意见。

第四十六条 报送各级人民代表大会审查和批准的预算草案应当细化。本级一般公共预算支出,按其功能分类应当编列到项;按其经济性质分类,基本支出应当编列到款。本级政府性基金预算、国有资本经营预算、社会保险基金预算支出,按其功能分类应当编列到项。

第四十七条 国务院在全国人民代表大会举行会议时,向大会作关于中央和地方预算草案以及中央和地方预算执行情况的报告。

地方各级政府在本级人民代表大会举行会议时,向大会作关于总预算草案和总预算执行情况的报告。

第四十八条 全国人民代表大会和地方各级人民代表大会对预算草案及其报告、预算执行情况的报告重点审查下列内容:

(一)上一年预算执行情况是否符合本级人民代表大会预算决议的要求;

(二)预算安排是否符合本法的规定;

(三)预算安排是否贯彻国民经济和社会发展的方针政策,收支政策是否切实可行;

(四)重点支出和重大投资项目的预算安排是否适当;

(五)预算的编制是否完整,是否符合本法第四十六条的规定;

(六)对下级政府的转移性支出预算是否规范、适当;

(七)预算安排举借的债务是否合法、合理,是否有偿还计划和稳定的偿还资金来源;

(八)与预算有关重要事项的说明是否清晰。

第四十九条 全国人民代表大会财政经济委员会向全国人民代表大会主席团提出关于中央和地方预算草案及中央和地方预算执行情况的审查结果报告。

省、自治区、直辖市、设区的市、自治州人民代表大会有关专门委员会,县、自治县、不设区的市、市辖区人民代表大会常务委员会,向本级人民代表大会主席团提出关于总预算草案及上一年总预算执行情况的审查结果报告。

审查结果报告应当包括下列内容:

(一)对上一年预算执行和落实本级人民代表大会预算决议的情况作出评价;

(二)对本年度预算草案是否符合本法的规定,是否可行作出评价;

(三)对本级人民代表大会批准预算草案和预算报告提出建议;

(四)对执行年度预算、改进预算管理、提高预算绩效、加强预算监督等提出意见和建议。

第五十条 乡、民族乡、镇政府应当及时将经本级人民代表大会批准的本级预算报上一级政府备案。县级以上地方各级政府应当及时将经本级人民代表大会批准的本级预算及下一级政府报送备案的预算汇总,报上一级政府备案。

县级以上地方各级政府将下一级政府依照前款规定报送备案的预算汇总后,报本级人民代表大会常务委员会备案。国务院将省、自治区、直辖市政府依照前款规定报送备案的预算汇总后,报全国人民代表大会常务委员会备案。

第五十一条 国务院和县级以上地方各级政府对下一级政府依照本法第五十条规定报送备案的预算,认为有同法律、行政法规相抵触或者有其他不适当之处,需要撤销批准预算决议的,应当提请本级人民代表大会常务委员会审议决定。

第五十二条 各级预算经本级人民代表大会批准后，本级政府财政部门应当在二十日内向本级各部门批复预算。各部门应当在接到本级政府财政部门批复的本部门预算后十五日内向所属各单位批复预算。

中央对地方的一般性转移支付应当在全国人民代表大会批准预算后三十日内正式下达。中央对地方的专项转移支付应当在全国人民代表大会批准预算后九十日内正式下达。

省、自治区、直辖市政府接到中央一般性转移支付和专项转移支付后,应当在三十日内正式下达到本行政区域县级以上各级政府。

县级以上地方各级预算安排对下级政府的一般性转移支付和专项转移支付，应当分别在本级人民代表大会批准预算后的三十日和六十日内正式下达。

对自然灾害等突发事件处理的转移支付,应当及时下达预算;对据实结算等特殊项目的转移支付,可以分期下达预算,或者先预付后结算。

县级以上各级政府财政部门应当将批复本级各部门的预算和批复下级政府的转移支付预算，抄送本级人民代表大会财政经济委员会、有关专门委员会和常务委员会有关工作机构。

第六章 预算执行

第五十三条 各级预算由本级政府组织执行,具体工作由本级政府财政部门负责。

各部门、各单位是本部门、本单位的预算执行主体,负责本部门、本单位的预算执行,并对执行结果负责。

第五十四条 预算年度开始后,各级预算草案在本级人民代表大会批准前,可以安排下列支出:

(一)上一年度结转的支出;

(二)参照上一年同期的预算支出数额安排必须支付的本年度部门基本支出、项目支出,以及对下级政府的转移性支出;

(三)法律规定必须履行支付义务的支出,以及用于自然灾害等突发事件处理的支出。

根据前款规定安排支出的情况,应当在预算草案的报告中作出说明。

预算经本级人民代表大会批准后,按照批准的预算执行。

第五十五条 预算收入征收部门和单位,必须依照法律、行政法规的规定,及时、足额征收应征的预算收入。不得违反法律、行政法规规定,多征、提前征收或者减征、免征、缓征应征的预算收入,不得截留、占用或者挪用预算收入。

各级政府不得向预算收入征收部门和单位下达收入指标。

第五十六条 政府的全部收入应当上缴国家金库(以下简称国库),任何部门、单位和个人不得截留、占用、挪用或者拖欠。

对于法律有明确规定或者经国务院批准的特定专用资金，可以依照国务院的规定设立财政专户。

第五十七条 各级政府财政部门必须依照法律、行政法规和国务院财政部门的规定,及时、足额地拨付预算支出资金,加强对预算支出的管理和监督。

各级政府、各部门、各单位的支出必须按照预算执行,不得虚假列支。

各级政府、各部门、各单位应当对预算支出情况开展绩效评价。

第五十八条 各级预算的收入和支出实行收付实现制。

特定事项按照国务院的规定实行权责发生制的有关情况，应当向本级人民代表大会常务委员会报告。

第五十九条 县级以上各级预算必须设立国库;具备条件的乡、民族乡、镇也应当设立国库。

中央国库业务由中国人民银行经理,地方国库业务依照国务院的有关规定办理。

各级国库应当按照国家有关规定,及时准确地办理预算收入的收纳、划分、留解、退付和预算支出的拨付。

各级国库库款的支配权属于本级政府财政部门。除法律、行政法规另有规定外,未经本级政府财政部门同意,任何部门、单位和个人都无权冻结、动用国库库款或者以其他方式支配已入国库的库款。

各级政府应当加强对本级国库的管理和监督,按照国务院的规定完善国库现金管理,合理调节国库资金余额。

第六十条 已经缴入国库的资金,依照法律、行政法规的规定或者国务院的决定需要退付的,各级政府财政部门或者其授权的机构应当及时办理退付。按照规定应当由财政支出安排的事项,不得用退库处理。

第六十一条 国家实行国库集中收缴和集中支付制度,对政府全部收入和支出实行国库集中收付管理。

第六十二条 各级政府应当加强对预算执行的领导,支持政府财政、税务、海关等预算收入的征收部门依法组织预算收入,支持政府财政部门严格管理预算支出。

财政、税务、海关等部门在预算执行中,应当加强对预算执行的分析;发现问题时应当及时建议本级政府采取措施予以解决。

第六十三条 各部门、各单位应当加强对预算收入和支出的管理,不得截留或者动用应当上缴的预算收入,不得擅自改变预算支出的用途。

第六十四条 各级预算预备费的动用方案，由本级政府财政部门提出，报本级政府决定。

第六十五条 各级预算周转金由本级政府财政部门管理,不得挪作他用。

第六十六条 各级一般公共预算年度执行中有超收收入的，只能用于冲减赤字或者补充预算稳定调节基金。

各级一般公共预算的结余资金,应当补充预算稳定调节基金。

省、自治区、直辖市一般公共预算年度执行中出现短收,通过调入预算稳定调节基金、减少支出等方式仍不能实现收支平衡的,省、自治区、直辖市政府报本级人民代表大会或者其常务委员会批准,可以增列赤字,报国务院财政部门备案,并应当在下一年度预算中予以弥补。

第七章 预算调整

第六十七条 经全国人民代表大会批准的中央预算和经地方各级人民代表大会批准的地方各级预算,在执行中出现下列情况之一的,应当进行预算调整:

(一)需要增加或者减少预算总支出的;

(二)需要调入预算稳定调节基金的;

(三)需要调减预算安排的重点支出数额的;

(四)需要增加举借债务数额的。

第六十八条 在预算执行中,各级政府一般不制订新的增加财政收入或者支出的政策和措施,也不制订减少财政收入的政策和措施;必须作出并需要进行预算调整的,应当在预算调整方案中作出安排。

第六十九条 在预算执行中,各级政府对于必须进行的预算调整,应当编制预算调整方案。预算调整方案应当说明预算调整的理由、项目和数额。

在预算执行中,由于发生自然灾害等突发事件,必须及时增加预算支出的,应当先动支预备费;预备费不足支出的,各级政府可以先安排支出,属于预算调整的,列入预算调整方案。

国务院财政部门应当在全国人民代表大会常务委员会举行会议审查和批准预算调整方案的三十日前,将预算调整初步方案送交全国人民代表大会财政经济委员会进行初步审查。

省、自治区、直辖市政府财政部门应当在本级人民代表大会常务委员会举行会议审查和批准预算调整方案的三十日前,将预算调整初步方案送交本级人民代表大会有关专门委员会进行初步审查。

设区的市、自治州政府财政部门应当在本级人民代表大会常务委员会举行会议审查和批准预算调整方案的三十日前,将预算调整初步方案送交本级人民代表大会有关专门委员会进行初步审查,或者送交本级人民代表大会常务委员会有关工作机构征求意见。

县、自治县、不设区的市、市辖区政府财政部门应当在本级人民代表大会常务委员会举行会议审查和批准预算调整方案的三十日前,将预算调整初步方案送交本级人民代表大会常务委员会有关工作机构征求意见。

中央预算的调整方案应当提请全国人民代表大会常务委员会审查和批准。县级以上地方各级预算的调整方案应当提请本级人民代表大会常务委员会审查和批准;乡、民族乡、镇预算的调整方案应当提请本级人民代表大会审查和批准。未经批准,不得调整预算。

第七十条 经批准的预算调整方案,各级政府应当严格执行。未经本法第六十九条规定的程序，各级政府不得作出预算调整的决定。

对违反前款规定作出的决定，本级人民代表大会、本级人民代表大会常务委员会或者上级政府应当责令其改变或者撤销。

第七十一条　在预算执行中，地方各级政府因上级政府增加不需要本级政府提供配套资金的专项转移支付而引起的预算支出变化，不属于预算调整。

接受增加专项转移支付的县级以上地方各级政府应当向本级人民代表大会常务委员会报告有关情况；接受增加专项转移支付的乡、民族乡、镇政府应当向本级人民代表大会报告有关情况。

第七十二条　各部门、各单位的预算支出应当按照预算科目执行。严格控制不同预算科目、预算级次或者项目间的预算资金的调剂，确需调剂使用的，按照国务院财政部门的规定办理。

第七十三条　地方各级预算的调整方案经批准后，由本级政府报上一级政府备案。

第八章　决　算

第七十四条　决算草案由各级政府、各部门、各单位，在每一预算年度终了后按照国务院规定的时间编制。

编制决算草案的具体事项，由国务院财政部门部署。

第七十五条　编制决算草案，必须符合法律、行政法规，做到收支真实、数额准确、内容完整、报送及时。

决算草案应当与预算相对应，按预算数、调整预算数、决算数分别列出。一般公共预算支出应当按其功能分类编列到项，按其经济性质分类编列到款。

第七十六条　各部门对所属各单位的决算草案，应当审核并汇总编制本部门的决算草案，在规定的期限内报本级政府财政部门审核。

各级政府财政部门对本级各部门决算草案审核后发现有不符合法律、行政法规规定的，有权予以纠正。

第七十七条　国务院财政部门编制中央决算草案，经国务院审计部门审计后，报国务院审定，由国务院提请全国人民代表大会常务委员会审查和批准。

县级以上地方各级政府财政部门编制本级决算草案，经本级政府审计部门审计后，报本级政府审定，由本级政府提请本级人民代表大会常务委员会审查和批准。

乡、民族乡、镇政府编制本级决算草案，提请本级人民代表大会审查和批准。

第七十八条　国务院财政部门应当在全国人民代表大会常务委员会举行会议审查和批准中央决算草案的三十日前，将上一年度中央决算草案提交全国人民代表大会财政经济委员会进行初步审查。

省、自治区、直辖市政府财政部门应当在本级人民代表大会常务委员会举行会议审查和批准本级决算草案的三十日前，将上一年度本级决算草案提交本级人民代表大会有关专门委员会进行初步审查。

设区的市、自治州政府财政部门应当在本级人民代表大会常务委员会举行会议审查和批准本级决算草案的三十日前，将上一年度本级决算草案提交本级人民代表大会有关专门委员会进行初步审查,或者送交本级人民代表大会常务委员会有关工作机构征求意见。

县、自治县、不设区的市、市辖区政府财政部门应当在本级人民代表大会常务委员会举行会议审查和批准本级决算草案的三十日前，将上一年度本级决算草案送交本级人民代表大会常务委员会有关工作机构征求意见。

全国人民代表大会财政经济委员会和省、自治区、直辖市、设区的市、自治州人民代表大会有关专门委员会，向本级人民代表大会常务委员会提出关于本级决算草案的审查结果报告。

第七十九条 县级以上各级人民代表大会常务委员会和乡、民族乡、镇人民代表大会对本级决算草案,重点审查下列内容：

(一)预算收入情况；

(二)支出政策实施情况和重点支出、重大投资项目资金的使用及绩效情况；

(三)结转资金的使用情况；

(四)资金结余情况；

(五)本级预算调整及执行情况；

(六)财政转移支付安排执行情况；

(七)经批准举借债务的规模、结构、使用、偿还等情况；

(八)本级预算周转金规模和使用情况；

(九)本级预备费使用情况；

(十)超收收入安排情况,预算稳定调节基金的规模和使用情况；

(十一)本级人民代表大会批准的预算决议落实情况；

(十二)其他与决算有关的重要情况。

县级以上各级人民代表大会常务委员会应当结合本级政府提出的上一年度预算执行和其他财政收支的审计工作报告,对本级决算草案进行审查。

第八十条 各级决算经批准后,财政部门应当在二十日内向本级各部门批复决算。各部门应当在接到本级政府财政部门批复的本部门决算后十五日内向所属单位批复决算。

第八十一条 地方各级政府应当将经批准的决算及下一级政府上报备案的决算汇总,报上一级政府备案。

县级以上各级政府应当将下一级政府报送备案的决算汇总后，报本级人民代表大会常务委员会备案。

第八十二条 国务院和县级以上地方各级政府对下一级政府依照本法第八十一条规定报送备案的决算,认为有同法律、行政法规相抵触或者有其他不适当之处,需要撤销批准该项决算的决议的,应当提请本级人民代表大会常务委员会审议决定；经审议决定撤销的,该下级人民代表大会常务委员会应当责成本级政府依照本法规定重新编制决算草案，提请本级人民代表大会常务委员会审查和批准。

第九章 监 督

第八十三条 全国人民代表大会及其常务委员会对中央和地方预算、决算进行监督。

县级以上地方各级人民代表大会及其常务委员会对本级和下级预算、决算进行监督。

乡、民族乡、镇人民代表大会对本级预算、决算进行监督。

第八十四条 各级人民代表大会和县级以上各级人民代表大会常务委员会有权就预算、决算中的重大事项或者特定问题组织调查,有关的政府、部门、单位和个人应当如实反映情况和提供必要的材料。

第八十五条 各级人民代表大会和县级以上各级人民代表大会常务委员会举行会议时,人民代表大会代表或者常务委员会组成人员,依照法律规定程序就预算、决算中的有关问题提出询问或者质询,受询问或者受质询的有关的政府或者财政部门必须及时给予答复。

第八十六条 国务院和县级以上地方各级政府应当在每年六月至九月期间向本级人民代表大会常务委员会报告预算执行情况。

第八十七条 各级政府监督下级政府的预算执行;下级政府应当定期向上一级政府报告预算执行情况。

第八十八条 各级政府财政部门负责监督检查本级各部门及其所属各单位预算的编制、执行,并向本级政府和上一级政府财政部门报告预算执行情况。

第八十九条 县级以上政府审计部门依法对预算执行、决算实行审计监督。

对预算执行和其他财政收支的审计工作报告应当向社会公开。

第九十条 政府各部门负责监督检查所属各单位的预算执行,及时向本级政府财政部门反映本部门预算执行情况,依法纠正违反预算的行为。

第九十一条 公民、法人或者其他组织发现有违反本法的行为,可以依法向有关国家机关进行检举、控告。

接受检举、控告的国家机关应当依法进行处理,并为检举人、控告人保密。任何单位或者个人不得压制和打击报复检举人、控告人。

第十章 法律责任

第九十二条 各级政府及有关部门有下列行为之一的,责令改正,对负有直接责任的主管人员和其他直接责任人员追究行政责任:

(一)未依照本法规定,编制、报送预算草案、预算调整方案、决算草案和部门预算、决算以及批复预算、决算的;

(二)违反本法规定,进行预算调整的;

(三)未依照本法规定对有关预算事项进行公开和说明的;

(四)违反规定设立政府性基金项目和其他财政收入项目的;

(五)违反法律、法规规定使用预算预备费、预算周转金、预算稳定调节基金、超收收入的;

(六)违反本法规定开设财政专户的。

第九十三条 各级政府及有关部门、单位有下列行为之一的,责令改正,对负有直接责任的主管人员和其他直接责任人员依法给予降级、撤职、开除的处分:

(一)未将所有政府收入和支出列入预算或者虚列收入和支出的;

(二)违反法律、行政法规的规定,多征、提前征收或者减征、免征、缓征应征预算收入的;

(三)截留、占用、挪用或者拖欠应当上缴国库的预算收入的;

(四)违反本法规定,改变预算支出用途的;

(五)擅自改变上级政府专项转移支付资金用途的;

(六)违反本法规定拨付预算支出资金,办理预算收入收纳、划分、留解、退付,或者违反本法规定冻结、动用国库库款或者以其他方式支配已入国库库款的。

第九十四条 各级政府、各部门、各单位违反本法规定举借债务或者为他人债务提供担保,或者挪用重点支出资金,或者在预算之外及超预算标准建设楼堂馆所的,责令改正,对负有直接责任的主管人员和其他直接责任人员给予撤职、开除的处分。

第九十五条 各级政府有关部门、单位及其工作人员有下列行为之一的,责令改正,追回骗取、使用的资金,有违法所得的没收违法所得,对单位给予警告或者通报批评;对负有直接责任的主管人员和其他直接责任人员依法给予处分:

(一)违反法律、法规的规定,改变预算收入上缴方式的;

(二)以虚报、冒领等手段骗取预算资金的;

(三)违反规定扩大开支范围、提高开支标准的;

(四)其他违反财政管理规定的行为。

第九十六条 本法第九十二条、第九十三条、第九十四条、第九十五条所列违法行为,其他法律对其处理、处罚另有规定的,依照其规定。

违反本法规定,构成犯罪的,依法追究刑事责任。

第十一章 附 则

第九十七条 各级政府财政部门应当按年度编制以权责发生制为基础的政府综合财务报告,报告政府整体财务状况、运行情况和财政中长期可持续性,报本级人民代表大会常务委员会备案。

第九十八条 国务院根据本法制订实施条例。

第九十九条 民族自治地方的预算管理,依照民族区域自治法的有关规定执行;民族区域自治法没有规定的,依照本法和国务院的有关规定执行。

第一百条 省、自治区、直辖市人民代表大会或者其常务委员会根据本法,可以制订有关预算审查监督的决定或者地方性法规。

第一百零一条 本法自 1995 年 1 月 1 日起施行。1991 年 10 月 21 日国务院发布的《国家预算管理条例》同时废止。

河南省黄河防汛条例

（2016年11月18日河南省第十二届人民代表大会常务委员会第二十五次会议通过）

第一章 总 则

第一条 为了做好黄河防汛工作，保障人民生命财产安全和经济社会发展，根据《中华人民共和国防洪法》《中华人民共和国防汛条例》《中华人民共和国河道管理条例》等法律、法规，结合本省实际，制订本条例。

第二条 本省境内黄河（包括黄河干流、沁河干流及其滩区、滞洪区和库区）的防汛活动，适用本条例。前款所称防汛活动，包括防洪和防凌。

黄河干流上的三门峡与小浪底水库及黄河支流上的伊河陆浑水库、洛河故县水库、沁河河口村水库的防洪防凌调度，按照国家有关规定执行。

第三条 黄河防汛工作实行安全第一、常备不懈、以防为主、全力抢险的方针，遵循团结协作和局部利益服从全局利益的原则。

第四条 黄河防汛工作实行各级人民政府行政首长负责制，实行统一指挥，分级分部门负责。各有关部门实行防汛岗位责任制。

第五条 黄河防汛费用按照国家、地方政府和受益者合理承担相结合的原则筹集。黄河防汛费用应当专款专用。

有黄河防汛任务的县级以上人民政府应当根据国家和本省有关规定，安排必要的资金和劳务，用于黄河防汛队伍培训、演练、防汛物料筹集、防汛抢险等防汛活动。

任何单位和个人不得截留、挪用黄河防汛、救灾资金和物资。

第六条 单位和个人有依法保护黄河防洪工程设施和参加黄河防汛抗洪的义务。

对在黄河防汛抗洪工作中做出突出成绩的单位和个人，按照有关规定给予表彰和奖励。

第二章 防汛组织

第七条 有黄河防汛任务的县级以上人民政府设立防汛指挥机构，由有关部门、当地驻军、人民武装部和黄河河务部门负责人组成，人民政府行政首长担任指挥长。各级防汛指挥机构在上级防汛指挥机构和本级人民政府的领导下，执行上级防汛指令，制订各项防汛措施，统一指挥本行政区域防汛工作。

各级防汛指挥机构的黄河防汛办事机构设在本级黄河河务部门。黄河防汛办事机构在本级人民政府领导下负责本行政区域黄河防汛的日常工作。

第八条 有黄河防汛任务的县级以上人民政府应当明确同级防汛指挥机构的成员单位以及其他相关部门的黄河防汛职责，并向社会公布。各级防汛指挥机构的成员单位以及其他相关部门应当按照各自职责分工，负责有关的黄河防汛工作。

沿黄河各级人民政府和黄河河务部门应当加强黄河防汛工作宣传教育，强化防汛意识、滩区安全意识和防洪工程设施保护意识。

黄河河务部门负责编制本行政区域黄河防汛预案；指导防汛抢险事宜；负责黄河应急度汛工程、水毁修复工程项目的建设与管理；负责国家储备防汛物资、设备和专业机动抢险队伍的管理和调度。

第九条 各级防汛指挥机构应当建立黄河防汛督察制度，对本级防汛指挥机构成员单位及其他相关部门和下级防汛指挥机构的黄河防汛工作进行监督、检查，发现问题应当责令责任单位限期整改。

第十条 黄河防汛队伍组织管理坚持专业防汛队伍和群众防汛队伍相结合的原则。

专业防汛队伍由各级黄河河务部门负责组织管理。

群众防汛队伍由各级人民政府及其防汛指挥机构统一领导和指挥，黄河河务部门负责技术指导。

驻豫人民解放军和武装警察部队根据国家赋予的防汛任务，参加黄河防汛抢险。

第三章 防汛准备

第十一条 省人民政府应当根据国家公布的黄河流域防洪规划、黄河防御洪水方案和国家规定的防洪标准，结合防洪工程实际状况，于每年汛期前制定当年全省黄河防汛预案。

沿黄河省辖市、县(市、区)人民政府应当根据全省黄河防汛预案，结合本地实际情况，于每年汛期前制定当年本地的防汛预案。

黄河防汛预案一经下达，有关防汛指挥机构以及相关部门和单位必须执行。

第十二条 黄河防汛预案应当包括防汛任务、职责分工、指挥调度、队伍组织、防守措施、物资储备和运输、通信电力和后勤保障、滩区和滞洪区群众转移安置救护等内容。

第十三条 有转移安置救护任务的人民政府应当统一领导转移安置救护工作，组织民政、黄河河务、公安、交通运输、卫生计生、国土资源等部门制定转移安置救护方案，落实转移安置救护措施。

第十四条 沿黄河的县级以上人民政府应当按照黄河流域防洪规划要求，组织制定滩区安全建设规划，对居住在滩区的居民有计划地组织外迁。

第十五条 禁止向黄河滩区迁增常住人口，禁止将黄河滩区规划为城市建设用地、商业房地产开发用地和工厂、企业成片开发区。

第十六条 黄河防汛物资包括国家储备物资、机关和社会组织储备物资以及群众备料。

国家储备物资由黄河河务部门按照储备定额和防汛需要常年储备。

机关和社会组织储备物资由各级行政机关、企业事业单位、社会团体储备，所需数量由各级人民政府根据黄河防汛预案确定。

群众备料由县级人民政府根据黄河防汛预案要求组织群众储备。

机关和社会组织储备物资、群众备料应当落实储备地点、数量和运输措施。

第十七条 黄河防汛通信实行黄河专用通信和公用通信相结合。

黄河河务部门应当做好黄河专用通信网建设和运行维护工作；通信部门应当为防汛抢险提供通信保障，并制定非常情况下的通信保障预案。

第十八条 沿黄河各级人民政府应当做好黄河防汛道路建设和运行维护，确保防汛抢险道路畅通。

黄河河务部门应当做好黄河堤顶道路硬化与维护，为防汛抢险物资运输提供条件。

第十九条 沿黄河各级人民政府应当在汛期前对所管辖的滩区、滞洪区、库区的通信、预报警报、避洪、撤退道路等安全设施，以及紧急撤离和救生准备工作进行检查，及时消除安全隐患。

第二十条 沿黄河各级人民政府应当在汛期前组织河道安全检查，确保河道行洪畅通。在黄河河道管理范围内禁止建设妨碍行洪的建筑物、构筑物，禁止围垦河道，禁止倾倒垃圾等废弃物，保障防洪、行洪安全。对黄河河道管理范围内的行洪障碍物，按照谁设障、谁清除的原则，由防汛指挥机构责令限期清除；逾期不清除的，由防汛指挥机构组织强行清除，所需费用由设障者承担。

第二十一条 各级防汛指挥机构应当在汛期前对防汛预案落实情况及各类防汛设施进行检查，被检查单位和个人应当予以配合。发现影响防洪安全的问题，责成责任单位在规定的期限内处理；督促在建工程按期完成，确保及时投入防汛运用。

第二十二条 水库管理单位应当负责对所辖防洪工程进行汛期前检查，及时除险加固，制定抢险预案并报省防汛指挥机构批准。

黄河水文测报单位应当对所辖水文站点进行汛期前检查，保证测量断面在汛期能够正常运行。

第二十三条 在黄河河道管理范围内建设跨河、穿河、穿堤、临河的桥梁、码头、道路、渡口、管道、缆线、取水、排水等工程设施，应当符合黄河防洪标准和其他技术要求，不得危害堤防安全、影响河势稳定、妨碍行洪畅通。

建设单位或者管理使用单位，应当在每年汛期前制定度汛方案并组织实施，落实防守责任，服从防汛指挥机构的监督检查以及防汛指令。黄河河务部门应当给予技术指导。

第二十四条 在黄河河道管理范围内，受洪水威胁的油田、管道、铁路、公路、电力、通信、供水等管理单位应当自筹资金，兴建必要的防洪自保工程。其工程建设方案以及应急防护措施必须符合防洪标准和有关技术要求。

黄河滩区内修建的村台、撤退道路等避洪设施，必须符合国家规定的防洪标准和有关技术要求。

第四章 防汛抢险

第二十五条 本省黄河汛期包括伏秋汛期和凌汛期。

伏秋汛期为每年的7月1日至10月31日。凌汛期为每年的12月1日至次年的2月底。特殊情况下,省防汛指挥机构可以宣布提前或者延长汛期时间。

第二十六条 在汛期,气象部门应当及时向防汛指挥机构及其黄河防汛办事机构提供长期、中期、短期天气预报和实时雨量信息。

水文部门应当及时、准确向黄河防汛办事机构提供黄河水情、雨情信息以及洪水预报。

黄河水文测报单位应当按照黄河防汛预案要求报送水情、凌情。

第二十七条 出现下列情况之一的,沿黄河县级以上人民政府可以宣布本辖区进入紧急防汛期,并报上级人民政府防汛指挥机构:

(一)黄河水情接近保证水位或者安全流量;

(二)洪水、凌水严重漫滩或者河势发生重大变化,威胁堤防、滩区和库区群众安全;

(三)黄河防洪工程设施发生重大险情;

(四)启用滞洪区。

第二十八条 在紧急防汛期,防汛指挥机构应当组织动员本地各有关单位和个人投入防汛工作。所有单位和个人必须服从指挥,承担防汛指挥机构分配的防汛任务。

第二十九条 在紧急防汛期,防汛指挥机构根据防汛抢险需要,有权在其管辖范围内调用物资、设备、交通运输工具和人力,采取砍伐林木、取土占地、清除阻水障碍物等紧急措施;公安、交通运输等有关部门应当保证防汛车辆优先通行,制止无关人员和非防汛车辆在防汛抢险地段通行,必要时按照防汛指挥机构的决定,依法实施陆地和水面交通管制。

第三十条 在紧急防汛期,省防汛指挥机构根据国家防汛指挥机构的授权可以对壅水、阻水严重的桥梁、道路、码头和其他工程设施采取紧急处置措施,任何单位和个人不得阻拦。

第三十一条 在黄河伏秋汛期,不得架设新的浮桥。预报花园口站流量出现3000立方米每秒以上洪水时,已架设的浮桥必须在24小时内拆除。小于上述流量,根据防汛需要必须拆除时,浮桥运营单位必须按照防汛指挥机构的要求,在限定时间内拆除。

第三十二条 黄河河道管理范围内的采砂、取土等活动,应当经黄河河务部门同意,并按照黄(沁)河采砂规划和黄河河务部门制订的采砂实施方案进行。黄河河务部门应将辖区内采砂禁采区和禁采期予以公告。预报花园口站流量大于3000立方米每秒、沁河武陟站流量大于50立方米每秒时,采砂场业主应当停止采砂作业,24小时内将采砂机具拆除并移至安全地带。小于上述流量,根据防汛需要必须拆除时,采砂场业主应当服从防汛指挥机构的指令。

禁止在黄河河道管理范围内采淘铁砂,禁止在黄河禁采区、禁采期采砂。

第三十三条 黄河洪水达到警戒水位时,各级防汛指挥机构应当根据黄河防汛预案的规定加强现场指挥,落实防汛抢险以及救灾的各项措施和责任。

洪水偎堤后,县级防汛指挥机构应当根据黄河防汛预案组织防汛队伍巡堤查险。巡查人员发现险情应当立即报告,并采取必要的防护措施防止险情扩大。防汛指挥机构接到险情报告后,应当根据防汛预案立即组织人员进行抢护。

第三十四条 黄河工程发生险情时，当地人民政府和防汛指挥机构应当及时组织人力、物力进行抢护，并按照报险办法立即上报上级主管部门。

第三十五条 黄河防汛抢险动用国家储备物资，应当按照规定权限调拨。遇重大险情，可以边动用边报告。动用机关和社会组织储备物资、群众备料的，由各级防汛指挥机构在其管辖范围内调拨和组织运输。

第三十六条 防汛抢险期间，公安部门应当做好治安、交通管理和安全保卫工作；卫生计生部门应当做好医疗救护和卫生防疫工作；铁路、交通运输、民航部门应当为防汛抢险提供运力保障，优先运送防汛抢险人员和物资；通信部门应当保证汛情和防汛指令的及时、准确传递；电力、石油部门应当优先保证黄河防汛工作的电力、油料供应。防汛指挥机构其他成员单位应当按照各自职责做好相关工作。

第三十七条 当洪水威胁群众安全时，当地人民政府应当根据转移安置救护预案及时组织群众转移至安全地带，并做好受灾群众的基本生活保障工作，维护正常社会秩序。

第三十八条 黄河流量达到国家规定的分洪标准，确需启用滞洪区时，有关人民政府、防汛指挥机构应当按照规定的程序和批准权限报批，并按照各自职责，做好滞洪区运用的准备工作。

依法启用滞洪区，任何单位和个人不得阻拦、拖延；遇到阻拦、拖延时，由有关县级以上人民政府组织强制实施。

第三十九条 因抗洪抢险需要取土占地、砍伐林木的，可以先行实施，事后依法补办相关审批手续。

第四十条 当抢险救灾急需人民解放军或者武装警察部队支援时，当地防汛指挥机构应当逐级上报省防汛指挥机构，由省防汛指挥机构提出请调，按部队调动程序办理。

在险情、灾情紧急的情况下，县级以上防汛指挥机构可以直接向驻军部队提出支援请求，并向上级报告。

第四十一条 黄河重要汛情、预警信息和重大防汛动态信息由省防汛指挥机构统一发布，其他单位和个人不得擅自发布。

新闻单位应当按照有关要求做好汛情险情和防汛抢险情况的报道工作，及时、准确地播报、刊登重要汛情险情和防汛抢险等信息。

第五章　善后工作

第四十二条 灾害发生后，灾区各级人民政府应当组织有关部门和单位，做好受灾群众的生活保障、医疗防疫、救灾物资供应、治安管理、恢复生产、重建家园等救灾工作，对受灾群众的生产、生活给予必要的扶持。

第四十三条 在发生洪水灾害的地区，黄河河务、水利、电力、通信、交通运输等部门，应当做好所管辖水毁工程的修复工作，所需费用应当优先列入有关主管部门年度建设计划。

第四十四条 防汛指挥机构在防汛抢险期间根据防汛抢险需要调用的物资、设备、交通运输工具等，事后应当及时归还，并给予补助或者奖励；造成损坏或者无法归还的，应当给予补偿。

第四十五条　各级防汛指挥机构应当按照国家统计部门批准的洪涝灾害统计报表的要求,核实和统计所管辖范围的洪涝灾情,报上级主管部门和本级统计部门,有关单位和个人不得虚报、瞒报、伪造、篡改。

第六章　法律责任

第四十六条　违反本条例规定的行为,法律、法规已有法律责任规定的,从其规定。

第四十七条　有关单位或者个人有下列行为之一的,由县级以上黄河河务部门按照下列规定进行处罚:

(一)违反本条例第三十一条规定,在黄河伏秋汛期架设新浮桥,或者未按照要求拆除浮桥的,处一万元以上三万元以下罚款;

(二)违反本条例第三十二条第二款规定,在黄河河道管理范围内采淘铁砂或者在禁采区、禁采期采砂的,责令限期改正,没收非法所得,处一万元以上五万元以下罚款。

第四十八条 各级人民政府、防汛指挥机构、黄河河务部门和主管部门及其工作人员有下列行为之一的,视情节和危害后果,由其所在单位或者上级主管部门依法给予处分;构成犯罪的,依法追究刑事责任:

(一)向滩区、滞洪区迁增常住人口,擅自将黄河滩区规划为城市建设用地、商业房地产开发用地以及工厂、企业成片开发区的;

(二)拒不执行或者拖延执行黄河防汛预案以及有管辖权的防汛指挥机构的防汛调度方案、防汛抢险指令的;

(三)迟报、误报、瞒报、谎报汛情造成严重后果的;

(四)在黄河防汛抢险中擅离职守、临阵脱逃的;

(五)截留、挪用黄河防汛、救灾资金和物资的;

(六)有其他危害黄河防汛抢险行为的。

第七章　附　则

第四十九条　本条例自 2017 年 3 月 1 日起施行。